Klima und Gesellschaft in Europa. Die letzten tausend Jahre

Haupt

Christian Pfister, Heinz Wanner

Klima und Gesellschaft in Europa. Die letzten tausend Jahre

Haupt Verlag

1. Auflage 2021

Gestaltung und Satz: Katarina Lang mit Nikolaj Jaberg und Kezia Stingelin
Lithos: FdB - Für das Bild, Fred Braune
Umschlagsbild: Hendrick Avercamp. Winterlandschaft mit Eisläufern (1608). Rijksmuseum Amsterdam, angekauft mit der Unterstützung der Vereinigung Rembrandt. Public Domain; www.rijksmuseum.nl/collectie/SK-A-1718

Diese Publikation ist in der Deutschen Nationalbibliografie verzeichnet. Mehr Informationen dazu finden Sie unter http://dnb.dnb.de.

Der Haupt Verlag wird vom Bundesamt für Kultur für die Jahre 2021 – 2024 unterstützt.

ISBN 978-3-258-08182-3 (E-Book 978-3-258-48182-1)

Gedruckt in Österreich

Diese Publikation erscheint auch in einer englischen Ausgabe:
978-3-258-08234-9 (Print), 978-3-258-48234-7 (E-Book)

www.haupt.ch

Inhaltsverzeichnis

Vorwort

Die Folgen des Klimawandels sind auf absehbare Zeit nicht weniger bedrohlich als die des Covid-19, der im Jahr 2020 Menschen und Wirtschaft überraschte. Die von den Menschen verursachte globale Erwärmung schreitet rasch voran. Wenn wir nicht sofort Vorsorgemaßnahmen ergreifen, wird sie auch in Europa zu bisher unbekannten Extremereignissen führen.

Zum ersten Mal präsentieren ein Klimatologe und ein Historiker gemeinsam eine Geschichte des Klimas und seiner Auswirkungen auf die Gesellschaft in den letzten 1000 Jahren. Dank der Kombination von natur- und sozialwissenschaftlichen Ansätzen werden in diesem Buch aus beiden Wissensgebieten bedeutende neue Erkenntnisse erarbeitet. Insgesamt war das Schreiben dieses Buches keine leichte Aufgabe. Es hat Jahre gedauert, bis wir an diesen Punkt gelangt sind. Zum Glück war unsere Zusammenarbeit bis zum Schluss spannend und fruchtbar. Das Ergebnis ist ein Buch, das durch seine leicht verständliche Sprache, die Grafik und das Layout gleichzeitig die Bedürfnisse von Spezialisten und eines allgemeinen Publikums erfüllt. Der Text wird in der Form von Einschüben durch illustrierende Geschichten, wissenschaftliche Erläuterungen und Anekdoten ergänzt.

Anhand von Beispielen wie dem Eismann Ötzi verbindet das Buch die warmen Bedingungen zu seinen Lebzeiten vor 5000 Jahren mit dem überraschenden Auftauen seiner Mumie im Jahr 1991. Die Auswirkungen von Vulkanausbrüchen auf das Weltklima und die dadurch betroffenen Gesellschaften werden anhand des Ausbruchs des Vulkans Tambora im Jahr 1815 und detaillierter Einblicke in die daraus resultierende Hungersnot in der östlichen Schweiz im Jahr 1817 dargestellt. Der Verlauf der Temperaturen im vergangenen Jahrtausend wird anhand von Modellen und Proxydaten aus der natürlichen Umwelt im Überblick erläutert. Mögliche Gründe für Klimaschwankungen werden anhand der wichtigsten Antriebsfaktoren diskutiert. Rekonstruktionen der jahreszeitlichen Wetter- und Klimabedingungen auf der Basis dokumentarischer Quellen ergänzen diese Perspektive. Die Ergebnisse werden dann zur Interpretation demographischer, wirtschaftlicher und kultureller Entwicklungen und Phänomene in den letzten 1000 Jahren herangezogen. Das Schlusskapitel weist auf die Bedingungen hin, die zum gegenwärtigen klimatischen Notstand geführt haben, und wagt einen Blick in die Zukunft. Nicht ohne Grund wird es «Die Rückkehr der Verletzlichkeit» genannt.

Der begrenzte Umfang des Buches erlaubte es nicht, Niederschläge und große Naturkatastrophen einzubeziehen, so wie dies ursprünglich geplant war. Aus dem gleichen Grund beschränkte sich ein detaillierter Quellennachweis im Buch auf die bedeutenderen klimatischen Ereignisse. Detaillierte Angaben finden sich im On Line Appendix.

Zahlreiche Institutionen, Sponsoren und Persönlichkeiten haben unsere Arbeit unterstützt. Ein besonderer Dank geht an die Mitarbeiterinnen und Mitarbeiter des Oeschger-Zentrums für Klimaforschung der Universität Bern, die uns stets großzügig unterstützten und uns die Nutzung der gesamten Infrastruktur ermöglichten.

Wir bedanken uns herzlich bei einer Reihe von Freunden und Kollegen, die trotz ihrer extremen Arbeitsbelastung bereit waren, Kapitel unseres Buches zu rezensieren:
Kapitel 1: Stefan Brönnimann
Kapitel 2: Stefan Brönnimann, Jörg Schibler
Kapitel 3: Stefan Brönnimann, Daniel Krämer
Kapitel 4: Thomas Labbé, Laurent Litzenburger
Kapitel 5: Martin Grosjean, Stefan Brönnimann
Kapitel 6: Stefan Brönnimann, Martin Grosjean
Kapitel 7: Christian Rohr, Astrid Ogilvie
Kapitel 8: Stefan Brönnimann
Kapitel 9: Brian Campbell, Jan de Vries
Kapitel 10: Martin Grosjean
Kapitel 11: Thomas Stocker

Die Verleger Patrizia und Matthias Haupt haben uns von Anfang an in vielfältiger Weise geduldig unterstützt. Tamara Baumann, Carla Laub, Alfred Bretscher (†), Alex Hermann, Beat Ihly und Veronika Valler haben viele brillante Figuren produziert. Katarina Lang war für das professionelle und kreative Layout verantwortlich. Angela Wade übernahm die anspruchsvolle Aufgabe des kreativen und konsequenten Korrekturlesens, und Tamara Widmer hat für uns unermüdlich Bücher aus Bibliotheken besorgt.

Die Publikation unseres ehrgeizigen Projekts wäre nicht möglich gewesen ohne die äußerst großzügige Unterstützung durch unsere Sponsoren. Sie sind auf Seite 424 speziell aufgeführt. Zahlreiche Kolleginnen, Kollegen und Freunde haben uns mit Ideen, Fachwissen, Daten, Graphiken und zahllosen Ermutigungen unterstützt. Unser großer Dank gilt Mariano Barriendos, Ray Bradley, Rudolf Brázdil, Petr Dobrovolný, Jan Esper, Basilio Ferrante, Dominik Fleitmann, David Frank, Isabella Geissbühler, Oliver Heiri, Fortunat Joos, Johann Jungclaus, Hanspeter Holzhauser, Antoine Jover, Cornelia Kehl, Andrea Kiss, Christian Körner, Peter Lüps, Jürg Luterbacher, Kaspar Meuli, Kurt Nicolussi, Samuel Nussbaumer, Jessica Ochsenbein, Margret Möhl, Kathleen Pribyl, Christoph Raible, Christian Rohr, Manuela Roten, Marlis Röthlisberger, Christoph Schär, Gabriela Schwarz-Zanetti, Silje Sørland, Martin Stuber, Peter Stucki, Nikolaos Theocharis, Willy Tinner, Heinz Veit, Monika Wälti, Hedy Werthmüller, Ursula Widmer und Heinz Zumbühl.

Mit diesem Buch möchten wir unsere Leserinnen und Leser vor allem auf die Folgen des künftigen Klimawandels aufmerksam machen. Wir widmen es unseren Enkeln Kevin, Camilia, Diego und Silvio sowie Amelia und Jaro. Wir hoffen, dass sie eines Tages in einer Welt leben dürfen, in der die Probleme des Klimawandels weniger schwer wiegen als heute!

Bern, März 2021
Christian Pfister und Heinz Wanner

Abkürzungen

AZ	Atmosphärische Zirkulation
AMOC	Atlantic Meridional Overturning Circulation (Meridionalzirkulation im Atlantischen Ozean)
AR	Sachstandsbericht (Assessment Report)
AMO	Atlantische Multidekadische Oszillation
BC	Vor Christus (before Christ)
BP	Anzahl Jahre vor heute (before present)
CESM	Gekoppeltes Klimamodell (Community Earth System Model)
CEUT	Central European Temperature (Temperaturreihe Zentraleuropas 1500–1999), in Euro-Climhist
CH_4	Chemische Formel für Methan
CMIP	Modellvergleich mit gekoppelten Klimamodellen (Coupled Model Intercomparison Project)
CO_2	Chemische Formel für Kohlendioxid
COP	UNO-Vertragsstaatenkonferenz (Conference of the Parties)
CORDEX	Koordiniertes Experiment zur regionalen Herunterskalierung von Klimamodellen (Coordinated Regional Climate Downscaling Experiment)
EIKE	Europäisches Institut für Klima und Energie
ENSO	El Niño Südliche Oszillation
EURAC	Europäische Akademie Bozen
EURO-CLIMHIST	Euro- Climhist Datenbank zur Klimageschichte Europas (https://www.euroclimhist.unibe.ch/de/)
GHD	Datum der Weinernte (grape harvest date)
GHG	Treibhausgas
GSM	Grosses Solares Minimum
HMA	Hochmittelalter (AD 1000–1300)
HTM	Thermisches Maximum des Holozäns (Holocene Thermal Maximum)
hPa	Hektopascal oder 100 Pascal (100 Newton per m^2)
IGY	Internationales Geophysikalisches Jahr
IPCC	UNO-Klimarat (Intergovernmental Panel on Climate Change)
K20JH	Kurzes 20. Jahrhundert (1900–1987)
LIA	Internationale Bezeichnung für «Kleine Eiszeit»
MIT	Massachusetts Institute of Technology
MCA	Mittelalterliche Klimaanomalie
MWP	Moderne Warmperiode
N_2O	Chemische Formel für Distickstoffmonoxid (populär: Lachgas)
NAO	Nordatlantische Oszillation
NCAR	National Center of Atmospheric Research (Boulder, USA)
NKE	Nordhemisphärische Kleine Eiszeit (AD 1300–1900)
O_3	Chemische Formel für Ozon
OZ	Oceanzirkulation

PAGES	Paläoklimaprojekt «Past Global Changes»
PIK	Potsdam Institut für Klimafolgenforschung
PMIP3	Paläoklima-Modellvergleich, Phase III
RCM	Regionales Klimamodell (regional climate model)
SDI	Strategische Verteidigungsinitiative (Strategic Defense Initiative)
SKE	Südhemisphärische Kleine Eiszeit
SPG	Subpolarer Wirbel im Atlantischen Ozean
SSW	Rasche Stratosphärenerwärmung (sudden stratospheric warming)
TAR	Dritter Sachstandsbericht der UNO (IPCC Third Assessment Report)
UNEP	UNO-Umweltprogramm
UNFCCC	Rahmenübereinkommen der Vereinten Nationen über Klimaänderungen
W	Watt ($kg \cdot m^2 \cdot s^{-3}$)
WCRP	Weltklimaprogramm (World Climate Research Programme)
WMO	Weltorganisation für Meteorologie
WPG	Warmperiode der Gegenwart (1988/89–2020)

1. Einleitung

1.1 Das Zeitalter der raschen Erwärmung – eine neue Ausgangsbasis für die Klimageschichte

Es ist Zeit für eine neue Geschichte des Klimas und der Gesellschaft, für eine, die der heutigen Situation angemessen ist. Die Klimafrage bleibt ein zentrales Thema in der öffentlichen Diskussion. Die Jugend und die Politik werden sich vermehrt damit auseinandersetzen müssen, denn Extremereignisse werden uns immer stärker unter Druck setzen.

Die heutige Situation ist historisch unvergleichlich. Seit den späten 1950er-Jahren ist der Mensch über seine Rolle als biologischer Akteur hinausgewachsen.[1] Er ist zu einer Macht im geologischen Sinne geworden.[2] Die Natur hat aufgehört, rein natürlich zu sein, nicht zuletzt, seitdem menschliche Aktivitäten zum wichtigsten Antrieb des Klimasystems geworden sind. Der Anstieg der globalen Temperatur seit den späten 1980er-Jahren ist im Vergleich mit den letzten 2000 Jahren einzigartig.[3] Er hat unseren Blick auf das vergangene Klima grundlegend verändert. Nicht mehr das gemäßigte 20. Jahrhundert wird mit früheren kälteren oder wärmeren Perioden verglichen, sondern das gegenwärtige Zeitalter der raschen Erwärmung. Der Vergleich mit der Vergangenheit hat für die Beurteilung der Gegenwart und den Blick in die Zukunft seit jeher eine zentrale Rolle gespielt. Nach dem italienischen Philosophen Benedetto Croce ist Geschichtsschreibung stets eine Interpretation der Vergangenheit im Licht der Gegenwart.[4] Diese Erkenntnis gilt auch für die Klimageschichte.

Messreihen der Temperaturen in Europa sind in erheblicher Dichte seit der Mitte des 18. Jahrhunderts verfügbar. Die Reihe der Jahrestemperaturen in Basel (Schweiz) seit 1755 vermittelt einen Einblick in die Entwicklung in den letzten 265 Jahren (Abb.1.1). Sie lässt sich in drei Abschnitte unterteilen: Der erste von 1755 bis 1900 gilt als letzter Teil der nordhemisphärischen Kleinen Eiszeit (NKE).[5] Daran schließt im kurzen 20. Jahrhundert (K20JH) eine zweite Periode der langsamen anthropogenen Erwärmung an. Sie endet um 1988, wo die Temperaturen sprunghaft auf das Niveau der Warmperiode der Gegenwart (WPG) ansteigen (siehe Tabelle 1.2). Es handelt sich buchstäblich um ein heißes Thema.

Daten aus der Vergangenheit zeigen, wie eine kältere Welt ausgesehen hat, und deuten zugleich darauf hin, wie eine wärmere Welt in der Zukunft aussehen könnte, und zwar nicht nur in Bezug auf die Mittelwerte, sondern auch auf die Extreme. Ein Blick in die Vergangenheit zeigt, dass manchmal bereits relativ kleine Verschiebungen der Mittelwerte große Auswirkungen nach sich zogen. Um zu verstehen, wie die Gesellschaft den Klimawandel meistern kann oder nicht, müssen wir untersuchen, wie Kultur und Wirtschaft in der Vergangenheit vom Klima betroffen waren und wie Menschen auf klimatische Herausforderungen reagiert und sich an diese angepasst haben. Um Ereignisse und Entwicklungen in Kultur und Wirtschaft zu verstehen, müssen wir den möglichen Einfluss von Witterung und Klima mit in die Betrachtung einbeziehen.

Warum ein Buch? Wissenschaftliche Zeitschriften liefern kurzfristig neue Erkenntnisse in Form von kleinen Häppchen, die für Fachfremde schwer zu verstehen sind. Größere Zusammenhänge müssen auf mehrere Arbeiten

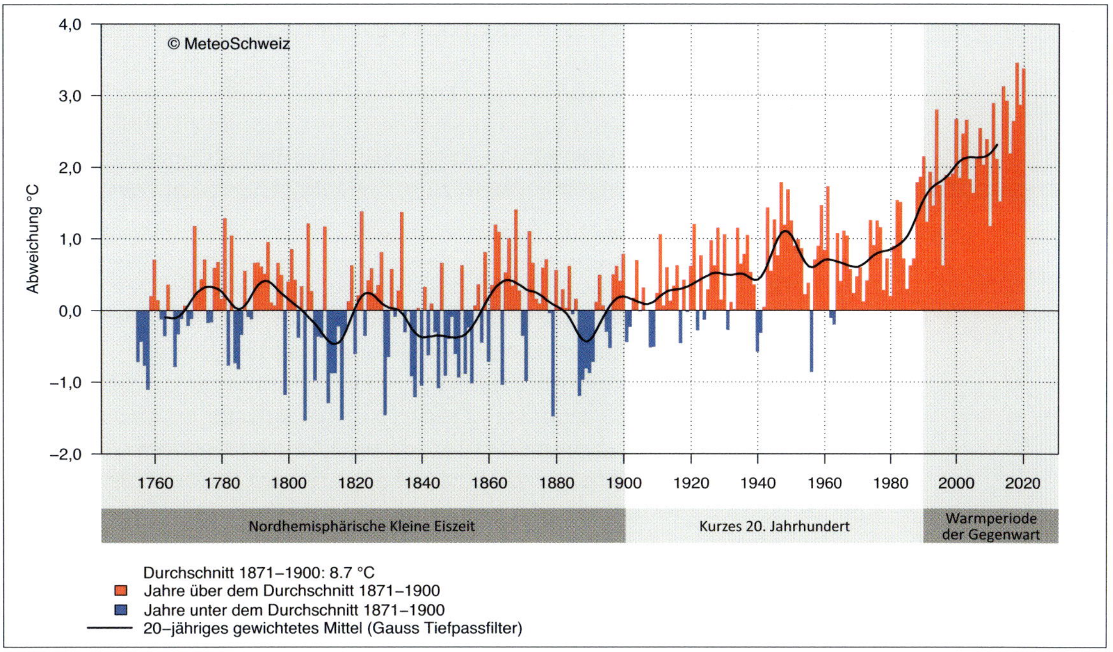

Abb. 1.1. Anomalien der Jahresmitteltemperaturen in Basel/Binningen von 1755 bis 2020, bezogen auf den Mittelwert von 1871 bis 1900. Quelle: Bundesamt für Meteorologie und Klimatologie MeteoSchweiz. https://www.meteoswiss.admin.ch/home/climate/climate-change-in-switzerland.html; abgerufen am 23. Januar 2021.

in verschiedenen Zeitschriften verteilt oder in Sammelbände eingebracht werden, die wissenschaftlichen Qualitätskriterien oft nicht entsprechen. Ein Gesamtbild kommt so nicht zustande. Ein Sack voller Krümel ist nicht dasselbe wie ein Laib Brot. Mehr Raum für umfassende Betrachtungen, die längerfristig Bestand haben, bietet einzig eine Synthese in Buchform.

Bücher zur Geschichte des Klimawandels wurden bisher entweder von Klimatologen oder von Historikern geschrieben, da die Wissenschaftskulturen der Natur- und Geisteswissenschaften nur schwer miteinander in Einklang zu bringen sind. Dieses Buch ist als erstes von einem Klimatologen mit einem Gespür für Geschichte gemeinsam mit einem Historiker mit Kenntnissen in Klimatologie verfasst worden. Aus diesem Grund sind das Konzept und manche Erkenntnisse grundlegend neu.

1.2 Zwei Wissenschaftskulturen

Der Klimawandel und seine Auswirkungen auf menschliche Kulturen wird von Vertretern zweier unterschiedlicher Wissenschaftskulturen untersucht, jener der Naturwissenschaften, insbesondere der Klimatologie, und jener der Geistes- und Sozialwissenschaften, insbesondere der (Umwelt-)Geschichte. Die beiden Kulturen verfolgen unterschiedliche Ziele; sie haben ihren eigenen Denkstil und verwenden unterschiedliche Darstellungsweisen. Naturwissenschaftlerinnen und Naturwissenschaftler erklären, wie natürliche Systeme funktionieren, während (Umwelt-)Historikerinnen und Historiker Geschichten von Menschen erzählen, die sich mit den Auswirkungen von Witterung und Klima befassen. Naturwissenschaftler argumentieren systematisch und streben nach größtmöglicher Präzision und Vollständigkeit, während Historiker ausgehend von einigen wenigen Grundfragen einen roten Faden für ihre Erzählungen suchen. Naturwissenschaftliches Denken folgt wissenschaftlicher Logik, während Historiker ihre Erzählstränge aus rationalen und emotionalen Elementen aufbauen, die beide zum Wesen des Menschen gehören.

Ein weiterer Unterschied zwischen den beiden Wissenskulturen besteht darin, dass Natur- und Geschichtswissenschaften unterschiedliche Belege zur Rekonstruktion des Klimas für die Zeit vor dem Aufkommen von Messinstrumenten heranziehen. Naturwissenschaftler stützen sich auf physische Indikatoren, die Proxy-Daten genannt werden (Tabelle 1.1). Sie sind in Archiven der Natur gespeichert. Die Analyse jedes natürlichen Archivs erfordert spezifische Kenntnisse der physikalischen, chemischen oder biologischen Prozesse, die den jeweiligen Daten und deren Beziehung zu vergangenen Klimaten zugrunde liegen. Man unterscheidet zwischen biologischen Proxies wie Baumringen, Pollen in Torfmooren oder dem Wachstum von Muscheln einerseits und nicht-biologischen Proxies wie Eisbohrkernen aus der Arktis und Antarktis, Ablagerungen in Tropfsteinhöhlen und Sedimenten aus Meeren, Seen und Flüssen andererseits. Proxies aus Archiven der Natur werden im Teilkapitel 5.2 erläutert.

Der Begriff Archive der Gesellschaft bezieht sich in einem weiten Sinne auf Medien, die historische Quellen enthalten. Die Geschichtswissenschaften verwenden den Begriff «Quelle» in einem übertragenen Sinne: So wie man Wasser aus einem Brunnen schöpft, greift der Historiker zur Beantwortung

Archive der	**Natur**		**Gesellschaft**	
Direkte, wetterbezogene Beobachtungen			Narrative Berichte • Extremereignisse • Witterung • Tageswetter • Naturkatastrophen	Messwerte • Luftdruck • Temperatur • Niederschlag • Abfluss
Indirekte, Proxy-Informationen	Organisch • Baumringe • Pollen • Überreste von Pflanzen und Tieren • Fossiles Holz	Nicht organisch • Eisbohrkerne • Jährliche Sedimentschichten • Ablagerungen in Gewässern • Kalkablagerungen in Tropfsteinen • Bohrloch-temperaturen • Moränenstände	Organisch • Pflanzen-phänologische Daten • Weinbauliche Daten	Nicht organisch • Eisbedeckung von Gewässern • Schneefall • Schneebedeckung • Wasserstände
			Sakral • Bittprozessionen	Bildhaft • Gemälde • Zeichnungen
			Epigraphisch • Hochwassermarken	Archäologisch • Funde

Tab. 1.1. Direkte und indirekte Zeugen (Archive) des vergangenen Klimas. Für eine ausführlichere Tabelle siehe Brönnimann et al. (2018).

historischer Fragen auf Belege aus der Vergangenheit zurück. Im Hinblick auf die Rekonstruktion von Wetter und Klima umfassen historische Quellen sowohl Dokumente als auch Belege in der bebauten und natürlichen Umwelt. Der Begriff Dokument umfasst eine breite Vielfalt von Quellen wie persönliche Aufzeichnungen von Individuen und Akten von Behörden, gedruckte Materialien aller Art sowie Kunstwerke und elektronische Daten. Zu den Belegen in der Umwelt gehören archäologische Funde, Artefakte und Indikatoren in der bebauten Umwelt wie Gebäude oder Hochwassermarken an Gebäuden.[6] Narrative Belege umfassen direkte Beschreibungen von Wetter und Witterung und instrumentelle Messungen, die in Kapitel 4 vorgestellt werden. Daneben haben Behörden schon früh quantitative Daten aller Art wie den Zeitpunkt der Trauben- und Getreideernte und den Umfang der Weinernten durch administrative Verfahren im Zusammenhang mit der Steuerkontrolle und der Zahlung von Abgaben erhoben. Solche regelmässig erhobenen Daten haben die Qualität von natürlichen Proxies, wodurch sie zu Zeitreihen zusammengefasst und zur Schätzung von Temperatur und Niederschlag verwendet werden können. Sie werden im Teilkapitel 5.3 vorgestellt. Materialien aus Archiven der Gesellschaft werden von Vertretern verschiedener Disziplinen ausgewertet. Viele von ihnen sind Geographen mit Spezialisierungen in Meteorologie und Klimatologie, während Historikerinnen die Minderheit bilden.[7]

Der Begriff «Klimageschichte» kann je nach der räumlich-zeitlichen Ebene, auf die er gemünzt wird, zwei verschiedene Bedeutungen haben. Die Makrogeschichte des Klimas, Paläoklimatologie genannt, zielt darauf ab, unser Verständnis der physikalischen Prozesse im Klimasystem zu vertiefen. Sie ist – einfach gesagt – die Geschichte des Klimasystems der Erde von seinen Anfängen bis zur Gegenwart. Ausgehend von Modellen der physikalischen Welt konzentrieren sich die Klimawissenschaften darauf, globale Rekonstruktionen des Klimas (zumeist Temperaturen) so weit in die Vergangenheit zurückzuschreiben wie möglich. Die gewonnenen Erkenntnisse müssen mit den Gesetzen der Physik und den damit verbundenen klimatologischen Erkenntnissen übereinstimmen. Mithilfe ausgeklügelter Statistiken gehen Wissenschaftlerinnen und Wissenschaftler anhand der Vergangenheit natürlichen und anthropogenen Einflussfaktoren nach, die zu Variationen und Veränderungen im Klimasystem führen. Die Paläoklimaforschung konzentriert sich hauptsächlich auf die langfristige, großräumige Entwicklung vergangener Klimate. Regionale Zeitreihen werden aggregiert, um zu einer hemisphärischen oder globalen Ebene zu gelangen. Die Modellierer benötigen lange globale Temperatur- und Niederschlagsdaten, um ihre Modelle zu validieren, die letztlich Bewertungen zukünftiger Klimate in Form von längerfristigen Durchschnittswerten liefern. Dies wird im Teilkapitel 6.4 erörtert.

Historiker begannen vor etwa 50 Jahren, den Begriff «Klimageschichte» zu verwenden, um ein neuartiges Gebiet der Geschichtswissenschaft zu bezeichnen. Es untersucht, wie sich Witterung und Klima in der Vergangenheit verändert haben und wie sich diese Veränderungen auf Kultur und Wirtschaft auswirkten.[8] Den Historikern geht es in erster Linie darum, die Rolle von Wetter und Klima für die Entwicklung der menschlichen Vergangenheit zu verstehen. Was die Menschen damals und heute betrifft, sind kurzfristige atmosphärische Ereignisse, die sich über Wochen, Tage oder sogar Stunden

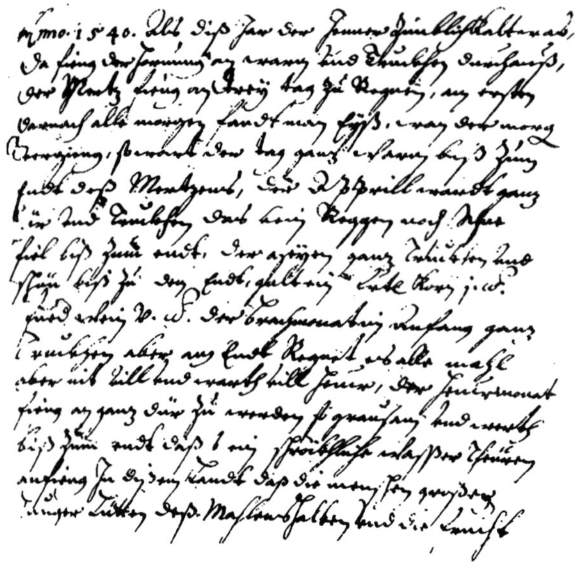

Abb. 1.2. Auszug aus dem Tagebuch von Hans Stolz, in dem er die Situation im Juli 1540 in Guebwiller, Frankreich, beschreibt (Stolz 1979: 373).

hinziehen. Kurz, den Klimatologen geht es um das Klimasystem, den Historikern um die Menschen.

Mikrogeschichten des Klimas bestehen aus erzählerischen Berichten über einzelne Witterungsperioden. Viele schließen auch die Auswirkungen der Witterung auf die belebte und unbelebte Umwelt und die betroffenen Menschen mit ein. Der folgende Auszug aus dem Tagebuch des Winzers Hans Stolz über die Ausnahmesituation im Juli 1540 ist in dieser Hinsicht schlüssig (Abb. 1.2). Er lebte im elsässischen Gebweiler, dem heutigen Guebwiller (Frankreich). Darin steht umgesetzt in heutiges Deutsch: «Bis Ende Juli [am 10. August heutiger Zeitrechnung] war es glühend heiß. Eine schreckliche Wasserknappheit plagte das Land, und die Menschen litten Hunger, weil die Mühlen stillstanden. Die Früchte an den Bäumen, Birnen, Äpfel und Walnüsse, vertrockneten, auch Trauben an den Rebstöcken. Viele Rinder verdursteten.»[9] Die Beobachtungen von Stolz liefern wesentliche Einzelheiten, die einen lebensnahen Eindruck von der Schwere dieser europäischen Megadürre vermitteln (Teilkapitel 8.4.4).

Solche Mikroerzählungen lassen sich nicht in die Makrogeschichte des Klimas integrieren und wie tägliche Instrumentenmessungen rechnerisch zu Monats- oder Jahresdurchschnitten zusammenfassen. Langfristige Klimate und Klimaveränderungen sind statistische Konstrukte, die von unseren Sinnen nicht wahrgenommen werden können. Menschen erlebten Klimaschwankungen, wenn überhaupt, vor allem durch eine zunehmende Häufigkeit, Dauer und Schwere von extremen Wetterlagen. Die US-amerikanische Wissenschaftshistorikerin Naomi Oreskes weist darauf hin, dass paläoklimatogische Daten nicht hoch genug aufgelöst sind, um die Auswirkungen von Witterungserscheinungen in jenen Formen aufzuzeigen, die für menschliche Bedürfnisse maßgebend sind.[10] Aus diesem Grund ist eine zweigleisige Klimageschichte erforderlich, die eine Geschichte des Klimas als auch eine Geschichte der Witterung umfasst.

Abb.1.3. Witterungsbeobachtungen und ihre kulturelle Interpretation – ein Modell. Nach Peter Sieferle (1997: 37–41).

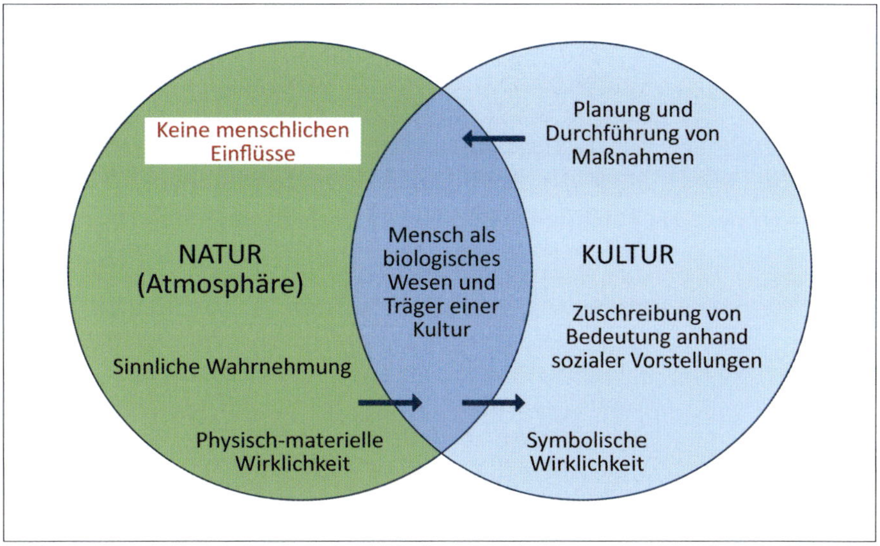

Eine Geschichte der Witterung greift vor allem auf Erzählungen zurück. Bei ihrer Interpretation gilt es zu beachten, dass kulturelle Aspekte für das jeweilige Verständnis von Witterung und Klima bedeutsam sind. Die Kultur – die sich aus sprachlichen, phonetischen und visuellen Ausdrucksformen zusammensetzt – verleiht dem Weltgeschehen, einschließlich Wetter und Klima, Bedeutung. Neben der Auseinandersetzung mit der Art und Objektivität der in den Dokumenten festgehaltenen meteorologischen Ereignisse sollten wir deshalb auch untersuchen, warum und wie sie beobachtet und aufgezeichnet wurden.

Das Modell (Abb. 1.3) stützt sich auf Überlegungen des deutschen Historikers Rolf Peter Sieferle (1949–2016).[11] Es visualisiert das Verhältnis von Witterungsbeobachtung und ihrer kulturellen Interpretation. Die Abbildung zeigt zwei Kreise, welche die materielle und die symbolische Welt darstellen. Der Begriff der materiellen Welt umfasst alle Elemente der physisch-materiellen Wirklichkeit außerhalb der symbolischen Wirklichkeit. Zu diesen gehören Artefakte wie Maschinen, Geräte, Werkzeuge, Netzwerke und Infrastrukturen, von denen wir für die Aufrechterhaltung unserer Lebensfunktionen abhängig sind. Ferner die belebte und unbelebte Natur, d. h. jenen Bereich der Umwelt, der sich ohne namentlichen menschlichen Einfluss entwickelt. Sieferles Kulturbegriff umfasst alle Elemente, die der symbolischen Wirklichkeit angehören. Dazu gehören alle im menschlichen Gehirn gespeicherten Informationen, ferner physische und virtuelle Informationsträger wie Bücher, Museen, Kunstwerke, Speichermedien und Server.

Der Mensch steht im Überlappungsbereich der beiden Kreise. Er ist ein biologisches Wesen und zugleich Träger einer Kultur. Als biologisches Wesen nimmt er mit seinen Sinnen die Außenwelt wahr. Als Kulturwesen schreibt er seinen Wahrnehmungen Bedeutung zu. Dabei stützt er sich auf Wissen, Werte und Überzeugungen, die durch soziale Kommunikation vermittelt werden.[12] Bedeutungen wurzeln in sozialen Repräsentationen der Wirklichkeit. Bei diesen handelt es sich um ein Geflecht von Wissensbeständen, Überzeugungen und Werten, die dazu dienen, Orientierung zu vermitteln, eine soziale Ordnung herzustellen und die Kommunikation zwischen Mitgliedern von Gruppen und Gemeinschaften zu ermöglichen.[13] Zuschreibungen von Bedeutung liefern die Motivation für Handlungen, die in die materielle, auch in die quasinatürliche Umwelt, eingreifen (Abb. 1.3). Wer glaubt, dass Hagelschläge auf Gottes Zorn zurückzuführen sind, nimmt an Prozessionen teil. Wer sie einer Verschwörung von Hexen zuschreibt, ruft zur Hexenverbrennung auf. Wer versucht, Verluste zu vermeiden, schließt eine Sachversicherung ab. Zu den Hauptaufgaben der (historischen) Klimaforschung gehört es, beide Aspekte, die naturräumlichen und die kulturellen, angemessen zu berücksichtigen. Die Kultur- und Wissensgeschichte von Wetter und Klima wird in Kapitel 4 dargestellt, während gesellschaftliche Reaktionen auf den Klimawandel in Kapitel 9 am Beispiel der Hexenverfolgungen und in Kapitel 11 anhand der Diskussionen um den gegenwärtigen Klimawandel thematisiert werden.

Zusammenfassend lässt sich feststellen, dass Wissenschaftler und Klimahistorikerinnen unterschiedliche Ziele verfolgen, auf unterschiedliche Erkenntnisse zurückgreifen und unterschiedliche Methoden anwenden. Darüber hinaus sind ihre Ergebnisse auf unterschiedlichen zeitlichen und räumlichen Ebenen angesiedelt. Der prominente deutsche Soziologe und Historiker Max Weber (1864–1920) wies darauf hin, dass die Wirklichkeit zweidimensional ist, bestehend aus materiellen Fakten einerseits und Sprache, Wirklichkeitsinterpretation und kulturellen Weltbildern andererseits.[14] Eine zweigleisige Geschichte, die beide Perspektiven verbindet, trägt der Doppelnatur des Menschen als Natur- und Kulturwesen Rechnung.

1.3 Gemeinsamkeiten

Dieser Abschnitt zeigt, wie die beiden unterschiedlichen Lösungsansätze – der klimatologische und der humangeschichtliche – zu einem gewissen Grad miteinander in Einklang gebracht werden können. Um die Veränderungen des Klimasystems mit der Geschichte der Menschen zu verbinden, hat der Erstautor dieses Buches die «Pfister-Indizes»[15] entwickelt, die auf Vorarbeiten des britischen Klimatologen Hubert Lamb (1913–1997; Abb. 1.4a) aufbauen. Bei den Indizes handelt es sich um eigens definierte Proxydaten, die alle verfügbaren dokumentarischen Nachweise für die Temperatur- oder Niederschlagsverhältnisse eines bestimmten Monats oder einer bestimmten Jahreszeit in einer numerischen Größe zusammenfassen. Diese kann Werte von –3 (für sehr kalt oder trocken) bis +3 (für sehr warm oder nass) annehmen. Die Bewertung 0 wird für unspektakuläre Jahreszeiten oder Monate verwendet. Das Verfahren wird im Teilkapitel 5.4 näher erläutert. Saisonale Temperaturindizes für West- und Mitteleuropa bilden zusammen mit Beschreibungen der extremsten Jahreszeiten (Kapitel 7 und 8) das quantitative Rückgrat der Klimarekonstruktion der letzten 1000 Jahre.

Eine Umweltgeschichte entstand in den USA in den 1960er-Jahren. Europa und andere Weltgegenden folgten in den 1970er-Jahren und später. Die Umweltgeschichte fragt in erster Linie danach, wie der Mensch seine quasi natürliche Umwelt verändert. Einige Historiker sind zwar immer noch der Ansicht, dass sich die Geschichte auf Ereignisse in der menschlichen Welt beschränken sollte, aber ihre Zahl wird mit dem Generationenwandel und der steigenden Bedeutung der Umweltprobleme in der Öffentlichkeit stetig geringer. Die quasi-natürliche menschliche Umwelt wird nach Ansicht des deutschen Historikers Wolfram Siemann heute neben Politik, Wirtschaft und Kultur als vierte Grundkategorie der Geschichte betrachtet.[16] Die historische Klimaforschung ist ein Teilbereich der Umweltgeschichte. Sie fragt im Wesentlichen nach der Rolle des Klimas als Akteur in der Humangeschichte. Bis zu einem gewissen Grad hat die Umweltgeschichte den Weg für die Klimageschichte geebnet, aber bei weitem nicht alle, die sich mit diesem Thema befassen, können als Umwelthistorikerinnen betrachtet werden. Viele Vertreter dieses Forschungsfeldes packen ihre Arbeit auf unterschiedliche Weise an. Einige würden sich als Umwelthistoriker bezeichnen, andere als Wirtschaftshistoriker, Geographen, Klimatologen oder Physiker.[17]

Drei Pioniere haben Vorarbeit geleistet.[18] Der deutsche Geograph Eduard Brückner (1862–1927; Abb. 1.4b), Sohn eines Historikers, veröffentlichte 1890 eine bahnbrechende Monographie mit dem Titel «Klimaschwankungen seit 1700. Nebst Bemerkungen über die Klimaschwankungen der Diluvialzeit».[19] Er stellte sich gegen das damals herrschende Dogma, welches das Klima der vergangenen Jahrhunderte als konstant betrachtete (Teilkapitel 4.6.2), indem er quantitative Evidenz aus historischen Quellen in Form von frühen Instrumentenmessungen, Weinlesedaten und Gletscherschwankungen zusammentrug. Auf dieser Grundlage untersuchte er die sozialen und ökonomischen Auswirkungen von Witterungsextremen auf die Schwankungen der Getreideernten und Getreidepreise sowie auf Migrationsbewegungen. Doch geriet seine Arbeit in Vergessenheit, bis sie zwei deutsche Wissenschaftler, der Soziologe Nico Stehr und der Klimatologe Hans von Storch, wiederentdeckten und teilweise ins Englische übersetzten.[20]

Ohne Brückners deutschsprachige Publikationen zu kennen, griff der französische Historiker Emmanuel Le Roy Ladurie (geb. 1929; Abb. 1.4c) in seiner Klimageschichte seit dem Jahr 1000 auf Zeitreihen von Weinlesedaten

Abb. 1.4. Pioniere der paläoklimatologischen Forschung. a) Hubert H. Lamb. b) Eduard Brückner. c) Emmanuel Le Roy Ladurie (Quelle: Wikipedia).

sowie schriftliche und bildliche Belege für Gletscherschwankungen zurück, um vorinstrumentelle Schwankungen des Klimas zu rekonstruieren.[21] Aus Rücksicht auf seine Karriere als Historiker distanzierte er sich jedoch von der Idee, dass kurzfristige Witterungsextreme einen Einfluss auf den Lauf der Geschichte gehabt haben könnten. Erst vier Jahrzehnte später gestand er ein, er habe solche Aussagen nur gemacht, um nicht als Klimadeterminist diskreditiert zu werden.[22]

Der englische Klimatologe Hubert H. Lamb (Abb. 1.4a) wertete mit seinem Gespür für die Menschheitsgeschichte eine Fülle von historischen Witterungsberichten aus, die er während seiner Arbeit für den britischen Wetterdienst entdeckte. Er schuf den Begriff der mittelalterlichen Warmperiode und entdeckte die große Bedeutung von Vulkanausbrüchen für Wetter und Klima. Obwohl er wie Brückner 80 Jahre zuvor die Bedeutung des Klimas für die Menschheitsgeschichte differenziert betrachtete,[23] sah er sich mit dem Vorwurf des Klimadeterminismus konfrontiert.

Diskussionen über die gesellschaftliche Bedeutung von Klimavariationen wurden und werden durch den Umweltdeterminismus diskreditiert, der vom amerikanischen Geographen Ellsworth Huntington und seinen Anhängern auf die Spitze getrieben wurde. Umweltdeterministen sind überzeugt, dass Umweltfaktoren, namentlich das Klima, den Lauf der Geschichte maßgeblich geprägt haben. Dies mag ein Grund dafür sein, dass viele Historiker dazu neigen, die potenzielle Bedeutung von Wetter und Klima für die menschliche Entwicklung zu ignorieren oder herunterzuspielen. Der US-amerikanische Wirtschaftshistoriker Jan De Vries weist darauf hin, dass die Einbeziehung des Faktors Klima in das Studium der Geschichte nicht als Suche nach einer alternativen und deterministischen Erklärung der Vergangenheit betrachtet werden darf, sondern als eine Erweiterung des Umfeldes, in dem die Funktionsweise vergangener Gesellschaften zu verstehen ist.[24] Der offene Klimadeterminismus ist heute überwunden, aber in latenter Form besteht er weiter, nicht zuletzt in naturwissenschaftlichen Publikationen. Stehr und von Storch gehen so weit zu postulieren, dass «ein großer Teil der heutigen Klimafolgenforschung echter Klimadeterminismus ist».[25]

Um die Wechselwirkungen zwischen der Geschichte menschlicher Gesellschaften und der Dynamik ihrer quasinatürlichen Umwelt zu untersuchen, müssen wir uns vor Augen halten, dass viele Prozesse in beiden Bereichen eine Eigendynamik haben und weitgehend voneinander unabhängig sind. Im gesellschaftlichen Bereich gehören dazu etwa das Bevölkerungswachstum, die Wirtschaftsentwicklung, die Schaffung von Transport- und Kommunikationsnetzen, die Globalisierung, die Veränderungen institutioneller Strukturen und der Aufstieg oder der Fall von Imperien. Im Bereich der natürlichen Umwelt spielen Veränderungen eine Rolle, zu denen der Mensch beiträgt, wie die Bodenversalzung, die Entwaldung und das Absinken des Grundwasserspiegels. Dazu kommen exogene Faktoren, wie Veränderungen der Erdbahnparameter (Fig. 1.7), Schwankungen der Sonnenaktivität und große Vulkanausbrüche.[26]

Diese Vielschichtigkeit macht es schwierig, interdisziplinäre Untersuchungen zur Klimageschichte zu strukturieren. Jeder Ansatz muss auf geeignete Erklärungsmodelle zurückgreifen. Die Naturwissenschaften gehen von Modellen der physischen Welt aus und gehen dann zu Modellen menschlicher Gesellschaften über. Dabei stoßen sie auf die Tatsache, dass geschichtliche Prozesse nicht auf der gleichen Ebene verallgemeinert werden können. Historiker versuchen zu verstehen, inwieweit die Gesellschaften in ihrem wirtschaftlichen und ökologischen Umfeld durch klimatische Einflüsse verwundbar waren. Im Gegensatz zu Naturwissenschaftlern tendieren Historiker dazu, weite Verallgemeinerungen zu vermeiden, weil es Details, d. h. Unterschiede von einem Fall zum anderen sind, die für die historische Forschung von zentraler Bedeutung sind.[27] Der US-amerikanische Historiker John Brooke von der Ohio State University versuchte, die Entwicklung des Klimas und seine Bedeutung für die Geschichte der Menschheit langfristig und im globalen Maßstab zu dokumentieren, wobei er auch den Einfluss von Pandemien wie z. B. der Pest einbezog. Sein Buch ergänzt die Ergebnisse der vorliegenden, auf Europa beschränkten Untersuchung.[28]

Weitgehend umfassende Fallstudien sind ein geeigneter Weg, um die vielen räumlichen, zeitlichen und thematischen Aspekte aufzuzeigen, die bei der Untersuchung von Witterungsextremen auf vergangene Gesellschaften zu berücksichtigen sind. Dies zeigt das Beispiel der «Tambora-Krise» (Kapitel 3). Um der Vielschichtigkeit der im Laufe der Zeit wirkenden Triebkräfte Rechnung zu tragen, ist in Kapitel 9 der Ausgangspunkt der Untersuchung vom Klima auf die Bevölkerung verlagert worden. Der Wechsel zwischen verschiedenen räumlichen und zeitlichen Skalen stellt eine weitere Herausforderung dar, sei es der Wechsel von lokal zu global oder der Zusammenhang zwischen kurzfristigen Ereignissen und längerfristigen Schwankungen.

In einem ersten Schritt werden, ausgehend vom Schema des Klimasystems (Abb. 1.5), die Grundprinzipien vorgestellt, welche die globale Klimadynamik bestimmen. Die Konsequenzen für das europäische Klima werden in den Kapiteln 6 bis 8, 10 und 11 dargestellt.

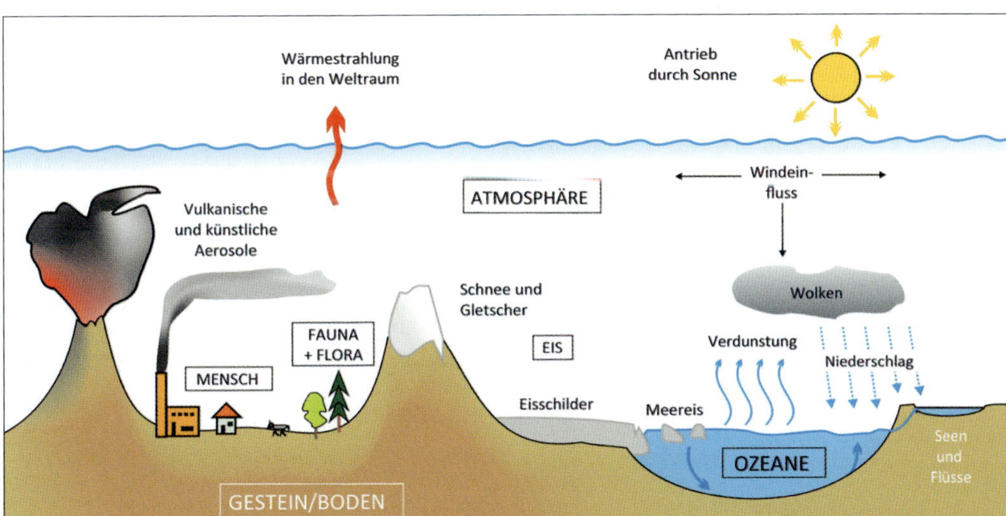

Abb. 1.5. Klimasystem der Erde. Die Teilsysteme sind in Rechtecken dargestellt. Wichtige Prozesse oder Phänomene sind zusätzlich aufgelistet.

1.4 Das Klimasystem

Das Klimasystem wird durch die Strahlungsleistung der Sonne angetrieben. Es besteht aus sechs Teilsystemen, welche in einem gegenseitigen Austausch stehen. Bezogen auf den Energieaustausch ist es gegenüber dem Weltraum offen, bezogen auf die Massenflüsse (z. B. jene des Wassers) ist es nahezu geschlossen.[29]

1. *Atmosphäre*: Die Atmosphäre ist ein dünner, relativ gleichmäßig verteilter gasförmiger Film mit einer geringen vertikalen Ausdehnung (99 % der Masse ist unter 30 km konzentriert). In diesem unteren Bereich findet das Wetter mit seinen charakteristischen Prozessen wie Strahlung, Wolkenbildung, Niederschlag, Luftströmung, Wärme- und Feuchtigkeitstransport, Speicherung natürlicher und anthropogener Spurengase usw. statt. Man unterscheidet deshalb zwischen der wetterrelevanten Schicht der Troposphäre (in den untersten 10 bis 15 km) und der Stratosphäre (in Höhen von 15 bis 50 km), die im Zusammenhang mit Vulkanausbrüchen eine bedeutende Rolle spielt. Vulkanische und anthropogene Aerosole sowie Treibhausgase werden von der Atmosphäre aufgenommen.

2. *Hydrosphäre*: Die Hydrosphäre besteht fast ausschließlich aus Wasser in flüssiger Form. Sie umfasst die großen Meeresgebiete, die mehr als zwei Drittel der Erdoberfläche bedecken, sowie die kontinentalen Gebiete mit Seen, Flüssen und unterirdischen Gewässern. Zu den wichtigsten Prozessen im Hydrosystem gehören die Ozeanzirkulation (einschließlich Wärme- und Massentransport), der Abfluss im Bereich der Flüsse sowie die Verdunstung von Wasser.

3. *Kryosphäre:* Die Kryosphäre umfasst alle Arten von Schnee und Eis auf der Erdoberfläche wie die großen Eisschilde, welche die Antarktis und Grönland bedecken, das arktische und antarktische Meereis sowie alle kontinentalen Gletscher, Schnee- und Eisfelder und den Permafrost. Damit stellt sie eine langfristige Wasserreserve dar und reagiert auf Veränderungen des Strahlungshaushaltes. Gefrorenes Wasser macht etwa 2 % des Weltwassers aus. In kritischen Regionen der Erde kann die Eisschmelze den Salzgehalt der Ozeane erheblich beeinflussen und zum Anstieg des Meeresspiegels beitragen.

4. *Lithosphäre/Landoberflächen:* Die Lithosphäre besteht aus festen Bestandteilen (aus festem Gestein und dem aufliegenden Boden). Ihre komplexe Topographie beeinflusst die atmosphärischen und ozeanischen Zirkulationssysteme. Wie die Atmosphäre und die Ozeane absorbiert sie die kurzwellige Strahlung und gibt diese als Wärmestrahlung wieder ab. Sie speichert und verdunstet Wasser und bildet ein großes Reservoir für Staub und alle Arten von Partikeln, die über weite Strecken transportiert werden können.

5. *Die Biosphäre:* Die Biosphäre enthält die terrestrische Vegetation, die kontinentale Flora und Fauna sowie die Flora und Fauna der Ozeane. Sie spielt beim Kohlenstoffaustausch zwischen verschiedenen Reservoiren (z. B. CO_2-Austausch mit der Atmosphäre) eine bedeutende Rolle, beeinflusst den Wärme-

und Strahlungshaushalt und verändert wichtige physikalische Parameter wie die Oberflächenrauhigkeit, die Albedo,[30] die Verdunstung, den Abfluss sowie die Feldkapazität des Bodens.[31]

6. Anthroposphäre: In einigen Lehrbüchern wird die Anthroposphäre nicht als Teil des Klimasystems eingestuft, indem der Mensch als externer, störender Faktor des Klimasystems bezeichnet wird. Im Allgemeinen sind menschliche Aktivitäten verantwortlich für die Emission verschiedener Stoffe, welche die physikalischen und biologischen Eigenschaften der anderen Sphären der Erde verändern, sowie für Landnutzungsänderungen, die zu Wüstenbildung und Bodendegradation führen.

Das Klimasystem wird normalerweise durch Variablen wie Temperatur, Luftdruck, Feuchtigkeit, Energie, Dichte, Salzgehalt, Kräfte und Geschwindigkeiten charakterisiert. Wenn wir Klimaprozesse verstehen oder modellieren wollen, müssen wir uns bewusst sein, dass die Zeit- und Längenskalen ausgewählter Prozesse, die innerhalb der verschiedenen Komponenten des Klimasystems ablaufen, sehr unterschiedlich sind. Deshalb ist es anspruchsvoll, Klimaprozesse im Detail zu verstehen. Eine Reihe von Transport- und Austauschprozessen, die für die globale Strahlungs- und Energiebilanz sowie den Wärme- und Massenhaushalt wichtig sind, wird in Abbildung 1.5 dargestellt. Die Menge der gegen den Erdboden einfallenden kurzwelligen solaren Strahlungsenergie steht langfristig im Gleichgewicht mit der langwellig ausgestrahlten (Wärme-)Energie. Temperaturunterschiede zwischen verschiedenen Regionen äußern sich in Unterschieden des Luftdrucks, die wiederum durch unterschiedliche Windsysteme ausgeglichen werden. Strömungsdynamik und Wärme sind weitere wichtige Determinanten des Wasserkreislaufs. Wolken können innerhalb von Minuten entstehen, während sich große kontinentale Eisschilde über Tausende von Jahren bilden. Wichtige Zirkulations-, Transport- und Austauschprozesse werden in Kapitel 2 ausführlicher beschrieben.

«Wetter» bezeichnet den Zustand der Atmosphäre und aller damit verbundenen Prozesse an einem bestimmten Ort oder in einer kleinen Region während eines kurzen Zeitraums, in der Regel von einem Tag. Die grundlegenden meteorologischen Messungen werden vor allem in den untersten Metern der Atmosphäre durchgeführt. Die klassische Wetterschicht umfasst jedoch etwa 8 km in Polarregionen und 17 km in tropischen Gebieten. Wie bereits erwähnt wird sie als Troposphäre bezeichnet. In ihr treten Erscheinungen wie Stürme, Wolken, Gewitter und Starkniederschläge (einschließlich Schneefall) auf. An ihrer Obergrenze wird die Troposphäre durch die Tropopause begrenzt, eine Übergangsschicht, die als quasistabile Grenze fungiert. Als klassische Wetterschicht enthält die Troposphäre 90 % der gesamten Luftmasse und fast 100 % des Wasserdampfs. Viele Prozesse sind sogar auf eine kleine Schicht über der Erdoberfläche mit einer vertikalen Ausdehnung von einigen Hundert Metern oder einem Kilometer begrenzt.

Das «Klima» ist eigentlich die Statistik des Wetters. Es wird charakterisiert durch tägliche, monatliche und jahreszeitliche Klimavariablen, die über eine Reihe von Jahrzehnten gemessen werden. Nach Angaben der Weltorganisation für Meteorologie (WMO) beträgt die Standard-Klimaperiode

30 Jahre. Im variablen Klima der höheren Breiten müssen die Perioden verlängert werden, wenn ihre Statistik signifikant sein soll. Die Idee des Klimas als Erwartungsgröße ist in unserer Vorstellung verankert. Entsprechend besagt das Sprichwort: «Klima ist das, was man erwartet, Wetter ist das, was man bekommt.»

In der englischen Sprache gibt es keinen Begriff für großräumige Wetterphänomene, die mehrere Tage andauern (in deutscher Sprache als «Witterung» bezeichnet). Stattdessen werden Begriffe wie Wetterschwankungen, typische Wettermuster oder einfach Wetter und Klima verwendet. Indem man sich auf die kürzere Wetterzeitspanne von Stunden bis Tagen konzentriert, kann die Atmosphäre als eine einzige, geschlossene Systemkomponente behandelt werden. Das bedeutet, dass wir den Einfluss von Langzeit-Gedächtniseffekten der anderen Systemkomponenten oder Sphären, die in Abbildung 1.5 dargestellt sind (z. B. der Wärmeinhalt des Ozeans oder das Meereis), bei der Wetterprognose vernachlässigen können. Für Klimastudien, die längere Zeiträume umfassen, ist jedoch das Zusammenspiel fast aller Komponenten in der Abbildung zu beachten.

Abbildung 1.6 stellt das Wirkungsgefüge der verschiedenen Antriebsfaktoren oder Forcings dar. Zusammen mit der internen Systemvariabilität beeinflussen sie die Teilsysteme des Klimasystems und erzeugen dabei typische Zirkulationsmuster. Der wichtigste natürliche Antriebsfaktor auf der 100-jährigen bis 1000-jährigen Zeitskala (siehe Kasten oben links in Abb. 1.6) wird als orbitaler Antrieb (oder Forcing) bezeichnet. Die Erdbewegung im Weltraum führt zu mehr oder weniger zyklischen, globalen und regionalen Veränderungen der Sonneneinstrahlung mit einer Zeitskala von Tausenden von Jahren (für weitere Einzelheiten siehe Kapitel 2). Auch die Sonnenaktivität oder Sonneneinstrahlung ändert sich als Folge von Zyklen, namentlich des 11-jährigen Sonnenfleckenzyklus sowie weiteren 85, 210 oder 1470 Jahre langen oder längeren Zyklen. Vulkanische Eruptionen lösen eigentliche Schocks im Klimasystem aus. Die hohen Mengen an Aerosolen, welche explosionsartig in die höhere Atmosphäre ausgestoßen werden, senken die Oberflächentemperatur der Erde und erzeugen Veränderungen der atmosphärischen Zirkulation sowie der Niederschlagsverteilung (Teilkapitel 3.3). Änderungen der Treibhausgas- oder Aerosolkonzentration führen zu Veränderungen der Strahlung, der Temperatur und der Zirkulation in Atmosphäre und Ozean. Die zunehmende Konzentration von Treibhausgasen wie Kohlendioxid (CO_2), Methan (CH_4) und Distickstoffoxid (N_2O) ist hauptsächlich für die globalen Klimaveränderungen der letzten 100 Jahre verantwortlich.

Der Kasten oben rechts in Abbildung 1.6 zeigt zwei wichtige Phänomene, die durch interne Variabilität innerhalb des Klimasystems hervorgerufen werden. Ihre Existenz ist hauptsächlich auf die komplexe Wechselwirkung zwischen Ozean und Atmosphäre zurückzuführen. Das wichtigste Phänomen wird als El Niño Southern Oscillation (ENSO) bezeichnet. Es handelt sich dabei um eine periodische west-östlich orientierte Oszillation des Luftdrucks und der Zirkulation im Ozean sowie in der Atmosphäre des äquatorialen Pazifiks (Abb. 1.17). Das europäische Pendant zu El Niño, die Nordatlantische Oszillation (NAO), charakterisiert eine Oszillation des Luftdrucks und der Meereisverteilung im nordatlantischen Raum, die vor allem in den Wintermonaten wirksam ist (Abb. 1.17 und 1.18).

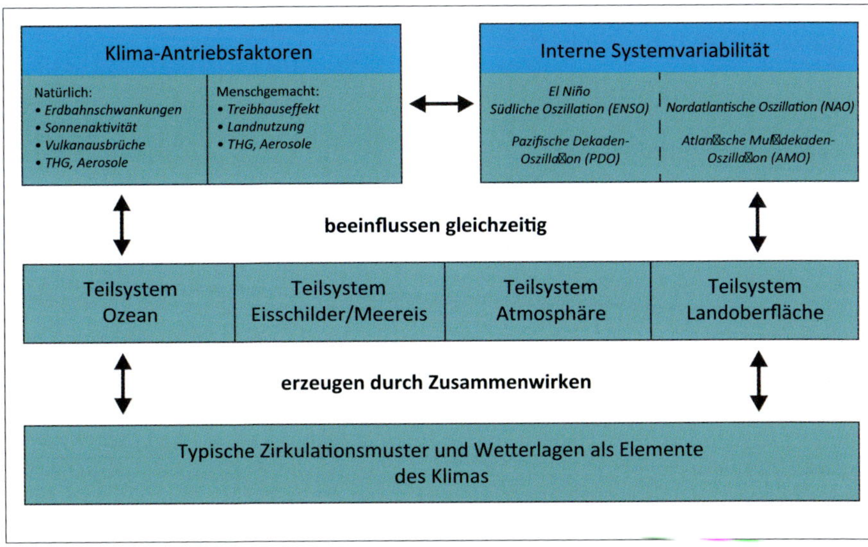

Abb. 1.6. Wirkungsgefüge der wichtigsten Faktoren und Prozesse, welche Wetter und Klima beeinflussen.

Wie in Abb. 1.6 gezeigt wird, beeinflussen die Antriebsfaktoren und die interne Systemvariabilität alle vier Subsysteme des Klimasystems. Die Kombination ihrer Wirkungen ändert sich jeden Tag, jede Woche, jeden Monat, jede Jahreszeit, jedes Jahr, jedes Jahrzehnt, jedes Jahrhundert, jedes Jahrtausend usw. Das Zusammenspiel all dieser Subsysteme erzeugt die charakteristischen Zirkulationsmuster, die wiederum mittlere und extreme Witterungsverläufe auf lokaler und regionaler Ebene erzeugen. Daher ist das Klima, ob auf lokaler, regionaler oder globaler Ebene, stets das Ergebnis aller antreibenden Faktoren und der internen Systemeffekte, welche die Dynamik der Witterung über einen langen Zeitraum bestimmen.

1.5 Die globale Energiebilanz – treibende Kraft des Klimasystems

Das globale Energiesystem wird von der Sonne angetrieben (Abb. 1.7). Die durchschnittliche einfallende kurzwellige Netto-Einstrahlung der Sonne beträgt 340 Watt pro Quadratmeter (W/m²). Über einen längeren Zeitraum muss dieser Energieeintrag durch den Betrag der von der Erde in den Weltraum abgestrahlten Wärmeenergie ausgeglichen werden. Ist dies nicht der Fall, unterliegt die Durchschnittstemperatur der Erde grob gesagt einer positiven oder negativen Drift. Ohne Atmosphäre (und damit ohne Treibhauseffekt) läge die globale Durchschnittstemperatur in Oberflächennähe bei etwa −18 °C. Organismen können deshalb nur aufgrund der wichtigen Treibhausgase in der Erdatmosphäre überleben, die langwellige Strahlung absorbieren und wiederum an die Erdoberfläche zurückstrahlen. Das wichtigste natürliche Treibhausgas ist Wasserdampf (H_2O). Aufgrund des gesamten Treibhauseffektes beträgt die Durchschnittstemperatur auf der Erde zirka 15 °C und nicht −18 °C, wie dies ohne die Erdatmosphäre der Fall wäre. Ausgelöst durch anthropogene Aktivitäten werden zusätzlich mehrere Treibhausgase wie Kohlendioxid (CO_2), Methan (CH_4), Distickstoffoxid (N_2O) oder

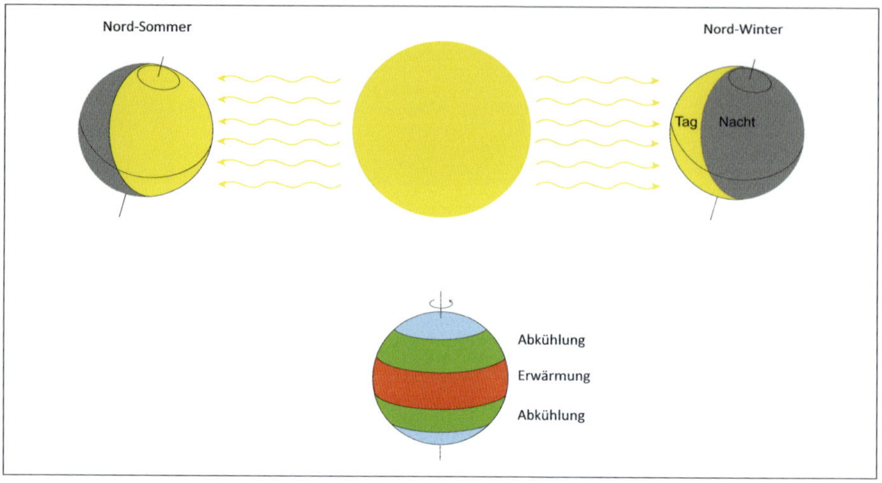

Abb. 1.7. Der solare Antrieb des Klimasystems. Aufgrund des sich ändernden Winkels der einfallenden Sonnenstrahlung entsteht in den Tropen ein Energieüberschuss und an den Polen ein Energiedefizit (größere Abbildung oben). Aufgrund der Schrägstellung der Erdachse ist dieser Energieverlust in der entsprechenden Winterhemisphäre extrem groß, was zu einem erheblichen Energiegefälle führt (siehe kleinere Abbildung unten).

Lachgas, Ozon (O_3) und Fluorchlorkohlenwasserstoff (FCKW) erzeugt, welche die globale Durchschnittstemperatur erhöhen.

Der obere Teil von Abbildung 1.7 zeigt die Richtung der einfallenden kurzwelligen Strahlung der Sonne während des nordhemisphärischen Sommers (links) und Winters (rechts). Aufgrund der höheren Position der Sonne erhalten die Tropen die höchste Energiemenge. Zusätzlich wird die Sonnenenergie durch die Neigung der Erdachse moduliert, was im Winter auf beiden Hemisphären Polarnächte verursacht. Die untere schematische Darstellung stellt dar, dass die Erde in den Tropen große Energiemengen gewinnt und in beiden Polarregionen Energie verliert. Wenn dieser starke Unterschied im Energiehaushalt nicht ausgeglichen würde, wären viele Gebiete des Planeten unbewohnbar. Glücklicherweise wird dieser Energieunterschied zwischen den Tropen und den Polarregionen durch die Transportprozesse im Ozean und in der Atmosphäre ausgeglichen.[32] Im Vergleich zur Atmosphäre ist der Energietransport zwischen Äquator und Pol durch den Ozean besonders in der äquatorialen Region von Bedeutung. Außerhalb der Tropen dominiert der Austausch durch die Atmosphäre.

Zusätzlich zum Wärmetransport wird Masse – in Form von Luft, Wasser oder Wasserdampf, Aerosolen und Salz – durch die Zirkulationsprozesse in der Atmosphäre und im Ozean transportiert. Europa befindet sich in der Übergangszone zwischen warmen subtropischen und kühleren polaren Luftmassen. Daher sind das europäische Wetter und Klima sehr variabel (siehe Kapitel 6 bis 8 und 10).

1.6 Wodurch wurden die Energie- und Temperaturschwankungen im Holozän bestimmt?

Die Umlaufbahn der Erde um die Sonne wird von der Schwerkraft anderer Planeten beeinflusst. Wie bereits im vorigen Abschnitt angedeutet bilden die

Schwankungen der Sonneneinstrahlung infolge der Veränderungen der Bahnbewegung der Erde die Grundlage für die langfristigen Schwankungen, die während des Holozäns auftraten. Der Begriff Holozän bezeichnet die Warmzeit oder Zwischeneiszeit, die vor etwa 11'700 Jahren nach dem Ende der letzten Eiszeit begann. Abbildung 1.8 zeigt die drei Elemente der Erdbewegung, welche die Grundlage für die Sonneneinstrahlung, den regionalen Energiehaushalt und die Temperatur der Erde bilden. Sie werden in der Fachsprache als Milanković-Forcing oder -Antrieb bezeichnet, weil ihr physikalischer Hintergrund erstmals vom serbischen Geophysiker Milutin Milanković (1879–1958) beschrieben wurde.

Das erste Element, die Exzentrizität (Abb. 1.8a), bezeichnet die Veränderungen der leicht elliptischen Bahn der Erde während ihres jährlichen Umlaufs um die Sonne, auch Revolution genannt. Die Erde ist um den 3. Januar der Sonne am nächsten (genannt Perihel) und um den 5. Juli am weitesten entfernt von ihr (genannt Aphel). Infolgedessen erhält die Erde Anfang Januar/Anfang Juli etwa 3,5 % mehr/weniger Strahlungsenergie. Die Schwankungen dieser orbitalen Exzentrizität sind quasiperiodisch mit einer durchschnittlichen Periodenlänge von etwa 100'000 Jahren. Das zweite Element der Erdbahn- oder Orbitalbewegung, die so genannte axiale Neigung (Abb. 1.8c), beschreibt die Änderung des Neigungswinkels der Erde zwischen etwa 22,1° und 24,5°. Ihre Periodizität beträgt zirka 41'000 Jahre. Zu Beginn des Holozäns betrug der Winkel etwa 24,2°, heute beträgt er 23,4°. Dies bedeutet, dass die nördliche Hemisphäre im Sommer viel weniger Sonnenenergie erhält als vor 10'000 Jahren. Das dritte Element der Orbitalbewegung (Abb. 1.8b) wird als Präzession bezeichnet. Es ist durch ein Taumeln der Erdachse wie bei einem Kreisel gekennzeichnet und folgt einer Periode von etwa 23'000 Jahren. Der Einfluss der Präzession war wesentlich für die Beendigung der letzten Eiszeit verantwortlich, die vor etwa 115'000 Jahren begonnen hatte.

Die Berechnung der Sonneneinstrahlung für jeden Punkt auf unserem Globus muss alle drei Prozesse der Bahnbewegung berücksichtigen. In Abbildung 1.9 sind die Ergebnisse der Berechnungen für das gesamte Holozän dargestellt. Der langfristige Mittelwert der bodennahen Lufttemperatur ist mehr oder weniger das Ergebnis des Einflusses dieser Orbitalbewegungen. Abbil-

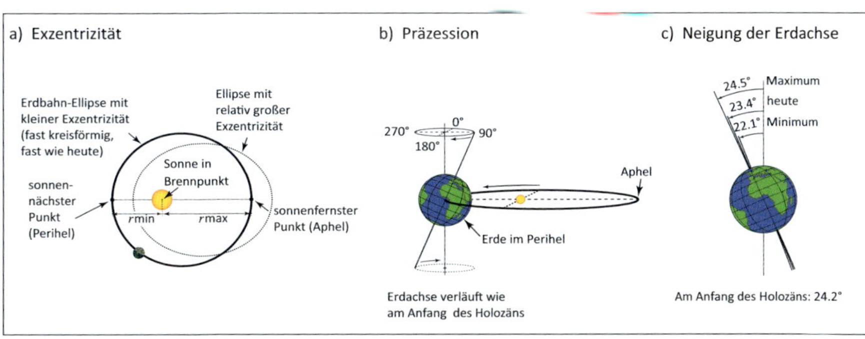

Abb. 1.8. Die drei klassischen quasiperiodischen Mechanismen der Erdbewegung erzeugen raumzeitliche Veränderungen der Sonneneinstrahlung (sogenanntes Milanković-Forcing). a) Änderung der elliptischen Bahn der Erde um die Sonne. b) Kreiselbewegung der Erdachse, Präzession genannt. c) Neigung der Erdachse.

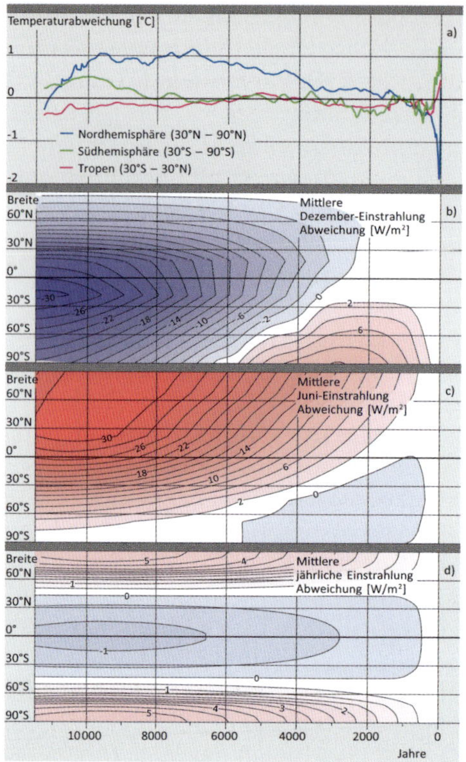

Abb. 1.9. a) Rekonstruierte holozäne Temperaturzeitreihen für drei Regionen der Erde (°C). b) Anomalien der durchschnittlichen Sonneneinstrahlung an der Erdoberfläche im Dezember (W/m²). c) Wie b, aber für Juni. d) Durchschnittliche jährliche Sonneneinstrahlung (nach Marcott et al. 2013).

dung 1.9a zeigt drei Kurven der holozänen Temperatur, rekonstruiert und gemittelt für die nördliche Hemisphäre, die südliche Hemisphäre und die Tropen. Sie wurden aufgrund der Analyse von natürlichen Archiven wie Ozeansedimenten oder Eisbohrkernen von einem Team unter der Leitung des US-Klimawissenschaftlers Shaun Marcott rekonstruiert. Betrachten wir zunächst die mittlere Sonneneinstrahlung während des borealen Sommers (Nordhalbkugel; Juni; Abb. 1.9c). Der Betrag dieser Sonneneinstrahlung im Sommer ist in den mittleren bis hohen Breiten der nördlichen Hemisphäre besonders wichtig, da dieses Gebiet hauptsächlich von Landmassen bedeckt ist. Bei geringerer oder höherer Sonneneinstrahlung sind diese Gebiete in der Lage, Strahlungs- und Temperatureffekte zu verstärken, hauptsächlich durch Rückkopplungen mit der Schnee- und Eisdecke. Bei niedrigerer (höherer) Temperatur nimmt die Schnee- und Eisdecke zu (ab), was zu einer zunehmenden (abnehmenden) Reflexion der einfallenden Sonnenstrahlung und damit zu immer stärker sinkenden (steigenden) Temperaturen führt. Abbildung 1.9c zeigt, dass die Sonneneinstrahlung in den nördlichen hohen Breiten während des Holozäns stark abnahm (mehr als 30 W/m²), was einer enormen Energiemenge entspricht. Diese Tatsache spiegelt sich deutlich in der durchschnittlichen Temperaturkurve der nördlichen Hemisphäre in Abbildung 1.9a wider. Nicht überraschend wurde deshalb zwischen etwa 10'000 und 6'000 Jahren vor heute ein Temperaturmaximum beobachtet, welches als Holozänes Thermisches Maximum (HTM) bezeichnet wird. Der genaue Zeitpunkt der Höchsttemperatur war von Region zu Region verschieden. Nach diesem Maximum nahm die Temperatur bis zur modernen, globalen Erwärmungsperiode ab und erreichte zwischen etwa 1300 und 1900 n.Chr. ein Temperaturminimum. In der Literatur wird die kühle Periode im späten Holozän der letzten 5000 Jahre als Neoglazial bezeichnet.[33] Es überrascht deshalb nicht, dass die meisten Gletscher rund um den Globus in dieser Periode vorrückten.[34]

Während des sogenannten australen Sommers der südlichen Hemisphäre, dargestellt in Abbildung 1.9b, nahm die Sonneneinstrahlung südlich der Tropen während des Holozäns deutlich zu. Zudem zeigen die jährlichen mittleren Sonneneinstrahlungskurven in Abbildung 1.9d leicht abnehmende Werte in den nördlichen und südlichen hohen Breiten und steigende Werte in den Tropen. Als Folge davon zeigt die holozäne Temperaturkurve der Tropen in Abbildung 1.9a einen moderaten Temperaturanstieg. In der südlichen Hemisphäre trat vor etwa 10'000 Jahren ein deutliches Temperaturmaximum auf. Es ist zu beachten, dass die wechselnde Sonneneinstrahlung und die Temperaturunterschiede während des Holozäns, hauptsächlich zwischen den Ozeanen und den Kontinenten, einen Schlüsselfaktor für die Entwicklung der großen Monsun-Systeme, insbesondere in Afrika und Asien, darstellen. Dieser Tatsache wird in der Übersicht über das Klima des Holozäns in Kapitel 2 Beachtung geschenkt.

1.7 Zirkulation, Energie- und Massenaustausch – Grundelemente der Klimadynamik

Abbildung 1.7 unten deutet an, dass der Energieaustausch zwischen den Tropen und höheren Breiten für die gesamte Biosphäre unseres Planeten von wesentlicher Bedeutung ist. Die damit verbundenen Zirkulationsprozesse besorgen ebenfalls den Massenaustausch. Der Mechanismus, der Energie und Masse in der Atmosphäre austauscht, wird atmosphärische Zirkulation (AZ) genannt. Zusätzlich zu den in Abbildung 1.7 dargestellten Prozessen muss berücksichtigt werden, dass die Erdrotation und Änderungen der Oberflächenrauhigkeit zwischen Ozean und Land (einschließlich der Berge, Felsen, Wälder usw.) die komplexe Struktur der atmosphärischen Zirkulation beeinflussen, wie sie in Abbildung 1.10 dargestellt ist. Über der tropischen Zone umspannen zwei quasisymmetrische Konvektionszellen – die Hadley-Zellen – den ganzen Globus wie zwei ringförmige Röhren. In ihrem unteren Bereich strömen die Passatwinde aus Nordost und Südost über dem Äquator zusammen, was dort zu einem Auftrieb warmer und feuchter Luft führt und schwere tropische Regenfälle auslöst. Die aufsteigende Luft strömt in der oberen Troposphäre in Richtung der Polgebiete und sinkt in den Subtropen ab, wodurch trockene Hochdruckgebiete und Wüsten wie die Sahara entstehen.

Nördlich und südlich der trockenen, subtropischen Hochdruckzonen existieren zwei Zellen, die sogenannten Ferrel-Zellen mit dominierenden Westwinden. Aufgrund der starken Temperaturunterschiede zwischen der warmen tropischen und der kalten polaren Luft entstehen in der höheren Troposphäre extrem starke Westwindbänder, die sogenannten Polarfrontstrahlströme. Sie bilden Mäander, die beide Hemisphären umströmen. In der unteren Atmosphäre treiben diese Strahlströme (Jetstreams) die Tiefdrucksysteme

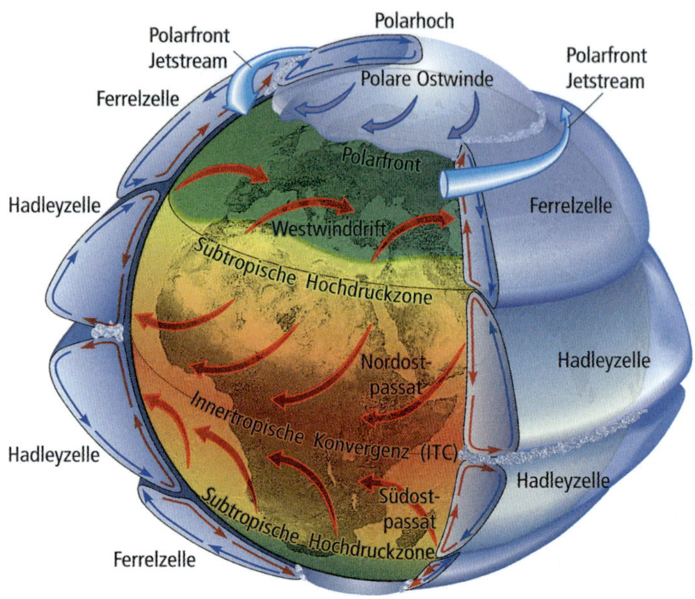

Abb. 1.10. Allgemeine Struktur der atmosphärischen Austausch- und Zirkulationsprozesse, welche als globale atmosphärische Zirkulation (AZ) bezeichnet werden.

der mittleren Breiten mit ihren von West nach Ost driftenden Kalt- und Warmfronten an. Während des europäischen Winters greifen die Zugstraßen dieser Tiefdruckgebiete in den mittleren Breiten nach Süden bis in den Mittelmeerraum aus. Im kontinentalen Bereich Europas werden die wärmeren Winterwestwinde des Atlantiks durch Rauhigkeitseffekte abgebremst. Von Dezember bis Februar dringen kalte kontinentale Luftmassen, angetrieben vom kalten sibirischen Hochdruckgebiet, periodisch nach Mitteleuropa und in den Mittelmeerraum vor. Während des Sommers dominiert im Mittelmeerraum vermehrt das subtropische Azorenhoch. Es erstreckt sich vorübergehend bis nach Mittel- und Nordeuropa.

Wie die Atmosphäre ist auch der Ozean am meridionalen Energie- und Massentransport zwischen den Tropen und den Polgebieten beteiligt. Im Gegensatz zum System der AZ muss sich das Ozeanzirkulationssystem (OZ) an die komplexe Struktur des Ozeanbeckens anpassen. Wie Abbildung 1.11 zeigt, erfolgt der Energie- und Massentransport im Ozean in Form des sogenannten «Conveyor Belts», eines Förderbandes, welches durch die unterschiedlichen Dichten infolge unterschiedlicher Temperaturen und Salzgehalte angetrieben wird. Warme Oberflächenströmungen sind rot, kalte Tiefenströmungen blau und bodennahe Strömungen violett dargestellt. Grüne Oberflächen zeigen Gebiete mit hohen Salzkonzentrationen und blau bezeichnet Zonen mit niedrigen Salzkonzentrationen. Gelbe Ovale markieren die Gebiete mit großen, sinkenden Wassermassen und Tiefwasserformationen. Entlang der warmen äquatorialen Zonen der Erdkugel (Indischer und Pazifischer Ozean) steigt warmes und weniger dichtes Wasser an die Oberfläche, umfließt Afrika und biegt östlich von Florida und dem Golf von Mexiko Richtung Skandinavien ab. Der Sektor zwischen Florida und Grönland, in dem warme und zunehmend salzigere Wassermassen nach Grönland transportiert werden, wird als Golfstrom bezeichnet. Abbildung 1.12 zeigt die wellenförmigen Strömungen des

Abb. 1.11. Vereinfachte Darstellung der globalen Austauschmechanismen im Ozean. Oberflächennahe Strömungen sind rot dargestellt, blau markiert Strömungen im tieferen Ozean, und violett zeigt die tiefsten Strömungen in der Nähe des Meeresbodens. Grüne Flächen stellen Gebiete mit Salzkonzentrationen über 36‰ dar, blaue Flächen markieren Konzentrationen unter 34‰.

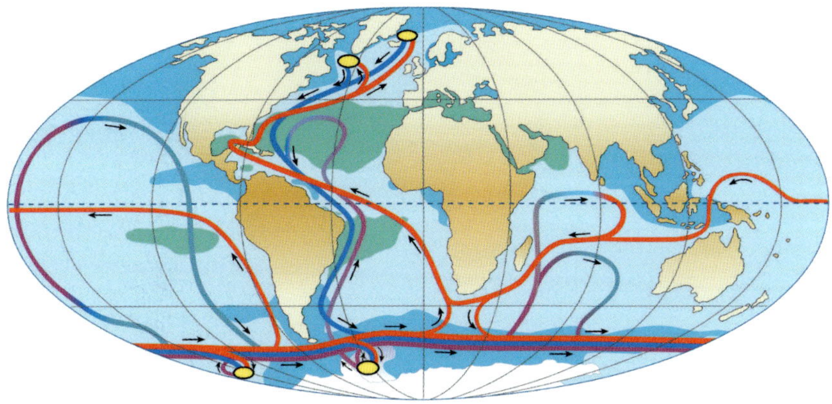

Golfstroms, welche den Transport von Wassermassen und Wärme in Richtung Westskandinavien andeuten.

Diese salzhaltigen Wassermassen kühlen sich zunehmend ab, sinken aufgrund ihrer hohen Dichte östlich und südwestlich von Grönland (gelbe Ovale) in die Tiefe ab und strömen als Tiefenwasserströmungen zurück in Richtung Antarktis. Dieses Zirkulationssystem zwischen Grönland und der Antarktis wird als Atlantic Meridional Overturning Circulation (AMOC) bezeichnet. Es ist eine entscheidende Komponente der langfristigen Klimavariabilität in Europa und auf der ganzen Welt. Sie umfasst Skalenbereiche von Jahrhunderten bis Jahrtausende.

Wenn wir die Klimavariabilität angemessen verstehen wollen, müssen wir den Energie- und Massenaustausch zwischen Ozean, Atmosphäre, Land und Vegetation einschließlich des Meereises und der kontinentalen Eisschilde erfassen und verstehen. Der Austausch von Wärme und Wasserdampf zwischen dem Ozean und der Atmosphäre ist ein Schlüsselprozess der glo-

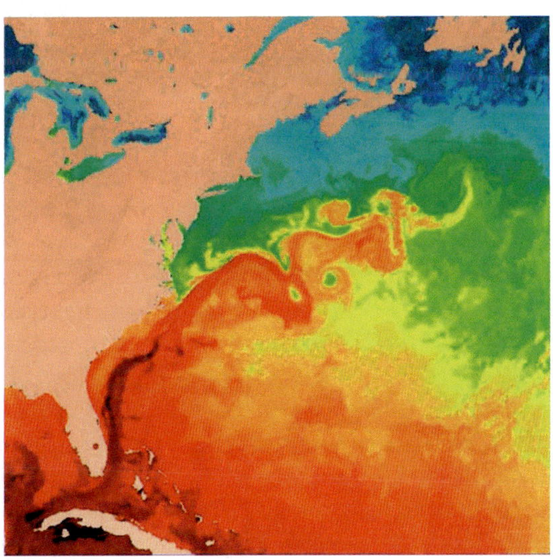

Abb. 1.12. Strömungssystem und Oberflächentemperaturen des Golfstroms im zentralen Atlantikgebiet. Rote Farben markieren warme Wassermassen, blaue Farben zeigen kühlere Bereiche an (mit freundlicher Genehmigung von Chris Kerr, NOAA/GFDL).

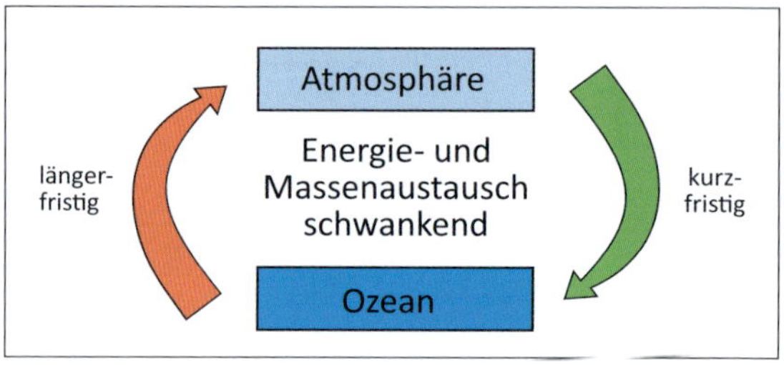

Abb. 1.13. Einfache Darstellung des Austauschprozesses zwischen Atmosphäre und Ozean.

balen Klimadynamik. Er ist in einer sehr einfachen Zeichnung in Abbildung 1.13 dargestellt. Die Ozeane enthalten vor allem das globale Energie- (Wärme-) und Feuchtigkeitsgedächtnis. Sie absorbieren die einfallende kurzwellige Strahlung von der Sonne, wandeln diese Energie in Wärme um, geben diese Wärme an die Atmosphäre ab und verdampfen Wasser. Die atmosphärischen Zirkulationssysteme treiben die Meeresströmungen an, scheiden große Mengen von Wasser aus und transportieren riesige Mengen von Masse und Energie in Richtung der Kontinente und wiederum aus den Kontinentalgebieten zu den Ozeanen. Die Zeitskala der atmosphärischen Prozesse, die den Ozean beeinflussen (grüner Pfeil in Abb. 1.13), ist ziemlich kurz. Insbesondere tropische Wirbelstürme und Stürme in mittleren Breiten können die Meeresströmungen, die Meerestemperatur und den Salzgehalt erheblich verändern. Der Ozean ist als das eigentliche Gedächtnis des Klimas in der Lage, seine Eigenschaften (Wärme, Feuchtigkeit) auf Zeitskalen von mehreren Wochen bis Monaten oder sogar länger an die Atmosphäre weiterzugeben (roter Pfeil in Abb. 1.13). Zusammen sind diese Prozesse hauptverantwortlich für die Bildung komplexer Klimamuster mit typischen Eigenschaften und Auswirkungen, die als Moden der Klimavariabilität bezeichnet werden. Diese sogenannten Klimamoden oszillieren oft mit einer gewissen Periodizität und bestimmen das kontinentale und mithin sogar das hemisphärische Klima. Wie bereits erwähnt kann der pazifische ENSO als wichtigster Modus des Weltklimasystems bezeichnet werden. Der nordatlantisch-europäische Raum ist stark von der NAO betroffen, die später noch ausführlicher beschrieben wird.

Einer der grundlegenden Zyklen im globalen Klimasystem ist der in Abbildung 1.14 dargestellte Wasserkreislauf. Er zeigt den Austausch von Wasser in seinen drei Aggregatzuständen (gasförmig, flüssig, fest) zwischen Ozean-, Land- und Eisoberflächen. Die Ozeane bedecken 70 % der Erdoberfläche, während das Süßwasser auf dem Globus nur 2.5 % ausmacht. Ein großer Teil dieses Süsswassers ist als Grundwasser oder Eis gespeichert. Große Gebiete der Erde, vor allem in den Subtropen, sind arid. Abbildung 1.14 zeigt den Wasserkreislauf in Einheiten von 1000 Kubikkilometern pro Jahr (km³/Jahr). Die größte Komponente des von der Sonne angetriebenen Wasserkreislaufsystems ist mit 425'000 km³/Jahr die Verdunstung vom Ozean zur Atmosphäre. Eine ähnliche Menge, nämlich 385'000 km³/Jahr, wird über den Ozeanen ausgeregnet. Die restlichen 40'000 km³/Jahr bilden den Nettotransport zu den Landoberflächen in Form von Wasserdampf oder Wolken. Nur 71'000 km³/Jahr verdunsten über den Landoberflächen, während der kontinentale Gesamtniederschlag 111'000 km³/Jahr beträgt. Der

Abb. 1.14. Schematische Darstellung des globalen Wasserkreislaufs. Die Zahlen zeigen die Wasser- oder Wasserdampfmasse in 1000 km³/Jahr.

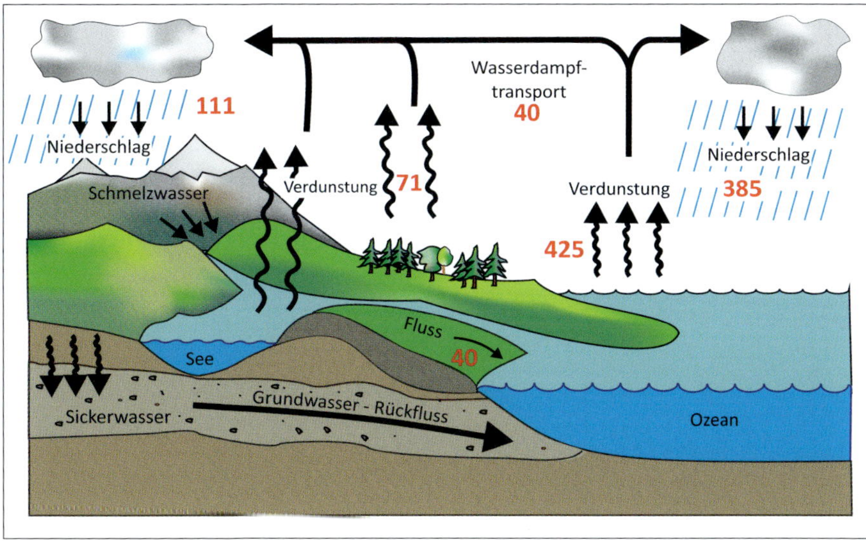

durchschnittliche Niederschlag für den gesamten Globus liegt gerade bei etwa 1 m (~ 973 mm) pro Jahr, mit höheren Werten über dem Ozean und weniger Niederschlag (715 mm) über Land. Der europäische Niederschlag wird von zwei Hauptfeuchtigkeitsquellen gespeist, dem Nordatlantik und dem Mittelmeer.

1.8 Störungen der Antriebsprozesse und interne Variabilität erzeugen den Klimawandel

Das Klima ändert sich auf verschiedenen Zeitskalen von Jahren bis zu Millionen von Jahren. Wie in Abbildung 1.6 dargestellt wurde, ist die Veränderung das Ergebnis von Veränderungen, die durch variable Störungen der Antriebsfaktoren sowie durch die interne Variabilität innerhalb des Klimasystems verursacht werden. Die Abbildungen 1.8 und 1.9 zeigen, dass der wichtigste langfristige Antriebs- oder Änderungsfaktor aus den drei quasiperiodischen Mechanismen des Orbitalantriebs (sogenanntes Milanković-Forcing) besteht.

Die wichtigste kurzfristige Störung im Klimasystem wird durch große Vulkanausbrüche verursacht.[35] Vulkanische Antriebsstörungen sind dann besonders effizient, wenn große Vulkanausbrüche in tropischen Gebieten auftreten. In diesem Fall steigt die Aerosolmasse in die Stratosphäre auf (bis auf ungefähr 40 km über dem Meeresspiegel), und die langsam absinkenden Aerosole werden durch die stratosphärische Brewer-Dobson-Zirkulation in beide Hemisphären transportiert, wie in Abbildung 1.15 dargestellt wird. Die in den tieferen Atmosphärenschichten vorhandene Hadley-Zirkulation (Abb. 1.10) ist mehr oder weniger symmetrisch. Die stratosphärische Brewer-Dobson-Zirkulation jedoch, die durch atmosphärische Wellen (vertikal sich ausbreitende planetare oder Rossbywellen) angetrieben wird, ist asymmetrisch in dem Sinne, dass der gesamte Zirkulationsast meistens von

Abb. 1.15. Hypothetische Verteilung der stratosphärischen Aerosolwolke nach einem starken Vulkanausbruch in den Tropen (Entwurf: Stefan Brönnimann).

den Tropen zum Winterpol weist. Daher ist es wichtig, die Jahreszeit eines bestimmten Vulkanausbruchs zu kennen. Während des Sommers auf der Nordhalbkugel wird mehr Aerosolmasse innerhalb der Stratosphäre zur Südhalbkugel (und umgekehrt) transportiert, begleitet von zunehmenden Mengen an Sommerniederschlägen. Um die klimatischen Auswirkungen eines Vulkanausbruchs zu verstehen, müssen die chemischen und physikalischen Eigenschaften des betreffenden vulkanischen Aerosols bekannt sein. Abbildung 2.8c zeigt die wichtigsten Vulkanausbrüche während der letzten 2000 Jahre. Weitere Einzelheiten werden später im Zusammenhang mit dem Tambora-Ereignis diskutiert (Teilkapitel 3.3).

Die Bestrahlung durch die Sonne unterliegt Schwankungen, die mehr oder weniger periodisch sind.[36] Die Anzahl der Sonnenflecken folgt einer Periode von etwa 11,1 Jahren, genannt Schwabe-Zyklus. Die einfallende Sonnenstrahlung ist höher, wenn die Anzahl dieser Sonnenflecken ebenfalls hoch ist, und dies, obwohl die Oberflächentemperatur der dunklen Sonnenflecken niedriger ist als die ihrer Umgebung. Auch wenn die Dynamik des solaren Dynamos nicht vollständig verstanden wird, wissen wir aus Messungen, dass der Bereich der Sonneneinstrahlung zwischen hoher und niedriger Sonnenaktivität nur um einige Zehntel Watt pro m^2 variiert. Abbildung 1.16 zeigt ein Foto der Sonne, das auch ihr dynamisches Verhalten mit helleren und dunkleren Bereichen widerspiegelt. Bei der Betrachtung eines Zeitraums von Tausenden von Jahren sind die länger anhaltenden Großen Solaren Minima (GSM) von besonderem Interesse. Ein bestimmter Zeitraum wird als GSM bezeichnet, wenn mehrere aufeinanderfolgende 11,1 Jahre lange Schwabe-Zyklen niedrigere Einstrahlungswerte aufweisen (siehe Abb. 6.9b). Die statistische Analyse der Sonneneinstrahlung zeigt, dass es neben den Schwabe-Zyklen mehrere längere Zyklen mit periodisch wechselnder Sonneneinstrahlung gibt, nämlich den Gleißberg-Zyklus von etwa 90 Jahren oder den Suess-Zyklus von etwa 210 Jahren. Ein oft beschriebenes GSM ist das Maunder-Minimum, das von etwa 1645 bis 1715 dauerte. Eine Kurve mit der solaren Bestrahlungsstärke der letzten 2000 Jahre, einschließlich der niedrigeren Werte des Maunder-Minimums, ist in Abbildung 2.8d dargestellt.

Abb. 1.16. Bild der Sonne, im UV-Wellenlängenbereich aufgenommen vom ESA/NASA Solar and Heliospheric Observatory (SOHO) am 23. Oktober 2003 (Quelle: NASA).

Wie bereits erwähnt, unterliegt das Klimasystem auch einer internen (stochastischen) Variabilität, die hauptsächlich durch nichtlineare Wechselwirkungen erzeugt wird. Gemäß Abbildung 1.12 beruhen diese vor allem auf Austauschprozessen zwischen Ozean und Atmosphäre. Zwei Phänomene sind besonders wirksam. Beide bestehen mehr oder weniger aus einer Schaukelbewegung im System Ozean-Atmosphäre (Abb. 1.17). Der erste und weltweit bedeutendste dynamische Prozess, das ENSO-Phänomen, umfasst eine zonal ausgerichtete Wippe oder Schaukel im Pazifischen Ozean. Der Begriff El Niño bezeichnet den ozeanischen Teil und Southern Oscillation den atmosphärischen Teil dieses Phänomens. El Niño ist ein spanischer Begriff, der von Fischern entlang der Küste Perus geschaffen wurde und «Kleiner Junge» oder «Christkind» bedeutet. Es beschreibt eine rasche Erwärmung der Gewässer vor Peru, die alle zwei bis sieben Jahre auftritt, wenn der Auftrieb von kaltem, nährstoffreichem Wasser entlang des Humboldtstroms, der nach Norden entlang der Westküste Südamerikas nach Peru fließt, unterbrochen wird. Die Ursache ist eine Warmwasserwelle (Kelvinwelle genannt), die im zentralen äquatorialen Pazifik ausgelöst wird, sich zur südamerikanischen Küste hin ausbreitet und damit den Auftrieb behindert. Dadurch werden die Fischbestände stark dezimiert. Das Phänomen wurde erstmals in den 1920er-Jahren vom britischen Meteorologen Sir Gilbert Walker (1868–1958) entdeckt, der eine West-Ost-Luftdruckschaukel zwischen dem subtropischen Hochdrucksystem im südöstlichen Pazifik (die Wetterstation befindet sich auf Tahiti) und einem Tiefdrucksystem über Indonesien (Wetterstation in Jakarta) beschrieb. Auf globaler Ebene erzeugt das El-Niño-Phänomen einen Erwärmungseffekt von einigen Zehntel Grad Celsius. Zusätzlich werden die Niederschläge, insbesondere jene im nordwestlichen Südamerika und im Südwesten der USA verstärkt, und in Südostasien und Südostafrika setzt sich Trockenheit durch. Bei umgekehrten Verhältnissen, genannt La Niña (die junge Schwester des El Niño), ist mit einem kühleren Ostpazifik, niedrigeren Temperaturen vor allem auf der Südhalbkugel, starken Niederschlägen in Australien und Südostasien sowie starker Trockenheit im Südwesten der USA und in Teilen Süd-

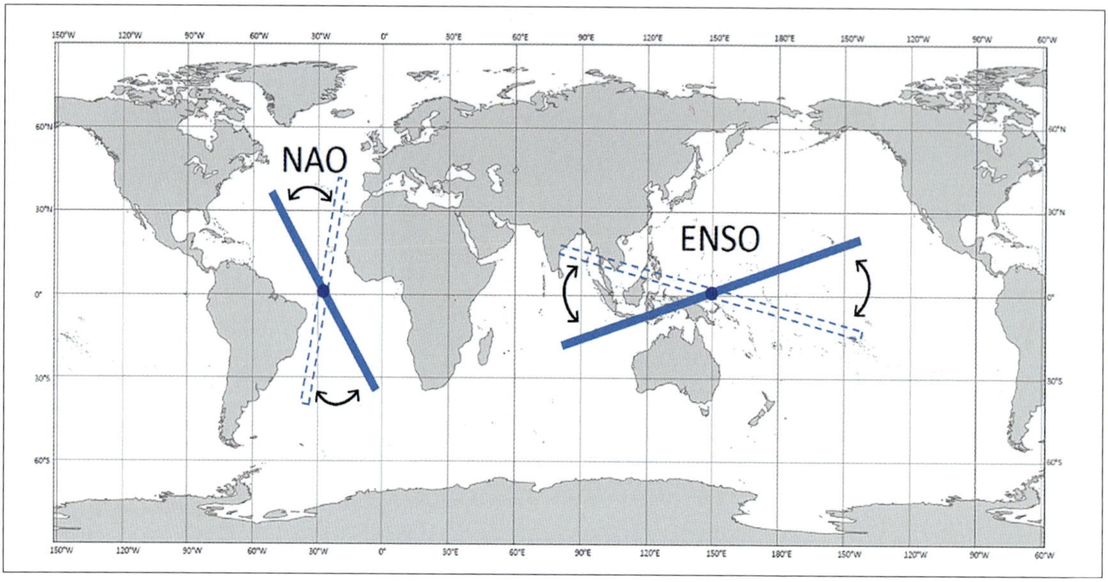

Abb. 1.17. Wichtigste Phänomene im Zusammenhang mit der internen (stochastischen) Variabilität des Klimasystems. NAO: Nordatlantische Oszillation. ENSO: El Niño Südliche Oszillation.

amerikas zu rechnen. Die Forschungsgruppen des deutschen Meteorologen Klaus Fraedrich[37] und des Schweizer Klimatologen Stefan Brönnimann[38] zeigten, dass ENSO das europäische Wetter und Klima kaum beeinflusst. Es gibt einen schwachen Trend zu niedrigeren Wintertemperaturen in Nordwesteuropa mit gelegentlich auftretenden stärkeren Schneefällen (siehe zusätzliche Erläuterungen in Kapitel 6).

Die Nordatlantische Oszillation, abgekürzt NAO, ist das zweite wichtige Phänomen, das sich aus der internen Variabilität des Klimasystems ergibt. Es ist für das Verständnis des europäischen Klimas besonders wichtig ist. Im Gegensatz zur ENSO handelt es sich um eine meridional orientierte Schaukel im eher kleinen Becken des Atlantischen Ozeans (Abb. 1.17). Ähnlich wie die ENSO im pazifischen Raum beschreibt die NAO eine Druckschwankung zwischen Island (gemessen an der meteorologischen Station Stykkisholmur) und den Azoren (Station Ponta Delgada) oder der Iberischen Halbinsel (Station Lissabon). Die NAO ist vor allem im Winter aktiv. Mithilfe der Druckunterschiede werden ebenfalls zwei Zustände unterschieden. Während seines Aufenthalts in Grönland entdeckte der dänische Missionar Hans Egede Saabye (1746–1817) erstmals, dass die winterliche Witterung in Grönland oft in Gegensatz zu jener in Skandinavien steht. Es war wiederum Sir Gilbert Walker, der für den NAO einen Index entwickelte, der die beiden Zustände charakterisiert, welche in Abbildung 1.17 in Form einer Wippe dargestellt sind.

Abbildung 1.18 stellt die Klimaeigenschaften der positiven und negativen Moden des NAO-Phänomens dar. Im Falle eines positiven NAO-Index (Abb. 1.18a) ist der Luftdruck über den Azoren sehr hoch und über Island extrem niedrig. Gleichzeitig existieren zwei Pools oder Wasserlinsen mit kühlerem Wasser (blau) östlich von Grönland und westlich von Nordafrika, während zwei wärmere Pools (rot) östlich von Florida und im östlichen Nordatlantik zwischen Spanien und Südskandinavien unterschieden werden können. Aufgrund des starken Temperatur- und Luftdruckunterschiedes zwischen dem subtropischen Atlantik und den in den höheren Breiten gelegenen Gebieten zwischen Island und Skandinavien dominieren starke Westwinde entlang einer Achse vom südwestlichen Atlantik nach dem westlichen Skandinavien (großer grüner Pfeil). Aktive Tiefdruckzonen driften regelmäßig auf den europäischen Kontinent zu, sodass kalte Kontinentalluft aus Nordosten (kleiner blauer Pfeil) nur selten herantransportiert wird. Daher ist die Witterung in Nordeuropa anomal warm und feucht, in Südeuropa und Nordafrika jedoch trocken. Dazu herrschen über Ostkanada niedrige Tem-

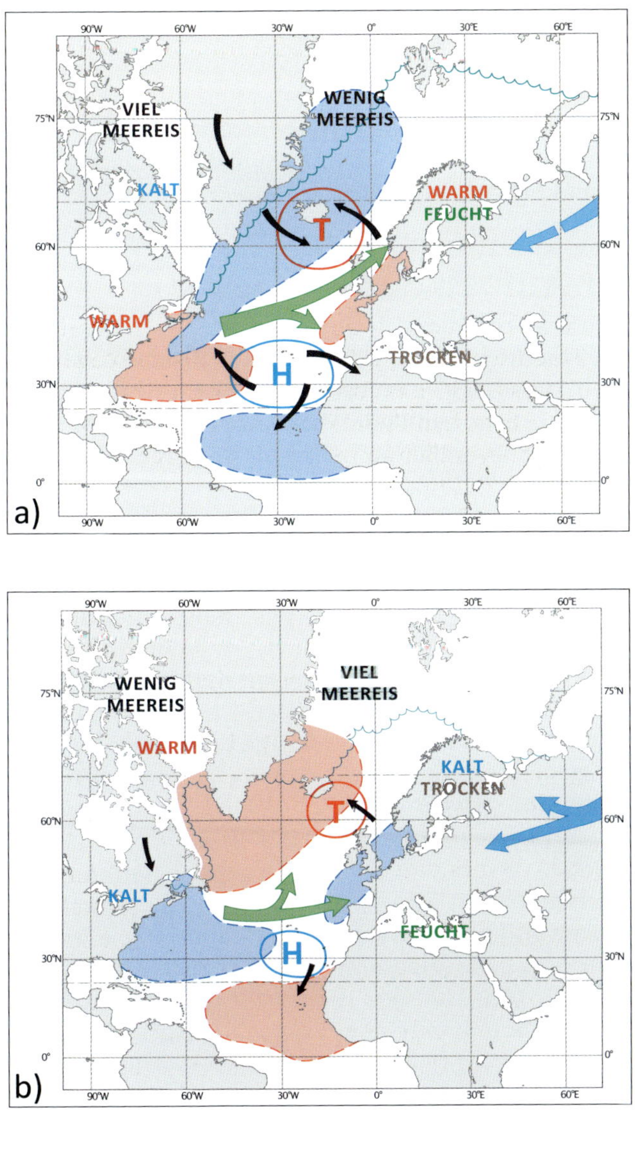

Abb. 1.18. a) Darstellung des Zustands des europäischen Klimasystems im Falle eines positiven Modus der NAO. b) Darstellung für den negativen Modus der NAO. Blaue und rote Farben markieren Gebiete mit negativen oder positiven Anomalien der Meeresoberflächentemperatur. Grüne Pfeile zeigen die Richtung und Stärke von Westwinden an. Blaue Pfeile stellen die Richtung und Stärke von Nordostwinden mit Kaltluftadvektion dar. Schwarze Pfeile kennzeichnen die Windrichtung in der unteren Atmosphäre. T: Islandtief. H: Azorenhoch.

peraturen. Westlich von Grönland erstreckt sich das Meereis weit nach Süden und bleibt zwischen Grönland und der Inselgruppe von Spitzbergen relativ weit nördlich.

Im negativen Modus (Abb. 1.18b) herrschen entgegengesetzte Bedingungen mit anomal hohem Luftdruck über Island und eher niedrigem Luftdruck über den Azoren. In extremen Fällen ist der Luftdruck über Island sogar höher als jener auf den Azoren, was als NAO-Umkehr (englisch: «NAO reversal») bezeichnet wird. Die Winter sind dann bitter kalt und oft sehr trocken. Im negativen Modus liegen Warmwasserpools im Norden und Süden und Kaltwasserlinsen im Westen und Osten. Die Westwinde sind schwach und weisen in Richtung des Mittelmeerraums. Die schwächeren Westwinde (kleiner grüner Pfeil) führen zu starken Ausbrüchen kalter Kontinentalluft von Sibirien nach Mittel- und Nordeuropa (größerer blauer Pfeil). Daher überwiegt über Skandinavien kaltes und trockenes Wetter, und im Mittelmeerraum herrscht eine höhere Luftfeuchtigkeit, verbunden mit Niederschlägen. Ostkanada und Westgrönland sind warm, östlich von Grönland herrschen kalte Bedingungen vor, das Meereis erreicht die Nordküste Islands und umgibt die russische Doppelinsel Nowaja Semlja. Der NAO-Modus kann mehr als zehn Jahre andauern. Dieses niederfrequente Verhalten sowie sein Einfluss auf das europäische Klima werden in Kapitel 6 weiter erörtert und anhand von Beispielen in den Kapiteln 7 und 8 aufgezeigt.

1.9 Der Aufbau des Buches

Das Buch ist als Synthese zwischen einem naturwissenschaftlichen und einem sozialwissenschaftlichen Ansatz konzipiert. Beispiele erlauben es, das Verständnis für die Thematik Schritt für Schritt zu verbessern. Die Darstellung ist in elf Kapitel gegliedert, die in Teilkapitel unterteilt sind, auf die Querverweise hinleiten. Einschübe unterbrechen den Faden der wissenschaftlichen Darstellung und bringen spezielle Themen mit persönlichen Bezügen ins Spiel.

Die Einführung (Kapitel 1) verdeutlicht die unterschiedlichen Perspektiven der Natur- und Geisteswissenschaften im Umgang mit der Klimafrage. Sie zeigt auch, wie sich die beiden Positionen ergänzen, wenn es darum geht, Klimawandel und Gesellschaft in den letzten 1000 Jahren aufeinander zu beziehen. Im Weiteren vermittelt das Kapitel einen Überblick über das globale Klimasystem und seine Funktionsweise.

Die bekannte Geschichte des Eismanns Ötzi in Kapitel 2 führt in die Klimageschichte des Holozäns ein. Die letzten 1000 Jahre dieses Zeitabschnitts sind geprägt durch den Wechsel von kühleren und wärmeren Perioden, welche im 20. Jahrhundert in die anthropogen verursachte Erwärmung überleiten. Insbesondere wird in diesem Kapitel erörtert, warum es zu Ötzis Lebzeiten relativ warm war und weshalb sein Körper im September 1991 überraschend auftaute, nachdem er 5250 Jahre lang in Schnee und Eis eingefroren gewesen war. Die Erklärung liefern Veränderungen der sogenannten Erdbahnparameter (Abb. 1.8) und die rasche anthropogen beeinflusste Erwärmung (Abb. 1.1), die anhand dieses Beispiels betrachtet werden.

Große Vulkanausbrüche in den Tropen beeinflussten sowohl das Klima als auch die Geschichte der Menschheit. Ein derartiger Vorgang wird in Kapitel 3 anhand des indonesischen Vulkans Tambora beschrieben, dessen Ausbruch 1815 die letzte große Hungersnot in West- und Mitteleuropa auslöste. Die Auswirkungen auf das globale Klimasystem und das regionale Klima und Wetter in Europa werden dargestellt. Das Fallbeispiel der Schweiz zeigt auf, dass die kleinräumigen Auswirkungen auf die Gesellschaft je nach der Tragfähigkeit des Sozialsystems und der Integration in die überregionale Arbeitsteilung sehr unterschiedlich ausfielen.

Kapitel 4 legt dar, wie grundlegend sich die Wahrnehmung der Witterung in den letzten 1000 Jahren verändert hat. Es begann mit dem Glauben an Naturgeister und religiöse Wunder und endete mit der Beobachtung des globalen Wetters durch Satelliten. Die griechisch-arabische Renaissance im 12. Jahrhundert öffnete den Chronisten die Augen für die inhärente Dynamik der natürlichen Welt und die Bedeutung von phänologischen Klimazeigern. In der Mitte des 17. Jahrhunderts wurden in Italien brauchbare meteorologische Messinstrumente erfunden. Die Einrichtung von Messnetzen ebnete dann den Weg für die Entwicklung der Meteorologie im 19. Jahrhundert. Der Aufschwung der Klimatologie wurde durch die Erforschung der globalen Erwärmung im späten 20. Jahrhundert gefördert.

Die Naturwissenschaften und die historische Klimatologie haben eine unvorstellbare Vielfalt von Proxy-Daten entdeckt, die es erlauben, Temperatur und Niederschlag in der Zeit vor Beginn der instrumentellen Messungen zu schätzen. Die Möglichkeiten und Grenzen der verschiedenen Verfahren werden in Kapitel 5 dargestellt. Anschließend wird das Konzept der Klimaindizes vorgestellt, das den in den Kapiteln 7 und 8 und teilweise den in Kapitel 10 angewandten Temperaturrekonstruktionen zugrunde liegt.

Kapitel 6 beschreibt zunächst die räumliche Dynamik des heutigen Klimas in Europa. Danach wird, basierend auf Daten aus Archiven der Natur, die Entwicklung des Klimas während der letzten 1000 Jahre skizziert. Ein besonderes Augenmerk gilt dabei den wichtigsten längerfristigen Antriebsfaktoren, der Sonne und den großen Vulkanausbrüchen, welche mehrjährige Schwankungen auslösten. Zusätzlich wird die Rolle der internen Variabilität diskutiert, und die Bestimmungsgrößen der Dynamik der letzten 1000 Jahre werden auf der Grundlage einer Simulation hinterfragt.

In den Kapiteln 7 und 8 werden die jahreszeitlichen Temperaturen in West- und Mitteleuropa bis zum Übergang zur markanten Erwärmung in den späten 1980er-Jahren beschrieben, wobei ein besonderes Augenmerk den Extremen gilt. Die Daten beruhen auf Pfister-Indizes, wobei die Temperaturen in allen Jahreszeiten nach 1500 auf dieser Grundlage statistisch geschätzt worden sind. Das Klima des Hochmittelalters (HMA) von 1000 bis 1300 n.Chr. (Kapitel 7) umfasste ein kaltes 12. Jahrhundert und ein anschließendes sommerwarmes 13. Jahrhundert. Die in Kapitel 8 vorgestellte nordhemisphärische Kleine Eiszeit (NKE) dauerte vom 14. bis ins frühe 20. Jahrhundert. Sie zeichnet sich aus durch kalte Winter und Frühjahrsperioden bei mäßig temperierten Sommern. Im Winterhalbjahr sind verschiedentlich außerordentlich frostige Extreme nachgewiesen. Ferner sind «Jahre ohne Sommer» (wie 1816) nebst einer Anzahl von mehrmonatigen Hitze- und Dürreperioden ausführlich beschrieben worden, die in einigen Fällen fast ein Jahr andauerten. Ausgedehnte Gletschervorstöße, die der NKE ihren Namen gegeben haben, sind im späten 14., im späten 16., im mittleren 17., im späten 18. und im mittleren 19. Jahrhundert dokumentiert.

Das Kapitel 9 verlagert den Ausgangspunkt der Betrachtung vom Klima zur Bevölkerungsentwicklung, was bedeutet, dass neben Wetter und Klima Kriege und Epidemien als Einflussgrößen in den Blick genommen werden. Die schwersten Hungersnöte wurden durch monatelang anhaltende Niederschläge im Sommerhalbjahr in mehreren aufeinanderfolgenden Jahren ausgelöst. Das sommerwarme 13. Jahrhundert zeichnet sich durch einen langfristigen Aufschwung der Agrarproduktion und der Bevölkerung aus. Diese zogen ein Wachstum der Städte nach sich und ließen Kultur und Wissenschaft erblühen. Die Pest, die Mitte des 14. Jahrhunderts aus Innerasien nach Europa eingeschleppt wurde, reduzierte die Bevölkerungszahl langfristig in mehreren Wellen. Nachdem die Epidemie in West- und Mitteleuropa vom ausgehenden 17. Jahrhundert an erlosch, ermöglichte die Verbreitung von Mais und Kartoffeln in Verbindung mit effizienteren Anbaustrategien von der Mitte des 18. Jahrhunderts an den Übergang zu einem anhaltenden Bevölkerungswachstum, wobei die Hungersnöte zurückgingen.

Kapitel 10, das sich auf jahreszeitliche Temperaturrekonstruktionen seit dem 12. Jahrhundert und die in Kapitel 6 besprochenen Fakten stützt, präsentiert einen neuen Blick auf den komplexen Übergang vom HMA zur NKE. Die klimatologische Interpretation weist auf die charakteristischen Merkmale für mittel- bis langfristige Klimaschwankungen hin. Nach einem diagnostischen Überblick über mögliche Gründe für diese Schwankungen werden ihre Auswirkungen auf Gletscher, Baumgrenzen und gesellschaftliche Ereignisse dargelegt.

Kapitel 11 beleuchtet den Übergang von der langsamen zur schnelleren Erwärmung in Europa um 1988–89. Es weist auf Pionierarbeiten hin, welche zur Entdeckung des Treibhauseffektes führten, und fasst die damit verbundenen kontroversen Diskussionen zum Treibhauseffekt zusammen. Auf die wahrscheinlichen Ursachen des heutigen Klimanotstands deuten ökonomische Daten hin. Bis in die späten 1950er-Jahre wirkte die Verbrennung teurer fossiler Brennstoffe, hauptsächlich von Kohle, der natürlichen Abkühlungstendenz durch die verminderte Sonneneinstrahlung entgegen. Nach der Überschwemmung der Märkte mit dem spottbilligen mittelöstlichen Erdöl in den 1950er-Jahren brachen die Preise von 1958 an zusammen. Vom gleichen Jahr an stieg der Anteil der Treibhausgase in der Atmosphäre rascher an. Abschließend werden Risiken für die Zukunft aufgezeigt, wobei mögliche Analogfälle von extrem heißen Frühjahrsperioden und Sommern im Vordergrund stehen.

Tab. 1.2. Definition der in diesem Buch verwendeten Zeitabschnitte.

Name der Zeitperiode	Dauer der Zeitperiode
Hochmittelalter (HMA)	1000–1300
Nordhemisphärische Kleine Eiszeit (NKE)	1300–1900
Moderne Warmperiode (MWP)	1900–2020
Kurzes 20. Jahrhundert (K20JH)	1900–1987
Warmperiode der Gegenwart (WPG)	1988/89–2020

2. Ötzis Weckruf

2.1 Einleitung

Dieses Kapitel bezieht sich auf die Klimageschichte des Holozäns, welche die letzten 11'700 Jahre umfasst. Der Übergang von der kühleren Periode des Neoglazials[1] zur Modernen Warmperiode (MWP) wird am Beispiel des Eismannes Ötzi beleuchtet, der bis in die Gegenwart 5250 Jahre lang im Eis eingefroren war und erst nach dem markanten Temperatursprung um 1988/89 zum Vorschein kam (Abb. 1.1, 2.8a und 11.11). Der plötzliche Übergang zu einer rascheren Erwärmung erfolgte 125 Jahre nach dem Beginn der eher langsamen, vom Menschen verursachten Erwärmung (Abb. 10.4), welche die Gletscher und Firnfelder mehr oder weniger kontinuierlich zurückschmelzen ließ (Teilkapitel 10.2). Rückblickend kann Ötzis Entdeckung als Weckruf verstanden werden, der auf die alarmierende Dynamik des anthropogenen Klimawandels hinweist.

Zahlreiche Bücher und eine Flut spektakulärer Berichte machten Ötzi zum Medienstar. Tausende von Menschen pilgern jährlich zu seiner zweiten Ruhestätte in der Kühle des Archäologischen Museums in Bozen, Italien. In den letzten zwei Jahrzehnten haben die immer schneller schmelzenden Gletscher und Firnfelder weitere sensationelle archäologische Funde zutage gefördert.[2]

In diesem Kapitel wird kurz an die bekannten, grundlegenden Fakten von Ötzi erinnert – wie er gefunden wurde und was bisher über seinen Körper bekannt ist –, bevor auf die möglichen Gründe eingegangen wird, warum er in die Hochgebirgsregion aufgestiegen ist, wo er erschossen wurde. Die ersten Abschnitte stützen sich hauptsächlich auf die Zusammenfassung des deutschen Biologen und Anthropologen Albert Zink.[3] Eine umfassende Geschichte des Eismannes stammt aus der Feder der italienischen Archäologin Angelika Fleckinger, der Direktorin des Südtiroler Archäologiemuseums in Bozen.

Das zweitletzte Teilkapitel befasst sich mit dem klimageschichtlichen Hintergrund der Geschehnisse, der in früheren Forschungen noch wenig untersucht wurde. Das Klima zu Ötzis Zeiten war wahrscheinlich angenehm (Abb. 2.6).[5] In einem allgemeinen Überblick über das Klima des Holozäns wird der Frage nachgegangen, auf welche Ursachen die damals herrschenden relativ moderaten Temperaturen basierten. Mit Erklärungen zum Kälteeinbruch, der Ötzis Leichnam 5250 Jahre lang unter Schnee und Eis bewahrte, schließt das Kapitel ab.

2.2 Begegnung mit einer neolithischen Mumie

Ein Telefonanruf am Donnerstagnachmittag des 19. September 1991 alarmierte Anton Kohler, einen Polizeibeamten im österreichischen Bergdorf Sölden. Es sei in der Nähe der Similaun-Hütte in den Ötztaler Alpen eine Leiche gefunden worden (vgl. den gelben Stern in Abb. 2.1). Die deutschen Wanderer Erika und Helmut Simon wären beinahe über den in einer Wasserpfütze liegenden Körper gestolpert. Am nächsten Tag wanderte Kohler, obwohl er dienstfrei hatte, zum Standort der Leiche. Diese lag in einer fast horizontalen Felsrinne auf 3210 m ü. M. in der Nähe des Tisenjochpasses, der den steilen

Abb.2.1. Das geographische Umfeld der Ötzi-Geschichte.

Abhang des italienischen Vinschgaus mit dem flacheren Gletschergebiet des österreichischen Ötztals verbindet (Abb. 2.1).

Als Kohler die ledern anmutende Leiche untersuchte, war er erleichtert. Sie roch nicht und war so verwittert, dass sie nicht das Opfer eines kürzlichen Verbrechens sein konnte. Der Polizeibeamte machte ein Foto und schrieb seinen Bericht für die Staatsanwaltschaft. Er berichtete, die Leiche befinde sich auf der österreichischen Seite der Wasserscheide, aber es stellte sich heraus, dass er sich geirrt hatte.[6]

Die Bergung der Leiche am 23. September, dem folgenden Montag, wurde von einem österreichischen Fernsehteam gefilmt. Zusammen mit den in der Nähe gefundenen Gegenständen wurde sie in einen speziell präparierten Holzsarg gelegt und in das Institut für Gerichtsmedizin in Innsbruck gebracht. Zu diesem Zeitpunkt ahnte noch niemand etwas von Ötzis unglaublichem Alter. Tatsächlich ergab eine spätere Radiokarbondatierung des Leichnams, dass diese Person irgendwann zwischen 3550 und 3100 v.Chr., also vor etwa 5250 Jahren, gestorben war.[7]

Der Leichnam stammt aus der Zeit des Spätneolithikums oder der Kupferzeit, die bekannt ist für die Erfindung des Rads und frühe Erkenntnisse in der Mathematik und der Astronomie. Dies war eine Sensation ersten Ranges. Noch nie zuvor war ein gut erhaltener menschlicher Körper aus der Jungsteinzeit, bekleidet und im Besitz seiner gesamten Jagdausrüstung, entdeckt worden.[8] Überdies war die Lage der Mumie in einem Hochgebirge überraschend, denn bis dahin war man davon ausgegangen, dass alpine Regionen oberhalb der Baumgrenze während der Jungsteinzeit nur selten begangen wurden.[9]

Kein Wunder, dass die Nachricht von diesem einzigartigen Fund so viel Aufsehen erregte. Eine Schar von Journalisten eilte nach Innsbruck und belagerte das Institut für Gerichtsmedizin. Die Wissenschaftler wurden mit einer Flut von Fragen eingedeckt. Später richtete die Universität Innsbruck ein Forschungsinstitut für alpine Urgeschichte ein, um den Bedürfnissen der Forschung und der Öffentlichkeit gerecht zu werden.[10] Die Frage, wie der

Eismann benannt werden sollte, wurde lange diskutiert. Schließlich wurde der Kosename «Ötzi» gewählt. Der Reporter Karl Wendi hatte ihn in Anlehnung an das österreichische Ötztal geprägt. Er sollte ähnlich lauten wie der Name des drei Millionen Jahre alten Mädchens Lucy, das 1976 in Äthiopien gefunden worden war.[11]

In den folgenden 28 Jahren wurde die Leiche wiederholt gründlichen Hightech-Analysen unterzogen, die nach und nach eine Reihe von forensischen, biologischen und klimatischen Hinweisen ergaben. Sie ermöglichten einen ersten historischen Entwurf, der das Leben eines Individuums aus der Jungsteinzeit skizziert. Wirtschaft, Umwelt, Technologie und die allgemeine Nahrungsmittelgeschichte dieser Periode sind aus der archäologischen Forschung bekannt und statistisch verifiziert.[12]

Bald kamen Zweifel auf, ob die Gletschermumie wirklich auf österreichischem Gebiet gefunden wurde. Der (Friedens-)Vertrag von St. Germain-en-Laye, der 1919 zwischen der Republik Österreich und den alliierten und assoziierten Streitkräften geschlossen wurde, legte fest, dass die Grenze entlang der Wasserscheide zwischen dem Inn- und dem Etschtal verlaufen sollte. Zu dieser Zeit war der Boden im Bereich des Tisenjochs jedoch unter 20 m Schnee begraben, was das Setzen von Grenzmarkierungen unmöglich machte. Die Entdeckung Ötzis erforderte dringend eine Klärung.

Mithilfe von Seilen wurde von einem österreichischen Team des Amtes für Eich- und Vermessungswesen in Wien und einem italienischen Team des Militärgeographischen Instituts in Florenz eine genaue Grenzvermessung vorgenommen. Beide Parteien waren sich schließlich einig, dass sich der Fund in der italienischen autonomen Provinz Bozen, Südtirol, in einer Entfernung von 92,56 m von der Grenze befand. Daher musste Ötzi den Südtiroler Behörden übergeben werden. Die letzte Ruhestätte des Eismanns befindet sich heute in einer gekühlten Hightech-Kammer im eigens dafür errichteten Südtiroler Archäologiemuseum im italienischen Bozen (Abb. 2.1).[13]

Abb. 2.2. So könnte Ötzi ausgesehen haben.

Einschub 2A: «Der bestuntersuchte Körper der Welt» (Albert Zink)

Die hervorragende Erhaltung von Ötzi ermöglichte es, die Mumie einem einzigartigen und anspruchsvollen medizinischen Forschungsprogramm mittels computertomographischer Untersuchungen und mikrochirurgischen Eingriffen zu unterziehen und ein detailliertes Schädelmodell zu erstellen. Der auch als Tiroler Mann aus dem Eis bekannte Ötzi war 1,60 m groß, zwischen 40 und 50 Jahre alt und muss zu Lebzeiten etwa 60 kg gewogen haben (Abb. 2.2). Vermutlich hatte er braune Augen, gehörte der Blutgruppe 0 an und war laktoseintolerant. Er war fit, wobei die Muskeln seiner Beine besser entwickelt waren als jene seiner Arme und seines Oberkörpers. Seine genetische Veranlagung zeigt ein erhöhtes Risiko für koronare Herzerkrankungen und könnte zur Entstehung von Gefäßverkalkungen beigetragen haben.[14]

Ötzi kannte eine breite Palette von Naturheilmitteln. Auf den Resten seiner Kleidung wurden zwei auf schmale Hautstreifen aufgefädelte Birkenpilzstücke gefunden. Der Pilz, der sowohl entzündungshemmende als auch antibakterielle Verbindungen enthält, wurde wegen seiner medizinischen Eigenschaften sehr geschätzt. Er ist auch hochgiftig für Peitschenwürmer, einen Parasiten, den die Forscher in Ötzis Dickdarm gefunden haben. Der Birkenpilz hätte beim Verzehr «zumindest einige der Darmparasiten abgetötet und seinen Darm von ihren Eiern gereinigt».[15] Man fand auch heraus, dass sich die Tätowierungen, die durch Einschnitte in der Haut und Einreiben mit Holzkohle erzeugt wurden, auf die Bereiche der Lendenwirbelsäule, der Knie- und Sprunggelenke konzentrierten, also auf jene Körperteile, die zu seinen Lebzeiten stark unter Belastung standen. Wahrscheinlich weisen seine Tätowierungen auf eine frühe Form der Akupunktur hin.[16]

Für seinen letzten Ausflug in die Berge war Ötzi gut gerüstet.[17] Er trug eine Mütze, einen Grasmantel, ein knielanges Obergewand, Leggings aus Ziegenleder[18], einen Gürtel, einen Lendenschurz und ein Paar Schuhe. Bis auf den Grasmantel war die ganze Ausrüstung aus gegerbten, meist von Ziegen stammenden Häuten hergestellt, die ihn vor plötzlichen Wetterumschwüngen schützten. Ötzis Schuhe waren aus braunem Bären- und Hirschleder gefertigt (Abb. 2.3). Rekonstruktionsexperimente zeigten, dass sie für das Gehen im Regen nicht geeignet waren, da durch die Schlitze in

Abb. 2.3. Die Schuhe des Eismanns.

den Sohlen Wasser eindringen konnte.[19] Sie waren wahrscheinlich auch nicht geeignet, um durch tiefen Schnee zu waten.

Eine vollständig erhaltene Axt, die erste aus der prähistorischen Periode, ist das beeindruckendste Ausrüstungsstück des Eismanns. Die Klinge aus reinem Kupfer eignete sich ausgezeichnet für das Fällen von Bäumen.[20] Mit Ausnahme des Bogens, den Ötzi in der Hand trug, war alles in seinem Rucksack verstaut, sodass er eine Hand frei hatte, wenn er sich in schwierigeres Gelände wagte.[21] Die Wahl des Holzes für seine Werkzeuge und die Pollen, die in seinem Verdauungssystem gefunden wurden, lassen vermuten, dass Ötzi wahrscheinlich im Schloss Juval bei Naturns (Abb. 2.1) im südlichen Teil des Vinschgaus lebte, wo Hinweise auf eine prähistorische Siedlung gefunden wurden.[22]

2.3 Ötzis letzte Reise

Es ist wichtig zu wissen, zu welcher Jahreszeit der Eismann das Tal für seine letzte Reise in die Berge verlassen hat. Die Ergebnisse sind widersprüchlich. Die Pollen der Hainbuche, die in seinem Darm gefunden wurden, führten zu der Annahme, dass er im Spätfrühling unterwegs war, da diese Art im Juni ihre Blütezeit beendet. Eine frisch gepflückte Wacholderbeere, die am Fundort gefunden wurde, könnte jedoch zwischen Juli und September gesammelt worden sein.[23] Bei der Datierung von Hainbuchenpollen ist zu berücksichtigen, dass die Baumgrenze zu Ötzis Zeit etwa 250–300 m höher lag als heute. Diese Verschiebung hat der österreichische Paläoklimatologe Kurt Nicolussi durch die Analyse einer hohen Anzahl von gefundenen fossilen Baumstrünken aus Westtirol festgestellt. Daraus lässt sich abschätzen, dass die Jahresmitteltemperatur etwa 2 °C höher war als am Ende des 19. Jahrhunderts. Das Ergebnis seiner Analyse ist in Abbildung 10.10 dargestellt. Wenn die Sommer wärmer waren, erfolgte die Blüte der Hainbuche wahrscheinlich später. Eine auf Chironomiden basierende Rekonstruktion der Lufttemperaturen im Schweizer Alpensommer zeigt jedoch eine geringere Temperaturverschiebung an.[24]

Es kann nicht ausgeschlossen werden, dass die Blüte im Todesjahr von Ötzi durch ein frostiges Frühjahr verzögert wurde. Entscheidend ist vor allem, dass sich der Schnee im Frühsommer in Höhen von 3200 m meist mehrere Meter hoch auftürmt,[25] was es unmöglich macht, ohne Skier oder Schneeschuhe fortzukommen, ganz zu schweigen mit Ötzis undichtem Schuhwerk (Abb. 2.3). Zusammen mit der frisch gepflückten Wacholderbeere deuten diese Argumente insgesamt darauf hin, dass er nicht im Frühling, sondern im Hochsommer starb. Diese Version würde auch besser zu der Tatsache passen, dass er bereits kurz nach seinem Tod weitgehend eingeschneit wurde.

Ötzi hielt sich zeitlebens vor allem südlich des Alpenhauptkammes auf, wo er geboren wurde.[26] Wir werden nie mit Sicherheit wissen, was ihn dazu bewogen hat, so hoch hinaufzusteigen. Detaillierte Analysen seines Magens und seines unteren Darms ergaben, dass er etwa acht Stunden vor seinem Tod eine Mahlzeit aus Steinbock-, Wildziegen- und Rotwildfleisch sowie aus Einkorn – einer einfachen Weizensorte – zu sich genommen hatte. Kurz vor seinem Tod aß er eine weitere Mahlzeit aus Steinbockfleisch und Getreide.[27]

Im Allgemeinen spielte die Jagd für die Nahrungsversorgung des Neolithikums und der Kupferzeit eine eher untergeordnete Rolle. Aus neolithischen Seeufersiedlungen geht jedoch hervor, dass Wild als Lückenfüller wichtig war. Organische Funde aus diesen Siedlungen, wie Holz, botanische Überreste und Tierknochen, sind gut erhalten. Sie lassen sich anhand von Baumringen genau datieren. Ein Forschungsteam unter der Leitung des Schweizer Archäologen Jörg Schibler sammelte mehr als 300'000 identifizierte Fragmente von Tierknochen, darunter solche von verschiedenen Wildtieren aus Siedlungen im Schweizer Mittelland und aus dem französischen Jura. Hohe Anteile von Wildtierknochen zwischen 40 und 80 % deuten auf Phasen erhöhter Jagdaktivität hin, die höchstwahrscheinlich auf Störungen der Nahrungsversorgung im Gefolge durch witterungsbedingte Ernteausfälle zurückzuführen sind.[28] Es kann nicht ausgeschlossen werden, dass Ötzi seine Reise ins Hochgebirge unternommen hat, um in einer Mangelsituation nach Steinböcken zu suchen. Diese Tiere weiden nachts in den Hochgebirgswäldern. Bei Sonnenaufgang klettern sie nach und nach an die obersten und wärmsten Stellen, um von Mittag bis zum späten Nachmittag zu schlafen und wiederzukäuen, um dann wieder zu ihren Hauptweideplätzen abzusteigen.[29] In Norwegen erregte dieses Verhalten die Aufmerksamkeit der Jäger, die ihrer Beute bis zum Schlafplatz folgten.[30] Vielleicht folgte Ötzi seiner Beute, als er auf das Tisenjoch kletterte?[31] Aber es bleibt rätselhaft, warum sein Bogen zum Zeitpunkt seines Todes nicht funktionstüchtig war.[32]

Ötzi ruhte sich in einer windgeschützten Felsrinne aus, wo er seine Ausrüstung sorgfältig verwahrte. Dort wurde er von einem Pfeil getroffen, der aus großer Entfernung abgeschossen wurde. Eine tomographische Computeranalyse zeigte, dass die Pfeilspitze aus Feuerstein sein linkes Schulterblatt durchschlug.[33] Diese Wunde führte wahrscheinlich zu seinem schnellen Tod.[34] Die Forscher entdeckten auch tiefe Schnitte an seiner Hand, die wahrscheinlich auf einen Kampf einige Tage vor seinem Tod zurückgehen. Ebenso fanden sie Hinweise auf einen gewaltigen Schlag gegen seinen Hinterkopf. Ob dieses Ereignis durch einen Sturz nach dem Auftreffen des Pfeils oder durch einen Angriff verursacht wurde, ist unbekannt.[35] An den Werkzeugen (Axt und Dolch) wurden keine Blutspuren gefunden, die auf einen bewaffneten Konflikt hindeuten.[36] Der Grund für den Mord ist spekulativ. «Da wertvolle Gegenstände wie die Kupferaxt am Tatort verblieben sind, kann ein Raub als Motiv ausgeschlossen werden.»[37]

Der Eismann wurde wahrscheinlich in der Position gefunden, in der er gestorben war. Sein Gesicht lag auf einem Felsen, die Nase war gequetscht (Abb. 2.4).[38] Ötzis Leiche wurde relativ rasch von einer schützenden Schneeschicht, die in den folgenden Jahren nicht schmolz, begraben und schließlich in einen vereisenden Schneefleck eingebettet. Schneeflecken sind mehrjährige Ansammlungen von Schnee und Eis, die in großer Höhe oder Breite gefunden werden. «Im Gegensatz zu Gletschern bewegen sie sich nicht. Alles, was also auf dem Fleck landet – Pollen, Tierdung, menschliche Werkzeuge und sogar Menschen –, wird durch aufeinanderfolgende Schneefälle zugedeckt, bis es vollständig eingeschlossen ist und allmählich vereist.»[39] Eine Kombination mit dem Prozess der Gefriertrocknung könnte zu einer Mumi-

Abb. 2.4. Das Sterbebett von Ötzi (Foto: Gerlinde Haid).

fizierung der Leiche in der trockenen und belüfteten Atmosphäre unter der Schneedecke geführt haben. Mit der Zeit bildete sich aus dem Schneeflecken ein flacher Gletscher. Große Felsen verhinderten, dass der Eismann zerschlagen oder bewegt werden konnte, weil das Eis über die Rinne hinwegfloss.[40] Eine detaillierte Analyse des Körpers ergab, dass er nie über längere Zeit feuchter Luft ausgesetzt war, da er sich sonst schnell zersetzt hätte.[41] Zudem wurden keine Frassspuren von Insekten oder Raubtieren entdeckt. Dies führte zu dem Schluss, dass der Eismann etwa 5250 Jahre lang unter einer schützenden Schnee- und Eisdecke erhalten blieb. Sein Körper war nur kurze Zeit sichtbar, bevor er im September 1991 gefunden wurde.[42] Dieser Umstand ist im Hinblick auf den langfristigen Klimawandel bemerkenswert.

Einschub 2B: Der längerfristige klimageschichtliche Hintergrund

Zu Ötzis Lebzeiten war das Klima relativ warm (Abb. 1.9a). Aus klimageschichtlicher Sicht stellt sich die Frage nach den langfristigen Ursachen. Diese sind wesentlich für das Verständnis des Klimas in den vergangenen Jahrtausenden. Im Rahmen dieses Buches steht die Bedeutung der Nordhemisphärischen Kleinen Eiszeit (NKE) im Vordergrund. Vor der Diskussion der Klimavorgänge während des jetzt herrschenden Interglazials, des sogenannten Holozäns, werden die Antriebsfaktoren in Form einer einfachen Skizze in Abbildung 2.5 erläutert. Die schwarze, abfallende mittlere Kurve deutet den Einfluss der Sonneneinstrahlung auf die Energiebilanz der Erdoberfläche während der letzten 11'700 Jahre an. Präzis ausgedrückt stellt sie die Sonneneinstrahlung für das Gebiet um 60°N während des borealen (nordhemisphärischen) Sommers dar. Diese Situation wurde bereits in Abbildung 1.9 detaillierter dargestellt. Sie zeigt die abnehmende Sonneneinstrahlung, die durch den orbitalen Antrieb verursacht wird (Abb. 1.8). Der durch die Erdbewegung ausgelöste orbitale Antrieb ist der dominierende treibende Faktor des holozänen Klimas im tausendjährigen Maßstabs-

Abb. 2.5. Die treibenden Faktoren, welche die Energiebilanz der nördlichen Hemisphäre während des Holozäns beeinflusst haben: 1) Vulkanausbruch. 2) Großes solares Minimum (GSM). 3) Interne Variabilität. 4) Steigende Treibhausgase.

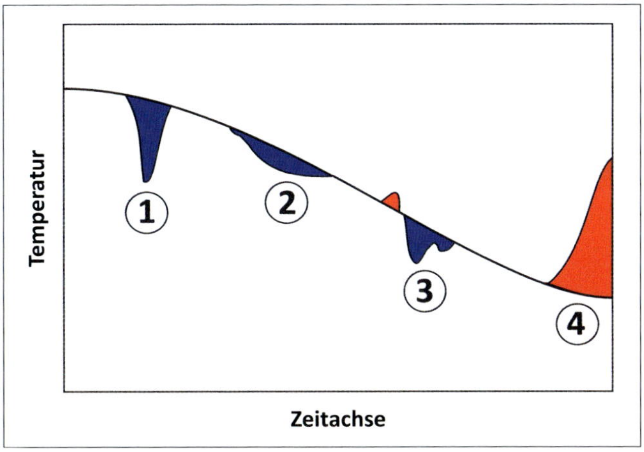

bereich. Er ist hauptsächlich für die abnehmenden Werte der globalen Temperatur während des Holozäns verantwortlich, wie dies in Abb. 1.9a dargestellt wird.

Der prägende Einfluss des orbitalen Effekts auf die Temperatur wird von den vier zusätzlichen Phänomenen überlagert, die auf Abbildung 2.5 mit den Zahlen 1 bis 4 gekennzeichnet sind. Große vulkanische Ereignisse (Phänomen 1) wirken auf das Klimasystem wie ein Schock. Sie reduzieren die einfallende Sonnenstrahlung an der Erdoberfläche um 4 bis 10 W/m² oder sogar noch mehr, wobei die globale Temperatursenkung etwa 0.5 °C beträgt. Das vulkanische Signal ist in den ersten zwei bis drei Jahren nach dem Ausbruch stark und verschwindet in den folgenden Jahren zusehends. Phänomen Nummer zwei verkörpert den Temperatureffekt eines Grand Solar Minimum (GSM). Ein solches reduziert die einfallende kurzwellige Strahlung um einige Zehntel Watt pro m². Aufgrund der längeren Dauer solarer Minima von Jahrzehnten oder gar Jahrhunderten wird in den oberen Schichten der großen globalen Ozeane eine geringe, länger anhaltende Temperaturabnahme von wenigen Zehntel Grad erzeugt, die oft am deutlichsten im Sommer nachweisbar ist. Nummer drei auf Abbildung 2.5 weist auf den Einfluss der internen Variabilität hin, die vor allem das Ergebnis komplexer Wechselwirkungen zwischen Ozean und Atmosphäre ist (z. B. durch Schwankungen der ENSO- und der NAO; Abb. 1.17). Die Zeitskala dieser Phänomene erstreckt sich von Monaten bis zu Jahrzehnten. Das vierte und letzte Phänomen in Abb. 2.5 ist nicht-periodisch, da sein Einfluss stetig zunimmt. Es betrifft den Einfluss der zunehmenden Konzentration der anthropogenen Treibhausgase, die bereits zu einem positiven Trend bei der Erdenergiebilanz von deutlich mehr als 2,5 W/m² führt (siehe Abb. 2.8e und 6.9b). Insgesamt ist der Klimawandel das Ergebnis aus der Mischung aller in Abbildung 2.5 dargestellten Faktoren, und es ist äußerst wichtig, sich bewusst zu sein, dass sich der energetische Zustand des globalen Klimasystems jeden Tag, jede Woche, jeden Monat, jedes Jahrzehnt, jedes Jahrhundert, jedes Jahrtausend usw. ändert.

Die letzte Eiszeit, die in den europäischen Alpen mit Würm und in Nordeuropa mit Weichsel bezeichnet wird, begann nach der Bildung des

Abb. 2.6. Darstellung der durchschnittlichen Temperaturen auf der nördlichen Hemisphäre während des Holozäns. Blaue und rote Farben zeigen niedrigere und höhere Temperaturen an. Kleine Balken markieren die wichtigsten Kälteperioden. Hellbraune Farben zeigen Perioden mit extremer Trockenheit.

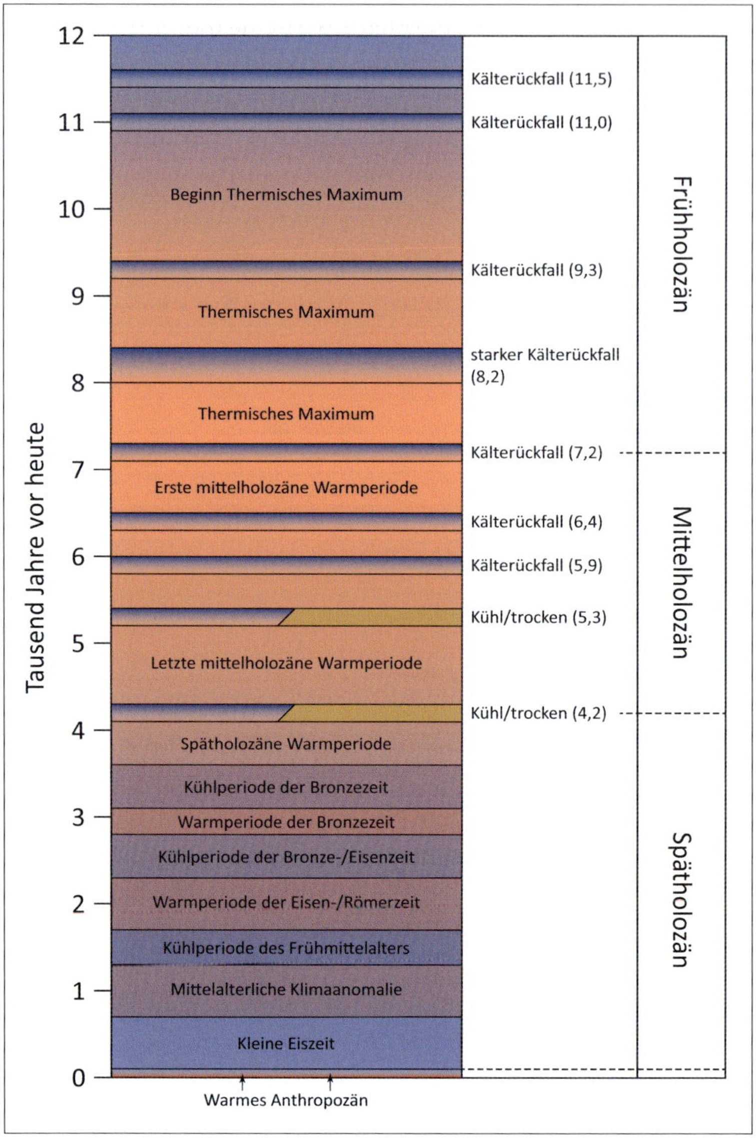

Riss-Würm-Interglazials (in Nordeuropa Eem genannt) vor etwa 115'000 Jahren.[43] Ihre kältesten Perioden mit starkem Eiswachstum, Stadiale genannt, wurden durch wärmere Interstadiale unterbrochen. Zwei ausgeprägte Stadiale traten vor 68'000 bis 58'000 und vor 26'000 bis 16'000 Jahren auf. Vor etwa 9000 Jahren war der große fennoskandische Eisschild in Nordeuropa größtenteils verschwunden. Vor etwa 7000 Jahren war auch der laurentische Eisschild in Nordamerika bereits abgeschmolzen, und nur die Eisschilde Grönlands und der Antarktis sowie eine Reihe von Gebirgsgletschern blieben erhalten. Auf der Grundlage rekonstruierter Zeitreihen der Temperatur zeigt Abbildung 2.6 eine schematische Übersicht, welche die durchschnittliche Temperatur im Holozän darstellt.[44] Sie gilt vor allem für die nördliche Hemisphäre, wo es die meisten Temperaturrekonstruktionen gibt. Das Holozän lässt sich in drei Perioden unterteilen.

Während der ersten Periode vor etwa 12'000 bis 7200 Jahren, dem sogenannten Frühholozän, stieg die Temperatur allmählich an und erreichte vor etwa 10'000 bis 5000 Jahren das Holozäne Thermische Maximum (HTM). Der Zeitpunkt des Auftretens dieses Maximums war regional unterschiedlich. Der Temperaturanstieg verzögerte sich in der Nähe der großen, schmelzenden Eiskappen in Nordkanada sowie zwischen Skandinavien und Sibirien. Das warme und eher feuchte Klima im frühen Holozän begünstigte allmählich die Entwicklung einer dichten Vegetationsdecke, die Herden von Großtieren ernährte. Ihnen folgten wandernde Jäger und Sammler. Ein Blick auf Abbildung 1.9a und c zeigt, dass das HTM in erster Linie eine Folge der hohen Sonneneinstrahlung im borealen Sommer auf der nördlichen Hemisphäre war, die vor etwa 10'000 Jahren ein Maximum erreichte. Interessanterweise wurde diese erste holozäne Periode durch mehrere markante Kälterückfälle unterbrochen. Verschiedene Feld- und Modellstudien deuten darauf hin, dass die Nord-Süd verlaufende Tiefenzirkulation im Ozean (in der Fachsprache Atlantic Meridional Overturning Circulation AMOC genannt)[45] infolge von starken Süßwasserausbrüchen aus den grossen Seen im Vorfeld des nordamerikanischen Eisschildes in Richtung des Nordatlantiks deutlich verlangsamt wurde. Daher war die obere Schicht dieses Zirkulationssystems, auch Golfstrom genannt (siehe Abbildung 1.12), nicht in der Lage, größere Energiemengen vom Äquator nach Nordskandinavien zu transportieren. Das stärkste Abkühlungsereignis ereignete sich vor etwa 8200 Jahren (Abb. 2.6). Abgesehen von der Abschwächung des Golfstroms durch Schmelzwasser aus dem laurentischen Eisschild war dieses Abkühlungsereignis wahrscheinlich auch eine Folge mehrerer explosiver vulkanischer Ereignisse in den Tropen.[46]

Die zweite Periode zwischen 7200 und 4200 Jahren, die als Mittleres Holozän bezeichnet wird, war nach wie vor warm, aber die Temperatur und die Luftfeuchtigkeit nahmen leicht ab, und die Vegetationsdecke wurde zunehmend reduziert. In vielen Gebieten der Erde wurden die Menschen während der Jungsteinzeit sesshaft, indem sie ihren Lebensunterhalt mit Ackerbau und Viehzucht bestritten. Ähnlich wie im frühen Holozän traten vier Kälteperioden auf (Abb. 2.6). Ihr Ursprung ist nicht ganz klar.[47] Wahrscheinlich spielte die abnehmende sommerliche Sonneneinstrahlung in den Mittelbreiten der Nordhemisphäre eine große Rolle (Abb. 1.9c). Dadurch bewegte sich das globale Klimasystem allmählich gegen ein neues Gleichgewicht mit einem niedrigeren Temperaturzustand hin. Interessanterweise waren die beiden späteren Kälteperioden vor etwa 5400 und 4200 Jahren auch mit extremer Trockenheit entlang des Sommermonsungürtels der nördlichen Hemisphäre zwischen Nordafrika, Arabien und Asien verbunden. Dadurch kam ein positiver Rückkopplungsmechanismus in Gang. Dabei führte die Abkühlung der nördlichen Hemisphäre zu einer starken Schwächung der afroasiatischen Monsunsysteme.[48] Die Vegetationsdecke begann zu kollabieren, wobei große Staubmassen die einfallende Sonneneinstrahlung möglicherweise verringerten. Das letzte Ereignis vor etwa 4200 Jahren, bei dem es sich tatsächlich um einen längeren Übergangsprozess von mehreren hundert Jahren handelte, ist vor allem in den archäologischen Wissenschaften bekannt, da mehrere Agrargesellschaften in der Sahara, Ägypten, Mesopotamien, Indien und China von der dramatischen Trockenheit betroffen waren. Es ist unklar, ob die massive Trockenheit in allen fünf Regionen zur gleichen Zeit einsetzte. Modellstudien bestätigen ebenfalls, dass Rückkopplungen mit der Vegetationsdecke mitgespielt haben und damit den Austrocknungsprozess beschleunigten.[49] Zusätzlich könnte auch die Schwächung des Golfstroms, namentlich seines nördlichen subpolaren Wirbels, eine Rolle gespielt haben.[50]

2.4 Ötzi und der Übergang zu kühlerem Klima am Ende des Mittelholozäns

Ötzi lebte und starb in der zweiten Hälfte des mittleren Holozäns. Was verursachte die rasche Abkühlung, die die Konservierung seines Körpers einleitete? Sicherlich spielte die stark abnehmende Sonneneinstrahlung während des Sommers auf der Nordhalbkugel (Abb. 1.9c) eine wichtige Rolle. Da die Gletscher in verschiedenen Gebieten der Erde zu wachsen begannen, wurde das späte Holozän (nach etwa 5500 bis 5000 Jahren) als Neoglazial bezeichnet.[51] Es gibt keinen Hinweis auf einen oder mehrere starke Vulkanausbrüche, aber es ist nicht undenkbar, dass zukünftige Studien die Existenz von Vulkanereignissen nachweisen werden. Zumindest das Auftreten eines schwachen Sonneneinstrahlungsantriebs ist eindeutig bewiesen. Ein GSM kurz nach 5600 Jahren vor heute könnte zur «Ötzi-Abkühlung» beigetragen haben. Die erste Periode unmittelbar nach dem Abkühlungsschub zwischen 5600 und 5200 Jahren vor heute, in Abbildung 2.6 als letzte mittelholozäne Warmzeit bezeichnet, war auch im Alpenraum ziemlich warm. Vermutlich blieb Ötzis Körper vollständig im Eis eingebettet, weil die akkumulierte Eismasse sehr groß war, die Temperaturen auf 3210 m ü. M. niedrig genug blieben und weil die nachfolgende bronzezeitliche Kaltzeit ausreichend kühl war. Mit hoher Wahrscheinlichkeit war die kalte und trockene Übergangsperiode vom mittleren zum späten Holozän vor etwa 4200 Jahren ein ausgeprägtes Phänomen, da die Temperaturen in der nördlichen Hemisphäre bemerkenswert niedrig waren, möglicherweise über die längere Periode zwischen 5000 und 4500 Jahren vor heute.[52] Die Feldversuche zeigen, dass die Gletscher in den Schweizer und den Französischen Alpen[53,54] sowie in Westkanada[55] nach dieser Periode größtenteils vorstießen. Das Vorrücken dieser Gletscher und der Rückgang der Baumgrenze[56] deuten auf eine 5000-jährige neoglaziale Phase hin, die dem vorangegangenen warmen Holozänen Thermischen Maximum ein Ende setzte (Abb. 2.6).

Abbildung 2.6 zeigt deutlich, dass Ötzi mit hoher Wahrscheinlichkeit während einer bemerkenswerten Kälteperiode starb, die mehrere Jahrzehnte oder gar Jahrhunderte dauerte. Die Abkühlung erstreckte sich über weite Teile der Erdkugel und wurde von der Trockenheit in den nördlichen Subtropen begleitet.[57] Eine detaillierte Analyse der Wasserstände des Bodensees im Alpenvorland zeigt, dass vor 5600 bis 5200 Jahren drei Kälte-

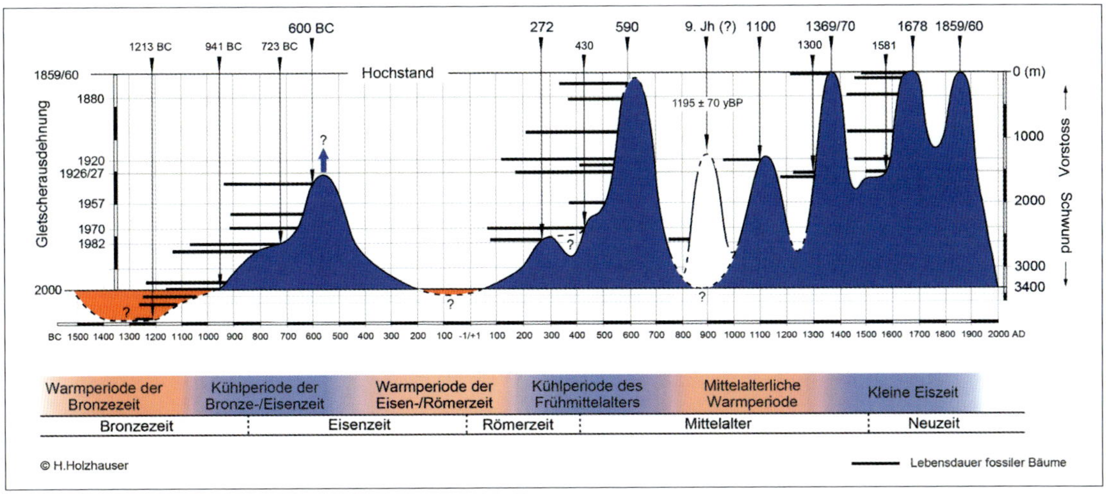

Abb. 2.7. Fluktuationen des Grossen Aletschgletschers während der letzten 3500 Jahre.

phasen auftraten. Der abrupte Anstieg der Seespiegel deutet darauf hin, dass die Luftfeuchtigkeit zunahm.[58] Die Seeufer und andere Feuchtstandorte wurden vor allem in warmen und eher trockenen Klimaperioden besiedelt, die mit niedrigen Seespiegeln zusammenfielen. Als diese Seespiegel in Phasen mit kalten und nassen Sommern anstiegen, wurden viele Siedlungen in Ufernähe aufgegeben.

Abbildung 2.6 zeigt, dass die dritte oder spätholozäne Periode mit Ausnahme der gegenwärtigen Periode mit ihrer raschen Erwärmung kühler war als die beiden vorangehenden Perioden. Kühlere und wärmere Klimaphasen folgten sich fast regelmäßig. Mehrere bemerkenswerte Gletschervorstöße fanden hauptsächlich in der nördlichen Hemisphäre statt. Abbildung 2.7 zeigt die Rekonstruktion der Fluktuationen des Grossen Aletschgletschers während der letzten 3500 Jahre. Dieser Gletscher ist mit einer Länge von mehr als 20 km der größte Gletscher in den europäischen Alpen. Seine Reaktion auf das Klima (hauptsächlich auf kühle Sommer und Schneefälle im Winter) ist daher verzögert. Die Rekonstruktionen, die vom Schweizer Paläoklimatologen Hanspeter Holzhauser durchgeführt wurden, basieren auf der dendrochronologischen Analyse von Bäumen im Gletschervorfeld, die bei Vorstößen überfahren wurden, sowie auf fossilen Böden oder schriftlichen und bildlichen historischen Zeugnissen (Teilkapitel 5.2.6).[59] Graue horizontale Balken markieren die Lebensdauer einzelner Bäume. Mindestens sechs bemerkenswerte Gletschervorstöße sind klar dokumentiert. Das erste Ereignis vor etwa 2550 Jahren wird oft mit mindestens zwei GSM[60] in Verbindung gebracht. Der Vorstoß während der kalten Migrationsperiode («Völkerwanderungszeit») im frühen 6. Jahrhundert n.Chr. wurde wahrscheinlich durch vulkanische Ereignisse beeinflusst (Abb. 2.8c).[61] Während der kältesten Periode der letzten 2000 Jahre, der Kleinen Eiszeit, kam es nach 1340, um 1640 und um 1820 n.Chr. zu drei bemerkenswerten Gletschervorstößen. Ein kleinerer Vorstoß ist im Hochmittelalter mit einer maximalen Ausdehnung um 1185 n.Chr. dokumentiert (Abb. 8.6). Insgesamt dokumentieren die

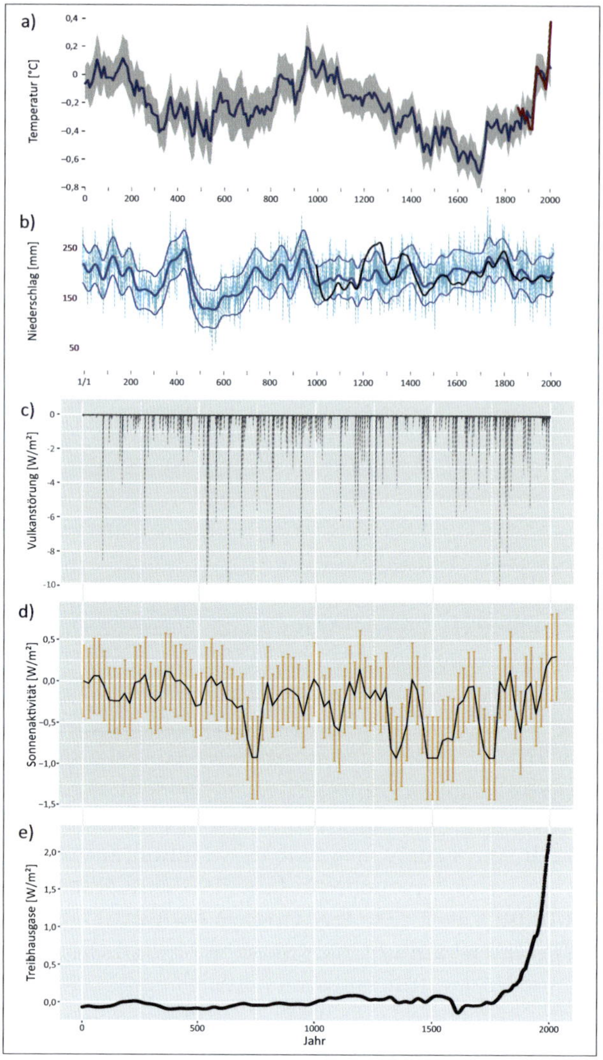

Abb. 2.8. Klima der letzten zwei Jahrtausende. a) Europäische Sommertemperaturen in Bezug auf die Klimatologie 1961–1990, JJA (Ljungqvist 2010). b) Europäische Niederschlagsanomalien im Frühling, bezogen auf die Klimatologie von 1901–2000, AMJ (Büntgen et al. 2011). c) Vulkanischer Antrieb in W/m² (die Werte sind bei 10 W/m² abgeschnitten; Sigl et al. 2015). d) Gesamte Sonneneinstrahlung (TSI) in W/m². Die gelben Linien markieren die Unsicherheitswerte ± 1σ (Steinhilber et al. 2009). e) Treibhauseffekt in W/m² (IPCC 2013).

Schwankungen des Aletschgletschers die verstärkte Abkühlung während des späten holozänen Neoglazials deutlich.

Die Kurve mit dem Temperaturmittel der Nordhemisphäre (Abb. 2.8a) kann zusammen mit den Gletscherschwankungen recht gut interpretiert werden, indem die Zeitreihen der drei wichtigsten Antriebsmechanismen neben dem orbitalen Antrieb, nämlich jene der Vulkane, der Solaraktivität[62] und der Treibhausgase,[63] in die Betrachtung einbezogen werden. Sie sind in den Abbildungen 2.8c bis e dargestellt. Die Temperaturrekonstruktion für die nördliche Hemisphäre (30°-90°N) in Abbildung 2.8a wurde unter Verwendung verschiedener Proxies aus natürlichen Archiven[64] vorgenommen. Der Blick auf die letzten 2000 Jahre zeigt, dass sich dieser Zeitraum grob in fünf Unterperioden unterteilen lässt (siehe auch die ähnliche Klassifizierung in Abbildung 2.6). Die erste, die als Warmperiode der Eisen-/Römerzeit (auch eisenzeitlich/römisches Optimum genannt) bezeichnet wird, endete um

250 n.Chr. und zeigt die typischen Merkmale einer recht warmen und ausgeglichenen Periode, welche durch die Dominanz einer ruhigen und stabilen Sonne und das Fehlen stärkerer vulkanischer Ereignisse charakterisiert war.[65] Die zweite Periode, welche als Kühlperiode des finsteren Mittelalters («Völkerwanderungszeit»; von 250 bis 800 n.Chr.) bezeichnet werden kann, war durch mehrere starke Vulkanausbrüche (z. B. 536, 540, 574 und 626 n.Chr.) sowie ein GSM um 650 n.Chr. gekennzeichnet (Abb. 2.8d). Die dritte Teilperiode, die Mittelalterliche Warmperiode oder Mittelalterliche Klimaanomalie, zeigt Bedingungen, die der Warmperiode der Eisen-/Römerzeit ähnlich waren, nämlich eine eher ruhige Sonne und mindestens ein bekanntes starkes Vulkanereignis (Eldgjá in Island, 939 n.Chr.). Interessanterweise trat ein GSM, das Oort-Minimum, während der MWP auf (um 1050 n.Chr.; Abb. 6.9b). Möglicherweise wurden die festgestellten Vorstöße der Alpengletscher im 11. Jahrhundert durch dieses Ereignis beeinflusst (Abb. 2.7). Das größte vulkanische Ereignis der letzten 2000 Jahre, der Ausbruch des Samalas in Indonesien 1257 n.Chr., steht am Anfang des komplexen Übergangs von der HMA-Periode zur NKE. Dieser Übergang wird in den Kapiteln 6 bis 10 ausführlich diskutiert. Während der NKE zwischen 1300 und 1900 n.Chr. traten vier bekannte GSMs auf, nämlich das Wolf-, das Spörer-, das Maunder- und das Dalton-Minimum (siehe Abb. 2.8d und 6.9b). Interessanterweise traten parallel zu allen vier GSM-Perioden ebenfalls Gruppen von starken Vulkanausbrüchen auf (siehe auch Abb. 6.9a und Teilkapitel 10.1.3).

Es ist wahrscheinlich, dass sich die Meeresoberflächen durch die Vulkanereignisse und die Solarminima abkühlten und ebenfalls negative Spitzenwerte aufwiesen. Dennoch traten zwischen den vier kälteren Perioden der NKE deutlich wärmere Sequenzen auf. Dies wird in Abbildung 2.9 deutlich, welche die Ergebnisse einer Simulation der vertikalen Temperaturverteilung für den Pazifischen und Atlantischen Ozean während der letzten zwei Jahrtausende zeigt.[66] Sie wurde mit einem ozeanischen Advektions-Diffusions-Modell vorgenommen. Die beiden Abbildungen zeigen, dass das Eindrin-

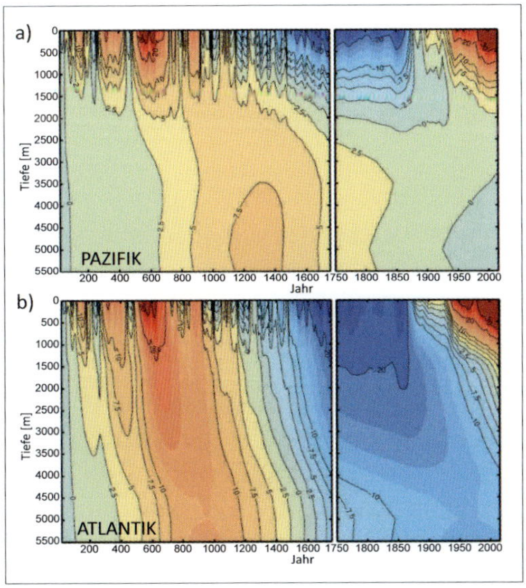

Abb. 2.9. Simulation der vertikalen Temperaturverteilung im a) Pazifischen Ozean und b) Atlantischen Ozean während der letzten zwei Jahrtausende.

gen der Signale durch die energetischen Antriebe (u. a. Sonne und Vulkane) im Atlantischen Ozean deutlich schneller voranschreitet. Das kühlste Signal der Kleinen Eiszeit im Atlantischen Ozean erreichte um 1950 das Niveau von 5500 m unter der Meeresoberfläche (Abb. 2.9b). Zu diesem Zeitpunkt begann die simulierte Temperatur in den tiefsten Tiefen des Atlantischen Ozeans wieder anzusteigen, während die Temperatur im Pazifikraum aufgrund der Trägheit der immensen pazifischen Wassermasse noch immer abnahm (Abb. 2.9a). Abb. 2.9b zeigt, dass nach den ersten schwachen und kühleren Pulsen um 1050 und 1200 n.Chr. ein allgemeiner Temperaturrückgang der Kleinen Eiszeit im Atlantischen Ozean um 1300 n.Chr. einsetzte. Danach traten mehrere Meeresoberflächen-Temperaturminima hauptsächlich während der Perioden mit Gruppen von vulkanischen Ereignissen und GSM (Wolf, Spörer, Maunder, Dalton; Abb. 2.8c-d) auf. Diese verursachten zusammen mit dem langfristigen Einfluss der Erdbahnschwankungen maßgeblich das Fortschreiten der großen Abkühlung während der Kleinen Eiszeit. All diese Ereignisse trugen zur Konservierung von Ötzis Körper bei.

Nach 1900 n.Chr. begann die fünfte Periode, jene des K20JH, welche in Abbildung 2.8a zwei deutliche Spitzenwerte zeigt. Wie die Abbildung zeigt, war nun der Antrieb durch den vor allem anthropogen verursachten Treibhauseffekt mit konstanten Werten von mehr als 2 W/m^2 der Hauptauslöser dieser Temperaturanstiege. Dagegen zeigen die Niederschläge im Frühjahr und Frühsommer (Abb. 2.8b) keinen eindeutigen Trend.[67] Höhere Niederschlagswerte sind während des frühen Mittelalters um 400 n.Chr., vor 1000 n.Chr. und während der Kleinen Eiszeit (1250, 1370 und 1800 n.Chr.) sichtbar.

Obwohl in Abbildung 2.8a nicht deutlich sichtbar, lässt sich abschliessend feststellen, dass das erste Jahrtausend n.Chr. deutlich wärmer war als das zweite, welches den Schwerpunkt dieses Buches bildet. Während des ersten Jahrtausends – um 650 n.Chr. – trat nur ein bemerkenswertes GSM auf, welches von mehreren Vulkanausbrüchen begleitet wurde. Die höchsten Temperaturen wurden insgesamt im späten 20. Jahrhundert registriert. Obwohl auch die interne Variabilität des Klimasystems eine wichtige Rolle spielte, besteht kein Zweifel daran, dass der starke Temperaturanstieg der letzten zwei Jahrzehnte zu einem großen Teil auf die zunehmenden Treibhausgase zurückzuführen ist (Kapitel 10 und 11).

2.5 Fazit

Was sagt uns der Fall Ötzi über das vergangene und gegenwärtige Klima? Der Eismann lebte in der Endphase des warmen holozänen Temperaturmaximums vor 9000 bis 5000 Jahren, als die Alpengletscher wesentlich kleiner waren als in den ersten Jahrzehnten des 20. Jahrhunderts. Nach seiner Ermordung blieb sein Körper dank des abrupten Übergangs von der Jahrtausende dauernden Warmzeit zur 5000 Jahre langen Periode des kühleren Neoglazials langfristig erhalten. Die permanente Schneedecke, die ihn anfänglich vor dem Zerfall schützte, verwandelte sich allmählich in einen Eispanzer. Vom späten 20. Jahrhundert an schmolz dann die schützende Eisdecke aufgrund der globalen Erwärmung in einem noch nie dagewesenen Tempo. Ab 1982 verstärkte sich das langfristige Abschmelzen der Alpengletscher und erreichte

1991 einen ersten Höhepunkt, waren doch die Massenverluste der Gletscher in den 1980er- und frühen 1990er-Jahren im Vergleich zu den längerfristigen Durchschnittswerten ausnehmend groß.[68] Ötzis Auftauchen nach seiner Jahrtausende langen Eisbestattung war somit ein Weckruf, der darauf hinwies, dass die Größe der Alpengletscher unter die Minima der vorangegangenen 5000 Jahre gefallen war.

3. Der lange Arm des Tambora

3.1 Einleitung

Gewaltige Ausbrüche tropischer Vulkane haben in der Klimageschichte seit jeher ihre Spuren hinterlassen. Sie erschütterten das Klimasystem und zogen ein bis drei Jahre lang globale Wetteranomalien nach sich. In West- und Mitteleuropa manifestierten sich diese in Form von «Jahren ohne Sommer», welche Hungersnöte auslösten und Gletschervorstöße anschoben. Am Beispiel der bestuntersuchten Eruption, jener des indonesischen Vulkans Tambora im Jahr 1815, wird dargestellt, wie diese die globale Zirkulation und das Klima veränderte. Anhand von Temperaturrekonstruktionen mit Baumringen, Eisbohrkernen und instrumentellen Messungen für die letzten 2000 Jahre wurde festgestellt, dass die Sommer ein oder zwei Jahre nach einem starken Vulkanausbruch oft deutlich zu kalt waren.[1] Am Beispiel des Tambora lässt sich ein globales Bild der Klimafolgen zeichnen, das für Europa regional aufgeschlüsselt wird. Für die Schweiz liegen flächendeckende Bevölkerungsdaten vor, die auf regionale Unterschiede in der Krisenanfälligkeit hinweisen.[2] Schließlich steht 1816, das letzte «Jahr ohne Sommer», am Ursprung der klimageschichtlichen Forschung und hat mit der Horrorstory von Frankenstein eine neue Literaturgattung geschaffen.

3.2 Stockdunkle Nacht zur Mittagszeit

Der Vulkan Tambora liegt auf der indonesischen Insel Sumbawa im Zentrum der Kleinen Sunda-Inseln (Abb. 3.1).[3] Vor der Eruption von 1815 war er mit über 4300 m der höchste Gipfel im heutigen Indonesien.[4] «Bis 1812, als er erstmals zu rumpeln begann und kleine Aschewolken ausstieß, galt er als erloschen.»[5] «Am 5. April 1815 setzte dann die erste größere Eruption ein, die etwa zwei Stunden andauerte.»[6] Eine zweite, weit heftigere Eruption folgte am 10. April. Der örtliche Fürst, der Radscha von Sanggir,[7] beschreibt das Schauspiel wie folgt: «Am 10. April gegen 19 Uhr brachen drei Feuersäulen aus dem obersten Teil des Berges 'Tomboro' hervor [...] Sie schossen in große Höhen empor und

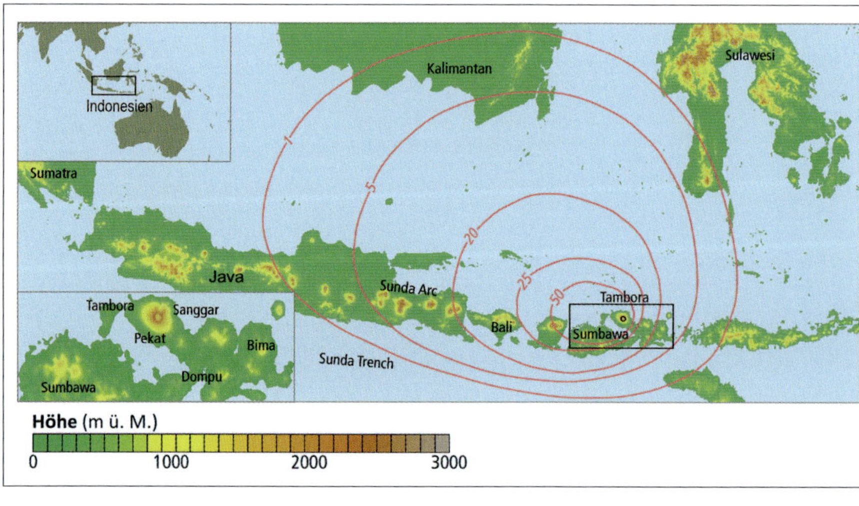

Abb. 3.1. Karte von Indonesien mit der Lage des Vulkans Tambora und der Dicke der Ascheablagerungen in cm (rote Linien). Der Ausschnitt zeigt die sechs Königreiche, welche vor der Eruption auf Sumbawa existierten (Quelle: Brönnimann, Krämer 2016).

verwickelten sich dort ineinander. [...] Der ganze Berg [...] schien aus flüssigem Feuer zu bestehen, das sich in alle Richtungen ausbreitete. Der Feuersturm tobte, bis das ausgeworfene Material gegen 20 Uhr so dicht herabprasselte, dass Dunkelheit herrschte. [...] Zunächst fielen Steine nicht größer als Walnüsse, dann setzte zwischen 21 und 22 Uhr ein Aschenregen ein. Daraufhin fegten Sturmböen die Giebel von den Dächern und beschädigten die meisten Häuser im Dorf Sanggir. In den angrenzenden Regionen rissen sie die größten Bäume mitsamt den Wurzeln aus und wirbelten sie zusammen mit Männern, Pferden und Rindern in die Luft. Die Winde wüteten etwa eine Stunde [...], während die Explosionen ohne Unterbrechung bis zum Abend des 11. April andauerten. Erst dann ließ ihre Gewalt nach.»[8] «Insgesamt warf der Vulkan etwa 100 km^3 Material aus,[9] wodurch sich seine Höhe um über 1400 m auf 2850 m verminderte. Das meiste ging in der Form von Bimsstein nieder, einer leichten, porösen, glasartigen und 30 cm dicken Masse, die noch Hunderte von Meilen entfernt nachgewiesen wurde» (siehe die angegebene Dicke der Ascheablagerungen in Abb. 3.1).[10] Die Eruption hatte katastrophale Folgen für die regionale Bevölkerung. Etwa 71'000 Menschen wurden auf Sumbawa und den angrenzenden Inseln getötet, sei es durch die unmittelbaren Auswirkungen des Ausbruchs, sei es durch die darauffolgende Hungersnot und die damit verbundene Epidemie.[11]

Sumbawa gehörte zu Niederländisch-Indien, das während der französischen Revolutionskriege von den Briten eingenommen wurde. 1802 wurde die Insel den Niederländern zurückgegeben, aber in der nächsten Phase des Krieges wurde sie unter Sir Thomas Stamford Raffles (1781–1826) von den Briten zurückerobert.[12] Aus Raffles' Memoiren wissen wir, dass «die ersten Explosionen auf dieser Insel [d. h. auf Java] am Mittwochabend des 5. April 1815 zu hören waren. Der Lärm tönte wie entferntes Kanonenfeuer [...]. Vom 6. an wurde die Sonne verdunkelt, und es schien, als wäre sie in Nebel gehüllt.»[13]

Raffles bat die britischen Bewohner der Inseln, ihm über die Auswirkungen des Ausbruchs zu berichten. Im September 1815[14] legte er der Natural History Society in Jakarta (Indonesien) einen zusammenfassenden Bericht vor. Darin steht unter anderem das Folgende: Der Kreuzer Benares lag in Makassar, 350 km nord-nordöstlich von Tambora vor Anker.[15] Captain Eatwell, sein Kommandant, berichtet, dass am 12. April um 11 Uhr morgens «die Asche in Schauern zu fallen begann [...]. Gegen Mittag verschwand die letzte Helligkeit, welche im östlichen Teil des Horizonts noch sichtbar war. Dann herrschte für den Rest des Tages völlige Dunkelheit. [...] Man konnte die Hand nicht vor den Augen sehen.» Die gewaltigen Explosionen in der Nacht vom 10. auf den 11. April waren über eine Entfernung von 1800 km, möglicherweise sogar 2600 km weit zu hören. [16]

Nach dem Ausbruch von 1815 gab der Tambora Ruhe. Abgesehen von einem kleinen Kegel und einem Lavastrom, die zwischen 1847 und 1913 in der Caldera ausbrachen, gibt es keine Hinweise auf weitere Eruptionen.[17] Für das zeitgenössische Verständnis des Jahres ohne Sommer 1816 spielte die Explosion des Tambora keine Rolle. Abgesehen davon, dass das Ereignis als Gottesstrafe galt, wurden mehrere wissenschaftliche Erklärungen veröffentlicht, die nicht überzeugend waren: Sonnenflecken, Kometen, die Installation von Blitzableitern und eine veränderte Position der Sonne im Sonnensystem.

Nach dem Ausbruch des Krakatau im Jahr 1883 wurde Tambora wiederholt als historischer Präzedenzfall erwähnt, jedoch hauptsächlich in vulkanologischer Hinsicht. Der Zusammenhang zwischen der Eruption des Tambora und dem Jahr ohne Sommer 1816 wurde erst zu Beginn des 20. Jahrhunderts erkannt.[18] Der jüngste Analogfall, der Ausbruch des Mount Pinatubo auf den Philippinen am 15. Juni 1991, war wesentlich kleiner. Er emittierte 18 Megatonnen Schwefeldioxid (SO_2) in die Stratosphäre. Seine Aschewolke umkreiste den Globus innerhalb von 22 Tagen und führte zu spektakulären solaren, lunaren und weiteren optischen Effekten. Der Ausbruch des Pinatubo senkte die globale Temperatur nur um etwa 0,5 °C, was im Vergleich zum sprunghaften Anstieg der globalen Erwärmung in den Jahren 1988/89 vernachlässigbar ist.

3.3 Ein globales Wetterchaos

Es bedurfte der Entwicklung leistungsfähiger Computer, um die physikalischen und chemischen Prozesse im Zusammenhang von großen Vulkanausbrüchen zu analysieren und Karten mit der Verteilung von Luftdruck, Temperatur und Niederschlag zu entwerfen. Auf der Grundlage dieser Analysen wurde es in den letzten Jahrzehnten möglich, die natürlichen und sozioökonomischen Folgewirkungen von Vulkanereignissen besser abzuschätzen. Als typisches Beispiel zeigt Abbildung 3.2 eine Analyse des Luftdrucks, der Temperatur und des Niederschlags in Europa im Juni 1816, dem ersten Sommermonat des Jahrs ohne Sommer nach dem Ausbruch des Tambora im April 1815.[19]

Der Vulkan spuckte etwa 60 bis 80 Megatonnen SO_2 in die Stratosphäre.[20] Die Stratosphäre ist die über der Troposphäre liegende atmosphärische Schicht. Sie reicht von zirka 10 km über dem Erdboden bis auf eine Höhe von ungefähr 50 km. Die Staub- und Aschewolke des Tambora in der Stratosphäre erreichte eine geschätzte Höhe von 43 km. Das SO_2 innerhalb der Wolke wurde innerhalb von wenigen Wochen zu Schwefelsäure (H_2SO_4) oxidiert, welche zu winzigen Tröpfchen, den sogenannten Sulfataerosolen, kondensierte. Diese Aerosole absorbieren und streuen die kurzwellige Solarstrahlung und absorbieren auch große Teile der terrestrischen Wärmestrahlung. Dadurch erwärmt sich die Stratosphäre, und der Erdboden sowie die bodennahe Atmosphäre kühlen sich ab. Der Ausbruch des Tambora im Jahr 1815 war die weltweit größte Eruption seit dem Ausbruch des Samalas im Jahr 1257 (Teilkapitel 7.5.2). Die Globalstrahlung wurde um 5 bis 6 W/m^2 reduziert, wodurch die Temperatur der Landoberfläche auf der Nordhemisphäre um etwa 1.4 °C unter den Durchschnitt der Zehnjahresperiode zwischen 1821 und 1830 fiel, während Regentage deutlich häufiger wurden.[21]

Nach der Eruption des Tambora wurde zunächst eine große Menge Aerosol durch die stratosphärische Brewer-Dobson-Zirkulation in die südliche Hemisphäre verfrachtet und später rund um den Globus verteilt (Abb. 1.15). Parallel zu den beiden Ausbrüchen eines unbekannten Vulkans im Jahr 1809 und des Tambora im Jahr 1815 kam es zwischen 1790 und 1830 zusätzlich zu einem GSM, dem sogenannten Dalton-Minimum. Obwohl die Strahlungswirkung eines solchen Ereignisses nur wenige Zehntel Watt pro m^2 beträgt, dauerte das Ereignis doch lange genug, um die Meerestemperatur zu senken.

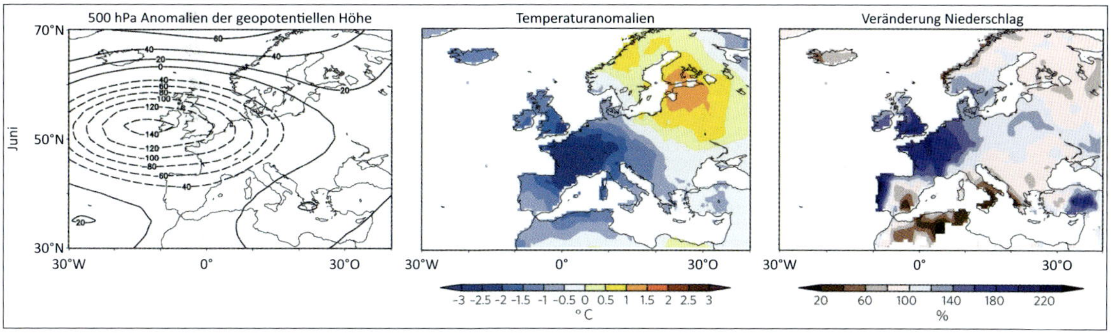

Abb. 3.2. Klimaanomalien des Sommermonats Juni 1816, des Jahrs nach dem Ausbruch des Tambora im April 1815. Die Zahlen beziehen sich auf den Mittelwert 1951–1980.

Dabei ist die Temperatur des Pazifischen Ozeans zu Beginn eines Ausbruchs von großer Bedeutung (Abb. 2.9). Im Falle einer großen Eruption ist der Temperaturunterschied zwischen Äquator und Pol auf der jeweiligen Winterhalbkugel besonders groß. Daher entwickelt sich ein stärkerer Polarwirbel, was wiederum zu stärkeren Westwinden ähnlich dem positiven Muster der Nordatlantischen Oszillation (Abb. 1.16a) führt. Die oben erwähnte Zunahme der Regentage ist eine logische Folge davon. Dies bedeutet, dass die Hadley-Zelle (siehe Abb.1.10) in ihrer nördlichen und südlichen Ausdehnung kleiner war und dass die westöstlich driftenden Tiefdruckgebiete eine südlichere Bahn einnahmen. Wegen der abnehmenden Temperatur über den kontinentalen Landmassen ist es auch wahrscheinlich, dass sich der afroasiatische Sommermonsun nach dem Tambora-Ausbruch abschwächte.[22]

Im linken Teil von Abbildung 3.2 sind die Luftdruckanomalien für Juni 1816 dargestellt. Die mittlere Figur zeigt die Temperaturanomalien und jene im rechten Teil die Niederschlagsanomalien. Ein stationäres Tiefdruckgebiet befand sich westlich der Britischen Inseln. Über West- und Mitteleuropa sowie im westlichen Mittelmeerraum lagen die Temperaturen 2 bis 4 °C unter dem Mittelwert der Jahre 1951 bis 1980. Im östlichen Mitteleuropa, in Belarus und Teilen von Ostskandinavien war der Sommer normal oder wärmer als im langjährigen Durchschnitt. Interessanterweise lagen die negativen Temperaturanomalien in Genf am Nachmittag deutlich tiefer (–3.8 °C) als zur Zeit des Sonnenaufgangs (–1.8 °C), wahrscheinlich auch während der Nacht. Dies wird durch eine Form des «Treibhauseffektes» erzeugt, welche auf die vulkanbedingte Aerosolschicht zurückzuführen ist.[23] Durch eine dominierende nordwestliche Luftströmung wurden kalte Luft sowie schwere und langanhaltende Regenfälle nach West- und Mitteleuropa geführt. Im Vergleich zum Durchschnitt der Jahre 1951 bis 1980 fielen im Juni 1816 auf den Britischen Inseln, in Frankreich, den Benelux-Ländern, Deutschland und der Schweiz etwa doppelt so viele Niederschläge, während das östliche Spanien eher trocken blieb. Mehrere Witterungsphasen des Sommers 1816 waren nicht unbedingt außergewöhnlich, doch war es sehr lange kalt und regnete häufig.

Auch über dem östlichen Nordamerika entwickelten sich starke Tiefdruckgebiete, die sich weiter nach Süden und Osten ausdehnten als heute, während über den Regionen Ostgrönland/Island, Osteuropa und (zumindest in der ersten Sommerhälfte) auch über der Hudson Bay klar definierte Hochdrucklagen mit wärmerer Luft vorherrschten. Aufgrund des Tambora-Ausbruchs war das Wetter über dem Nordosten der USA während der Vegetationsperiode von 1816 extrem kalt und trocken.[24] «Die starke Kälte war auch im gesamten Mittelatlantik und in den Südstaaten zu spüren, ein für diese Jahreszeit höchst ungewöhnliches Ereignis. Die Durchschnittstemperaturen im Juli 1816 sind die tiefsten der amerikanischen Wetteraufzeichnungen.»[25] Das Endergebnis der Ernte von 1816 lässt sich wie folgt zusammenfassen: «Wir ernteten nur ein Drittel von dem, was wir normalerweise bekommen, und fragten uns, wie wir bis zur Ernte im nächsten Jahr überleben könnten. [...] Der Schlüssel zu den katastrophalen Erträgen von 1816 liegt in der extremen Kürze der Vegetationsperiode, welche etwa der Hälfte des langfristigen Durchschnitts entsprach.»[26]

Im Südwesten Südafrikas scheint die Vegetationsperiode 1816/17 bemerkenswert kühl und feucht gewesen zu sein. Die Auswirkungen des Jahres ohne Sommer waren vom Winter 1815/16 bis zum Sommer 1817 auch in den Tropen Chinas zu spüren. Japan erlebte 1815/16 einen strengen Winter mit außergewöhnlich starken Schneefällen, doch war der Hochsommer 1816 wärmer und trockener als üblich.[27]

Auch auf dem indischen Subkontinent wurde die normale Wetterabfolge während drei Jahren tiefgreifend gestört. In Bengalen und den Oberen Provinzen war die kalte Jahreszeit 1816 kälter, feuchter und nebliger als üblich. Die darauffolgende warme Jahreszeit zeichnete sich durch ungewöhnliche Hitze und Dürre aus. In den Oberen Provinzen dauerte die Dürre bis Mitte September. Als die Ernten ausfielen, führte eine Kombination aus Hungersnot und Migration im Landesinnern in den dicht besiedelten Siedlungen zur ersten globalen Cholera-Pandemie. Obwohl eine der Cholera ähnliche Krankheit Indien (und Indonesien) bereits lange Zeit geplagt hatte, forderte ein extremer Ausbruch der Krankheit im Winter 1816/17 im Nordosten Bengalens innerhalb weniger Wochen 10'000 Menschenleben und breitete sich dann rasch über den gesamten Subkontinent aus. Britische Truppen verschleppten die Epidemie nach Nepal, von wo aus sie Thailand, die Philippinen, Borneo, China und Japan erreichte.[28] Die mit dem ungewöhnlichen Wetter verbundene «neue Cholera» weitete sich in den folgenden Jahrzehnten zu einer Pandemie aus, die sich unter den unhygienischen Bedingungen in den frühen Industriestädten rasch ausbreitete.[29]

Einschub 3A: Katastrophenalarm im Bergtal

Das Val de Bagnes im Schweizer Kanton Wallis ist von schneebedeckten Bergen umgeben und von schwarzen Kühen bevölkert (Abb. 3.3a und b). Am 12. Mai 1818 war eine Gruppe von Männern unter der Leitung des 30-jährigen Ignaz Venetz im oberen Gebiet des Tals unterwegs, um verschiedene Abklärungen vorzunehmen. Venetz (Abb. 3.4) wurde als Sohn eines armen Kätners geboren und zeichnete sich durch sein mathematisches und naturwissenschaftliches Talent aus. Gegen Ende 1812, kurz nach seiner Aufnahme in das bischöfliche Seminar von Sion, besetzten französische Truppen das Wallis. Napoleon beauftragte französische Ingenieure mit dem Bau einer Fahrstraße über den Simplonpass, welche den Transport von Kanonen erlaubte.

Abb. 3.3. Kartografische Darstellung der Zentralalpen und des erweiterten schweizerischen Raums. b) Lokale Situation des Val de Bagnes mit dem Giétroz-Gletscher.

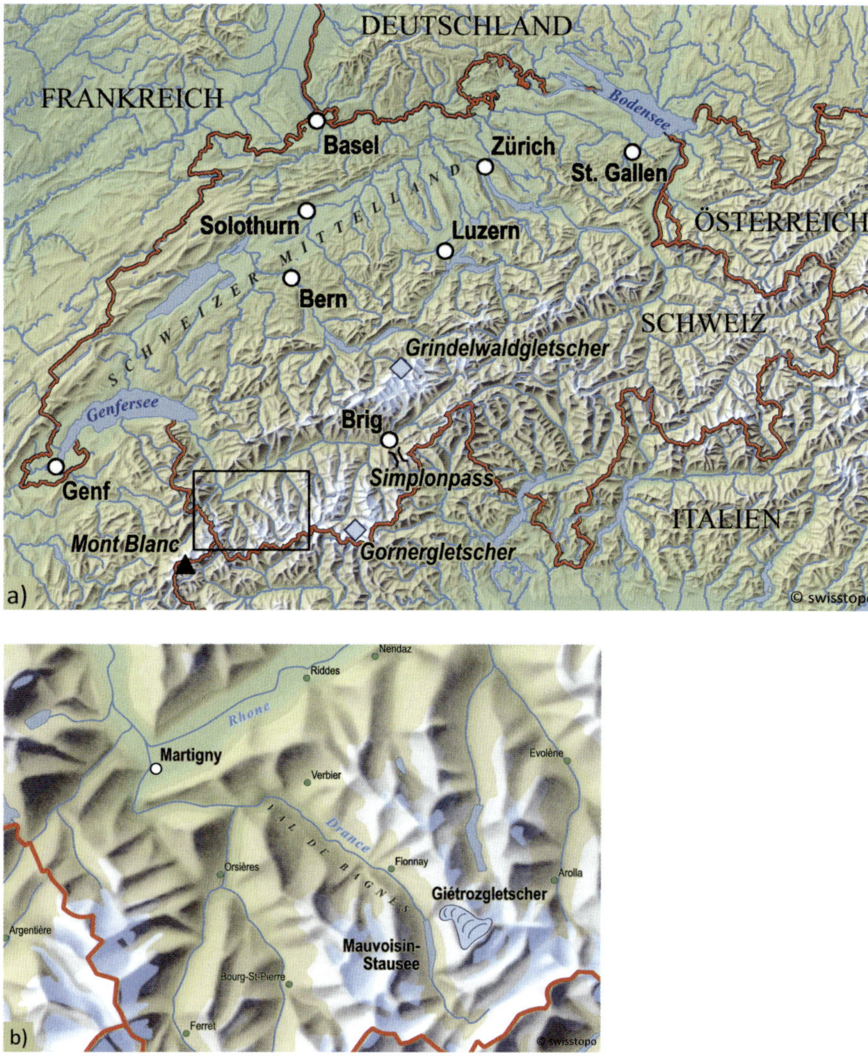

Abb. 3.4. Ignaz Venetz (1788–1859), Bauingenieur, Glaziologe und Botaniker, gemalt von Laurent Ritz um 1815 (Quelle: Musée de la Majorie, Sion, Schweiz).

Venetz schloss sich den Franzosen als Freiwilliger an, um sich mit dem Straßen- und Flussbau vertraut zu machen. Nachdem sich die Franzosen zurückgezogen hatten, wurde er im Februar 1816 zum Walliser Kantons- oder Staatsingenieur ernannt. Mit der Annahme dieses Auftrags übernahm Venetz eine «mission impossible», denn er war allein für die Instandhaltung der Straßen und Flussdeiche auf einem Gebiet von 5200 km² verantwortlich, das von der Rhone durchflossen wird und sich in zahlreiche Seitentäler mit Saumpfaden, Wildbächen und Gletschern[30] auffächert (Abb. 3.3a).

Im Mai 1818 beauftragte das Kantonsparlament den Ingenieur, die Situation beim Giétroz-Gletscher im Val de Bagnes näher zu untersuchen (Abb. 3.3b). Hirten, die ihr Vieh hüteten, hatten bemerkt, dass der Wasserstand des Flüsschens Drance ungewöhnlich niedrig war. Als Venetz am 12. Mai das Tal überblickte, stellte er fest, dass der über dem Tal hängende,

Abb. 3.5. Der Eisdamm des Giétroz-Gletschers (Kanton Wallis, Schweiz) vor seinem natürlichen Stausee im Juni 1818 (Quelle: Médiathèque du Valais, Sion).

vorstoßende Giétroz-Gletscher Eisblöcke hinunterwarf, die sich bereits zu einem riesigen Wall aus pulverisiertem Eis verdichtet hatten. Dahinter war ein See entstanden. (Abb. 3.5). Venetz schätzte, dass er mehr als 2 km lang, 200 m breit und etwa 60 m tief war.[31] Sein Pegel stieg täglich um einen Meter.

Es war bekannt, dass der plötzliche Bruch des Eisdammes in einer ähnlichen Situation im Juni 1585 eine ungeheure Flutwelle ausgelöst hatte, die das Tal verwüstet und Hunderte von Opfern gekostet hatte.[32] Venetz handelte ohne Zögern. Er bot zwei Gruppen von je 16 Männern auf, die am tiefsten Punkt des Dammes einen Abflusskanal auszuhacken hatten. An gut sichtbaren Stellen im Tal wurde Brennholz aufgestapelt, um Signalfeuer vorzubereiten. Zwei Wachen mussten bei einem Dammbruch das Holz entzünden, woraufhin die Sturmglocken die Talbewohner alarmieren sollten.[33] Vom 13. Juni an begann der See abzusinken. Am Morgen des 16. Juni lag sein Spiegel bereits 9 m tiefer. Doch am Nachmittag dieses Tages, bei drückend heißem Wetter, barst der Abflussbereich mit einem lauten Knall.[34] Das im See verbliebene Wasser im Umfang von etwa 8 Millionen m^3 stürzte ins Tal. Die Flutwelle, umhüllt von schwarzem Rauch, erreichte an der engsten Stelle eine Höhe von 33 Metern. Vermischt mit Schlamm und Trümmern fegte sie alles hinweg, was sich ihr in den Weg stellte. Die Katastrophe überraschte die Talbewohner, weil der Feueralarm einige Tage zuvor versehentlich ausgelöst worden war und neue Holzstapel noch nicht aufgeschichtet worden waren.[35] Die Flutwelle zerstörte 353 Gebäude und forderte zwischen 34 und 50 Menschenleben. Die finanziellen Verluste beliefen sich auf 1.1 Millionen alte Schweizer Franken, was im Jahr 2012 rund 130 Millionen Schweizer Franken entsprach. Viele Talbewohner wurden trotz einer Spendenaktion für die Opfer in den Ruin getrieben. Venetz hatte die Katastrophe zwar nicht abwenden können, doch war es ihm immerhin gelungen, die Zerstörungskraft der Flutwelle etwas zu dämpfen, indem er das Volumen des eisgestauten Sees verringerte.[36]

Seit 1956 wird das Wasser der Drance im Mauvoisin-Stausee zurückgehalten (Abb. 3.3b). Der Staudamm wurde am selben Ort errichtet, an dem die Katastrophen von 1595 und 1818 entstanden waren.[37] Seither ist die

Zunge des Giétroz-Gletschers weit zurückgeschmolzen. Das Schmelzwasser stürzt heute als Wasserfall über die Felsklippe.

Die Alpengletscher waren in den Jahren vor der Katastrophe deutlich vorgerückt. Die ungewöhnliche Kälte des Jahres 1816 veranlasste die Mitglieder der 1815 neu gegründeten Schweizerischen Naturwissenschaftlichen Gesellschaft, einen Preis für einen Aufsatz zu folgendem Thema auszuschreiben: «Stimmt es, dass die höheren Schweizer Alpen seit einigen Jahren tatsächlich rauer und kälter geworden sind?»[38] Nach den Vorstellungen der Gesellschaft sollte der preisgekrönte Aufsatz über frühere Perioden wärmeren Klimas berichten, welche Spuren eines früheren Baumwachstums oberhalb der damaligen Waldgrenze hinterlassen hatten. Zusätzlich sollte sich der Aufsatz mit den Vorstößen und Rückzügen der Gletscher in historischen Zeiten befassen und Chroniken sowie alte Moränenstände beiziehen, um die maximale Ausdehnung der Gletscher in früheren Kälteperioden zu dokumentieren. Vergleichende Studien sollten in den Schweizer Alpen durchgeführt werden, aber «Savoyen» (d. h. die Gletscher des Mont-Blanc-Massivs in Frankreich) und das «Tirol» (d. h. das österreichische Ötztal)[39] einschließen. Der Preis wurde mit 600 Franken dotiert, was rund 70'000 Franken im Jahr 2012 entspricht.[40] Dieses Forschungsprojekt war weltweit wohl das erste, das sich mit dem Klimawandel befasste. Allerdings war es noch im Stil der wissenschaftlichen Gesellschaften des 18. Jahrhunderts als «Ein-Mann-Projekt» konzipiert.

Der preisgekrönte Essay wurde von Ignaz Venetz eingereicht.[41] Seine berufliche Laufbahn hatte ihn zu den meisten Walliser Gletschern und in die Region südlich des Mont Blanc geführt.[42] Aufgrund von Belegen vor Ort, wie Spuren von alten Moränen und verlassenen Saumpfaden über hochalpine Pässe, kam er unter anderem zu dem Schluss, die in Gletschernähe gefundenen Moränen seien vermutlich zwischen dem 16. und dem 18. Jahrhundert abgelagert worden, während Moränen in größerer Entfernung von den Gletschern aus früheren Epochen stammten.[43] Weitere Untersuchungen in den folgenden Jahrzehnten führten Venetz zum Schluss, dass eine Abzweigung des Rhonegletschers einst in südwestlicher Richtung bis nach Genf floss, während die andere nach Nordosten fließende bis in die Gegend von Solothurn reichte.[44] In seiner Synthese entwickelte der Ingenieur bereits ein Modell, das zeitlich zwischen vier verschiedenen Vergletscherungen unterscheidet, ohne jedoch eine Altersdatierung zu wagen.[45] Diese Studie war ein Meilenstein in der Entwicklung der Eiszeitforschung.[46]

3.4 Europas letzte Subsistenzkrise

Als Folge des Tambora-Ausbruchs erlebte Europa 1816 seine letzte Subsistenzkrise.[47] Als Folge des langsamen CO_2-Anstiegs nahmen während des frühen Industriezeitalters die Temperaturen langsam zu, wobei massive Extreme seltener auftraten. Nach 1860 erlaubte der Ausbau des globalen Transportwesens, Ernteausfälle durch den Import aus den Kornkammern Nordamerikas und Russlands auszugleichen.

Abb. 3.6. Rekonstruktion des Luftdrucks auf Meereshöhe über dem Nordatlantik und Europa im Sommer 1816 (Auchmann et al. 2012).

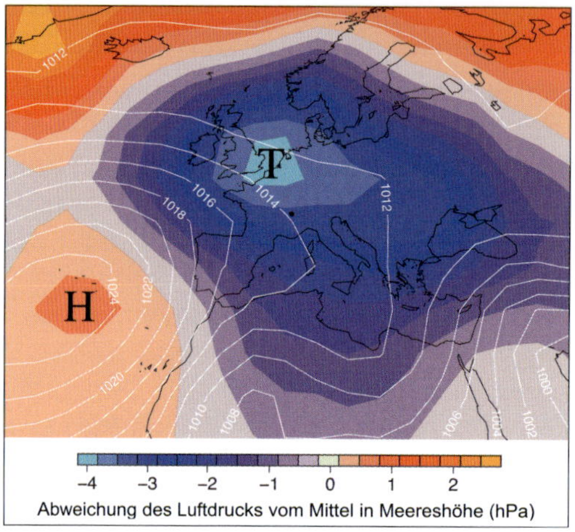

Im Jahr 1816 traten dreimal mehr zyklonale (regenreiche) Wetterereignisse auf. Die Zahl der kalten und regnerischen Nordwestlagen verdoppelte sich. Warme und sonnige Hochdrucklagen fehlten fast völlig.[48] Dies zeigt die Rekonstruktion des Luftdrucks über dem Nordatlantik und Europa (Abb. 3.6). Der Zeitraum von April bis September war in Paris der kälteste seit Beginn der instrumentellen Beobachtungen im Jahre 1659.[49] Die Auswirkungen dieser Wetteranomalien auf Nutzpflanzen und Menschen werden in einer Vielzahl von Quellen beschrieben.[50] In höheren Lagen senkten starker Schnee und Frost die Schneegrenze und verkürzten die Vegetationsperiode.[51] In den Hügel- und Gebirgsgebieten Englands, Schottlands, Deutschlands, der Schweiz, Österreichs, Italiens, der Habsburger Monarchie und des osmanischen Balkans kamen die Ernten vielerorts nicht zur vollen Reife. Die Kulturen in den Ebenen Irlands, Frankreichs, der Beneluxländer und Deutschlands litten unter endlosen Regenfällen, die teils mit heftigen Stürmen und häufigen Hagelschlägen einhergingen. In vielen Regionen verfaulten die Kartoffeln, und das Getreide wuchs aus.

In den ost-elbischen Bezirken Preußens fiel die landwirtschaftliche Produktion dagegen nur leicht unter das normale Niveau, obwohl übermäßige Regenfälle im Hochsommer die Ernteerträge verringerten.[52] Die Stadt Sankt Petersburg litt im Spätsommer sogar unter Dürre, und in Riga (Lettland) und Gdansk (Danzig, Polen) wurde um Regen gebetet.[53] «Skandinavien und die nördliche Ostseeregion, wo die Temperaturen nahe den Normalwerten verharrten, ernteten durchschnittliche Getreidemengen.»[54]

Auf der Iberischen Halbinsel nahm das Temperaturdefizit im Sommer 1816 von Norden nach Süden ab.[55] Doch fehlten die Niederschläge. Vom September 1816 bis zum April 1817 fielen in Barcelona nur 16 % der Durchschnittswerte im 20. Jahrhundert. Es war dies bei weitem die extremste winterliche Trockenperiode seit dem ausgehenden 18. Jahrhundert. Die Bedingungen in den Jahren 1817/18 waren kaum besser.[56] Im Allgemeinen gilt, dass es umso wärmer und trockener war, je weiter eine Region östlich oder nördlich der Alpen lag.

In der nördlichen Alpenregion der Schweiz und in Tirol war die Kälteanomalie am stärksten ausgeprägt. Eine Klassifikation der täglichen Wetterlagen in Genf, basierend auf Luftdruck, Luftdrucktendenz und Windrichtung, zeigt im Sommer 1816, dass nur gerade an einem einzigen Tag eine Hochdrucklage herrschte. Dagegen traten Tiefdrucklagen dreimal häufiger auf. Es war meistens bewölkt und es regnete, aber bei relativ geringen Mengen.[57] In höheren Lagen dauerte der Winter fort. Im Oberengadin im Schweizer Kanton Graubünden fiel zwischen dem 15. Mai und dem 15. September an 19 Tagen Neuschnee. Mitte Juli wurde Baumaterial auf Schlitten transportiert. Höher gelegene Alpweiden blieben den ganzen Sommer unter dem Schnee begraben. Im Berner Oberland hielt sich die Schneedecke in südlichen Expositionen oberhalb von 2300 m ü. M., in nördlichen sogar oberhalb von 1800 m ü. M.[58]

Alle landwirtschaftlichen Kulturen wurden in Mitleidenschaft gezogen. Die andauernden Regenfälle verhinderten, dass das geerntete Getreide auf den Feldern austrocknete. Es musste feucht gelagert werden, wodurch es in den Scheunen und Getreidespeichern verfaulte und vom Getreidekäfer, einem Schädling, angegriffen wurde. Viele Bauern und Händler setzten das feuchte Getreide rechtzeitig auf dem Markt ab. Der Schweizer Historiker Daniel Krämer verglich die auf dem Basler Markt zum Verkauf stehende Getreidemenge mit dem Preisniveau. Zur Zeit der höchsten Preise im Frühsommer 1817, wo die größten Gewinne hätten erzielt werden können, war das Angebot gering, weil das meiste Getreide in den Scheunen und Getreidelagern verfault war.[59] In den höheren Regionen wurden Dinkel und Hafer unreif geschnitten, nachdem sie Anfang Oktober 1816 von einem scharfen Frost betroffen waren.[60] Die Kartoffeln waren teilweise verfault. In der nordöstlichen Region um St. Gallen (Abb. 3.3a) wurden 70 bis 85 % weniger geerntet als im Jahresdurchschnitt.[61] Die wenigen Trauben an den Rebstöcken waren noch hart und grün, als sie Anfang November gepflückt wurden. Im März und April 1817 schneite es erneut. Heu für das Vieh wurde zur Mangelware. Die meisten Bauern mussten ihre Tiere mit Stroh oder Kiefernnadeln durchfüttern, wodurch die Kühe von der Milch kamen. Im Mai stiegen die Temperaturen leicht an, und im Juni wurde es sogar warm.[62]

Wie wirkten sich diese Bedingungen auf die Menschen aus? Es gibt keine Skala, um das Ausmaß des Mangels in den verschiedenen Regionen zu beurteilen. Die Getreidepreise mögen als Näherungswert dienen, da sie für die meisten Regionen Europas die einzige leicht verfügbare Messgröße dar-

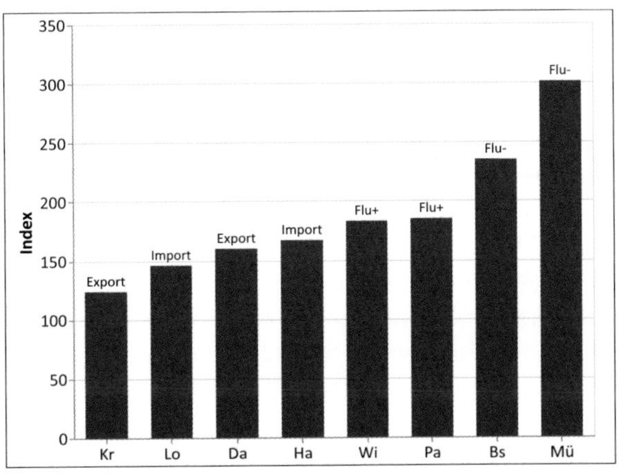

Abb. 3.7. Index der Getreidepreise in Europa 1816–1817 (1815 = 100). Abkürzungen für die Exportzentren: Kr Krakau, Da Danzig, Lo London, Ha Hamburg. Günstige Flusstransporte (Flu +): Wi Wien, Pa Paris. Teure Flusstransporte (Flu -): Bs Basel, Mü München (Daten: Post 1977: 36–37).

stellen. Im Jahr 1817 stiegen sie auf ein sehr hohes Niveau, auch wenn es je nach Erntevolumen, geographischer Lage und Transportkosten erhebliche regionale Unterschiede gab (Abb. 3.7). Im polnischen Krakau, wo die Ernte durchschnittlich ausfiel, war der durchschnittliche jährliche Preisanstieg gering. Etwas größer war er in Hafenstädten wie London und Hamburg, die von niedrigen Transportpreisen profitierten. Selbst in Katalonien, das unter einer Jahrhundertdürre litt, blieb der Preisanstieg in der Hafenstadt Barcelona moderat.[63] Am höchsten kletterten die Preise in den west- und mitteleuropäischen Binnenregionen, wie die Daten für Basel und München zeigen. Dies, weil sich der Transport stromaufwärts übermäßig verteuerte. In Krisenzeiten musste üblicherweise verhältnismäßig mehr Geld für die Ernährung der Männer und Pferde aufgewendet werden, welche die beladenen Schiffe stromaufwärts zogen. Dadurch vergrößerte sich das Preisgefälle zwischen den Hafenstädten und ihrem Hinterland.[64] Die außerordentlichen hydrologischen Verhältnisse im Frühsommer 1817 verschlimmerten die Situation. Die Schneemassen, die sich im Winter 1816 in den Bergen angesammelt hatten, schmolzen im darauffolgenden Sommer kaum. Weitere gewaltige Schneefälle türmten sich im Winter und im Frühjahr 1817 auf. Warme Gewitterregen brachten dann das dreifache Schneepaket im Juni 1817 zum Schmelzen, wodurch die Flüsse wochenlang über die Ufer traten. Das anhaltende Hochwasser des Rheins verhinderte den rechtzeitigen Transport von Importgetreide ins Innere des Kontinents. Die mit Importgetreide beladenen Schiffe aus dem Ostseeraum wurden in den Niederlanden zurückgehalten, während sich die Hungersnot in den flussaufwärts gelegenen Regionen von Tag zu Tag verschlimmerte.[65] Die Ernte 1817 fiel reichlich aus, wodurch die Preise im Spätsommer 1817 zusammenbrachen, umso mehr, als nun auch das bestellte Importgetreide angeliefert wurde.

3.5 Ein Mosaik von Verletzlichkeiten

Der Begriff Verletzlichkeit wird in vielen Disziplinen verwendet, so in der Geographie, in der Wirtschaft, in der Informatik (in Form von versteckten Sicherheitslücken), in Technik, Medizin (Anfälligkeit für Krankheiten) und Klimaforschung (Verletzlichkeit für Katastrophen und Extremwitterung).[66] Die Verletzlichkeit ist latent vorhanden. Sie äußert sich erst in extremen Stresssituationen.[67] Im vorliegenden Kontext geht es um die soziale Verletzlichkeit, d. h. die Fähigkeit von Individuen und Personengruppen – seien es Unterschichten und Randgruppen oder Angehörige eines Haushalts –, den Auswirkungen von äußeren Ereignissen wie Klimaextremen, Kriegen, Wirtschaftskrisen und Epidemien zu widerstehen. Bei solchen Belastungen sind viele Betroffene oft nicht mehr in der Lage, ihre Grundbedürfnisse zu befriedigen.

Soziale Verletzlichkeit bezog sich in der historischen Vergangenheit auf Versorgungsengpässe und Epidemien, von denen besonders die unteren Schichten der Gesellschaft betroffen waren. Die Verletzlichkeit einer Region für Klimaeffekte hing von spezifischen Faktoren wie vom Niveau ihrer landwirtschaftlichen Produktivität, dem Zugang zu billigem Wassertransport, der Tragfähigkeit des sozialen Netzes und von der Bevölkerungsdichte ab.[68]

Getreidepreisschwankungen beeinflussen die Nahrungsmittelversorgung und dienen als Gradmesser für die Verletzlichkeit einer Region, aber sie geben keinen Aufschluss über deren Ursachen. Am Beispiel der Schweiz zeigte Krämer auf, dass Hungersnöte, selbst im Falle von massiven meteorologischen Auswirkungen wie sie 1816 auftraten, nur in einem regionalen oder lokalen Kontext schlüssig untersucht werden können. Damals war die Schweizerische Eidgenossenschaft noch eine politisch stark zersplitterte territoriale Einheit. Abgesehen von den inneralpinen Tälern und der Alpensüdseite war sie 1816/17 einer relativ einheitlichen Klimawirkung ausgesetzt. Dennoch verteuerte sich das Getreide in der Ostschweiz (Rorschach) zwischen Januar 1816 und Juni 1817 im Nordosten des Landes zweieinhalbmal stärker als im Westen (Abb. 3.8).[69]

Welches sind die Gründe? Zu Beginn des 19. Jahrhunderts war die Schweizerische Eidgenossenschaft landwirtschaftlich nicht mehr autark. Die Baumwollindustrie hatte im Nordosten des Landes Fuß gefasst. Die Spinner und Weber exportierten ihre Produkte und kauften dafür Nahrungsmittel.[70] Unter diesen Umständen stieg die Bevölkerungsdichte weit über die Tragfähigkeit der regionalen Landwirtschaft. Um die Heimarbeiter mit Getreide zu versorgen, war in Schwaben, nördlich des Bodensees (Abb. 3.3a), eine stark kommerzialisierte Landwirtschaft entstanden, die ihre Getreideüberschüsse südlich des Sees auf dem Markt von Rorschach absetzte.[71] Diese arbeitsteilige Wirtschaft war anfällig für Störungen der Zufuhr. Ihre latente Verletzlichkeit trat in der Tambora-Krise offen zutage, als sich die Territorien gegenseitig die Getreidezufuhr sperrten, um ihre eigene Bevölkerung vor Verknappung zu schützen.[72] So verbot auch der König von Württemberg die Ausfuhr von Getreide in die Eidgenossenschaft, was die Nordostschweiz hart traf. Die «Balkanisierung» der Getreidemärkte[73] beeinträchtigte selbst den Handel zwischen den Schweizer Kantonen, obwohl dies der Bundesvertrag von 1815 ausdrücklich verbot. Der preußische Gesandte in der Schweiz, Justus von Gruner, schrieb desillusioniert nach Berlin, der alte Geist der Eidgenossen habe sich in dieser Zeit der Versuchungen nicht bewährt. Statt brüderlicher Zusammenarbeit zähle nur das eigene Wohl.[74]

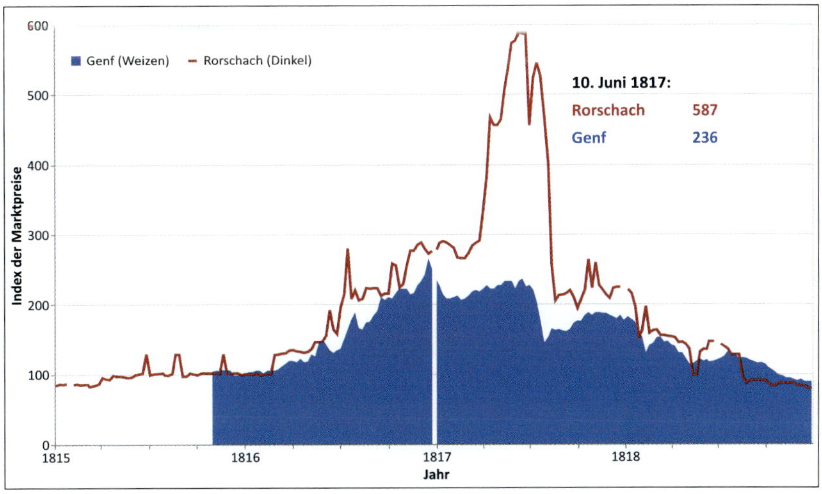

Abb. 3.8. Regionale Unterschiede der Getreidepreise innerhalb der Schweiz im Jahr 1817 (Index: Erste Preisnotierung im Jahr 1816 = 100; nach Krämer 2015: 230).

Wie wirkte sich der katastrophale Anstieg der Lebensmittelpreise auf das Leben der Textilarbeiterinnen und Textilarbeiter in der Nordostschweiz aus? Ein allgemeines Bild lässt sich nur schwer gewinnen. Einen Anhaltspunkt liefern demographische Daten.[75] Der Rückgang der Geburten, genauer gesagt der Taufen, ist ein relativ zuverlässiger Indikator für den Grad der Entbehrungen, obwohl die Gründe bei weitem nicht offensichtlich sind. In der wissenschaftlichen Literatur wird argumentiert, dass die Empfängnisse aus psychologischen und physiologischen Gründen zurückgingen, sei es, dass die Libido in einer Zeit wirtschaftlicher Not schwand, sei es, dass die unterernährten Frauen temporär unfruchtbar wurden, was als «Hunger-Amenorrhoe» bezeichnet wird, sei es, dass Ehen häufiger durch Krankheit unterbrochen wurden oder durch Tod endeten.[76]

Daten über die jährliche Zahl der Taufen sind vor dem späten 19. Jahrhundert nur für wenige Kirchgemeinden greifbar. Daniel Krämer gelang es jedoch, den Rückgang der Taufen in den Jahren 1817 und 1818 flächendeckend für die ganze Schweiz zu visualisieren. Dafür stützte er sich auf Angaben, die anlässlich der eidgenössischen Volkszählung von 1860 erhoben wurden. Für jeden Bezirk verzeichnet diese Statistik die Wohnbevölkerung nach einzelnen Geburtsjahrgängen. Krämer fiel auf, dass die Jahrgänge in den Krisenjahren 1817 und 1818 (unter Berücksichtigung der Zeitspanne von der Empfängnis bis zur Geburt) deutlich kleiner waren als jene in den vorangehenden und folgenden Jahren, und zwar vor allem in jenen Regionen, die besonders stark unter Entbehrungen litten (Abb. 3.9).[77]

Die Unterschiede der regionalen Fruchtbarkeit innerhalb der kleinen Schweiz fallen ins Gewicht. Teile der Gebirgskantone Wallis und Tessin waren aufgrund ihrer Lage im Schatten der dominanten Nordwestwinde, vielleicht auch dank robuster, autarker landwirtschaftlicher Praktiken, weitgehend krisenresistent. Am stärksten ging andererseits die geschätzte Geburtenrate in den Regionen zurück, in denen die Textilindustrie dominierte. Dies mag

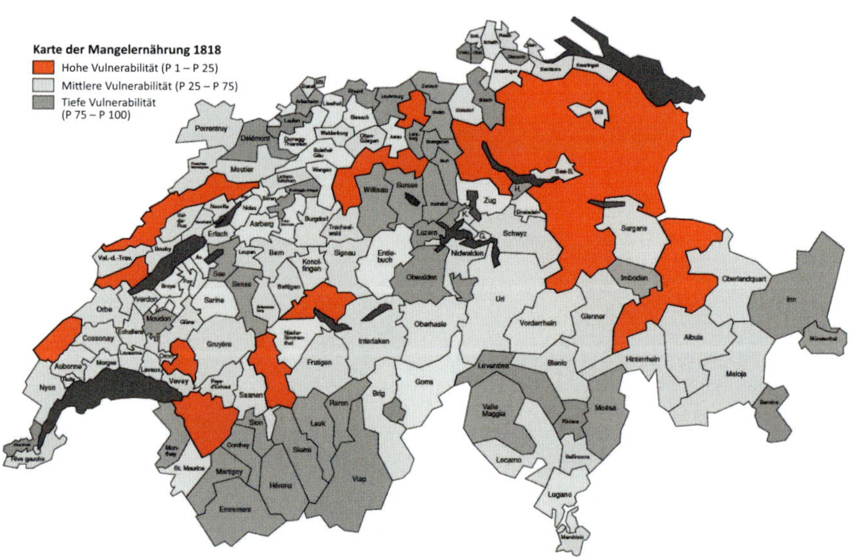

Abb. 3.9. Defizit von Taufen innerhalb der Schweiz im Jahr 1818 – ein Indikator für die Anfälligkeit für Hungersnöte in der Krise von 1817 auf Kreisebene. Die Karte stellt die Größe der Geburtskohorten in den heutigen Bezirken der Schweiz im Jahr 1818 nach drei Ordinalgruppen für die Jahre 1810 bis 1821 dar. Die relative Größe der Geburtskohorten widerspiegelt den Grad der Unterernährung und des Stresses im Vorjahr. Nach Krämer 2015: 316.

Abb. 3.10. Peter Scheitlin (1779–1848) war Pfarrer und Hochschullehrer in St. Gallen, Schweiz. Lithographie von Johann Friedrich Hasler (1808–1871; Quelle: Wikipedia.org). Scheitlin unterstützte während der Krise aktiv Hunderte von hungernden Menschen und lieferte eine eingehende Analyse der Situation in der Schweiz.

der Hunger-Amenorrhoe, häufigeren Aborten und Totgeburten in Verbindung mit einer erhöhten Sterblichkeit der Neugeborenen zuzuschreiben sein.[78] In vielen Fällen ging der Rückgang der Taufen mit Spitzenwerten der Sterblichkeit einher.[79] Einige Menschen starben tatsächlich an Hunger, was an der Schwellung ihres Körpers zu beobachten war, während viele Epidemien zum Opfer fielen.[80] Wer auf den Feldern auf der Suche nach Nahrung zusammenbrach, wurde zum Sterben ins nächste Dorf getragen.[81] Zumindest war der Winter 1817 erträglich, sonst wären wohl Tausende mehr aus Mangel an Feuerholz, Kleidung und genügend warmer Nahrung umgekommen.[82]

Um uns in die verzweifelte Lage der Hungernden hineinzuversetzen, müssen wir sie in ihren Hütten aufsuchen. Peter Scheitlin, Gymnasialprofessor und Pfarrer in der Stadt St. Gallen (Abb. 3.3a), ist in dieser Hinsicht ein Kronzeuge (Abb. 3.10). In den Jahren 1816/17 litt auch er mit seiner Familie an Entbehrungen, denn sein Lohn folgte den emporschnellenden Lebensmittelpreisen nicht. Da er sich verpflichtet fühlte, das unermessliche Leid zu lindern, gründete er im September 1816 eine Wohltätigkeitsorganisation. Nach einer Predigt hatte ihm ein taubstummes Mädchen einen Beutel mit 25 Gulden – das entspricht etwa 4400 heutigen Schweizer Franken – und eine Notiz auf einem Zettel überreicht: «Mein ganzes Geld für die Armen. Jesus möge diese kleine Gabe segnen», schrieb sie. «Ich erzählte diese Episode in meiner nächsten Predigt», erinnerte sich Scheitlin, «und bald floss mir eine beträchtliche Summe Bargeld in der Höhe von 168 Gulden zu.» Dies entspricht heute etwa 30'000 Schweizer Franken. Dazu kam ein Stapel von etwa 80 Kleidungsstücken.[83] Mit der Zeit erhielt Scheitlin eine solche Flut von Spenden, dass er einen Butter- und Käsehändler engagierte. Dieser half ihm, die Gaben an die Hungernden in den Hügelregionen zu verteilen. Scheitlin beschenkte Hunderte, wenn nicht Tausende von Notleidenden, indem er die armen Haushalte um die Stadt mit Brot und Kleidern versorgte. Er hinterließ einen ausführlichen Bericht über die schockierenden Bedingungen, die er bei seinen Besuchen vorgefunden hatte. Einmal stand er einer Mutter gegenüber, die ihren drei Buben halbgesottenes Gras zum

Abb. 3.11. Die hungernden Menschen in der Nordostschweiz essen Gras. Gezeichnet von einem unbekannten Künstler (Quelle: Toggenburger Museum, Lichtensteig, Schweiz).

Abendessen vorgesetzt hatte, gewürzt mit einer Prise Salz, jedoch ohne Butter oder andere Zutaten. Die Jungen aßen das rauchende Gras mit bloßen Händen (Abb. 3.11). Auf dem Tisch lag eine offene Bibel. Die Mutter gestand, diese sei ihr einziger Trost.[84]

1817 bereiste Scheitlin alle Kantone der Schweiz, um auf dieser «Armenreise» einen Einblick in die jeweilige Versorgungslage zu gewinnen.[85] Dabei stellte er fest, dass von Kanton zu Kanton große Unterschiede bestanden. Während im Nordosten des Landes Not herrschte, war die Versorgungslage in der Westschweiz weit weniger angespannt (Abb. 3.9). Dies ist den wirtschaftlichen und sozialen Bedingungen sowie der Initiative und dem Krisenmanagement der kantonalen Behörden zu verdanken.[86] Jene im Kanton Waadt reagierten, ohne zu zögern, als das Ausmaß des Ernteausfalls im Herbst 1816 zutage trat. Das Parlament ermächtigte die Exekutive, Getreide im Ausland zu bestellen. Dabei setzte es die vorhandenen Bargeldreserven ein und sprach einen Kredit aus. Außerdem luden die Behörden Bürger und Gemeinden ein, dem Kanton ein zinsloses Darlehen zur Verfügung zu stellen, welches nach dem Ende der Krise in bar oder in Form von Getreide zurückgezahlt werden sollte. Doch konnten die Mittel nicht schnell genug aufgebracht werden. Schließlich gewährte ein Handelsunternehmen einen rasch verfügbaren Kredit. Über Agenten wurde Getreide in Odessa (Russland) bestellt, das im Frühjahr 1817 über Marseille (Frankreich) auf der Rhone in den Kanton gelangte. In Kleinstädten wurden Kornkammern eingerichtet, und in einigen Dörfern konnte jeder Haushalt wöchentlich Getreide entsprechend seinem Bedarf kaufen. «Vereine», die von Frauen aus den höheren Schichten gegründet wurden, betrieben Suppenküchen und sammelten Kleider und Geld. Niemand litt Hunger. Die Sterblichkeit lag sogar niedriger als in den vorangehenden Jahren und den folgenden Jahren. Ähnlich war die Situation im Stadtstaat Genf. Insgesamt war das «Hungerpanorama» der Schweiz äußerst kontrastreich. Während die Menschen am Ufer des Genfersees den Gürtel nur etwas enger schnallen mussten, litten Textilarbeiterinnen und Textilarbeiter im Nordosten des Landes offene Not.[87]

Während sich die Hungernden in ländlichen Gebieten meist in ihr Schicksal ergaben, neigten die Armen in den Städten zu Protesten. Der einzige größere Lebensmittelkrawall flammte bezeichnenderweise in Genf auf, wo die Getreidepreise am wenigsten gestiegen waren (Abb. 3.8). Rund 200 Personen griffen nach dem Ende der Krise am 15. Oktober 1817 die Bauern auf dem Markt an, weil sie die Erhöhung des Kartoffelpreises für unbegründet hielten. Soldaten mussten der Stadtwache bei der Verhaftung der Anführer zu Hilfe kommen.[88]

In anderen Ländern waren die Unruhen gewalttätiger. Die Gegensätze zwischen Arm und Reich entzündeten sich nicht zuletzt an der großen Zahl von Bettlern und Vagabunden, die zu Plünderungen und Ausschreitungen neigten. Oft musste militärische Gewalt eingesetzt werden.[89] Die Proteste reichten von einfachen Lebensmittelunruhen bis hin zu Zuständen, die an kriminelle Anarchie und verdeckte Rebellion grenzten. In Großbritannien waren die sozialen Unruhen in den Städten und auf dem Land verbreitet. In einigen französischen Departements wurden Reisende von bewaffneten Banditen angegriffen. Manche Handelsrouten waren unterbrochen, weil die Produzenten das Risiko scheuten, Getreide auf den Markt zu bringen. Stattdessen

Abb. 3.12. Vereinfachtes lineares Modell der Wechselbeziehungen zwischen Klimafolgen und sozialen Reaktionen (erstellt nach Krämer 2015: 89; nach Luterbacher und Pfister 2015, Pfister 2007 sowie Ingram et al. 1981).

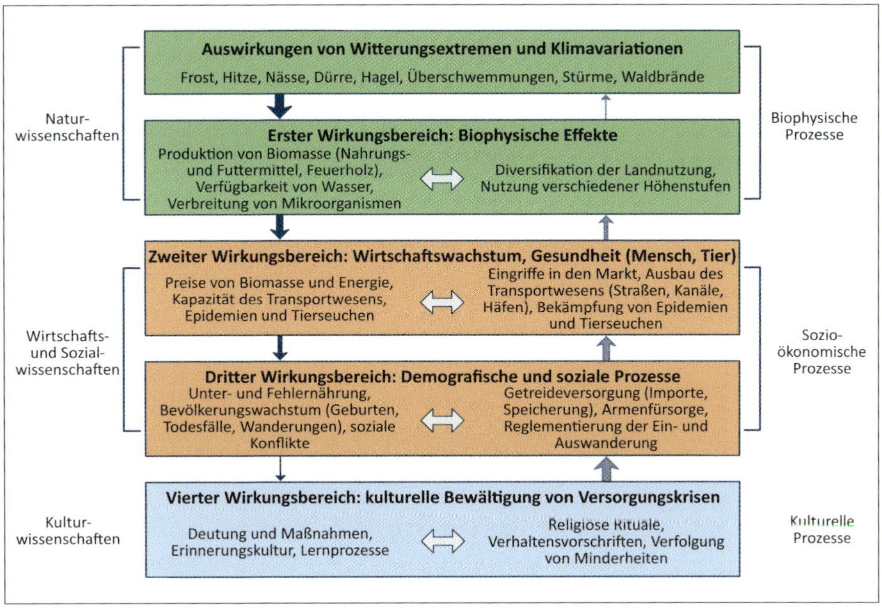

wurden die Verkäufe auf Bauernhöfen getätigt, wobei die Käufer das Transportrisiko zu tragen hatten [...]. Vagabundierende Banden plünderten das offene Land auf der Suche nach Nahrung, was bei den Behörden Besorgnis weckte. In Deutschland richteten sich die meisten Gewalttätigkeiten gegen Bäckereien und Getreidemärkte. In Mainz nahmen die Unruhen größere Ausmaße an und trugen antisemische Züge. «Häuser wurden angegriffen, Fenster eingeschlagen und viele Personen misshandelt, bevor die Truppen der Garnison die öffentliche Ordnung wiederherstellen konnten [...]. Im Allgemeinen wurzelten die Lebensmittelkrawalle eher in der Angst vor dem Hunger als in der Erfahrung des Hungers.»[90]

Zusammenfassend lässt sich feststellen, dass der lange Arm des Tambora die Gesellschaften in Europa vor existenzielle Herausforderungen stellte. Das Ausmaß der Not hing weniger von den unmittelbaren Auswirkungen des Klimas als von der Tragfähigkeit des sozialen Netzes und der Effizienz des Krisenmanagements ab. Daniel Krämer zeigt die Wechselwirkungen zwischen natürlichen und sozialen Einflüssen anhand eines linearen Modells auf (Abb. 3.12), wobei Rückkoppelungseffekte aus Gründen der Übersichtlichkeit weggelassen wurden. Die Abbildung gliedert sich in vier Wirkungsbereiche, die durch Pfeile in beiden Richtungen verbunden sind. Links sind die Disziplinen aufgeführt, die sich mit dem jeweiligen Bereich befassen, rechts die thematischen Schwerpunkte. Die Breite der Top-down gerichteten Pfeile zeigt die Bedeutung von Klimaeffekten für den jeweiligen Bereich an. Umgekehrt verweist die Breite der Bottom-up gerichteten Pfeile auf den jeweiligen Stellenwert gesellschaftlicher Maßnahmen.

Zum ersten Bereich gehören die Auswirkungen der Witterung auf die Produktion von Biomasse, d. h. von Nahrungs- und Futtermitteln sowie Brennholz, die Verfügbarkeit von Wasser und die Verbreitung von Krankheitserregern. Zuständig für diesen Bereich sind naturwissenschaftliche und medizinische Disziplinen. Den negativen Witterungseffekten auf die Landwirtschaft wirkten Maßnahmen zur Diversifizierung der Landnutzung entgegen.

Zum zweiten Bereich zählen Veränderungen der Preise für Biomasse, Energie und Energiedienstleistungen, beispielsweise Transport und Kommunikation, sowie das Auftreten von Epidemien und Tierseuchen. Diese Thematik fällt in die Kompetenz der Wirtschaftsgeschichte und der Medizingeschichte. Klimaeffekte werden durch Faktoren wie die Regulierung des Handels, Importe, öffentliche Getreidevorräte, Horten und Spekulation modifiziert.

Der dritte Bereich ist eng mit dem zweiten verbunden. Er umfasst die physiologischen und demographischen Konsequenzen von Versorgungskrisen sowie das Auftreten sozialer Konflikte. Zuständig dafür sind die Sozialgeschichte sowie die Medizingeschichte. Die negativen Effekte wurden durch Maßnahmen zur Verbesserung der Getreideversorgung durch Importe und die Anlage von Kornspeichern sowie den Ausbau der Armenfürsorge gemildert, die Verbreitung von Epidemien durch Quarantänemaßnahmen, namentlich im Falle der Pest (Teilkapitel 9.6).

Der vierte Bereich thematisiert die kulturelle Bewältigung von Versorgungskrisen, namentlich die Deutung dieser Ereignisse sowie die darauf beruhenden Maßnahmen (vgl. auch Abb. 1.3 sowie Einschub 9C), ferner Lernprozesse sowie die Verankerung von Krisen in der Erinnerungskultur. Diese Thematik gehört in den Fachbereich der Kulturwissenschaften.[91]

Ausgehend von Wetter und Klima ist der kausale Zusammenhang mit den biophysikalischen Prozessen am engsten. Er wird dann gegen unten, von einem Bereich zum anderen schwächer. Mathematische und statistische Methoden können angewendet werden, solange die relevanten Variablen systemisch sind und quantifiziert werden können. Neben biophysikalischen Prozessen gilt dies am ehesten für Preise. Demographische Prozesse sind dagegen zu sehr sozial, ökonomisch und kulturell determiniert. Je weiter man sich von den biophysikalischen Effekten entlang der Kausalkette entfernt, desto komplexer werden die Zusammenhänge und desto schwieriger wird es, sie angemessen zu dokumentieren. Sobald man sich mit Fragen der sozialen Organisation, des menschlichen Verhaltens und der staatlichen Entscheidungsfindung befasst, können keine verallgemeinernden Schlüsse gezogen werden. Unter diesen Umständen überrascht es nicht, dass die Bedeutung der Klimavariabilität für menschliche Angelegenheiten sehr unterschiedlich eingeschätzt wird. Sie schwankt zwischen völliger Missachtung (meist durch Historiker) bis zur Überschätzung durch Naturwissenschaftler, soweit diese dem Klimadeterminismus zuneigen (Teilkapitel 9.2). Nach diesem grundlegenden Exkurs, der viele der in diesem Buch dargestellten Zusammenhänge visualisiert, wendet sich die Erzählung wieder den Folgen der Tambora-Eruption zu.

3.6 Zu viele Hungerflüchtlinge?

Die Auswanderung bot eine Chance, dem wachsenden Elend zu entkommen. Im Großen und Ganzen folgte diese noch den aus dem 17. und 18. Jahrhundert bekannten Mustern. Das Zielland musste im Vergleich zur heimischen Situation attraktiv erscheinen, und einige Kenntnisse über die Beschwerlichkeiten auf der Reise und die Verhältnisse im Zielland mussten vorhanden sein. Die 13 Staaten an der Ostküste Nordamerikas galten als Hauptziele. Fruchtbares Land war dort relativ reichlich vorhanden, aber es fehlten Hände zu seiner Bearbeitung. Die meisten potenziellen Auswanderer, Kleinbauern und Landlose, von denen es in Europa viele gab, konnten aber die Kosten für die Überfahrt nicht aufbringen. Findige Kapitäne boten mit der Zeit Reisen auf Kredit im Rahmen des sogenannten «Redemptioner-(Rückkauf-)Systems» an. Es erlaubte einem potenziellen Auswanderer, ohne vorherige Bezahlung an Bord eines Schiffes nach Nordamerika zu fahren. Die Reisekosten musste er nach seiner Ankunft zurückbezahlen, indem er sich für einen bestimmten Zeitraum bei einem US-Arbeitgeber verdingte. Dafür erstattete dieser dem Kapitän des Schiffes die Reisekosten des Auswanderers. Das Geschäft war für die Kapitäne attraktiv, da Schiffe, die Waren aus den Kolonien nach Europa brachten, üblicherweise halb leer zurückfuhren. Die Auswanderer mussten sich allerdings damit abfinden, dass sie unter entsetzlichen hygienischen Bedingungen in den Schiffen zusammengepfercht wurden. [92]

Samuel Breck aus Philadelphia beschrieb die Usanzen eines solchen Geschäfts in seinem Tagebuch: «1. August 1817. Da ich mit einigen meiner Bediensteten unzufrieden war, ging ich an Bord des Schiffes John aus Amsterdam, das vor kurzem mit 400 Passagieren angekommen war. Ich wollte sehen, ob ich einen Diener für Frau Ross und zwei für mich finden könne. Ich bemerkte eine attraktive Gruppe, bestehend aus gesunden, gutaussehenden Männern, Frauen und Kindern. Ich kaufte eine Deutschschweizerin für Frau Ross und zwei Frankophone für mich [...]. Meine beiden Diener kommen aus Lausanne in der Schweiz. Nachdem sie im April den Rhein hinuntergefahren waren, sind sie nun in diesem glücklichen, freien und schönen Land gelandet. Ich erstattete für das Passagiergeld der Deutschschweizerin 76 Dollar mit dem Versprechen, ihr am Ende von 3 Jahren 20 Dollar auszuzahlen, wenn sie mir treu diene. Kleidung und Unterhalt natürlich inbegriffen [...]»[93]

Obwohl die europäische Subsistenzkrise zur Auswanderung motivierte, schafften es relativ Wenige – etwa 25'000 im Jahr 1817 und 32'000 im Jahr 1818 – über den Atlantik. Die meisten von ihnen kamen aus Großbritannien und Irland, von wo aus sie günstig zu den Einschiffungshäfen gelangen konnten, während die Schiffsreise von den Krisenherden in der Schweiz und in Deutschland auf dem Rhein kostspieliger war. Aber selbst der begrenzte Zustrom potenzieller Migranten überstieg die Kapazität des Arbeitsmarkts von Philadelphia. Viele Kapitäne konnten ihre Passagiere nicht loswerden. Das ganze Rückkaufsystem geriet in die Krise und erholte sich nicht.[94] Erst im Zeitalter der Dampfschiffe und Eisenbahnen gelangten Auswanderer in größerer Zahl zu erschwinglichen Preisen in die Neue Welt.

Abb. 3.13. Die Schöpfer von Frankenstein und Dracula. a) Mary Wollstonecraft Shelley (1797–1851), gezeichnet 1840 von Richard Rothwell (1800–1868), National Portrait Gallery, London. b) George Noel Gordon, Lord Byron (1788–1824). Porträt von Thomas Philips, 1813, Newstead Abbey, Großbritannien. c) John Polidori (1795–1821). Gemalt von F. G. Gainsford, National Portrait Gallery, London.

Einschub 3B: Die Geburt von Frankenstein und Dracula

Das Jahr ohne Sommer war nicht nur ein Meilenstein in der Klima- und Sozialgeschichte. Das melancholische Wetter wurde auch zum Nährboden für die Schaffung von zwei berühmten Science-Fiction-Kreaturen – Frankenstein und Dracula.

Die Geschichte von Frankenstein ist bekannt. Am 3. Mai 1816 reiste die 19-jährige Mary Shelley (Abb. 3.13a) von Dover aus nach Genf. Sie wurde von ihrem zukünftigen Ehemann Percy Shelley, ihrem kleinen Sohn William und Shelleys Stiefschwester Claire Clairmont begleitet. Mary war die Tochter von William Godwin, einem mittelmäßigen Schriftsteller, der für sein freies Denken berüchtigt war, und Mary Wollstonecraft, die eine frühe Protagonistin der Frauenemanzipation und der sexuellen Befreiung war. Sie starb nach Marys Geburt. Percy Shelley wurde wegen seiner öffentlichen Verteidigung des Atheismus von der Universität Oxford ausgeschlossen. Im Alter von 19 Jahren heiratete er die 16-jährige Harriet Wentworth. Doch Shelley wurde der Monogamie bald überdrüssig und begann, einen Großteil seiner Zeit im Haus von William Godwin zu verbringen, um die Gunst seiner Tochter zu gewinnen. Als Godwin erfuhr, dass seine Tochter in einen verheirateten Mann verliebt war, griff er auf konventionelle Moralvorstellungen zurück und verbot Mary, Shelley zu sehen. Aufgrund von finanziellen Engpässen beschloss Shelley im Frühling 1816, England an der Seite Marys zu verlassen. Seine Stiefschwester Claire, welche die Geliebte von George Noel Gordon, Lord Byron, geworden war, überzeugte ihn, in Genf zu bleiben, wo Byron den Sommer verbringen wollte.[95]

Lord Byron gehörte zu dieser Zeit zu den berühmtesten und umstrittensten Figuren in Großbritannien (Abb. 3.13b). Im Alter von zehn Jahren hatte er die Ländereien und den Adelstitel seines Großonkels geerbt. Sein Vermögen ermöglichte es ihm, nach Cambridge zu gehen, wo er einen ausschweifenden Lebensstil begann, der ihm ebenso viel Berühmtheit einbrachte wie seine Poesie. Um zu mehr Mitteln zu kommen, heiratete Byron im Jahr 1814 Annabella Milbanke, die Tochter eines wohlhabenden Landbesitzers. Zu diesem Zeitpunkt trank der Poet bereits, arbeitete nur noch halbherzig und verschuldete sich immer mehr. Zudem begann er, viel Zeit mit seiner Halbschwester Augusta Leigh zu verbringen, die mit einem Cousin verheiratet war. In der Folge verließ Annabella ihren Gatten, um zu ihren Eltern zurückzukehren. Im Februar 1816 teilte sie ihrem Mann mit, dass sie sich scheiden lassen wolle. Am 25. April 1816 verließ Byron England, um nie mehr zurückzukehren. Er wurde vom jungen italienischen Arzt und aufstrebenden Schriftsteller John W. Polidori begleitet (Abb. 3.13c).[96]

Byron mietete die teure Villa Diodati in Cologny nahe Genf. Mary und Percy Shelley ließen sich in Montalègre in der Nähe von Cologny nieder.[97] Kompliziert wurde die Situation durch die Anwesenheit von Shelleys Stiefschwester Claire Clairmont, die mit Byrons Kind schwanger war. Sie hatte sich Byron hingegeben, kurz bevor er England verließ.[98] «Zuerst verbrachten wir angenehmen Stunden auf dem See oder wanderten an seinen Ufern», schrieb Mary. Aber «der Sommer war nass und unangenehm. Der unaufhörliche Regen zwang uns immer wieder, tagelang im Haus zu bleiben.»[99] Tatsächlich regnete es zwischen dem 5. Juni und dem 13. Juli fast ständig.[100] Das trübe Wetter verstärkte Byrons übliche Melancholie. «Trotz seiner wetterbedingt düsteren Stimmung (oder vielleicht gerade deswegen) war das 'Jahr ohne Sommer' für den Dichter bemerkenswert kreativ [...]. Während eines besonders dunklen Tages im Juli, an dem mittags die Kerzen angezündet wurden»,[101] schrieb er sein bekanntes Gedicht «Darkness».[102] Da der endlose Regen die Gruppe um Shelley und Byron zwang, die geplanten Ausflüge abzubrechen, traf sie sich öfters zu Diskussionen in der Villa Diodati. Diese drehten sich vor allem um die Frage, ob Elektroschocks eine Ansammlung menschlicher und tierischer Körperteile zum Leben erwecken könnten.[103] Auf dieser Grundlage diskutierten die Freunde die Prinzipien des Lebens, wie Mary erklärte. Sie hörte lediglich zu, da sie zu schüchtern war und sich fachlich zu wenig versiert fühlte, um sich in die nächtlichen Gespräche in der Villa Diodati einzubringen, gestand sie 1822.[104] Das triste und freudlose Wetter inspirierte die Gruppe dazu, sich mit «einigen Bänden von Geistergeschichten zu befassen, die aus dem Deutschen ins Französische übersetzt wurden und uns in die Hände fielen», schrieb Mary später. «Jeder von uns soll eine Geistergeschichte schreiben», schlug Lord Byron eines Tages vor; und sein Vorschlag wurde angenommen. Mary und Percy Shelley, Lord Byron und John Polidori machten mit, um zu sehen, wer von ihnen die beste Horrorgeschichte schreiben würde.[105]

Die Thematik verfolgte Mary: In einer Nacht, schrieb sie «träumte ich von einem jungen Wissenschaftler, dem es gelang, Leben zu schaffen. Ich sah das hässliche Phantasiegebilde eines ausgestreckt daliegenden Mannes. Plötzlich, als Folge einer machtvoll wirkenden Kraft, zeigte er Lebenszeichen und begann, sich unruhig zu bewegen. Er erwachte, öffnete seine Augen und stand unvermittelt neben dem Bett des Wissenschaftlers. Er öffnete die Vorhänge und schaute ihn mit gelben, wässrigen Augen abschätzend an. Vor Schrecken öffnete ich meine Augen», gestand Mary. «Der Traum nahm mich so sehr gefangen, dass mich ein Schauer durchfuhr und ich das schreckliche Phantasiebild durch die Wirklichkeit um mich herum zurückdrängen musste [...]. Dann packte mich die Freude und die Überzeugung: Was mich erschreckte, wird auch andere erschrecken. Ich brauchte nur das Gespenst zu beschreiben, das mir um Mitternacht erschienen war.»[106] In den folgenden zwei Jahren schrieb Mary Shelley dann den Roman «Frankenstein oder der moderne Prometheus», der eines der frühesten Beispiele einer Science-Fiction-Geschichte ist. Der größte Teil spielt in Genf: Dem Titan Prometheus, einer Figur der griechischen Mythologie, wird zugeschrieben, den Menschen aus Lehm erschaffen zu haben. Victor Frankenstein, ein fiktiver Wissenschaftler, verstand sich als ein moderner Prometheus, indem er von der Idee besessen war, unbelebter Materie Leben einzuhauchen. Schließlich erweckte Frankenstein seine Kreatur zum Leben, indem er Leichenteile und Aas miteinander verschmolz, ohne jedoch das Geheimnis ihrer Belebung preiszugeben.[107] Seine Kreatur war von gigantischer Statur, 2,4 m groß, abscheulich, zeigte aber menschliche Gefühle.[108] Als das Monster unvermutet zum Leben erwachte, war Frankenstein schockiert. Es tötete anschließend Frankensteins Freund, seinen jüngeren Bruder und seine Verlobte. Der Roman endet mit dem gemeinsamen Selbstmord des Schöpfers und seiner Kreatur mitten im arktischen Eis.[109]

Im Roman selbst trägt die Kreatur keinen Namen. Die heutige Populärkultur bezeichnet sie nach ihrem imaginären Schöpfer als «Frankenstein». Die erste Ausgabe von 1818 wurde anonym veröffentlicht. Mary Shelleys Name erscheint erst auf der zweiten Ausgabe von 1823.[110] Durch die Erschaffung von Menschen durch Menschen, zumindest in literarischer Form, nahm sie ein Thema vorweg, das derzeit angesichts der künstlichen Befruchtung und des therapeutischen Klonens heiß diskutiert wird.[111]

Im «Jahr ohne Sommer» ist auch die Figur des Vampirs Dracula am Genfersee entstanden. Der junge Arzt John Polidori ließ sich durch eine fragmentarische Geschichte von Lord Byron dazu inspirieren, den Vampir von einer Figur aus der Folklore in einen aristokratischen Unhold umzuwandeln, der in der High Society Beute macht. «Der Vampir» wurde erstmals 1819 in Buchform veröffentlicht. Zunächst wurde Lord Byron als Autor angegeben. Spätere Ausgaben ersetzten Byrons Namen dann durch den von John Polidori. Polidoris Erzählung ist die erste Vampirdarstellung in der Literaturgeschichte. Sie war ein Publikumserfolg, da sie die Faszination des Grauens ausnutzte. Doch ist sie im Schatten von Mary Shelleys Frankenstein geblieben.[112]

Abschließend lässt sich sagen, dass das «Jahr ohne Sommer» auch zu einem Meilenstein in der Kulturgeschichte geworden ist. Die endlose Abfolge von trübem, nassem und bewölktem Wetter lenkte die Phantasie der Freidenker um Lord Byron auf Themen des Okkulten und die Herstellung von Menschen aus dem Reagenzglas..

3.7 Fazit

Starke Vulkanausbrüche in den Tropen schleudern enorme Mengen von Aerosolpartikeln, darunter SO_2, in die höhere Troposphäre und in die Stratosphäre. Diese absorbieren die Sonnenstrahlung und reflektieren einen Teil davon. Dadurch erhöht sich die Temperatur in der höheren Troposphäre und in der Stratosphäre. Die Lufttemperatur über den Ozeanen und über dem Festland sinkt, was Veränderungen der atmosphärischen Zirkulation hervorruft. In West- und Mitteleuropa führten vulkanische Eruptionen zu «Jahren ohne Sommer», die Gletschervorstöße auslösten und zu Hungersnöten führten.

Der Ausbruch des indonesischen Vulkans Tambora im Jahr 1815, der gewaltigste in den letzten 764 Jahren, ist besonders gut untersucht. Er reduzierte die globale Strahlung um 5 bis 6 W/m^2 und bewirkte einen Rückgang der oberflächennahen Jahrestemperatur über dem Festland um etwa 1.4 °C gegenüber dem Durchschnitt von 1821 bis 1830. Er bescherte Europa 1816 das letzte Jahr ohne Sommer und damit zusammenhängend die letzte schwere Versorgungskrise.[113] Die tiefgreifende atmosphärische Störung wirkte sich regional unterschiedlich aus. Während der Ostseeraum von durchschnittlichen Bedingungen profitierte, war der Temperaturrückgang nördlich der Alpen besonders ausgeprägt. Andere Gebiete wie die Iberische Halbinsel litten unter Dürre. Die Getreidepreise waren im Inneren des Kontinents wesentlich höher als in den Küstengebieten, da der Transport flussaufwärts bei anhaltendem Hochwasser im Frühjahr 1817 besonders schwierig und teuer war.

Je nach den sozioökonomischen Verhältnissen und der Effizienz des Krisenmanagements litten die einzelnen Regionen (Abb. 3.3a) in unterschiedlichem Ausmaß unter den widrigen Folgen des «Jahres ohne Sommer». Dies zeigt das Beispiel der Schweiz. Höchst verletzlich waren die exportorientierten dicht bevölkerten frühindustrialisierten Regionen im Nordosten des kleinen Landes, die in eine überregionale Arbeitsteilung eingebunden waren. Sie wurden durch Embargos von der Getreidezufuhr abgeschnitten. In der Westschweiz sorgten die Behörden dagegen frühzeitig für Getreideimporte, während Gruppen von Frauen Kleider sammelten und Suppenküchen ins Leben riefen. Die Auswanderung in die USA wurde durch die begrenzte Kapazität der dortigen Arbeitsmärkte und durch die hohen Kosten für den Transport zu den Einschiffungshäfen behindert.

4. Von der Witterungsbeschreibung zur Klimawissenschaft

4.1 Einleitung

Dieses Kapitel folgt auf den chronologischen Überblick über das Klima in den vergangenen Jahrtausenden am Beispiel des Eismanns Ötzi (Kapitel 2) und der sozio-ökologischen Fallstudie der klimatischen und sozioökonomischen Folgen der Explosion des Vulkans Tambora im April 1815 (Kapitel 3). Es befasst sich mit narrativen und instrumentellen Belegen aus den Archiven von Gesellschaften, die in einem größeren Zusammenhang im Teilkapitel 1.2 angesprochen wurden. Narrative Wetterberichte in Chroniken und Tagebüchern, ergänzt durch frühe instrumentelle Messungen aus dem späten 17. Jahrhundert, sind Schlüsseldokumente für die Klimarekonstruktion. Die folgenden Ausführungen beschreiben die Entstehung und das wissenschaftliche Potenzial dieser Quellen sowie die Unsicherheiten, die bei ihrer Untersuchung zu beachten sind.

Narrative Wetterberichte umfassen sowohl materiell-naturgesetzliche als auch symbolisch-interpretative Elemente. Einerseits entspringen sie sinnlichen Beobachtungen der Witterung und ihren Auswirkungen, andererseits wird ihnen in der symbolischen Welt Bedeutung zugesprochen (Abb. 1.3). Folglich sind sie nach naturwissenschaftlichen und nach kulturellen Gesichtspunkten zu interpretieren. Aus naturwissenschaftlicher Sicht ist zu untersuchen, inwieweit die Berichte meteorologisch stimmig sind. Aus kulturwissenschaftlicher Sicht geht es um die Persönlichkeit des Beobachters – seine Herkunft, seine Sprache, seinen kulturellen und ökonomischen Hintergrund, seine Erfahrungen und seine Motivation. Die meisten Chronisten und Tagebuchschreiber waren gebildete Männer, kaum Frauen, denen Papier und Schreibutensilien zur Verfügung standen. Die Erfindung des Buchdrucks gab manchen die Möglichkeit, ihre Beobachtungen zu veröffentlichen. Nur wenige von ihnen können in diesem Rahmen vorgestellt werden.

Narrative Berichte sind zwangsläufig selektiv. Sie bilden vor allem jene Teile des Witterungsgeschehens ab, die für den jeweiligen Chronisten erwähnenswert waren. In landwirtschaftlich geprägten Gesellschaften betraf dies vor allem Witterungseinflüsse auf den Getreidebau. In Weinbauregionen galt die Aufmerksamkeit den Reben, in Viehzuchtgebieten der Dauer der Weidezeit und der Heuernte. Beschrieben wurden ferner Naturkatastrophen – hauptsächlich Überschwemmungen und Stürme – sowie Epidemien. Lange Zeit erwähnten Chronisten Naturereignisse auch im Hinblick auf ihre symbolische Bedeutung, wobei jene Ereignisse im Vordergrund standen, die als Merkzeichen Gottes und damit als Omen für die Menschheit gedeutet werden konnten. Dies betraf neben Stürmen Gewitter, namentlich solche im Winter.

Atmosphärische Ereignisse wurden lange Zeit in Bezug auf animistische und religiöse Aspekte gedeutet. Die Deutungen basierten auf Tradition, Erfahrung und dem vorhandenen Wissen unter Berücksichtigung religiöser und politischer Tabus. Bis zum Aufkommen der Aufklärung im 18. Jahrhundert und darüber hinaus wurden der Inhalt und die Verbreitung von mündlichen und schriftlichen Informationen, insbesondere über das Wetter, von Kirchen und Behörden kontrolliert und überwacht.

Das kulturelle und wissenschaftliche Umfeld, in das Wetterberichte eingebettet sind, hat sich in den letzten 1000 Jahren grundlegend verändert, wobei die Veränderungen schleichend erfolgten. In einigen Fällen kam es zu tieferen Zäsuren, etwa bei der Entmystifizierung der Natur im 12. Jahrhundert oder beim Aufkommen von instrumentellen Messungen im 18. Jahrhundert. Wesentlich ist, dass neue Entwicklungsstränge bestehende Ansichten überlagerten, aber nicht völlig verdrängten.

4.2 Eine beseelte Umwelt

Bis zum Hochmittelalter (HMA) unterschieden die meisten Menschen nicht zwischen einer materiellen und einer symbolischen Sphäre (siehe Abb. 1.3). Die ganze Natur war kulturell eingefärbt.[1] Die Menschen glaubten, dass alle Wesen – auch Pflanzen, Steine, Flüsse und Berge – von guten und schlechten Geistern bewohnt waren, die ihnen helfen oder schaden konnten.[2] Dieses Verständnis der natürlichen Welt, Animismus genannt, findet sich bis heute im Glauben indigener Völker.[3] Um animistisches Denken zu verstehen, müssen wir uns eine Welt vorstellen, die magisch aufgeladen ist. «Es ist die Vorstellung, dass Menschen natürliche Erscheinungen durch magische Kräfte kontrollieren können.»[4] Vor allem galt dies für katastrophale Ereignisse mit ihrem tiefen Einfluss auf die Gemütsverfassung der Betroffenen.[5]

Vor der allgemeinen Akzeptanz des heliozentrischen Systems stützten sich die Vorstellungen vom Wesen des Kosmos auf Schriften des frühmittelalterlichen Theologen und Philosophen Augustin.[6] Wie der französische Umwelt- und Kulturhistoriker Thomas Labbé dargelegt hat, ging dieser davon aus, dass der Kosmos aus acht konzentrischen Sphären bestand.[7] Die sogenannte ätherische Welt umfasste die äußersten sieben Sphären, in denen sich sieben Planeten bewegten. Zu diesen gehörten im vorherrschenden geozentrischen Weltbild neben Merkur, Venus, Mars, Jupiter und Saturn auch die Sonne und der Mond. Diesen sieben Sphären wurden Sonnen- und Mondfinsternisse sowie die Konstellationen von Planeten zugeordnet, die nach geltender Auffassung das Wetter regierten und auf künftige Katastrophen wie Kriege und Epidemien hindeuteten.

Die Sphäre des untersten «Planeten», des Mondes, grenzte die supralunare (oberhalb des Mondes befindliche) als Grenzschicht von der sublunaren Welt ab. Diese bestand aus einer einzigen Sphäre, die entsprechend den vier Elementen – Feuer, Luft, Wasser und Erde – in vier Zonen unterteilt war. Die oberste Zone, jene des Feuers, enthielt «feurige» Phänomene wie Kometen, Sternschnuppen und Nordlichter, von denen man ebenfalls glaubte, dass sie künftige Katastrophen ankündigten. Die zweitoberste Zone, jene der Luft, war mit Kreaturen gefüllt, die Dämonen genannt wurden. Man nahm an, dass sie leichter waren als irdische Körper und so schnell fliegen konnten, dass sie für Menschen unsichtbar waren.[8] Einige lebten in Steinen, Bäumen, Brunnen oder an Wegkreuzungen. Die Verehrung solcher Orte ermutigte gute Dämonen, den Menschen zu helfen, die in Zeiten der Traurigkeit Trost und Hilfe suchten. Böse Dämonen hingegen konnten alle Arten von persönlichem Unglück hervorrufen.[9] Die Zone der Luft bestand aus kalt-feuchten, kalt-trockenen, warm-feuchten und warm-trockenen Ausdünstungen, die mit meteorologischen Effekten in Verbindung gebracht wurden. Außergewöhnliche Ereignisse, namentlich katastrophale Stürme, wiesen auf die Anhäufung von vergangenen Sünden hin. Die untersten beiden Sphären betrafen die schwersten Elemente Wasser und Erde.

Animistisches Denken war weit verbreitet. Man glaubte, dass vermeintliche «Gewittermacher» nach Belieben Donner, Blitz und Hagel heraufbeschwören konnten. In karolingischer Zeit (im 8. und 9. Jahrhundert) stellte man sich vor, dass sich die Gewittermacher mit «Wolkenseglern» verschworen, die mit ihren Schiffen herabstiegen, um Getreide und andere Produkte, die vom Hagel geschlagen wurden, in ein magisches Land namens «Magonia» zu entführen.[10] Es war ein Versuch, das plötzliche Verschwinden von Getreide von den Märkten während Hungersnöten zu erklären. Sogenannte «Verteidiger» behaupteten, die Macht zu haben, Gewittermacher magisch abzuwehren. Dafür verlangten sie einen Anteil der Ernte, was als eine Art psychologische Hagelversicherung betrachtet werden kann.

Spuren animistischen Denkens finden sich in frühen Chroniken, vor allem in solchen von den britischen Inseln. Laut den Annalen von Waverley zum Beispiel «erhob sich im Jahre 1149 ein schrecklicher Wirbelsturm, der Häuser umstürzte und Wälder und Dickichte zerstörte und in dem Teufel in Gestalt abstoßender Tiere miteinander kämpften».[11] Die wenigen gebildeten Kleriker berichteten kaum über die magischen Vorstellungen der breiteren Schicht der ländlichen Analphabeten, wahrscheinlich, weil sie dieselben nicht kannten.

Die Kirche bemühte sich, den Wetterdiskurs zu kontrollieren, indem sie animistische Vorstellungen durch den Glauben an himmlische Mächte ersetzte. Sie lehrte, dass alle Erscheinungen in der Atmosphäre und ihre Folgen allein Gott zugeschrieben werden sollten, und beanspruchte das Monopol, böse Geister abzuwehren.[12] Die Gebeine von Märtyrern, Heiligen und anderen klösterlichen Wächtern wurden angerufen, um bösartige Magie zu neutralisieren.[13] Die spirituelle Kraft der Heiligen zeigte sich darin, dass sie angeblich das Wetter kontrollieren konnten. So berichtet eine Quelle aus Sens, Frankreich, dass große Teile des Sommers 1097 ohne Regen waren, weil der Leichnam des heiligen Lupus aus der Kirche St. Stephan entfernt worden war. Erst nachdem der Leichnam zurückgebracht worden war, setzte der ersehnte Regen ein.[14]

Mit dem verbreiteten Bau von dörflichen Kirchen als Folge der Bevölkerungszunahme im 13. Jahrhundert erhielt die Kirche ein Sprachrohr auf dem Lande, was es erleichterte, gegen animistische Überzeugungen anzukämpfen und die Volksfrömmigkeit auf anerkannte Rituale und Kulte zu lenken. In der Tat verloren die krassesten heidnischen Praktiken allmählich an Geltung.[15] Der populäre Animismus behielt jedoch einen Teil seines Einflusses. «Wolkenfliegende Zauberer, Mondgöttinnen, Werwölfe und Wasserschlangenfrauen wurden im 12. Jahrhundert am helllichten Tag nur wenige Kilometer von großen Kathedralen entfernt verehrt.»[16] In den Chroniken des 14. und 15. Jahrhunderts finden sich verächtliche Bemerkungen über die ungebildete Bauernschaft und ihren Glauben an Wunder und den Teufel.[17] Die Geschichten über Zwerge, Kobolde und Geister überlebten in den Märchen, die den Kindern weitererzählt wurden. Lange blieben sie in dörflichen Gesellschaften in der Nähe von Gletschern lebendig. So führte man das Tosen von subglazialen Wildbächen auf böse Geister zurück, die sich durch die Spalten des Eises bewegten. Solche Geister, so wurde angenommen, ließen die Gletscher vorstoßen. Die Gemeinden griffen deshalb auf religiöse Handlungen, Symbole und Beschwörungen zurück, um das Eis aufzuhalten. So wurde 1652 ein Priester aufgeboten, um «das Gespenst» im Fieschergletscher im Kanton Wallis (Schweiz) zu bannen. Die Talgemeinde von Fiesch beschloss, alljährlich eine Prozession abzuhalten, um ein weiteres Vordringen des Gletschers zu verhindern.[18] Angesichts der heute schnell schrumpfenden Gletscher lief diese Tradition ins Leere. Im Jahr 2010 genehmigte der Vatikan ein Gesuch der Gemeinde, die Tradition fortführen zu dürfen, nun aber mit dem Ziel, ein weiteres rasches Abschmelzen des Gletschers einzudämmen.[19]

4.3 Die Entwicklung der Witterungschronik

4.3.1 Das Erbe der Griechen und der Araber

Die grundlegende Überzeugung, dass die Natur unausweichlichen Gesetzen oder Regelmäßigkeiten folgt, wurde von den frühesten griechischen Philosophen gelehrt. Sie stand im Gegensatz zu animistischen und religiösen Ansichten (Teilkapitel 4.2).20 Die Schriften des Naturphilosophen Aristoteles (385–322 v.Chr.; Abb. 4.1) stellen den ersten umfassenden Rahmen in der westlichen Philosophie dar, Politik, Ästhetik und Moral zusammen mit Wissensgebieten wie Physik und Biologie in eine Gesamtbetrachtung einzubinden.

Die Meteorologie ist nach einer Abhandlung des griechischen Philosophen Aristoteles benannt, die um 340 v.Chr. geschrieben wurde.[21] Der Begriff setzt sich aus den griechischen Wörtern «meteor» und «logia» zusammen und kann frei mit Ereignissen in der Atmosphäre übersetzt werden. Die klassische Meteorologie war die Wissenschaft der «Meteore», verstanden als singuläre Wetterereignisse. Diese wurden auf der Grundlage vorgefasster Theorien mit einem logischen Ansatz, d. h. deduktiv, erklärt. Die moderne Meteorologie überprüft dagegen Theorien über Prozesse in der Atmosphäre induktiv, d. h. empirisch-statistisch anhand von instrumentellen Messungen und Modellen. Aristoteles fasste in seiner Meteorologie Fakten und Argumente zusammen, die er von älteren Naturphilosophen, Historikern und Dichtern übernommen hatte, soweit sie der geltenden Erfahrung entsprachen.[22] Dazu kamen induktiv gewonnene Erkenntnisse seines Vorgängers Anaximander (ca. 610–546 v.Chr.). Dieser beobachtete natürliche Vorgänge zunächst sorgfältig, und wenn einfache Interpretationen versagten, entwickelte er Hypothesen und Experimente, um sie zu überprüfen.[23]

Abb. 4.1. Der griechische Naturphilosoph Aristoteles (384–322 v.Chr.). Römische Kopie nach einem griechischen Bronzeoriginal des Lysippos um 330 v.Chr (Photo: Jastrow, 2006).

Vom späten 3. Jahrhundert an zerfiel das Römische Reich in einen griechischsprachigen östlichen und einen lateinischsprachigen westlichen Reichsteil. Diese Trennung hatte folgenschwere Konsequenzen, denn die Wissenschaftssprache Griechisch wurde im Weströmischen Reich mit der Zeit nur noch von Wenigen verstanden. Nicht zuletzt wurden in der turbulenten Zeit der Migration germanischer und keltischer Völker in ehemals von Rom beherrschten Gebieten nur wenige griechische wissenschaftliche Abhandlungen ins Lateinische übersetzt.[24] Die meisten gingen für immer verloren. Von den insgesamt bekannten 150 Abhandlungen des Aristoteles sind nur jene 30 erhalten geblieben, die Christen in die islamische Welt retteten.[25]

Nach den ersten arabischen Eroberungen in Syrien, Palästina und Ägypten verlegten die Kalifen der Abbasiden (743–750 n.Chr.) ihre Hauptstadt von Damaskus in Syrien, wo Griechisch gesprochen wurde, ins 762 gegründete Bagdad. Diese Stadt lag in einem Gebiet, wo überwiegend Persisch gesprochen wurde. Die Abbasiden riefen ein umfangreiches, langfristig angelegtes Programm ins Leben, um griechische wissenschaftliche Texte zusammen mit den zugehörigen Kommentaren ins Arabische übersetzen zu lassen,[26] dazu Originalabhandlungen von islamischen, jüdischen und christlichen Wissenschaftlern.[27] Wertvolle Texte der griechischen Antike blieben dank dieser Bemühungen der Nachwelt erhalten.

4.3.2 Die Renaissance des 12. Jahrhunderts

Im 11. Jahrhundert drängten die Christen die Muslime in Spanien zurück. Bedeutende Zentren der arabischen Gelehrsamkeit, namentlich Toledo, gelangten dabei unter ihre Kontrolle. Im 12. Jahrhundert erwachte im Westen ein Interesse an Werken der griechischen Antike, die in arabischer Sprache verfügbar waren. Gelehrte aus allen Teilen Europas übersetzten sie ins Lateinische. Gerard von Cremona (1114–1187), dem herausragendsten unter ihnen, verdanken wir die Übersetzung von mindestens 70 Abhandlungen, darunter die physikalischen Werke des Aristoteles.[28] Das Studium der Schriften des Aristoteles und der dazugehörigen Kommentare veränderte das Naturverständnis im Westen tiefgreifend.[29] Die neue Wissenschaftskultur, die als «Renaissance des 12. Jahrhunderts» bezeichnet wird, stellte sich die Natur als eine reibungslos funktionierende Maschine vor, die von verständlichen Gesetzen geleitet wird.[30] Sie konnte erforscht werden, um die Schöpfung Gottes besser zu verstehen, wobei die Philosophie, nicht die Bibel, den Leitfaden lieferte. Bis ins Zeitalter der Aufklärung stützte sich die akademische Lehre über die Natur vornehmlich auf die Schriften des Aristoteles.[31]

Das neue Naturverständnis tritt im Stil und im Inhalt der Witterungsbeschreibungen in Erscheinung. Vor der Mitte des 12. Jahrhunderts beschränkten sich Beschreibungen von meteorologischen Ereignissen und ihren Auswirkungen auf wenige Fragmente wie «harter Winter und schwere Hungersnot». Einzig das auffällige Zufrieren von Flüssen und Seen diente als quasiobjektiver Maßstab für die Strenge eines Winters. Wegen seiner folgenschweren Auswirkungen sind solche Ereignisse schon im frühen Mittelalter sowohl in Europa wie in China dokumentiert.[32] So berichtet der Bischof Prudentius, der in Troyes in der französischen Weinregion Champagne residierte, dass die Saat und die Reben im Jahr 846 bis Anfang Mai unter anhaltenden Nordostwinden litten. Der Fluss Seine war mit dickem Eis bedeckt, auf dem man wie auf einer Brücke gehen konnte.[33]

Im Zuge der Renaissance im 12. Jahrhundert bezogen Chronisten ihre eigenen Beobachtungen der Natur in ihre Witterungsbeschreibungen ein. Manche arbeiteten selber in der Landwirtschaft mit oder waren als Verwalter von Klostergütern tätig, wo sie die Auswirkungen des Wetters aus erster Hand miterlebten. Sie versuchten, ihre Beobachtungen auf eine überzeitlich vergleichbare Basis zu stellen und bezogen dazu pflanzenphänologische Beobachtungen in ihre Beschreibungen ein. Die Pflanzenphänologie ist die Lehre von den jahreszeitlichen Wachstumsstadien der Pflanzen in Abhängigkeit von klimatischen Faktoren. Heutige Beobachtungen zielen darauf ab, die Reaktion von Wildpflanzen auf den Mix von Tagestemperaturen, Sonneneinstrahlung und Tageslänge zu untersuchen.[34] Historische Beobachtungen waren darauf angelegt, Extremereignisse mit dem Rhythmus des landwirtschaftlichen Jahres zu vergleichen und dadurch in einen allgemein verstandenen Bezugsrahmen zu stellen.[35] Aufgezeichnet wurden vor allem Phasen von Kulturpflanzen, namentlich der Zeitpunkt der Obstbaumblüte und Entwicklungsstadien des Getreides und der Weintrauben.

Die erste bekannte pflanzenphänologische Beobachtung in Europa stammt aus dem Jahr 1123. Der Chronist Anselmus im belgischen Gembloux schrieb, dass [Obst-]Bäume wegen des unaufhörlich kalten und regnerischen Wetters in diesem Jahr erst Anfang Mai [um den 8. Mai] blühten.[36] Ein anonymer, 1221 in Basel geborener Dominikanermönch, der dem Orden 1238 beitrat, zeichnet sich durch hervorragende phänologische Beobachtungen von Pflanzen und Tieren aus. In seinen «Annales Basilienses» hielt er vom Katastrophenjahr 1258 an die Blüte- und Erntetermine von Getreide und Reben sowie die Witterungsverhältnisse fest. Im Jahr 1278 zog der Anonymus in das Dominikanerkloster im nahen Colmar,[37] wo er seine Beobachtungen in den «Annales Colmarienses» ausweitete. Zeitweise berichtete er über die ersten Weizenähren und -blüten, die Blattentwicklung der Reben und die Reife von

Abb. 4.2. Ensemble von Hochwassermarken am «Gartenhaus» in Wertheim (Deutschland; Foto: Rüdiger Glaser). «Achtung, das nächste Hochwasser kommt bestimmt», ist die Kernaussage dieses anschaulichen Beispiels.

Erdbeeren, Kirschen und Erbsen. Ferner beobachtete er im Frühjahr die Rückkehr der Störche und Schwalben und das erste Auftreten von Fledermäusen.[38] Mit Hochwassermarken, die an Gebäuden und Brücken angebracht wurden (Abb. 4.2), wurde die Häufigkeit und Schwere von Hochwassern visuell dokumentiert. Dies entspricht dem Konzept der heutigen Versicherungswirtschaft, die das Risiko als die Wahrscheinlichkeit definiert, mit der ein Schaden von einer bestimmten Größenordnung eintritt.[39] Die älteste bekannte Hochwassermarke wurde auf dem Burgfelsen im nordböhmischen Děčín in der heutigen Tschechischen Republik als Erinnerung an ein extremes Hochwasser der Elbe im September 1118 eingraviert.[40] Später hielten Zeitgenossen auch den Zeitpunkt und das Ausmaß von hydrologischen Trockenperioden fest, indem sie die entsprechenden Jahrzahlen in Felsen und Steine ritzten, die bei extremem Niedrigwasser aus Flüssen und Seen auftauchten.[41] An Jahre mit außerordentlichen Trockenperioden erinnern im Flussbett der Elbe bei Děčín die Jahreszahlen 1616, 1746, 1811 und 1868, die in einen Stein gemeisselt sind (Abb. 4.3). «Weine, wenn du mich siehst», lautet die Inschrift für das Jahr 1616. In der Tat führte die außergewöhnliche Dürre dieses Jahrs (Teilkapitel 8.5.3) in Tschechien zu einer Hungersnot.

Das klimatische Risiko für die wichtigsten angebauten Nutzpflanzen hing von der Höhenlage, der geographischen Breite und regionalspezifischen Besonderheiten ab. Diese Unterschiede spiegeln sich in der Auswahl der Ereignisse wider, über die Chronisten berichteten. Vorzeitige Fröste, die die Getreideernten schmälerten, und unzureichende Reife in kalten Vegetationsperioden waren das Hauptrisiko in hohen Breitengraden, während eine extrem lange Schneebedeckung die Viehzucht in Bergregionen der mittleren Breiten gefährdeten. Übermäßige Niederschläge waren am schädlichsten in den mittleren Breiten, wo hauptsächlich Wintergetreide angebaut wurde. Dementsprechend wurde in den Berichten aus diesen Regionen anhaltenden Regenfällen im Hochsommer mehr Aufmerksamkeit geschenkt als der Hitze und Trockenheit. Andererseits spiegeln sich die Temperaturen der warmen Jahreszeit in Berichten aus Weinbauregionen wider, während Winter- und Frühjahrsdürren in den trockenen Sommerregionen des Mittelmeerraums am meisten gefürchtet waren.

Abb. 4.3. «Hungersteine» an der Elbe bei Děčín, Tschechische Republik (Wikipedia.de).

4.3.3 Die Diskursherrschaft der Kirche

Die Vertreter der neuen Lehre standen vor der Herausforderung, die postulierte Autonomie der Natur mit der kirchlichen Lehre in Einklang zu bringen. Das christliche Dogma betrachtete Gott als den Schöpfer und den unbestrittenen Herrscher des Kosmos. Er lenkte den Lauf der Witterung. Die Kirche interpretierte Wetterextreme als Strafe Gottes für ein Übermaß an Sünden.[42] Der Philosoph und Naturwissenschaftler Albertus Magnus (1200–1280) vollzog den Spagat zwischen der absoluten Macht Gottes und der rational erklärten Ordnung der Welt in seiner Abhandlung «Meteora». Meteorologische und tektonische Ereignisse, argumentierte er, gehörten sehr wohl zur gottgegebenen Ordnung der Natur. Aber die meisten Ereignisse seien auf sekundäre Natureffekte zurückzuführen, die mit der Vernunft erklärt werden könnten. Nur in Ausnahmefällen greife der Schöpfer in den Lauf der Natur ein.[43] Dies bedeutete, dass Überschwemmungen im üblichen Rahmen rational erklärt werden konnten, während katastrophale Ereignisse in Analogie zur Sintflut als Gottes Strafe für menschliche Sünden betrachtet werden mussten. Albertus' Interpretation ließ offen, wann Gott sich entschied, durch Wunder über seine natürliche Ordnung hinwegzugehen.[44] Da natürliche und religiöse Deutungen von Naturphänomenen nicht klar unterschieden wurden, gerieten rationale Erklärungen nicht in offenen Konflikt mit der Lehre der Kirche.

Die ambivalente Deutung von Extremereignissen lässt sich am Beispiel einer katastrophalen Überschwemmung im Dezember 1206 veranschaulichen. Der Chronist Robert aus Auxerre südöstlich von Paris berichtete: «Entgegen der Natur des Winterwetters brach am 13. Dezember ein heftiges Gewitter los, das einige Gebäude durch Blitzschlag zerstörte. In der Folge entstand eine ungeheure Flut, als ob die Abgründe Wasser erbrochen hätten. Die Flüsse stiegen über ihre Grenzen hinaus, überfluteten Felder und Ebenen, zerstörten die Saat und stürzten Häuser und Mühlen um.»[45] Der Chronist Rigord schrieb: «Um die Menschheit für ihre Sünden zu bestrafen, entstand eine Flut von solchem Ausmaß, dass kein Zeitgenosse sie zuvor gesehen oder von ihr gehört hatte. In Paris zerstörte sie drei Bögen des Petit Pont. Die Fluten stürzten Behausungen um und verursachten an vielen Stellen große Schäden. Um dem Jammer ein Ende zu setzen, veranstaltete das Kloster St. Denis eine Prozession. Der Abt Heinrich, der Klerus und das ganze Volk machten sich barfuß und tränenüberströmt auf den Weg, um die reißenden Fluten mit dem Nagel, der Dornenkrone und dem Holz vom Heiligen Kreuz (d. h. angeblichen Reliquien) zu segnen. Nach seinem Segen gingen die Wasser zurück.»[46] Die Prozession, die die Bevölkerung zur Ruhe aufrief, deutet darauf hin, dass die Katastrophe als Zeichen eines direkten Eingreifens Gottes gedeutet wurde (Kap. 4.2). Die außerordentliche Wucht der Wassermassen bei diesem Ereignis wird durch archäologische Untersuchungen bestätigt: Im schweizerischen Schaffhausen riss der ungestüme Rhein die Stadtmauer ein und überflutete anschließend Teile der Stadt.[47] «Kirchliche Korrektheit» wurde von allen gefordert, die sich zu den Ursachen meteorologischer Erscheinungen äußerten. Das heißt, sie mussten sich in letzter Instanz ausdrücklich auf die Allmacht Gottes beziehen. Wer dies versäumte, lief Gefahr, der Ketzerei bezichtigt zu werden. Die Kirche forderte das alleinige Recht ein, die Welt anhand der Bibel zu deuten und das Denken der Menschen in diesem Sinne zu lenken. Sie beanspruchte die Diskursherrschaft über das Wetter. Der Begriff Diskursherrschaft hat viele Bedeutungen. Sie «ist ein mächtiges Werkzeug, um das Denken anderer Menschen zu lenken».[48] Im vorliegenden Kontext wird er als «ein Text- oder Sprachkörper verstanden, der eine gemeinsame Art und Weise des Weltverständnisses kommuniziert». Jeder Diskurs beruht auf Annahmen, Urteilen und Behauptungen, welche die Grundbegriffe für Analysen, Debatten, Vereinbarungen und Meinungsverschiedenheiten liefern.[49] Auf diese Weise werden die Vorstellungen der herrschenden Gruppen mit der Zeit zu fixen Ideen in den Köpfen der Allgemeinheit.[50]

Im Spätmittelalter wurden nur wenige klimatische Einflüsse als Strafe Gottes interpretiert. Unter den extremen Bedingungen der NKE zwischen 1430 und 1460 (Abb. 8.8. und Abb. 8.13) wurde die Ideologie des Diabolismus entwickelt. Sie erklärte Subsistenzkrisen mit der Macht des Teufels, der sich zur Ausübung des Wetterzaubers einer Verschwörung von Hexen bediente (Einschub 9B). Im 16. Jahrhundert vertrat dann der Reformator Martin Luther in seiner Interpretation des Schöpfungsberichtes die Ansicht, Gott habe die Natur mit Adams Sündenfall verflucht. Die angehäuften Sünden führten zu schweren Strafen in Form von Schadenfrost, Überschwemmungen, Stürmen und Erdbeben.[51]

Inhaltlich veränderten sich die Witterungsberichte zwischen dem späten 12. und dem frühen 19. Jahrhundert nur geringfügig, sei es, dass Hinweise auf Gottes Wirken wegfielen oder dass im 18. Jahrhundert instrumentelle Messungen neben die Erzählungen traten. Deutlicher sind die Veränderungen in Sprache und Stil. Im 15. und 16. Jahrhundert löste die Volkssprache das Lateinische als Wissenschafts- und Verwaltungssprache allmählich ab, wobei Teile West- und Mitteleuropas dem Osten vorangingen.[52] Island ist als Sonderfall zu betrachten, da in diesem Land alle mittelalterlichen Quellen, einschließlich Sagen und Annalen, zwischen 1117 und 1264 überwiegend von Priestern in isländischer Sprache verfasst wurden.[53]

Im Ganzen gesehen stellt sich die Frage, warum sich so viele Menschen die Mühe machten, meteorologische Ereignisse für die Nachwelt festzuhalten. Es sind mehrere Argumentationslinien bekannt. Eine protestantische Tradition ging davon aus, dass herausragende Wetterereignisse Zeichen Gottes seien, die auf bevorstehende Katastrophen wie Kriege, Seuchen oder Hungersnöte hinwiesen. Die angemessene Interpretation bestand darin zu untersuchen, ob auf ähnliche Ereignisse in der Vergangenheit tatsächlich existenzielle Notlagen gefolgt waren. In diesen Fällen stützte sich die Suche auf Informationen in Chroniken.[54] Generell sind Erzählungen über vergangene Witterungsextreme als ein Teil des kollektiven Gedächtnisses zu betrachten. Vor dem frühen 19. Jahrhundert wussten die meisten Menschen aus familiärer Erfahrung, dass die Grundlagen des Lebens wackelig waren. Der Tod schlug in jedem Alter durch eine Handvoll wiederkehrender Epidemien zu, namentlich durch Typhus, Pocken und vor 1700 auch durch die Pest. Auch die Bedrohung durch Hungersnöte war in den Köpfen der meisten Menschen präsent, ganz zu schweigen von den Schrecken des Krieges. Eine klassische Gebetsformel bezieht sich auf die drei Reiter der Apokalypse, die der biblische Apostel Johannes im letzten Buch des Neuen Testaments, der Offenbarung, beschreibt: «A fame, a peste et bello libera nos, domine.» (Verschone uns vor Hunger, Epidemien und Krieg, Herr).[55]

4.3.4 Herausragende Chronisten

Im Folgenden werden vier herausragende Chronisten aus dem 13., 14. und 15. Jahrhundert vorgestellt.

Renier von Saint-Jacques (1157–1230) wurde im Alter von 20 Jahren in die Benediktinerabtei Saint-Jacques in Lüttich, Belgien, aufgenommen. Dort trat er in die Fußstapfen seines Vorgängers Lambert le Petit, der die Geschichte der Abtei von 988 bis zu seinem Tod 1193 aufgezeichnet hatte. Neben den politischen Ereignissen und der institutionellen Geschichte der Abtei widmete Renier seine Aufmerksamkeit der Geschichte des Alltags, der Witterung, der Landwirtschaft und den Lebensmittelpreisen. Insgesamt trug er 166 detaillierte Wetterberichte zusammen. Diese hielt er teils selber handschriftlich fest, oft im Nachhinein. Teils diktierte er sie einem Klosterbruder. Bei Ereignissen, die ihn persönlich betrafen, ging er ins Detail. Unter die Haut gehen seine lebensnahen Schilderungen der Hungerkrise von 1195 bis 1197 (Teilkapitel 9.6.3).[56]

Matthew Paris (1200–1259) war ein Benediktinermönch in der Abtei St. Albans, die etwa 35 km nördlich von London liegt. Er ist als einer der produktivsten und vielseitigsten Historiker, Künstler und Maler des HMA bekannt (Abb. 4.4).[57] Seine «Chronica Majora», eine Geschichte der Welt von der Schöpfung bis 1259, enthält etwa 150 Wetteraufzeichnungen von 1216 bis 1258. Ein Beispiel: «Im Sommer (1236) herrschte, wie die Menschen bemerkten, nach einem ungewöhnlich nassen Winter eine anhaltende Dürre mit einer fast unerträglichen Hitze, die vier oder mehr Monate anhielt. So sehr, dass tiefe Tümpel und Teiche ausgetrocknet wurden, Wassermühlen nutz- und ertraglos standen und, da das Wasser ausgetrocknet war, Risse in der Erde aufklafften. Die Saat wuchs an vielen Stellen kaum mehr als zwei Fuß hoch.»[58] Matthews Schilderung enthält Einzelheiten, die nach heutigen Kenntnissen für extreme Dürrejahre charakteristisch sind (Einschub 8D). Mehrere Mönche in St. Albans und in Westminster setzten Paris' Werk bis 1326 fort.[59]

Johann Kungstein (?–1406), ein Vikar am Dom von Mainz (Deutschland), gilt als Verfasser der bedeutenden Mainzer Stadtchronik des 14. Jahrhunderts. Er lebte in komfortablen Verhältnissen in der Nähe des Rheinufers, interessierte sich für Naturwissenschaften, schrieb einen nüchternen, schnörkellosen Stil und hielt sich mit interpretativen Urteilen zurück.[60] Sein Manuskript enthält kurze, aber aussagekräftige Witterungsberichte für den Zeitraum 1354

Abb. 4.4. Selbstdarstellung des englischen Chronisten Matthew Paris (1200–1259) im Originalmanuskript seiner Historia Anglorum. Paris illustrierte seine Werke selbst mit Wasserfarben (London, British Library, London MS Royal 14.C.VII).

bis 1401. Ein Beispiel: «Eine Regenperiode während der Weinblüte Ende Juni (1374), dann anschließend bewölkt und regnerisch bis August. Weinernte wegen des Regens gering.»[61] Damit liefert er aussagekräftige Parameter für die klimatische Bewertung dieses Sommers. Seine Schilderungen von guten und schlechten Wein- und Getreideernten und die Beschreibungen von Himmelszeichen verraten die Nähe zum bäuerlichen Denken und machen ihn zu einem der wichtigsten «meteophilen» Chronisten des 14. Jahrhunderts.

Neben Klerikern hielten vom 15. Jahrhundert an auch Angehörige der städtischen und ländlichen Oberschicht den Verlauf der Witterung fest. Philippe de Vigneulles (1471–1526), ein Winzer und Weinhändler im französischen Metz, repräsentiert diesen Typus des frühen bürgerlichen Chronisten. Er hielt unter anderem 88 phänologische Beobachtungen, meist über Weinreben, in einer alten Variante des Französischen fest, wobei er viele Informationen von seinen Vorgängern übernahm.[62] Zum Beispiel schrieb er im Mai 1482: «Das sonnige und warme Wetter hält an, so dass alle Kulturen gedeihen. Am 18. (27.) Mai wurden reife Süßkirschen verkauft, und am 28. Mai (5. Juni) hingen bereits Traubenbeeren an den Rebstöcken.»[63] Hinsichtlich der Dauer, Dichte und Qualität sind die Beobachtungen der Meteophilen in Metz die mit Abstand wichtigsten chronikalischen Zeugnisse, die im 15. Jahrhundert zu finden sind.[64]

Der Astrologe Leonhard Reynman[65] hat zwar keine Wetterinformationen aufgeschrieben, aber er fasste die in seiner Zeit bekannten Wetterregeln aus antiken und mittelalterlichen Quellen in einem meteorologischen Volksbuch, dem Wetterbüchlein, zusammen. 17 Auflagen erschienen zwischen 1505 und 1538.[66] Das Büchlein beschreibt die meisten der heute bekannten Wetterregeln.[67]

4.4 Aufzeichnungen des täglichen Wetters

4.4.1 Der Glaube an die Macht der Sterne

Wettertagebücher sind ein wichtiger Bestandteil im Prozess der Standardisierung und Systematisierung von Wetterbeobachtungen. Ihre Autoren hielten

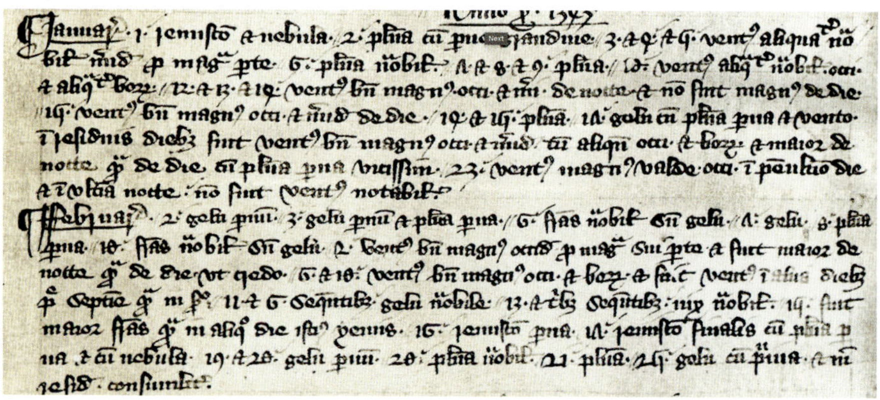

Abb. 4.5. Seite aus dem Wettertagebuch des Priesters William Merle in Driby and Oxford, England, für Januar und Februar 1343 (Bodleian Libraries, University of Oxford, MS Digby 176 f 7y).

neben Witterungsextremen auch das unspektakuläre Alltagswetter fest, oft unter Verwendung individueller Abkürzungen. Die in Wettertagebüchern aufgezeichneten Informationen werden auf verschiedene Weise für Klimarekonstruktionen genutzt. Erstens erlauben sie die statistische Rekonstruktion grundlegender klimatischer Parameter, vor allem der Häufigkeit von Tagen mit Niederschlag, von Tagen mit Schneefall und heiteren Tagen. Zweitens können sie in monatliche Niederschlags- und Temperaturindizes umgemünzt werden (Teilkapitel 5.4). Drittens sind bestimmte Beobachtungen, insbesondere solche der Windrichtung und -stärke, wertvoll für Untersuchungen der atmosphärischen Zirkulation. Viertens erlauben sie die Analyse von Singularitäten.[68] Schließlich ermöglichen Logbücher die Rekonstruktion der Witterung auf den Weltmeeren (Teilkapitel 4.2).

Die Verbreitung von Wettertagebüchern ist eng mit der Entwicklung der Astrometeorologie verbunden. Die Menschen in den Hochkulturen des Vorderen Orients, Ostasiens und Mittelamerikas sowie die Griechen und Römer beobachteten die Bewegung der Sterne und «Planeten», wobei bestimmte Sternkonstellationen, Sonnen- und Mondfinsternisse und Kometen ihre Aufmerksamkeit erregten. Sie glaubten, dass Konstellationen von Planeten Epidemien, Hungersnöte oder Kriege ankündigten (Teilkapitel 4.2).

Die Astrometeorologie wurde durch Übersetzungen griechischer Traktate ins Lateinische aus dem 13. Jahrhundert bekannt. Astrologen berechneten den Einfluss jedes der bekannten sieben «Planeten» (einschließlich der Sonne und des Mondes) auf alle übrigen und auf die Erde (Teilkapitel 4.1) entsprechend ihrer Umlaufbahnen. Man ging davon aus, dass jedes Jahr von einem der sieben «Planeten» regiert werde. Der jeweils regierende «Planet» bestimmte das tägliche Wetter einschließlich der damit verbundenen Auswirkungen auf die natürliche und menschliche Welt, wie z. B. das Sprießen von Möhren oder das Absetzen von Säuglingen.[69]

Das älteste bekannte Wettertagebuch ist in England in den Jahren 1269 und 1270 geführt worden. Es enthält Hinweise auf astronomische Konstellationen, d. h. auf die Stellung der Planeten zueinander aus irdischer Sicht.[70] Im 14. Jahrhundert verbreitete sich die planetare Astrologie rasch.[71] Das Lesepublikum bestand aus Berufsastrologen, akademisch ausgebildeten Ärzten, Juristen und Klerikern.[72] Das bekannteste Wettertagebuch im 14. Jahrhundert wurde von William Merle, einem ausgebildeten Astrologen, geführt. Merle zeichnete das tägliche Wetter unter Einschluss von gelegentlichen Beobachtungen der Windrichtung von Januar 1337 bis Januar 1344 in Lincolnshire, England, auf, wo er als Priester lebte (Abb. 4.5). Anfang 1343 schreibt er: «1. Januar: Tauwetter und Nebel. 2. Januar: Regen mit wenig Hagel. 3., 4. und 5. Januar: größtenteils ziemlich starker WNW-Wind. 7. Januar: starker Regen. 8. Januar: Regen.»[73] Das Tagebuch ist eine Kopie von früherem Material, wahrscheinlich von täglichen Notizen in einem astronomischen Kalender.[74] Das früheste Wettertagebuch in Mitteleuropa wurde von einem anonymen Astrometeorologen im Raum Basel geführt. Es umfasst den Zeitraum zwischen 1399 und 1405, wovon 54 % vollständig sind.[75]

In Metz im heutigen Frankreich fand die Astrometeorologie im frühen 16. Jahrhundert Eingang, um empirische Wettervorhersagen durch solche zu ersetzen, die auf den Bewegungen der «Planeten» beruhten. Die ersten lokalen Vorhersagen in Form von Flugblättern wurden um 1505 publiziert.[76]

Spätere Veröffentlichungen erfolgten in Form von kleinen Büchlein, den sogenannten «Ephemeriden». Sie gehörten zu den Bestsellern des frühen Buchdrucks. Zwei Innovationen ebneten den Weg für ihre Verbreitung. Einmal wurde die im 13. Jahrhundert aus dem muslimischen Spanien übernommene Papierherstellung durch technische Verbesserungen im 15. Jahrhundert stark verbilligt.[77] Dann ermöglichte die Erfindung des Drucks mit beweglichen Lettern in der Mitte des 15. Jahrhunderts die Massenproduktion von Druckerzeugnissen.[78] Ephemeriden wiesen auf der linken Seite die Planetenkonstellationen für jeden Tag des Jahres neben dem Namen des herrschenden Heiligen aus, gefolgt von der jeweiligen Wettervorhersage und Symbolen, die geeignete Bedingungen für alltägliche Aktivitäten wie Pflanzen, Ernten, Aderlass und das Abstillen von Säuglingen anzeigten. Die rechte Seite wurde für persönliche Notizen frei gelassen, wodurch die Ephemeriden als Vorform der heutigen Agenda genutzt werden konnten.[79] Einige Besitzer von Ephemeriden trugen in diese Leerzeilen Wetterbeobachtungen ein (Abb. 4.8). Es scheint, dass sich diese Praxis von Krakau (Polen) nach Deutschland verbreitete.[80] Die meisten europäischen Wettertagebücher stammen aus germanischen, englischen und slawischen Ländern.[81] In Frankreich enthielten Familienbücher (livres de raison), die von einer Generation zur nächsten weitergegeben wurden, gelegentlich Witterungsnotizen.[82]

Das Schweizer Ehepaar Gabriela und Werner Schwarz-Zanetti untersuchte zehn Wettertagebücher, die zwischen 1481 und 1531 in Süddeutschland geführt wurden, zwei von ihnen mehr als 20 Jahre lang.[83] Sofern die Verfasser nicht täglich beobachteten, achteten sie auf bestimmte Daten, denen ein prognostischer Wert zugeschrieben wurde. So wurde angenommen, dass das tägliche Wetter während den zwölf Tagen zwischen Weihnachten und dem Dreikönigsfest (6. Januar), die so genannten Lostage, die in den nächsten zwölf Monate zu erwartende Witterung anzeige.[84]

In einigen Fällen wurden mit dem täglichen Wetter phänologische Ereignisse festgehalten. Abt Kilian Leib (1471–1553; Teilkapitel 4.4.3) hielt zwischen 1513 und 1531 fast regelmäßig das Datum des Ergrünens der Wiesen, der Entfaltung des Buchenlaubs und den Beginn der Getreideernte fest.[85] Der Bäcker Hans Rudolf Rieter (1665–1748) aus dem schweizerischen Winterthur zeichnete von 1721 bis 1738 systematisch 19 verschiedene phänologische Ereignisse auf, hauptsächlich solche von Obstbäumen, des Getreides und der Reben, ferner die Entfaltung des Buchenlaubs und das Datum der ersten reifen Erdbeeren. Noch umfangreicher sind die Aufzeichnungen des Pfarrers Johann Jakob Sprüngli (1717–1803), der von 1759 und 1803 an drei Orten im Kanton Bern (Schweiz) beobachtete. Sie umfassen an die 4000 phänologische Ereignisse, die sauber in Form von Tabellen dargestellt sind.[86] Den Dauerrekord für kontinuierliche private phänologische Aufzeichnungen stellten Mitglieder der Familie Marsham in Norwich, England, auf. Sie hielten den Zeitpunkt der Blattentfaltung von 13 Baumarten und von vier Blühereignissen zwischen 1730 und 1925 lückenlos fest.[87]

Auch das Vorhandensein einer Schneedecke wurde vor dem Zeitalter der Satelliten durch visuelle Beobachtung festgestellt. Der Schweizer Pfarrer Johann Heinrich Fries (1639–1718) führte in seinem Wettertagebuch von 1684 bis 1718 möglicherweise als Erster über die Schneebedeckung kontinuierlich Buch. Von 1721 an setzte der oben erwähnte Bäcker Rieter in Winterthur diese

Beobachtungen fort. Der erwähnte Berner Pfarrer Sprüngli bezog wohl als Erster auch die Bildung und das Abschmelzen der Schneedecke auf den Bergen in seinem Blickfeld von 1766 bis 1784 in seine Beobachtungen ein.[88]

4.4.2 Tägliche Wetteraufzeichnungen auf den Weltmeeren

Schiffstagebücher, sogenannte Logbücher, sind wertvolle Grundlagen für die Rekonstruktion von Wetter und Klima auf den Meeren. Dies stellte die Forschung in den letzten Jahrzehnten heraus.[89] Logbücher verfolgen einen doppelten Zweck. Einmal waren sie unentbehrlich für die Navigation. Außerdem wurden darin alle Umstände der Reise aktenkundig verzeichnet. Im Falle von Verlust oder Beschädigung der Ladung diente das Logbuch vor Gericht als Beleg.[90] Jeder Offizier an Bord hatte seit den späten 1670er-Jahren ein Logbuch zu führen.[91]

Sobald Seeleute außerhalb der Sichtweite von Land segelten, mussten sie regelmässig die Position ihres Schiffes bestimmen. Täglich zur Mittagszeit wurde die geographische Breite anhand des Datums und der Höhe der Sonne mittels eines Sextanten festgelegt. Die geographische Länge konnte erst durch perfektionierte Marinechronometer in den letzten Jahrzehnten des 18. Jahrhunderts genau bestimmt werden. Vorgängig geschah dies, indem die Fahrtrichtung bestimmt und die Fahrdistanz des Schiffes in den vorangehenden 24 Stunden geschätzt wurde.[92]

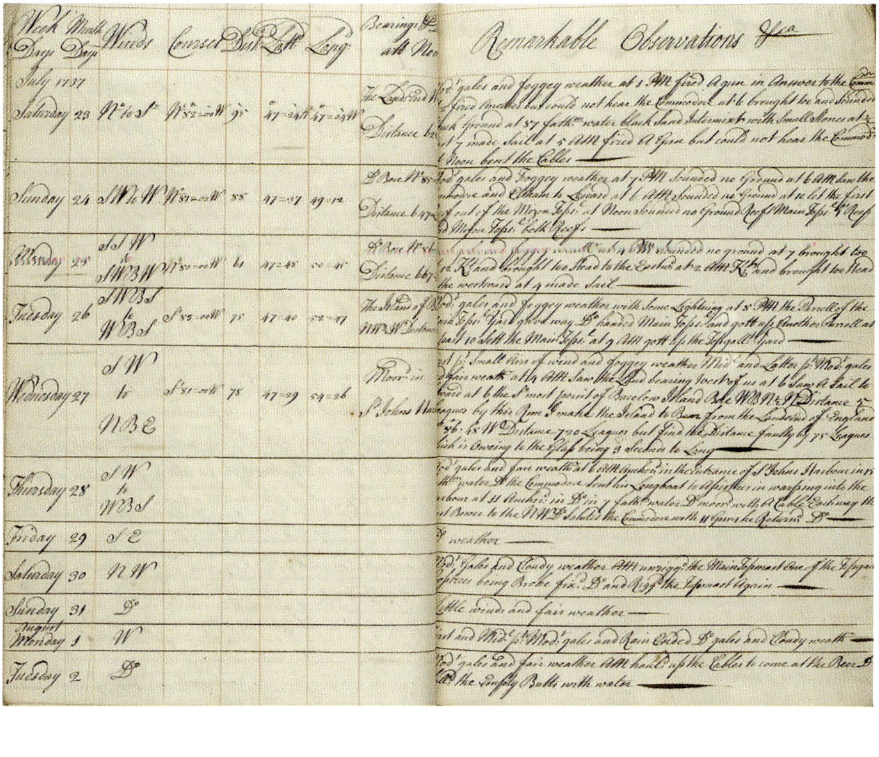

Abb. 4.6. Logbuch eines Leutnants auf der britischen Fregatte HMS Alderney aus dem Monat Juli 1737 (National Marine Museum Greenwich ADM/L/A/89).

Die Angaben in den Spalten auf der linken Seite von Abbildung 4.6 umfassen den Wochentag, das Datum, die Windrichtung, die Fahrtrichtung des Schiffs in den letzten 24 Stunden und die zurückgelegte Distanz in Seemeilen, geographische Breite, geographische Länge, Kurs des Schiffs am Mittag. Auf der rechten Seite sind Wetter und Vorkommnisse an Bord eingetragen.[93] Die Windrichtung wurde mit einem 32-Punkte-Kompass bestimmt.[94] Die Windstärke wurde unter Verwendung einer relativ standardisierten Terminologie beschrieben. «Erste Einträge über die Windstärke erschienen um 1600 routinemäßig in den Logbüchern der Niederländischen Ostindien-Kompanie. Zunächst waren die Angaben uneinheitlich, aber bis Mitte des 17. Jahrhunderts hatte sich die Terminologie der Windstärke zu einem standardisierten System entwickelt.»[95] Die Wetterbedingungen, meist Bewölkung und Niederschlag, wurden in Kurzform festgehalten. So notierte Leutnant W. Bridgman auf der HMS Hope vor der südirischen Küste am 4. und 5. Februar 1692: «Vorwiegend Nordostwind, kalt und frostig.»[96] Die Logbücher verschiedener Seefahrernationen weisen eine vergleichbare Struktur auf.[97] Neben dem Kapitän dienten auf größeren Schiffen mehrere Offiziere, wodurch mehrere Logbücher geführt wurden, was ein hohes Maß an Übereinstimmung zwischen den Beobachtungen und Messungen gewährleistete.[98] Noch höher war die Übereinstimmung, wenn mehrere Schiffe im Konvoi segelten. Der in Abbildung 4.7 dargestellte Konvoi umfasste mindestens zehn Schiffe, wodurch eine zehnfache parallele Dokumentation der Verhältnisse gewährleistet war.[99]

Das Manko von Logbüchern ist ihre räumliche Verzettelung auf ständig wechselnde Beobachtungsorte. Immerhin ist es möglich, für bestimmte häufig befahrene Untersuchungsgebiete wie die Nordsee oder den Ärmelkanal Zeitreihen von Tagen mit Regen, Schnee oder Nebel sowie der Windrichtungen und Windstärken zusammenzustellen.[100] Allerdings ist in den

Abb. 4.7. Ölgemälde des Kriegsschiffs HMS Hindostan bei einer Fahrt im Konvoi, 1803 (National Marine Museum Greenwich, BHC1097).

letzten zwei Jahrzehnten erst ein Bruchteil der vorhandenen Logbücher ausgewertet worden.

4.4.3 Herausragende Wettertagebücher und ihre Verfasser

Im Folgenden werden einige herausragende Verfasser von Wettertagebüchern vorgestellt:

Der polnische Wissenschaftler und Theologe Marcin Biem (1470–1540) war der prominenteste und ausdauerndste Wettertagebuchschreiber im 16. Jahrhundert. Er stammte aus einer wohlhabenden bürgerlichen Familie. 1486 wurde er in die Philosophische Fakultät der Universität Krakau aufgenommen, die damals in astrologischen und astronomischen Studien führend war. Ihr berühmtestes Mitglied war der Astronom Nicolaus Copernicus (1473–1543), der die Sonne an Stelle der Erde ins Zentrum der Planetenbahnen setzte. Im Alter von 30 Jahren wurde Biem zum Dekan des Hauptkollegs ernannt. Während insgesamt 682 Monaten zeichnete er die tägliche Witterung in lateinischer Sprache auf. Seine Beobachtungen verteilen sich auf drei Abschnitte: 1502–1507, 1524–1531 und 1535–1540. Von den Lücken abgesehen, bilden seine Beobachtungen eine der längsten Serien dieser Art weltweit. Er verwies häufig auf astrologische Konstellationen, was vermuten lässt, dass er daraus meteorologische Vorhersagen herzuleiten versuchte.[101] Während des Fünften Laterankonzils (1512 bis 1517) wurde Biem aufgefordert, einen Vorschlag zur Verbesserung des bestehenden Julianischen Kalenders auszuarbeiten. Aufmerksame Beobachter hatten festgestellt, dass dieser zehn Tage hinter der Position der Sonne zurückblieb, was es unmöglich machte, das Datum von Ostern in Übereinstimmung mit der Bibel korrekt zu bestimmen.[102] Im Jahr 1516 legte Biem einen Vorschlag vor, der jedoch nicht diskutiert wurde.[103] Es dauerte weitere 66 Jahre, bis die neue Zeitrechnung während des Pontifikats von Papst Gregor XIII. 1582 eingeführt wurde.[104]

Die Protestanten lehnten die gregorianische Reform ab, weil sie vom Papst vorgeschlagen wurde. Um ihren Standpunkt zu begründen, stellten sie unter anderem fest, dass die Störche noch immer nach der alten Zeitrechnung wegflogen, während Katholiken von angeblichen Fällen berichteten, in denen sich die Störche der neuen Zeitrechnung angepasst hatten.[105] Während einiger Zeit wurden die Angaben nach der neuen und der alten Zeitrechnung in den Kalendern nebeneinander veröffentlicht.

Abbildung 4.8 zeigt einen Auszug aus einem Kalender für das Jahr 1600. Die Aufzeichnungen für den Januar (links) zeigen die Angaben für die «neue» (gregorianische) neben der «alten» (julianischen) Zeitrechnung, daneben drei Symbole, die die astronomische Konstellation und empfohlene Aktivitäten zeigen. Zu beachten ist, dass sich «neue» und «alte» Heiligentage auf unterschiedliche gregorianische Daten beziehen.

Kilian Leib (1471–1553), der Prior des Augustinerkapitels in Eichstädt, untersuchte den Wert von astrometeorologischen Vorhersagen für die Landwirtschaft. Zu diesem Zweck zeichnete er von 1513 bis1531 neben astrologischen Vorhersagen das Wetter jeden Tages in seiner «Agenda» auf.[106] In seiner 1557 posthum erschienenen Abhandlung «Die sieben Ursachen der

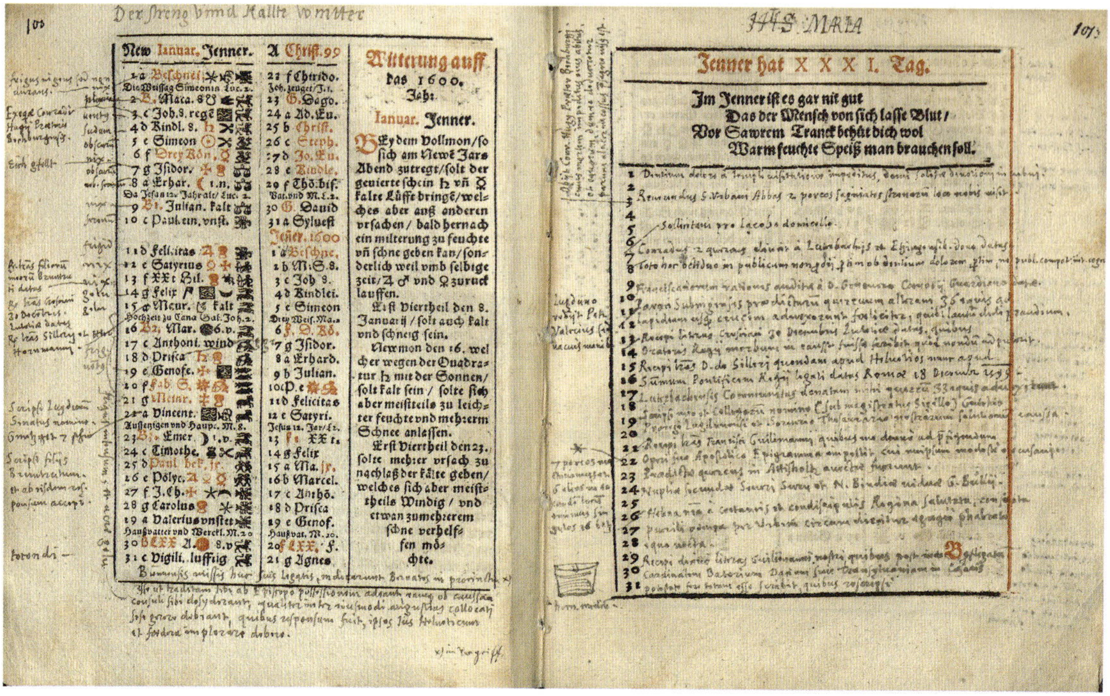

Abb. 4.8. Auszug eines Kalenders für das Jahr 1600 (Zentralbibliothek Solothurn. Hans Jakob vom Staal, Kalendernotizen, S 5/3).

Ketzerei» schreibt er: «Ich habe 15 Jahre lang Tag für Tag den Verlauf des Wetters notiert und habe meine Beobachtungen mit den Prognosen der Astronomen und der Bauern verglichen. Dabei bin ich zum Schluss gekommen, dass sie nicht zuverlässig sind.»[107] Seine empirische Überprüfung der Prognosen führte ihn zum Schluss, dass Gottes Weisheit unergründlich sei.[108]

Janz Kunovic (Kunovice) (1482–1545) war adliger Herkunft. Er erbte einen umfangreichen Besitz in Kunovice in der heutigen Tschechischen Republik und wurde der siebentreichste Mann in Mähren. Von 1533 bis 1545 dokumentierte er das tägliche Wetter in seiner «Agenda» (siehe das Beispiel in Abb. 4.8), meist für die Zeit von November bis März.[109]

Wolfgang Haller (1525–1601) war ein Sohn des Berner Reformators Johannes Haller, der 1531 im Bürgerkrieg gegen die katholischen Kantone fiel. 1547 erhielt Wolfgang die Pfarrei Meilen im Kanton Zürich, fünf Jahre später stieg er zum Archidiakon am Zürcher Grossmünster auf. 1557 übernahm er die Verwaltung der ausgedehnten Kirchengüter und wurde von seinen geistlichen Pflichten entbunden. Zwischen 1545 und 1576 trug er rund 10'200 Beobachtungen in einem schweizerisch gefärbten Deutsch in seinen Kalender ein, der online verfügbar ist.[110]

Tycho Brahe (1546–1601; Abb. 4.9) stammte aus einer dänischen Adelsfamilie. Mit 13 Jahren immatrikulierte er sich an der Universität von Kopenhagen und anschließend an den protestantischen Universitäten von Leipzig, Rostock und Basel. Das Auftreten einer partiellen Sonnenfinsternis in Kopenhagen am 21. August 1560 lenkte den Jüngling auf die beobachtende Astro-

Abb. 4.9. Der dänische Astronom und Meteorologe Tycho Brahe (1546–1601), porträtiert von Eduard Ender (Quelle: Wikipedia Commons).

nomie und das Werk von Kopernikus. Im Jahr 1569 begann er, mit selbstgebauten Instrumenten eigene astronomische Beobachtungen durchzuführen. Brahes Nase wurde bei einem Duell entstellt, worauf er dieselbe durch eine Nachbildung aus Gold und Silber ersetzte, die so gemischt war, dass sie fleischfarben erschien. Am 11. November 1572 wurde Brahe Zeuge der Explosion eines Sterns im Sternbild Kassiopeia, der alle anderen Sterne an Leuchtkraft übertraf. In seiner berühmten Abhandlung De nova stella (Über den neuen Stern) von 1573 prägte er den Begriff «Nova», weil er das Phänomen für einen neuen Stern hielt. In Wirklichkeit beschrieb er eine später Supernova genannte Sternexplosion. Seine Abhandlung widersprach der Kirchenlehre, die besagt, dass das von Gott geschaffene Universum unveränderlich sei.[111]

König Friedrich II. von Dänemark gewährte Brahe eine Pension und eine Residenz auf der Insel Ven im Öresund nördlich von Kopenhagen. Dort richtete dieser ein Forschungszentrum ein.[112] Neben astronomischen Beobachtungen hielt Brahe für den Zeitraum 1582 bis 1597 tägliche Beobachtungen mit einer bis dahin unbekannten Ausführlichkeit fest, selbst in der Nacht. Sie umfassten Windrichtung, Niederschlag und Bewölkung. Ein Beispiel: «6. März 1595: Stürmische südwestliche Winde. Einige Schauer, zeitweise klar. Das Eis am Strand beginnt zu schmelzen. Abendwind aus Nordwest, klarer Himmel während der ganzen Nacht, das Eis schwindet mehr und mehr.»[113] König Friedrichs Nachfolger Christian IV. war nicht bereit, Brahes astronomische Forschungen in einer Zeit wirtschaftlicher Not weiter zu unterstützen. Der Wissenschaftler verließ Ven im Jahr 1597 und nahm seine astronomischen Instrumente und Aufzeichnungen mit. 1599 richtete er eine neue Sternwarte auf der Burg Benatzky nordöstlich von Prag ein.[114] Vor seinem Tod im Jahr 1601 übergab Brahe seinem deutschen Assistenten Johannes Kepler (1571–1630) alle Beobachtungen aus Ven, was es diesem ermöglichte, seine berühmten Gesetze der Planetenbewegung zu formulieren.[115]

Abb. 4.10. Der Luzerner Botaniker, Wetterbeobachter und Politiker Renward Cysat (1545–1614), portätiert durch einen unbekannten Künstler, anfangs 1614. Öl auf Holz (Benediktinerkloster Engelberg, Archiv).

Renward Cysat (1545–1614; Abb. 4.10) war ein Schweizer Naturwissenschaftler und Politiker. Er bildete sich zum Apotheker aus und war im Alter von 20 Jahren wohlhabend genug, um eine Apotheke in seiner Heimatstadt Luzern zu kaufen. Ab 1575 amtete er als Stadtschreiber, ohne seinen lohnenden Beruf als Apotheker aufzugeben. Die neue Tätigkeit öffnete ihm den Blick für die Geschichtsschreibung, die zu einem seiner vielen Steckenpferde wurde. Neben vielfältigen wissenschaftlichen und kulturellen Aktivitäten profilierte er sich zum Vordenker und Vorkämpfer der Gegenreformation in der Schweiz. Von 1566 bis 1613 dokumentierte er die Veränderungen von Wetter, Vegetation und Schneedecke und deren Auswirkungen auf Mensch und Umwelt. Dazu gehörten Berichte von Bauern und Hirten, mit denen er auf seinen Exkursionen in den Alpen ins Gespräch kam.[116]

Die Form und die zeitliche Auflösung von Cysats Berichten veränderten sich im Laufe der Jahrzehnte von der Beschreibung extremer Ereignisse bis hin zu frühen Formen der meteorologischen Statistik. Er war wahrscheinlich der erste Beobachter, der seine täglichen Wetterbeobachtungen quantifizierte, um sie über die Zeit vergleichbar zu machen. Von 1608 bis 1613 zeichnete er die monatliche Häufigkeit einer Vielzahl von meteorologischen Kenngrößen auf. So charakterisierte er das Wetter im Januar 1611 wie folgt: «Die ersten 15 Tage waren schön und warm wie im Sommer. Dann fiel tiefer Schnee, wobei die übrigen Tage kühl waren, darunter neun Tage mit erheblichem Niederschlag, während der letzte Tag wolkenlos war.»[117] Seine Statistik fußte wahrscheinlich auf Angaben in einem Wettertagebuch, das jedoch verloren ist.[118] Um 1600 schloss er aus seinen langjährigen Beobachtungen, dass sich der Verlauf der Jahreszeiten verändert hatte. Er schrieb, umgesetzt in heutiges Deutsch: Um unserer Sünden werden die «Jahrgänge», d.h. die jährlichen Witterungsverläufe, seit einiger Zeit von Jahr zu Jahr rauher und unstetiger, was sich in einem Rückgang von Menschen, Tieren und den Erzeugnissen der Erde äußert. Dazu kommen ungewöhnliche atmosphärische und astrologische Erscheinungen. Deshalb haben wir einige dieser Ereignisse beschrieben, uns und den nachkommenden Generationen zur Besserung.[119] Cysat war ein eingefleischter Rationalist. Er verzichtete darauf, seinen Beobachtungen eine Bedeutung zuzuschreiben. Aus heutiger Sicht schloss er auf eine Klimavariation im späten 16. Jahrhundert, ohne den heutigen Begriff des Klimas zu kennen.[120]

Landgraf Hermann IV. von Hessen (1607–1658) wurde mit einem verkrüppelten linken Bein geboren und trug einen künstlichen Fuß. Er war für eine militärische Laufbahn ungeeignet und erhielt daher eine gelehrte Ausbildung. Seine sitzende Lebensweise und sein Interesse an der Astrologie motivierten ihn dazu, von 1621 bis 1650 ununterbrochen viermal am Tag astrologische und meteorologische Beobachtungen zu machen. Bis 1640 residierte der Landgraf in Kassel und ab 1641 in Rotenburg an der Fulda, etwa 30 km südlich von Kassel. Von besonderem Wert sind seine detaillierten Beobachtungen während der turbulenten Zeit des Dreißigjährigen Krieges. Der Meteorologe Walter Lenke hat Hermanns Beobachtungen statistisch ausgewertet.[121]

Mauritius Knauer (1613–1664), der Abt des deutschen Klosters Langsheim, beurteilte den Wert der astrometeorologischen Prognosen skeptisch, ähnlich wie Kilian Leib im Jahrhundert zuvor. Er zeichnete das tägliche Wetter von 1652 bis 1658 auf, also über einen ganzen siebenjährigen astrometeorologischen Zyklus hinweg, um die klösterliche Landwirtschaft durch einen immerwährenden Kalender zu verbessern. Doch stellte er ernüchtert fest: «Es versteht sich von selbst, dass solche Vorhersagen nicht immer zutreffen, selbst wenn einige von ihnen richtig sein mögen. Der allmächtige Gott regiert eben uneingeschränkt.»[122] Christoph von Hellwig, ein geschäftstüchtiger Arzt, veröffentlichte Knauers Beobachtungen 1700 unter der Behauptung, die Beobachtungen seien 100 Jahre alt. Seit 1720 wird der Hundertjährige Kalender, wie er bald genannt wurde, als Volkskalender herausgegeben. Bis heute ist er im Handel erhältlich.[123]

Abb. 4.11. Die schwedische Tagebuchschreiberin Märta Helena Reenstierna (1753–1841), porträtiert durch Jacob Henric Rönngren, 1796 (Photo Landin Mats, Nordiska museet, NMA.0059486).

Beobachtungen des Wetters blieben lange Zeit eine reine Männerdomäne. Die ersten bisher bekannten Chronistinnen Maria Magdalena Kirch und ihre Tochter Christina führten die 1700 von ihrem Ehemann und Vater Gottfried am Berliner Observatorium begonnenen täglichen Messungen von 1720 bis 1774 fort.[124] Ein weiteres weibliches Wettertagebuch wurde von Margaret Mackenzie of Delvine von 1780 bis 1782 in der schottischen Grafschaft Perthshire geführt.[125]

Das längste bisher bekannte (Wetter-)Tagebuch aus weiblicher Hand verdanken wir Märta Helena Reenstierna (1753–1841; Abb. 4.11). Nach dem Tod ihres Mannes verwaltete sie das Landgut Årsta außerhalb von Stockholm (Schweden). Märta schrieb von 1793 bis 1839 ein Tagebuch und hielt darin ihre sämtlichen täglichen Aktivitäten fest, von denen viele mit dem Wetter zusammenhingen. So verzeichnete sie zum Beispiel den Tag, an dem das Eis auf den Seen schmolz, wodurch sie den Stockholmer Markt auf Umwegen befahren musste. Sie beschrieb auch, wann sie ihre Schafe und Kälber im Frühjahr erstmals auf die Weide trieb und wann sie im Spätsommer die ersten reifen Äpfel pflückte.[126]

4.5 Die instrumentelle Messung des Wetters

4.5.1 Ein Silicon Valley der Meteorologie in Italien

Wettertagebücher waren ein wichtiger Zwischenschritt beim Übergang von narrativen Beobachtungen zu Instrumentenmessungen, doch sie führten in eine Sackgasse. Narrative Beobachtungen sind inkonsistent. Überregionale Vergleiche hätten die Standardisierung von Begriffen zwischen und innerhalb von Sprachen erfordert, was undenkbar war, vor allem angesichts des Niedergangs des Lateinischen als Wissenschaftssprache. Mit dem Nachweis des heliozentrischen Systems in der Mitte des 16. Jahrhunderts setzte sich das Prinzip der Quantifizierung und der mathematischen Analyse allmählich als Mittel zum Verständnis der Natur durch. Die Entwicklung von meteorologischen Instrumenten im 17. Jahrhundert kann als ein weiterer Schritt in dieser Richtung angesehen werden.

Der italienische Wissenschaftler Galileo Galilei (Abb. 4.12) spielte eine zentrale Rolle in dieser wissenschaftlichen Revolution. «Sein Geniestreich war die Anwendung der Mathematik auf die Physik, die bis dahin zwei getrennte Fächer gewesen waren. Damit wurde die moderne Physik geboren [...] Praktische Erfahrungen konnten nun in numerische und begriffliche Form umgemünzt, Dinge gewogen, Entfernungen gemessen, Zeiten in genauen Zahlen aufgezeichnet werden. Schließlich konnten Ergebnisse, die unter ähnlichen Bedingungen gewonnen worden waren, miteinander verglichen werden, wodurch allgemeingültige Gesetze formuliert werden konnten.»[127] Galilei untersuchte meteorologische Prozesse mit mathematischen Methoden und verstieß damit gegen das kirchliche Dogma der göttlichen Lenkung des Wetters. Als Professor für Mathematik in Pisa und später in Padua stellte er sich offen gegen die Aristotelische Lehre. Er machte Experimente, um die Wahrheit zu entdecken, während die klassischen Universitäten an ihrer Überzeugung festhielten, dass diese allein in den Schriften des Aristoteles zu finden sei. Galileis Eintreten für das heliozentrische System brachte ihn in Konflikt mit der römischen Inquisition, die dieses als «philosophisch absurd und formell ketzerisch» brandmarkte, da es an vielen Stellen ausdrücklich dem Sinn der Heiligen Schrift widerspreche.[128] 1633 wurde Galilei der Ketzerei angeklagt. Nur dank der Intervention seines Beschützers Ferdinand II., des Großherzogs der Toskana, entging er dem Scheiterhaufen. Allerdings verknurrte ihn die Kirche dazu, den Rest seines

Abb. 4.12. Der Mathematiker, Physiker und Philosoph Galileo Galilei (1564–1642), porträtiert von Domenico Tintoretto zwischen 1602 und 1607 (Wikimedia Commons).

Lebens unter Hausarrest in Arcetri zu verbringen, einer Stadt in den Hügeln südlich von Florenz. Der Vollzug wurde von den Bütteln der Inquisition überwacht.[129] Galilei durfte zwar Besucher empfangen, sogar Ketzer, solange es keine Mathematiker waren.[130] Die Zuspitzung auf die Mathematik verdeutlicht, worum es der Kirche bei ihrer Gegnerschaft im Fall Galilei wirklich ging: Universelle Gesetze in der Physik und Meteorologie forderten die Diskursherrschaft der Kirche in Fragen des Wetters fundamental heraus. Trotz dieser Hindernisse schuf Galilei ein wissenschaftliches Umfeld, das innerhalb weniger Jahre zur Erfindung und Entwicklung der wichtigsten meteorologischen Instrumente führte.

Galileis Freund und Nachfolger, der Mathematiker Pater Benedetto Castelli (1577/78–1643), konstruierte 1639 den ersten Regenmesser in Europa. Der Mathematiker Evangelista Torricelli (1608–1647), ein Schüler Castellis und Nachfolger Galileis, stellte 1643 das erste Quecksilberbarometer her.[131] Großherzog Ferdinand II. (1610–1670), der sich der experimentellen Wissenschaft verschrieben hatte, entwickelte gemeinsam mit Torricelli auf der Grundlage einer Studie Galileis das Spiritus-Glas-Thermometer. Indem er den Deckel versiegelte, konstruierte er das erste Thermometer, das vom atmosphärischen Druck unabhängig war. Damit taugte das Instrument zur Temperaturmessung im Freien.[132] Das «Kleine Florentiner Thermometer», wie es genannt wurde, war komplett aus Glas gefertigt, außer dass es mit Spiritus gefüllt war. Es war unempfindlich gegen Feuchtigkeit, Regen, Sonnenbestrahlung und Frost.[133]

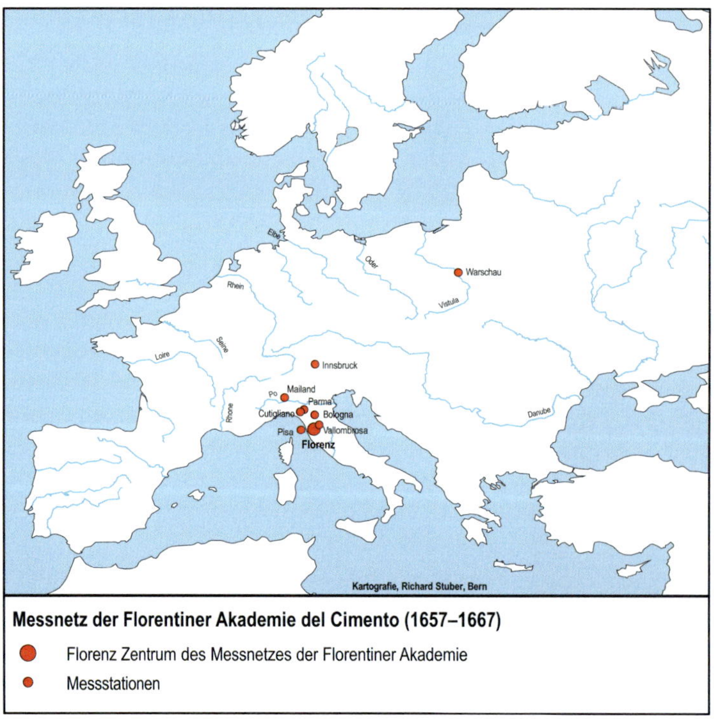

Abb. 4.13. Das «Medici Messnetz» 1654–1667. Dieses erste instrumentelle Messnetz der Welt umfasste zehn Messstationen, davon vier außerhalb Italiens.

4.5.2 Die Schaffung von meteorologischen Messnetzen

1654 schufen der Großherzog und sein Bruder Fürst Leopold im italienischen Florenz das erste internationale meteorologische Messnetz der Welt. Im «Medici-Messnetz» wurden Luftdruck, Temperatur und Feuchtigkeit gemessen. Dazu wurden Windrichtung und Himmelszustand aufgezeichnet. Der Grossherzog schickte identische Instrumente kostenlos an sechs Beobachter an Stationen in Norditalien – in Florenz, Pisa, Vallombrosa, Bologna, Mailand und Parma – sowie an vier ins Ausland, nach Paris, Osnabrück (Deutschland) sowie nach Innsbruck und nach Warschau (Abb. 4.13). Die Instrumente wurden nach einem genauen Zeitplan am Tag und in der Nacht abgelesen. Benediktinermönche und Jesuitenpatres konnten für die Messungen gewonnen werden. Sie waren qualifiziert, kultiviert, immer vor Ort, frei von äußeren Verpflichtungen und deshalb geeignet, die Instrumente regelmäßig abzulesen.[134] Der italienische Physiker und Paläoklimatologe Dario Camuffo und sein Team arbeiteten hart daran, die im Messnetz dokumentierten Temperaturwerte mit heutigen Messungen zu vergleichen.[135]

Im Jahr 1657 wurde die Academia del Cimento,[136] die erste wissenschaftliche Akademie der Welt, gegründet.[137] Es war dies eine neuartige Institution zur Förderung der Wissenschaft, die sich als Gegensatz zur universitären Aristotelischen Wissenschaft alten Stils verstand, die durch die kirchliche Bürokratie kontrolliert wurde.[138] Doch schon 1667 wurde die Akademie geschlossen, weil sie den «ketzerischen» Ideen Galileis zu nahe stand.[139]

Im Gegensatz zu den italienischen Renaissance-Akademien verstanden sich die «Royal Society of London» und die Pariser Akademie, die beide in den 1660er-Jahren gegründet wurden, als eine neue Art von Institution zur Wissenschaftsförderung. Schriftliche Regeln regelten ihre Aktivitäten. Sie hielten Versammlungen nach einem festen Zeitplan ab, verfügten über Beamte, wählten eine begrenzte Anzahl von Mitgliedern und gründeten ihre eigenen wissenschaftlichen Zeitschriften.[140] Die Schließung des Medici-Netzwerks veranlasste wohl den Mathematiker Robert Hooke (1635–1705), der 1667 als erster Kurator der «Royal Society of London» amtete, eine entsprechende Nachfolgeinstitution zu schaffen.[141] Dazu versandte er kostenlos standardisierte Thermometer und Barometer an Freiwillige in England und im Ausland. Doch waren die Messungen nicht vergleichbar, weil die Beobachter Hookes Anweisungen missachteten oder andere Instrumente verwendeten.[142]

Abb. 4.14. Der Pariser Arzt und Meteorologe Louis Morin de Saint Victor (1635–1715), porträtiert von Étienne Picart, genannt «Le Romain» (1632–1721; Legrand and Le Goff 1987: 252).

Zumindest dürfte Hookes Initiative den Pariser Arzt Louis Morin (Abb. 4.14) dazu ermutigt haben, von 1665 bis 1713 regelmäßige meteorologische Messungen durchzuführen.[143] 48 Jahre lang maß er dreimal täglich die Lufttemperatur und den Luftdruck, beobachtete die Bewölkung, stellte Windrichtung und -stärke fest und schätzte die Dauer und Intensität des Niederschlags ab. Morins Aufzeichnungen gehören zu den ältesten und längsten, die bis heute bekannt sind. Weltweit einzigartig sind seine Beobachtungen der Herkunftsrichtung und der Geschwindigkeit der Wolken.[144] Das Morin-Tagebuch bildete ein Rückgrat der langen Temperaturreihe von Paris (seit 1658), die der französische Meteorologe Daniel Rousseau erstellte.[145] Morin war wohl der erste Mensch, der systematisch Ereignisse in der freien Atmosphäre beobachtete. Seine gelegentlichen Bemerkungen über «Planeten» lassen vermuten, dass er an astrometeorologische Theorien glaubte (Teilkapitel 4.4). Morin war ledig und folgte ähnlich wie ein Benediktinermönch einem streng geregelten Lebensrhythmus. Morgens um zwei Uhr stand er auf, betete bis um fünf Uhr und kümmerte sich dann bis zum Mittagessen um seine Patienten im Hôtel Dieu. Im Sommer schaute er nach neuen Pflanzen im königlichen Garten. Nach 14 Uhr kehrte er zurück und verbrachte den Rest des Tages ebenso wie im Winter in der Bibliothek mit der Lektüre medizinischer oder wissenschaftlicher Abhandlungen. Abends ging er früh zu Bett, um am frühen Morgen rechtzeitig zu erwachen.[146]

Die Familie Kirch, d. h. Vater Gottfried Kirch, seine Frau Maria Magdalena, ihr Sohn Christfried und ihre Tochter Christine, führten von 1677 bis 1774 nacheinander ein Wettertagebuch, bis 1699 in Leipzig, anschließend in Berlin. Messungen wurden 1701 aufgenommen, teilweise auf Kosten des nicht-instrumentellen Teils. Gottfried (1639–1710) wurde 1700 der erste Direktor der Berliner Sternwarte. Christfried (1694–1740) folgte ihm in dieser Position nach. Zusammen mit seiner Mutter (1670–1720) führte er die täglichen Temperaturmessungen weiter. Nach seinem Tod sprang Tochter Christina (1697–1782) in die Lücke. Sie führte in Berlin einen Salon, der von prominenten Wissenschaftlern wie Leonhard Euler (1707–1782) besucht wurde.[147]

Der englische Mathematiker, Astronom und Physiker Isaac Newton wies durch lange Reihen von Beobachtungen und Messungen mathematisch nach, dass die Bewegung der Objekte auf der Erde im Kosmos universellen Gesetzen folgt.[148] Seine bahnbrechenden Ergebnisse weckten die Überzeugung, dass die Atmosphäre einer gleichen Ordnung, Regelmäßigkeit und Selbstregulierung folgen müsse wie der Kosmos. Newtons Erkenntnisse inspirierten viele Gelehrte dazu, meteorologische Messungen durchzuführen. Sie hofften damit, in Analogie zur himmlischen Periodizität der Planeten universelle Gesetze der Meteorologie zu entdecken. Andere bezweifelten, dass ein meteorologischer Newton jemals möglich sei, und beklagten, dass die Atmosphäre ein so «reizbares Gemisch» von Luftmassen sei, dass sich jeder Versuch, sie zu verstehen, als vergeblich erweisen würde.[149]

Der Breslauer Arzt Johann Kanold (1679–1729) und seine Kollegen organisierten ein Netz von täglichen Wetterbeobachtungen aus Mitteleuropa, die von 1717 bis 1730 vierteljährlich in einer Zeitschrift veröffentlicht wurden.[150] Der englische Arzt James Jurin (1684–1750), der Sekretär der «Royal Society von London», nahm 1723 erneut die Schaffung eines instrumentellen Netzwerks an die Hand in der Hoffnung, Zusammenhänge zwischen der Witterung und dem Ausbruch von Krankheiten zu entdecken. Die Beobachter sollten nach einem standardisierten Schema Luftdruck, Lufttemperatur und Niederschläge messen sowie Windrichtung, Windstärke und den Witterungsverlauf aufzeichnen. Standardisierte Instrumente wurden jedoch nicht verteilt. Mehrere Jahre lang schickten die Korrespondenten der Gesellschaft in Großbritannien, auf dem europäischen Festland, in Amerika und Asien Daten an Jurin.[151] Doch nachdem dieser 1727 als Sekretär zurückgetreten war, versandete das Netz.[152]

Barometer und Thermometer wurden im 18. Jahrhundert von wandernden Krämern verkauft. Diese Instrumente fanden sich zunehmend in Häusern der Wohlhabenden. Es waren dies zumeist Ärzte, Landpfarrer und Landadelige. Sie zeichneten in England und auf dem Kontinent im Laufe des Jahrhunderts täglich meteorologische Beobachtungen auf.[153] Herausragend sind jene des Amateur-Meteorologen Thomas Barker (1722–1809), der ein Landgut in Rutland (England) besaß. Er begann 1733, im Alter von elf Jahren, ein Wettertagebuch zu führen. Er blieb dieser Tätigkeit bis zu seinem 73. Altersjahr treu.[154]

Auf dem Kontinent engagierten sich die von den 1730er-Jahren an gegründeten «Ökonomischen Gesellschaften» für die Durchführung von meteorologischen Messungen und Beobachtungen. Sie schrieben die Förderung der regionalen Wirtschaft, in erster Linie der Landwirtschaft, auf ihre Fahnen.[155] Eine bessere Kenntnis der lokalen Witterung sollte der landwirtschaftlichen Praxis zugutekommen.[156] Die 1759 gegründete «Ökonomische Gesellschaft von Bern» diente in mancherlei Hinsicht als Vorbild für Gesellschaften, die später in anderen Regionen entstanden.[157] Die Berner Gesellschaft baute ein kurzlebiges, meteorologisches Messnetz auf, das sogar standardisierte Regenmesser umfasste, die nach Vorgaben der Gesellschaft gefertigt wurden.[158] Doch flossen nur wenige Ergebnisse in die landwirtschaftliche Praxis ein.[159]

In Frankreich stand für die medizinischen Behörden die Erforschung des Klimas in seiner Bedeutung für die Volksgesundheit im Vordergrund. Im Jahr 1776 wurde eine staatlich unterstützte Gesellschaft gegründet, die ein medizinisch-meteorologisches Informationsnetz aufbaute.[160] Die Ärzte in Frankreich und im Ausland wurden aufgefordert, die vorherrschenden Krankheiten zusammen mit Messungen des Luftdrucks, der Temperatur und der Beobachtung der Himmelsbedeckung zu registrieren und der Gesellschaft einzusenden, wobei auf die Qualität und Einheitlichkeit der Instrumente nicht geachtet wurde. Die Aufforderung stieß auf große Resonanz. Es meldeten sich vorwiegend Ärzte aus Frankreich, später auch solche aus anderen europäischen Ländern und aus den USA, sogar solche aus dem heutigen Irak und von den Antillen.[161] Doch lösten französische Revolutionäre die Gesellschaft 1793 auf.[162]

Der wissenschaftlich entscheidende Wurf gelang Karl Theodor, dem Kurfürsten der Pfalz. 1780 gründete er eine Pfälzische Meteorologische Gesellschaft mit Sitz in Mannheim. Die «Palatina», wie sie genannt wurde, baute ein internationales Netz von Wetterstationen auf. Diese waren mit standardisierten Instrumenten ausgestattet, die nach einheitlichen Richtlinien abgelesen wurden. Die Ergebnisse wurden in Jahrbüchern veröffentlicht. Das im Stiftungsbrief formulierte Arbeitsprogramm entsprach weitgehend heutigen Standards.[163] Der Projektleiter Johann Jakob Hemmer[164] ließ jedem Beobachter kostenlos einen Satz einheitlich geeichter Barometer und Quecksilberthermometer mit Reaumur-Skala zukommen. Die ausführliche Anleitung zur Durchführung der Beobachtungen war in der damals noch üblichen Wissenschaftssprache Latein abgefasst. Messungen des Niederschlags waren nicht vorgesehen, da Regenmesser im Gegensatz zu Thermometern und Barometern nicht in großen Stückzahlen hergestellt wurden. Mitte der 1780er-Jahre umfasste das Netzwerk 39 Messstationen, die sich von Sibirien über Europa und Grönland bis nach Nordamerika erstreckten (Abb. 4.15). Dazu gehörte mit Hohenpeißenberg (988 m ü. M.) das erste meteorologische Bergobservatorium der Welt,[165] ferner mit dem St. Gotthard (2106 m ü. M.) die älteste Station im Hochgebirge. In dem auf die Französische Revolution

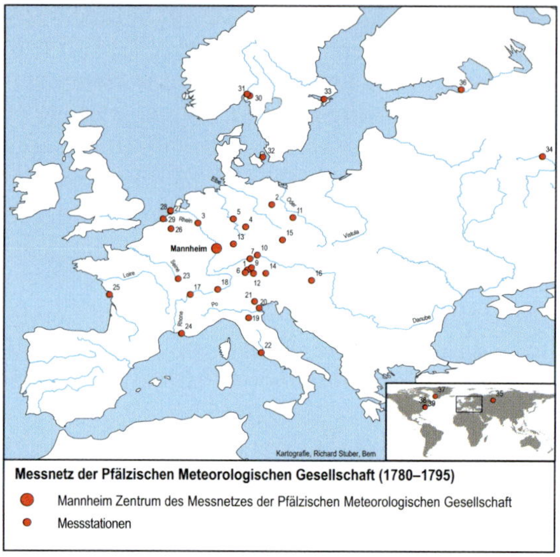

Abb. 4.15. Das Messnetz der Societas Meteorologica Palatina 1780–1795. Es wurde von Mannheim (Deutschland) aus koordiniert und umfasste 39 Messstationen in Europa, Grönland und Nordamerika. Liste der Stationen: 1 Andechs; 2 Berlin; 3 Düsseldorf; 4 Erfurt; 5 Göttingen; 6 Hohenpeißenberg; 7 Ingolstadt; 8 Mannheim; 9 München; 10 Regensburg; 11 Żagań (Polen); 12 Tegernsee; 13 Würzburg; 14 St. Zeno; 15 Prag; 16 Buda; 17 Genf; 18 St. Gotthard; 19 Bologna; 20 Chioggia; 21 Padua; 22 Rom; 23. Dijon; 24. Marseille; 25 La Rochelle; 26 Brüssel; 27 Delft; 28 Den Haag; 29 Middelburg; 30 Eidsberg; 31 Spydberg; 32 Kopenhagen; 33 Stockholm; 34 Moskau; 35 Staropyschminsk (Urals); 36 St Petersburg; 37 Nuuk (Godthaab); 38 Bradford (New Hampshire); 39 Cambridge (Massachusetts).

folgenden Ersten Koalitionskrieg (1792–97) wurde Mannheim von den Franzosen besetzt. 1795 setzten österreichische Kanonen den Westflügel des Mannheimer Schlosses in Brand, worauf die Palatina durch ein Dekret der französischen Besatzer aufgelöst wurde. Durch die weite Verbreitung der Jahrbücher blieben die Daten jedoch der Nachwelt erhalten. Vom frühen 19. Jahrhundert an dienten sie als Grundlage für die Entwicklung der wissenschaftlichen Meteorologie und Klimatologie.

4.6 Ein Bruch mit der Vergangenheit

4.6.1 Der Aufstieg der wissenschaftlichen Meteorologie und der Klimatologie

Chronisten und Tagebuchschreiber hielten vor allem Wettererzählungen fest, neben die von der Mitte des 18. Jahrhunderts an zunehmend instrumentelle Messungen traten. Durch Schilderungen der Witterung und ihrer Auswirkungen auf die Gesellschaft hofften sie, zum Fortschritt von Wirtschaft und Gesellschaft beizutragen.[166] Vom ausgehenden 18. Jahrhundert an entstand eine neue Meteorologie, die auf instrumentellen Messungen aufbaute. Sie schloss narrative Daten und Proxydaten von der Betrachtung aus und ignorierte Auswirkungen der Witterung auf die Gesellschaft. Dadurch folgte die junge Wissenschaft dem Trend zur Ausdifferenzierung von Wissenschaftsbereichen. Damit verbunden war ein neues Verständnis des Klimabegriffs.

Der Historiker Franz Mauelshagen wies nach, dass der griechische Begriff κλίμα (d. h. Neigung) nicht, wie oft angenommen, in der Meteorologie des Aristoteles zu finden ist. Vielmehr bedeutet er Neigung oder Gefälle und bezieht sich auf dem Einfallswinkel der Sonne, wie er von einem bestimmten Punkt auf der Erde aus beobachtet wird. Über das «Klima» eines Ortes zu sprechen, war lange Zeit gleichbedeutend mit der Angabe seiner geographischen Breite.[167] Erst im 18. Jahrhundert wurde der Begriff in einem physikalischen Kontext verstanden. So definierte der Arzt Gabriel-François Venel (1723–1775) das Klima als «die Summe aller gewöhnlichen oder allgemeinen physikalischen Ursachen, die auf die Gesundheit der Bewohner eines Landes einwirken können; die Beschaffenheit der Luft, die des Wassers, des Bodens und der Nahrung».[168] Das neue Verständnis brachte eine Verschiebung vom klassischen statischen zu einem neuen dynamischen Konzept des Klimas mit sich. Wurde «Klima» als eine dynamische physikalische Kategorie verstanden, umfasste das neue Verständnis des Begriffs die Möglichkeit, dass sich das Klima im Laufe der Zeit verändern konnte.[169] Am frühesten findet sich der Begriff «Klimaveränderung» in einer Abhandlung von Hugh Williamson aus dem Jahr 1770. Sie trägt den Titel «Versuch einer Erklärung für die Veränderung des Klimas, die in den mittleren Kolonien Nordamerikas beobachtet wurde».[170]

Den Begriff «Klimatologie» prägte wahrscheinlich der deutsche Geograph, Naturforscher und Entdecker Alexander von Humboldt (1769–1859) im Titel seines 1831 erschienenen Buches «Fragmente der Geologie und Klimatologie in Asien».[171] Auf seinen langjährigen Expeditionen nach Mittel-

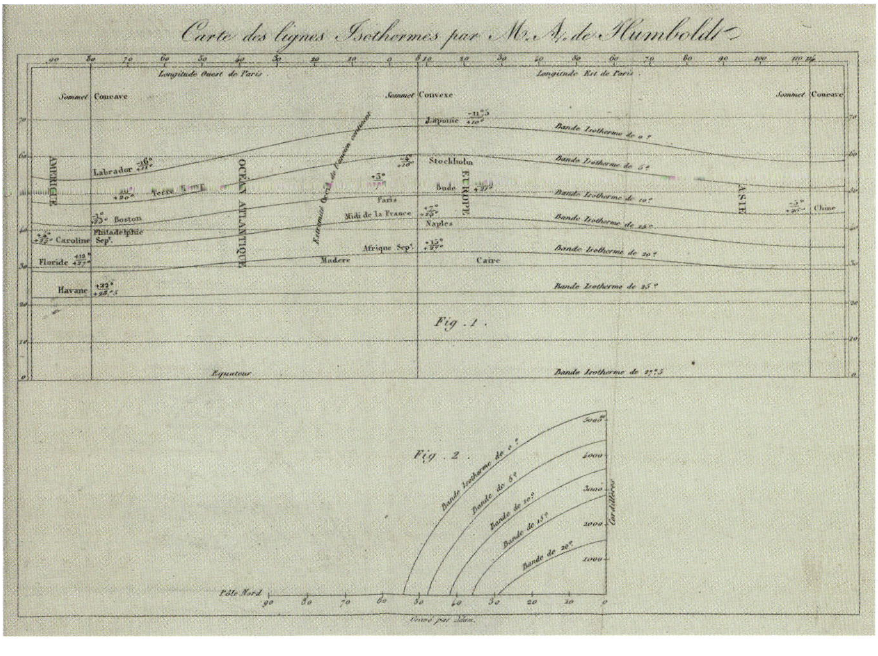

Abb. 4.16. Erste räumliche Darstellung von Kurven gleicher Jahresmitteltemperaturen (Isothermen) durch Alexander von Humboldt, 1817. Die untere Abbildung zeigt Isothermen, welche die Abhängigkeit der Temperatur von der geographischen Breite und der Höhe über dem Meeresspiegel darstellen.

und Südamerika (1799–1804) und Russland (1829) sammelte Humboldt eine Fülle von Artefakten und Daten. In seinen naturwissenschaftlichen Studien, die in der Veröffentlichung seiner physikalischen Beschreibung des Universums, genannt «Cosmos», gipfelten, beschrieb er als erster Wissenschaftler das Klimasystem als Netz mit einer Vielzahl von Wechselwirkungen.[172] Er hob erstmals hervor, dass das globale Klimasystem von den Wechselbeziehungen zwischen der Atmosphäre, den Ozeanen und der festen Erde abhängt.[173] Mit einer minimalen Anzahl von Temperaturmessungen entwickelte Humboldt das Konzept für die räumliche Darstellung von Kurven gleicher Jahresmitteltemperaturen, der Isolinien (Abb. 4.16). Sein Konzept wurde später in globale Karten umgesetzt.[174]

Abb. 4.17. Der Meteorologe Ludwig Friedrich von Kämtz (1801–1867). Foto: Universität Tartu (Estland).[175]

Humboldts Werk inspirierte zahlreiche spätere klimatologische Untersuchungen. Namentlich griff der österreichische Meteorologe und Klimatologe Julius Hann (1839–1921) für sein 1883 in erster Auflage publiziertes Handbuch der Klimatologie auf die Vorarbeiten Humboldts zurück. Hanns wohl einflussreichster Vorgänger ist der deutsche Meteorologe Friedrich Ludwig von Kämtz (Abb. 4.17). Kämtz berechnete Mittelwerte der Temperatur auf der Grundlage der Messdaten in den Jahrbüchern der «Palatina» Gesellschaft (Teilkapitel 4.5.2) und verglich diese an verschiedenen Orten. Im Jahr 1831 veröffentlichte er ein Lehrbuch der Meteorologie, das auf dem neuen Konzept der «Mittelwertsklimatologie» basierte. Es wurde 1843 ins Französische, 1845 ins Englische und 1853 ins Italienische übersetzt. Nachdrucke sind bis heute erhältlich.[176] Wissenschaftlich ist Kämtz im Vergleich zu späteren Gelehrten des 19. Jahrhunderts, etwa zu Julius Hann und dem deutschen Klimageographen Eduard Brückner (1862–1927), von geringerer Bedeutung, aber mit seinem Lehrbuch prägte er Generationen von Meteorologen.

In Anbetracht der zunehmenden Bedeutung des Wetters für die Volkswirtschaft und den aufstrebenden Welthandel riefen die aufstrebenden Nationalstaaten zwischen den 1850er- und 1880er-Jahren nationale meteorologische Messnetze ins Leben.[177] Dies bedeutete, dass Einzelpersonen ihre Instrumente nach den Anweisungen einer zentralen Stelle ablesen mussten, zunächst oft ehrenamtlich, später verpflichtend gegen Entschädigung.[178] Das scheinbar chaotische und schwer fassbare Wetter wurde nun systematisch erfasst, für einzelne Orte quantifiziert und statistisch ausgewertet. Da meteorologische Messungen aus verschiedenen Gründen, etwa durch Änderungen der Messtechnik oder durch Verlegung der Messstandorte, inhomogen waren, wurden jahreszeitliche Durchschnittstemperaturen und Niederschläge erarbeitet.[179]

Wetterstationen mit standardisierten Wetterhütten und Messgeräten wie Thermometern, Hygrometern, Regenmessern und Windfahnen wurden weiterentwickelt. Dabei wurden verschiedene Arten von Wetterhütten gebaut. Nach der Jahrhundertwende wurden große Anstrengungen unternommen, um auch die dritte Dimension zu erobern. Drachen und Wetterballons wurden mit Sensoren ausgestattet. Die Daten wurden mit automatisch registrierenden Wettergeräten (Meteorographen) registriert und später mit radiometrischen Systemen übertragen.

Am 1. August 1919 erreichte ein von der deutschen Sternwarte Lindenberg gestartetes System mit insgesamt neun an einem Stahlseil befestigten Drachen zur Messung von Temperatur, Luftfeuchtigkeit und Luftdruck eine

Höhe von 9750 m ü. M., was bis heute der Weltrekord für Drachenmessungen geblieben ist.[180] Automatische Geräte und Wetterradare wurden in den Jahrzehnten nach dem Zweiten Weltkrieg eingeführt. Wesentliche Verbesserungen brachte die Entwicklung von Wettersatelliten, automatischen schwimmenden Bojen auf den Ozeanen und modernen Computersystemen. Im Jahr 1963 wurde die Weltwetterwarte gegründet. Ihr Programm umfasst den Entwurf, die Implementierung, den Betrieb und die Weiterentwicklung von drei miteinander verbundenen Kernkomponenten: das Global Observing System (GOS), das Global Telecommunication System (GTS) und das Global Data-processing and Forecasting System (GDPFS).[181]

Die Idee, das Klima auf Normalperioden zu beziehen, d. h. den aggregierten Wetterstatistiken Periodendauern beizufügen, um das durchschnittliche Klima zu beschreiben, wurde 1872 vom Internationalen Meteorologischen Komitee ins Leben gerufen Es dauerte jedoch bis 1937, bevor die Idee umgesetzt wurde. Die heutige «normale» Periodenlänge von 30 Jahren wurde schließlich als Kompromiss zwischen verschiedenen Sichtweisen, die von 11 bis 50 Jahren reichten, angenommen.[182] In der heutigen Situation des schnellen Wandels ist das Konzept des «Normalklimas» fraglich geworden.

4.6.2 Die Tabuisierung der Extreme

Bis um 1750 wurden mehrheitlich Berichte von meteorologischen Extremereignissen in der führenden wissenschaftlichen Zeitschrift «Philosophical Transactions» veröffentlicht.[183] Von diesem Zeitpunkt an traten neue Erkenntnisse über die Dynamik der Atmosphäre als Thema in den Vordergrund.[184] Eine neue Generation von Wissenschaftlern, die in experimentellen Wissenschaften ausgebildet waren, verstanden die Atmosphäre als ein globales System, in dem Untersuchungen nach den Prinzipien von Laborexperimenten durchgeführt werden sollten, wobei der Schwerpunkt auf Quantifizierung und Statistik und später auf der numerischen Modellierung lag. Lokale Wettergeschichten wurden als unvergleichbar und daher unvereinbar mit einer stringenten Argumentation bezeichnet. In den 1810er-Jahren hörten die großen Zeitschriften auf, erzählende Beobachtungen zu veröffentlichen, dies zugunsten von weit weniger aufregenden Tabellen mit täglichen und monatlichen Durchschnittswerten von Luftdruck und Lufttemperatur.[185] Mit der Zeit verschwand die Diskussion von außergewöhnlichen Anomalien und Naturkatastrophen auch aus den meteorologischen Jahrbüchern.

In diesem Zusammenhang prägte der Meteorologe Ludwig Kämtz in seinem erwähnten Lehrbuch den Satz: «Außergewöhnliche Fakten lehren uns nichts.»[186] Damit brandmarkte er die narrative Wettergeschichte, einschliesslich der Untersuchung von Extremereignissen, phänologischen Daten und Berichten über Naturkatastrophen, als wissenschaftlich nichtssagend. Aufgrund der weiten Verbreitung und der langfristigen Relevanz seines Lehrbuchs erstarrte dieses Werturteil zum Paradigma. Paradigmen umreißen bekanntlich, welche Fragen wissenschaftlich zulässig sind und welche Lösungen als gültig angesehen werden. Das Kämtz-Paradigma ist wohl der tiefgreifendste Einschnitt im Denken über Wetter und Klima seit der Renaissance des 12. Jahrhunderts (Teilkapitel 4.3). Es vermochte zu überzeugen, solange herausragende Extreme und Naturkatastrophen in der MWP selten waren und die Witterung ihre existenzielle Bedeutung für die Menschen im Norden verloren hatte.

Historiker und Geographen, die von den späten 1950er-Jahren an nach Veränderungen des Klimas in der Vergangenheit und ihren Auswirkungen auf die Gesellschaft suchten, orientierten sich am Paradigma der Mittelwertsklimatologie, die das Klima innerhalb menschlicher Zeitskalen als stabil betrachtete und die Extreme ignorierte.[187] Narrative Daten galten unter dieser Voraussetzung als unwissenschaftlich. Nicht von ungefähr kam der französische Klimahistoriker Le Roy Ladurie 1967 zum Schluss, dass der Einfluss des Klimas auf die menschliche Welt «gering, vielleicht vernachlässigbar und sicherlich schwer zu erkennen zu sei».[188] In der langen Dauer lag er mit dieser Einschätzung richtig, aber er klammerte die entscheidende Bedeutung kurzfristiger Extreme für die Gesellschaft schlichtweg aus. Erst als die rasche Erwärmung nach der Jahrtausendwende die öffentliche und wissenschaftliche Aufmerksamkeit wieder auf die Bedeutung von Extremen lenkte, bezog Le Roy Ladurie die kurze Dimension in seine dreibändige «Human and Comparative History of Climate» ein.[189]

Auch Naturkatastrophen wurden von Mainstream-Historikern lange Zeit als «Eintagsfliegen» betrachtet, die für die betroffenen Gesellschaften bedeutungslos seien. Der deutsche Mediävist Arno Borst (1925–2007), der das schwere Erdbeben von 1348 in der Region Friaul im Nordosten Italiens untersuchte, stellte der europäischen Erinnerungskultur ein schlechtes Zeugnis aus: «Während chinesische und japanische Chronisten sich darum kümmerten, die vorhandenen Berichte über Erdbeben zu sammeln», schrieb er, «ließen die Europäer sie lieber in Vergessenheit geraten.»[190]

In der Vergangenheit lehrte die Erfahrung, dass extreme Wetterlagen ein existenzielles Risiko darstellten. Mit dem Aufkommen der Verkehrsrevolution im späten 19. Jahrhundert verlor das Wetter allmählich seine Bedeutung für die Lebensbedingungen der Menschen, insbesondere für die Stadtbewohner. Zudem wurden die Folgen von Naturkatastrophen durch das Aufkommen von Versicherungen ab dem Anfang des 20. Jahrhunderts zunehmend abgefedert. In Ermangelung eines historischen Gedächtnisses verblasste das Bewusstsein für die Verletzlichkeit der Gesellschaft für extreme klimatische Ereignisse wie ausgedehnte Sommerdürren in der warmen Jahreszeit und schwere Naturkatastrophen in dem Maße, wie solche Ereignisse in Europa während der langsamen Erwärmung im kurzen 20. Jahrhundert seltener wurden.[191]

Aufgrund des erwachenden öffentlichen Bewusstseins für den anthropogenen Klimawandel wurde das Kämtz-Paradigma stillschweigend aufgegeben. Ein 1992 publizierter Artikel kündigte das Umdenken an. Er trägt den Titel «Extremereignisse im Wandel des Klimas. Variabilität ist wichtiger als Durchschnittswerte».[192] Ein vertieftes Verständnis des Klimasystems und der natürlichen Variabilität, auch des menschlichen Handelns, waren nun gefragt. Das Schlagwort «Klimawandel» wurde in den Diskurs eingeführt, um ein Phänomen zu bezeichnen, das zuvor in der Öffentlichkeit nicht existierte, und mit dem Schlagwort «Klimapolitik» wurde ein neues Politikfeld bezeichnet (Teilkapitel 11.1.2). Und in dem Maße, wie die historische Klimatologie neben den Mittelwerten die Extremereignisse einbezog, wurde der reiche Fundus an narrativen Quellen systematisch zur Rekonstruktion der Klimavergangenheit herangezogen.

4.7 Fazit

Das Verständnis der Witterung hat sich in den letzten 1000 Jahren grundlegend verändert. Vor dem späten 12. Jahrhundert wurden atmosphärische Ereignisse auf der Grundlage von vorgefassten Theorien und Weltanschauungen interpretiert, sei es der Glaube an animistische Geister oder an Wunder, die durch die spirituelle Kraft von Heiligen bewirkt wurden. Zwar stützten sich schon die antiken griechischen Philosophen auf Sinnesbeobachtungen ab, die sie in rationale Konzepte integrierten, aber ihre Schriften wurden im lateinischsprachigen Weströmischen Reich kaum mehr verstanden. Eine Anzahl von Abhandlungen gelangte in die Hände von kulturbeflissenen Kalifen in Mesopotamien, die sie ins Arabische übersetzen ließen. In Spanien wurden diese Schriften dann im 11. und 12. Jahrhundert ins Lateinische übersetzt, damit sie von der klösterlichen Elite im Westen verstanden werden konnten. Auf der Grundlage der griechischen Wissenschaft entdeckten Kleriker den Kosmos als ein gesetzmäßiges Ganzes, das vom menschlichen Intellekt erforscht werden konnte. Diese Erkenntnisse veränderten die Art der Berichterstattung über das Wettergeschehen und seine Auswirkungen auf die menschlichen Angelegenheiten grundlegend. Augenzeugenbeobachtungen traten neben Glaubenssätze. Ursachen und Folgen wurden differenziert, und Daten über die Entwicklung von Pflanzen wurden zunehmend genutzt, um Extremereignisse über die Zeit zu vergleichen. Die Kirche duldete die neue Sicht der äußeren Natur in den Wetterdiskurs, beharrte aber auf dem Grundsatz, dass der Wille Gottes letztlich grenzenlos sei. Vom 14. Jahrhundert an führten astrologische Abhandlungen über die Bewegung der Planeten zu einem Aufschwung der Astrometeorologie. Mit diesem Ansatz wurden aus der Beobachtung der Planeten langfristige tägliche Wettervorhersagen hergeleitet. Teilweise wurde das tägliche Wetter systematisch in Tagebüchern festgehalten, um die Zuverlässigkeit der astrologischen Vorhersagen zu überprüfen. Die Erfindung meteorologischer Instrumente in Italien in der Mitte des 17. Jahrhunderts eröffnete die Möglichkeit, das Wetter zu quantifizieren, doch dauerte es mehr als 100 Jahre, bis instrumentelle Messungen in Raum und Zeit verglichen werden konnten. Zwar wurden vom späten 17. Jahrhundert an wiederholt Messnetze aufgebaut, in denen jedoch nicht mit einheitlichen Instrumenten und nach einheitlichen Kriterien beobachtet wurde. Die Standardisierung der Messungen gelang schließlich im Rahmen der internationalen Pfälzischen Meteorologischen Gesellschaft zwischen 1780 und 1795. Der daraus resultierende Datensatz, der in den Jahrbüchern der Gesellschaft veröffentlicht wurde, ermöglichte die Entwicklung der Mittelwertsklimatologie. Mit Alexander von Humboldt wurde eine systemische Betrachtung des Klimasystems eingeführt. Die Meteorologen des 19. Jahrhunderts verzichteten auf erzählende Berichte über gesellschaftlich und wirtschaftlich relevante Extremereignisse und Naturkatastrophen und publizierten stattdessen bloße Durchschnittswerte. Es bedurfte des erwachenden öffentlichen Bewusstseins für den anthropogenen Klimawandel, um die Bedeutung des Klimas für die menschlichen Angelegenheiten neu zu überdenken.

5. Die Rekonstruktion des vergangenen Klimas

5.1 Einleitung

Im vorangehenden Kapitel 4 sind narrative Daten aus den Archiven der Gesellschaft vorgestellt worden. Dieses Kapitel dreht sich um indirekte Zeugnisse des Klimas (Proxydaten) sowohl in Archiven der Natur als auch in solchen der Gesellschaft (vgl. Tabelle 1.1). Das Teilkapitel 5.2 befasst sich mit Proxydaten aus den Archiven der Natur, das Teilkapitel 5.3 mit solchen aus den Archiven der Gesellschaft.[1] Der Begriff Archive der Gesellschaft bezieht sich im weiteren Sinn auf Datenträger, die sowohl Dokumente, Kunstwerke als auch Zeugnisse aus der Umwelt wie archäologische Funde, Artefakte und Indikatoren an Gebäuden wie Hochwassermarken umfassen.[2] In Teilkapitel 5.3 werden historische Gemälde von Gletschern, durch administrative Prozesse erzeugte Proxies sowie religiöse Rituale gegen Klimastress thematisiert. Im Teilkapitel 5.4. wird das Prinzip der Temperaturindizes erläutert, welche das Rückgrat der Rekonstruktionen des jahreszeitlichen Klimas in den Kapiteln 7 und 8 bilden. Bei den Indizes handelt es sich um Proxies, welche die Gesamtheit der für eine Jahreszeit verfügbaren narrativen und Proxydaten integrieren. Zwischen dem Jahr 1500 und dem Beginn der instrumentellen Messungen im Jahr 1760 sind die saisonalen Temperaturen in West- und Mitteleuropa auf der Grundlage von Indizes geschätzt worden.[3] Das Teilkapitel 5.5 vermittelt einen Ausblick auf die Grundlagen, die für die Rekonstruktionen in den Kapiteln 7 und 8 herangezogen wurden. Langfristige Klimarekonstruktionen für Europa aus Archiven der Natur werden zusammen mit einer numerischen Simulation in Kapitel 6 vorgestellt.

Daten aus Archiven der Natur sind homogen, fortlaufend und genau lokalisiert. Sie decken Zeitspannen von einigen Jahren, im Falle von Meeres- und Seesedimenten bis zu Millionen von Jahren ab. «Daten aus Archiven der Gesellschaft sind tendenziell heterogener als solche aus Archiven der Natur. Sie sind über Zeit und Raum verstreut und reichen nur einige Jahrhunderte weit zurück. Doch enthalten sie jene raum-zeitlich hoch aufgelösten Informationen, die für die gesellschaftliche Entwicklung bedeutsam sind.»[4]

5.2 Klimarekonstruktionen aus Archiven der Natur

5.2.1 Klimasignale und ihre Datierung

Daten aus Archiven der Natur eignen sich besonders für Klimarekonstruktionen in frühen Zeitabschnitten und in jenen weitläufigen Regionen Europas, für die es bis ins 20. Jahrhundert hinein keine oder nur bruchstückhafte Informationen gibt. Namentlich betrifft dies Nordskandinavien, Russland, Teile des Balkans, Süditalien, Griechenland und die Arktis. Die Analyse von Archiven der Natur erfordert spezifische wissenschaftliche Kenntnisse der im jeweiligen Proxy gespeicherten physikalischen, chemischen oder biologischen Prozesse und ihrer Beziehung zum vergangenen Klima.

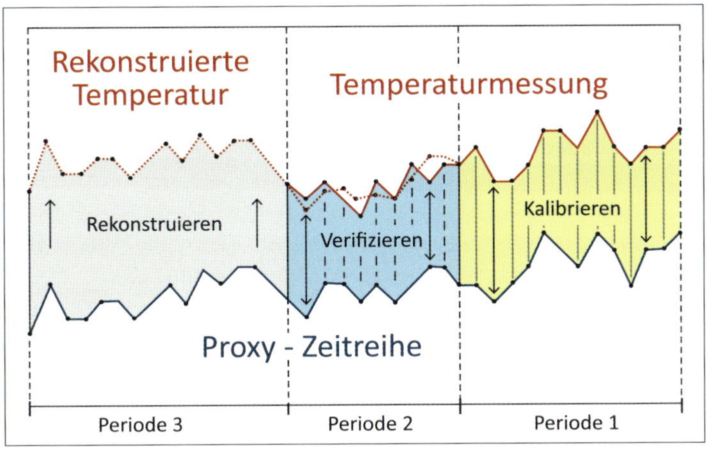

Abb. 5.1. Schematische Darstellung des Vorgehens bei der Schätzung von Klimavariablen auf der Basis von Naturarchiven oder dokumentarischen Quellen.

Das in einem Proxyarchiv der Natur gespeicherte Klimasignal muss mithilfe spezifischer statistischer Techniken rekonstruiert werden. In einem ersten Schritt müssen Proxyindikatoren mit möglichst homogenen, instrumentellen Daten kalibriert, d. h. statistisch verglichen werden. Das klassische Verfahren ist in Abbildung 5.1 dargestellt. Als Beispiel für den Proxy werden Messungen der Baumringbreite in Form der unteren schwarzen Zeitreihe verwendet. Die Baumringbreite liefert hauptsächlich Schätzungen für die mittlere Sommertemperatur. Der erste Rekonstruktionsschritt wird als Kalibrierung bezeichnet. Dazu müssen wir die besten benachbarten Wetterstationen mit Temperaturmessungen finden, die sich zeitlich mit dem Proxy-Datensatz überschneiden und damit das Klima für den in der Nähe gewachsenen Baumring optimal beschreiben (siehe die obere volle rote Linie). Basierend auf den beiden Zeitreihen muss eine spezifische statistische Beziehung zwischen den Baumringen und den genannten Temperaturdaten gefunden werden; diese wird als «Proxy-Klima-Funktion» bezeichnet. Oft hat diese Funktion die Form einer linearen Regression. In einem zweiten Schritt wird die Kalibrierung verifiziert (mittlerer Teil von Abb. 5.1). Basierend auf den Daten der Jahrringbreiten wird die Temperatur mithilfe der Proxy-Klima-Funktion geschätzt (siehe die obere rote gestrichelte Linie). Das Ergebnis wird mit der gemessenen Temperatur verglichen (obere rote Kurve im mittleren Teil). Anhand dieses Vergleichs wird entschieden, ob die geschätzten Temperaturwerte statistisch signifikant sind. Ist dies der Fall, kann die durchschnittliche Sommertemperatur für den vorangegangenen Zeitraum ohne Temperaturmessungen (linker Teil von Abb. 5.1) anhand der Proxy-Klima-Funktion rekonstruiert werden. Allerdings bietet kein Proxy eine perfekte Schätzung der vergangenen Temperatur oder des Niederschlags. Jede Schätzung ist mit einem gewissen Maß an Unsicherheit behaftet, die nachgewiesen werden muss.

Wie erwähnt können verschiedene Typen von Proxies für die Rekonstruktion bestimmter Klimavariablen verwendet werden. Da die statistische Beziehung zwischen den Messungen und den Proxies über die Zeit variieren kann, müssen Rekonstruktionen immer mit Vorsicht interpretiert werden.

Rekonstruierte Klimadaten müssen fünf Kriterien erfüllen:

- Sie müssen die Rekonstruktion von wichtigen Klimavariablen ermöglichen.
- Für jeden Schätzwert muss die Unsicherheit ermittelt werden.
- Die Entstehungszeit und der Herkunftsort des einzelnen Proxys müssen bekannt sein.
- Der Wert der Klimavariablen muss für eine bestimmte Region repräsentativ sein.
- Die zeitliche Auflösung der rekonstruierten Klimavariablen sollte so hoch wie möglich sein (jährlich oder sogar saisonal).

Wie erwähnt ist die Bestimmung des Alters (z.B. von Bäumen) oder der Zeitpunkt ihrer Erfassung für beide Arten von Daten, natürliche Proxies und Daten aus Dokumenten, entscheidend. Während die Datierung zeitgenössischer dokumentarischer Daten in der Regel hinreichend genau ist, sofern die unten erwähnten methodischen Tücken beachtet werden (Teilkapitel 5.3.1), ist die Datierung von natürlichen Proxydaten heikler. Mehrere natürliche Proxytypen wie Baumringe, Meeres- oder Seesedimente, Stalagmiten oder Eisbohrkerne sind laminiert und liefern schöne (oft jährliche) Zeitreihen. Das einzige Problem ist, dass das Alter einer bestimmten Sediment- oder Eisschicht nicht bekannt ist. Die einfachste Lösung besteht darin, die jährlichen Zeitreihen retrospektiv zu zählen. Oft werden älteres Eis, ältere Sedimentschichten oder Holz aus historischen Gebäuden mit unbekanntem Alter gefunden. Manchmal enthält die Probe ein charakteristisches Merkmal, Marker genannt, das datiert werden kann. Diese so genannte «Ereignisstratigraphie» erlaubt es, das Alter einer bestimmten Sediment- oder Eisschicht durch ein bekanntes Ereignis zu datieren, das in einem bestimmten Gebiet zur gleichen Zeit nachgewiesen ist (z. B. eine Überschwemmung oder eine vulkanische Eruption). So können in den Eisbohrkernen die Aerosolschichten großer Vulkanausbrüche wie des Tambora 1815 (Teilkapitel 3.2) oder des Samalas 1257 (Abb. 6.9a) eindeutig datiert werden.[5]

Steht kein Marker zur Verfügung, muss ein technisches Vorgehen gewählt werden. Eines der gängigsten Verfahren ist die Messung der Konzentration von verschiedenen Isotopen. Ein Isotop ist eine Variante eines chemischen Elements, das sich in der Zahl seiner Neutronen und damit in der Atommasse unterscheidet. In den meisten Fällen werden natürliche Radioisotope (auch natürliche Radionuklide genannt) verwendet, die in der natürlichen Umgebung vorkommen. Radionuklide sind schwach radioaktiv, d.h., sie geben Strahlung ab und zerfallen, was bedeutet, dass die Stärke der Radioaktivität mit der Zeit abnimmt. Bei diesem Prozess wandelt sich ein Mutterisotop in ein Tochterisotop um. Die Zerfallskonstante (oder Halbwertszeit) ist von Element zu Element unterschiedlich. Die Halbwertszeit definiert den Zeitpunkt, zu dem genau die Hälfte der Menge der Radioisotope (bzw. der Radioaktivität) zerfallen ist. Die Dauer dieser Halbwertszeit variiert von Isotop zu Isotop von Sekunden bis zu Millionen von Jahren.

Die Radiokohlenstoffdatierung wird für die Analyse von organischem Material verwendet.[6] «Sie basiert auf der Tatsache, dass in der Atmosphäre durch die Wechselwirkung von kosmischer Strahlung mit atmosphärischem Stickstoff ständig Radiokohlenstoff (^{14}C) entsteht. Das entstehende ^{14}C verbindet sich mit Luftsauerstoff zu radioaktivem Kohlendioxid, das durch die

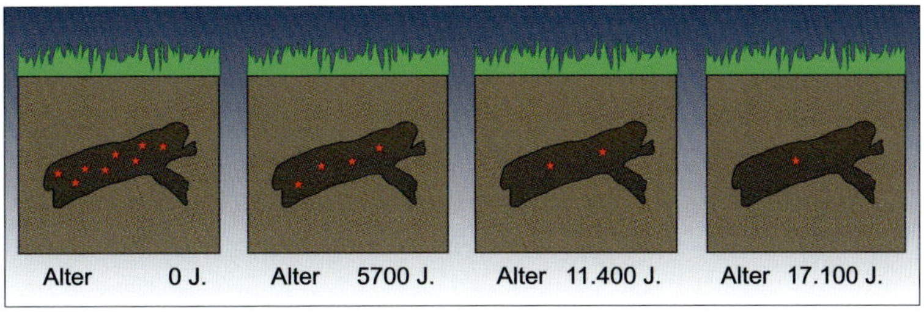

Abb. 5.2. Zerfall des Radioisotops ^{14}C in einem Holzstück. Die Halbwertszeit dieses Zerfalls beträgt etwa 5700 Jahre (Quelle: Wikipedia).

Photosynthese in Pflanzen eingebaut wird. Tiere nehmen ^{14}C auf, indem sie Pflanzen fressen. Beim Tod eines Tiers oder einer Pflanze hört der Austausch von Kohlenstoff mit der Umgebung auf. Dann beginnt die im betreffenden Lebewesen enthaltene Menge an ^{14}C abzunehmen, da dieses einem radioaktiven Zerfall unterliegt. Die Messung der ^{14}C-Menge in einer Probe einer toten Pflanze oder eines toten Tiers, wie z. B. in einem Stück Holz oder in einem Knochenfragment, liefert Informationen, mit denen man berechnen kann, wann das Tier oder die Pflanze gestorben ist.»[7] Die Halbwertszeit von ^{14}C beträgt etwa 5730 Jahre. Die ältesten Daten, die mit diesem Verfahren zuverlässig gemessen werden können, stammen aus der Zeit vor etwa 50'000 Jahren.

Der amerikanische Chemiker und Physiker Willard Frank Libby (1908–1980) entwickelte diese Methode zwischen 1948 und 1950. Er wurde 1960 mit dem Nobelpreis für Chemie ausgezeichnet. Abbildung 5.2 zeigt das Beispiel des Zerfalls von ^{14}C für einen fossilen Holzast. Vereinfacht gesagt können wir das Alter dieses Astes bestimmen, indem wir das Verhältnis zwischen dem radioaktiven zerfallenden Isotop ^{14}C und dem stabilen, nichtradioaktiven Isotop ^{12}C messen. Abbildung 5.2 zeigt, dass etwa die Hälfte der Radioaktivität aufgrund des Beta-Zerfalls nach einem Zeitraum von etwa 5700 Jahren verschwindet. Ein typisches Beispiel für die Anwendung der ^{14}C-Methode war die Bestimmung des ungefähren Todesjahrs des Eiszeitmenschen Ötzi (siehe Kapitel 2). Da etwas weniger als 50 % des ^{14}C im Körper zerfallen waren, schätzte man, dass Ötzi vor etwa 5250 Jahren gelebt hat.

5.2.2 Bäume erinnern sich

Die Baumringanalyse ist ein klassisches und bewährtes Verfahren der terrestrischen Paläoklimatologie.[8] Bäume reagieren auf eine Vielzahl von Umwelteinflüssen wie Strahlung, Licht, Temperatur, Feuchte, Niederschlag, aber auch Windgeschwindigkeit, Bodenbeschaffenheit, Luftverschmutzung und andere Faktoren. Trotz dieses komplexen Musters unterschiedlicher Einflüsse sind Bäume geeignete Indikatoren für die Ermittlung des Alters von alten Holzteilen in Gebäuden oder toten Baumstämmen in Moränen oder Erdrutschen. Darüber hinaus eignen sich die Eigenschaften von Baumringen zur Abschätzung der Temperatur und unter Umständen auch des Niederschlags. Der amerikanische Astronom Andrew Ellicott Douglass (1867–1962) hat die dendrochronologische Forschung begründet. Er entdeckte die Korrelation zwischen dem Wachstum der Baumringe und den Sonnenzyklen. Die

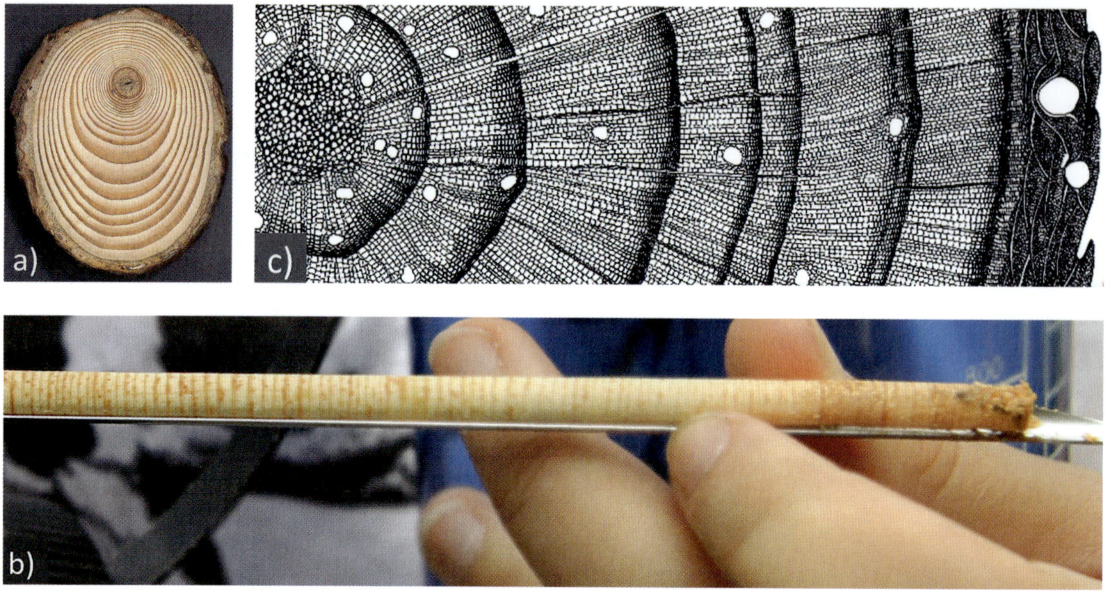

Abb. 5.3. Baumring-Analyse. a) Baumringscheibe (Foto: Jan Esper). b) Baumring-Bohrgerät mit Baumringkern (Foto: David Frank). c) Strukturelle Analyse einer Baumringsequenz (nach Fritts 1976).

Auswertung von Baumringen erfordert ein spezielles Bohrverfahren. Abbildung 5.3a zeigt einen typischen Baumring, und Abbildung 5.3b zeigt das klassische Bohrverfahren, mit dem Baumringproben entnommen werden. Da die hölzernen Teile alter Gebäude oder Bäume so weit wie möglich erhalten wer-vden sollen, müssen die Baumringproben so klein wie möglich sein. Abbildung 5.3c zeigt den mikroskopischen Ausschnitt eines typischen Baumrings.[9] Harzkanäle sind in Form von größeren Löchern sichtbar. Die beiden größeren Harzlöcher auf der rechten Seite sind in die dunklere Baumrinde integriert. Die anderen Strukturen stellen die typische Zellstruktur des Baumrings mit der Wachstumsschicht, dem Kambium, dar. Größere Zellen stellen das Frühholz dar, und der dunkle Bereich mit kleineren Zellen beinhaltet das dichte Spätholz, das im Spätsommer wächst.

Im Allgemeinen gibt es zwei grundsätzliche Arbeitsmethoden. Die erste, Dendrochronologie genannt, wird hauptsächlich in der Geschichte, Archäologie und Glaziologie verwendet. Diese Wissenschaften sind daran interessiert, das Alter eines alten Gebäudes, einer Brücke oder einer historischen Geländeformation zu ermitteln. In diesem Fall müssen die Baumringstrukturen in Abbildung 5.3c in eine Kurve umgewandelt werden. Diese werden mit einem Röntgensystem abgetastet. Anhand eines Kreuzdatierungsverfahrens werden dann verschiedene Proben aus der gleichen Region korreliert. Damit wird eine längere Chronologie für das Untersuchungsgebiet erstellt. Durch die Verwendung einer sehr umfangreichen Stichprobe von fossilen Stämmen, alten Gebäuden und lebenden Bäumen in einem weitläufigen Gebiet kann für dieses eine sogenannte «Typchronologie» oder «Masterchronologie» hergestellt werden. Der europäische Jahrringkalender, genannt Hohenheimer Jahrringkalender, ist die älteste Masterchronologie der Welt. Er umfasst 12'483 Jahre, d. h. das gesamte Holozän und sogar das Ende der letzten Eiszeit. Wenn nun ein altes Stück Holz oder mehrere Holzproben aus einem bestimmten Gebiet datiert werden sollen, wird die gebietseigene radiographische Jahrringkurve mit der regionalen Standardkurve der Masterchronologie verglichen. Die Kurve muss so gelegt werden, dass die Summe aller Jahr-zu-Jahr-Differenzen im Vergleich zur Masterchronologie minimiert wird, d. h., dass die Kurve des neuen Holzstücks optimal mit der Standardkurve übereinstimmt. Anhand dieses Verfahrens kann dann das Alter des Holzes klar eingegrenzt werden.

Die zweite Arbeitsmethode wird als Dendroklimatologie bezeichnet. In diesem Fall muss ebenfalls das Alter der Jahrringreihe bestimmt werden. Das Ziel des Verfahrens ist jedoch die Bestimmung der Temperatur, was hauptsächlich für die Sommermonate möglich ist. Dabei werden bestimmte Strukturelemente der Jahrringreihe verwendet, um die Temperatur oder den Niederschlag zu rekonstruieren, wie dies in Abbildung 5.1 dargestellt wird. Das erste und am häufigsten verwendete Strukturelement ist die Jahrringbreite (TRW), d.h. der Gesamtabstand zwischen dem jährlich akkumulierten Frühholz und dem Spätholz (Abbildung 5.3c). Der zweite Klimaindikator eines Jahrrings ist die maximale Spätholzdichte (MXD). Die Dichte dieser dunkleren Struktur in Abbildung 5.3c wird üblicherweise mithilfe der Röntgendensitometrie bestimmt.

In den letzten Jahrzehnten haben die Dendroklimatologen ihre Methoden optimiert. Erstens haben sie Proben von einer sehr großen Anzahl von Bäumen gesammelt, die das Klima einer bestimmten Region repräsentieren. Zweitens gehen sie davon aus, dass einzelne Bäume aufgrund ihrer Umwelt, ihrer genetischen Struktur und ihres Alters unterschiedlich auf Klimasignale reagieren. Der Altersfaktor wird in der Regel durch geeignete statistische Methoden eliminiert. Drittens muss das Klimaregime eines bestimmten Baumbestandes berücksichtigt werden. Baumringparameter zeigen normalerweise die höchsten Korrelationen mit der Sommertemperatur, insbesondere wenn Bäume aus Gebieten verwendet werden, in denen die Temperatur der limitierende Faktor für das Baumwachstum ist. Solche Gebiete finden sich an der oberen Baumgrenze in Gebirgsregionen oder in höheren Breiten. Schließlich müssen fehlende oder falsche Jahrringe – letztere entstehen z. B. durch Kälteeinbrüche im Sommer – eliminiert werden. Baumringe können auch verwendet werden, um Niederschlags- oder Dürreperioden in Gebieten zu rekonstruieren, in denen Feuchtigkeit der begrenzende Faktor für das Baumwachstum ist (Abbildung 6.8).

5.2.3 Schlick mit einem Langzeitgedächtnis

Marine Sedimente erlauben die Untersuchung von extrem langen Zeiträumen, die eine Million Jahre und mehr umfassen können. Zu diesem Zweck werden bei den Expeditionen großer Forschungsschiffe mit ausgeklügelten Bohrverfahren Sedimentkerne erbohrt. In Küstennähe sind die Sedimentschichten durch die Ablagerung von kontinentalem Material dicker. Fern von der Küste sind die Schichten dagegen sehr dünn und betragen nur 3 bis 4 cm pro 1000

Abb. 5.4. Ein Tiefsee-Sedimentkern aus dem Nordatlantik. Quelle: Channel et al. and the Expedition 303/306, Scientists, Proc. IODP.

Jahre, dies mit dem Nachteil, dass die zeitliche Auflösung der Klimainformation nur etwa ein Jahrhundert beträgt. In Küstennähe ist es deshalb möglich, eine jährliche oder sogar saisonale Auflösung zu erhalten. Am Standort der Bohrung muss das Sediment weitgehend ungestört sein. Dieser sollte deshalb sorgfältig ausgewählt werden. Abbildung 5.4 zeigt einen Tiefseesedimentkern aus dem Nordatlantik. Die verschiedenen Farben zeigen unterschiedliche Umwelteinflüsse und wahrscheinlich auch Störungen an.

Da 70 % der Erdoberfläche von Ozeanen bedeckt werden, bilden marine Sedimente für die Rekonstruktion des Paläoklimas eine wichtige Quelle. Die Rekonstruktion der Ozeantemperatur basiert in der Regel auf der Analyse von kleinen Organismen, die meist in der oberen Schicht der Ozeane leben. Es handelt sich um Foraminiferen, Radiolarien und Coccolithophoren. Abbildung 5.5 zeigt typische Skelette von Radiolarien, die aus Kieselsäure (SiO_2) bestehen. Wenn diese Organismen sterben, werden ihre Skelette auf dem Meeresboden abgelagert und im Sediment gespeichert, wie in Abbildung 5.4 dargestellt ist. Unter Ausnutzung der Tatsache, dass eine große Vielfalt von Organismen unterschiedlich auf die Temperatur reagiert, wird ein sogenanntes «Trainingsset» mit einer signifikanten Anzahl von verschiedenen Organismen aus modernen Oberflächenproben ausgewählt. Das Trainingsset vergleicht die heutige Zusammensetzung der Arten mit heutigen Umweltvariablen (z. B. der heutigen Meeresoberflächentemperatur, abgekürzt SST). Mit diesem Trai-

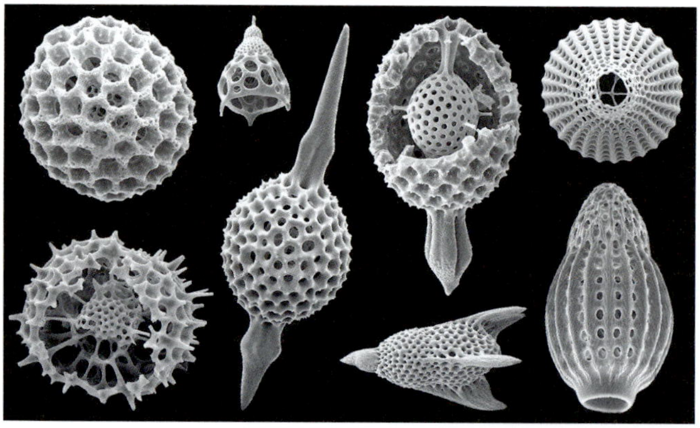

Abb. 5.5. Skelette von Radiolarien, bestehend aus Kieselsäure (SiO_2; Foto: Klaus Hausmann).

ningsset wird eine «Transferfunktion», ähnlich der in Abbildung 5.1 gezeigten Baumringfunktion, berechnet und zeitlich rückwärts angewendet. Zusätzlich zu dieser Technik wird auch die Isotopenanalyse eingesetzt. Eine neue und zunehmend verwendete Technik ist die Anwendung von Biomarkern. Ein Biomarker ist ein biochemischer Indikator, der seine Struktur ändert, wenn sich die Umweltbedingungen ändern. Mithilfe dieser Beziehung können Umweltparameter wie z. B. die Temperatur geschätzt werden. Die am häufigsten verwendeten Biomarker sind Alkenone. Dies sind chemische Verbindungen, die von im Meer lebenden Algen produziert werden.

In kontinentalen Gebieten liefern Seesedimente oder Torfmoore die aussagekräftigsten Proxies für Klimarekonstruktionen. Namentlich bergen die Sedimente in Seen mit möglichst regelmäßigen Jahresschichten, Warven genannt, eine Fülle von Informationen. Die bestgeeigneten, ungestörten Seen müssen sorgfältig ausgewählt werden. Häufig betrifft dies kleinere Seen, proglaziale Seen (vor schmelzenden Gletschern) in Gebirgsregionen oder Kraterseen (sogenannte Maarseen) in vulkanischen Regionen. Auch diese Sedimentkerne werden mit speziellen Geräten gebohrt, die mit einer Plattform (Schiff oder Spezialfloss) transportiert werden. Sehr oft werden schwere Bohrsysteme in das Seesediment gerammt, oder die Sedimentschichten werden eingefroren und anschließend dem Seeboden entnommen.

In den meisten Fällen wird zur Altersbestimmung die Radiokarbon-Datierungsmethode angewandt. Dabei erfolgt die Analyse mit modernen massenspektrometrischen Methoden, d.h., die ganzjährigen Sedimentschichten mit einem hohen Anteil an organischen Bestandteilen im Sommer und überwiegend anorganischen Bestandteilen im Winter werden mit einer sehr hohen Auflösung analysiert. Die Abschätzung der Temperatur erfolgt dabei häufig mithilfe der oben genannten Übertragungsfunktionen, die aus der mikroskopischen Analyse verschiedener Arten biologischer Organismen gewonnen werden. Infrage kommen Phytoplankton (Kieselalgen) oder die chitinhaltigen Köpfe von Chironomidenlarven. Chironomiden sind nicht stechende Mücken. Kieselalgen sind einzellige Mikroalgen mit einem Kieselsäure-Exoskelett. Sie bilden Tausende von verschiedenen Arten, deren Verbreitung von verschiedenen Umweltfaktoren (z. B. Wassertemperatur, Nährstoffgehalt, pH-Wert) abhängt. Abbildung 5.6a zeigt ein Beispiel für eine Kieselalge und Abbildung 5.6b den Kopf einer Chironomide.

Eine der klassischen und traditionellen Methoden ist die Analyse von Pollen in verschiedenen Sedimenten (Meeres- und Seesedimenten, Torfmooren etc.), Palynologie genannt. Bei der mikroskopischen Analyse werden die

Tab. 5.1. Klimastufen und Pollenzonen nach Blytt und Sernander.

Klimastufe	Pollenzonen	Zeitraum (Jahre vor heute)	Klimacharakter (vor allem für Europa gültig)
Subatlantikum	X und IX	2450–Gegenwart	Kühl, feucht
Subboreal	VIII	5700–2450	Moderat warm, eher trocken
Atlantikum	VII und VI	9200–5700	Warm, feucht
Boreal	V	10,700–9200	Kühl bis gemässigt, starke Schwankungen
Präboreal	IV	11,700–10,700	Starker Temperaturanstieg

verschiedenen Pollentypen gezählt und in Form eines Pollendiagramms dargestellt. Ein solches enthält Kurven der zeitlichen Häufigkeit von verschiedenartigen Gräsern, Sträuchern oder Bäumen. Anhand solcher Diagramme lassen sich bestimmte Prozesse wie z.B. die Abfolge der Pflanzengesellschaften während des Übergangs von der letzten Eiszeit zum gegenwärtigen warmen Interglazial, dem Holozän, deutlich erkennen. Der norwegische Wissenschaftler Axel Blytt (1843–1898) und sein schwedischer Kollege Rutger Sernander (1866–1944) teilten das Holozän anhand der Pollenanalyse in mehr oder weniger homogene Klimaperioden ein. Tabelle 5.1 zeigt ihr leicht modifiziertes Schema, das später in eine vom schwedischen Geologen Ernst Jakob Lennart von Post (1884–1951), einem der Begründer der Palynologie, definierte Abfolge von Pollenzonen übernommen wurde. Diese wird hauptsächlich von Archäologen und Palynologen verwendet.

Torfmoore sind ebenfalls wichtige Klimaarchive. Sie bildeten sich über undurchlässigen Bodenschichten in Tal- oder Hanglagen während des Rückzugs der kontinentalen Eisschilde und Gletscher. Sie verhindern das Versickern von Wasser und enthalten neben Pollen auch feine Schichten vulkanischer Asche aus großen, historischen Vulkanausbrüchen.

5.2.4 Eisbohrkerne – langfristige, gefrorene Klimakalender

Die großen Eisschilde in Grönland oder der Antarktis bergen phantastische Archive, welche die Klimageschichte für eine Million von Jahren oder noch länger speichern. Eiskerne müssen in sehr kalten Gebieten gebohrt werden, in denen das Eis laminiert, d.h., geschichtet ist und kaum je regelmäßigen Schmelzprozessen ausgesetzt war. Abbildung 5.7 zeigt die Dynamik eines klassischen Eisschildes in Grönland oder in der Antarktis. Frisch gefallener Schnee enthält eine Menge Luft. Durch das Gewicht der aufliegenden Masse werden die unteren Schneeschichten komprimiert und bilden poröses Eis. Die Luftblasen werden vollständig in das dichte Eis eingebettet und speichern den Gehalt des atmosphärischen CO_2 in den Jahrtausenden vor dem Beginn der regelmäßigen CO_2-Messungen im Jahre 1958 (Abb. 11.5). Aufgrund der Viskosität des Eises sinkt die gesamte Masse ab und fließt seitlich zu den äußeren Rändern hin ab (siehe die blauen Pfeile in Abbildung 5.7). Dadurch schmilzt

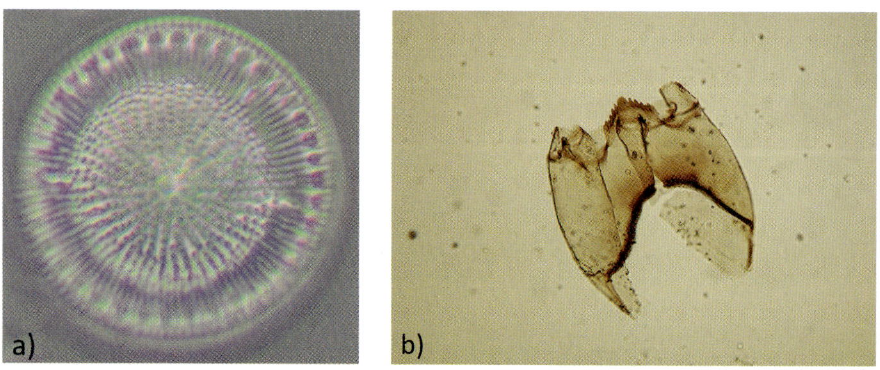

Abb. 5.6. a) Foto einer Kieselalge (Cyclotella; Foto: Fabian Rey). b) Foto des Kopfes einer Chironomide (Einfeldia; Foto: Oliver Heiri).

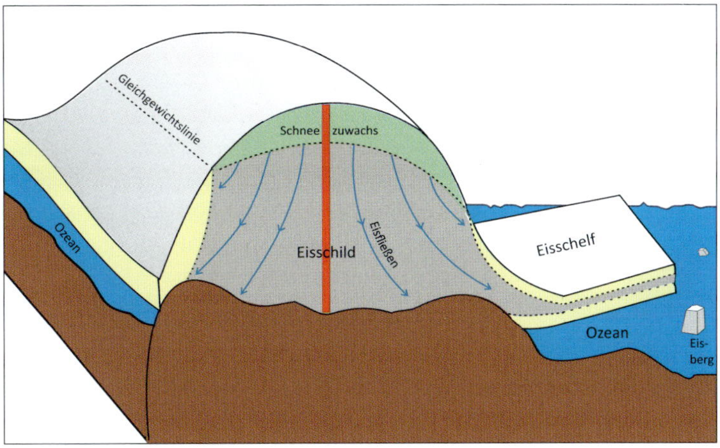

Abb. 5.7. Darstellung der Dynamik innerhalb eines großen kontinentalen Eisschildes (Grönland oder Antarktis). Die vertikale Achse wurde stark erweitert.

ein Teil des Eises im umgebenden wärmeren Ozean. Die grüne obere Schicht des Eises markiert die Akkumulationszone, und die gelben Schichten zeigen die Bereiche mit einem größeren Verlust an Eismasse.

Die rote Linie in der Abbildung markiert den besten Standort für Bohrungen. In Grönland befinden sich diese Standorte im zentralen Kulminationsbereich des Eisschildes. In der Antarktis ist die Situation komplizierter, weil es mehrere ziemlich geschlossene Becken mit Eismassen gibt. Internationale Teams planen derzeit, das älteste antarktische Eis an einer geeigneten Bohrstelle auf dem zentralen antarktischen Eisschild zu finden.

Eisbohrkerne werden mithilfe eines Turmsystems gebohrt. Abbildung 5.8 zeigt das Beispiel eines Bohrsystems. Die Bohrkerne werden in etwa 2 m lange Stücke geschnitten und bleiben eingefroren. Erste Analysen werden bereits vor Ort durchgeführt. Später werden die Kerne auf verschiedene Forschungsgruppen aufgeteilt und in Forschungslabors aufwendig analysiert.[10] Klassische Messparameter, die helfen, die Temperatur zu rekonstruieren, sind die Verhältnisse der Sauerstoffisotope ^{18}O zu ^{16}O oder Wasserstoff (^{1}H) zu Deuterium ($_{2}H$). Außerdem wird die Konzentration der wichtigen Treibhausgase Kohlendioxid (CO_2), Methan (CH_4) und Lachgas (N_2O) bestimmt. Ein weiteres

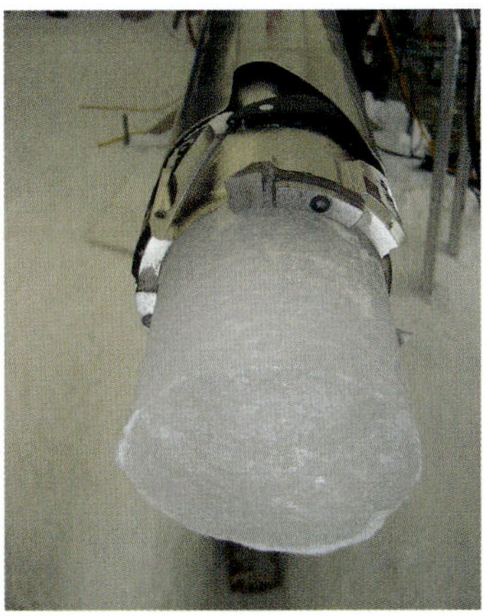

Abb. 5.8. Klassisches Eiskernbohrsystem mit einem Eiskern (Foto: Pascal Bohleber).

wichtiges (stabiles) Isotop ist ^{10}Be (Beryllium). Damit kann die Stärke der solaren Einstrahlung rekonstruiert werden.

Die vertikale Ausdehnung der jährlich laminierten Schichten gibt grobe Auskunft über die jährliche Niederschlagsmenge. Allerdings sind diese Werte durch starke Windverwehungen verzerrt. Das Alter einer bestimmten Eisschicht kann durch Auszählen der jährlich laminierten Eisschichten bestimmt werden. Da Schmelzprozesse nie ganz ausgeschlossen werden können, wird auch die Radiokohlenstoff- oder ^{14}C-Datierung eingesetzt. Die Genauigkeit der Altersbestimmung kann durch spezifische Zeigerjahre, die aus Ascheablagerungen von starken Vulkanausbrüchen oder extraterrestrischem Staub nach Meteoriteneinschlägen bekannt sind, gesteigert werden. Wichtige Klimainformationen werden auch aus Eisbohrkernen gewonnen, die auf Gletschern in Hochgebirgsregionen rund um den Globus gebohrt wurden.[11]

5.2.5 Stalagmiten – ein tropfenweise wachsendes Archiv

In den letzten Jahrzehnten hat die Erforschung von sogenannten Speläothemen an Bedeutung gewonnen. Speläotheme sind Ablagerungen von Sinter in Höhlen, die meist ungestört sind und jährliche Schichten aufweisen, was sehr langfristige Analysen ermöglicht.[12,13] Dabei wird zwischen Stalagmiten und Stalaktiten unterschieden. Abbildung 5.9 zeigt die schematische Darstellung eines Höhlensystems mit Stalaktiten und Stalagmiten. Regenwasser sickert durch porösen Kalkstein. Stalaktiten wachsen von der Höhlendecke nach unten zum Boden. Stalagmiten entwickeln sich vertikal vom Boden zur Decke. Stalaktiten werden durch Wasser gebildet, das mit Kohlendioxid und Kohlensäure angereichert ist. Es fließt durch kleine Röhren und löst den Kalkstein auf. Durch die Übersättigung, verursacht durch die steigende Temperatur, bildet sich Calcit ($CaCO_3$). Entlang der Decke entstehen kleine Stäbchen, die «Makkaroni» genannt werden. Später entwickeln sich größere Kalzitkörper in Form von Kegeln. Im Bereich von flachen Höhlenoberflächen sickert Wasser, das reich an gelöstem Karbonat und Kalzium ist, in das Gestein, und es

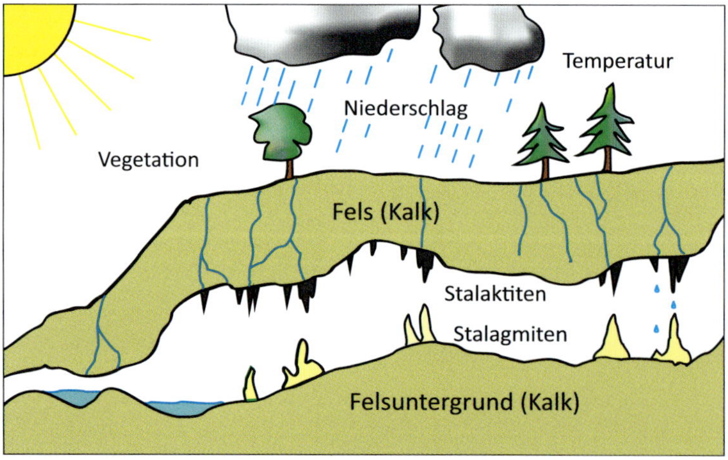

Abb. 5.9. Schematische Darstellung einer Höhle mit Stalaktiten und Stalagmiten.

bilden sich Stalagmiten. Wie Abbildung 5.9 zeigt, haben Stalagmiten oft die Form einer Kerze, können aber in ihrem unteren Teil recht groß sein. Wenn ein Stalaktit mit einem Stalagmiten zusammenwächst, wird der neue Körper als Stalagnat bezeichnet.

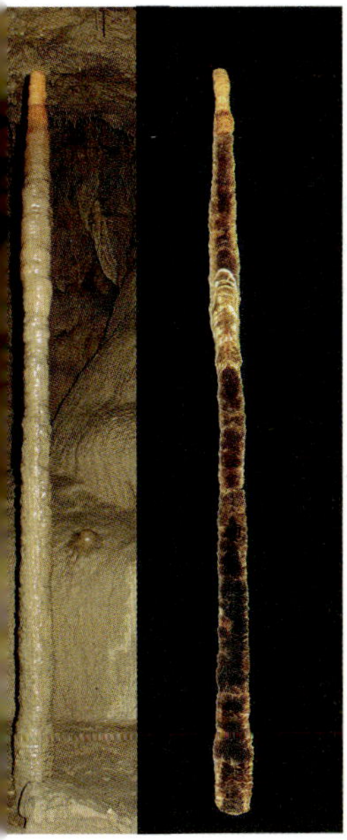

Abb. 5.10. Stalagmit aus der Sofular-Höhle in der Türkei. Das linke Foto zeigt den Stalagmiten. Das rechte Foto zeigt einen Durchschnitt desselben Stalagmiten-Körpers (Fotos: Dominik Fleitmann).

Abbildung 5.10 zeigt das Beispiel eines Stalagmiten, der zersägt und für eine Klimarekonstruktion verwendet wurde. Paläoklimaforschende verwenden normalerweise Stalagmiten, weil sie laminiert sind und sehr dünne Schichten enthalten. Diese erlauben die Analyse von Jahresmittelwerten oder sogar saisonalen Klimaparametern, hauptsächlich Temperatur und Niederschlag. Da die jährliche Wachstumsrate nur 0,001 bis 1 mm beträgt, können Stalagmiten Tausende oder sogar Hunderttausende von Jahren überdauern, was sie zu hervorragenden Klimaarchiven macht. Da das Höhlenklima ziemlich ausgeglichen und dem Außenklima nicht ausgesetzt ist, erlauben Stalagmiten eine recht genaue Analyse des vergangenen Klimas, sofern mehrere Bedingungen erfüllt sind. Zum Ersten müssen Vegetation, Bodenverhältnisse sowie die chemische und die physikalische Struktur des Gesteins über der Höhle berücksichtigt werden. Die Höhlen sind zum großen Teil in Karstgebieten entstanden. Zum Zweiten müssen Temperatur und Niederschlag in der Atmosphäre der Höhlenumgebung genau untersucht werden. Ein meteorologisches Überwachungssystem innerhalb und außerhalb der Höhle hilft oft, die Beziehungen zwischen dem Innen- und Außenklima des Höhlenbereichs besser zu definieren.

Zur Analyse muss ein Stalagmit von der Höhlenoberfläche entfernt werden. In einem ersten Schritt wird das Alter seiner verschiedenen Schichten durch Auszählen oder durch eine radiometrische Datierung mit Radioisotopen bestimmt. Häufig wird die Uran-Thorium-Datierung verwendet, die auf dem Zerfall von Uran-Isotopen in Thorium (^{230}Th) beruht. Mit modernen Massenspektrometern können sehr kleine Proben von etwa 0.5 g analysiert werden, und das Alter kann mit einer Genauigkeit von 0.5 bis 2 % für bis zu 400'000 Jahre alte Proben geschätzt werden. Zur Bestimmung der relevanten Klimaparameter werden verschiedene Methoden eingesetzt. Durch die Messung der Mächtigkeit der Jahres- oder Jahreszeitenschichten können der durchschnittliche Niederschlag oder, mit einer gewissen Einschränkung, sogar die Temperatur abgeschätzt werden. Genauere Informationen zum Paläoklima lassen sich aus dem Verhältnis der Sauerstoffisotope ^{18}O und ^{16}O gewinnen. In jedem Fall müssen die oben genannten Bedingungen erfüllt sein. Durch die Analyse von eingeschlossenen Pollen oder Flüssigkeitseinschlüssen sind in modernen Studien sehr schöne Ergebnisse erzielt worden. Mit Hilfe von Sulfatanalysen werden zudem Erkenntnisse über Zeitpunkt, Charakter und Stärke von Vulkanausbrüchen gewonnen. Mit Untersuchungen der Elemente Barium, Magnesium, Natrium, Phosphor und Strontium können Informationen zur Paläohydrologie gewonnen werden.

5.2.6 Gletscher und Baumgrenzen – integrative Zeugen des Klimaverlaufs

Langfristige Klimaänderungen in Gebirgsregionen bilden sich in der Dynamik von Gletschern, Schneeflecken, Schneegrenzen und Baumgrenzen ab. Gletscher sind empfindliche Indikatoren für langfristige Klimaänderungen. Ihre Massenbilanz[14] reagiert sowohl auf Änderungen der Temperatur als auch des Niederschlags.[15] In den europäischen Alpen stellt die Sommertemperatur den primären und der Winterniederschlag in Form von Schnee den sekundären Einflussfaktor dar.[16] Detaillierte Feldstudien zeigen, dass Gletscher bei einem variablen Klimaregime in verschiedenen Klimaperioden unterschiedlich reagieren. Selbst ein einzelner Gletscher reagiert von Periode zu Periode unterschiedlich.[17] Temperatur und Niederschlag werden stark von der Sonneneinstrahlung und Änderungen der atmosphärischen Zirkulation beeinflusst. Deshalb ist es möglich, das Signal der sommerlichen Mitteltemperatur anhand der Massenbilanz verschiedener Gletscher zu rekonstruieren.[18] Besonders bei Untersuchungen einzelner Gletscher muss jedoch der Winterniederschlag einbezogen werden. Gletscher können nicht wachsen, selbst wenn die Sommer kühl sind, wenn in kalten und trockenen Wintern kaum Schnee fällt.[19] Andererseits wird ein schnelles Längen- und Dickenwachstum durch kühle und nasse Winter begünstigt, die mit kühl-feuchten Sommern mit häufigen Schneefällen einhergehen. In diesem Fall wird die staubige und graue Gletscheroberfläche immer wieder vom weißen Neuschnee bedeckt, wodurch eine stärkere Absorption des Sonnenlichts verhindert wird. Solche Situationen traten im Rahmen der «Jahre ohne Sommer» während der NKE recht häufig auf (Kapitel 7 und 8). Hitzesommer wie 2003 (und frühere) führten dagegen zu gewaltigen Ablationsverlusten.

Die räumliche Verteilung und die Massenbilanz eines Gletschers in den vergangenen Jahrhunderten können durch die Analyse von fossilen Böden in den Moränen oder von fossilen Bäumen, die außerhalb der geschmolzenen Gletscherzunge gefunden wurden, aber auch mithilfe der Interpretation von Bildern und Texten ermittelt werden[20] (Teilkapitel 5.3.2). Manchmal sind die Bäume, die vom vorrückenden Gletscher gefällt wurden, noch immer im Gletschervorland verankert. So kann das Jahr, in dem der Gletscher den Baum zerdrückte, durch Dendrochronologie genau datiert werden (Teilkapitel 5.2.6). Abbildung 5.11 zeigt einen Lärchenstamm, der vom Schweizer Paläoklimatologen Hanspeter Holzhauser im Gebiet vor dem Gornergletscher im Kanton Wallis, Schweiz, gefunden und analysiert wurde.[21]

Abb. 5.11. Stamm einer Lärche, welche in situ im Gletschervorfeld des Gornergletschers, Kanton Wallis, Schweiz, gefunden wurde. Der um 950 n.Chr. gewachsene Baum wurde 1186 durch den vorrückenden Gornergletscher zerstört (Foto: Hanspeter Holzhauser).

Neben den analytischen Feldmethoden ist die Interpretation von Bild- und Textbelegen eine hervorragende Methode, um alte Gletscherpositionen zu datieren[22] (Teilkapitel 5.3.2). Basierend auf dendrochronologischen und Radiokarbon-Analysen von fossilen Baumstämmen aus Westtirol konnte der österreichische Geograph und Klimaökologe Kurt Nicolussi die alpine Baumgrenze für die letzten 9000 Jahre rekonstruieren[23] (siehe Teilkapitel 10.3 und Abb. 10.10).

In den letzten Jahrzehnten wurde eine Vielzahl weiterer Methoden entwickelt, um Klimaschwankungen mit unterschiedlicher zeitlicher Auflösung zu untersuchen. Mithilfe von Isotopenanalysen kann man abschätzen, wie lange ein bestimmtes Gebiet frei von Eis- oder Schneeflecken war.[24] Die Zähne von Menschen und Tieren weisen jährlich angelagerte Schichten auf und können sowohl physikalisch als auch chemisch analysiert werden. Neue Erkenntnisse über den Klimawandel sind auch durch das marine Weichtier (Molluske) Arctica Islandica möglich, das an den Küsten zwischen Nordamerika und der Ostsee lebt.[25] Dieses kann mehr als 500 Jahre alt werden. Anhand von Isotopenanalysen oder der Messung von Jahreswachstumsraten der Muschelschalen ist es unter Umständen möglich, die Meeresoberflächentemperaturen zu rekonstruieren. In modernen Studien wird auch die Analyse von Überresten und Trümmern von Menschen und Tieren genutzt, um paläoökologische und paläoklimatologische Bedingungen zu rekonstruieren.

5.3 Klimarekonstruktionen aus Archiven der Gesellschaft

Archive der Gesellschaft enthalten im Wesentlichen vier Kategorien von Daten (Tabelle 11.1):

- Narrative Daten, die direkte Informationen über die Witterung liefern,
- lange Reihen von quantitativen Proxies,
- Bildquellen von klimarelevanten Ereignissen und von historischen Gletscherständen,
- instrumentelle Messungen.

5.3.1 Ein Puzzle mit fehlenden Teilen

In diesem Teilkapitel werden die Methoden zum Umgang mit narrativen Quellen und Zeitreihen von Proxies vorgestellt. Die Rekonstruktion des Klimas anhand von Archiven der Gesellschaft erfordert die Kenntnis spezifischer Techniken und Methoden. Auf den ersten Blick scheint die Interpretation von Dokumentendaten unkompliziert und einfach zu sein, sofern ein Text lesbar und gut verständlich ist. Doch sollten historische Witterungsberichte nicht ohne genaue Prüfung für bare Münze genommen werden, denn ihre Interpretation ist voller Fallstricke. Namentlich gilt dies für die Datierung. Am glaubwürdigsten sind Berichte, die kurz nach dem Ereignis aufgezeichnet wurden. Sofern die Quelle von Zeitgenossen stammt, ist die Datierung korrekt, selbst in frühmittelalterlichen Quellen, wie anhand der Daten von Sonnen- und Mondfinsternissen nachgewiesen werden kann.[26] Fehleranfällig sind dagegen Abschriften von Quellen. In jedem Fall sollten daher der Name und die Lebenszeit des Autors bestimmt werden. Allerdings sind manche Manuskripte, namentlich solche aus dem Mittelalter, anonym, oder die Lebensdaten des Autors sind ganz oder teilweise unbekannt. Bevor im späten 15. Jahrhundert die Buchdruckerkunst erfunden wurde, schrieben die Mönche die Manuskripte von Hand in Skriptorien ab und tauschten sie häufig zwischen den Klöstern aus.

Fehler bei der Transkription der Texte waren vor allem bei der Datierung unvermeidlich, namentlich bei Datumsangaben mit römischen Ziffern. Beispielsweise schrieb der italienische Meteorologe und Physiker Giuseppe Toaldo (1719–1797) in seinem Katalog historischer Witterungsereignisse, dass die Artillerie von Papst Julius II. im Kampf gegen den französischen König Ludwig XII. den zugefrorenen Fluss Po im Jahre 1503 überquerte. In der Originalquelle aus dem 16. Jahrhundert ist die entsprechende Jahreszahl in römischen Ziffern «MDXI», also mit 1511, angegeben. Offensichtlich las Toaldo die Ziffer «X» aber als «II» (also 2). Durch diese Fehlinterpretation verdoppelte er das Ereignis, wodurch das frühe 16. Jahrhundert kälter erschien, als es in Wirklichkeit war. Dieser Fehler wurde in spätere Rekonstruktionen übernommen.[27] Außerdem war die Bezeichnung der Jahre im Mittelalter uneinheitlich,[28] und bis 1917 wurden in Europa unterschiedliche Datierungsstile verwendet. Daher müssen die einführenden Texte von kritischen Quelleneditionen konsultiert werden, bevor eine Quelle interpretiert wird.

Chronologische Kataloge von Wetter- und Klimaereignissen, sogenannte Kompilationen, sind in dieser Hinsicht von unschätzbarem Wert, sofern sie die erwähnten Prinzipien der Quellenkritik anwenden (Teilkapitel 7.1). Liegen für eine Region keine Zeitreihen von Proxydaten, Wettertagebüchern oder frühen instrumentellen Beobachtungen vor (Teilkapitel 8.1), stützten sich Rekonstruktionen allein auf narrative Berichte in Chroniken (Teilkapitel 4.3.3). Dabei muss berücksichtigt werden, dass die meisten frühen Chronisten dazu neigten, nur über außergewöhnliche Ereignisse zu berichten.

Über die Witterung in Europa um die Jahrtausendwende ist wenig bekannt. Die Sprache der Quellen ist lakonisch und vage.[29] In den ersten beiden Jahrhunderten des letzten Jahrtausends beschreiben die Chronisten vorwiegend die Verhältnisse im Winter und im Sommer. Im Zusammenhang mit der Renaissance des 12. Jahrhunderts (Teilkapitel 4.3.2) wurden Witterungsberichte häufiger, die Ereignisse wurden genauer datiert und schlossen pflanzenphänologische, eis-, schnee-, und niederschlagsbezogene Proxies ein. Lücken werden seltener, wobei man annehmen kann, dass sie meist unauffällige Jahreszeiten betreffen. Nach 1200 werden neben den Wintern und den Sommern zunehmend die Frühjahrsperioden beschrieben. Dagegen liefert der Herbst, mit Ausnahme des Septembers (Teilkapitel 5.3.4), kaum Proxies, weil das Witterungsrisiko für Kulturen, abgesehen von Schadenfrösten bei Trauben, in dieser Jahreszeit gering war. Besonders viele Witterungsberichte zeichneten Benediktinermönche in Südengland, Nordostfrankreich, in den heutigen Benelux-Ländern, im Rheinland und in Norditalien auf. Fragmentarische Belege sind für das Byzantinische Reich im östlichen Mittelmeerraum greifbar.

5.3.2 Wie Gletscher zu Bildern wurden

Gemälde und Radierungen lieferten vor der Verfügbarkeit der Fotografie die genauesten Belege für die Lage von Gletscherzungen. Die klassische historische Methode, Gletscherschwankungen im vergangenen Jahrtausend anhand von bildlichen und schriftlichen Zeugnissen zu rekonstruieren, wurde hauptsächlich vom Schweizer Paläoklimatologen und Geographen Heinz Zumbühl von der Universität Bern und seinen Nachfolgern entwickelt. Von herausragender Qualität sind insbesondere die künstlerischen Zeugnisse des Schweizer Malers Caspar Wolf und seines österreichischen Kollegen Thomas Ender.

Abbildung 5.12 zeigt drei Männer, die am 5. August 1777, einem sonnigen Hochsommertag mit ein paar Kumuli,[30] auf einem der Gletscher im Quellgebiet der Aare in den Schweizer Alpen stehen und einen Gletschertisch bewundern. Die Gestalt im Vordergrund ist der Schweizer Alpenmaler Caspar Wolf (1735–1783), während die Person rechts im Hintergrund den Schweizer Pfarrer und Naturforscher Jakob Samuel Wyttenbach (1748–1830) darstellt. Wyttenbach war 1816 der erste Jahrespräsident der im Vorjahr neu gegründeten Schweizerischen Naturforschenden Gesellschaft (siehe Einschub 3A). Der dritte Mann, der den Korb trägt, ist ein lokaler Träger. Um zu diesem Gletschertisch zu gelangen, musste die Gruppe auf das Eis klettern, was zu dieser Zeit ein riskantes Unterfangen war. Zwar verherrlichte der Schweizer Arzt und Naturforscher Albrecht von Haller (1708–1777) in seinem berühmten Gedicht «Die Alpen» (1729) die alpine Landschaft. Doch bevor waghalsige Bergsteiger vom frühen 19. Jahrhundert an die Gipfel bezwangen, galt es als herausragende Leistung, auf Gletscher zu klettern.

Die drei Männer waren in besonderer Mission unterwegs. Wolf hatte 1774 den ungewöhnlichen Auftrag angenommen, rund 200 Gemälde von alpinen Landschaften zu erschaffen. Sein Auftraggeber, der Berner Typograph und Verleger Abraham Wagner (1734–1782), verkehrte in der Gruppe um Wyttenbach, die sich für Wanderungen und Expeditionen in den Alpen begeisterte. Er erkannte, dass der begabte Maler Wolf in der Lage war, seine

Abb. 5.12. Caspar Wolf. Der Steintisch auf dem Lauteraargletscher, 1777. Bleistift und Öl auf Karton (Quelle: Zumbühl 2009; Abbildung: Aargauer Kunsthaus, Aarau, Schweiz).

künstlerischen und wissenschaftlichen Ansprüche auf eine möglichst genaue Darstellung einer Landschaft zu erfüllen. Freilich musste sich Wolf zunächst mit dieser Thematik vertraut machen. Mit diesem Ziel durchwanderte er zusammen mit Wagner, manchmal in Begleitung Wyttenbachs, zwischen 1773 und 1776 Sommer für Sommer die Berner Alpen und ihre Umgebung, und zwar nicht nur auf Straßen und Saumpfaden. Vielmehr bestiegen sie auch Berggipfel und kletterten auf Gletscher. Dabei lenkten der Wissenschaftler Wyttenbach und der Verleger Wagner den Maler auf Besonderheiten der alpinen Landschaft wie Gletschertische und seltsame geologische Formationen. Wolf fertigte vor Ort Bleistiftskizzen an, auf denen er das Datum und die Uhrzeit sowie den Beobachtungspunkt und die Richtung seines Motivs vermerkte. Auf der Grundlage der Skizze erstellte er im Atelier eine vorläufige Version des Gemäldes. Ein Träger schleppte dann später eine Reihe von ausgearbeiteten Skizzen in einem Korb zu den Beobachtungspunkten. Vor Ort überprüfte Wolf jedes Gemälde auf seine künstlerische Qualität und seine topographische Genauigkeit und brachte wenn nötig Korrekturen an. Zwischen 1773 und 1776 schuf der Künstler mit dieser einzigartigen Arbeitstechnik ein beeindruckendes Kompendium von mehr als 190 Ölgemälden, die alpine Landschaften mit ihren Gletschern, Almen, Seen und Wasserfällen darstellen.[31,32] Die Gemälde zeigen 32 Gletscher, 14 davon den Unteren Grindelwaldgletscher.

Wagner stellte Wolfs Bilder in seiner Galerie aus, doch standen sie nicht zum Verkauf. Stattdessen konnten Kunden Repliken in beliebiger Größe bei Wolf bestellen. Wagners Geschäftsmodell basierte auf der Publikation und dem Verkauf von Kupferstichen, die nach Wolfs Gemälden geschaffen und koloriert wurden.[32] Käufer fanden sich unter den wohlhabenden Touristen aus dem europäischen Adel, die das Berner Oberland auf ihrer «Grand Tour» durch den Kontinent in wachsender Zahl bereisten. Pferdekutschen fuhren sie bis zum Fuße des Oberen Grindelwaldgletschers, der im sexistischen Jargon der Zeit als «Gletscher der Damen und Dandys» bezeichnet wurde.[33] Die Touristen erstanden Stiche der wichtigsten Sehenswürdigkeiten als Souvenir. In Ermangelung von Hotels übernachteten sie in Grindelwald zunächst im Pfarrhaus, wobei der Pfarrer nach und nach für einen ausreichenden Vorrat an gutem Wein sorgte.

Wolf gilt heute als Pionier in der bildlichen Darstellung des Hochgebirges.[34] Andere nach ihm, darunter die Schweizer Maler Gabriel Lory Senior (1763–1840) und Samuel Birman (1793–1847), schufen ebenfalls atemberaubende Darstellungen der alpinen Landschaft. Der Forscher und Sammler Heinz Zumbühl hat in den letzten 40 Jahren unermüdlich Museen, Archive und Privatsammlungen nach bildlichen Darstellungen historischer Alpengletscher durchsucht und diese systematisch fotografiert. Auf diese Weise gewann er eine einzigartige ikonographische Grundlage für die Rekonstruktion historischer Gletscherstände und -schwankungen (Teilkapitel 10.2).

Der österreichische Maler Thomas Ender (1768–1835) könnte als der Caspar Wolf der Ostalpen bezeichnet werden. Erzherzog Johann von Österreich (1782–1859), der Bruder des Kaisers Franz I. (1768–1835), ernannte Ender 1827 zu seinem Kammermaler. Diese Bezeichnung besagt, dass der Künstler aus der Privatschatulle des Erzherzogs, der Kammer, entlohnt wurde. Meist im August und September durchwanderte Ender die Salzburger und Tiroler

Abb. 5.13. Thomas Ender. Der Großglockner (3783 m ü. M.) zusammen mit dem Pasterzegletscher. Aquarell (Quelle: Sammlung Erzherzog Johann BJ 612, Graf Franz Meran, A8990 Bad Aussee).

Gebirgslandschaft und bannte dort Tal um Tal, Gletscher um Gletscher mit den dazugehörigen Bergketten auf die Leinwand. Das Gemälde in Abbildung 5.13 zeigt den höchsten Berg Österreichs, den Großglockner (3798 m ü. M.), zusammen mit dem Pasterze-Gletscher. Enders Vorgänger Ferdinand Runk (1764–1834) malte bereits zwischen 1800 und 1802 Alpenlandschaften für den Erzherzog.[35]

Die Beispiele von Caspar Wolf und Thomas Ender zeigen, dass bildliche Zeugnisse ebenso wie textliche Informationen erst nach kritischer Prüfung für die Klimageschichte verwendet werden können. Drei Kriterien müssen beachtet werden, um verlässliche Aussagen über die frühere Ausdehnung von Gletschern anhand von Bildern zu erhalten.[36]

Erstens muss das Entstehungsdatum des Bildes bekannt sein oder rekonstruiert werden. Dies bedeutet, dass die Forschenden in Erfahrung bringen müssen, wann der Künstler den Gletscher besucht und die Skizzen oder Studien angefertigt hat. Ölgemälde können vor Ort entstanden sein, wurden aber oft erst später, meist im Atelier des Künstlers, fertiggestellt, wie das Beispiel von Caspar Wolf zeigt. Namentlich tragen Drucke von Kunstwerken oft ein späteres Datum als das Original. Zweitens müssen der Gletscher und seine Umgebung realistisch und topographisch korrekt dargestellt werden. Drittens sollte die topographische Position des Künstlers bekannt sein. Das

Vorhandensein von markanten Merkmalen in der Umgebung des Gletschers, wie z. B. Felsstufen, Hügel oder Berggipfel, kann die Auswertung der historischen Gletscherbilder erleichtern.

Heinz Zumbühl und seine Schüler dokumentierten ihre Erkenntnisse vor allem für die Gletscher in den Schweizer und in den französischen Alpen mit herausragender Detailtreue, indem sie eine Fülle von bahnbrechenden Gemälden, Radierungen und Karten in Farbe in prachtvollen, großformatigen Bänden veröffentlichten.[37] Einige der daraus resultierenden Rekonstruktionen von Gletscherschwankungen werden in Teilkapitel 10.2 als Grundlage für die Diskussion der Beziehung zwischen Klima und Gletschern vorgestellt.

5.3.3 Vom Wert historischer Buchhaltungen

Vom Spätmittelalter an begannen Institutionen wie Städte, Spitäler und kirchliche Körperschaften ihre Tätigkeit unter Anwendung von standardisierten Praktiken Jahr für Jahr zu dokumentieren. Viele dieser Angaben haben die Qualität von Proxies, indem sie die Bewirtschaftung von Landgütern oder den saisonalen Betrieb von Häfen dokumentieren. Es gilt zu untersuchen, inwieweit entsprechende Belege mit der Witterung zusammenhängen und ob sich die Dokumentationspraktiken im Laufe der Zeit änderten. Sofern sich Proxies mit instrumentellen Messungen überschneiden, können saisonale Temperaturen nach dem im Teilkapitel 5.2.1 geschilderten Verfahren geschätzt werden.

Der Wert von historischen Buchhaltungen als klimageschichtliche Quellen wird zunächst am Beispiel von mittelalterlichen englischen Landgütern dargestellt. Viele wurden eine Zeit lang von einem angestellten Verwalter bewirtschaftet, oft unter Oberaufsicht eines Vogtes, der für mehrere Güter zuständig war. Jährlich wurde die Buchhaltung von externen Sachverständigen überprüft, die mit dem Gut und seinen Produktionsbedingungen vertraut waren. Die in mittelalterlichem Latein verfassten Abrechnungen sind in der Regel auf «Michaeli», den Namenstag des heiligen Michael am 29. September, datiert.[38] Sie wurden in Form von langen Rollen archiviert, die «pipe rolls» (rohrförmige Rollen) genannt werden (Abb. 5.14).[39]

Abbildung 5.14 zeigt eine Pergamentrolle mit einer Jahresrechnung des Landguts Hindringham, das der Kathedrale von Norwich (England) gehörte. Auf der Vorderseite des Dokuments sind die Einnahmen aus dem Verkauf von landwirtschaftlichen Erzeugnissen aufgelistet. Auf der Rückseite finden sich

Abb. 5.14. Eine Jahresrechnung des Landguts Hindringham im Besitze der Kathedrale von Norwich (UK) in Form einer rohrformigen Pergamentrolle (pipe roll). Norfolk Record Office (DCN 60 20 30 1363-1 und 2).

die Aufwendungen für die Bewirtschaftung. Auf die Witterungsverhältnisse wird explizit hingewiesen, sofern diese einen zusätzlichen Aufwand erforderten oder die Erträge minderten. Sommerliche Dürreperioden schmälerten beispielsweise die Ergiebigkeit der Weiden und die Milchleistung der Schafe. Niederschläge zur Zeit der Heu- oder Getreideernte beeinträchtigten die Qualität der Erträge und verursachten zusätzlichen Aufwand für die Trocknung des Ernteguts.[40] Während winterlicher Frostperioden musste zusätzliches Futter für die Schweine aufgewendet werden, die sich üblicherweise in den Wäldern von Eicheln ernährten. So wurden die Schweine im kalten Winter 1339 zwölf Wochen lang im Stall mit Erbsen gefüttert, weil der Boden gefroren war.[41]

Ferner verzeichnen viele Rechnungen, von wann an und wie lange zusätzliche Arbeitskräfte für die Ernte am Tisch des Gutsherrn verköstigt wurden, woraus sich das Datum des Erntebeginns und die – meteorologisch variable – Dauer der Ernte erschließen lässt. Der deutschen Historikerin Kathleen Pribyl gelang es, anhand solcher Angaben in den Jahresrechnungen der Landgüter im Besitze der Kathedrale von Norwich (England) die Temperaturen von April bis Juli für den Zeitraum zwischen 1256 und 1431 zu schätzen. Zusätzlich entwickelte sie einen Proxy für die Niederschläge zwischen Juli und September, indem sie den Zusammenhang zwischen Erntewetter, Arbeitsangebot und dem Umfang der Ernte untersuchte.[42] In gleicher Weise dokumentieren Rechnungsbücher von Institutionen wie Hospitälern, geistlichen Besitztümern und Stadtverwaltungen den Beginn der Getreideernte in späteren Zeiten, beispielsweise in der böhmischen Stadt Louny und im Basler Hospital in der Schweiz.[43]

Kontinuierliche Proxydaten der Wintertemperaturen, analog zu phänologischen und dendroklimatischen Daten für das Sommerhalbjahr, fehlen für die mittleren Breiten, da sich große Flüsse und Seen dort selbst unter den Bedingungen der Kleinen Eiszeit nicht regelmäßig mit Eis bedeckten (Kapitel 8). In Nordeuropa traten solche Ereignisse dagegen fast Jahr für Jahr auf. Sobald sich das Meer mit Eis bedeckte, wurden die Seehäfen geschlossen, und sie wurden wieder freigegeben, sobald es die Verhältnisse im Frühjahr erlaubten. Die Dauer der Winterpause lässt sich für das schwedische Stockholm anhand von Gebühren belegen, die bei der Nutzung des Hafens anfielen. Dieser war gegen feindliche Angriffe durch eine Barrikade aus Pfählen (schwedisch «Stock») geschützt, die der Stadt ihren Namen gab. Wenn ein Schiff ein- oder auslaufen wollte, mussten die Tore in den Barrikaden geöffnet werden. Dafür wurde eine Gebühr eingezogen, ferner eine solche für das Werfen des Ankers.[44] Schließlich mussten auf entladenen und beladenen Gütern Zölle entrichtet werden, wobei zwischen Import- und Exportwaren unterschieden wurde. Auf derselben Grundlage wurde eine städtische Steuer, der Tolag, erhoben. Alle ein- und auslaufenden Schiffe wurden somit von verschiedenen Beauftragten inspiziert, welche Abgaben erhoben und diese buchhalterisch dokumentierten. Für jedes Schiff wurde ein besonderes Dokument erstellt. Aus diesen Angaben lässt sich die Dauer der eisbedingten Schließung des Hafens dokumentieren. Die entsprechenden Papiere sind in ungeheuren Stapeln zusammengebunden (Abbildung 5.15).

Die schwedische Historikerin Lotta Leijonhufhud durchkämmte Zehntausende von Protokollen in Hunderten von schweren, sandverklebten Bänden, um ihre Daten zusammenzutragen. Am Ende erhielt sie eine Zeitreihe der eisbedingten Öffnung und Schließung des Stockholmer Hafens zwischen 1535 und 1892.[45] Die statistische Untersuchung der Reihe zeigte auf, dass die Evidenz als Proxy für die Temperaturen von Januar bis April im südlichen Ostseeraum dienen kann.[46] Die Daten für die Öffnung des Hafens im Frühjahr fluktuieren stark: 1676 lief das erste Schiff schon am 22. März in den Stockholmer Hafen ein. Es kam aus der preußischen Stadt Königsberg, dem heute russischen Kaliningrad. Dieser Winter war in vielen Teilen Europas ausnehmend warm, und es folgte ein frühes Frühjahr. Die Temperaturen von Januar bis April lagen in Paris 2,2 °C über dem Mittelwert von 1961 bis 1990. Im Jahre 1685 lief das erste Schiff dagegen erst am 27. April in den Stockholmer Hafen ein.[47] Dieser Winter war nicht nur im Ostseeraum extrem kalt. Auch die meisten großen Flüsse in Europa und viele Schweizer Seen waren zugefroren und begehbar. Der Zürichsee wurde erst am 5. April eisfrei und schiffbar.[48]

5.3.4 Die Witterung des Sommerhalbjahrs im Lichte des Weinbaus

Der Weinbau ist in den mittleren Breiten Europas eng mit Wetter und Klima verbunden. Anhand der Entwicklung der Weinrebe lassen sich Proxies für drei verschiedene Abschnitte des Sommerhalbjahrs gewinnen. Der Zeitpunkt der Ernte ist hauptsächlich von den Temperaturen zwischen April und Juli abhängig, die Erträge von den Verhältnissen im Juni und im Juli, während sich die Bedingungen im August und September im Zuckergehalt des Weinmosts niederschlagen.

Der US-amerikanische Önologe Gregory V. Jones und der Umweltwissenschaftler Robert E. Davis führten erstmals eine klimatologische Analyse durch, welche alle drei oben genannten Parameter einbezog. Die Daten stammten aus Aufzeichnungen von 10 bis 15 renommierten Weingütern in der Region Bordeaux aus den Jahren 1938 bis 1995. Die Qualität wurde auf einer Skala von eins bis sieben durch Blindtests von Experten bewertet, wobei eins für ein saures Getränk und sieben für einen Spitzenwein steht. Die Wein-

Abb. 5.15. Die Stockholmer Hafenprotokolle für das Jahr 1793. «Man muss wirklich stark sein, um Historikerin zu sein», schrieb die Schwedin Lotta Leijonhufhud, die die Forschungen durchführte, «und auch ziemlich groß. Ich hatte manchmal Schwierigkeiten, die Bücher zu tragen, da meine Arme zu kurz sind.» Sie fügte außerdem hinzu: «Wenn man mit so alten Aufzeichnungen hantiert, macht man sich die Hände schmutzig, weil die Menschen damals Sand benutzten, um die Tinte zu trocknen, und dieser schmutzige Sand klebt nun an den Fingern» (Foto: mit freundlicher Genehmigung von Lotta Leijonhufhud, Stockholm).

industrie akzeptiert diesen subjektiven Maßstab bis heute für die Qualitätsbestimmung eines Jahrgangs. Neben großräumigen Klimadaten bezogen die Forscher stündliche meteorologische Daten der Wetterstation Bordeaux in ihr Modell ein.[49]

Die beiden wiesen nach, dass ein großer Teil der jährlichen Schwankungen des Erntetermins, der Erntemenge und des Zuckergehaltes von einigen wenigen Wetterlagen gesteuert wird. Häufige zyklonale Wetterlagen mit starken Winden und Kaltfronten mindern Quantität und Qualität des Weinmosts und verzögern die Reifung der Beeren, während anhaltende warme Hochdrucklagen in der Regel frühe, umfangreiche Ernten mit hohem Zuckergehalt heranreifen lassen. Mit anderen Worten: Späte Ernten sind immer gering und sauer, während frühe Ernten häufig groß und qualitativ hochwertig sind.[50]

Entsprechende Berichte in historischen Quellen lassen sich damit als Proxies für die drei erwähnten Abschnitte des Klimas im Sommerhalbjahr nutzen. Schon früh berichten Chronisten in Weinbauregionen über den Ausgang der jährlichen Weinernten, wobei sie unter einer «guten» Ernte stets eine reiche Ernte verstanden. Die Qualität des Ernteguts, um die sich die Produktion heute dreht, war früher von untergeordneter Bedeutung. Sie wurde nur hervorgehoben, wenn der Weinmost außergewöhnlich süß oder sauer war.[51] Dass das Volumen der Weinernte einen erstklassigen Proxy darstellt, ist anhand von Daten im Schweizer Mittelland im Zeitraum von 1530 bis 1825 nachgewiesen worden. Diese stammen von obrigkeitlichen Zehnterträgen und von Flächenerträgen säkularisierter (d. h. «verstaatlichter») kirchlicher Weingüter. Die resultierende Zeitreihe verkörpert ein Volumen von mehreren Tausend Hektolitern. Anhand eines multiplen Regressionsmodells unter Einfluss der Mitteltemperaturen im Juni und Juli des Erntejahrs sowie jenen des Vorjahrs wurde nachgewiesen, dass die Ernteerträge in erster Linie von den Juni-Juli Temperaturen im Erntejahr und in zweiter Linie von denselben Monaten im Vorjahr abhängen.[52]

Während das Volumen und die Qualität der Ernte nur geringfügig von menschlichen Eingriffen beeinflusst wurden, spiel(t)en solche für den Zeitpunkt der Ernte eine erhebliche Rolle. Daher sollte der Kontext, in dem diese Daten entstanden sind, quellenkritisch geprüft werden, ehe sie für die Rekonstruktion des Klimas herangezogen werden. Vom späten 18. Jahrhundert an wurden Serien von Weinlesedaten (GHD) aus schriftlichen Aufzeichnungen extrahiert, um den Einfluss der Witterung auf die Entwicklung der Reben zu untersuchen. Im Zusammenhang mit der kühlen Periode in der Mitte des 19. Jahrhunderts wurden GHD Zeitreihen zunehmend auch unter klimatologischen Gesichtspunkten untersucht. Von 1967 an wurden die GHD durch die klimageschichtlichen Pionierarbeiten des französischen Historikers Emmanuel Le Roy Ladurie und seiner Anhänger bekannt.[53]

In Frankreich und anderswo mussten die Winzer auf eine öffentliche Anweisung warten, um mit der Lese beginnen zu dürfen. Sobald sich der Großteil der Trauben der Reife näherte, wurden die Weinberge dem Lesebann unterstellt, d.h., Tag und Nacht bewacht. Der Bann sollte dem heimlichen Diebstahl von Trauben vorbeugen und sicherstellen, dass die Besitzer von Weinbergen und die Empfänger von Zehnten die korrekte Abgabe ihres Anteils der Ernte überwachen konnten. Außerdem war der Bann notwendig, um rechtzeitig genügend Hände für die Lese zu mobilisieren. In Frankreich

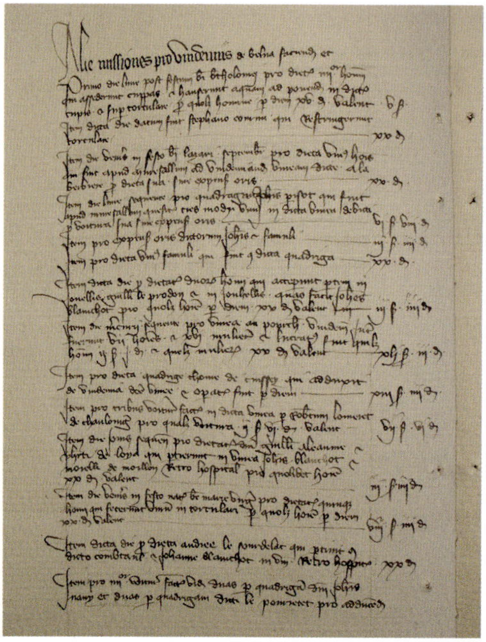

Abb. 5.16. Auszug aus der Abrechnung des Domkapitels von Beaune für 1506 (Cote Archives Départementales AD de la Côte d'Or, G 2918-20; Foto: Thomas Labbé, Dijon). Das Dokument listet die täglichen Arbeitskosten für die Weinlese in jeder Parzelle auf. Daraus lässt sich der genaue Zeitpunkt des Erntebeginns ableiten.

war der Seigneur (der Grundherr) dem Bann nicht unterstellt, womit er mit der Lese in seinen Weinbergen etwas früher beginnen und so von niedrigeren Löhnen profitieren konnte.[54] Die Aufhebung des Lesebanns, d.h. das offizielle Datum des Lesebeginns, ist in den Akten der Gemeinden festgehalten. Im ostfranzösischen Besançon richtete sich dieser Zeitpunkt nach dem Zustand der Traubenreife und berücksichtigte bei Pestausbrüchen die Quarantäne sowie das Risiko militärischer Plünderungen. Solche drohten vor allem dann, wenn Schweizer Söldner im Dienste des französischen Königs im Herbst über Besançon nach Paris marschierten oder nach einer Demobilisierung von dort zurückkehrten.[55]

Bei der Interpretation von Weinlesedaten muss abgeklärt werden, ob sich die Kriterien für die Verhängung und Aufhebung des Lesebanns über die Jahrhunderte veränderten. Zwei französische Historiker, Thomas Labbé und Fabien Gaveau, gingen dieser Frage am Beispiel der langen Reihe aus dem französischen Dijon nach, welche die französische Ökologin Isabelle Chuine mit ihren Koautoren nach dem heißen Sommer 2003 in der renommierten Fachzeitschrift Nature publiziert hatte.[56] Bei ihren Untersuchungen in den Archiven entdeckten Labbé und Gaveau, dass die «Dijon-Reihe» neben einer erheblichen Anzahl von teilweise substanziellen Datenfehlern strukturelle Mängel aufweist. Insbesondere wurden in die Nature-Publikation Belege aus entlegenen Gebieten Burgunds einbezogen, ohne die notwendigen Korrekturen vorzunehmen. Eine Gruppe von Autoren, angeführt von Thomas Labbé, erstellte in der Folge für Beaune, die 35 km südlich von Dijon gelegene Weinhauptstadt Burgunds, eine neue quellenkritisch geprüfte Zeitreihe, die den langen Zeitraum von 1354 bis 2018 umfasst.

Von 1354 bis 1506 kann aus der Buchhaltung des Domkapitels von Beaune auf den Tag genau ermittelt werden, wann zum ersten Mal Löhne an Hilfskräfte für die Weinlese ausbezahlt wurden (Abbildung 5.16). Für die folgenden Jahrhunderte wurden andere verlässliche Belege des Lesebeginns aus kirchlichen und öffentlichen Aufzeichnungen herangezogen. Durch einen Vergleich der GHD-Reihe von Beaune mit der langen Pariser Temperaturreihe (ab 1658) wurde von den 1720er-Jahren an eine Verzögerung des Erntezeitpunkts gegenüber der Temperatur nachgewiesen, die einer Verbesserung der Qualität diente. Die statistische Untersuchung der entsprechend korrigierten Reihe ergab, dass diese weitgehend homogen ist. Sie ist signifikant mit den Temperaturen von April bis Juli und von April bis August korreliert.[57] Die homogene lange Beaune GHD Reihe dient als Eckpfeiler für die Rekonstruktion der Sommertemperaturen im 14. und 15. Jahrhundert (Teilkapitel 8.2.3 und 8.2.4).

5.3.5 Religiöse Rituale gegen den Klimastress

Am 8. Mai 2017 rief der Erzbischof von Sevilla, Juan José Asenjo, seine Gemeinde und die Öffentlichkeit zu einer Messe auf, in der er den Allmächtigen um Regen anflehte. Der kirchliche Würdenträger sorgte sich wegen einer schweren Dürre, die das Risiko eines Ernteausfalls mit sich brachte.[58] Damit folgte er einer jahrhundertealten Tradition. Zur Bewältigung von Stress im Gefolge von militärischen Niederlagen, bei Epidemien oder bei klimatischen Ausnahmesituationen inszenierte die Kirche in Spanien nämlich schon früh spezifische Zeremonien, die als «Rogaciones» bezeichnet werden. Dazu gehörten Rituale bei Dürre mit der Bitte um Regen («Pro Pluvia»), bei anhaltendem Regen solche für Wärme und Sonnenschein («Pro Serenitate»), weitere bei sintflutartigem Regen mit Überschwemmungen sowie bei Kälteeinbrüchen während der Vegetationsperiode (Abb. 5.17).

Der folgende Abschnitt beschreibt eine Bittprozession im Jahr 1566. «Am 13. April versammelte sich um 6 Uhr morgens eine große Menschenmenge in der Nähe der Kathedrale von Barcelona und zog von dort aus feierlich zur Kapelle der heiligen Jungfrau Eulalia in der Pfarrei von Sarrià, die etwa 6,5 km von der Stadt entfernt liegt. Mitarbeiter der Pfarreien Barcelonas und Angehörige religiöser Orden gingen dem Zug voran. Ihnen folgten Tausende von Menschen, darunter viele Frauen, die barfuß gingen, und Kinder, die Litaneien sangen. Die Menge meditierte in der Nähe der erwähnten Kapelle und kehrte dann durch das San-Antonio-Tor zurück. Die Prozession verlief geordnet und voller Andacht. Es gab keine Störungen, keine Völlerei und keine Lästerungen. Gott vergebe uns, sei uns gnädig und schicke uns Gesundheit und guten Regen.»[59] Wie ist dieser Text zu interpretieren? Einzig der letzte Satz verrät, dass die Wallfahrt zur Pfarrei Sarrià durch eine klimatische Extremsituation ausgelöst wurde. In der Tat litten große Teile der Iberischen Halbinsel in diesem Jahr unter einer schweren Frühjahrsdürre.[60] Der Bericht erwähnt diesen Sachverhalt nur indirekt. Dafür hebt er den geordneten Ablauf der Prozession hervor, was darauf schließen lässt, dass den kirchlichen Autoritäten daran gelegen war, Unruhen und Ausschreitungen zu unterdrücken. Die rituellen Zeremonien dienten primär als psychologisches Vehikel, um die Menschen von ihren wirtschaftlichen und sozialen Existenzängsten abzulenken.[61]

Der spanische Historiker Mariano Barriendos hat die Abfolge der Ereignisse, die zu meteorologisch motivierten Bittprozessionen führten, gründ-

Abb. 5.17. Eine Bittprozession «Pro Pluvia» (für Regen) ausserhalb von Girona, Katalonien, im Jahr 1923 (Foto: Archiv von Girona 25754; mit freundlicher Genehmigung von Mariano Barriendos, Barcelona). Ein solches Bild hat einen hohen Wert, weil es zu dieser Zeit ungewöhnlich war, religiöse Aktivitäten zu fotografieren.

lich untersucht und dafür mehr als zwei Millionen Seiten Archivmaterial durchkämmt. Er hat in seinen bahnbrechenden Arbeiten nachgewiesen, dass «Rogaciones» aussagekräftige Proxies für meteorologische Extremereignisse darstellen. Bei ihrer Durchführung unterscheidet er die folgenden drei Schritte: [62]

- Schritt 1: Landarbeiter stellten fest, dass die Kulturen unter Dürrestress litten, und benachrichtigen die städtischen Behörden davon.
- Schritt 2: Die Mitglieder des meist aus Adelsgeschlechtern bestehenden Stadtrats waren zumeist in der Wirtschaft oder als Juristen tätig.
  Sie entschieden über die Durchführung einer Prozession, für die sie die Kosten zu tragen hatten.
- Schritt 3: Der Rat teilte seine Entscheidung der kirchlichen Obrigkeit mit, die festlegte, wann die Zeremonie in den Ablauf der regulären liturgischen Handlungen eingefügt werden sollte.

In der Regel fand die Bittzeremonie innerhalb einer Woche nach der Feststellung eines meteorologischen Ausnahmezustands statt. Die Form der Zeremonie wurde der Schwere des Ereignisses angepasst, wobei fünf Stufen vorgesehen waren. Eine Wallfahrt zur Pfarrei Sarrià war nur bei einer schweren Dürre vorgesehen. Die Beschreibung einer Zeremonie in den kirchlichen Akten diente als Nachweis dafür, dass die Zahlung der Stadt erfolgt war und der Kirche zugeflossen war. Damit wurden verdeckte Zahlungen verhindert. Das System war vor Missbrauch geschützt, da die kirchlichen Behörden die Zeremonien durchführten, während die zivilen Behörden dieselben bezahlten. Gegen den Willen der Gemeinden konnte die Kirche keine Bittzeremonien organisieren.[63] Die überzeugenden Ergebnisse von Barriendos und seinen Schülern sind in die Geschichte der Kleinen Eiszeit auf der Iberischen Halbinsel eingeflossen, die der Historiker Armando Alberola Romá vorgelegt hat.[64]

5.4 Indizes – zahlenmäßige Bewertungen von Witterungsberichten und Proxydaten

Instrumentell gemessene Tagestemperaturen sind in der Meteorologie die Ausgangsgrößen, aus denen Mittelwerte über längere Zeiträume berechnet werden. Für die vorinstrumentelle Periode stehen als kleinste Informationseinheiten narrative Daten und Proxies aus Dokumenten zur Verfügung (Kapitel 7 und 8 sowie Teilkapitel 5.3), die als solche jedoch nicht zur Schätzung von monatlichen oder saisonalen Mittelwerten der Temperatur und des Niederschlags taugen. Zur Lösung dieses Problems hat die historische Klimatologie einen synthetischen Proxy als Schnittstelle zwischen vorinstrumentellen und instrumentellen Daten in Form eines Index geschaffen. Bei diesem handelt es sich um einen Zahlenwert, der auf der zusammenfassenden Interpretation einer beliebigen Menge von Ausgangsdaten beruht. Indizes sind in Klassen gegliedert, die von der niedrigsten zur höchsten geordnet sind, wobei die Differenz zwischen den Klassen nicht bekannt ist. Analog zu Proxies aus Archiven der Natur und der Gesellschaft können Indizes zur Schätzung von monatlichen und saisonalen Mittelwerten der Temperatur und des Niederschlags herangezogen werden (Teilkapitel 5.2.1). Wie viele Klassen gebildet werden sollen, hängt von der Natur des Ausgangsmaterials und von den Präferenzen der Bearbeiter ab. Grundsätzlich sollten die Indizes aus unabhängigen Informationen generiert und von verschiedenen Personen bewertet werden.

Am weitesten verbreitet ist der sogenannten Pfister-Index,[65] der den Darstellungen in den Kapiteln 7 und 8 zugrunde liegt. Er ist in sieben Klassen auf einer Skala von –3 bis +3 gegliedert (Abbildung 5.18). Die Klassen beziehen sich auf Abweichungen von einer festgelegten Referenzperiode. In diesem Buch handelt es sich um den Zeitraum von 1961 bis 1990, der gerade noch vor dem Beginn der Warmperiode der Gegenwart (WPG) liegt. Nach der Definition im zusammenfassenden Artikel von Pfister et al. (2018)[66] machen die fünf Klassen von –2 bis +2 jeweils 16,9 % der Fälle innerhalb der Referenzperiode aus, während die beiden Klassen –3 und +3 jeweils etwa 7,5 % umfassen.

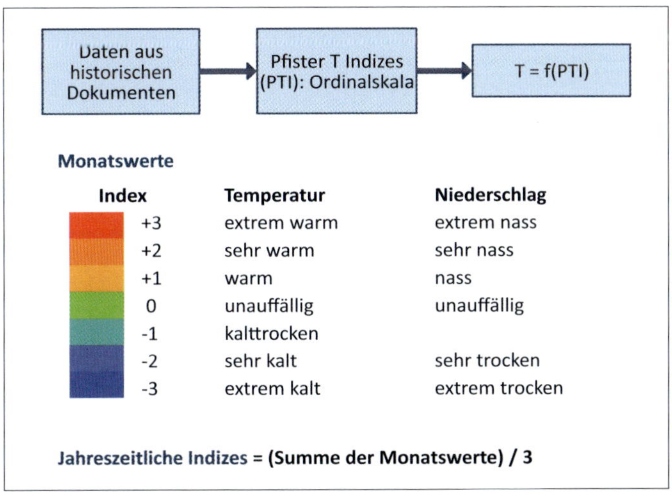

Abb. 5.18. Der siebenstufige Temperatur- und Niederschlags-Pfister-Index.

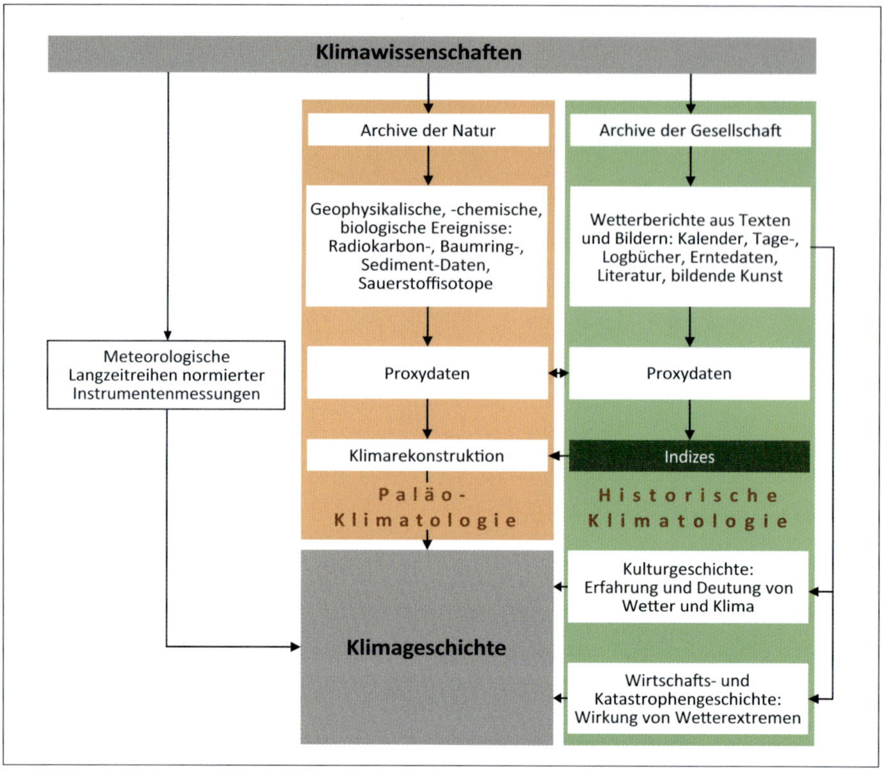

Abb. 5.19. Ansätze in der Paläoklimatologie und historischen Klimatologie zur Rekonstruktion des vergangenen Klimas (Pfister et al. 2018a).

Indizes der Klasse 0 beziehen sich entweder auf unspektakuläre oder fehlende Daten. Indizes +1/−1 werden lakonischen Berichten zugeschrieben, wie z.B. «warm» oder «kalt» oder beruhen auf Beschreibungen, aufgrund deren nur ein leichter Trend abgeleitet werden kann. Indizes mit den Werten +2, +3, −2 und −3 werden dagegen auch durch Proxydaten gestützt. In der warmen Jahreszeit von April bis September handelt es sich um phänologische Proxies (Teilkapitel 4.4.1) sowie um solche über die Größe und die Qualität der Traubenernte (Teilkapitel 5.3.4). In der kalten Jahreszeit von Oktober bis März sind Schnee- und Frostepisoden sowie das verfrühte Auftreten der Frühjahrsvegetation die am häufigsten verwendeten Proxies (Kap. 4.4.1).[67]

Bei ausreichender Überlappung einer Zeitreihe von Indizes mit instrumentellen Messungen können die Temperaturen nach der im Teilkapitel 5.2.1 erläuterten Methode geschätzt werden. Im Jahr 2010 erarbeiteten der tschechische Geograf Petr Dobrovolný von der Masaryk-Universität in Brünn und seine Kollegen eine Klimarekonstruktion, welche auf der Auswertung von umfassenden Indexreihen aus Deutschland, der Schweiz und den tschechischen Ländern basiert. Die daraus resultierende Central-European-Temperature- (CEUT-)Reihe besteht aus geschätzten Temperaturen auf einer monatlichen, saisonalen und jährlichen Zeitskala.[68] Sie dient als Basis für die Darstellung der saisonalen Temperaturen für den Zeitraum von 1500 bis 1999, die in Kapitel 8 vorgestellt wird. Die Schweizer Historikerin Chantal Camenisch hat saisonale Pfister-Indizes für die Burgundischen Niederlande im 15. Jahrhundert erstellt.[69]

Abbildung 5.19 vermittelt einen Überblick über die Ansätze, die Paläoklimatologen und historische Klimatologen bei der Rekonstruktion des vergangenen Klimas verwenden. Paläoklimatologen untersuchen physikalische, chemische oder biologische Proxydaten aus Archiven der Natur, um mit dem statistischen Ansatz der Klimarekonstruktion (Teilkapitel 5.2.1) das vergangene Klima für bestimmte Zeitfenster zu bestimmen. Mit dem gleichen Ansatz untersuchen historische Klimatologen Proxies aus Archiven der Gesellschaft (Kap. 5.3.3 und 5.3.4). In diesem Zusammenhang verwenden sie narrative Daten, um Temperatur- und Niederschlagsindizes mit monatlicher und saisonaler Auflösung zu erzeugen. Solche Daten werden dann verwendet, um hochauflösende Schätzungen von Temperatur und Niederschlag herzuleiten. Daneben dienen narrative Daten der Klimafolgenforschung (Kapitel 7 und 8) sowie der Kulturgeschichte von Witterung und Klima (Kapitel 4).

Kalibrierte Proxies ermöglichen die Interpretation von Klimaparametern wie Temperatur, Feuchte, Niederschlag und Luftdruck. Eine besondere Herausforderung besteht darin, Indizes aus den Archiven der Gesellschaft mit solchen aus den Archiven der Natur zu vergleichen. Als Beispiel zeigt Abbildung 5.20 einen Vergleich der Pfister-Indizes für den Sommer mit einer repräsentativen Zeitreihe von Baumringbreiten (TRW). Diese wurde aus einer großen Anzahl von lokalen Reihen zusammengestellt, die hauptsächlich aus dem westlichen Teil der zentralen Ostalpen stammen.[70] Um die beiden Reihen vergleichbar zu machen, wurden die TRW-Daten analog zu den Pfister-Indizes in sieben Klassen unterteilt. Die Korrelationskoeffizienten zwischen den beiden Reihen sind sehr ähnlich und signifikant. Für den gesamten Zeitraum von 1201 bis 2000 n.Chr. liegt der Spearman-Korrelationskoeffizient bei 0,23. Für den kürzeren Zeitraum von 1501 bis 2000 n.Chr. ist er höher (0,31), da der Datensatz der saisonalen Temperaturrekonstruktionen für Mitteleuropa verwendet wurde, welcher aus dokumentarischen Belegen und instrumentellen Aufzeichnungen abgeleitet wurde.[71] Mehrere negative (z. B. um 1700 oder

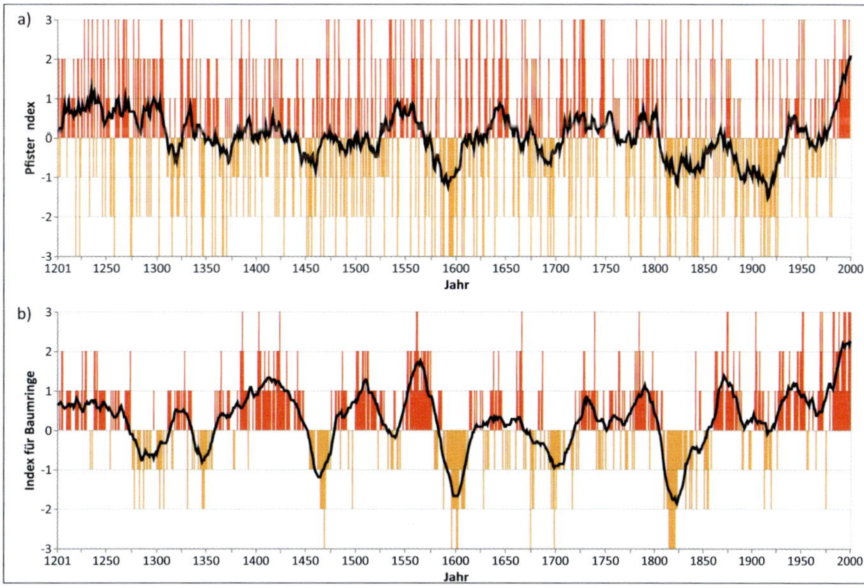

Abb. 5.20. Vergleich der Pfister-Indizes für den Sommer (oben) mit einer Zeitreihe, welche die Baumringbreite (TRW) einer großen Anzahl von Baumringproben (unten) darstellt, die hauptsächlich aus dem westlichen Teil der zentralen Ostalpen stammen (Daten zur Verfügung gestellt von Kurt Nicolussi, Innsbruck, Österreich). Um einen besseren Überblick zu erhalten, wurden die TRW-Daten analog zu den Pfister-Indizes in sieben Klassen eingeteilt.

1820) und positive (z. B. um 1420 oder 1790) Spitzen treten in beiden Datensätzen deutlich hervor.

Ferner zeigt der Vergleich der beiden Reihen, dass die Variabilität des Pfister-Index deutlich höher ist. Der Baumring-Datensatz weist wahrscheinlich einen Memory-Effekt auf, der in ähnlichen Werten über mehrere Jahre hinweg zum Ausdruck kommt. Außerdem zeigen die Jahrringbreiten eine schwache, aber deutliche Zeitverzögerung.[72] Dies mag ein Grund sein, weshalb sich Dokumentendaten für die Untersuchung von saisonalen Extremwerten besser eignen als Baumringdaten.[73]

5.5 Ausblick auf die Kapitel 6 bis 8

Kapitel 5 befasste sich mit den kontinuierlichen Informationen aus den Archiven der Natur (Teilkapitel 5.2) sowie mit solchen aus den Archiven der Gesellschaft (Teilkapitel 5.3). In den folgenden drei Kapiteln werden Klimarekonstruktionen aus den Archiven der Natur und der Gesellschaft gezeigt, die eine unterschiedliche räumlich-zeitliche Dimension und statistische Aussagekraft haben.

Kapitel 6 vermittelt einen Überblick über die letzten tausend Jahre anhand ausgewählter Zeitreihen von Proxydaten, die eine begrenzte räumliche und zeitliche Auflösung besitzen. Diese werden ergänzt durch eine Simulation mit einem Erdsystemmodell, das durch klassische Größen wie solare Einstrahlung, Treibhausgase, vulkanische und anthropogene Aerosole sowie Landnutzungsänderungen angetrieben wird.

In den Kapiteln 7 und 8 wird die Entwicklung der saisonalen Temperaturen in jedem Jahrhundert zusammen mit den kalten und warmen Extremen anhand von Pfister Indizes für einen europäischen Kernraum beschrieben. Dieser umfasst die heutigen Beneluxstaaten, Südengland, die östliche Hälfte Frankreichs sowie das Gebiet des heutigen Deutschlands, der Schweiz, Österreichs und der Tschechischen Länder (im Wesentlichen Böhmen und Mähren). Der Ansatz der Indizes (Teilkapitel 5.4) wurde gewählt, um die Daten für die letzten tausend Jahre in ein einheitliches Format zu bringen.[74]

Für den Zeitraum zwischen 1000 und 1499 wurden die Indizes aus chronikalischen Berichten und Proxydaten hergeleitet. Die entsprechenden Quellennachweise sind im Online-Anhang enthalten.[75] Für den Zeitraum 1500 –1999 wurden die Indizes aus der CEUT-Temperaturreihe abgeleitet, welche die Verhältnisse in Deutschland, der Schweiz und den tschechischen Ländern repräsentiert.[76] Diese Reihe besteht aus geschätzten (bis 1759) und gemessenen (von 1760 bis 1999) monatlichen und saisonalen Temperaturen. Um eine einheitliche Information über das gesamte Jahrtausend zu erhalten, wurden den grössten 7.5 % der saisonalen CEUT Reihen der Index +3 und den kleinsten 7.5 % der Index –3 zugeordnet. Die dazwischen liegenden fünf Klassen von +2 bis –2 umfassen je 16.9 %.

Inwieweit die CEUT-Reihen die Verhältnisse in ganz Mitteleuropa abbilden, wurde unter Verwendung des gerasterten 5x5°-HadCRUT3-Temperaturdatensatzes für den Zeitraum 1850–2007 untersucht. Dabei zeigte sich, dass die räumliche Korrelation zwischen den saisonalen CEUT-Reihen und den HadCRUT3-Feldern innerhalb jener Region signifikant ist, die geographisch als Mitteleuropa definiert werden kann. Mit zunehmender Entfernung von dieser Kernregion sind die Korrelationen geringer. Doch sind die CEUT-Reihen bis zu einem gewissen Grad auch für Temperaturen außerhalb des Kerngebiets repräsentativ.[77] .

6. Das Klima Europas – Gegenwart und Vergangenheit

6.1 Topographie und Klima auf einen Blick

Der erste Abschnitt vermittelt einen Überblick über die europäische Topographie. Zusätzlich wird die bekannteste Klimaklassifikation, jene von Köppen-Geiger, vorgestellt. Der zweite Abschnitt befasst sich in Form von Karten mit der Variabilität des aktuellen Klimas innerhalb von Europa. Der dritte Abschnitt präsentiert für die letzten 1000 Jahre aussagekräftige europäische Zeitreihen von Temperatur und Niederschlag zusammen mit den wichtigsten Einflussfaktoren und Indizes der Klimavariabilität. Im vierten Abschnitt werden schließlich die Ergebnisse einer 1000-jährigen Simulation mit einem aktuellen Klimamodell vorgelegt. Dieses Überblickskapitel leitet über zu einer detaillierten Beschreibung des jahreszeitlichen Klimas in den Kapiteln 7 und 8 und zu einer Synthese des Klimas der letzten 1000 Jahre in Teilkapitel 10.1. Die wichtigsten Informationen über das vergangene Klima sind regionsspezifisch, und die Mehrheit der verfügbaren Informationen bezieht sich auf Mittel- und Westeuropa.

Abbildung 6.1 zeigt die Übersicht über die Topographie Europas. Der Kontinent erstreckt sich vom Svalbard-Archipel im Norden (in Abbildung 6.1 nicht dargestellt) bis nach Griechenland, der Türkei und der Insel Malta im Süden und von Island im Westen bis zum Uralgebirge im Osten. Der Kontinent grenzt im Norden an den Arktischen Ozean, im Westen an den Atlantischen Ozean und reicht im Süden an das Mittelmeer. Das Gebiet des fruchtbaren

Abb. 6.1. Topographische Karte von Europa.

zentralen inneren Tieflandes mit seinen großen Ebenen erstreckt sich von den Pyrenäen bis zum Uralgebirge. Mehrere Flüsse münden in den westlichen und nördlichen Ozean, namentlich Loire, Seine, Rhein, Elbe, Oder, Weichsel, Daugava (auch Westliche Dvina genannt) und Nördliche Dvina. Die Donau und der Dnjepr fließen in das Schwarze Meer, die Wolga in das Kaspische Meer.

Gebirgsketten bilden Trennlinien, die von den Pyrenäen im Südwesten bis zu den Alpen und Karpaten im Osten reichen. Zwischen diesen Gebirgsketten und dem europäischen Tiefland liegt eine hügelige Zone mit Hochebenen und Bergrücken. Die zentrale Kontinentalmasse ist von mehreren Halbinseln umgeben, nämlich der Iberischen, Italienischen und der Balkanhalbinsel im Süden sowie der Skandinavischen Halbinsel und Jütland im Norden. Auch nördlich und nordöstlich der Mittelmeerküste gibt es Ebenen und Schwemmlandgebiet wie das Gebiet der Poebene und die pannonische Tiefebene (das Gebiet der «ungarischen» Tiefebene). Insgesamt ist die europäische Topographie hochstrukturiert und vielfältig, was für die Darstellung des Klimas von großer Bedeutung ist.

6.2 Räumlicher Überblick über das aktuelle europäische Klima

Abgesehen vom Einfluss der Topographie und der Landnutzung werden die Verläufe der Temperatur und des Niederschlags durch die interne Systemvariabilität sowie durch die unterschiedlichen natürlichen (Erdbahnschwankungen sowie Vulkane und solare Einstrahlung) und anthropogenen Einflüsse (Treibhauseffekt, Luftverschmutzung) bestimmt. Die folgenden Abbildungen zeigen aktuelle, mittlere jährliche und jahreszeitliche Temperatur-, Luftdruck- und Niederschlagskarten. Sie basieren auf der ERA-Interim-Reanalyse für

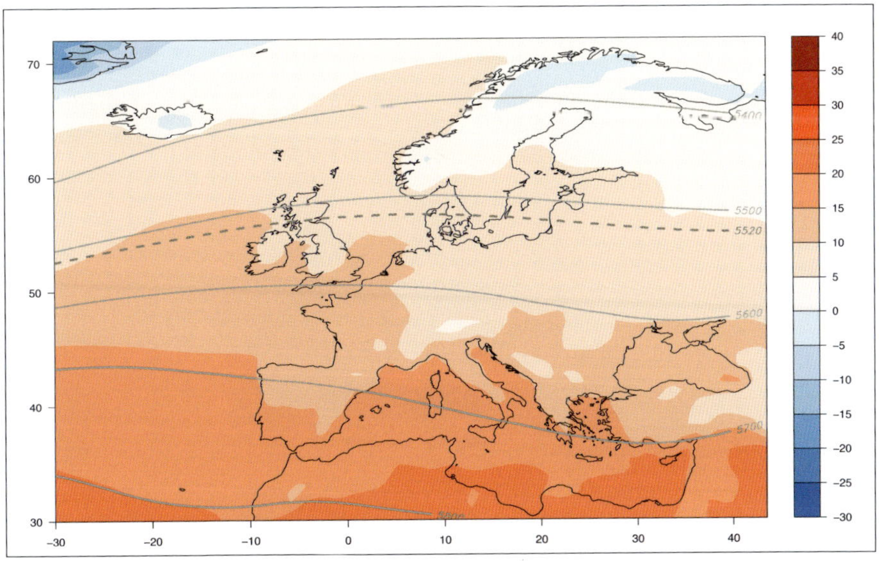

Abb. 6.2. Europa: Jahresmitteltemperatur in °C (Farben) und Isolinien der Höhenlage des 500-hPa-Geopotentials, basierend auf der Reanalyse für den Zeitraum 1989–2009. Die gestrichelte Linie markiert die Höhe der 5520-hPa-Geopotential-Isolinie, die eine Schätzung der mittleren Position der Kaltfront der Nordhalbkugel darstellt.

den Zeitraum 1989 bis 2009.[1] Für eine Reanalyse werden die meteorologischen Messungen mit einem numerischen Modell kombiniert. Dieses simuliert das Klima basierend auf den gemessenen Werten und kombiniert diese mit relevanten physikalischen Gesetzen.

Abbildung 6.2 zeigt bodennahe europäische Jahresmitteltemperaturen (in °C) zusammen mit den Höhenangaben des 500 hPa (Hektopascal) Geopotentials in m über Meer. Diese Höhe markiert zirka die Hälfte der Masse der gesamten atmosphärischen Luftsäule. Die Isolinienkarte zeigt die wichtigen Druckgebilde auf dem Niveau von zirka 5.5 km über dem Meeresspiegel. Seine Höhenangaben erlauben die Abgrenzung von Gebieten mit hohem oder tiefem Druck. In Form der Geopotential-Isolinie 5520 stellt die gestrichelte Linie in grober Abschätzung die mittlere Position der Polarfront dar, welche laut Definition die Grenze zwischen der kalten polaren und der warmen tropischen Luft markiert. In Abbildung 6.2 verläuft diese Linie von den Britischen Inseln bis nach Südskandinavien. Im Allgemeinen tritt der Unterschied zwischen dem Gebiet tieferer Temperaturen über Island und Skandinavien und dem warmen Mittelmeergebiet klar hervor. Aufgrund des Einflusses des warmen Nordatlantikstroms (einer Verlängerung des Golfstroms) reicht eine wärmere Zunge mit Jahresmitteltemperaturen von etwa 15 °C im Bereich des Atlantischen Ozeans weiter nach Norden.

Die mittlere Wintertemperatur ist in Abbildung 6.3a dargestellt. Die gestrichelte 500-hPa-Isolinie 5520, welche ungefähr die Polarfront markiert, liegt deutlich südlich und erstreckt sich vom Süden Großbritanniens bis zum südlichen Schwarzen Meer. Island und Kontinentaleuropa sind größtenteils

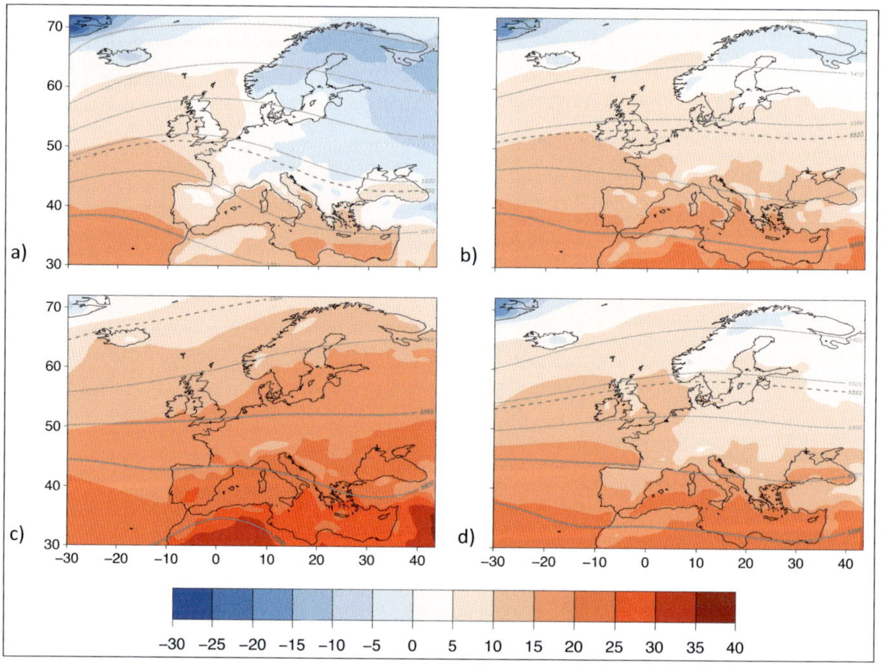

Abb. 6.3. Europa: Jahreszeitliche Mitteltemperatur in °C (Farben) und Isolinien der Höhenlage des 500 hPa Geopotentials für a) Winter, b) Frühling, c) Sommer und d) Herbst. Gestrichelte Linie: wie bei Abbildung 6.1.

Abb. 6.4. Europa: Karte der mittleren Jahresniederschläge in mm (Reanalyse für den Zeitraum 1989–2009).

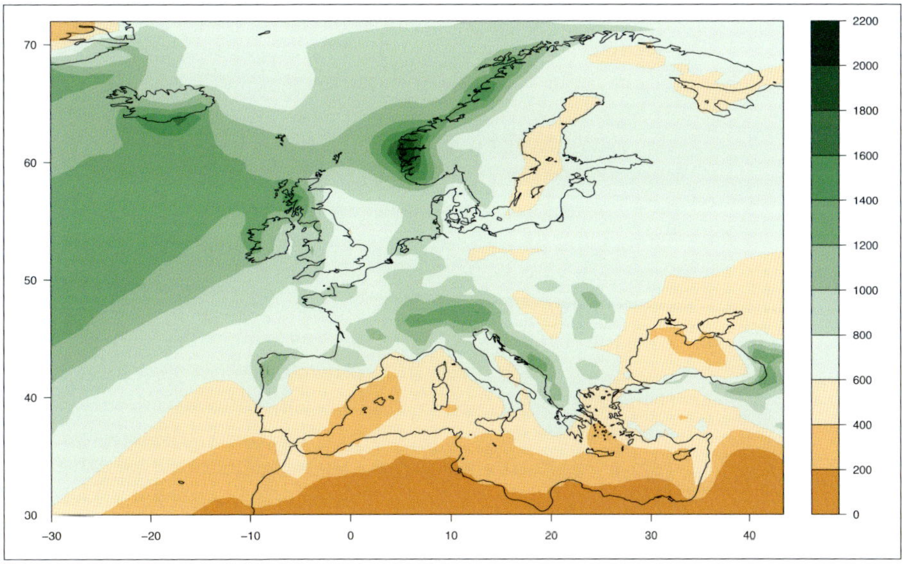

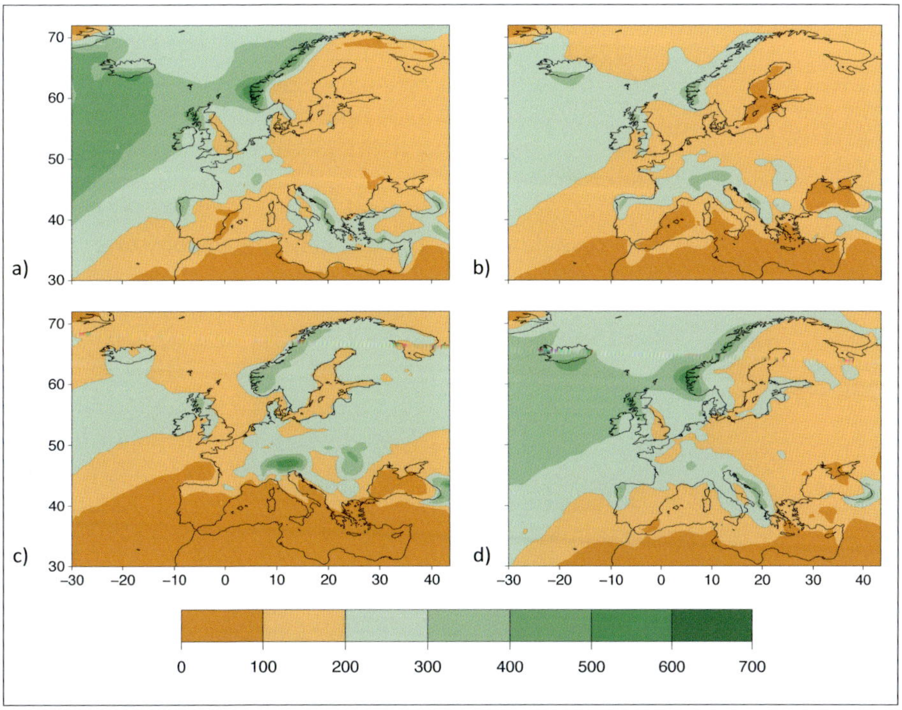

Abb. 6.5. Europa: Jahresmittelwerte der Niederschläge in mm für a) Winter, b) Frühling, c) Sommer und d) Herbst.

von kalter Luft bedeckt, deren Durchschnittstemperatur in den meisten Gebieten unter 0 °C liegt. Im Frühling (Abb. 6.3b) verschiebt sich die Polarfront leicht nach Norden, und das Gebiet südlich von Skandinavien weist bereits Temperaturen von 10 °C oder mehr auf. Die Sommerkarte (Abb. 6.3c) zeigt für das gesamte europäische Gebiet hohe bis sehr hohe Temperaturen. Werte unter 5 °C kommen nur in Island, Skandinavien und in den höheren Alpen vor. Die Markierung für die Polarfront (gestrichelte Linie) befindet sich nördlich von Island und Skandinavien. Das Temperaturmuster im Herbst (Abb. 6.3d) sieht jenem des Frühlings recht ähnlich, dies mit Ausnahme des wärmeren Mittelmeerraums. Die mittlere Position der Polarfront liegt weiter nördlich, was immer noch auf die Wirkung der gespeicherten Sommerwärme hinweist.

Die Karte mit den Jahresmittelwerten der Niederschläge in mm (Abb. 6.4) zeigt eine Zweiteilung mit einem nordwestlichen Feuchtgebiet und einem südöstlichen Trockengebiet. Erhöhte Niederschlagswerte sind in Bergregionen deutlich sichtbar. Dieses Muster ist im Winter noch ausgeprägter (Abb. 6.5a), wenn sich die Westwindzone nach Süden verschiebt. Ähnlich wie das feuchte Atlantikgebiet weist auch der östliche Mittelmeerraum bemerkenswert hohe Niederschlagswerte auf.

Im Frühling existieren entlang der Gebirgsketten von Nordspanien bis zu den Europäischen und Dinarischen Alpen (Abb. 6.5b) sowie südöstlich des Schwarzen Meeres höhere Niederschlagswerte. Die Karte des Sommerniederschlags (Abb. 6.5c) zeigt eine starke Trockenheit im Mittelmeerraum sowie eine etwas erhöhte Feuchtigkeit im mittel- und osteuropäischen Kontinentalraum. Die Trockenheit ist meist das Ergebnis eines ausgedehnten Azoren-Hochs. Schließlich zeigen sich bei der Verteilung der Herbstniederschläge Ähnlichkeiten zum Frühling, mit der Ausnahme, dass das nordwestliche Gebiet etwas feuchter ausfällt (Abb. 6.5d).

Anhand von Klimaklassifikationen sollen Auswirkungen des Klimas auf die Vegetation, die Landwirtschaft und die Gesellschaft abgeschätzt werden können. Klassische Klimaklassifikationen wurden oft mit dem Ziel entwickelt, Begründungen für den Zustand und die Verteilung der Vegetation zu finden. Sie verwenden deshalb spezifische Schwellenwerte für Temperatur, Feuchtigkeit, Niederschlag und Trockenheit. Daher werden sie als spezifische Klimaklassifikationen bezeichnet, dies im Gegensatz zu genetischen oder dynamischen Klassifikationen, die auf der atmosphärischen Dynamik basieren. Die bekannteste und am häufigsten verwendete Klassifikation wurde vom russisch-deutschen Geographen und Klimatologen Wladimir Köppen (1846–1940) entwickelt. Sein Klassifikationssystem wurde in den 1930er Jahren vom deutschen Mikroklimatologen Rudolf Geiger (1894–1981) verbessert.

Abbildung 6.6a stellt die Darstellung der Köppen-Geiger-Klassifikation für Europa dar.[2] Sie beruht auf einer typspezifischen Darstellung der Klimaveränderungen zwischen Äquator und Nordpol, die mit großen Buchstaben von A (tropisches Klima) bis E (polares Klima) und H (Hochlandklima) bezeichnet wird. Eine zweite Gruppe basiert auf Schwellenwerten des Niederschlags, und die dritte Gruppe bezieht sich auf Temperaturmerkmale. Wie die Legende in Abbildung 6.6a zeigt, sind in Europa nur elf von insgesamt 31 globalen Klimazonen oder -klassen effektiv vorhanden. Der größte Teil Europas gehört den beiden Klassen «feucht gemäßigt (C)» und «feucht-kaltes Klima (D)» an. Der Nordosten Islands und ein Landstreifen entlang der Nordküste

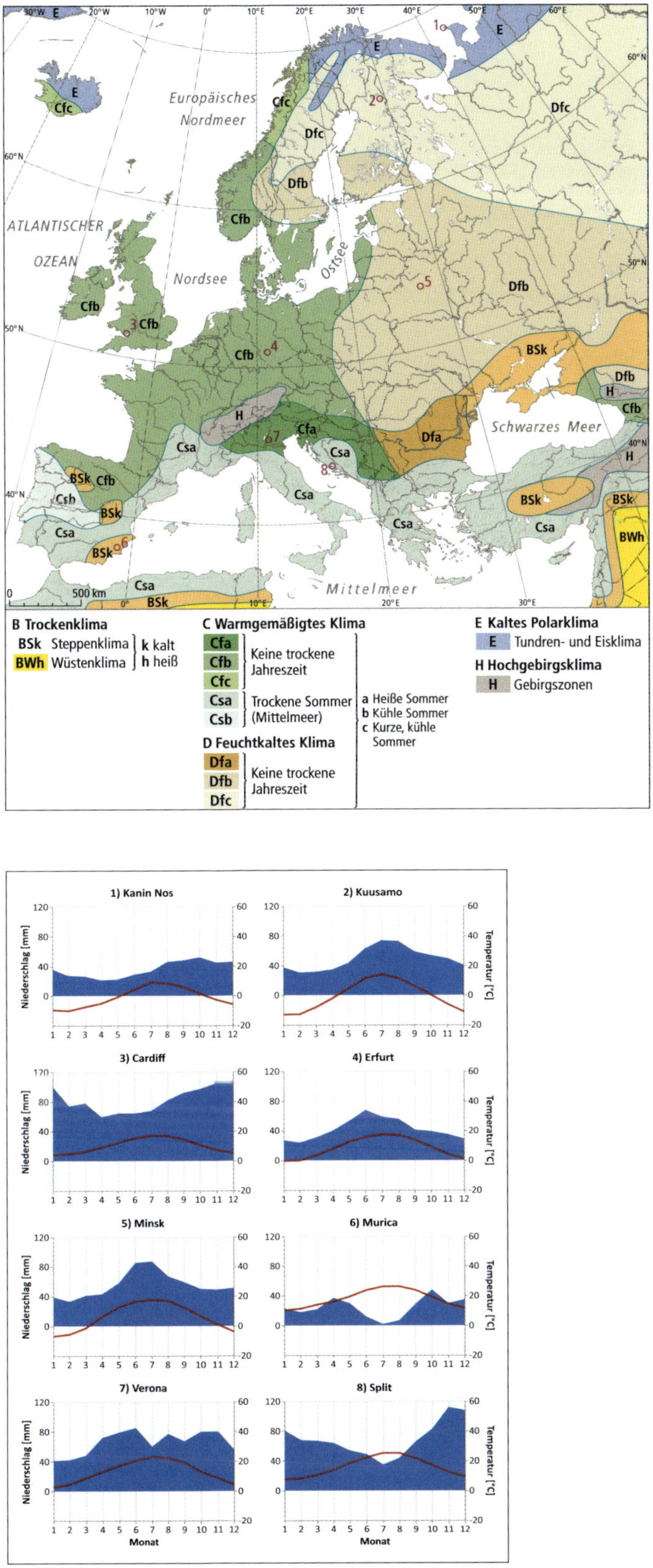

a)

b)

Abb. 6.6.
a) Köppen-Geiger-Klimaklassifikation für Europa.
b) Ausgewählte europäische Klimadiagramme für verschiedene Köppen-Geiger-Klassen.

Europas wird dem Polarklima (E) mit überwiegend Tundra und Eis zugerechnet. Diese Zone geht in die Zone D über, die durch ein eher kontinentales, kühles und feuchtes Klima ohne Trockenzeit gekennzeichnet ist. Die boreale Zone mit kühlen und kurzen Sommern in ihrem nördlichen Teil wird zunehmend von wärmeren oder sogar heißen Sommern im Süden abgelöst. Westeuropa wird von der Zone C mit feuchtem und gemäßigtem Klima beherrscht. Im nördlichen Bereich dieser Zone wird der Einfluss feuchter Westwinde deutlich sichtbar. Die Zone Cfb stellt das typische Übergangsklima zwischen Nord und Süd dar. Rund um das Mittelmeer herrscht Trockenheit, vor allem in den Sommermonaten. Schließlich gibt es in einigen kleineren Regionen spezifische Ausprägungen des Klimas. Die semi-aride bis aride Klimazone Bsk umfasst Regionen in Spanien und der zentralen Türkei. Schließlich herrscht in den Alpen und in Kappadokien (Türkei) das Hochlandklima H vor.

Klimadiagramme zeigen das durchschnittliche Klima eines bestimmten Ortes für eine bestimmte Klimaperiode, in der Regel 1961 bis 1990. Normalerweise werden die mittleren Temperatur- und Niederschlagswerte für jeden Monat in graphischer Form dargestellt. Dies ermöglicht einen schnellen Überblick über feuchte oder trockene Bedingungen. Abbildung 6.6b stellt acht typische Klimadiagramme für verschiedene europäische Standorte dar. Diese Orte sind auch auf der Karte in Abbildung 6.6a verzeichnet. Kanin Nos an der Küste der Barentssee, Kuusamo in Finnland und Minsk in Belarus weisen kalte Winter auf. Im Vergleich zu Kuusamo und Minsk ist das Klima in Kanin Nos deutlich kühler und trockener. Es herrscht kein typisches Kontinentalklima mit einem warmen Sommer und einem klaren Niederschlagsmaximum vor. Die beiden Orte Cardiff und Erfurt liegen in der Klimaklasse Cfb, was kaum Trockenheit und einen kühlen Sommer bedeutet. Während Cardiff ein Niederschlagsmaximum im Winter aufweist, welches durch häufige Westwinde verursacht wird, tritt in Erfurt ein kontinentales Sommermaximum auf. Murcia, Verona und Split repräsentieren typische Mittelmeerklimata. Murcia ist eindeutig am trockensten und hat nur eine kurze feuchte Periode im Herbst aufzuweisen. Verona und Split sind beide feuchter. In Split wird es während der heißen Sommerperiode trockener, während Verona ein ausgeglicheneres Feuchtigkeitsregime aufweist. Bei der Diskussion von Mittelkurven des europäischen Klimas müssen diese Unterschiede mitschwingen und sorgfältig in Beziehung zu den jahreszeitlichen Zirkulationsverhältnissen gesetzt werden.

6.3 Ein 1000 Jahre langer Überblick

Nach dem räumlichen Überblick über das aktuelle europäische Klima wird sein Verlauf während des letzten Jahrtausends anhand ausgewählter Zeitreihen diskutiert. Diese basieren auf Rekonstruktionen von Proxy-Daten sowie einer Modellsimulation. In Abbildung 6.7 sind zwei Zeitreihen von Proxy-basierten Temperaturrekonstruktionen dargestellt, und Abbildung 6.8 zeigt zwei Zeitreihen des europäischen Hydroklimas. In Abbildung 6.9 werden die drei wichtigsten Antriebsfaktoren dargestellt, welche die globale Energiebilanz und damit auch die globale Temperatur beeinflussen. Da das Temperatur- und Feuchtigkeitsregime entscheidend durch den Einfluss der internen Systemvariabilität mitbestimmt wird, sind in Abbildung 6.10 die 1000-jährigen

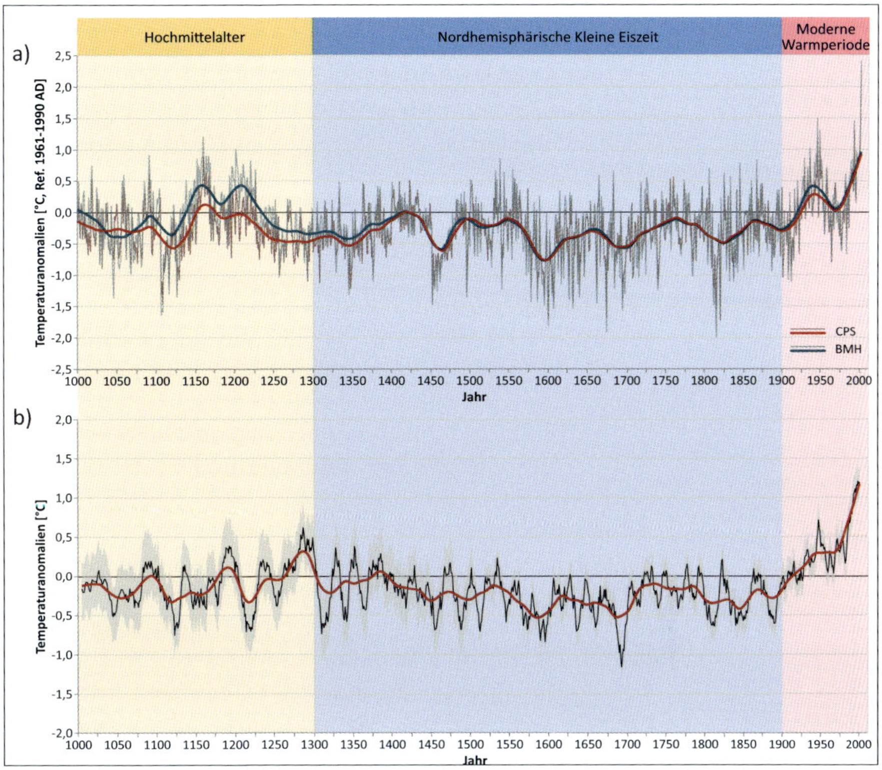

Abb. 6.7. Europäische Temperaturzeitreihen für die letzten 1000 Jahre. a) Rekonstruierte sommerliche Anomalien der Landtemperatur (in Bezug auf 1500–1850; nach Luterbacher et al. 2016). b) Aufzeichnung der gleitenden Elf-Jahre-Mitteltemperatur für Deutschland und Mitteleuropa auf der Basis von Dokumentendaten; diese Zeitreihe wurde mit einem LOEWESS-Filter, Bandbreite 0.5, gefiltert (rote Kurve; nach Glaser, Riemann 2009).

Zeitreihen der beiden für das europäische Klima wichtigsten sogenannten Klimamoden dargestellt, nämlich jener der Nordatlantischen Oszillation (NAO) und jener der Atlantischen Multidekadischen Oszillation (AMO). Klimamoden sind wiederkehrende Muster der Temperatur oder anderer Variablen. Sie charakterisieren die interne Variabilität des Klimasystems, die weitgehend durch Wechselwirkungen zwischen Ozean und Atmosphäre bestimmt wird. Abbildung 6.11 stellt schließlich die 1000 Jahre lange Temperatur- und Niederschlagszeitreihe einer Simulation mit einem modernen Klimamodell dar.

Der obere Balken von Abbildung 6.7 zeigt die in diesem Buch verwendete zeitliche Unterteilung des letzten Jahrtausends (Tabelle 1.1): Hochmittelalter (HMA; 1000–1300), Nordhemisphärische Kleine Eiszeit (NKE; 1300–1900) und moderne Warmperiode (MWP; 1900–2020). Der Begriff NKE weist darauf hin, dass sich die zeitliche Struktur der Kleinen Eiszeit auf der Nordhalbkugel von jener der Kleinen Eiszeit auf der Südhalbkugel unterscheidet. Diese beginnt deutlich später, was hauptsächlich auf die thermische Trägheit der großen Ozeangebiete auf der Südhalbkugel zurückzuführen ist.[3] Die MWP wird in diesem Buch in zwei Perioden unterteilt (in Abbildung 6.7 nicht getrennt). Die erste Periode nennen wir Kurzes 20. Jahrhundert (K20H). Sie umfasst die Zeit zwischen dem frühen 20. Jahrhundert und 1988/89 und war durch eine relativ langsam fortschreitende, vor allem anthropogen erzeugte Erwärmung gekennzeichnet. In Europa markiert das Jahr 1988 den Übergang zu einer raschen Erwärmung mit einem erhöhten Temperaturniveau. Diese zweite Periode nach 1988/89 mit einem raschen Übergang zu deutlich höheren Temperaturen wird in diesem Buch als Warmperiode der Gegenwart (WPG) bezeichnet.

In Abbildung 6.7 werden zwei verschiedene, auf Proxydaten beruhende Rekonstruktionen europäischer Temperaturanomalien für das europäische Festland dargestellt. Abbildung 6.7a betrifft die Sommer (Juni bis August) und stützt sich auf Baumring- und Dokumentendaten. Dabei wurden sowohl Baumringdaten als auch Dokumentendaten verwendet.[4] Die eingesetzten statistischen Verfahren sind in Figur 6.7a rechts unten abgekürzt genannt. Sie werden hier nicht näher beschrieben.

Die Kurve in Abbildung 6.7b dokumentiert Jahrestemperaturen (also einschließlich der Winter) und stützt sich hauptsächlich auf Dokumentendaten und instrumentelle Messungen in Mitteleuropa.[5] Beide Rekonstruktionen belegen, dass auch während des Hochmittelalters (HMA) zum Teil kühle Episoden auftraten (z. B. nach 1100), dies, obschon das HMA als ein wesentlicher Teil der mittelalterlichen Klimaanomalie oder der mittelalterlichen Warmzeit[6,7] gilt und allgemein wärmer war als die folgende NKE. Eine deutlich wärmere Periode trat zwischen 1125 und 1225 in Erscheinung. Während der NKE zeigten sich vier bemerkenswerte Kälteepisoden um 1460, 1600, 1690 und 1825. Der Vergleich mit dem vulkanbedingten[8,9] (Abb. 6.9a) und dem solaren[10,11] Antrieb des Klimasystems (Abb. 6.9b) weist darauf hin, dass die Kälteperioden meist in der Folge von Vulkanausbrüchen auftraten, erstaunlicherweise oft zusammen mit einem der vier Grand Solar Minima (GSMs) der NKE, genannt Wolf, Spörer-, Maunder- und Dalton-Minimum (Abb. 6.9b).[12,13] Bemerkenswert ist ferner, dass während der Mittelalterlichen Klimaanomalie

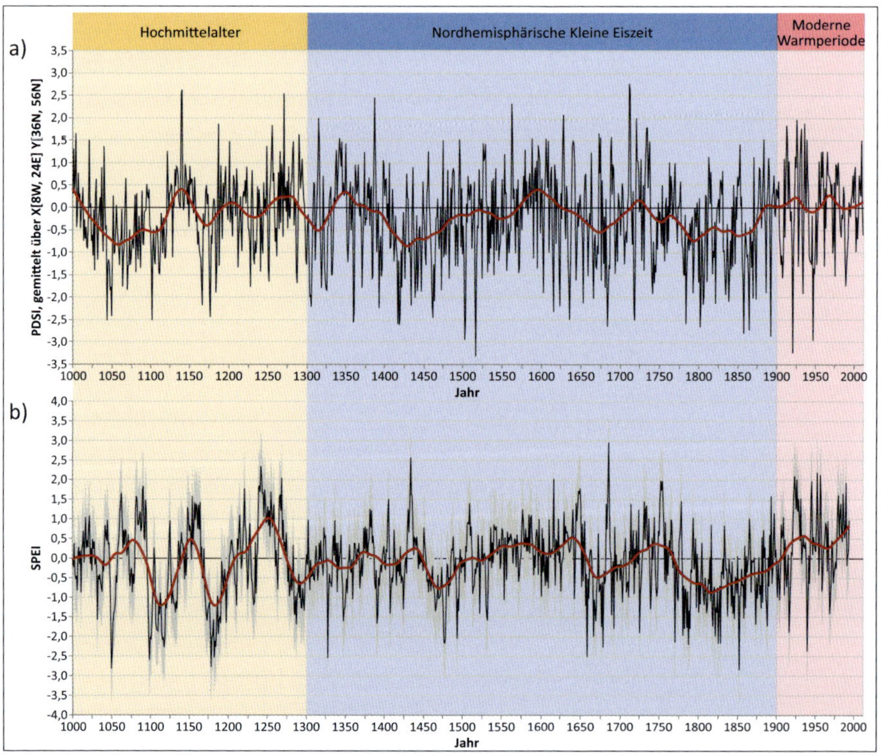

Abb. 6.8. Europäische Rekonstruktionen von Niederschlag und Hydroklima. a) Palmer Drought Severity Index (PDSI) für Mitteleuropa (nach Cook et al. 2015). b) Bodenfeuchteindex, genannt Standardized Precipitation Index (SPEI) für Skandinavien (nach Seftigen et al. 2017). Die Daten von Abb. 6.8 wurden mit einem LOEWESS-Filter, Bandbreite 0.5, geglättet.

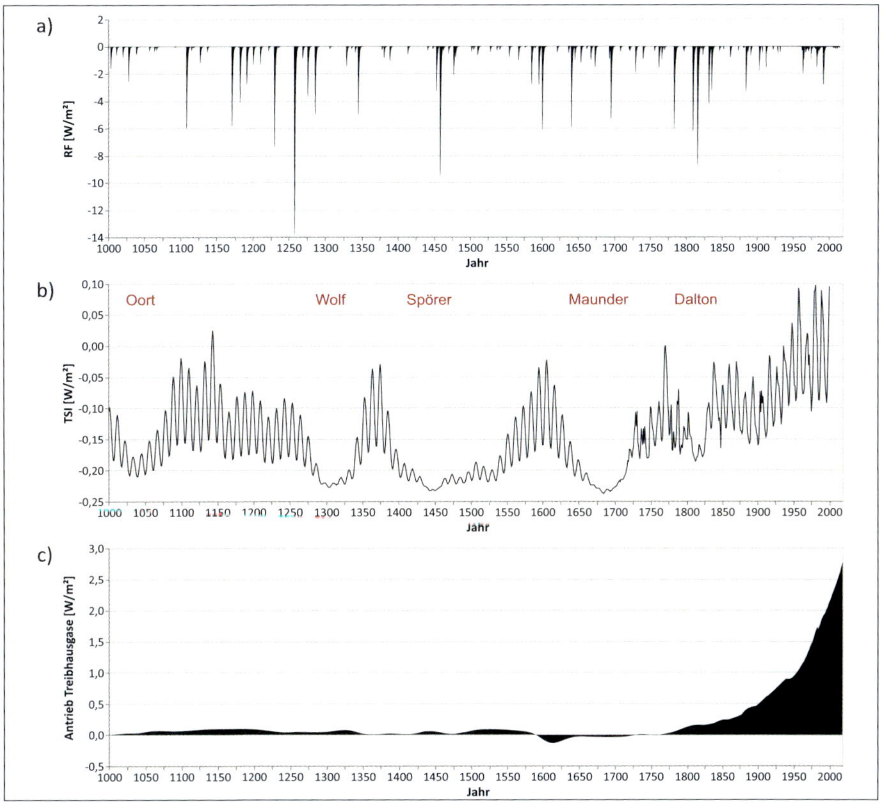

Abb. 6.9. Ausgewählte Parameter, die den Antrieb des Klimasystems während der letzten 1000 Jahre anzeigen. a) Rekonstruierter Aerosol-Antrieb aus Vulkanausbrüchen auf der tropischen, nördlichen und südlichen Hemisphäre (nach Toohey, Sigl 2017). b) Gesamte Sonneneinstrahlung (TSI) (nach Muscheler et al. 2007; Usoskin et al. 2014). c) Gesamter Strahlungsantrieb durch die Treibhausgase CO_2, CH_4 und N_2O (Daten von Ed Dlugokencky und Pieter Tans, NOAA/ESRL: www.esrl.noaa.gov/gmd/ccgg/trends/, und: ftp://ftp.cmdl.noaa.gov/hats/n2o/combined/HATS_global_N2O.txt).

oder Wärmeperiode von etwa 900 bis 1300 weniger Vulkanausbrüche und nur ein GSM nachgewiesen sind. Das HMA als letzter Teil dieser Periode weist mittlere Sommertemperaturen auf, die mit denen des 20. Jahrhunderts vergleichbar sind. Deshalb verwenden der US-amerikanische Paläoklimatologe Ray Bradley, sein amerikanischer Kollege Henry Diaz sowie der Mitautor dieses Buches, der Schweizer Klimatologe Heinz Wanner, den Begriff «Medieval Quiet Period».[14] Nach ihren Erkenntnissen darf man annehmen, dass die spätholozänen Warmzeiten vor allem auf die geringe vulkanische Aktivität und das Fehlen von solaren Minima zurückzuführen sind, was für den Vergleich mit der Warmperiode der Gegenwart (WPG) wesentlich ist.

Die 1000 Jahre lange Zeitreihe in Abbildung 6.7b basiert auf dokumentarischen Quellen von 1000 bis 1750 und ergänzenden instrumentellen Messungen von 1751 bis 2007[15] Da diese dokumentarischen Quellen auch für die Wintersaison zur Verfügung stehen, ermöglichen sie eine Rekonstruktion von Temperatur-Jahresmittelwerten, allerdings ohne die Herbste. Aufgrund der Art der Datenquellen, der oft eher lokalen Informationen der Daten und der kürzeren Glättungsperioden zeigt die schwarze Kurve eine höhere Variabilität und bemerkenswerte Veränderungen zwischen kalten und warmen Perioden während des HMA. Um den Vergleich zu Abbildung 6.7a zu erleichtern, zeigt die rote Kurve eine Filterung. Dabei ist es unmöglich, den genauen Zeitpunkt des Übergangs vom HMA zur NKE zu definieren. Nach den beiden Abbildungen 6.7a und b könnte man argumentieren, dass die NKE im späten 13. Jahrhundert oder sogar nach 1400 begann. Trotz der eher kleinen Temperaturamplituden ist der Einfluss von mindestens drei GSM (Spörer, Maunder und Dalton; Abbildung 6.9b) sichtbar. Zusammen mit dem vulkanischen Antrieb und der internen Variabilität könnten sie eine wichtige Rolle bei der Entstehung der NKE gespielt haben. In beiden Temperaturkurven setzte um 1900 ein langsamer Erwärmungstrend ein. Er wurde im Wesentlichen durch die steigenden Treibhausgaskonzentrationen[16] beeinflusst, welche in Abbildung 6.9c dargestellt sind.[17] Die Temperaturkurve der nördlichen Hemisphäre (30°-90°N) in Abbildung 2.8a zeigt eine ähnliche Struktur, mit der einzigen Ausnahme, dass die tiefsten Temperaturen am Ende des 17. Jahrhunderts (während des Maunder-Minimums) deutlicher zu erkennen sind.

Rekonstruktionen von Niederschlag und Hydroklima basieren hauptsächlich auf Baumringanalysen und gelten daher meist für die Sommermonate von Juni bis August. Abbildung 6.8a zeigt die Zeitreihe eines kombinierten hydroklimatischen Indikators, der für Mitteleuropa berechnet wurde.[18] Es handelt sich um Jahreswerte des Palmer Drought Severity Index (PDSI). Der PDSI ist ein standardisierter Index, der auf Temperatur- und Niederschlagsdaten basiert und mit dem Ziel entwickelt wurde, Dürreperioden zu erfassen. Seine Werte reichen normalerweise von −4 (trocken) bis +4 (nass) mit 0 als Normalzustand. Die zweite Zeitreihe in Abbildung 6.8b wurde für den Raum Skandinavien geschätzt. Sie stellt den Standardized Precipitation Evapotranspiration Index (SVEI) dar.[19] Als Indikator der Bodenfeuchte basiert dieser Index auf der Differenz zwischen kumulativem Niederschlag und potentieller Evapotranspiration (PET). Die Berechnung der PET schließt auch die Temperatur mit ein. Obwohl Abbildung 6.8b auf Nordeuropa beschränkt ist, zeigen die beiden Kurven deutliche Ähnlichkeiten. Mindestens zwei starke Dürreperioden traten während des HMA auf, eine vor und eine nach 1150. Eine höhere Anzahl von Werten um 0 erscheint während der NKE. Im 15. Jahrhundert kam es zu einer lang anhaltenden und intensiven Megadürre. Nach der Literatur lagen die trockensten Jahre zwischen 1437 und 1473 Eine weitere

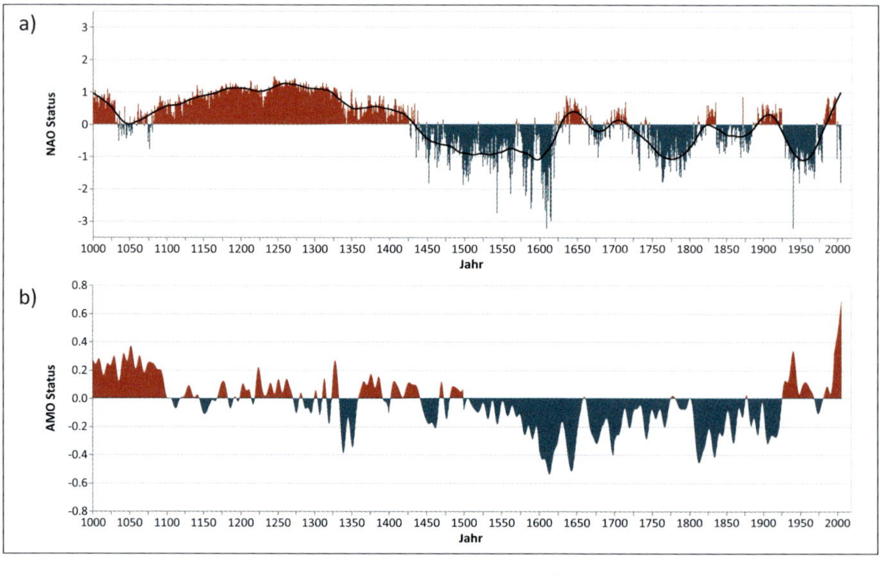

Abb. 6.10. Zwei Parameter, die den Einfluss der internen Variabilität auf das europäische Klimasystem während der letzten 1000 Jahre anzeigen. a) Zeitreihe des Zustands der Nordatlantischen Oszillation (NAO), basierend auf fünf Stalagmiten aus Nordwestschottland (nach Baker et al. 2015). b) Zeitreihe des Zustands der atlantischen multidekadischen Oszillation (Atlantic Multidecadal Oscillation, AMO), basierend auf den Oberflächentemperaturen des Nordatlantiks (nach Mann et al. 2009).

sehr trockene Periode wurde zwischen 1779 und 1827 beobachtet. Auch die PDSI-Analyse von Ed Cooks Team weist auf einzelne trockene Jahre hin: namentlich 1540, das in Mitteleuropa zusammen mit 1473 wahrscheinlich das dramatischste Ereignis der letzten 1000 Jahre war[20] (Teilkapitel 8.3.3 und 8.4.4), 1616 (Mitteleuropa), 1741 (Nordwesteuropa), 1893 (Mittel- und Südeuropa) und 1921 (Westeuropa). Zu beachten ist, dass in den drei letzten Jahrzehnten seit 1990 auch Sommertrockenheit herrschte. In den Jahren 1315 und 1316 ertränkten anhaltende Niederschläge einen Großteil der Kulturen, was eine schwere europäische Hungersnot auslöste (Teilkapitel 9.7.5).

Die Zuordnung von Proxy-basierten Niederschlagsanomalien zu natürlichen Antriebsfaktoren wie großen Vulkanausbrüchen[21],[22] (Abb. 6.9a) oder GSMs[23],[24],[25] (Abb. 6.9b) ist wegen der großen räumlichen Heterogenität und der starken Abhängigkeit des Niederschlagsgeschehens von der internen Variabilität des Klimasystems komplex. Etwas bessere Hinweise ergeben sich aus Klimamodellen (siehe Abb. 6.11) oder durch eine gezielte Berücksichtigung des Einflusses der internen Klimavariabilität. In Abb. 6.10a und b sind deshalb die Zeitreihen von zwei Klimamoden dargestellt, welche für die interne Klimavariabilität (auch als «Klimarauschen» bezeichnet) im atlantisch-europäischen Raum von großer Bedeutung sind. Sie werden hauptsächlich durch Wechselwirkungen zwischen Ozean und Atmosphäre verursacht (der zusätzliche Einfluss von Meereis ist nicht dargestellt).[26] Dargestellt sind nicht die gewohnten Indizes. In beiden Darstellungen wird der allgemeine Status (von positiv bis negativ) gezeigt.

Die Schaukel der Nordatlantischen Oszillation NAO (siehe Abb. 1.17 und 1.18) ist hauptsächlich im Winter von Bedeutung und steht im Wesentlichen für den Wechsel zwischen Perioden mit stärkeren oder schwächeren Westwinden.[27] Die Abbildungen 1.18a und b zeigen die räumlichen Auswirkungen eines positiven oder negativen NAO-Musters, und Abbildung 6.10a präsentiert die rekonstruierte Zeitreihe des NAO-Status, welche vom Team des australischen Paläoklimatologen Andy Baker anhand von fünf Stalagmiten aus Höhlen in Nordwestschottland bestimmt wurde.[28] Während des HMA liegen die Indizes meist im positiven Bereich, was auf wärmere und feuchtere Winter in Nordeuropa und Trockenheit in der Mittelmeerregion hindeutet (Abb. 1.18a). Die NKE zeigt eine Dominanz negativer NAO-Zustände nach etwa 1425, was schwächere Westwinde bedeutet und folglich für günstige Voraussetzungen für winterliche Kaltluftausbrüche aus dem starken sibirischen Hochdruckgebiet sorgt (Abb. 1.18b). Bemerkenswert ist, dass sich extreme Kaltluftausbrüche im Winter und im Frühjahr von den 1430er-Jahren an außerordentlich häuften (Teilkapitel 8.3.1 und 8.3.2). Man könnte spekulieren, dass die negativen Werte in der Mitte des 15. Jahrhunderts zumindest teilweise für die längere Megatrockenheit in Mittel- und Nordeuropa im 15. Jahrhundert verantwortlich waren, die in den Abbildungen 6.8a und b dargestellt ist. Das Forschungsteam von Johann Jungclaus vom Max-Planck-Institut für Meteorologie in Hamburg vermutet, dass die starke winterliche Abkühlung der NKE auch durch eine Abnahme des nordwärts gerichteten Wärmetransports im subpolaren Atlantikwirbel beeinflusst wird, welcher eine wichtige Komponente des nordatlantischen Teils des Golfstroms bildet.[29] Die Auswirkungen dieses Phänomens auf das Meereis und die atmosphärische Zirkulation einschliesslich der NAO werden in Teilkapitel 10.1.3 weiter erörtert.

Abb. 6.11. Simulierte 1000 Jahre lange Temperatur- (a) und Niederschlagszeitreihen (b) für Europa. Die Simulation stellt das Ergebnis eines Laufs mit der vierten Version des vollständig gekoppelten, modernen Erdsystemmodells CESM dar.

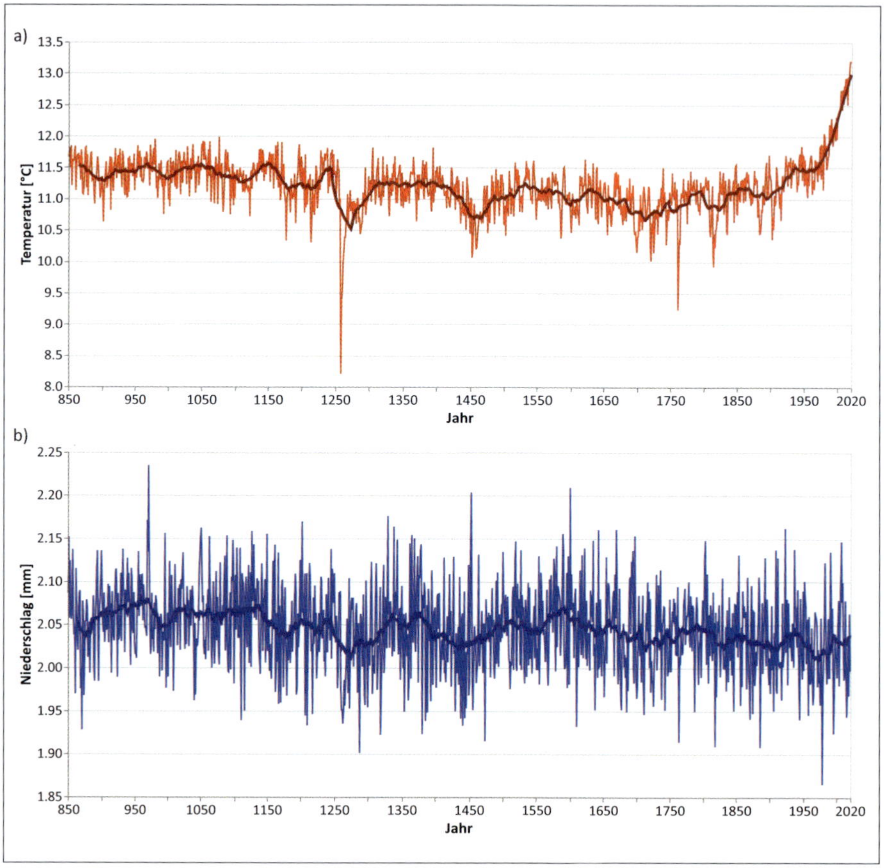

Ähnlich wie die NAO stellt dic AMO einen wichtigen Modus der natürlichen Klimavariabilität im nordatlantischen Raum dar.[30] Ihre Zeitreihe in Abbildung 6.10b basiert auf den durchschnittlichen Anomalien der Meeresoberflächentemperatur und beschreibt daher die Bedingungen im nördlichen Atlantik.[31] Im Gegensatz zur NAO, die kürzerfristige Periodizitäten von wenigen Jahren bis zu einem Jahrzehnt aufweist, folgt die AMO einer Quasi-Periodizität von etwa 70 Jahren. Die Kurven in den Abbildungen 6.10a und b weisen auf eine gewisse Ähnlichkeit zwischen der NAO und der AMO hin, was ebenfalls auf ein wärmeres HMA-Klima mit höheren Meeresoberflächentemperaturen (positiver AMO-Status) und eine Dominanz westlicher Winde im Winter (positiver NAO-Index) hinweist. Im Gegensatz dazu war die NKE im nordatlantischen Gebiet kühler und wurde durch mehr winterliche Ostwinde mit Kaltluftadvektion im Winter und Frühjahr beeinflusst.

Die El Niño Südliche Oszillation (ENSO) ist das wichtigste interannuelle bis subdekadische Klimamuster, das die atmosphärische Zirkulation sowie die Temperatur- und Niederschlagsverteilung unserer Erde beeinflusst (Abb. 1.17). Ihr Einfluss auf das globale Klima ist in der südlichen Hemisphäre sowie in Asien und Australien am stärksten ausgeprägt. Serien von El-Niño-Jahren haben die Tendenz, die globale Mitteltemperatur um einige Zehntel Grad zu erhöhen. Wenn das kühle Gegenstück oder die Schwester des El

Niño, La Niña, über mehrere Jahre anhält, weist die globale Temperatur leicht negative Anomalien auf.

Der Einfluss des El Niño auf Europa ist mit großen Unsicherheiten verbunden. Im Allgemeinen unterliegen El-Niño-Ereignisse einer deutlichen saisonalen Modulation. Immerhin ist ihr Einfluss auf das europäische Winterklima etwas stärker als in den anderen Jahreszeiten.[32] Obwohl das Signal leicht signifikant ist, zeigt es eine große Variabilität und kann durch Nebenwirkungen wie große tropische Vulkanausbrüche modifiziert werden. In einigen Jahren mit stärkeren El-Niño-Ereignissen gleicht das europäische Klima dem negativen Modus der NAO wie in Abbildung 1.18b dargestellt. In diesem Fall beeinflusst ein schwacher und warmer Polarwirbel in der Arktis auch die troposphärische Zirkulation. Die Windanomalien breiten sich nach unten aus und tragen zur Abschwächung der Weströmung im nordatlantischen Raum bei. Die rasche Erwärmung des polaren Stratosphärenwirbels im Winter kann mit einer «Plötzlichen Erwärmung der Stratosphäre» in Verbindung gebracht werden, die im Einschub 8H näher beschrieben wird. La-Niña-Winter zeigen manchmal ein entgegengesetztes Muster (positive NAO), wie dies in Abbildung 1.18a dargestellt wird. Wie bei den El-Niño-Wintern ist der Zusammenhang zwischen häufigen La-Niña-Perioden und dem europäischen Winterwetter ebenfalls unsicher, und es kann nicht behauptet werden, dass eine höhere La-Niña-Aktivität für die Kleine Eiszeit verantwortlich gewesen sein könnte. Das europäische Hydroklima reagiert ebenfalls unterschiedlich auf variable Formen von El Niño.[33] Bei durchschnittlich starken El Niños gehen nasse Bedingungen in West- und Südeuropa mit trockenen Bedingungen in Nordeuropa einher. Extrem starke El Niños dagegen werden mit trockenen Bedingungen in Westeuropa in Verbindung gebracht.

Abbildung 6.9c zeigt die Zeitreihe des gesamten THG-Antriebs durch Kohlendioxid (CO_2), Methan (CH_4) und Distickstoffoxid (N_2O). Der Konzentrationsanstieg aller drei Gase, welcher nach der industriellen Revolution um 1800 begann, ist deutlich sichtbar. Ihre Auswirkungen werden in den Kapiteln 10 und 11 diskutiert.

6.4 Eine Klimasimulation über 1000 Jahre

Die Ergebnisse einer 1020 Jahre dauernden Simulation für Europa mit dem aktuellen Erdsystemmodell CESM, das vom National Center of Atmospheric Research (NCAR) in Boulder, Colorado, USA, entwickelt wurde, sind in Abbildung 6.11 dargestellt.[34] Das Modell, das einen interaktiven Kohlenstoffkreislauf enthält, wurde durch die klassischen Energieantriebe im Klimasystem, wie Sonneneinstrahlung, Treibhausgase, vulkanische und anthropogene Aerosole sowie Landnutzungsänderungen angetrieben. Es muss betont werden, dass eine einzige Simulation für eine klare Beurteilung nicht ausreichend ist und bloß einige Hinweise liefern kann.

Abbildung 6.11a zeigt die europäische Zeitreihe der Jahresmitteltemperatur. Im Allgemeinen ist der leicht negative Temperaturtrend zwischen dem HMA, der NKE und der rasch ansteigenden Temperatur nach etwa 1980 deutlich sichtbar. Eine ausgeprägte dekadische Variabilität mit bemerkenswerten negativen Temperaturspitzen dominiert vor allem nach starken vulkanischen Ausbrüchen, z. B. des Samalas in Indonesien im Jahr 1257, nach einer unbekannten Eruption im Jahr 1459,[35] der Lakispalte in Island 1783, des Tambora in Indonesien 1815 und des Krakatau in Indonesien 1883. Abgesehen vom negativen Temperaturtrend zwischen 1300 und 1830. ist nur eines der klassischen GSM deutlich erkennbar, nämlich das Spörer-Minimum um 1450. Der moderne Temperaturtrend für Europa zwischen 1980 und 2020 beträgt etwa 1 °C. Die PMIP3-Simulationen der PAGES-2k-PMIP3-Arbeitsgruppe zeigen ähnliche Ergebnisse mit starken Reaktionen der Modelle auf große Vulkanausbrüche.[36]

Abbildung 6.11b zeigt das Ergebnis der Simulation für den mittleren europäischen Jahresniederschlag. Der Niederschlag ist ein räumlich-zeitlich sehr variables Phänomen. Daher gibt es keinen klaren Trend, außer für die letzten 70 Jahre. Dieser Zeitraum zeigt einen schwachen positiven Trend, der eher das Ergebnis des allgemeinen Temperaturanstiegs als eine Reaktion auf Änderungen der atmosphärischen Zirkulation sein dürfte. Die deutlichen negativen Feuchtigkeitsspitzen in Abbildung 6.8a und b werden im Klimamodell nicht simuliert.

7. Die Periode des Hochmittelalters 1000–1300

7.1 Einleitung und Hinweise auf die Quellenlage

Das Kapitel 7 befasst sich mit Wetter und Klima während der Periode des Hochmittelalters (HMA) zwischen 1000 und 1300. Dieses einleitende Teilkapitel vermittelt nebst einigen allgemeinen Charakteristika der Periode einen Überblick über die Quellenlage. Dann präsentiert es die jahreszeitliche Entwicklung in West- und Mitteleuropa pro Jahrhundert anhand von Pfister-Indizes (Teilkapitel 5.4), wobei Extremereignisse eingehend geschildert werden. Die saisonübergreifenden Übersichten über ein Jahrhundert werden jeweils durch Informationen aus anderen Teilen Europas ergänzt. In Kapitel 10 werden die wesentlichen Ergebnisse für das Hochmittelalter in den Kontext des gesamten Jahrtausends eingebettet und zu Gletscherschwankungen sowie Antriebsfaktoren (Forcings) in Beziehung gesetzt. Drei Einschübe bringen Menschen ins Spiel.

Aus klimatologischer Sicht ist das HMA der letzte Teil einer längeren, üblicherweise als «Medieval Climate Anomaly» oder «Medieval Warm Period» bezeichneten Zeitspanne (Kapitel 6). In der Tat genossen die Menschen im 13. Jahrhundert eine herausragende Periode sonniger Sommer, die gesamthaft gesehen wahrscheinlich wärmer waren als jene im kurzen 20. Jahrhundert (K20JH). Andererseits ist im HMA eine kalte Periode nachgewiesen, die einen erheblichen Vorstoß der Alpengletscher nach sich zog. Zu den bemerkenswerten humangeschichtlichen Entwicklungen gehören ein langanhaltender Bevölkerungsanstieg im späten 12. und im 13. Jahrhundert, ein wirtschaftlicher Aufschwung und damit verbunden der Bau von majestätischen romanischen und frühgotischen Kathedralen (Teilkapitel 9.3).

Abschließend führt dieses Teilkapitel in die wichtigsten allgemeinen Referenzen ein. Die saisonalen Pfister-Indizes mit Werten von +2, +3, −2 sowie −3 sind in den Tabellen 1 bis 3 im Online-Anhang dokumentiert.[1] Indizes von +1, 0 und −1 werden nur summarisch in Bezug auf kritische Zusammenstellungen referenziert (Teilkapitel 5.3.1).

An kritischen Kompilationen für das HMA seien die folgenden genannt: Der belgische Historiker Pierre Alexandre veröffentlichte einen ausgefeilten Witterungs- und Quellenkatalog in französischer Sprache für den größten Teil des europäischen Kontinents, der bis 1426 reicht.[2] Der vom britischen Klimatologen Charles E. Britton zusammengestellte Witterungskatalog reicht bis 1450.[3] Das Schweizer Ehepaar Werner und Gabriela Schwarz-Zanetti legte gut dokumentierte Temperatur- und Niederschlagsindizes für das Mittelalter in Mitteleuropa bis zum frühen 16. Jahrhundert vor. Nach dem frühen Tod ihres Mannes veröffentlichte Schwarz-Zanetti eine gekürzte Fassung dieser Arbeit in deutscher Sprache, auf der die vorliegenden Rekonstruktionen zu einem Teil beruhen.[4] Indizes für die Burgundischen Niederlande im 15. Jahrhundert sind bei der Schweizer Historikerin Chantal Camenisch und beim französischen Historiker Laurent Litzenburger für Lothringen nachgewiesen.[5] Der niederländische Historiker Jan Buisman und der niederländische Klimatologe Aryan van Engelen stellten den detailliertesten und umfassendsten Katalog von Wetterbeobachtungen für Westeuropa zwischen 763 und 1825 zusammen. Er ist in Niederländisch publiziert und umfasst bis heute sieben Bände, wobei viele Dokumente ins Niederländische übersetzt wurden.[6] Der deutsche Historiker Thomas Wozniak hat kürzlich die erste wissenschaftlich fundierte Studie zur

Darstellung von Naturereignissen in historischen Quellen zwischen dem 6. und 11. Jahrhundert veröffentlicht. Räumlich beschränkt sie sich auf das Heilige Römische Reich und die nördlich angrenzenden Gebiete.[7] Für den Zeitraum vom späten 12. bis zum frühen 15. Jahrhundert gehören die publizierten Quellen aus England zu den aussagekräftigsten.[8] Die Klimageschichte Mitteleuropas des deutschen Klimatologen Rüdiger Glaser deckt das gesamte Jahrtausend bis 1750 ab, geht aber oft nicht ins Detail. Ein besonderes Augenmerk legt Glaser auf die Niederschläge.[9] Schließlich werden die im Teilkapitel 5.3. erläuterten Proxydaten herangezogen, soweit sie das HMA betreffen. Auf Baumringdaten wird nur gelegentlich zur Unterstützung verwiesen.

7.2 Eine Warmperiode um das Jahr 1000

Sowohl Simulationen als auch Rekonstruktionen anhand von Daten aus den Archiven der Natur zeigen einen Wärmegipfel zwischen 900 und 1050 (Kapitel 6). Obwohl Chroniken und Annalen wenig Informationen über Witterung und Klima in dieser Zeit liefern, wird versucht, einige Indizien zusammenzutragen, die auf ein wärmeres Klima hindeuten. Die Alpengletscher zogen sich um 1000 zurück (Kapitel 6). In Island soll Gerste angebaut worden sein, doch sind die Belege zum Klima nicht schlüssig. Nach 1400 geht die Zahl der Dokumente stark zurück, in denen Gerste erwähnt wird. Doch ist dies wahrscheinlich auf die Pest zurückzuführen, die Island 1402 bis 1404 heimsuchte.[10] Im südlichen Schottland wuchs Hafer in wesentlich höheren Lagen als im 20. Jahrhundert.[11] In Irland wurden ziemlich regelmäßig gute Ernten eingebracht.[12] In Frankreich stockten Reben etwa 500 km weiter nördlich der heutigen kommerziellen Weinberge.[13] Der marokkanische Geograph und Kartograph Muhammad al-Idrisi (1100–1165) schreibt, dass Rebberge in Flandern um Gent und Brügge, weiter nördlich um Utrecht und Bremen, weiter im Osten um Krakau in Polen zu finden waren.[14] Mittelalterliche Quellen aus den tschechischen Ländern und aus Thüringen in Deutschland erwähnen die Größe der lokalen Weinernten.[15]

Laut einer 1018 von der Benediktinerabtei Cluny eingeführten Tradition wurde der erste Wein im französischen Burgund in der Regel bei der Messe der Verklärung Christi am 12. August (gregorianischer Kalender) am Altar geweiht und anschließend jedem Mönch gereicht. Aus späteren Angaben ist bekannt, dass zwischen der ersten Kostprobe und dem allgemeinen Beginn der Weinlese ein bis zwei Wochen lagen.[16] Daraus lässt sich vermuten, dass die Weinlese Ende August oder Anfang September stattfand. In späteren Jahrhunderten entspricht dies dem Lesedatum in extrem warmen Sommern. Wenn sich die Reifung der Trauben verzögerte, wurde allerdings anstelle von Wein Traubensaft angeboten.Die Traubensorten und die Art des Anbaus – am Spalier oder im offenen Weinberg – sind nicht bekannt.[17] Bis zum 13. Jahrhundert waren die meisten Weinberge Nordeuropas mit weißen Rebsorten bepflanzt, die früher reiften als rote. Sie waren auch widerstandsfähiger gegen die Feuchtigkeit und Kälte des nördlichen Klimas.[18]

Abb. 7.1. Ein Wikinger-Kriegsschiff (mit Rudern) und ein Transportschiff (mit Segel) (Szene aus dem Wandteppich von Bayeux, Normandie. Foto: Dennis Jarvis).

Einschub 7A: Die Entdeckungsfahrten der Wikinger - von Island in die Neue Welt

Indizien für eine sogenannte «mittelalterliche Warmperiode» liefern die Expeditionen der Wikinger nach Grönland und in die Neue Welt. Diese beziehen sich üblicherweise auf die Zeit zwischen 800 und 1100, «als Menschen aus dem heutigen Norwegen, Schweden und Dänemark ihre Heimat verließen und weit reisten, um zu rauben und zu plündern, aber auch um Handel zu treiben und sich niederzulassen».[19] Der Begriff «Wikinger» bedeutet eigentlich «Seeräuber», aber bei den meisten Siedlern im Gebiet des Nordatlantiks handelte es sich eher um Bauern.[20] Von Norwegen aus ließen sie sich im Nordwesten Englands, in Irland und weiten Teilen Schottlands nieder.[21] Im Jahr 871 soll Island besiedelt worden sein. Von dort aus stießen die Wikinger um 985 nach Grönland vor und errichteten um das Jahr 1000 einen vorübergehenden Brückenkopf in der Neuen Welt.[22] Berühmt sind die Kriegsschiffe der Wikinger. Sie waren bis zu 30 m lang, etwa 5 m breit, mit einem eingebauten Mast versehen und mit maximal 12 Rudern auf jeder Seite ausgestattet. Die Langschiffe dürften einer Besatzung von 50–60 Mann Platz geboten haben. Sie wurden vor allem für die Kriegsführung und Fahrten entlang der Küste eingesetzt. Für Transporte von Gütern und Personen auf dem offenen Meer benutzen die Wikinger einen sogenannten «Knarr» oder ein Frachtschiff. Diese Schiffe konnten viel schneller fahren, als man erwarten würde, nämlich bis zu 30 Knoten oder Seemeilen (ca. 55 km/h) (Abb. 7.1).[23]

Die Besiedlung Islands brachte ein reiches literarisches Erbe hervor. Unsere Kenntnisse der Klimageschichte stammen zu einem guten Teil aus historischen Quellen, namentlich aus Annalen, frühen geographischen Quellen sowie kirchlichen und staatlichen Inventaren. Bekannt sind insbesondere die Sagas. Die Sagas der Isländer, die über die frühen Siedler in Island berichten, tragen eher literarischen Charakter. Sie wurden im 13. und 14. Jahrhundert niedergeschrieben und betreffen Ereignisse, die 200–300 Jahre früher stattfanden. Diese Sagas basierten auf mündlichen Erzählungen und früheren schriftlichen Berichten, und ihre Autoren sind im Allgemeinen unbekannt.[24]

«Zwei dieser Sagas, die Saga von Erik dem Roten und die Saga der Grönländer, berichten ausführlich über die Besiedlung Grönlands.»[25] Sie erzählen zwar im Wesentlichen die gleiche Geschichte, unterscheiden sich aber in einer Reihe von Details. Der früheste Bericht über die Besiedlung Grönlands ist Íslendingabók (Das Buch der Isländer), ein historisches Werk. Sein Autor, Ari Thorgilsson (1067–1148), ist als «der Gelehrte» bekannt. Man geht davon aus, dass sein Werk wahrscheinlich zwischen 1122 und 1133 entstanden ist.[26]

Im Sommer 985 ging eine Flottille von 14 Schiffen an der südwestlichen Küste Grönlands, im heutigen Bezirk Julianehåb, an Land. Etwa 450 Kolonisten waren an Bord, angeführt von einem rotbärtigen Mann namens Erik Thorvaldsson, bekannt als «Erik der Rote».[27] Die Überfahrt ins Unbekannte auf kleinen Booten – ohne Lotsen, ohne Karten – war riskant. Die Route führt durch die Dänemarkstraße, ein Gebiet, das für seine variable Ausdehnung des Packeises bekannt ist.[28] Elf Boote mussten nach Island zurückkehren oder gingen auf See verloren.[29] Erik wusste, dass es im Westen ein neues Land gab, seitdem ein norwegischer Seemann namens Gunnbjörn die Küste Grönlands etwa 50 Jahre zuvor gesichtet hatte.[30]

Erik der Rote wurde um 950 in Norwegen geboren. Nachdem sein Vater aus Norwegen verbannt wurde, weil er einen Mord begangen hatte, zog die Familie nach Island, als Erik zehn Jahre alt war. Er erwarb dort Land und gründete eine Familie. Nachdem er 982 bei einem Rachefeldzug drei Männer getötet hatte, wurde er vom «Thing» (der germanischen Versammlung freier Männer) für drei Jahre geächtet und verbannt. Während dieser Zeit begab sich Erik auf die Suche nach dem von Gunnbjörn erwähnten Land, dem heutigen Grönland. Erik segelte dorthin, wahrscheinlich mit einigen Sklaven und Begleitern, und erforschte das Land drei Jahre lang, ohne auf Menschen zu treffen. Er wusste jedoch, dass dort Menschen, die Vorfahren der heutigen Inuit, gelebt hatten. Während seiner Erkundungen gab Erik vielen Orten Namen.[31] Der Name Grönland, wörtlich «grünes Land», hat zu erheblichen Diskussionen geführt. Ari Thorgilsson schrieb in Íslendingabók: «Das Land namens Grönland wurde von Island aus entdeckt und besiedelt. Ein Mann namens Erik der Rote [...] ging dorthin [...] und gab dem Land einen Namen. Er nannte es Grönland und sagte, dass dieser attraktive Name die Leute ermutigen sollte, dorthin auszuwandern.»[32] Heute setzen wir Grönland mit Eis gleich, daher erscheint der Name seltsam. Doch wer sich im 10. Jahrhundert der Küste Grönlands näherte, kam auf dem Seeweg, und dann «war nicht das Eis das dominierende Merkmal des Geländes, sondern die grüne Vegetation der küstennahen Fjordregionen».[33]

Die Sage von den Grönländern und die Sage von Erik dem Roten erzählen außerdem von den Expeditionen in ein gelobtes Land westlich von Grönland, das ein sturmgepeitschter Isländer namens Bjarni Herjólfsson zufällig gesichtet hatte. Es ist bereits ein Teil des nordamerikanischen Kontinents.[34] Die Wikinger nannten es Vinland, was wörtlich «Weinland» bedeutet, denn in der Vinland-Saga wird die Entdeckung wilder Trauben erwähnt.[35] Die Expeditionen nach Vinland wurden von Eriks Sohn Leif Erikson organisiert. Sie verfolgten einen dreifachen Zweck: die Erkundung neuer Ressourcen, deren Ausbeutung sowie die Erkundung des Potenzials für eine Besiedlung. Die Tatsache, dass die Grönländer tatsächlich Nordamerika erreichten, wird durch archäologische Funde eines vermuteten Basislagers für die Erkundungen an einem Ort namens «L'Anse aux Meadows» an der nördlichsten Spitze des heutigen Neufundlands bestätigt. Wilde Weintrauben wachsen dort allerdings nicht. Vielmehr findet man solche in der Region New Brunswick, etwa 400 km weiter südlich. Vinland wurde nach einigen Jahren aufgegeben, wahrscheinlich aufgrund von Konflikten zwischen den Wikingern und den Einheimischen, den Vorfahren des heutigen Volkes der «Mi'kmaq First Nations».[36].

Günstige klimatische Bedingungen dürften es den Wikingern erleichtert haben, auf ihren Expeditionen nach Norden vorzustoßen. Organische und anorganische Temperaturindikatoren deuten darauf hin, dass sich das Packeis im Nordatlantik um die Jahrtausendwende zurückgezogen hatte. Darauf deutet die Untersuchung von hochauflösenden marinen Sedimentkernen hin, die im Nansen Fjord vor Ostgrönland gesammelt wurden. Der Ostgrönlandstrom führt kaltes Polarwasser, wärmeres Atlantikwasser sowie Packeis in dieses Gebiet. Veränderungen in der Herkunft dieser Wassermassen lassen sich primär aus dem Verhältnis von zwei Gruppen von mikroskopischen organischen Einzellern ableiten, die auf dem Meeresboden abgelagert sind. Jede Gruppe dieser sogenannten Foraminiferen ist an eine bestimmte Wassertemperatur gebunden (Abb. 5.5). Die «wärmeliebende» organische Gruppe dominiert zwischen 730 und 1100, was nahelegt, dass in dieser Zeit das wärmere Atlantikwasser vorherrschte.

Die marinen Sedimentkerne enthalten auch einen anorganischen Temperaturindikator, der auf zwei verschiedenen Ablagerungen beruht. Kieseliger, ungeschichteter Schlamm deutet darauf hin, dass das Meer offen und mit schwimmenden Eisbergen besetzt war, während fein geschichteter Schlamm unter Packeis abgelagert wurde. Die Zusammensetzung der anorganischen Ablagerungen unterstützt somit die Schlussfolgerungen, die aus den vorherrschenden Foraminiferen gezogen wurden. Diese beiden Indikatoren aus den Archiven der Natur stimmen somit mit der dokumentarischen Überlieferung überein. Diese Veränderungen der Meeresoberflächentemperaturen könnten zu warmen Bedingungen in Nord- und Westeuropa geführt haben, wobei Treibeis die Küsten Islands im Durchschnitt nur wenige Wochen pro Jahr erreichte.[37]

Insgesamt betonen die Klimaforscher jedoch, dass die Temperaturen im Mittelalter (zwischen 730 und 1100?) nicht so hoch waren wie in der Zeit seit 1970.[38] Satellitenbeobachtungen des Packeises begannen im Jahr 1979. Seitdem beziffert sich der jährliche Verlust der Meereisausdehnung am Ende der Schmelzperiode im September auf durchschnittlich 36'000 km². Im letzten Jahrzehnt hat sich dieser Wert allerdings vervierfacht.[39] Diese Daten legen nahe, dass die Fläche des arktischen Packeises heute bedeutend geringer ist als zur Zeit der Wikinger.

7.3 Das 11. Jahrhundert

Die Rekonstruktionen im 11. Jahrhundert umfassen nur Winter und Sommer, da für die anderen Jahreszeiten keine ausreichenden Informationen vorliegen. Außerdem sind mehrere Jahreszeiten nur mit einer Quelle dokumentiert, sodass die Ergebnisse höchstens als Tendenz interpretiert werden sollten.

7.3.1 Die Winter **1000** bis **1099**

Für das 11. Jahrhundert sind 23 Winter dokumentiert.[40]
6 Winter waren kalt.[41] **3 waren extrem kalt.**[42] **1 wird beschrieben.**

1077: Dieser bedeutendste Winter des Jahrhunderts wird von 35 zeitgenössischen Chronisten beschrieben. Anfang November 1076 fiel tiefer Schnee, und große europäische Flüsse und Gewässer, wahrscheinlich auch der Bodensee[43] und der Tiber in Rom, bedeckten sich im Verlaufe der folgenden Wochen mit Eis. Der Frost und die Schneedecke dauerten bis Ende März, in manchen Regionen sogar bis Anfang April, also mehr als 140 Tage lang.[44] Berücksichtigt man die kurze Zeitspanne zwischen dem Einsetzen des Kälteeinbruchs und dem Zufrieren der großen Seen und Flüsse etwa drei Wochen später, war der November 1076 einer der kältesten Monate des Jahrtausends. Die Anzeichen deuten darauf hin, dass in einer ersten Phase die Advektion von polarer Meeresluft dominierte, gefolgt in einer zweiten Phase von trockener arktischer Luft. Nördlich der Alpen führten diese Luftmassen zu einem deutlichen Druckanstieg und aufgrund ihrer Trockenheit und der schneebedeckten Landschaft zu einer starken Strahlungskühlung, was die Hochdrucklage verstärkte. Südlich der Alpen sorgte die arktische Luft für die anhaltende Bildung von Tiefdruckgebieten mit starken Schneefällen.[45] Der Große Winter von 1963, der letzte vor dem Einsetzen der raschen Klimaerwärmung, trug ähnliche Züge, nur war er kürzer (Einschub 8I). Betrachtet man die Dauer der Schneebedeckung und der Vereisung von Gewässern, ist der Winter 1077 mit jenem von 1364 gleichzusetzen, der bisher als der kälteste des letzten Jahrtausends galt (Kap. 8.2.1).

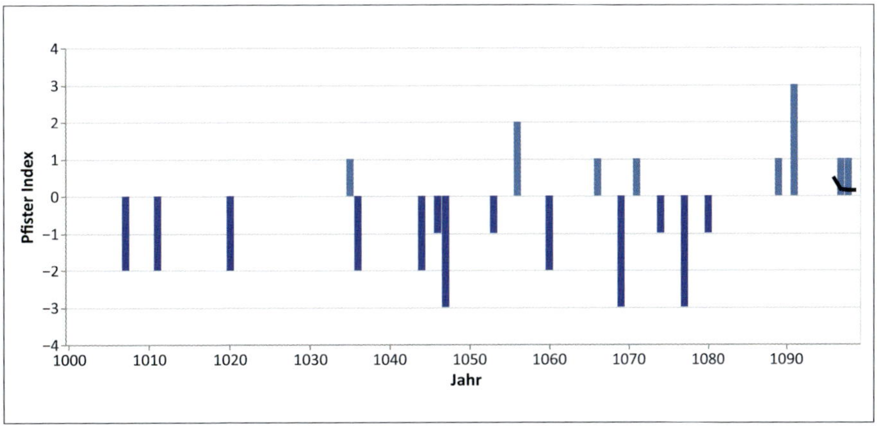

Abb. 7.2. Die Entwicklung der Wintertemperaturen 1000 bis 1099.

1 Winter war warm.[46] 1 war extrem warm. Dieser wird beschrieben.

1091: In dieser Jahreszeit fiel in den tschechischen Ländern weder Schnee noch Regen.[47]

Die Entwicklung im Verlaufe des 11. Jahrhunderts lässt sich wie folgt zusammenfassen (Abb. 7.2): Extrem frostige Jahreszeiten, die viel Schnee und eisige Temperaturen mit sich brachten, waren eine Zeit des Leidens und des Todes für Menschen und Tiere. Aus diesem Grund wurden bereits in frühen Chroniken Beschreibungen von eisigen Wintern dokumentiert, die allerdings meist von Gewittern, Wirbelstürmen und Polarlichtern berichteten, die als Omen für die Zukunft galten (Teilkapitel 4.2). Weniger drastische und spektakuläre wärmere Winter wurden nicht im Detail beschrieben, was zu aussagekräftigeren Indizes geführt hätte. Es steht mindestens fest, dass die Winter von 1045 bis 1080 überwiegend kalt waren und dass eisige Winter nach dem bahnbrechenden Winter von Canossa nicht mehr belegt sind (Einschub 7B). Zusammengefasst beträgt die Summe der kalten Indizes 25, jene der warmen Indizes 11 (Abb. 10.3a).

Einschub 7B: Der Gang nach Canossa – eine Erfindung?

Der Winter 1077 ging in die Geschichtsbücher ein, weil er die Bühne für einen weitreichenden Konflikt zwischen dem Papst und dem König des Heiligen Römischen Reiches (dem heutigen Deutschland und den angrenzenden Gebieten) bereitete, der im Gang nach Canossa gipfelte. Zu dieser Zeit war «Deutschland» eine «Ansammlung von autonomen Provinzen, die von weltlichen und kirchlichen Fürsten regiert wurden und keine der zentralisierenden Merkmale eines modernen Staates aufwiesen».[48] Der deutsche König besaß keinen Machtapparat, um den Reichsfürsten seinen Willen aufzudrängen. Die Akzeptanz der königlichen Autorität hing weitgehend von der Kooperation der Fürsten und dem Gefühl des Dienens ab, das sich aus dem Treueeid gegenüber dem König ergab.[49] «Deutschland» war das größte der drei Königreiche, des deutschen, burgundischen und des italienischen, die zusammen das Heilige Römische Reich bildeten. Der Kaiser – in der Regel der deutsche König – wurde vom Papst geweiht; die Kirche selbst stand aber bis Mitte des 11. Jahrhunderts unter dem Einfluss des deutschen Königs. Dieser ernannte den Papst und die Bischöfe. Dieselben waren reiche und mächtige Feudalherren, die über wesentliche Teile des Reiches herrschten. Ihre Loyalität war für den König von größter Bedeutung.

Ein Kreis kirchlicher Reformer unter der Führung des späteren Papstes Gregor VII. sprach dem Papst das Recht zu, die Bischöfe zu ernennen, was König Heinrich IV. nicht akzeptierte. Als er 1075 einen neuen Erzbischof von Mailand einsetzte, um seine Rechte als Herrscher über Norditalien wieder geltend zu machen, widersetzte sich Papst Gregor VII. «Im Gegenzug berief der junge König die deutschen Bischöfe ein, die den Papst absetzten. Daraufhin exkommunizierte der Papst den König. Er erklärte die von den Fürsten dem König geschworenen Treueeide für null und nichtig.»[50] Daraufhin rebellierten einige Fürsten, wodurch Heinrich die Exkommunikation aufheben musste. Nach der bekannten und eindrucksvollen Geschichte näherte sich König Heinrich am 26. Januar 1011 «in erbärmlichem Zustand, barfuß und in Wolle gekleidet» dem Tor der Festung von Canossa in Norditalien, wohin sich der Papst zurückgezogen hatte. Zuvor hatten der König und sein Gefolge den Mont-Cenis-Pass zwischen dem heutigen Frankreich und Italien überquert, der für seinen tiefen Schnee und seine abschüssigen Steigungen berüchtigt ist.

Neuere Untersuchungen haben jedoch ergeben, dass der Kronzeuge des Gangs nach Canossa, der Chronist Lambert von Hersfeld, die Reise Heinrichs in den Bericht des römischen Historikers Titus Livius (ca. 58 v.Chr. bis 17 n.Chr.) von Hannibals berühmter Überquerung der Alpen im Herbst 218 v.Chr. kleidete. Fragwürdig ist auch Hersfelds Beschreibung, wonach der König drei Tage lang barfuß im Schnee vor dem Tor der Burg von Canossa stand. Denn für einen Menschen ist dies physiologisch unmöglich. Es ist sogar umstritten, ob der Gang nach Canossa überhaupt stattgefunden hat. Der deutsche Historiker Thomas Wozniak vertritt die Meinung, dass viele Chronisten die Reise Heinrichs absichtlich möglichst eindrücklich beschrieben, um auf die Sündhaftigkeit des Königs in seinem Streit mit dem Papst hinzuweisen.[51]

7.3.2 Die Sommer **1000** bis **1099**

Im 11. Jahrhundert sind 21 Sommer dokumentiert.[52]
2 Sommer waren kalt.[53] **3 waren extrem kalt.**[54] **1 wird beschrieben.**

1043: Chronisten in Nordost- und Süddeutschland, Belgien und Nordwestpolen klagten über «kalte, fast winterliche Regenfälle mit starkem Wind», die zu einer geringen Ernte saurer Trauben und einer nassen Getreideernte führten, was eine Hungersnot zur Folge hatte.[55] Solche Beschreibungen sind charakteristisch für «Jahre ohne Sommer».

3 Sommer waren warm.[56] **3 waren extrem warm.**[57] **2 werden beschrieben.**

1078: Eine Dürre suchte das Land heim. In England wüteten Waldbrände. In der im Pariser Becken gelegenen Stadt Sens wurden «im August» Trauben von guter Qualität geerntet, was nach dem gregorianischen Kalender dem Ende dieses Monats oder Anfang September entspricht.[58] Die extreme Hitze dieses Sommers wird durch Baumringdaten gestützt.[59]

1083: Mehrere Berichte aus verschiedenen Teilen Deutschlands und Irlands ergeben zusammen ein eindrückliches Bild, das an die Megadürre von 1540 erinnert.[60] Das Getreide wurde Anfang Juli geerntet, Weintrauben ab Ende August. Fische und Vieh starben in großer Zahl, und eine Epidemie der Roten Ruhr kostete eine große Zahl von Opfern.[61] Sowohl extrem kalt-nasse als auch extrem warm-trockene Sommer werden in mehreren unabhängigen Quellen beschrieben. Hungersnöte während der «Jahre ohne Sommer» waren einschneidende Ereignisse, die als Erinnerung für zukünftige Generationen aufgezeichnet wurden. In geringerem Maße gilt dies auch für heiße und

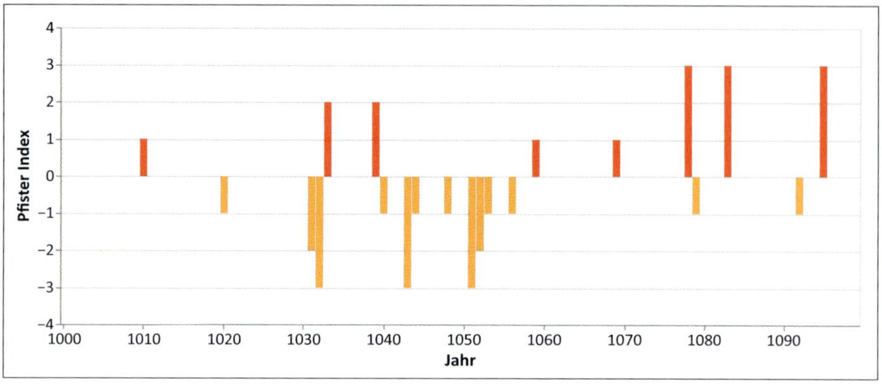

Abb. 7.3. Entwicklung der Sommertemperaturen 1000 bis 1099.

dürre Sommer. In beiden Fällen berichteten die Chronisten häufig über die Menge und die Qualität der Weinernte, manchmal auch über die Zeitpunkte der Ernte, die bekanntlich gute Klimaproxys sind (Teilkapitel 5.3.4). Aus Abbildung 7.3 lässt sich schließen, dass die Sommer zwischen 1031 und 1052 durchwegs kalt waren. Dann erwärmt sich die Jahreszeit, besonders nach 1070, wo nasse und kalte Sommer nicht mehr erwähnt werden und Berichte über warme Jahreszeiten etwas häufiger werden. Zusammengefasst beträgt die Summe der kalten Indizes 21, jene der warmen Indizes 18 (Abb. 10.3c).

7.3.3 Überlick über das Klima im 11. Jahrhundert

Die Bedingungen in den Wintern und Sommern sind die einzigen Indikatoren, die eine grobe Vorstellung von der Klimavariabilität in diesem Jahrhundert ermöglichen. Kalte Winter und kühle Sommer werden am häufigsten in der Zeit zwischen 1036 und 1052 erwähnt, wobei die anschließende Erwärmung des Sommers jener des Winters vorausgeht. Die angenommene Erwärmung war zwischen 1078 und dem frühen 11. Jahrhundert am stärksten ausgeprägt.

Packeis an den Küsten Islands wird im 11. Jahrhundert nicht erwähnt, was auf relativ milde Bedingungen hindeutet. Die Meerestemperaturen hängen von zwei Strömungen ab, dem warmen Irminger Strom und dem kalten Ostgrönlandstrom. Letzterer treibt oft Packeis an die Küsten, was die Lufttemperatur über dem Land stark senkt. Daher kann man vermuten, dass das Klima in Island zwischen 1078 und dem frühen 12. Jahrhundert milder war als in späteren Jahrhunderten.[62] In Nordgriechenland und auf dem Balkan waren die Temperaturen gegen Ende des 11. Jahrhunderts dagegen niedrig.[63]

7.4 Das 12. Jahrhundert

7.4.1 Die Winter von 1100 bis 1199

Im 12. Jahrhundert sind 55 Winter dokumentiert.[64]
12 Winter waren kalt.[65] **5 waren extrem kalt.**[66] **1 wird beschrieben.**

1150: Die Dauer der Schneedecke in diesem Großen Winter variiert je nach Standort des Beobachters. In Frankreich soll die Schneedecke drei bis vier Monate, in Sachsen bis zu sechs Monate angehalten haben, während der Frost in England vom 4. Dezember bis zum 11. März andauerte und die Feldarbeiten verzögerte. Die Nordsee fror bis zu drei Meilen vor der belgischen und niederländischen Küste zu, und die gefrorenen Wellen sahen aus wie Türme aus Eis. Gefrorene Flüsse, wie der Rhein und die Themse, trugen Menschen, Pferde und schwere Ladungen. Auf dem Höhepunkt der Kälte Mitte Januar platzte die Rinde von Bäumen auf, was – basierend auf analogen, thermometrisch dokumentierten Fällen – auf extrem niedrige Temperaturen von –25°C bis –30°C hinweist.[67] Viele Obstbäume und Weinstöcke gingen zugrunde. Menschen erlitten Erfrierungen oder erfroren, und hungrige Wölfe näherten sich den Dörfern.[68]

4 Winter waren warm.[69] **3 waren extrem warm.**[70] **2 werden beschrieben.**

1172: Im Nordosten Frankreichs, in den Niederlanden, in Teilen Deutschlands und der Schweiz berichteten Chronisten über heftige Stürme und Regen. In Belgien gefror es nur ein oder zwei Tage lang. Die Frühlingsvegetation erschien vorzeitig, und die Vögel nisteten früh.[71]

1187: In diesem schneelosen Winter herrschten fast sommerliche Bedingungen. Schon Ende Januar (nach gregorianischem Kalender) blühten in Frankreich und Deutschland die Obstbäume.[72] Anfang März hatten die Birnen mancherorts schon die Größe einer kleinen Nuss.[73] Solch rekordverdächtige Wintertemperaturen wurden seitdem wohl nie mehr erreicht, außer im Jahr 1290.

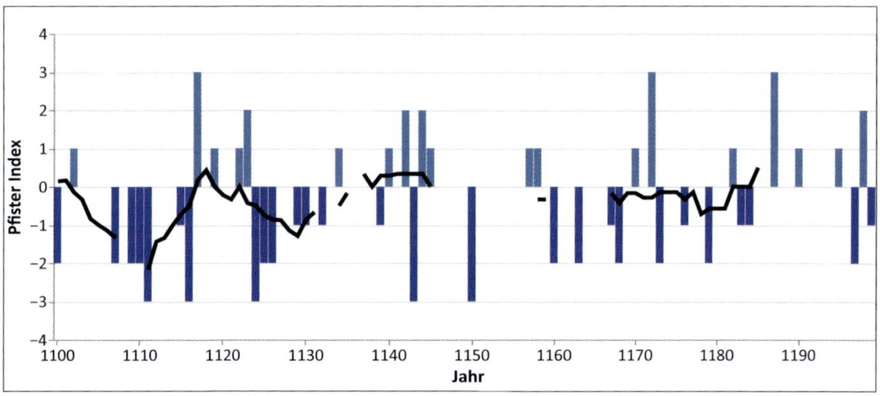

Abb. 7.4. Entwicklung der Wintertemperaturen 1100 bis 1199.

Die Entwicklung im Verlaufe des Jahrhunderts lässt sich wie folgt zusammenfassen (Abb. 7.4): Insgesamt stehen 17 kalten Jahreszeiten sieben warme gegenüber, wobei diese Bilanz etwas verzerrt ist, da wärmere Jahreszeiten im Allgemeinen weniger überzeugend beschrieben wurden als kältere. Andererseits gibt es einen deutlichen Überschuss bei der Anzahl der extrem kalten Jahreszeiten. Besonders häufig waren die eisigen Winter zwischen 1107 und 1128. Nach 1150 erwärmt sich die Jahreszeit etwas und nach 1180 noch schneller. Zusammengefasst beträgt die Summe der kalten Indizes 49, jene der warmen Indizes 29 (Abb. 10.3a).

7.4.2 Die Sommer von **1100** bis **1199**

Im 12. Jahrhundert sind 57 Sommer dokumentiert.[74]
6 Sommer waren kalt.[75] **9 waren extrem kalt.**[76] **5 werden beschrieben.**

1144: In diesem Jahr herrschte erbärmliche Witterung. In England und auf dem Kontinent (in Nordfrankreich, Belgien, Bayern und der Schweiz) warf ein Orkan Ende Januar Häuser um und fällte Obstbäume, Wälder und sogar Kirchtürme.[77] Im Sommer fiel häufig Regen bei westlichen Winden, und es war so kalt, dass sich die Getreideernte um einen Monat verzögerte. Die Traubenernte war klein und von schlechter Qualität. Die Getreidepreise schnellten in die Höhe, was auf eine Hungersnot hindeutet.[78]

1151: Dies war ein weiteres «Jahr ohne Sommer». In Nordfrankreich und Belgien regnete es während der Getreideernte von Anfang Juli bis Mitte August. Die Weinlese verzögerte sich bis Ende Oktober, und der Wein aus der mageren Traubenernte war ungenießbar. In einigen Orten wurde Bier gebraut, um den Wein zu ersetzen.[79]

1195, 1196 and 1197: Die Niederschlagsverhältnisse in diesen drei aufeinanderfolgenden Jahren trugen außerordentlichen Charakter. Im Jahr 1195 prasselte Regen vom Juli bis zum Ende des Jahres fast ununterbrochen hernieder. Die Getreideernte wurde drei Wochen zu spät eingebracht.[80] In England ging sie

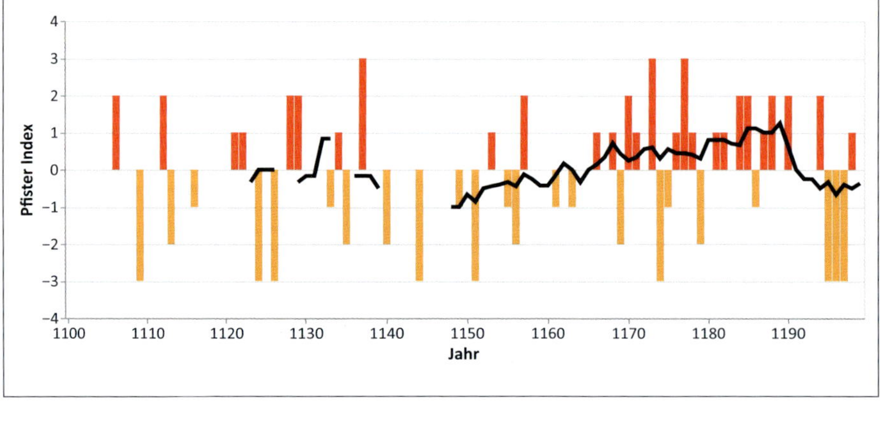

Abb. 7.5. Entwicklung der Sommertemperaturen 1100 bis 1199.

weitgehend fehl.[81] Im Jahr 1196 regnete es während der beiden kritischen Erntemonate erneut fast ohne Unterbrechung.[82] Die Getreideernte begann mit einem Monat Verspätung Ende August. Eine Handvoll saurer Trauben wurde Ende Oktober gepflückt.[83] Der dritte kühle und regnerische Sommer in Folge im Jahr 1197 führte erneut zu schlechten Getreide- und Weinernten.[84] Kein Wunder, dass die drei aufeinanderfolgenden katastrophalen Missernten wohl die schlimmste Hungersnot der letzten acht Jahrhunderte nach sich zogen (Teilkapitel 9.6.3).

11 Sommer waren warm.[85] 3 waren extrem warm.[86] 1 wird beschrieben.

1137: Diese Megadürre wird in mehreren Quellen ausführlich beschrieben. Von März bis September fiel in West- und Mitteleuropa kaum Regen. Böden, Sümpfe, Brunnen, Bäche und kleine Flüsse trockneten aus, und Bäume verdorrten. Wälder entzündeten sich selbst und brannten lange Zeit. Einige Quellen berichten von einer hohen Sterblichkeitsrate, die wahrscheinlich mit der Ruhr, einer epidemischen Magen- und Darmkrankheit, zusammenhing.[87]

Über das gesamte Jahrhundert ist die Bilanz mit 15 kalten und 14 warmen Jahreszeiten ausgeglichen (Abb. 7.5). Allerdings sind warme und kalte Sommer ungleichmäßig verteilt. Eine erste Serie kalter Jahreszeiten trat zwischen 1109 und 1124 auf. In Südwestdeutschland wurde in der Dekade 1120 bis 1129 keine einzige gute Weinlese verzeichnet,[88] was auf häufige kühle und nasse Sommer hinweist. Eine zweite nasskalte Periode zwischen 1140 und 1151 war möglicherweise noch ausgeprägter. Nach der Mitte der 1150er-Jahre erwärmten sich die Sommer, und nach einem Kälteeinbruch 1174 herrschten in den beiden Jahrzehnten 1175 bis 1194 warme Sommer vor.[89] Die 1190er-Jahre sind durch zwei oder drei aufeinanderfolgende «Jahre ohne Sommer» von 1195 bis 1197

Abb. 7.6. Die Dimension des Gornergletschers im Jahr 1949. (Fotograf unbekannt. ETH Bibliothek Hs 1458 GK B014 1950-02).

gekennzeichnet, die eine der schlimmsten Hungersnöte des Jahrtausends auslösten (Teilkapitel 9.6.3). Zusammengefasst beträgt die Summe der kalten Indizes 47, jene der warmen Indizes 44 (Abb. 10.3c).

7.4.3 Überblick über das Klima im 12. Jahrhundert

Das Klima des 12. Jahrhunderts gliedert sich in zwei Teile. In der ersten Hälfte des Jahrhunderts erlebten die Menschen eine Abfolge von kalten Wintern und kühlen Sommern, besonders in den 1120er- und 1140er-Jahren. Die erste unzweifelhafte Erwähnung von Packeis an der isländischen Küste in Island im Jahr 1145 fällt in diesen Zeitraum.[90] Die Abkühlungstendenz kulminierte in der Mitte des Jahrhunderts mit einem markanten Winter im Jahr 1150 und einem «Jahr ohne Sommer» im Jahr 1151. Beflügelt durch drei «Jahre ohne Sommer» in den Jahren 1143, 1144, 1151 stießen die Alpengletscher vor, der Gornergletscher im Kanton Wallis (Schweiz) etwa um 800 m, ausgehend von einem niedrigen Niveau in der Mitte des 11. Jahrhunderts (Abb. 7.6). Die maximale Position der Gletscherzunge im Jahr 1186 ist genau datiert, denn in diesem Jahr drückte das Eis eine Lärche um, deren Überreste in einer alten Moräne gefunden wurden (Abb. 5.11).[91] Der Vorstoß wurde durch eine Reihe von warmen Sommern in den 1180er-Jahren gestoppt (Teilkapitel 10.2).
Die von Holzhauser (2010) rekonstruierte Dimension des Gletschers im Jahr 1186 entspricht in etwa jener auf der Fotografie im Jahr 1949.
In Polen scheint die zweite Hälfte des 12. Jahrhunderts die wärmste Periode des Jahrtausends gewesen zu sein.[92] In der Osteuropäischen Tiefebene (Russland) scheinen die ersten beiden Jahrzehnte des 12. Jahrhunderts sehr trocken gewesen zu sein.[93] Der späte Teil des Jahrhunderts war von hohen «Jahrestemperaturen» geprägt.[94] In Nordgriechenland gingen die Temperaturen im Verlaufe des 12. Jahrhunderts langfristig zurück.[95] Strenge Winter waren namentlich zwischen 1120 und 1150 häufig.[96] Im südlichen Teil des Landes war das 12. Jahrhundert eher trocken.[97] Auf beiden Seiten der Ägäis waren die Sommer kälter und feuchter, und die Winter wurden kühl und schneereich, besonders von 1175 bis 1200.[98]

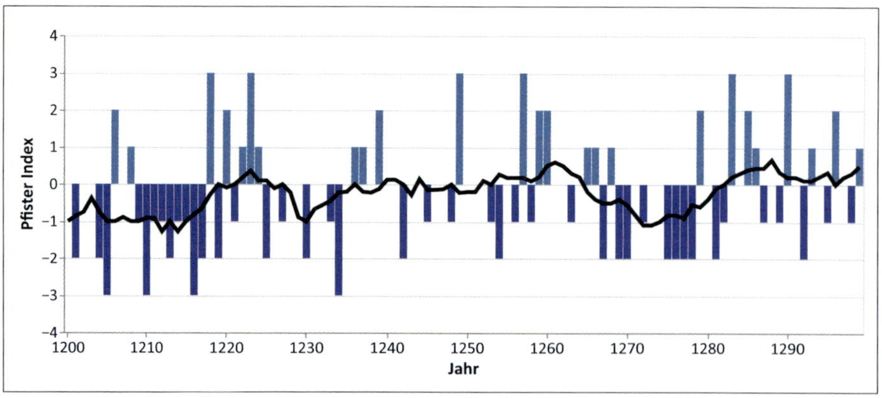

Abb. 7.7. Entwicklung der Wintertemperaturen 1200 bis 1299.

7.5 Das 13. Jahrhundert

7.5.1 Die Winter von 1200 bis 1299

Im 13. Jahrhundert sind 85 Winter dokumentiert.[99]
18 Winter waren kalt.[100] **4 waren extrem kalt.**[101] **2 werden beschrieben.**

1205: Der Frost dauerte in den heutigen Beneluxländern von Mitte Januar bis Ende März, die Schneedecke mit wenigen Unterbrechungen von Mitte November bis Anfang April.[102] Die Themse in London war zugefroren. Alle landwirtschaftlichen Arbeiten ruhten. Die Winterkulturen waren fast nicht mehr sichtbar, und Schafe und Wildtiere starben zu Hunderten.[103]

1234: Anfang Januar wurde Europa von einer Welle sibirischer Luft überflutet, die bis zum 10. Februar anhielt. Nördlich der Alpen war es knochentrocken, während die Poebene unter Schnee begraben war. Viele Flüsse, wie der Po und die Etsch in Norditalien, die Loire in Frankreich und die Donau, überzogen sich mit Eis, aber für eine Eisbedeckung des Rheins, des Bodensees, der Themse und der Lagune von Venedig dauerte die Kälte nicht lange genug.[104] Hungrige Wölfe drangen nachts in die italienische Stadt Reggio Emilia ein und wurden getötet.[105] Die Temperaturen fielen auf extrem niedrige Werte. Wurzeln von Apfelbäumen in England froren 1,3 m tief ein.[106] Der Frost vernichtete das Wintergetreide im Pariser Becken, das analog zum Jahr 1709 (Einschub 8E) möglicherweise nicht ausreichend mit Schnee bedeckt war.[107] Der harte Frost trocknete Feigen- und Olivenbäume um Köln (Einschub 7C), in Frankreich und in der Poebene sowie Weinstöcke und Obstbäume aus, selbst die Pinienwälder im italienischen Ravenna.[108] Olivenbäume werden durch Frost geschädigt, wenn die Temperaturen unter –15 °C fallen,[109] wie es in Italien, Südfrankreich und Spanien in den Wintern 1956 und 1963 der Fall war.[110] Feigenbäume gehen bei Kälteeinbrüchen unter –10 °C ein.[111] Insgesamt zeigte der Winter 1234 ähnliche Züge wie der «Big Chill» von 1709, der aus einer plötzlichen Erwärmung der Stratosphäre (SSW) resultierte (Einschub 8H).

8 Winter waren warm.[112] **6 waren extrem warm.**[113] **1 wird beschrieben.**

1290: Dieser Winter ist möglicherweise der wärmste in den vergangenen tausend Jahren. Laut dem anonymen Dominikanermönch von Colmar (Frankreich), der sich durch vielfältige Pflanzen- und Tierbeobachtungen auszeichnete (Teilkapitel 4.3.2), wurde im Dezember und im Januar ungewöhnliche Wärme verspürt. Anfang Januar gregorianischer Zeitrechnung beobachtete er, dass viele Waldbäume ihre Blätter noch nicht abgeworfen hatten, während schon neue austrieben, ebenso die Obstbäume.[114] Ein Chronist beschreibt, dass Mitte Februar die Obstbäume rund um Wien «wie im Mai» bereits in voller Blüte standen.[115] In England wurde in diesem Winter kein einziger Schneefall verzeichnet.[116]

Die Entwicklung im Verlaufe des Jahrhunderts lässt sich wie folgt zusammenfassen (Abb. 7.7): Die Winter vor dem markanten Extrem von 1234

Abb. 7.8. Entwicklung der Frühjahrstemperaturen 1200 bis 1299.

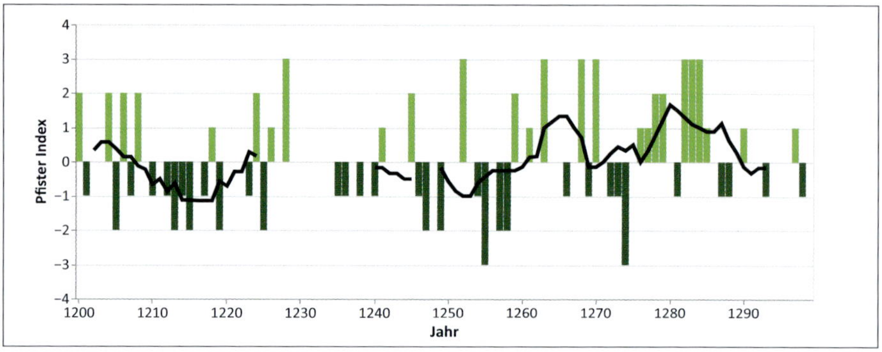

waren überwiegend kalt, vor allem in den 1210er-Jahren. Danach erwärmte sich die Jahreszeit bis in die frühen 1240er-Jahre und schwankte um den Wert Index 0, bevor zwischen 1267 und 1281 ein zweites, deutlich kühleres Intervall auftrat. Die Bedingungen im späten Jahrhundert waren unspektakulär. Es fällt auf, dass zwischen 1234 und 1306 kein einziger extrem kalter Winter dokumentiert ist. Es wurde geschätzt, dass die Durchschnittstemperaturen von 1180 bis 1299 auf dem Niveau des 20. Jahrhunderts lagen.[117] Zusammengefasst beträgt die Summe der kalten Indizes 68, jene der warmen Indizes 45 (Abb. 10.3a).

7.5.2 Die Frühjahre von **1200** bis **1299**

60 Frühjahre sind im 13. Jahrhundert dokumentiert.[118]
9 Frühjahre waren kalt.[119] **2 waren extrem kalt.**[120] **1 wird beschrieben.**

1258: Das Frühjahr nach dem gewaltigen Ausbruch des Vulkans Samalas in Indonesien 1257 war kalt und regnerisch in England und Paris.[121] März und April waren ebenfalls extrem kalt mit einer anhaltenden Schneedecke und strengem Frost, wie Berichte aus Prag und Südostengland zeigen. «Der Nordwind blies unaufhörlich, es herrschte Frost, Schnee und unerträgliche Kälte, der Ackerbau wurde eingestellt», schrieb der Benediktinermönch Matthäus Paris. Die Vegetation entwickelte sich vor Mitte Juni kaum.[122]

9 Frühjahre waren warm.[123] **8 waren extrem warm.**[124] **1 wird beschrieben.**

1252: Dieses Frühjahr war wahrscheinlich das wärmste des Jahrhunderts. Die Monate März, April und Mai waren in England und den tschechischen Ländern überwiegend heiß und trocken.[125] Die damit verbundene extreme Austrocknung der Böden war wahrscheinlich mit ein Grund für die außergewöhnliche Hitze und Trockenheit in diesem Jahr[126] (Teilkapitel 8.3.3 und 8.4.4). Der Trend im Verlaufe des Jahrhunderts lässt sich wie folgt zusammenfassen (Abb. 7.8): Nach einer warmen ersten Dekade waren die Frühlinge zwischen 1213 und 1225 überwiegend kühl. Danach wurden die warmen und unspektakulären Jahreszeiten etwas zahlreicher. Von 1246 bis 1258 folgte eine kühle Periode. Dann wurden die Frühlinge deutlich wärmer. Abgesehen von einem

Kälteeinbruch im Jahr 1274 gab es zwischen 1263 bis 1285 eine fast ununterbrochene Abfolge von warmen Jahreszeiten, die zwischen 1282 und 1284 kulminierte. Die Frühlingstemperaturen während dieser beiden Jahrzehnte waren möglicherweise die höchsten der letzten tausend Jahre. Zusammengefasst beträgt die Summe der kalten Indizes 46, jene der warmen Indizes 51 (Abb. 10.3b).

7.5.3 Die Sommer von **1200** bis **1299**

90 Sommer sind im 13. Jahrhundert dokumentiert.[127]
10 Sommer waren kalt.[128] **5 waren extrem kalt.**[129] **2 werden beschrieben.**

1258: Es war sowohl ein «Jahr ohne Frühling»[130] als auch ein «Jahr ohne Sommer», nicht zuletzt verursacht durch den gigantischen Ausbruch des Vulkans Samalas in Indonesien im Jahr 1257[131] (siehe Teilkapitel 3.1). Kalter Regen fiel fast ununterbrochen den ganzen Sommer und Herbst hindurch. Die geschätzten Niederschläge von Juli bis September waren in England die größten zwischen 1256 und 1448.[132] Die anhaltenden Niederschläge ruinierten das Getreide, das in England «mit Mühe vor dem Fest des Heiligen Martin» (11. November) unter Dach gebracht werden konnte.[133] Es wuchs auf den Feldern und in den Scheunen aus.[134] Die Felder konnten nicht bestellt werden.[135] Die wenigen Trauben waren nicht reif. Die Lese um Paris fand erst im November statt.[136] Die Versorgungslage dürfte sich im extrem trockenen Jahr 1259 etwas entspannt haben. In Worms regnete es zwischen März und August kaum, und die Weinernte fiel reichlich aus.[137]

1275: Alle drei Sommermonate waren in Rouen, Frankreich und in Deutschland regnerisch. In der Umgebung von Wien verfaulte das Getreide auf den Feldern. Das anhaltend kalte und regnerische Wetter verlangsamte die Reifung der Trauben. Die Lese verzögerte sich bis Anfang November, die spärlichen Trauben waren sauer.[138] April und Mai waren in England eher trocken, doch dann schlug das Wetter um.[139] Im italienischen Apennin-Gebirge türmte sich der Schnee im Winter 1276 so hoch auf, dass er in den nächsten zwei Jahren nicht mehr schmolz.[140] Dieses Jahr ohne Sommer könnte durch einen Ausbruch des Vulkans Quilotoa in den östlichen ecuadorianischen Anden in den 1270er-Jahren ausgelöst worden sein,[141] der wahrscheinlich 1273 oder 1274 stattfand und den extrem kühlen Sommern von 1274 und 1275 voranging.

29 Sommer waren warm.[142] **11 waren extrem warm.**[143] **3 werden beschrieben.**

1232: In ganz England «herrschte während des ganzen Sommers vom Monat März bis zum Oktober eine solche Dürre, dass kaum ein Tropfen Regen auf die Erde fiel».[144] Der Verwalter eines Landgutes der Abtei Winchester (England), musste Eimer kaufen, um Felder und Wiesen zu bewässern.[145] «Während der gesamten Monate Juli und August herrschte [in Colmar, Frankreich] eine anhaltende Hitze und Trockenheit. Man hätte Eier auf dem Sand braten können.»[146]

1241: In diesem Sommer litt England von April bis Anfang November unter «fast unerträglicher Hitze und anhaltender Dürre», die tiefe Tümpel und Fischteiche trocken legte, Mühlen zum Stillstand brachte, Weiden und Wiesen ausdörrte und das Vieh vor Hunger und Hitzschlag verschmachten ließ. Eine reiche Weinlese von guter Qualität konnte gekeltert werden.[147] Auch in Frankreich und Westdeutschland war der Sommer trocken.[148] Im belgischen Lüttich wurden Prozessionen für Regen abgehalten.[149]

1252: Die aus diesem Jahr für England vorliegenden Belege lesen sich wie ein analoger Fall der Jahrtausendextreme von 1473 und 1540 (Teilkapitel 8.3.3 und 8.4.4).[150] Der Chronist Matthew Paris schreibt, dass während «der Monate April, Mai, Juni und Juli eine unerträgliche Hitze und Dürre herrschte, ohne eine wohltuende Abkühlung durch Regen oder Tau. [...] Die maßlose und unerträgliche Hitze der Sonne verbrannte die Erdoberfläche und vervielfachte ihre Wärme, sodass alle Kräuter verdorrten, die Wiesen jede Art von Nahrung verweigerten» und die meisten Früchte von den Bäumen fielen. Selbst in der Nacht dauerte die Hitze fort, erzeugte «Fliegen, Flöhe und andere Schädlinge» und ließ alle Lebewesen leiden.[151] Auf den Gütern der Abtei von Winchester [...] mussten Eimer und Seile gekauft werden, um Wasser aus tiefen Brunnenschächten zu holen. Außerdem mussten Spanndienste für 14-rädrige Pflüge[152] angefordert werden, um den Boden ein drittes Mal zu pflügen, da er so hart war, dass er mit ordentlichen Mitteln sechs Wochen lang nicht bestellt werden konnte.[153] Im August setzten sintflutartige Regenfälle ein, die Sturzfluten verursachten, da die übermäßige Trockenheit der Erde das Wasser nicht aufnehmen konnte und die Flüsse überschwemmte, sodass die Brücken und die Mühlen und die Häuser, die an den Flüssen lagen, zerbrachen und die Wälder und Obstgärten verwüsteten.[154] Brütende Hitze und Dürre herrschten auch in Irland. Der Fluss Shannon konnte trockenen Fußes durchquert werden. Am 20. Juli («20 Nächte vor Lammas», d. h. nach dem gregorianischen Kalender am 10. August) war das gesamte Getreide eingebracht. Die Bäume brannten unter der Wirkung der Sonne, und viele Menschen «starben an der übermässigen Hitze».[155] In den tschechischen Ländern herrschten ähnliche Bedingungen[156], obwohl aus dem Old-World-Drought-Atlas hervorgeht, dass das östliche Mitteleuropa weniger betroffen war als in den Jahren 1473 und 1540.[157] Die Sommer im 13. Jahrhundert sprengen den Rahmen des vergangenen Jahrtau-

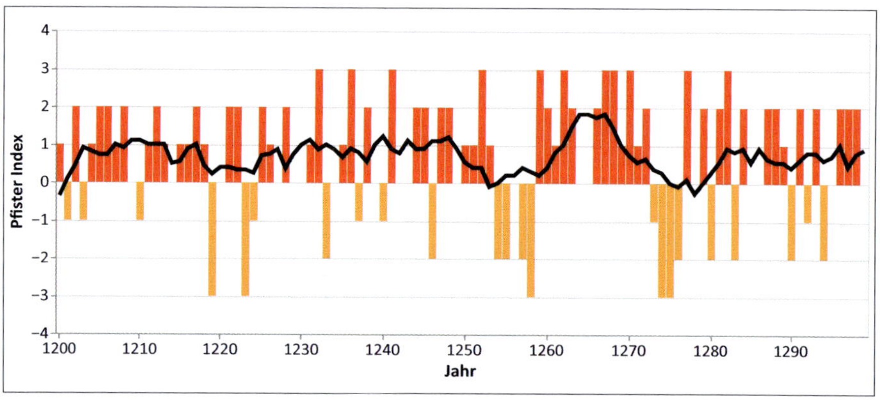

Abb. 7.9. Entwicklung der Sommertemperaturen 1200 bis 1299.

sends (Abb. 7.9). Warme Jahreszeiten (Pfister-Index >1) waren zweieinhalbmal so häufig wie kalte (Index < –1). Nicht weniger als elf extrem heiße und trockene Sommer standen fünf nassen und kühlen Jahreszeiten gegenüber, von denen drei (1258, 1274, 1275) wahrscheinlich durch Vulkanausbrüche in den Tropen beeinflusst wurden (Teilkapitel 10.1.3). Lange Perioden von warmen Hochdrucklagen ließen 28 reiche Weinernten von guter Qualität heranreifen.[158] Nach zwei mäßig warmen Jahrzehnten folgten drei Hitzeperioden von 1232 bis 1252, von 1259 bis 1272 und von 1277 bis 1282. Sie wurden durch Gruppen von kühleren Sommern unterbrochen, die teilweise (1258, 1274, 1275) auf Eruptionen von tropischen Vulkanen beruhten (Kap. 10.1.3). Nach 1283 waren die Sommer nur noch mäßig warm. Zusammengefasst beträgt die Summe der kalten Indizes 43, jene der warmen Indizes 109 (Abb. 10.3c).

Einschub 7C: Olivenbäume in Köln

Hubert Lamb, ein Pionier der historischen Klimatologie, prägte den Begriff Mittelalterliche Warmzeit, als er erkannte, dass der Zeitraum vor 1300 deutlich wärmer war als die nachfolgende Nordhemisphärische Kleine Eiszeit (NKE). Dabei stützte er sich auf die klimageschichtlich fragwürdige Existenz von Weinbergen in England (Teilkapitel 8.3.6) und den Nachweis subtropischer Kulturen in West- und Mitteleuropa. Ein Kronzeuge in dieser Hinsicht ist der dominikanische Theologe, Philosoph und Naturforscher Albert der Große (1200–1280; Abb. 7.10), der ein bekannter Botaniker war. In seinem Traktat «Über die Pflanzen», das wahrscheinlich in den Jahren 1256 und 1257 entstand, erwähnt er Feigenbäume, «die in Köln und in Teilen des Rheintals um die Stadt herum reichlich vorhanden sind» und «dreimal im Jahr Früchte tragen, außer in kalten Herbsten». Außerdem berichtet er von Olivenbäumen, die in warmen Jahren Früchte trugen.[159] Alberts Beobachtungen müssen ernst genommen werden. Er reiste im Dienste des Dominikanerordens und hatte zwischen 1254 und 1257 ausgezeichnete Möglichkeiten, die Baumflora in Deutschland zu studieren.[160]

Abb. 7.10. Der Philosoph und Naturwissenschaftler Albert der Große (1200–1280). Detail aus dem Hochaltar des ehemaligen Frankfurter Dominikanerklosters. Gemälde von Hans Holbein dem Älteren (um 1465–1524; Städelsches Kunstinstitut und Museum Frankfurt).

Alberts naturwissenschaftliche Kenntnisse waren beachtlich und für die damalige Zeit bemerkenswert genau. Unter seinen zahlreichen Schriften sind im vorliegenden Zusammenhang eine Synthese, Meteora (Kap. 4.3.2), und eine Abhandlung über Pflanzen «De vegetabilibus» zu erwähnen.[161] Wie sind seine Beobachtungen zu interpretieren? Zwar mögen die goldenen Sommer im 13. Jahrhundert den Weg für die Einführung mediterraner Kulturen in den mittleren Breiten geebnet haben, zumal zwischen 1235 und 1306 sehr strenge Winter ausblieben (Kap. 7.5.1). Allerdings gibt es Hinweise darauf, dass Oliven- und Feigenbäume schon vor 1234 in den Kölner Raum eingeführt wurden, denn sie werden unter den Kulturen erwähnt, die im strengen Winter jenes Jahrs verdorrt sind (Kap. 7.5.1). In jedem Fall waren die klimatischen Bedingungen zwischen 1235 und 1306, sowohl in der warmen als auch in der kalten Jahreszeit, außerordentlich günstig für die Einführung mediterraner Kulturen in Mitteleuropa.

7.5.4 Überblick über das Klima im 13. Jahrhundert

Das Klima des 13. Jahrhunderts ist recht gut dokumentiert, wenn man bedenkt, dass die Wetter- und Klimabedingungen für 87 % der Winter, 64 % der Frühlinge und 88 % der Sommer rekonstruiert werden können. Das erste Drittel des Jahrhunderts war eher kühl, mit kalten Wintern, kühlen Frühlingen und mäßig warmen Sommern. In der darauffolgenden Phase mit heißen Sommern bis 1252 erwärmten sich die Frühlinge und Winter etwas. Kühle Sommer wurden von 1254 bis 1258 von kühlen Frühjahren begleitet, während auf heiße Sommer zwischen 1259 und 1282 oft warme Frühjahre folgten, ungeachtet des kühlen Intervalls von 1273 bis 1276. In der dritten Phase, die von 1277 bis 1282 andauerte, gingen heiße Sommer mit warmen Frühlingen und milden Wintern einher, was darauf hindeutet, dass die Jahrestemperaturen ein vorübergehendes Maximum erreicht haben könnten. Klimatologisch werden die Ergebnisse in den Teilkapiteln 10.1.2 bis 10.1.4 im längerfristigen Kontext des gesamten Jahrtausends interpretiert und mit der gegenwärtigen Periode der schnellen Erwärmung verglichen. Die Gletscherschwankungen werden in Teilkapitel 10.2 diskutiert. Diese klimatisch herausragende Periode unterstützte den langen Aufschwung von Landwirtschaft und Bevölkerung im 13. Jahrhundert (Teilkapitel 9.3).

Nun zur Situation außerhalb West- und Mitteleuropas. Das 13. Jahrhundert enthält die längste Abfolge von heißen und trockenen Sommern im zweiten Jahrtausend. Da der Großteil der Niederschläge in West- und Mitteleuropa in den Sommermonaten fällt, könnten die häufigen Trockenperioden zu einer Absenkung des Grundwasserspiegels geführt haben. Einschlägige Belege liegen für ein Randgebiet Mitteleuropas vor. Eine auf das 13. Jahrhundert datierte Brandschicht in der Grasnarbe des Plattensees in Ungarn weist auf häufige trockene und warme Sommer im Pannonischen Becken («Ungarn») hin. Laut Untersuchungen an historischen Gebäuden lag der Grundwasserspiegel in der ungarischen Tiefebene im Hochmittelalter um 1.5 bis 2.5 m niedriger als heute. Solche langfristigen Veränderungen sind natürlich nicht nur auf klimatische Prozesse zurückzuführen, sondern auch auf eine verstärkte Sedimentation.[162] Nach einer ausgeprägten sommerlichen Warmperiode wurde das späte 13. Jahrhundert kühler und feuchter, wobei der Spiegel des Plattensees langfristig anstieg.[163] Proxy-Daten aus zwei Torfmooren in Schottland und Nordirland deuten darauf hin, dass das 13. Jahrhundert dort möglicherweise die trockenste Periode in den letzten 2000 Jahren war.[164]

Für Island werden relativ kalte Perioden in den 1280er- und 1290er-Jahren vermutet. Es ist auch wahrscheinlich, dass es um 1233 und 1261 schwere Meereisjahre gab. Ein weiteres schweres Eisjahr im Jahr 1275[165] fällt mit einem Kältejahr in Westeuropa zusammen.[166] In Polen waren sowohl strenge Winter als auch heiße Sommer im 13. Jahrhundert seltener als in den folgenden Jahrhunderten.[167] Russland verzeichnete zwischen 1200 und den 1220er-Jahren sieben strenge Winter, während die Winter in den folgenden zwei Jahrzehnten ungewöhnlich mild waren.[168] Im westlichen Teil des Landes wurden die Sommer in der ersten Hälfte des 13. Jahrhunderts wärmer und trockener, während sich dieser Trend in der zweiten Hälfte umkehrte. Im letzten Viertel des Jahrhunderts folgten auf warme und regnerische Jahreszeiten trockene Sommer.

8. Die Nordhemisphärische Kleine Eiszeit und das Kurze 20. Jahrhundert (1300–1988)

8.1 Einleitung

Kapitel 8 skizziert den Verlauf des saisonalen Wetters und des Klimas pro Jahrhundert in West- und Mitteleuropa zwischen 1300 und 1989. Dieser lange Zeitraum wird unterteilt in die Nordhemisphärische Kleine Eiszeit (NKE), von 1300 bis 1899, und die Moderne Warmperiode (MWP) ab 1900. Die MWP ihrerseits wird in das Kurze 20. Jahrhundert (K20JH) von 1900 bis 1988/89 und die anschließende Warmperiode der Gegenwart (WPG) gegliedert, die durch eine schnelle Erwärmung gekennzeichnet ist.

In Kapitel 6 wurde eine 1000-Jahre-Übersicht des Klimas, basierend auf Belegen aus den Archiven der Natur, meteorologischen Messungen und einer Modellsimulation, skizziert. Die jahrhundertübergreifende Perspektive wird in Teilkapitel 10.1.4 dargestellt. Sie macht deutlich, dass die oben genannten Jahre, die einen Zeitabschnitt von den anderen trennen, als Richtwerte zu verstehen sind. Teilkapitel 10.1.5 zeigt, dass der Übergang zwischen dem HMA und der NKE sowie zwischen der NKE, dem K20JH und der WPG je nach Jahreszeit unterschiedlich verlief.

Aus Gründen der Konsistenz basiert die Darstellung der NKE und der WPG vollständig auf den saisonalen Temperaturindizes von Pfister, die in Teilkapitel 5.3.1 erläutert wurden. Jahreszeiten vor 1500, denen Pfister-Indizes 2, 3, –2 und –3 zugewiesen wurden, sind in speziellen Tabellen im Online-Anhang dokumentiert, ebenso wie die Gesamtheit der Indizes. Jahreszeiten mit Index +1, 0 oder –1 werden nur in zusammengefasster Form nachgewiesen, indem auf entsprechende Passagen in den in Teilkapitel 5.3.1 besprochenen kritischen Zusammenstellungen verwiesen wird. Die Dokumentation der handschriftlichen Quellen erfolgt nach dem in Teilkapitel 5.5 dargestellten Verfahren. Die Darstellungen der einzelnen Jahrhunderte werden im Teilkapitel 10.1.4 in einem längerfristigen Kontext interpretiert. Die Jahrestemperaturen können vor 1500 nicht geschätzt werden, da es keine ausreichenden Belege für den Herbst gibt. Ab 1500 liegen Schätzungen aller jahreszeitlichen Temperaturen anhand der zentraleuropäischen Temperaturreihe CEUT vor,[1] wodurch auch eine Schätzung der Jahrestemperaturen möglich wird (Teilkapitel 5.5). Ab 1659 werden die CEUT-Schätzungen durch instrumentell gemessene Temperaturen aus Paris ergänzt.[2]

Die Struktur von Kapitel 7 konnte nur bis 1800 beibehalten werden. Sie bestand darin, Berichte über saisonale Witterungsverläufe aus dem Kerngebiet zusammen mit Indizes zu präsentieren. Vom frühen 19. Jahrhundert an werden narrative Witterungsberichte immer seltener. Unter dieser Bedingung dünnt die Erzählung aus und beschränkt sich häufig auf das Aufzeigen von Trends und die Beschreibung von Anomalien. Dieser fundamentale Bruch ist darauf zurückzuführen, dass sich die neue wissenschaftliche Meteorologie auf instrumentelle Messungen beschränkte und narrative Daten sowie Proxydaten von der Betrachtung ausschloss (Teilkapitel 4.6). Aus demselben Grund wurden die konventionellen Klimageschichten im Zeitalter der wissenschaftlichen Meteorologie nicht fortgeführt. Kontinuierliche Berichte für die tschechischen Länder sind nach 1700 nicht mehr in englischer Sprache verfügbar. Glaser (2013) veröffentlicht für die Zeit nach 1750 keine jahreszeitlichen Witterungsverläufe mehr.[3] Das ausführliche Kompendium von Jan Buisman endet im Jahr 1825. Berichte für die Schweiz werden nach 1870 lakonisch und fehlen von 1878 bis 1882 sogar ganz. Zwischen 1764 und 1877 gibt es für dieses Land zumindest zeitweise lückenhafte monatliche Wetterberichte, die ab 1883 fortgeführt und von den 1930er-Jahren an erweitert wurden. Alle Monatsberichte sind in Euro-Climhist bis 1999 verfügbar.[4]

8.2 Das schicksalhafte 14. Jahrhundert

8.2.1 Die Winter von **1300** bis **1399**

Im 14. Jahrhundert sind 89 Winter dokumentiert.[5]
22 Winter waren kalt.[6] **5 waren extrem kalt.**[7] **2 werden beschrieben.**

1306: Diese Jahreszeit war die kälteste seit 1234. Im französischen Valenciennes dauerte der Frost sieben Monate lang.[8] In England starben die Fische in den Teichen, die Vögel in den Wäldern und die Herden auf den Feldern.[9] Große Flüsse, wie die Seine bei Paris, der Rhein bei Köln (ab 20. Januar) und der Po in Norditalien, waren eisbedeckt. Viele Flüsse traten über die Ufer, als das Eis im Februar aufbrach, und der Eisgang beschädigte oder zerstörte zahlreiche Brücken.[10]

1364: Die Verhältnisse in diesem Rekordwinter werden in etwa 30 erstklassigen Quellen beschrieben. Die Frostperiode begann um den 13. Dezember und dauerte bis Ende März. Im belgischen Fosses, das 200 m über dem Meeresspiegel liegt, dauerte die Schneedecke 100 Tage lang.[11] Viele Seen und Flüsse waren zugefroren, darunter die Seine, die Loire, der Rhein, die Rhone (stromabwärts bis zu ihrer Mündung ins Mittelmeer), die Lagune von Venedig und die Ufer des Atlantiks bei Bordeaux, Frankreich. Der Rhein bei Mainz war etwa 70 Tage lang mit Eis bedeckt.[12] Das Eis auf der unteren Rhone soll 15 Fuß, etwa 4,5 m, dick gewesen sein.[13] Einige Flüsse waren bis auf den Grund zugefroren, wodurch alle Fische im Eis eingeschlossen wurden.[14] Eine nicht zeitgenössische Quelle erwähnt das Zufrieren des 260 m tiefen Brienzersees im Berner Oberland (Schweiz).[15] Dieser ist wahrscheinlich später nie mehr zugefroren. In der Umgebung von Zürich vernichtete der Frost viele Weinstöcke, die ausgerissen werden mussten.[16] Ebenso litten die Reben sowie die Oliven- und Feigenbäume im nördlichen Mittelmeerraum. In Florenz herrschten zwischen Dezember und März kalte Winde und Schnee. Auch im östlichen Ostseeraum lagen die Temperaturen extrem tief.[17] In Polen erfroren viele Wildtiere und Vögel, selbst arme Frauen und Kinder.[18] Gemessen an der Dauer der Schneebedeckung war dieser Winter ebenso lang und streng wie jener von 1077. Beide können als die kältesten in den letzten 1000 Jahren gelten.

9 Winter waren warm.[19] **6 waren extrem warm.**[20] **1 ist beschrieben.**

1374: Dieser Winter zeichnete sich durch gewaltige Niederschlagsmengen aus. Auf einen Kälteeinbruch Anfang Januar folgten fünf Wochen mit intensiven Niederschlägen, wobei Schneefälle mit Regen abwechselten. Im Februar

Abb. 8.1. Entwicklung der Wintertemperaturen von 1300 bis 1399.

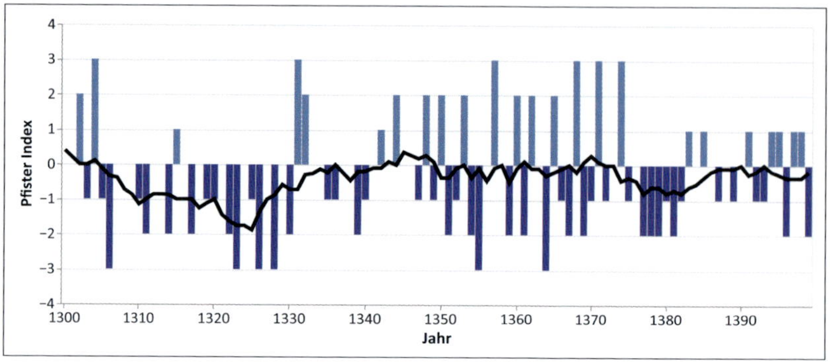

blühten (Frühlings-)Blumen.[21] Mehr als fünf Wochen lang führten die großen Flüsse im Januar und Februar ununterbrochen Hochwasser. Der elsässische Chronist Jacob Twinger von Königshofen beobachtete, dass Wasserströme aus einem Hang hervorbrachen.[22] Dreimal zerstörten die Fluten in Deutschland, in der Schweiz und in den Niederlanden Brücken und überfluteten Städte und Kirchen.[23] In vielen Siedlungen bewegten sich die Leute mit Booten fort.[24] In den Gebirgsregionen fielen gewaltige Schneemengen, die den darauffolgenden Sommer teilweise überdauerten.[25] Beim Verlauf der Wintertemperaturen fallen drei Perioden auf (Abb. 8.1). Von 1306 bis 1330 waren die Winter kühl, dann zeigten sie sich wärmer. Von 1340 bis 1375 schwankten die Temperaturen um den Index 0, wobei die Variabilität zwischen 1355 und 1374 besonders ausgeprägt war. In den letzten drei Jahrzehnten blieben die Winter meist kalt. Kennzeichnend für das Klima im 14. Jahrhundert ist das Auftreten von vier «Jahren ohne Winter», in denen Frost und Schnee fast vollständig ausblieben. Zusammengefasst beträgt die Summe der kalten Indizes 76, jene der warmen Indizes 45 (Abb. 10.3a)

8.2.2 Die Frühjahre von 1300 bis 1399

72 Frühjahre sind im 14. Jahrhundert dokumentiert.[26]
9 Frühjahre waren kalt.[27] 7 waren extrem kalt.[28] 1 ist beschrieben.

1366: Von Mitte April bis Ende August fiel fast ununterbrochen Regen mit nördlichen Winden im belgischen Fosses und im deutschen Mainz. Auch in England war der Frühling kalt.[29]

11 Frühjahre waren warm.[30] 5 waren extrem warm.[31] 2 werden beschrieben.

1331: Nach einem warmen und regnerischen Winter wurde der Frühling heiß. Im Pariser Becken fiel zwischen Mitte März und Anfang Juni kein Regen. Die ersten Traubenbeeren zeigten sich Ende April. An einigen Orten trocknete der Boden so stark aus, dass er nicht mehr gepflügt werden konnte. Prozessionen für Regen wurden abgehalten.[32] Mitte Juli begann die Weizenernte, und vom 23. August an wurden die (weißen?) Trauben gelesen.[33] In Zürich fiel zwölf Wochen lang kein Regen.[34]

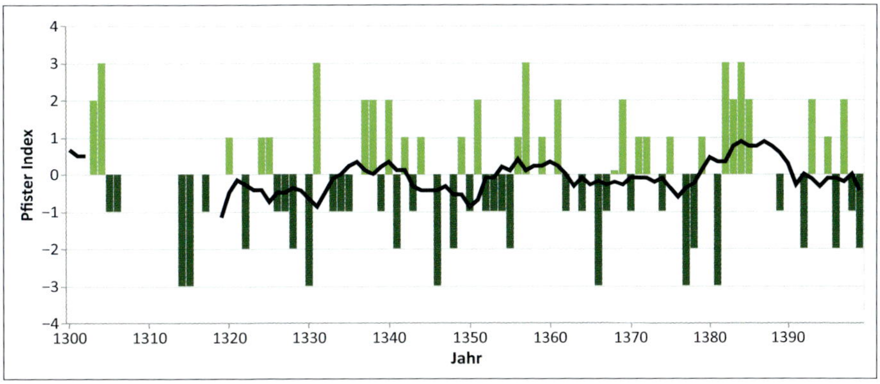

Abb. 8.2. Entwicklung der Frühjahrstemperaturen 1300 bis 1399.

1382: Die Monate März, April und Mai waren in diesem Jahr durchwegs sehr warm. Anfang Mai blühten wilde Rosen. Die meisten Reben standen vor dem 13. Juni in Blüte.[35]

Die Entwicklung im Verlauf des Jahrhunderts lässt sich wie folgt zusammenfassen (Abb. 8.2): Für das erste Jahrzehnt fehlen weitgehend die Belege, abgesehen von zwei warmen Jahreszeiten in den Jahren 1303 und 1304. Von 1314 bis 1330 blieb es fast durchgehend kühl. Die drei aufeinanderfolgenden Jahrzehnte waren durch relativ große positive und negative Schwankungen gekennzeichnet. Auffallend ist eine Abfolge von vier kalten Frühjahren zwischen 1378 und 1381 und eine solche von vier warmen Frühjahren zwischen 1382 und 1385, gefolgt von eher unspektakulären Bedingungen bis 1399. Zusammengefasst beträgt die Summe der kalten Indizes 60, jene der warmen Indizes 50 (Abb. 10.3b).

8.2.3 Die Sommer von 1300 bis 1399

Im 14. Jahrhundert sind 96 Sommer dokumentiert.[36]
14 waren kalt.[37] **11 waren extrem.**[38] **4 werden beschrieben.**

1315: Dies war in West- und Mitteleuropa ein «Jahr ohne Sommer». Sintflutartige Regenfälle prasselten fast ununterbrochen von Mitte April bis Anfang August nieder, und Kälte verzögerte die Getreideernte und die Reifung der Reben. Die Kirschen in der französischen Bretagne wurden Anfang September gepflückt, die Weintrauben wurden im November geerntet. Die Getreideernte in Südengland zog sich bis Anfang Oktober hin. Viele Weiden standen während des Winters unter Wasser.[39] Die tschechischen Länder litten unter verheerenden Überschwemmungen.[40]

1330: Die Zeitspanne von April bis Juli war in Südengland extrem kalt.[41] Die Getreideernte in Westfrankreich verzögerte sich um etwa einen Monat. Die wenigen und unreifen Trauben wurden während eines Kälteeinbruchs Anfang November gelesen.[42] Der Herbst war extrem nass, und in Kärnten (Österreich) fiel schon Anfang Oktober Schnee.[43]

1346: Von April bis Juni fiel in Lindau am Bodensee intensiver kalter Regen. Während einer kurzen Wärmeperiode Anfang August beobachtete der Chronist Johannes von Winterthur, dass die Reben in Lindau noch immer in Blüte standen.[44] In Frankreich, Deutschland und Italien war die Lese unergiebig, der Tropfen sauer.[45] Nach zehn harten Frösten im September waren die Trauben an den Rebstöcken erfroren.[46] In Südfrankreich sowie in Nord- und Mittelitalien fielen die Ernten aufgrund sintflutartiger Regenfälle von April bis Juni ins Wasser,[47] worauf eine schwere Hungersnot folgte.[48] Auch Spanien war betroffen.[49]

1347: Dieser Sommer war noch kälter als jener im Vorjahr. Der Chronist Johannes von Winterthur hielt fest, dass die Reben in Lindau sogar Anfang September noch in Blüte standen.[50] Dies lässt darauf schließen, dass die für die Entwicklung der Reben benötigten warmen Hochdrucklagen (Teilkapitel 5.3.4) in diesem Jahr weitgehend ausblieben. Bei Frost und starkem Schneefall vom 6. bis 12. Oktober mussten die Trauben in Deutschland und Frankreich vor der Reife gelesen werden. Die meisten Beeren waren so hart, dass sie nicht gekostet, geschweige denn gegessen werden konnten. Alle Feldfrüchte mussten vor der Reife geerntet werden. Die unter dem Schnee begrabenen Ähren und Hülsenfrüchte gingen teilweise verloren, was den Mangel auf die Spitze trieb.[51] Diese außerordentlichen Bedingungen führen zum Schluss, dass das Sommerhalbjahr 1347, unmittelbar vor dem Ausbruch der Großen Pest, wohl das kälteste in den letzten tausend Jahren war.

17 Sommer waren warm.[52] 9 waren extrem warm.[53] 4 werden beschrieben.

1304: Ein «sommerlicher» Winter und ein heißes Frühjahr trieben das Wachstum der Vegetation voran. Reife Trauben wurden im Elsass bereits Anfang Juli gefunden. Im Sommer regnete es kaum. Auch in England war die Zeit zwischen April und Juli extrem warm.[54] Die meisten Brunnen trockneten aus, und der Rhein konnte an mehreren Stellen zwischen Straßburg und Basel zu Pferd (?) überquert werden, ebenso die Donau in Österreich zwischen Klosterneuburg und Krems. Eine übergroße Weinlese von außergewöhnlicher Qualität wurde

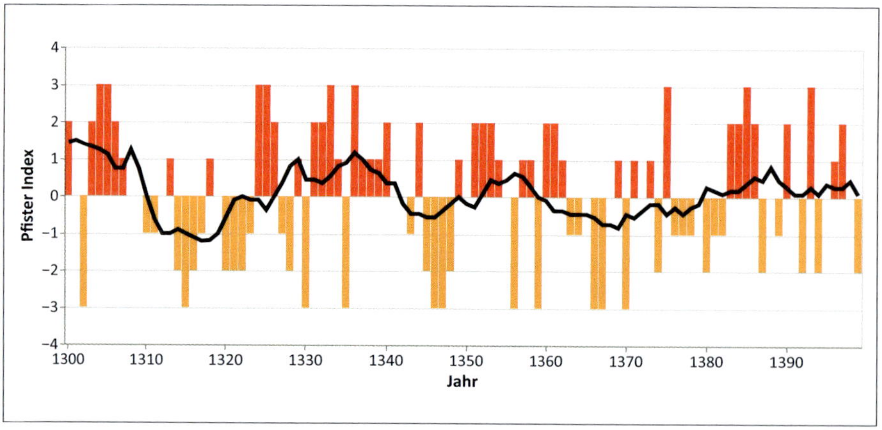

Abb. 8.3. Entwicklung der Sommertemperaturen 1300 bis 1399.

eingekellert.[55] Im österreichischen Tirol blühten die Obstbäume ein zweites Mal, was auf hohe Temperaturen im September und Oktober hinweist.[56] Insgesamt war das ganze Jahr außerordentlich warm.[57]

1325: Dieser Sommer blieb in Frankreich und in den Beneluxländern vier Monate lang sonnig und bis auf zwei Tage ohne Regen.[58] In Südengland trockneten Bäche, Flüsse und Brunnen aus. Das Wasser der Themse in London wurde salzig, weil das Meer den Fluss über die London Bridge hinaus zurückstaute. Wasser wurde knapp; viele Rinder verdursteten, verhungerten oder starben an Hitzschlag. Selbst Irland war von der Dürre betroffen. «Im Winter gab es nicht viel Regen [...] und im Frühling, Sommer und Herbst gab es keinen, und es herrschte sehr starke Trockenheit und große Hitze, sodass die großen Flüsse, die sonst immer viel Wasser führten, fast trockenfielen.»[59]

1375: Die Trockenheit hielt von Mai bis Anfang September an. In Basel und im deutschen Limburg an der Lahn fiel 14 Wochen lang nahezu kein Regen. Als die Trauben zur Reife kamen, waren die Beeren fast vertrocknet.[60] Aus diesem Grund wurde die Weinlese bis zur nächsten Regenperiode im September hinausgezögert, die – wie im legendären Dürresommer 1540 (Teilkapitel 8.4.4) – erst den nötigen Saft in die Reben brachte.[61] Auch in England folgte auf einen heißen Sommer ein warmer Herbst.[62]

1393: Diese extreme Dürreperiode begann im April und endete im November.[63] Sie ist in den Beneluxländern, im Londoner und Pariser Becken, in Deutschland, in der Schweiz und in den tschechischen Ländern nachgewiesen. Die Rebenblüte endete Anfang Juni. In Zürich fiel während 13 Wochen kein Regen.[64] Die Dürreperiode endete im November. Der Spiegel des Zürichsees und des Rheins in Mainz sanken auf sehr niedrige Werte.[65] Quellen und Böden trockneten aus. Die Moldau in den tschechischen Ländern überquerte man trockenen Fusses. Ihr Wasser färbte sich grün, wahrscheinlich durch Algen, sodass es nicht getrunken werden konnte.[66] Die Trauben im französischen Beaune wurden extrem früh gelesen.[67]

Der Trend im Verlauf des Jahrhunderts lässt sich wie folgt zusammenfassen (Abb. 8.3): Das erste Jahrzehnt zeigte sich warm, mit einer Häufung von vier warmen Jahreszeiten, von denen 1304 und 1305 extrem waren.[68] Die Sommer zwischen 1310 und 1323 blieben fast durchgängig kalt, mit einer Abfolge von vier kühlen und extrem regenreichen Jahreszeiten zwischen 1314 und 1316, welche die Große Europäische Hungersnot auslösten (Teilkapitel 9.6.5). Warme Sommer herrschten dagegen zwischen 1325 und 1336 vor, wobei fünf Jahreszeiten heiß (1325, 1326, 1331, 1333, 1336) und zwei extrem kalt (1330, 1335) waren. Ein weiteres charakteristisches Merkmal des 14. Jahrhunderts ist eine Häufung von vier kalten Sommern zwischen 1345 und 1348. Jener von 1347, der bereits auf ein «Jahr ohne Sommer» folgte, war wahrscheinlich der kälteste in den letzten tausend Jahren. Die herausragenden Bedingungen in den 1340er-Jahren zeigen sich in einer deutlichen Verengung der Jahrringbreiten in beiden Hemisphären.[69] Die beiden «Jahre ohne Sommer» wurden vermutlich durch den Ausbruch eines unbekannten tropischen Vulkans ausgelöst.[70] Nach einem kurzen Wärmeschub in den frühen 1350er-Jahren blieben die

Abb. 8.4. Die Höhe der Magdalenenflut im Juli 1342 anhand der Hochwassermarke in Frankfurt (vgl. Pfeil oben rechts). (Foto: Eveline Zbinden, Universität Bern).

Abb. 8.5. Die Wolfsschlucht in Pritzenhagen (Brandenburg, Deutschland). Diese Schlucht wurde durch das Marien- und Magdalenenhochwasser in sehr kurzer Zeit eingetieft (Foto: Lienhard Schulz; Lizenz: CC-BY-SA; Wikimedia Commons).

Sommer bis 1370 mehrheitlich kalt. Fünf «Jahre ohne Sommer» wurden in den Jahren 1355, 1359, 1366, 1367 und 1370 verzeichnet. Nach 1374 wendete sich das Blatt, und die Jahreszeit erwärmte sich ab den frühen 1380er-Jahren im Gleichschritt mit dem Frühjahr. Zusammengefasst beträgt die Summe der kalten Indizes 75, jene der warmen Indizes 80 (Abb. 10.3c).

Einschub 8A: Die Jahrtausendflut vom Juli 1342

Im Folgenden werden die beiden bekannten und herausragenden Hochwasser in der Nordhälfte Deutschlands und im Rheineinzugsgebiet südlich von Mainz beschrieben. Ende Juli und Anfang August 1342 wurden die Einzugsgebiete von Main, Niederrhein und Donau von der Marien- und Magdalenenflut heimgesucht – dem wohl extremsten Hochwasserereignis der letzten zwei Jahrtausende (Abb. 8.4). Im Dom von Mainz (Deutschland) stand das Wasser 3 m hoch. Die tobenden Fluten schwemmten großflächig schätzungsweise 13 Milliarden Tonnen Erdreich weg.[71]

Die Hochwassermarke von 1342 ist mit Abstand die höchste in einer Zusammenstellung, die an einer Fußgängerbrücke über den Main in Frankfurt angebracht ist (knapp unterhalb der weißen Lampe oben rechts). Der Abfluss des Mains bei Würzburg (Deutschland) wurde bei diesem Extremereignis auf 3400 m³/sec geschätzt. Das ist das Dreißigfache des derzeitigen durchschnittlichen Abflusses von 113 m³/sec.[72] «Historischen Quellen zufolge dauerte die Flut mehrere Tage. Sie riss bis zu 10 m tiefe Rinnen in den Boden, was mit einer verbreiteten extremen Bodenerosion verbunden war, die Landschaften verwüstete und Bauern ruinierte (Abb. 8.5). In mehreren regionalen Aufzeichnungen waren die rekonstruierten Flusspegel die höchsten im gesamten Jahrtausend.»[73] Auf den Tag genau ein Jahr später traf ein herausragendes Hochwasserereignis das südliche Mitteleuropa.[74]

Welches war der meteorologische Hintergrund dieses Jahrtausendereignisses? In Mitteleuropa sind zwei Typen von Tiefdruckgebieten bekannt, die verheerende Sommerhochwasser auslösen können.[75] Der erste Typ, Vb-Zyklone genannt, löst langanhaltende, kontinuierliche Niederschläge aus. Vb-Zyklonen entstehen normalerweise, wenn der Polarfront-Jetstream (Abb. 1.10), ein dynamisches Starkwindband in ca. 10 km Höhe, im Westen eine starke zonale (d. h. West-Ost-orientierte) Struktur aufweist, die erst durch die Alpen zu einer Wellenbewegung angeregt wird. Diese Tiefdruckwellen bilden sich oft über dem Golf von Biskaya, über dem Gebiet der Balearischen Inseln oder über dem Ligurischen Meer. Sie ziehen ostwärts über Italien und die Adria («Genua-Tief») hinweg und drehen dann nordwärts zum Schwarzen Meer oder zum westlichen Russland,[76] wobei sowohl der Atlantik als auch das Mittelmeer als Feuchtigkeitsquelle dienen. In diesem Fall regnen sich Vb-Zyklonen mehrere Tage lang aus. Wirklich verheerend sind diese Überschwemmungen dann, wenn die Böden bereits mit früheren Niederschlägen gesättigt sind und Flüsse und See hoch stehen.[77]

Der zweite Typ, genannt Mitteleuropäischer Trog (TRM), ist mit tiefem Luftdruck und starker Instabilität der vertikalen Schichtung der Luft verbunden. Mit dem hohen Stand der sommerlichen Sonne und der starken Erwärmung löst diese Situation intensive Gewitter aus. Normalerweise sind nur wenige Einzugsgebiete betroffen. Der deutsche Geograph Jürgen Herget kam zum Schluss, bei der «Magdalenenflut» handle es sich um ein TRM-Ereignis, das sich hauptsächlich auf das Einzugsgebiet des Mains und die angrenzenden Oberläufe der Nebenflüsse von Donau, Elbe, Weser und Lahn konzentrierte. Eine TRM-Konfiguration erscheint als Ursache plausibler als eine Vb-Zyklone (Genua-Tief), wie bisher meistens angenommen wurde.[78] Zu beachten ist, dass das extremste Hochwasserereignis im südlichen Mitteleuropa im August 1480 stattfand (Teilkapitel 8.3.4).

8.2.4 Überblick über das Klima im 14. Jahrhundert

Klimatisch gesehen erfolgte im 14. Jahrhundert der Übergang von der HMA zur NKE, wobei, abgesehen von kalten Wintern, die hundertjährigen Mittelwerte von Frühling und Sommer eher unspektakulär waren (Abb. 10.3b, c). Einzigartig ist dagegen der Cocktail von herausragenden Extremen, schweren Katastrophen und tödlichen Pandemiewellen.[79]

Bei den Wintertemperaturen lassen sich zwei kalte Phasen – eine vor 1340 und eine nach 1377 – unterscheiden. Dazwischen wechselten warme und kalte Extreme, wobei einige warme Winter in höheren Lagen vermutlich gewaltige Schneemassen anhäuften. Die Frühjahre zeigten sich von 1314 bis 1330 frostig. Die Sommer blieben nach einem ersten warmen Jahrzehnt in den Jahren von 1314 bis 1322 überwiegend kühl, worauf von 1324 bis 1340 eine Reihe warmer Sommer folgte. Zwischen 1345 und 1348 vollzog sich der Umschwung zu mehrheitlich kalten Jahreszeiten, eine Tendenz, die bis 1375 andauerte. Ein

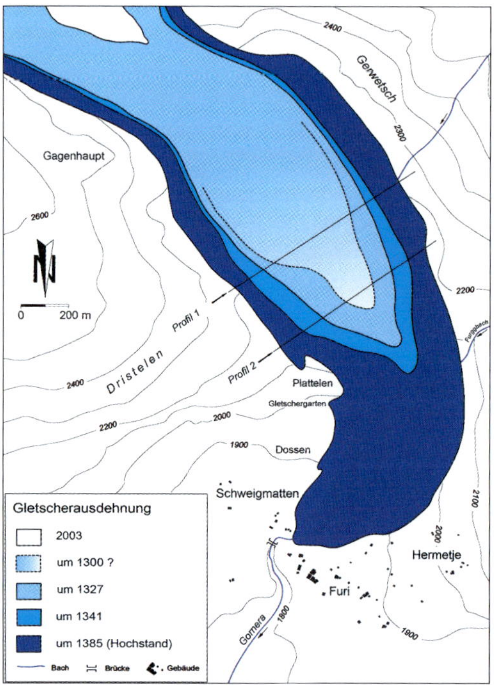

Abb. 8.6. Das Längenwachstum des Gornergletschers (Wallis, Schweiz) 1300 bis 1385. Die Lage der Gletscherzunge ist durch am ursprünglichen Ort gefundene, dendrochronologisch absolut datierte Lärchenbäume dokumentiert (Teilkapitel 5.2.6; Holzhauser 2010: 166, 102).

Wärmeschock im Frühling und Sommer leitete in den frühen 1380er-Jahren die letzte Phase ein, die durch eine Erwärmung der Frühlinge und Sommer bei gleichzeitiger Abkühlung der Winter gekennzeichnet ist.

Auswirkungen dieser Klimaschwankungen auf die alpinen Gletscher lassen sich am Beispiel des Gornergletschers im Schweizer Kanton Wallis aufzeigen (Abb. 10.6), die der Schweizer Geograph Hanspeter Holzhauser anhand der Analyse von fossilen Bäumen aus dem Gletschervorfeld erstaunlich genau rekonstruiert hat (Teilkapitel 5.2.6).

Die Gletscherzunge lag im Jahr 1300 etwas weiter vorne als im Jahr 1186 (Abb. 8.6 und Teilkapitel 7.4.3). Sie rückte bis 1341 langsam weiter vor und beschleunigte sich dann in den folgenden 40 Jahren bis zum Vorstoßmaximum im Jahr 1385. Um 1327 war der Eisstrom zwischen 80 m (im Profil 1) und 70 m im Profil 2 mächtig (siehe Abb. 8.6). Zum Zeitpunkt des maximalen Vorstoßes im Jahr 1386 betrugen die entsprechenden Eisdicken 200 bis 210 m.[80]

Es wird angenommen, dass der kalte Zeitabschnitt von 1314 bis 1322 den Gletschervorstoß beflügelte und dass ihn die wärmeren Sommer von 1324 bis 1340 verlangsamten. Der herausragende Kälteeinbruch in den 1340er-Jahren lieferte dann wahrscheinlich einen gewaltigen Schub. Die geschätzten Temperaturen von April bis Juli in der englischen Grafschaft Norfolk lagen in diesem Jahrzehnt um 0.6 °C tiefer als im Durchschnitt der Jahre 1270 bis 1339.[81] Die Sommer von 1346 bis 1348 waren außerordentlich frostig. Auch die Herbsttemperaturen sanken, bedingt durch häufige Kälteeinbrüche und Schneefälle im September und Oktober. Schließlich könnten milde und nasse «westliche» Winter zwischen den 1340er- und 1360er-Jahren[82] in den Bergregionen wiederholt große Schneemengen angehäuft haben. Der Erwärmungstrend, der nach 1370 einsetzte, verlangsamte den Vormarsch, und die heißen Frühjahre und Sommer in den Jahren 1383–84 stoppten die Gletscherzunge dann ganz. Der Vorstoß endete 1385 in der Nähe von «Furi», von wo heute die Seilbahnen von Zermatt zum Kleinen Matterhorn abfahren (Abb. 8.6).

Was die Situation außerhalb West- und Mitteleuropas anbelangt, so zeichnen die Belege für Island das Bild einer in den frühen 1340er-Jahren beginnenden Kälteperiode, die zwischen 1343 und 1351 kumulierte. Packeis wurde zwischen den späten 1360er- und 1390er-Jahren häufig vor der Insel gesehen. Im Jahr 1374 blockierte das Eis die (südliche) Küste bis Anfang September. «Kein Schiff gelangte bis nach Island, alle mussten nach Norwegen zurückkehren.»[83] Ein zwischen 1340 und 1360 verfasster Bericht über einen Besuch in der östlichen Siedlung in Grönland erwähnt, dass die westliche Siedlung zu diesem Zeitpunkt verwaist war.[84]

In der Pannonischen Tiefebene («Ungarn») blieben die Winter in der ersten Jahrhunderthälfte warm, worauf sie sich abkühlten.[85] Die für Polen vorliegenden Quellen liefern keine Anhaltspunkte für eine Abkühlung.[86] In der russischen Ebene blieb das Klima in den 1340er- und 1350er-Jahren relativ stabil. In den letzten Jahrzehnten des Jahrhunderts mehren sich Hinweise auf extreme Trockenheit im Frühjahr und im Sommer, die zu Wald- und Moorbränden führte. Gleichzeitig nahm die Zahl der kalten Winter, der frühen Fröste und der späten Frühlinge zu. Die russischen Chroniken des 14. Jahrhunderts verzeichneten mehr als 100 extreme Ereignisse und 30 Jahre mit Hungersnöten.[87] In Norditalien regnete es von Oktober 1345 bis Juni 1346 fast anhaltend, sodass die Felder nicht bestellt werden konnten. Verzweifelte

Bauern eigneten sich gewaltsam Nahrung an, wo immer sie sie finden konnten.[88] Im heutigen Griechenland deuten fragmentarische Belege auf eine relativ hohe Häufigkeit von Kälte- (nach 1320) und Nässeepisoden (nach 1340) hin.[89]

Karl IV. (1316–1378) war der erste König von Böhmen, der zum Kaiser des Heiligen Römischen Reiches gekrönt wurde. Seine Lebenszeit wurde von Klimawandel, Krieg, Extremen, Katastrophen und religiösem Dissens überschattet.[90] Im Jahr 1361 wurde ihm prophezeit, Gott werde die Christenheit mit vielen Plagen heimsuchen, wie Hagel, Wind, Donner und Stürmen, ferner mit Erdbeben und Überschwemmungen. Mehr als ein Drittel aller Ernten würde vernichtet werden.[91] Viele dieser Voraussagen waren zu diesem Zeitpunkt bereits eingetreten, andere sollten folgen.

Karl IV. wurde im Jahr 1316 auf dem Höhepunkt der Großen Europäischen Hungersnot geboren, auf welche eine verheerende Rinderpest folgte (Teilkapitel 9.6.3). Gewaltige Wolken von Wanderheuschrecken suchten 1338 bis 1341, 1364 und 1366 Teile Mitteleuropas heim, was als Wiederholung der biblischen Plagen gedeutet wurde.[92] Im Jahr 1339 brach ein Krieg zwischen England und Frankreich aus, der mehr als ein Jahrhundert lang andauern sollte. Die Plagen erreichten ihren Höhepunkt in den 1340er-Jahren. In der Pannonischen Tiefebene («Ungarn») war dieses Jahrzehnt das kälteste, wobei weite Teile des Landes in jedem zweiten Winter unter Wasser gesetzt wurden.[93] Im Juli 1342 wurden die Einzugsgebiete von Main und Niederrhein vom Jahrtausendereignis der Magdalenenflut verwüstet (Einschub 8C). Auf die zwei eiszeitlichen Sommer 1346 und 1347 (Teilkapitel 8.2.3) folgte 1348 bis 1350 die erste Welle der Großen Pest (Einschub 9A), an die in den Jahren 1361 und 1368 bis 1369 zwei weitere tödliche Wellen anschlossen. Die Pandemie lähmte das Bevölkerungswachstum in den folgenden 150 Jahren. Am 25. Januar 1348 legte ein Erdbeben in der Region Friaul mit einer Stärke zwischen 8 und 9 auf der Richterskala große Gebiete im Nordosten Italiens und in Kärnten in Schutt und Asche.[94] Ein weiteres Beben von etwa derselben Stärke zerstörte am 18. Oktober 1356 große Teile der Stadt Basel.[95] Der Winter 1364 war zusammen mit jenem von 1077 wahrscheinlich der kälteste der letzten tausend Jahre, und der Winter 1374 dürfte den entsprechenden Niederschlagsrekord geschlagen haben. Im Jahr 1378 kam es zu einem Zerwürfnis innerhalb der katholischen Kirche, bei dem zwei Anwärter den Anspruch erhoben, der wahre Papst zu sein, und sich gegenseitig exkommunizierten.

Die Zusammenballung von religiösen, politischen, sozialen, wirtschaftlichen und ökologischen Katastrophen förderte in den Augen der Zeitgenossen den Eindruck, dass die gesamte Schöpfung alt geworden war. Einige Autoren brachten den Aufruhr in der Natur in Verbindung mit dem Zustand der Gesellschaft. So war Eustace Deschamps (ca. 1340–1405), ein französischer Dichter und königlicher Beamter, überzeugt, dass das Ende der Welt nahe sei. Er führte das Durcheinander der Jahreszeiten und die häufigen Katastrophen auf den Niedergang der moralischen Werte und Verhaltensnormen zurück.[96] «Herbst, Winter, Sommer, Frühling und alle Klimazonen der Welt verändern sich», schrieb er. [...] «Das Ende dieser Welt naht, alles gerät aus den Fugen [...].»[97]

Einschub 8B: Die Blümlisalp-Sage

In den Alpen lenkte das Wachstum von Gletschern und Firnfeldern die Aufmerksamkeit der Menschen auf die Veränderung des Klimas. Das Eis kroch auf ihre Alpweiden, und Ausbrüche von Schmelzwasser verwüsteten ihre Wiesen. Der epochale Übergang von der Warmzeit des 13. Jahrhunderts zum Gletschermaximum des 14. Jahrhunderts (Abb. 8.6) vollzog sich innerhalb von drei Generationen. Diese traumatische Erfahrung wurde animistisch in Form der Blümlisalp-Sagen verarbeitet, von denen viele Versionen bekannt sind. Die «Blümlisalp» (3661 m ü. M.) ist ein zurzeit noch vergletschertes Bergmassiv im Berner Oberland (Schweiz). Nach der Sage erhielt die «Blümlisalp» ihren Namen, weil sie in einem wärmeren goldenen Zeitalter einst mit Blumen bedeckt gewesen sein soll. Ein Hirte, der auf der Alp lebte, wurde angesichts des ständigen Überflusses hartherzig und verschwenderisch. Er ließ seine Verlobte auf Käsescheiben gehen und in Milch baden. Als ihn seine alte Mutter um eine Tasse Milch bat, wies er sie ab. Zur Strafe belegte sie die Alp mit einem Fluch, worauf Eis und Geröll auf die «Geblümte Alm» herabstürzten, die daraufhin zum Gletscher wurde. Offensichtlich greift die Sage auf das Thema der Vertreibung aus dem Paradies zurück.[98] Aber in mancherlei Hinsicht enthält sie einen wahren Kern. Die Erinnerung an die Periode des Überflusses im warmen 13. Jahrhundert blieb im kollektiven Gedächtnis haften, und selbst die angebliche Milchschwemme war vielleicht nicht ganz erfunden, wie in Teilkapitel 9.3 gezeigt wird. In der Sicht der Bergbewohner war die Wende zur NKE von den 1340er-Jahren an jedenfalls durch menschlichen Übermut verschuldet, und aus diesem Grunde wurde die Sage späteren Generationen zur Warnung weitererzählt.

8.3 Das frostige 15. Jahrhundert

8.3.1 Die Winter von **1400** bis **1499**

Im 15. Jahrhundert sind 98 Winter dokumentiert.[99]
15 Winter waren kalt.[100] **11 waren extrem kalt.**[101] **4 werden beschrieben.**

1408: Die Kältewelle begann nach Angaben mehrerer Beobachter zwischen Ende November und Mitte Dezember. Sie endete Anfang Februar. Die Temperaturen waren extrem niedrig, wenn man bedenkt, dass große Flüsse wie die Themse in London, die Seine in Paris, die Garonne in Bordeaux, der Rhein zwischen Köln und der Schweiz, die Donau von Bayern bis Ungarn sowie der Bodensee, der Zürichsee, die Meeresufer in Flandern sowie die Nordsee zwischen Dänemark und Norwegen mit dickem Eis bedeckt waren, das schwere Ladungen trug.[102] In England verknappte das Brot durch das Einfrieren der meisten Mühlen. Der Boden war bis zu einer beträchtlichen Tiefe gefroren, wodurch Saatgut, Weinstöcke und Obstbäume vernichtet wurden. Unzählige Menschen, Wildtiere und Vögel erfroren.[103] Auch in der östlichen Ostseeregion lagen die Temperaturen extrem niedrig.[104]

1432: Der Frost dauerte in den tschechischen Ländern, in Österreich im Königreich Ungarn[105] sowie in Nord- und Mittelitalien[106] von Ende November bis Anfang März.[107] In Italien waren der Fluss Po und die Lagune von Venedig mit Eis bedeckt.[108] Die Seine in Paris und der Rhein bei Köln waren drei Wochen lang für den Transport von Holz und Kohle gesperrt. Die Donau war von Bayern bis Ungarn mit Eis bedeckt, ebenso die Ostsee zwischen Dänemark und Schweden.[109] Viele Menschen erfroren. Wildtiere wie Wildkatzen und Füchse waren leicht zu fangen. Rund um Basel lagen viele Hasen steif gefroren auf den Feldern. Sie wurden eingesammelt und an Kleriker verkauft, die dem damals dort abgehaltenen Konzil beiwohnten. Die restlichen wurden in den Rhein geworfen.[110]

1435: Eisige, trockene Ostwinde[111] wehten in diesem Winter von Ende November bis Ende Februar.[112] Von der Kältewelle betroffen waren neben West- und Mitteleuropa das Königreich Ungarn,[113] Irland und sogar große Teile Kastiliens (Spanien).[114] Erstmals seit 1364 wurde in Köln wieder ein Markt auf dem eisbedeckten Rhein abgehalten. Auch die Seine in Paris, die Themse in London, der Zürichsee und der Bodensee waren begehbar.[115] Weinstöcke und Obstbäume erfroren vielerorts. In Irland, wo das Vieh bei den dort üblichen milden Wintern im Freien zu überleben pflegte, starben viele Tiere vor Hunger und Kälte.[116]

1491: Zwischen dem 30. Dezember und dem 8. Januar wurden gewaltige Schneemassen aufgehäuft, welche Straßen blockierten und die Bevölkerung in den Häusern einschlossen. Wölfe drangen auf der Suche nach Nahrung in die Dörfer um die heute französische Stadt Metz ein.[117] Die Lagune von Venedig war eisbedeckt,[118] ebenso der Rhein bei Köln und der Zürichsee. Ein Zustrom warmer (und vermutlich feuchter) Luft brach das Eis auf und schmolz die angehäuften Schneemassen in kurzer Zeit, wodurch viele Behausungen überflutet wurden. Ein anschließender Kälteeinbruch ließ den Zürichsee ein zweites Mal gefrieren, doch brach das Eis schnell wieder auf. Am 9. März fror der See ein drittes Mal zu.[119] Reisende, die sich im Schnee verirrten, erfroren oder verloren Hände oder Füße.[120] Die extreme Kälte erstickte die Saat und ließ viele Weinstöcke und Obstbäume vertrocknen.

7 Winter waren warm.[121] 5 waren extrem warm.[122] 3 werden beschrieben.

1425: In Metz regnete es den ganzen Winter, begleitet im Januar und Februar von häufigen Gewittern.[123] Kein Frost wurde im deutschen Dortmund verzeichnet. Mitte Januar blühten im deutschen Magdeburg und im heute französischen Colmar die Mandelbäume.[124]

1473: Die Bedingungen sind in Teilkapitel 8.3.3 beschrieben.

1474: Die Bedingungen sind in Teilkapitel 8.3.3 beschrieben.

Die Entwicklung im Laufe des Jahrhunderts lässt sich wie folgt zusammenfassen (Abb. 8.7): Von 1408 bis 1443 blieben die Winter fast durchgängig kalt.[125] Die beiden Jahrzehnte zwischen 1423 und 1443 waren mit fünf extre-

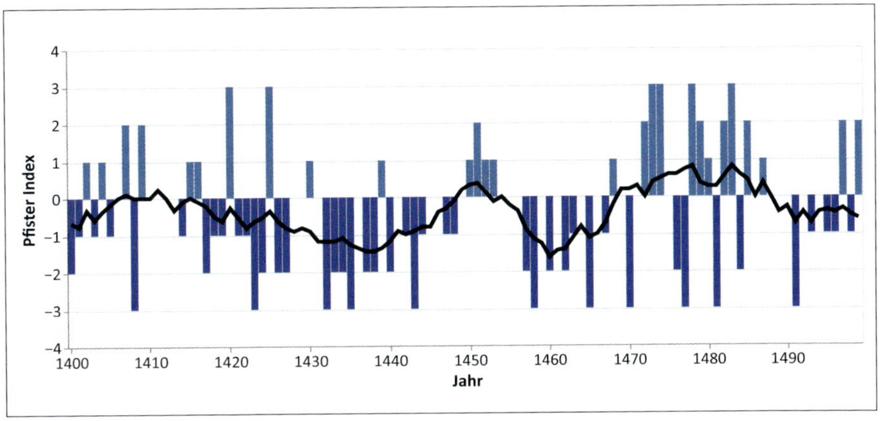

Abb. 8.7. Entwicklung der Wintertemperaturen 1400 bis 1499.

men Wintern möglicherweise die kältesten in den letzten tausend Jahren.[126] Die Themse in London fror mehrmals zu. Der Zürichsee bedeckte sich in mindestens sieben Wintern – 1408, 1435, 1443, 1465, 1470, 1477 und 1491 – vollständig mit Eis. Im Zeitraum von 1470 bis 1491 traten warme und kalte Extreme mehrfach auf, wobei die Winter zwischen 1472 und 1479 überwiegend warm blieben. Insgesamt beträgt die Summe der kalten Indizes 81, jene der warmen Indizes 48 (Abb. 10.3a).

8.3.2 Die Frühjahre von 1400 bis 1499

Für das 15. Jahrhundert sind 88 Frühjahre dokumentiert.[127] 19 Frühjahre waren kalt.[128] 12 waren extrem kalt.[129] 3 werden beschrieben.

1435: Der Boden blieb in Paris bis Ende März gefroren, und vom 8. bis 26. April fror er jeden Tag wieder zu, was innerhalb des letzten Jahrtausends wohl einzigartig ist. Die Kälte im Winter und Frühjahr vernichtete Feigen- und Kirschbäume und die meisten Weinstöcke.[130] Auch der Mai blieb extrem kalt.

1443: Verheerende Schadenfröste traten im März, April und Mai im französischen Metz auf.[131] Ende April und Anfang Mai beeinträchtigten Frost und Schnee die Weinberge in den tschechischen Ländern.[132] Am 24. Mai wurde in Lüttich (Belgien) eine Messe abgehalten, um Gott zu bitten, der grausamen Kälte ein Ende zu setzen.[133]

1491: Anfang März froren viele Flüsse ein zweites Mal zu. Die Schneedecke in der Schweiz hielt fast den ganzen März und April an.[134] Zwischen dem 9. und 12. Mai bildete sich in vielen Gebieten erneut eine tiefe Schneedecke, gefolgt von hartem Frost.[135] Die Schmelze der gewaltigen Eis- und Schneemassen führte in vielen Gebieten zu verheerenden Überschwemmungen.[136]

6 Frühjahre waren warm.[137] 4 waren extrem warm.[138] 2 werden beschrieben.

Abb. 8.8. Entwicklung der Frühjahrstemperaturen 1400 bis 1499.

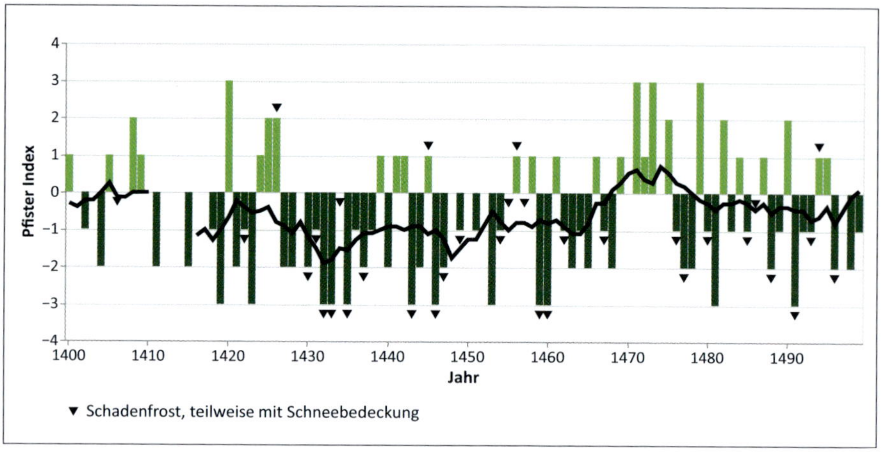

1420: Anfang Februar blühten in Paris «blaue und gelbe Veilchen».[139] März, April und Mai waren in Westeuropa extrem warm und überwiegend trocken. Die Obstbäume blühten ab Ende März, während sich die ersten Blüten an den Weinstöcken Anfang Mai zeigten. Frisch geernteter Roggen wurde Mitte Mai in Metz verkauft. Die Wiesen, selbst jene in den Alpen, zeigten schon Ende dieses Monats Anzeichen von Dürre.[140]

1473: Die Bedingungen sind in Teilkapitel 8.3.3 beschrieben.

Die Entwicklung im Laufe des Jahrhunderts lässt sich wie folgt zusammenfassen (Abb. 8.8): In den 50 Jahren von 1419 bis 1468 waren die Frühlinge fast durchgehend kalt. Verheerende Fröste zwischen Mitte April und Ende Mai häuften sich zwischen 1430 und 1460, was den Obstbäumen und den Reben stark zusetzte[141] (Teilkapitel 9.4). Warme und sonnige Frühjahre überwogen in den Jahren zwischen 1469 und 1479, bevor ein weiterer mehrheitlich kalter Zeitabschnitt bis 1491 folgte. Zusammengefasst beträgt die Summe der kalten Indizes 94, jene der warmen Indizes 42 (Abb. 10.3b).

Einschub 8C: Wölfe in Paris

Im Sommer 1438 drangen Wölfe in die Stadt Paris ein und fielen mehrere Opfer an. Im Dezember kehrten sie zurück und töteten einige Hunde, bevor sie ein Kind in Stücke rissen, wie der anonyme «Bourgeois de Paris» in seinem Tagebuch berichtet.[142] Diese Vorfälle erregten großes Aufsehen, da die Stadtmauern offensichtlich keinen ausreichenden Schutz vor Raubtieren boten. Es stellt sich die Frage, was die Wölfe dazu trieb, in eine Metropole einzudringen, die damals schon 100'000 Einwohner zählte.[143]

Der französische Historiker Jean-Marc Moriceau von der Universität Caen hat 3000 Berichte von Wolfsangriffen auf Menschen in Frankreich zwischen dem 15. und 20. Jahrhundert in einer Datenbank zusammengetragen. Die Angaben umfassen Ort, Datum und Uhrzeit jedes Angriffs, die Namen und das Alter der Opfer sowie die Umstände des Vorfalls. Daraus geht hervor, dass Angriffe im heutigen Großraum Paris besonders häufig waren. Die Raubtiere rissen bevorzugt Jungvieh oder Schafe und töteten dabei häufig auch die Kinder, welche dieselben hüteten.[144]

Warum Paris? Die großen Wälder rund um die Hauptstadt waren das privilegierte Jagdgebiet der Könige und ihrer Entourage. Deshalb wurde ein großer Wildbestand herangehegt, der entsprechend viele Wölfe ernährte. Zwar wurden diese von Zeit zu Zeit durch Treibjagden dezimiert, doch durfte die Landbevölkerung keine Feuerwaffen besitzen, abgesehen davon, dass diese lange Zeit wenig treffsicher waren.[145]

Besonders häufig waren Übergriffe in Kaltperioden. Nicht weniger als 60 bis 80 Ereignisse sind im Raum Paris von 1436 bis 1440 dokumentiert,[146] in jener Zeit also, als bitterkalte Winter und Frühlinge fast nahtlos aufeinanderfolgten (Teilkapitel 8.3.1 und 8.3.2). Nachgewiesen ist eine dramatische Verminderung des Bestandes an Hasen.[147] Daneben dürften die in mehreren Jahren aufeinanderfolgenden extremem Verhältnisse auch den Bestand an Rehen dezimiert haben, die zu den wichtigsten Beutetieren der Wölfe gehören. Unter diesen Voraussetzungen, so ist anzunehmen, geriet das dynamische Verhältnis zwischen der Zahl der Wölfe und ihrer Beutetiere aus dem Gleichgewicht. Ferner ist darauf hinzuweisen, dass Frankreich zu dieser Zeit in einer besonders turbulenten Phase des Hundertjährigen Kriegs steckte, in dem sich neben französischen und englischen Truppen auch Söldnerbanden bekämpften. Viele Gefallene blieben auf den Feldern liegen, wodurch sich neben Raben und Füchsen auch Wölfe über die Leichen hergemacht haben dürften und sich an den Geschmack von Menschenfleisch gewöhnten.[148] Auch in anderen Notzeiten, wie im späten 16. Jahrhundert, während des Dreißigjährigen Kriegs und in der Frostperiode zwischen 1690 und 1695, waren Wolfsangriffe besonders zahlreich.[149] 1697 veröffentlichte Charles Perrault eine einschlägige Geschichte mit dem Titel «Le Petit

Abb. 8.9. Angriff von Wölfen im Hungerwinter 1571 in der Schweiz. Am oberen Bildrand Rettung eines im Eis eingebrochenen Mannes (Zentralbibliothek Zürich, Ms F 19, f. 191r).

Chaperon Rouge», die auf dokumentierten Begebenheiten beruht. Später wurde sie unter dem Titel «Das Rotkäppchen» in die Märchensammlung der Brüder Grimm aufgenommen.[150] Bis heute trägt diese Geschichte dazu bei, schon im Kindesalter die Angst vor Wölfen zu wecken.

Außerhalb Frankreichs wurden Wölfe vor allem in kalten Wintern in der Nähe von Siedlungen gesichtet, aber Angriffe auf Menschen waren selten. Chronisten griffen solche sensationellen Ereignisse auf (Abb. 8.9). Lukrative Abschussprämien, präzisere Gewehre und Veränderungen der Lebensräume führten dann im 19. Jahrhundert zum fast vollständigen Verschwinden der Raubtiere aus West- und Mitteleuropa.

8.3.3 Die 14 Monate lange Dürreperiode von 1473 bis 1474

Diese Dürreperiode ist die längste und extremste in den letzten tausend Jahren.[151] Neben West- und Mitteleuropa waren Südschweden, Dänemark, Irland, Teile von Italien und Spanien sowie Polen und Belarus betroffen. Sie war der Höhepunkt einer mehrjährigen Abfolge von Jahren mit auffallend hohen Temperaturen zwischen 1471 und 1474.[152] Der Winter 1473 war im französischen Metz «regnerisch», in Basel «ohne Schnee und Eis». Schon Anfang März setzte die Blüte der Obstbäume ein, wohl als Folge von extrem hohen Temperaturen in den vorausgegangenen Wochen.[153] Der April wurde «heiß». Am Ende dieses Monats oder anfangs Mai begannen die Reben zu blühen. «Im Mai» (d. h. vom 9. Mai bis 9. Juni nach heutiger Zeitrechnung) war die Hitze kaum zu ertragen. Anfang Juni waren die Kirschen reif.[154] Schon einen Monat später folgten die ersten Weintrauben, und zu diesem Zeitpunkt wurde das erste Getreide geschnitten. Trauben, wahrscheinlich weiße Sorten, wurden in vielen Regionen von der zweiten Augusthälfte an gelesen, rote Pinot-Noir-Trauben in Beaune vom 5. September an.[155] Die Lese war ergiebig, aber die Gärung des Weinmosts ließ teilweise zu wünschen übrig.[156] Eine intensive Austrocknung der Böden nach einem weitgehend regenlosen Frühjahr ist die wichtigste Voraussetzung für die Entstehung einer Megadürre (Einschub 8D). Eine zweite Blüte der Obstbäume wurde im Herbst beobachtet, was auf fortdauernde hohe Temperaturen hindeutet. Im November wurden mancherorts die Kirschen zum zweiten Mal reif. Im Dezember blühten in Basel verbreitet Blumen bei «frühlingshaften» Temperaturen.[157] Der darauffolgende Winter war erneut regnerisch ohne Frost.[158] Selbst die «hohen Berge» – vermutlich die Gipfel des Schwarzwaldes in 1200 bis 1500 m Höhe – blieben den Winter über ohne Schnee, wie der Basler Jurist Johannes Knebel in seinem Tagebuch festhielt. Am 2. März 1474 beendeten dann einsetzende Schneefälle die 14 Monate andauernde Warmzeit.[159]

Chronisten erwähnen vier bis fünf Monate ohne Regen. In Basel fiel kein (vegetationswirksamer) Niederschlag vom 29. Juni bis Mitte September. Als Folge warfen viele Bäume ihre Blätter vorzeitig ab und sahen aus «wie an Weihnachten».[160] Größere Flüsse wie die Mosel verkamen zu Rinnsalen. Jene in den tschechischen Ländern, die Donau in Ungarn, die Oder und Weichsel in Polen und Flüsse im westlichen Russland konnten durchwatet werden. In

Mittel- und Osteuropa häuften sich die Berichte über Ernteausfälle. Neben Siedlungen brannten die Wälder großflächig, so der Schwarzwald, der Böhmerwald und solche in Niederbayern.[161] Wälder, Gehölze, Dickichte und bewaldete Hügel gingen in Polen und in Belarus in Flammen auf. «Es war unmöglich, die Flammen zu löschen, bevor das Feuer die Wurzeln verschlungen hatte [...] Auch zahlreiche Bienenstöcke wurden zerstört.»[162] Das Futter wurde knapp, und viel Vieh verendete. Die anhaltende Wärme verursachte eine große Anzahl von Schädlingen. Die Getreidelager in Metz (und wahrscheinlich auch anderswo) wurden von einer unglaublichen Anzahl von Kornkäfern befallen, die nicht wirksam bekämpft werden konnten. Verbreitet brachen Epidemien aus.[163]

In der Gegend um das spanische Sevilla fiel von September 1472 bis Mai 1473 kein Regen, was eine katastrophale Missernte nach sich zog. Die Hungernden machten die «Conversos» – konvertierte Juden – für die Misere verantwortlich und wollten diese Sünder ausrotten, um Gottes Vergebung zu erlangen.[164] Auch große Teile Italiens litten unter der Dürre. In Modena und anderen Regionen der Poebene fiel von Anfang 1473 bis zum März 1474 kein Regen. Brunnen im Umkreis von acht Meilen um die Stadt trockneten aus. Viele Rinder starben, und die Getreidefelder verdorrten, was eine Hungersnot auslöste.[165]

Große Schwärme von Heuschrecken (*Locusta migratoria*) fielen in den Jahren 1474 und 1475 in Mitteleuropa ein. Diese gefrässigen Insekten sind in einer solitären und einer geselligen Phase sowie in Zwischenformen bekannt. In der solitären Phase sind sie harmlos. In der geselligen Phase hingegen vermehren sie sich rasant und bilden Schwärme von bis zu zwei Milliarden Tieren. Wo ein Schwarm zu Boden fällt, verschlingt er den größten Teil der Vegetation und «hinterlässt eine Schneise der Verwüstung. Außerhalb dieses Schadenbereichs bleibt die Vegetation unversehrt.»[166] Heiße und trockene Bedingungen in den Ursprungsgebieten und in den Übergangsregionen, kombiniert mit milden Wintern in den Vorjahren, können zu großflächigen Invasionen führen. 1473 waren diese Bedingungen gegeben.[167] Außerordentlich milde Winter folgten sich 1473 und 1474 in zwei aufeinanderfolgenden Jahren, was wahrscheinlich mindestens seit dem späten 12. Jahrhundert einmalig war. Im Jahr 1474(?) fand die Transformation der Heuschrecken von der solitären zur geselligen Phase in der südlichen Schwarzmeerregion statt, von wo aus die Schwärme in die Pannonische Tiefebene («Ungarn») einfielen und weiter nach Norditalien und Mitteleuropa vordrangen.[168]

Einschub 8D: Merkmale herausragender heißer und trockener Sommer in Europa

In den Jahren 1473 und 1540 zeigten sich die extremsten Ausprägungen eines Zirkulationsmusters, das in den Jahren vor 1700 wesentlich häufiger auftrat als in der Folgezeit bis zur einsetzenden raschen Erwärmung um 1989. Auf dieses Zirkulationsmuster deuten die in den Quellen beschriebenen Bedingungen im Frühjahr und Sommer, zum Teil auch im Herbst der 17 Jahre 1078, 1083, 1137, 1236, 1252, 1304, 1331, 1375, 1393, 1420, 1473, 1536, 1540, 1545, 1590, 1616 und 1684 hin. Neuere Studien zeigen, dass solche übermäßigen sommerlichen Hitze- und Dürrephänomene im östlichen Nordatlantik und Mitteleuropa oft durch blockierende Hochdrucklagen verursacht werden.[169] Die wichtigste Erscheinungsform, der sogenannte Omega-Block, ist in Abbildung 8.10 dargestellt. In diesem Fall beginnt der Polarfront-Jetstream, das Starkwindband, das sich normalerweise in der obersten Troposphäre auf einer Breite von etwa 40°N befindet, zu mäandrieren und bildet dabei eine Hochdruckzone in Form des griechischen Großbuchstabens Omega – Ω. Diese stabile Hochdrucklage über Mitteleuropa kann mehrere Wochen oder Monate andauern. West-südwestlich und ost-südöstlich wird sie oft von zwei Tiefdruckgebieten flankiert. Im Falle des Ereignisses von 1540 äußerte sich diese Tatsache durch einen anhaltend nassen und kalten Sommer im russischen Novgorod (Teilkapitel 8.4.4).

Die Analyse der Ursachen des Hitzesommers 2003 führte zu dem Schluss, dass die extreme Austrocknung der Böden den kritischen Faktor für die Entstehung von außergewöhnlichen Hitzewellen darstellt.[170] Abbildung 8.11 zeigt den ursächlichen Mechanismus: Er setzt einen sich selbst erhaltenden Rückkopplungsprozess in Gang, der zu heißer und trockener Witterung für mehrere Wochen führen kann.[171]

Mit dem langfristig stabilen Hochdruckgebiet ist eine hohe Sonneneinstrahlung verbunden. Die kurzwellige Strahlung erwärmt durch Absorption die Oberfläche, die wiederum die darüber liegende Atmosphäre erwärmt. Bei feuchten Böden wird nur ein Teil der einfallenden Sonnenenergie zur Erhöhung der Lufttemperatur genutzt. Dieser Teil wird sensible Wärme genannt. Der andere Teil, latente Wärme genannt, erzeugt Verdunstung. Steigt die Temperatur, erhöht sich der Bedarf an Verdunstung, und die Verdunstung steigt auch bei zunehmender Austrocknung der Böden. Wenn die Böden austrocknen, steht weniger Feuchtigkeit zur Verfügung, weniger fühlbare Wärme wird für die Verdunstung verwendet, und mehr Wärme fließt folglich in die Erwärmung der Luft. Dieser Prozess wird durch die vertikalen Pfeile in Abbildung 8.11 dargestellt. Bei einem hohen Bodenwasserdefizit steigt die Temperatur allmählich auf sehr hohe Werte an. Dieser selbsterhaltende Rückkopplungsprozess ist in Abbildung 8.11 in Form von zwei gekrümmten Pfeilen dargestellt.

Bei einer starken Austrocknung der Böden nach einem heißen und regenarmen Frühjahr steigt im Frühsommer mit dem höheren Sonnen-

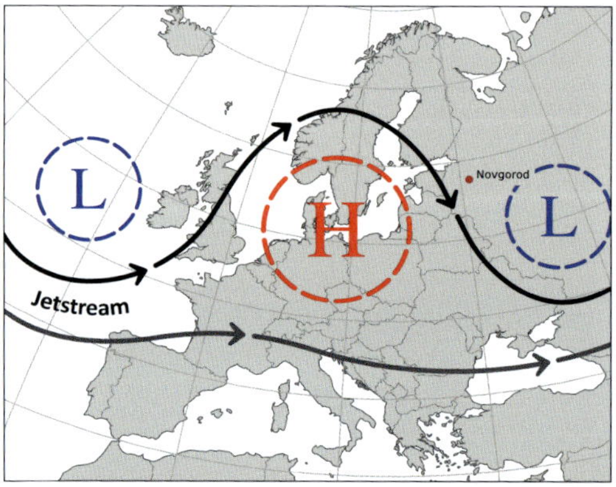

Abb. 8.10. Klassische Strömungsstruktur über Europa während einer blockierenden Hochdrucklage im Sommer (sog. Omega-Hoch).

Abb. 8.11. Prozesse, die zur Kopplung von Bodenfeuchte und Temperatur beitragen, und die damit verbundene Rückkopplung. E: Evapotranspiration (Verdunstung); T: Lufttemperatur.

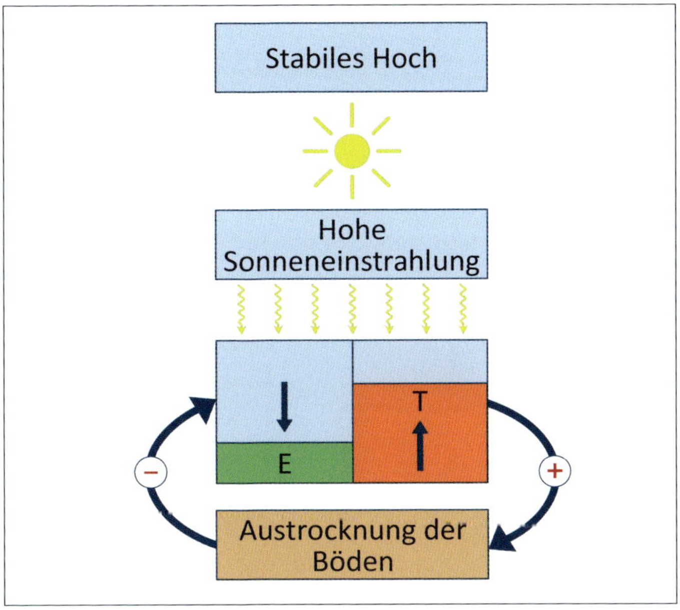

stand der Anteil der fühlbaren Wärme. Dies kann zu extrem hohen Lufttemperaturen führen, wie es im Hitzesommer 2003 der Fall war.[172] «Ohne die Rückkopplung mit der Bodenfeuchte wäre der Sommer 2003 zwar warm gewesen, aber er wäre nicht so verheerend heiß geworden, wie er dann in Wirklichkeit war.»[173]

Der Einfluss der Bodenfeuchte auf das Klima ist am stärksten in Regionen, die einem starken Wechsel zwischen trockenem und feuchtem Klima unterliegen, wie es in Europa der Fall ist.[174] Neue Studien zeigen auch, dass Omega-Blöcke oft mit niedrigen Temperaturen der Meeresoberfläche im Nordatlantik einhergehen.

8.3.4 Die Sommer von 1400 bis 1499

Im 15. Jahrhundert sind 100 Sommer dokumentiert.[175] 20 Sommer waren kalt.[176] 9 waren extrem kalt.[177] 2 werden beschrieben.

1480: In Metz regnete es in diesem Sommer fast anhaltend. Die Weinlese war sehr spät und wenig ergiebig. Anfang August wurden das Schweizer Mittelland und das Oberrheingebiet (Abb. 3.3a) vom schwersten Hochwasser heimgesucht, das seit dem späten 13. Jahrhundert dokumentiert ist. Wegen seines ungeheuren Ausmaßes wurde es als göttliche Strafe betrachtet und «Sintflut des Rheins» genannt (Teilkapitel 4.3.3). Eine verzögerte Schneeschmelze nach einem kalten Frühjahr und einem nassen Sommer (Teilkapitel 8.3.4) schufen die Voraussetzungen. Ausgelöst wurde die Flut durch ein extremes Niederschlagsereignis. Am 29. Juli begann es «drei Tage lang unaufhörlich und intensiv zu regnen», wie der Berner Chronist Diebold Schilling der Älte-

Abb. 8.12. Nackt sonnenbaden und schwimmen (Quelle: Das Stundenbuch des Duc de Berry, um 1410. Musée Chantilly, Chantilly, Frankreich).

re präzisiert. Die reißenden Flüsse führten Baumstämme mit sich, die alle Brücken stromaufwärts von Basel zerstörten. In der Oberrheinebene dehnten sich die gewaltigen Wassermassen über eine Breite von etwa 3.5 km aus. Unzählige ertranken, sofern sie nicht auf Dächer flüchteten oder auf Bäume kletterten. Dort mussten sie mindestens 24 Stunden ausharren, bis Hilfe eintraf.[178] Der Abfluss des Rheins in Basel wurde auf 6400 m^3/sec geschätzt, was etwa dem 5.5-Fachen des langjährigen Durchschnitts entspricht.[179] Weiter östlich litten die tschechischen Länder unter Hitze und Trockenheit, da zwischen dem 21. Mai und dem 28. September nur wenig Regen fiel.[180]

1491: Im belgischen Lüttich regnete es häufig.[181] Nach dem 8. Juni wurde es extrem kalt, in Basel fiel sogar Schnee.[182] Im deutschen Augsburg wurden die Trauben nicht reif, nicht zuletzt wegen der sehr kalten Zeit im April und im Mai.[183]

17 Sommer waren warm.[184] 5 waren extrem warm.[185] 3 werden beschrieben.

1420: Die Hitzewelle im Frühjahr (Teilkapitel 8.3.2) setzte sich im Sommer fort. Die höchsten Temperaturen in dieser Jahreszeit wurden wahrscheinlich in Ostfrankreich, Südwestdeutschland und in der Nordwestschweiz erreicht.[186] Die Hitzewelle erfasste auch England und Irland.[187] In Mitteleuropa wurde sie Mitte Juni durch einen Kälteeinbruch unterbrochen, der zu Raureif führte.[188] Gerste wurde ab Ende Mai im Rheintal südlich des Bodensees und im französischen Metz geerntet.[189] Roggen wurde ab Anfang Juli mit einem Vorsprung von drei Wochen geschnitten. In Zürich waren zu diesem Zeitpunkt die ersten (weißen?) Trauben reif. Die Weinlese um das schweizerische Baden begann am 19. August, in Beaune, Frankreich, am 24. August. Die Lese war ergiebig, aber die Gärung des Mosts war unzureichend.[190] Die extreme Wärme in diesem Jahr wird auch durch Baumringe belegt.[191] Abbildung 8.12 zeigt eine für mittelalterliche Verhaltensmaßstäbe außergewöhnliche Szene – zwei Personen sonnen und schwimmen nackt. Wenn man bedenkt, dass die Kirche öffentliche Nacktheit verboten hatte, bleibt offen, inwieweit das Baden in Seen und Flüssen in warmen Sommern damals üblich war[192] (siehe auch Abb. 8.16).

1471: Der frühe und warme Frühling ging in einen heißen und trockenen Sommer über. Die Dürre umfasste neben dem Kerngebiet in West- und Mitteleuropa Irland und Polen.[193] Im holländischen Maastricht wurde von Anfang Juli an Getreide geschnitten, und in Metz wurden am 9. August reife (weiße?) Trauben entdeckt.[194] Dort wurde eine frühe und ergiebige Weinlese von guter Qualität gekeltert.[195]

1473: Die Bedingungen sind in Teilkapitel 8.3.3 beschrieben.

Der Trend im Laufe des Jahrhunderts lässt sich wie folgt zusammenfassen (Abb. 8.13): Die Sommer waren bis 1447 überwiegend warm, insbesondere zwischen 1409 und 1427. Dann folgte eine Trendumkehr. Sieben kalte Sommer entfielen allein auf die 1450er-Jahre. Drei von ihnen trugen extremen Charakter, vermutlich im Zusammenhang mit dem Ausbruch tropischer Vulkane (Teilkapitel 10.1.2). Die Anzahl positiver und negativer Pfister-Indizes hält sich zwischen 1461 und 1484 die Waage, wobei drei Hitzesommer zwischen 1471 und 1474 mit einem Höhepunkt im Jahr 1473 auftraten. In England wurden, abgesehen von 1476 und 1478, in jedem Jahr von 1473 bis 1479 heiße Sommer verzeichnet.[196] Zusammengefasst beträgt die Summe der kalten Indizes 82, jene der warmen Indizes 70 (Abb. 10.3c).

8.3.5 Die Herbste von 1400 bis 1499

Die meisten Herbstberichte beziehen sich auf einen einzelnen Monat, meistens den September, sodass nur Indizes zwischen −1 und +1 zugeordnet werden können. 1455, 1468 und 1477 waren die Herbste kalt, während warme Jahreszeiten 1408, 1444, 1447, 1473, 1479, 1482 und 1495 verzeichnet wurden. Anschließend wird je ein extrem kalter und ein extrem warmer Herbst beschrieben.

Im Oktober 1468 fiel in Zürich tiefer Schnee. In Konstanz lag die Schneedecke bis in die ersten Novembertage. Die Schneemassen beschädigten Gebäude und stürzten Bäume um. Der Wein gefror in Fässern und Bechern[197] und war kaum trinkbar.[198] Im Herst 1487 hielt das warme und

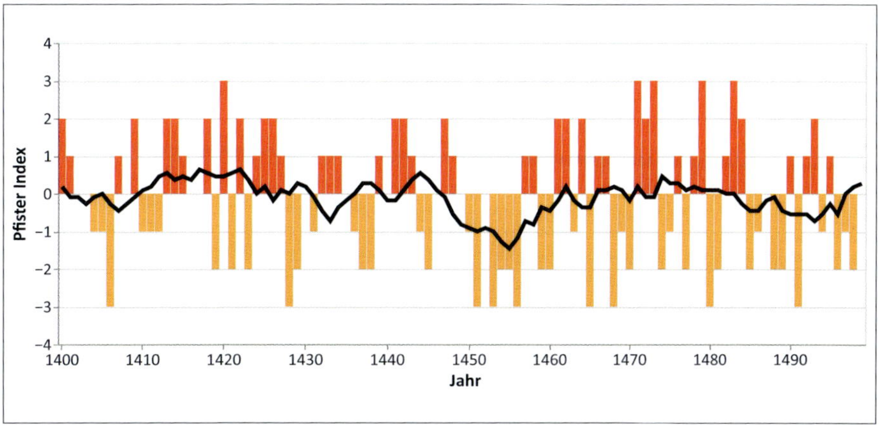

Abb. 8.13. Entwicklung der Sommertemperaturen von 1400 bis 1499.

sonnige Wetter im französischen Metz bis zum 10. Dezember an[199] und ließ einen Spitzenwein heranreifen.[200]

8.3.6 Überblick über das Klima im 15. Jahrhundert

Bitterkalte Winter und frostige Frühlinge bei relativ milden Sommern prägten die erste Hälfte des Jahrhunderts, vor allem in den 1430er-Jahren. In England führte dieses extreme Jahrzehnt zu wirtschaftlicher Depression und Hungersnöten. Höher gelegene Siedlungen wurden teilweise aufgegeben.[201] Zwischen 1450 und 1470 waren alle Jahreszeiten einschließlich der Sommer tendenziell kalt. Als mögliche Gründe sind das Spörer-GSM, ferner wiederkehrende Vulkanausbrüche sowie die interne Variabilität des Klimas zu erwähnen (Teilkapitel 10.1.2).

Zur Situation außerhalb West- und Mitteleuropas ist festzustellen, dass der Kontakt zur letzten Wikingersiedlung in Grönland abbrach. In den klimagünstigen Jahren 1406 bis 1413 war die östliche Siedlung laut schriftlichen Berichten noch bewohnt.[202] Offen bleibt, ob die letzten Siedler dem sich verschlechternden Klima nach 1430 erlagen oder ob sie von Inuit erschlagen wurden.[203] Im Nordosten Italiens waren viele Winter wie in Mitteleuropa bitterkalt.[204] Dürreperioden und niedrige Wasserstände prägten das Klima der Ungarischen Tiefebene in den Jahren 1439, 1443 bis 1444, 1455, 1473, 1479 und 1480.[205] In Polen war die zweite Hälfte des Jahrhunderts kalt.[206] In der Russischen Tiefebene wurden etwa 150 meist regionale Extremereignisse verzeichnet.[207] Der verbleibende Rest des Byzantinischen Reiches im heutigen Bulgarien erlebte von 1430 bis 1450, d. h. vor der türkischen Eroberung Konstantinopels im Jahr 1453, häufige Kälteeinbrüche.[208]

8.4 Die zwei Gesichter des 16. Jahrhunderts

8.4.1 Die Winter von **1500** bis **1599**

Alle Jahreszeiten sind mit CEUT-Temperaturschätzungen dokumentiert.
29 Winter waren kalt.[209] 14 waren extrem kalt.[210] 3 werden beschrieben.

1565: In den tschechischen Ländern dauerten Schnee und Frost vom 21. November bis zum 7. März. In den Beneluxländern dauerte die Kälte vom 24. November bis Ende Februar. In Deutschland fielen gewaltige Schneemengen. Die dicke Eisdecke auf vielen großen Flüssen und Seen trug beladene Schlitten. Ein kurzes Tauwetter schmolz Ende Februar die Eisdecke auf den Flüssen, aber die meisten von ihnen froren nach Mitte März wieder zu. In beiden Episoden trugen Massen von Treibeis, die durch große Mengen von Schmelzwasser beschleunigt wurden, viele Brücken hinweg.[211] Die CEUT-Temperaturen lagen 4.2 °C (+/−0.69 °C) unter dem Durchschnitt von 1961 bis 1990.

1573: Die Kältewelle in diesem Winter war intensiv, sie dauerte lange und umfasste weite Teile Europas, neben dem west- und mitteleuropäischen Raum das gesamte Baltikum sowie die nördlichen Küsten des Mittelmeers.[212] Jan Strialius aus Ceske Budejovice in den tschechischen Ländern verzeichnete den Kälteeinbruch am 11. November.[213] Der untere Teil des Bodensees, der Untersee, überfror schon am 9. Dezember, der Zürichsee am 9. Januar.[214] Ihren Höhepunkt erreichte die Kältewelle zwischen dem 8. und 14. Januar, worauf der obere Teil des Bodensees am 31. Januar ganz mit Eis bedeckt war. Es sind dies die frühesten bekannten Gefrierdaten für die oben genannten Seen. Auch der Neuenburgersee, der Thunersee, das untere Ende des Genfer Sees sowie der Lac d'Annecy in Savoyen (Frankreich), möglicherweise auch der gesamte Vierwaldstättersee in der Schweiz, waren schließlich eisbedeckt. Begehbar war das Eis nicht nur auf den meisten Alpenrandseen sowie auf den großen Flüssen West- und Mitteleuropas, sondern auch auf der Garonne im Südwesten Frankreichs, auf der Rhone bei Montélimar in Südfrankreich und auf dem Ebro in Spanien. Zugefroren waren ferner die Ufer des Mittelmeers bei Marseille und die Lagune von Venedig. Das Eis auf den meisten Flüssen brach um Ostern (22. März), wobei Eisgänge schwere Schäden anrichteten. Nördlich der Alpen erfroren Reben und Obstbäume, in der Poebene auch Feigen- und Zitronenbäume.[215] Die CEUT-Temperaturen lagen 5.8 °C (+/−0.69 °C) unter dem Durchschnitt von 1961 bis 1990. Nur 1830 waren die Monate Dezember bis Februar kälter als 1573. Auch in Stockholm und im estnischen Tallinn war dieser Winter extrem kalt.[216]

1595: Die Zeit von Ende November bis März war bitterkalt, trocken, trüb und neblig, vermutlich unter dem Einfluss eines blockierenden Hochdruckgebiets über dem Baltikum.[217] Am 17. Dezember froren die Gewässer in Holland zu, am 21. Dezember folgten der Untersee und das untere Ende des Bodensees. Als die Kälte im Januar ihren Höhepunkt erreichte, waren große Flüsse in Mitteleuropa wie Rhein und Donau einschließlich ihrer Nebenflüsse sowie Teile des Vierwaldstättersees (3. Januar), des Zürichsees (10. Februar), des Bodensees und die Ufer des Mittelmeers bei Marseille mit dickem Eis bedeckt.[218] In den tschechischen Ländern dauerte der Frost 13 bis 14 Wochen lang.[219] Die CEUT-Temperaturen lagen 5.7 °C (+/−0.69 °C) unter dem Durchschnitt von 1961 bis 1990. In Stockholm war der Winter ebenfalls extrem kalt.[220] Zwei Phasen mit intensivem Regen und warmen Winden im Februar und Anfang März durchbrachen den Frost und verursachten Eisgänge, welche die Flüsse zusammen mit der ausgiebigen Schneeschmelze über die Ufer treten ließen. Die Wassermassen führten große Eisbrocken mit sich, die gegen Brücken und Gebäude prallten. Wohnhäuser und Ställe wurden mitsamt den Menschen und ihrem Vieh mitgerissen. In Köln stieg der Pegel des Rheins nach den Tagebüchern des Juristen Hermann von Weinsberg innerhalb einer einzigen Nacht um 17 Fuß (circa 5 m).[221]

6 Winter waren warm.[222] 7 waren extrem warm.[223] 2 werden beschrieben.

1521: 1521: In den Beneluxländern und in Deutschland war dieser Winter regnerisch und zeitweise stürmisch bei westlichen Winden. Mitte Januar blühten die Mandelbäume, und in der Schweiz war es so warm, dass das Vieh auf die

Abb. 8.14. Entwicklung der Wintertemperaturen von 1500 bis 1599.

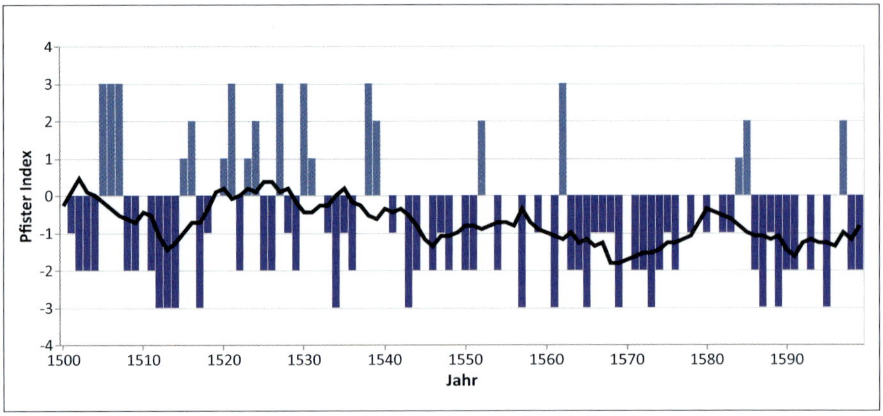

Weiden getrieben werden konnte.[224] In den tschechischen Ländern blühten im Februar die Veilchen und der Roggen.[225] Die CEUT-Temperaturen lagen 3.6 °C (+/–0.69 °C) über dem Durchschnitt von 1961 bis 1990.

1530: Quellen für diesen Winter erwähnen westliche, zeitweise stürmische Winde.[226] Im Elsass gab es weder Eis noch Schnee. Es war so warm, dass die Bevölkerung draußen im Hemd arbeitete. In St. Gallen (Schweiz) auf 670 m ü. M. legte sich in der Nacht öfters etwas Schnee, der tagsüber schmolz.[227] In den Beneluxländern blühten Mitte März die Kirschbäume, was auf extrem hohe Temperaturen im Februar hindeutet.[228] Die CEUT-Temperaturen lagen 3.4 °C (+/–0.69 °C) über dem Durchschnitt von 1961 bis 1990.

Der Klimaverlauf des Jahrhunderts lässt sich wie folgt zusammenfassen (Abb. 8.14): Drei Phasen zeichnen sich in der Entwicklung der Wintertemperaturen im 16. Jahrhundert ab. Bis 1520 blieben die Winter mehrheitlich kalt. Dann hielten sich kalte und warme Jahreszeiten in etwa die Waage. Von 1540 an dominierte winterliche Kälte, mit zwei extremen Phasen zwischen 1565 bis 1573 sowie von 1587 bis 1595. Nur fünf Winter trugen frühlingshafte Züge. Die CEUT-Temperaturen lagen 0.9 °C (+/–0.69 °C) unter dem Durchschnitt von 1961 bis 1990. Zusammengefasst beträgt die Summe der kalten Indizes 117, jene der warmen Indizes 41 (Abb. 10.3a).

8.4.2 Die Frühjahre von **1500** bis **1599**

Alle Jahreszeiten sind mit CEUT-Temperaturschätzungen dokumentiert.
18 Frühjahre waren kalt.[229] 13 waren extrem kalt.[230] 3 werden beschrieben.

1542: Dieses Frühjahr stand möglicherweise unter dem Einfluss eines blockierenden (?) Hochdruckgebiets über Skandinavien.[231] In Deutschland herrschte kühle und nasse Witterung mit Schadenfrösten.[232] Im Schweizer Mittelland zeigten sich bis Mitte Mai weder frisches Gras noch Blätter an den Bäumen.[233] In den tschechischen Ländern dauerten Eis und Frost bis Anfang Juni fort.[234]

Die CEUT-Temperaturen lagen 3.4 °C (+/–0.58 °C) unter dem Durchschnitt von 1961 bis 1990.

1573: Während des gesamten Frühjahrs bliesen die Winde in den Beneluxländern aus nördlichen und nordöstlichen Richtungen. In Amsterdam fiel Ende April tiefer Schnee,[235] ebenso in der Schweiz. Erst in diesem Monat schmolz das Eis auf den großen Schweizer Seen.[236] In den tschechischen Ländern, in der Schweiz und in England verzögerte sich die Vegetation erheblich.[237] Die CEUT-Temperaturen lagen 2.4 °C (+/–0.58 °C) unter dem Durchschnitt von 1961 bis 1990.

1587: Im März dieses Jahres herrschten kalte Ostwinde vor, sodass die Schneedecke in den tschechischen Ländern und der Schweiz nicht schmolz. Ebenso brach das Eis auf dem Zürichsee erst gegen Ende des Monats. Ende April fiel im Schweizer Mittelland erneut tiefer Schnee.[238]Auch in den Beneluxländern, in Deutschland und in den tschechischen Ländern blieb der April sehr kalt, und selbst während der ersten zehn Tage im Mai fiel immer noch Schnee. Entsprechend verzögerte sich die Frühjahrsvegetation erheblich.[239] In den Beneluxländern wurde die ländliche Bevölkerung, selbst Erwachsene, von Wölfen und verwilderten Hunden angegriffen.[240] Die CEUT-Temperaturen lagen 2.4 °C (+/–0.58 °C) unter dem Durchschnitt von 1961 bis 1990.

11 Frühjahre waren warm.[241] 11 waren extrem warm.[242] 2 werden beschrieben.

1540: Die Bedingungen in diesem rekordverdächtig warmen und trockenen Jahr sind in Teilkapitel 8.4.4 beschrieben.

1556: Auf einen nassen, warmen und stürmischen Winter folgte in Westeuropa ein heißes und trockenes Frühjahr.[243] In Metz blühten die frühen Rebensorten bereits Ende April.[244] Aus den täglichen Beobachtungen von Wolfgang Haller in Zürich geht hervor, dass auf eine rasche Schneeschmelze im März sonnige und heiße Witterung folgte, die oft von kurzen Regenperioden unterbrochen wurde. Dort endete die Rebenblüte bereits Ende Mai, etwa drei Wochen vor dem Durchschnitt des 20. Jahrhunderts.[245] Im Gegensatz dazu war der Frühling in den tschechischen Ländern eher kalt.[246] Die CEUT-Temperaturen lagen 2.3 °C (+/–0.58 °C) über dem Durchschnitt von 1961 bis 1990.[247]

Die Entwicklung im 16. Jahrhundert lässt sich wie folgt zusammenfassen (Abb. 8.15): Sieht man von einem Rückgang in der Mitte der 1510er-Jahre ab, schwankten die Temperaturen bis 1530 um den Index 0. Danach blieb das Frühjahr bis in die späten 1550er-Jahre überwiegend warm. Von den 1560er-Jahren an sanken die Frühlingstemperaturen bis in die frühen 1580er-Jahre mässig. Dann brachen sie bis zum Ende des Jahrhunderts ein.[248] Die CEUT-Temperaturen lagen 0.2 °C (+/–0.58 °C) unter dem Durchschnitt von 1961 bis 1990. Zusammengefasst beträgt die Summe der kalten Indizes 89, jene der warmen Indizes 76 (Abb. 10.3b).

Abb. 8.15. Entwicklung der Frühjahrstemperaturen 1500 bis 1599.

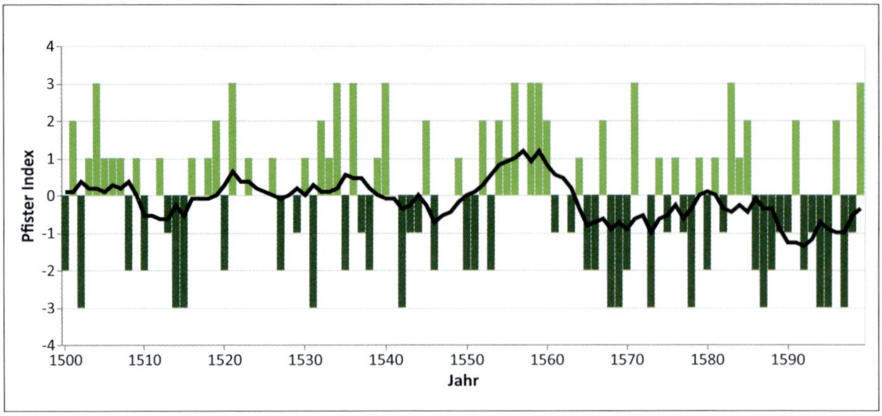

8.4.3 Die Sommer von **1500** bis **1599**

Alle Jahreszeiten sind mit CEUT-Temperaturschätzungen dokumentiert.
11 Sommer waren kalt.[249] 17 waren extrem kalt.[250] 5 werden beschrieben.

1542: Dieser Sommer gehört zu den fünf kältesten der letzten 500 Jahre.[251] Die Bevölkerung im niederländischen Nijmegen klagte über unaufhörlichen Regen.[252] Auch in Deutschland blieb es bei vorherrschenden Nordwestwinden regnerisch und kalt.[253] Die Getreideernte verzögerte sich um zwei Wochen. Weintrauben wurden erst Anfang November geerntet, die Ernte fiel spärlich aus, und die Beeren waren nicht reif.[254] Die CEUT-Temperaturen lagen 2.8 °C (+/−0.49 °C) unter dem Durchschnitt von 1961 bis 1990.

1579: Der Juni war in den Beneluxländern relativ trocken. Der Hoch- und Spätsommer zeigte sich dann nass und kalt.[255] In Deutschland fiel ergiebiger Regen.[256] In den tschechischen Ländern regnete es vom 4. Juli bis zum 3. September in Strömen.[257] In der Schweiz fiel häufig Schnee bis in tiefe Lagen. Die Getreideernte fiel dürftig aus, und die Trauben kamen nicht zur vollen Reife. Sie wurden Ende Oktober gelesen.[258] Die CEUT-Temperaturen lagen 2.9 °C (+/−0.49 °C) unter dem Durchschnitt von 1961 bis 1990.

1587: Starke Südwestwinde wurden im Juni in den Beneluxländern verspürt. Juni und Juli blieben in Deutschland und in der Schweiz regnerisch und kalt, während es im August warm und trocken wurde. [259] In den tschechischen Ländern kam es häufig zu Überschwemmungen, und im Juni fiel in einigen Gegenden «knietiefer» Schnee.[260] In der Schweiz regnete es im Juni 27 Tage lang. Anfang Juli schneite es bis auf 400 m herunter. In höheren Lagen kam das Getreide nicht zur Reife. Bei einsetzendem Schneefall mussten die Trauben von Mitte Oktober an gelesen werden,[261] wobei die Ernte gering und die Beeren sauer waren.[262] Die CEUT-Temperaturen lagen 2.9 °C (+/−0.49 °C) unter dem Durchschnitt von 1961 bis 1990.

1588: Abgesehen von einigen vereinzelten sonnigen Tagen zeigte sich dieser Sommer in den Beneluxländern, in Deutschland, der Schweiz und den tschechischen Ländern regnerisch und ausgesprochen stürmisch, mit häufigen Gewittern und Überschwemmungen.[263] Der britische Klimatologe Hubert Lamb und seine Mitarbeiter rekonstruierten die Wetterlagen zwischen dem 22. Juli und dem 26. Oktober anhand der hochwertigen täglichen Wetterbeobachtungen des Astronomen Tycho Brahe im dänischen Sund (Teilkapitel 4.4.3), in Verbindung mit den Aufzeichnungen des Herzogs von Medina Sidonia. Dieser kommandierte die Spanische Armada, die in diesem Sommer gegen England segelte (Einschub 8E). Die Forscher kamen zum Schluss, dass der Jetstream in diesem Sommer außerordentlich weit südlich über den mittleren Breiten verlief. Sie führten diese Verlagerung auf einen Vorstoß arktischer Meeresströmungen zurück.[264] Die Blüte der Reben verzögerte sich etwa um einen Monat. In vielen Weinbergen konnte man nur einen Hut voll saure Beeren pflücken. Die CEUT-Temperaturen lagen 2.4 °C (+/–0.49 °C) unter dem Durchschnitt von 1961 bis 1990.

1596: Dieser Sommer zählt zu den sechs kältesten seit 1500. Der Juni zeigte sich in den Beneluxländern windig und kühl. In der Schweiz fiel häufig Schnee bis in tiefe Lagen. Der Chronist Renward Cysat (Teilkapitel 4.4.3) zählte in Luzern zwischen dem 15. Mai und dem 30. Juli nur einen einzigen wolkenlosen Tag.[265] Auch in den tschechischen Ländern war der Sommer kalt und nass.[266] Die Weinlese war spät und klein, aber nach einem sonnigen und warmen September wurden die Beeren süß. Die CEUT-Temperaturen lagen 2.6 °C (+/–0.49 °C) unter dem Durchschnitt von 1961 bis 1990.

10 Sommer waren warm.[267] 18 waren extrem warm.[268] 5 werden beschrieben.

Abb. 8.16. Der Sprung von der Brücke. Dieser Ausschnitt aus einem Wandbehang (Gobelin) fasst selten dargestellte Alltagsszenen in einem Bild zusammen. In der Kunstgeschichte ist er als «Bischofszeller Wandteppich» bekannt. Bischofszell ist ein Städtchen im Ostschweizer Kanton Thurgau (Historisches Museum Basel. Foto: P. Portner).

1536: Die Hitze und Trockenheit begann im Mai dieses Jahres und dauerte bis November, als die Rosen ein zweites Mal blühten. Im August wurde in Paris eine Prozession für Regen abgehalten. In Sachsen und in den tschechischen Ländern flammten Wald- und Siedlungsbrände auf. Das Vieh starb vor Hitze und Hunger. Die Weinlese war früh, reichhaltig und süß.[269] Die CEUT-Temperaturen lagen 2.8 °C (+/–0.49 °C) über dem Durchschnitt von 1961 bis 1990. Der Sommer gehört zu den fünf heißesten zwischen 1500 und 1989.[270]

Der Ausschnitt (Abb. 8.16) zeigt einen Mann in Badehose, der in das Flüsschen Sitter springt, außerdem die Köpfe von Schwimmern im Fluss sowie weitere Badende. Dies lässt darauf schließen, dass das Schwimmen in Flüssen und Seen zur Zeit der Herstellung des Wandbehangs, wohl in der ersten warmen Hälfte des 16. Jahrhunderts, üblich war [271] (vgl. auch Abb. 8.12.).

1540: Die Bedingungen in diesem rekordverdächtig heißen und trockenen Jahr sind in Teilkapitel 8.4.4 beschrieben.

1545: Nach einem regenreichen Winter dauerte die Hitze und Trockenheit in West- und Mitteleuropa von Mai bis Ende September. Im belgischen Antwerpen wurde zwischen dem 15. Juni und dem 9. September kein nennenswerter Niederschlag verzeichnet. Epidemien grassierten.[272] Im deutschen Dortmund fiel während 16 Wochen kein nennenswerter Niederschlag.[273] Die Hitze war so extrem, dass die Reben verdorrten. Die Weinlese war sehr früh, reichhaltig bei guter Qualität. Die CEUT-Temperaturen lagen 1.8 °C (+/–0.49 °C) über dem Durchschnitt von 1961–90.

1556: Nach einem nassen Winter begann in Westeuropa Mitte April eine Hitzewelle. Die Zeit von Mitte Juni bis Mitte August war glühend heiß. Wer barfuß ging, verbrannte seine Sohlen.[274] Im französischen Beaune wurden vom 15. Juni bis zum 15. August sieben vergebliche Prozessionen für Regen abgehalten. Die Weinlese war nach 2003 die zweitfrüheste in den letzten 664 Jahren.[275] Die Bedingungen im westlichen Teil Deutschlands und der Schweiz waren ähnlich, außer dass es häufiger regnete.[276] Die CEUT-Temperaturen (unter Einschluss der tschechischen Daten) lagen nur 2.1 °C (+/–0.49 °C) über dem Durchschnitt von 1961 bis 1990.

1590: Dieser heiße Sommer war besonders im östlichen Teil Mitteleuropas extrem trocken. In Slan, in den tschechischen Ländern, fiel zwischen dem 3. Juni und dem 21. September kein nennenswerter Regen. «Die Elbe und die Moldau führten kaum noch Wasser, und der Boden wurde staubtrocken, was die Aussaat im Herbst erschwerte.»[277] «Auch die Oder wurde so seicht, dass sie überall [zu Fuß] überquert werden konnte.»[278] In Westeuropa wurde die Dürre von Mitte Juli an spürbar. Sogar in den Alpen wurde das Wasser knapp. Die Weinlese war früh und ergiebig, die Beeren schmeckten süß.[279] Die CEUT-Temperaturen lagen 2.8 °C (+/–0.49 °C) über dem Durchschnitt von 1961 bis 1990.

Der Verlauf der Sommer im 16. Jahrhunderts lässt sich wie folgt zusammenfassen (Abb. 8.17): Nach einer Wärmeperiode von 1502 bis 1504 blieben die Temperaturen von 1510 bis 1533 unter dem Index-Nullpunkt. Bedingt durch

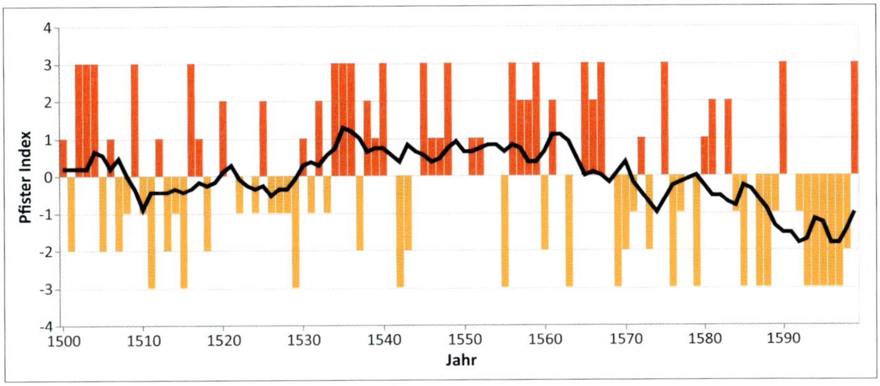

Abb. 8.17. Entwicklung der Sommertemperaturen 1500 bis 1599.

zehn heiße und trockene Sommer war der Zeitabschnitt von 1534 bis 1567 überwiegend warm. Die betreffenden Temperaturen lagen 0.3 °C (+/−0.49 °C) über dem Durchschnitt von 1961 bis 1990. Anschließend sanken die Temperaturen fast kontinuierlich bis zu einem Tiefpunkt in den 1590er-Jahren. Die CEUT-Temperaturen im gesamten Jahrhundert lagen 0.2 °C (+/−0.49 °C) unter dem Durchschnitt von 1961 bis 1990. Zusammengefasst beträgt die Summe der kalten Indizes 88, jene der warmen Indizes 86 (Abb. 10.3c).

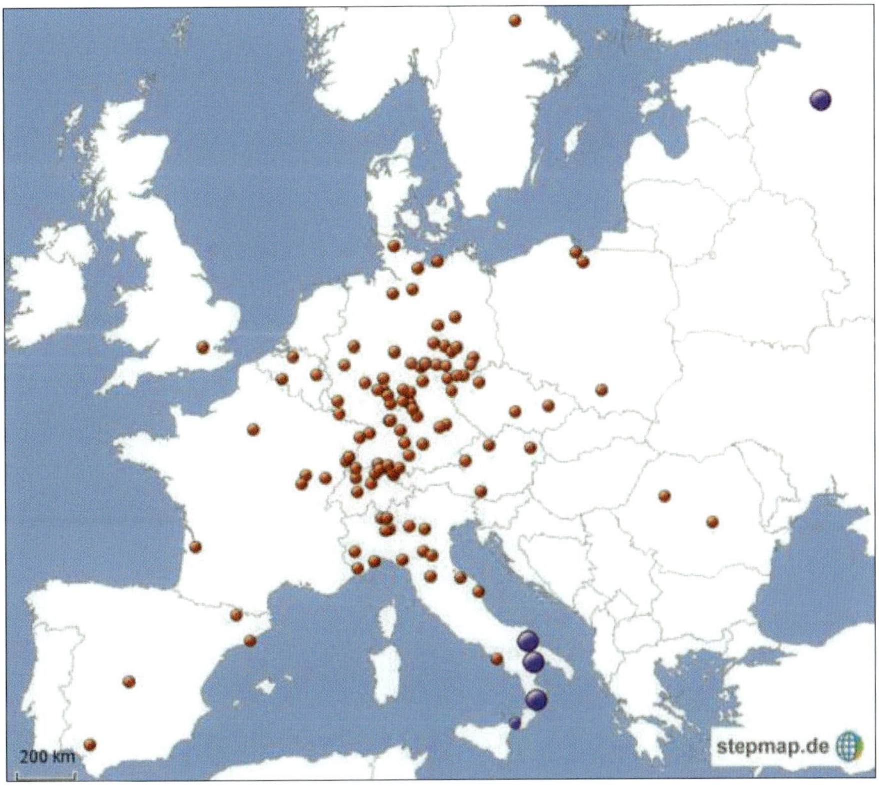

Abb. 8.18. Dokumentarische Berichte über die Dürre von 1540 in Europa. Punkte: Dokumentarische Belege für die Dürre (rot) und die Häufigkeit der Niederschläge (blau). Rot bedeutet warme Anomalien, blau bedeutet nasse Anomalien[281] (Wetter et al. 2014: Abb. 1).

8.4.4 Die elf Monate dauernde Hitze und Dürre im Jahr 1540

Das Jahr 1540 war nach dem Jahr 1473 das heißeste und trockenste in West- und Mitteleuropa. Die Dürre erstreckte sich über ein Gebiet, das von Westfrankreich bis Polen [280] und von der Toskana in Italien bis nach Norddeutschland reichte (Abb. 8.18). Solche Situationen werden meistens durch blockierende Omega-Hochdrucklagen verursacht (Einschub 8D und Abb. 8.10).

Die Trockenheit begann im nördlichen Mittelmeerraum. Im Jahr 1537 gab es in weiten Teilen Spaniens fast keine Niederschläge. In den Jahren 1539 und 1540 war Kastilien besonders stark betroffen.[282] Norditalien lag zwischen Oktober 1539 und Anfang April 1540 weitgehend trocken.[283] Im Juni 1540 bildete sich über Kontinentaleuropa ein quasi beständiger diagonaler, südwestlich bis nordöstlich orientierter Hochdruckrücken, der den Durchgang von Störungen bis in die erste Augustwoche blockierte.[284] Die Region östlich des blockierenden Hochdruckgebiets litt unter einem anhaltend kalten und nassen Nordostwind (Abb. 8.18). Die Chronik im westrussischen Nowgorod berichtet, dass «der Frühling kalt war, es den ganzen Sommer Überschwemmungen gab und dass der Roggen nicht wuchs (nicht zur Reife kam)».[285]

Vom 23. Juni bis 6. August regnete es im französischen Guebwiller keinen Tropfen. Eine modellbasierte Rekonstruktion deutet darauf hin, dass die höchsten Tagestemperaturen im Jahr 1540 mit einer Wahrscheinlichkeit von 40 bis 70 % höher waren als im Jahr 2003.[286] Die Böden trockneten großräumig aus, wobei Risse von bis zu einem Fuß (rund 30 cm) Breite aufklafften.[287] Der geschätzte Jahresniederschlag betrug im Schweizer Mittelland sowie im polnischen Krakau etwa ein Viertel des Durchschnittswerts des 20. Jahrhunderts. Große Flüsse verkamen zu Rinnsalen, die man durchwaten oder zu Pferd überqueren konnte. Kleinere Wasserläufe trockneten völlig aus. In der Nähe der belgischen Stadt Lüttich wateten Rinder im niedrigen Wasser der Mosel, die nach der Aare immerhin der weitaus längste und wasserreichste Nebenfluss des Rheins ist. Der geringe Abfluss und die hohen Wassertemperaturen begünstigten das Wachstum von Grünalgen, wodurch das Wasser nicht mehr getrunken werden konnte. Auch das Wasser der Oder war von Grünalgen befallen.[288] Der Wasserstand des Bodensees sank so tief, dass der Seeboden mit seiner unregelmäßigen Topographie zum Vorschein kam.

In vielen Teilen des Kontinents gerieten die Wälder in Brand. Dies waren Infernos, die niemand in den Griff bekam. Der Lehrer Hans Salat aus Luzern, Schweiz, schrieb Ende Juli: «Die Sonne und der Mond waren bei ihrem Auf- und Untergang rötlich. Tagsüber sahen sie blass aus, denn der Himmel war von trockenem Nebel und Rauch getrübt.»[289] Ebenso berichtete der Wissenschaftler Marcin Biem aus Krakau, dass die Sonne oft den ganzen Tag über eine rötliche Farbe behielt, weil Rauch in der Luft lag.[290] Stadtbrände in Deutschland «brachen im Jahr 1540 häufiger aus als in jedem anderen Friedensjahr seit 1000 n. Chr». Dies hat der deutsche Historiker Cornel Zwierlein anhand einer einzigartigen Auswertung von 8200 Ereignissen festgestellt.[291] Die verbreiteten Siedlungsbrände wurden mit Verschwörungstheorien erklärt und politischen Gegnern in die Schuhe geschoben. Diese hätten dazu bezahlte Landstreicher und Bettler angestiftet. Männer aus den Unterschichten wurden verfolgt, weil sie angeblich eine kriminelle Gegengesellschaft bildeten, die den Behörden und der Öffentlichkeit verborgen blieb.[292] Die Weinlese wurde in vielen Fällen bis zur nächsten Regenperiode aufgeschoben, weil die Beeren zum Zeitpunkt der Reife im August völlig ausgetrocknet waren. Die Trauben waren sehr süß, überreichlich vorhanden und entsprechend preiswert. Eine letzte Flasche des 1540 gekelterten Spitzenweins – des ältesten Weissweins der Welt – hat im Bürgerspital in Würzburg überlebt.[293]

Drei Wirtschaftszweige wurden besonders hart von der Dürre getroffen: die Viehwirtschaft, das Transportwesen und die Energieerzeugung. Überall verdurstete und verhungerte das Vieh. Transportschiffe beförderten nur einen Bruchteil ihrer üblichen Ladung, sofern die Wasserläufe überhaupt noch schiffbar waren. Besonders verhängnisvoll war die Stilllegung der Wassermühlen, außer den Schiffsmühlen an großen Flüssen. Als Ersatz dienten mancherorts pferde- oder handgetriebene Mühlen. Im französischen Besançon suchte die Bevölkerung im Juli ab neun Uhr morgens Schutz in ihren Kellern, um der sengenden Hitze auf den Straßen und Feldern zu entgehen. Die Temperaturen kletterten wahrscheinlich über 40 °C. In Köln stanken die Straßen unerträglich, weil die angesammelten Fäkalien nicht wie üblich durch Regen weggespült wurden. Der deutsche Reformator Martin Luther deutete die «unsägliche Hitze und Dürre, die Tag und Nacht anhielt», als Zeichen des bevorstehenden Jüngsten Tages, wie ihn der Apostel Johannes in der Offenbarung beschreibt. «Willkommen, lieber, letzter Tag», schrieb er an seine Frau.[294] Die ungewöhnliche Wärme hielt bis zum Beginn des neuen Jahres an. Hitze und Wassermangel förderten eine Epidemie, die «Großer Tod» genannt wurde. Anzunehmen ist, dass es sich hauptsächlich um Ruhr und andere Darmerkrankungen handelte, die durch verunreinigtes Wasser verbreitet wurden.[295] Schwärme von Heuschrecken (Locusta migratoria) fielen zwischen 1542 und 1547 in Mitteleuropa ein, wohl infolge von trocken-heißen Bedingungen in den Herkunftsregionen.[296] Die CEUT-Temperaturen lagen 3.2 °C (+/–0.49 °C) über dem Durchschnitt von 1961–90.

8.4.5 Die Herbste von **1500** bis **1599**

Alle Jahreszeiten sind mit CEUT-Temperaturschätzungen dokumentiert.
14 Herbste waren kalt.[297] 3 waren extrem kalt.[298] 2 werden beschrieben.

1579: In Deutschland war der Herbst regnerisch und kalt.[299] Im niederländischen Haarlem gefror vom 22. bis 24. Oktober das Wasser.[300] In den tschechischen Ländern brach vom 31. Oktober bis 7. November eine Kältewelle mit hartem Frost und tiefem Schnee aus. In der Stadt Louny wurden bereits am 10. November erste Zahlungen für die Beseitigung von Eis in den Wassermühlen geleistet.[301] Die CEUT-Temperaturen lagen 2.5 °C (+/–0.55 °C) unter dem Durchschnitt von 1961 bis 1990.

1597: Im deutschen Aurich verzeichnete der Chronist David Fabricius in seinem Tagebuch zwischen dem 20. Oktober und dem 4. November harten Frost.[302] Wind, Regen und Schnee in höheren Lagen wurden in der Schweiz im September und erneut im Oktober gemeldet.[303] Die Bevölkerung in den tsche-

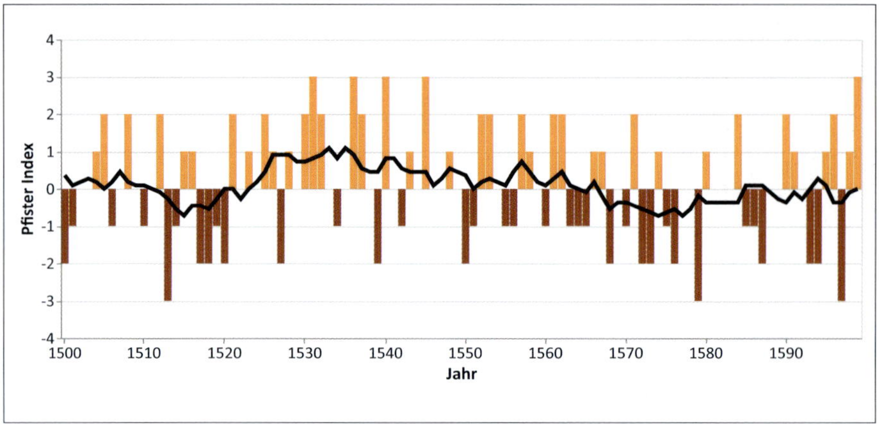

Abb. 8.19. Entwicklung der Herbsttemperaturen 1500 bis 1599.

chischen Ländern wurde vom 21. September 1597 bis zum 7. März 1598 mit Dauerkälte, Frost und tiefem Schnee in Atem gehalten.[304] Die CEUT-Temperaturen lagen 2.9 °C (+/−0.55 °C) unter dem Durchschnitt von 1961 bis 1990.

14 Herbste waren warm.[305] 5 waren extrem warm.[306] 2 werden beschrieben.

1536: In der Schweiz dauerte die Hitze bis Ende November. Der Pilatus bei Luzern (2128 m ü. M.) war zu diesem Zeitpunkt noch schneefrei, und das Vieh graste auf den Weiden. Auch der tschechische Chronist Janz Kunovic (Teilkapitel 4.4.3) berichtete von einer ungewöhnlichen Hitzeperiode, die bis zum 24. November andauerte.[307] Die CEUT-Temperaturen lagen 1.5 °C (+/−0.55 °C) über dem Durchschnitt von 1961 bis 1990.

1540: Die Bedingungen in diesem rekordverdächtig warmen und trockenen Jahr sind in Teilkapitel 8.4.4 beschrieben.

Der Verlauf der Temperaturen in diesem Jahrhundert lässt sich wie folgt zusammenfassen (Abb. 8.19): Die Temperaturen im Herbst schwankten bis 1530 um den Index-Nullpunkt. Nach einer warmen Phase zwischen 1530 und 1545 kühlte sich der Herbst bis 1580 allmählich ab. Die CEUT-Temperaturen lagen 0.4 °C (+/−0.58 °C) unter dem Mittelwert von 1961 bis 1990. Zusammengefasst beträgt die Summe der kalten Indizes 55, jene der warmen Indizes 65 (Abb. 10.3d).

Einschub 8E: Das Schicksal der Spanischen Armada

Im Sommer 1588 segelte die Spanische Armada, eine Flotte von 125 Schiffen mit 30'000 Soldaten und Seeleuten an Bord, gegen England, um dort zu landen und dem protestantischen Land einen katholischen Herrscher aufzuzwingen. Das Unternehmen scheiterte aus mehreren Gründen, nicht zuletzt an den für die Armada ungünstigen Witterungsbedingungen. Zunächst ist kurz die geostrategische Situation in Erinnerung zu rufen: England unterstützte die niederländischen Protestanten, die seit 1568 für ihre Unabhängigkeit vom spanischen Weltreich kämpften. Auch stellte es sich im französischen Bürgerkrieg auf die Seite der Protestanten gegen die Katholiken. Schließlich ließ die englische Königin Elisabeth I. (Abb. 8.21) ihre Rivalin Maria Stuart 1587 hinrichten. Dies führte 1588 zum offenen Krieg mit Spanien.

Abb. 8.20. König Philipp II. von Spanien (1527–1598). Der König kleidete sich fast immer in schlichtes Schwarz. Er war unerschütterlich davon überzeugt, dass Gott auf seiner Seite war[309] (Porträt gemalt von Solonisba Anguissola Coello um 1570; Wikimedia Commons).

«Nach einem Plan, den der spanische König Philipp II. (Abb. 8.20) ausgearbeitet hatte, sollte die Armada in den Ärmelkanal segeln und sich dort mit den in Flandern kämpfenden spanischen Streitkräften unter Alexander Farnese, dem Herzog von Parma, treffen. Die Armada sollte dann einen Teil seiner Truppen an Bord nehmen und zu einem Brückenkopf in Kent eskortieren, wo auch Nachschub, Munition und schwere Artillerie abgeladen werden sollten.»[308]

Am 30. Juli tauchte die Armada vor der englischen Küste auf, doch das vorgesehene Treffen mit den Truppen des Herzogs von Parma verzögerte sich. Am 8. August maßen sich die beiden Flotten in der Meerenge von Dover in offener Seeschlacht. König Philipp hatte Herzog Medina Sidonia, dem Befehlshaber der Armada, nahegelegt, der beste Weg, die Engländer zu besiegen, bestehe darin, möglichst nahe an ihre Schiffe heranzufahren, sie lahmzulegen und dann zu entern.[311] Entsprechend wurden die spanischen Kanoniere angewiesen, nur eine Salve abzufeuern. Danach sollten sie sich auf ihre Gefechtsstationen begeben, um sich auf das Entern vorzubereiten.[312] Die englische Flotte zählte nur 34 kampftüchtige Schiffe,[313] «aber ihre Besatzungen waren mit den Geschützen ihrer Schiffe und ihrer Handhabung vertraut. Dies ermöglichte es ihnen, fast kontinuierlich zu feuern,[314] wobei sie ihre Breitseiten mit der Zeit aus nächster Nähe abgaben, was sich für die spanischen Schiffe als zerstörerisch erwies.»[315]

Abb. 8.21. Königin Elisabeth I. von England (1533–1603). Die Königin ließ sich in vollem Ornat porträtieren, um dadurch zu überspielen, dass sie als junges Mädchen zum Bastard gestempelt worden war[310] (George Gower zugeschriebenes Porträt von 1588, das die Niederlage der Armada im Hintergrund zeigt; Wikimedia Commons).

Der Sommer 1588 war außerordentlich stürmisch. Am 27. Juli schrieb Herzog Medina Sidonia: «Die See ist so schwer, dass die Matrosen versichern, sie hätten im Juli noch nie etwas Vergleichbares gesehen. Die Wogen stiegen himmelshoch und brachen manchmal sogar über die Schiffe herein.»[316] Eine Rekonstruktion der Wetterlagen zwischen dem 22. Juli und dem 26. Oktober legt nahe, dass der Jetstream in dieser Zeit häufig über Mitteleuropa mäandrierte (Teilkapitel 8.4.3), wie dies in regnerischen Wintern bei westlichen Winden der Fall ist. «Die Entscheidungsschlacht am 8. August fand bei starken Nordwestwinden und schwerer See statt, was die Engländer begünstigte. In den meisten Fällen konnten die Spanier nicht sehen, was um sie vorging, weil der Rauch ihrer Geschütze und jener der englischen Flotte auf ihre Schiffe geblasen wurde. Außerdem trieb der stürmische Wind ihre Schiffe immer mehr gegen die Sandbänke von Zeeland, wo sie Gefahr liefen, auf Grund zu laufen.»[317] Der US-amerikanische Umwelthistoriker Dagomar Degroot untersuchte die meteorologischen Bedingungen während der drei anglo-holländischen Seekriege im 17. Jahrhundert. Er kam zum Schluss, dass Westwinde die Engländer begünstigten, während östliche Winde den Holländern zugutekamen.[318] Letztere hätten auch in der Seeschlacht vom 8. August 1588 womöglich den Spaniern einen Vorteil verschafft.

Nach geschlagener Schlacht war die Armada im Wesentlichen noch intakt. [319] Südwestliche Winde erlaubten es der Flotte, in die Nordsee zu segeln. Doch dort hatten sie zwischen dem 14. und 18. August mit mehreren schweren Stürmen zu kämpfen.[320] Die Spanier wurden weiter nach Norden getrieben, wo es ungewohnt kalt war. Ihre Vorräte an Lebensmitteln und Wasser gingen zur Neige, und sie konnten nicht hoffen, im Feindesland neue aufzutreiben. Weitere Stürme im September ließen die meisten Schiffe nördlich von Schottland und an der irischen Westküste zerschellen.[321]

Die Engländer deuteten den unerwarteten Sieg als Beweis dafür, dass Gott auf der Seite der Protestanten stand. Die Konfessionalisierung der Witterung wurde symbolisch auf einer Medaille mit der Aufschrift zelebriert: «Jehova (d. h. der Gott des Alten Testaments) blies mit seinen Winden, und sie wurden zerstreut.» Die Medaille wurde in den Niederlanden im Auftrag von Prinz Maurice von Nassau hergestellt.[322] Dieser war der Gouverneur der mit England verbündeten Provinzen der niederländischen Republik. Tatsächlich ermöglichte der «protestantische (West-)Wind», wie er genannt wurde, der taktisch überlegenen englischen Flotte, die Landungsoperation der Armada zu vereiteln. Die anschließenden schweren Stürme zerstreuten und vernichteten die Armada endgültig. Die Nachricht von der Niederlage brach die Moral von König Philipp: «Ich hoffe nicht, dass Gott so viel Unheil zugelassen hat», kritzelte er trotzig auf die Nachricht, «habe ich doch alles in seinem Dienst getan.»[323]

8.4.6 Die Jahrestemperaturen von **1500** bis **1599**

Der Verlauf der Jahrestemperaturen ist in Abbildung 8.22 zusammengefasst. Drei Kälteperioden fallen auf: die erste um 1513, die zweite in den 1540er-Jahren und die dritte von 1560 bis zum Ende des Jahrhunderts. Die 1530er-Jahre waren etwas wärmer. Im wärmsten Jahr 1540 folgte auf einen mäßig kalten Winter ein markanter Temperaturanstieg in den anderen Jahreszeiten. Das kälteste Jahr, 1573, war auf einen extrem kalten Winter und erhebliche Wärmedefizite in den anderen Jahreszeiten zurückzuführen. Die CEUT-Temperaturen lagen 0.5 °C (+/−0.3 °C) unter dem Durchschnitt von 1961 bis 1990.

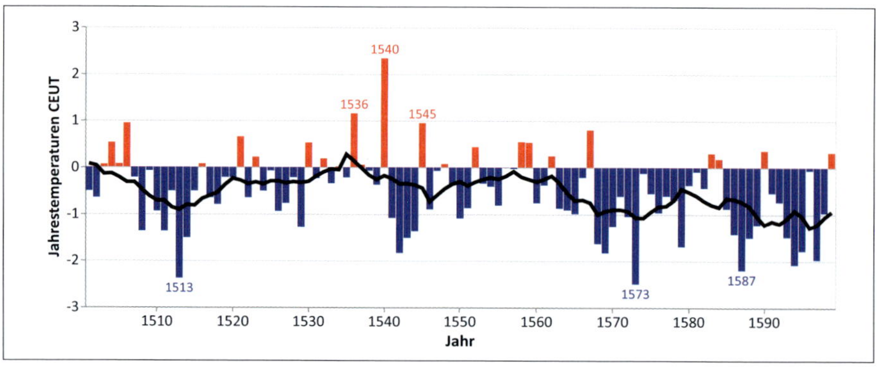

Abb. 8.22. Entwicklung der Jahrestemperaturen von 1500 bis 1599.

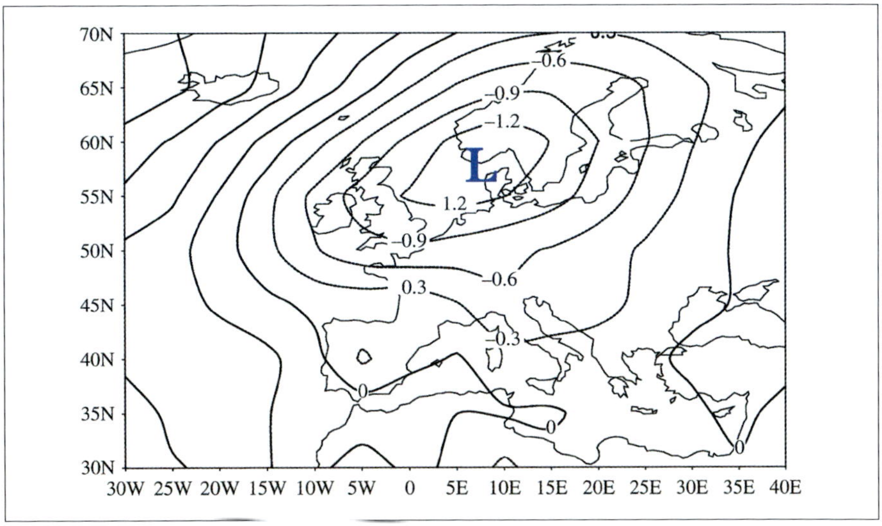

Abb. 8.23. Durchschnittlicher Luftdruck über Europa im Sommer 1585–1597. Um den herausragenden Charakter dieses Zeitabschnitts zu verdeutlichen, hat der Geograph und Klimatologe Jürg Luterbacher den durchschnittlichen Luftdruck auf Meereshöhe im Sommer für den Zeitraum 1585 bis 1597 rekonstruiert (Abb. 8.23; Luterbacher in Pfister 2007: 53).

8.4.7 Überblick über das Klima im 16. Jahrhundert

Nach zwei Jahrzehnten mit relativ kühlen Temperaturen kam es in der Zeit von 1520 bis 1560 europaweit zu einer bemerkenswerten Erwärmung. Die Frühlings-, Sommer- und Herbsttemperaturen stiegen auf Werte nahe jenen des 20. Jahrhunderts, während die Wintertemperaturen um 0.9 °C (+/–0.69 °C) unter dem Durchschnitt 1961 bis 1990 lagen. Die Erwärmung trat im Sommer am deutlichsten in Erscheinung. Der Höhepunkt wurde in der Dekade von 1531 bis 1540 mit einer mittleren jährlichen Abweichung von +0.2 °C (+/–0.37 °C) über dem Durchschnitt von 1961 bis 1990 erreicht. Die günstigen klimatischen Bedingungen ließen die Bevölkerung in Mittel- und Westeuropa zwischen 1520 und 1570 rasch anwachsen (Teilkapitel 9.5).

Eine Reihe von extremen Witterungsanomalien um 1570 leitete eine Trendwende ein, die in den 1590er- und frühen 1600er-Jahren ihren Höhepunkt erreichte (Abb. 8.22). Hohe Niederschläge im Sommer, insbesondere im Juli, prägten das Klima von den 1570er-Jahren bis zum Ende des 16. Jahrhunderts in Deutschland, der Schweiz und in den tschechischen Ländern.[324] Dieser Temperaturrückgang äußerte sich auch in der Abkühlung der Oberflächentemperatur des Nordatlantiks. Der Heringsfang an der Westküste Schottlands ging zwischen 1585 und 1597 auffallend zurück, was der Geograph Martin Parry als Flucht dieser kälteempfindlichen Art vor den nach Süden vordringenden kalten Wassermassen interpretierte.[325]

Die durchschnittliche Witterung der Sommer von 1585–97 war geprägt durch unternormalen Luftdruck über weiten Teilen Mitteleuropas in Verbindung mit einem schwachen Azorenhoch. Solche synoptischen Situationen führen zum häufigen Durchzug von Frontensystemen aus Westen und Nordwesten, die kühle und regnerische Witterung bringen. Der etwas höhere Druck über Island deutet auf gelegentliche nördliche Winde hin. Wesentlich ist die Großräumigkeit und Langfristigkeit dieses Musters: Es betraf Kontinentaleuropa, vom Zentralmassiv in Frankreich bis nach Polen, einschließlich England. Die anhaltende Abkühlung hatte erhebliche Auswirkungen auf die

Landwirtschaft, die Konjunktur und die Bevölkerung (Teilkapitel 9.6.8). Der längerfristige Charakter dieser Krise spiegelt sich in den anhaltend hohen Getreidepreisen in Deutschland zwischen 1586 und 1597 wider (Abb. 9.31). Zusammenfassend lässt sich sagen, dass die 1590er-Jahre mit geschätzten Jahrestemperaturen von 1.2 °C (+/−0.37 °C) unter dem Mittelwert von 1961 bis 1990 in Mitteleuropa wahrscheinlich das sommerkälteste Jahrzehnt in den vergangenen tausend Jahren waren, möglicherweise zusammen mit den 1340er-Jahren.[326] Der Schweizer Wissenschaftler Renward Cysat erkannte deutlich, dass sich der Rhythmus der Jahreszeiten, also das Klima, in dieser Zeit verändert hatte (Teilkapitel 4.4.3). Der Mittelmeerraum wurde von mehrjährigen Dürreperioden heimgesucht.[327] Namentlich litt der östliche Teil unter der längsten und intensivsten Trockenheit, die in den letzten sechs Jahrhunderten bekannt ist, oft in Verbindung mit bitterkalten Wintern.[328]

In den Alpen äußerte sich die Klimaveränderung durch rasche, weitreichende Gletschervorstöße. Ab etwa 1580 stieß die Zunge des Unteren Grindelwaldgletschers bis um 1603 etwa einen Kilometer vor (Teilkapitel 10.2). 1595 staute der Giétrozgletscher im Val de Bagnes wie später im Jahr 1818 (Einschub 3A) den Fluss Drance auf. Als der Damm am 4. Juni brach, riss die gewaltige Hochwasserwelle etwa 500 Gebäude mit sich und forderte ungefähr 140 Opfer.[329] Der vorrückende Ruitor-Gletscher oberhalb des italienischen La Thuile ließ den vorgelagerten See wiederholt über die Ufer treten, wobei die Flutwelle jeweils das Tal bis hinunter zur Stadt Aosta verwüstete. Um weitere Ausbrüche zu vermeiden, wurde 1606 in der Nähe des Sees eine Kapelle geweiht, und eine jährliche Prozession sollte das Überschwemmungsrisiko in dauerhafter Erinnerung behalten.[330] Der Vernagt-Gletscher im österreichischen Ötztal staute ebenfalls einen See auf, der am 20. Juli 1600 ausbrach (Teilkapitel 10.2).

Auch außerhalb West- und Mitteleuropas waren viele Regionen auf ihre Weise von der Klimaschwankung betroffen.[331] In Island deuten die Quellen darauf hin, «dass Packeis und Unwetter in den 1570er-Jahren recht häufig waren. Es ist wahrscheinlich, dass auch in den 1590er-Jahren häufig Packeis an den Küsten gesichtet wurde.»[332] In Schottland ließen die niedrigen Temperaturen in der warmen Jahreszeit in den 1590er-Jahren oft den Hafer nicht reifen, was zu Hungersnöten führte.[333] Die Situation in den nordischen Ländern ist vor den 1590er-Jahren nur sporadisch bekannt. Es scheint, dass die Provinz Ångermanland in Nordschweden um 1560 recht wohlhabend war. Dann wendete sich das Blatt. Ein Bericht eines schwedischen Geistlichen fasst den Verlauf der 1590er-Jahre wie folgt zusammen: Die entsetzlichen Entbehrungen dauerten sieben Jahre lang, und während dieser Zeit waren Kleinbauern vielerorts ohne Saatgut. Manchmal wurden die Ernten durch zu viel Feuchtigkeit und manchmal durch eine unnatürliche Dürre zerstört. In einem Jahr ruinierte der Frost die gesamte Ernte im ganzen Königreich Schweden.[334] In Finnland kam es nach einem relativ günstigen Zeitabschnitt bis 1580 bis zur Mitte der 1580er-Jahre jedes dritte Jahr zu Ernteausfällen.[335]

In der Pannonischen Tiefebene («Ungarn») waren die Sommer zwischen 1490 und 1545 mehrheitlich warm.[336] In Polen fluktuierten Temperaturen und Niederschläge in der ersten Hälfte des 16. Jahrhunderts, wobei milde Winter häufig auftraten. Kalte Jahreszeiten zeigten sich gegen Ende des Jahrhunderts häufiger, wobei allein auf die 1590er-Jahre sechs bitterkalte Winter entfielen.

In Russland nahm die Zahl der strengen Winter und kalten Sommer in der zweiten Hälfte des 16. und im frühen 17. Jahrhundert ebenfalls zu.[337] Der kalte Sommer 1601 nach der Huaynaputina-Explosion von 1600 führte große Teile Nord- und Nordosteuropas in die Katastrophe, in der Form von extremer Winterkälte, Hungersnot und Gewalt.[338]

In Norditalien wurden kalte Winter zwischen 1530 und 1560 etwas häufiger, während die Frühlingstemperaturen von 1560 bis zu einem Tiefpunkt um 1600 zurückgingen. Die Sommer waren zwischen 1550 und 1575 tendenziell regnerisch,[339] während sich Extreme zwischen 1570 und 1614 häuften.[340] Anhaltender Regen in den Sommern 1588 und 1589 führte zu einer Hungersnot. Ferner verknappte aufgrund der kalten Sommer das aus der Verdunstung von Meerwasser gewonnene Salz.[341] Für Spanien hat der spanische Historiker Armando Alberola-Romá die Entwicklung von 1500 bis 1800 zusammengefasst. Angesichts der ausgeprägten Struktur und klimatischen Vielfalt des Landes zieht er keine allgemeingültigen Schlüsse. Das frühe 16. Jahrhundert kannte eine Zeit geringer (Frühjahrs-) Niederschläge bis etwa 1540, während die Landwirtschaft im östlichen Mittelmeerraum günstigere Bedingungen vorfand. Zwischen 1530 und 1550 häuften sich die Dürren. Zwischen 1570 und 1630 gingen die Temperaturen zurück.[342] In Katalonien traten Dürrejahre zwischen 1580 und 1620 nur selten auf, während Überschwemmungen häufig verzeichnet wurden.[343] In Südspanien waren die 1590er-Jahre extrem nass,[344] während das im Südosten des Kontinents gelegene Osmanische Reich in dieser Zeit die schlimmste Dürrekatastrophe seiner Geschichte erlebte[345] (Teilkapitel 9.6.8).

8.5 Das sprunghafte 17. Jahrhundert

8.5.1 Die Winter von 1600 bis 1699

Alle Jahreszeiten sind mit CEUT-Temperaturschätzungen dokumentiert.
21 Winter waren kalt.[346] 23 waren extrem kalt.[347] 4 werden beschrieben.

1600: Eine lange Schnee- und Frostperiode begann in den Beneluxländern am 19. November. Klirrende Kälte herrschte zwischen dem 17. Januar und dem 14. Februar bei östlichen bis nördlichen Winden. Das Eis auf dem Rhein trug beladene Fuhrwerke. Der Zürichsee war zehn Wochen lang vollständig mit Eis bedeckt.[348] In den tschechischen Ländern froren Brunnen, Bäche und Flüsse ein, und die Mühlen kamen zum Stillstand. Löhne für die Enteisung der Mühlen in Louny wurden bis zum 26. Februar ausbezahlt.[349] Tauwetter setzte zwischen dem 20. und 24. Februar ein, aber die Kälte dauerte bis in den Frühling hinein an. Der Zeitraum von Januar bis April war auch in Stockholm und im estnischen Tallinn sehr kalt.[350] Die CEUT-Temperaturen lagen 4.6 °C (+/−0.69 °C) unter dem Durchschnitt von 1961 bis 1990.

1608: Der Frost hatte Europa vom östlichen Baltikum bis nach Katalonien lange Zeit fest im Griff, meist bei trüber und bedeckter Witterung mit östlichen Winden.

Nach einigen Regentagen Mitte Dezember schwappte eine erste Kältewelle zwischen dem 19. und 26. Dezember über Mitteleuropa. Eine zweite, intensivere Frostperiode erfasste den Kontinent vom 1. bis 25. Januar. Der Februar war kaum besser.[351] In Deutschland hielt der Frost von Ende November bis Anfang März an, in England dauerte er 15 Wochen lang.[352] In Ostfrankreich wurden nicht weniger als 55 aufeinanderfolgende Frosttage gezählt. Zwei Monate lang trug das Eis auf den großen Flüssen beladene Schlitten. Auf der Themse in London und auf der Lagune von Venedig wurden Marktbuden aufgestellt. Der Zürichsee und der Bodensee, möglicherweise sogar der Vierwaldstättersee, waren eisbedeckt.[353] Im Januar und Februar wurden im tschechischen Louny Löhne für die Schneeräumung und die Enteisung der Mühlen bezahlt.[354] Das südliche Mittteleuropa versank im Schnee. Im Schweizer Mittelland schneite es vom 1. bis zum 6. Januar unaufhörlich, wobei sich der trockene und kalte Schnee 1,5 m, in gebirgigen Lagen 1,7 m, hoch auftürmte. An mehreren Orten drückte die Last des Schnees Dächer ein. Die Schneemassen wurden so undurchdringlich, dass in den Wäldern kaum noch Brennholz transportiert werden konnte. In der Not wurden Obstbäume gefällt, um die Häuser notdürftig zu heizen. Reisende blieben im Schnee stecken, erfroren oder wurden von Wölfen angegriffen. Hungrige Raubtiere näherten sich den Dörfern.[355] Verhungernde Hasen und Rebhühner wurden in großer Zahl gefangen und auf Märkten verkauft. Tierliebende Bauern fütterten einige von ihnen. Die bittere Kälte ließ das Wasser in den Brunnen und den Wein in ungeheizten Räumen gefrieren. Wasser wurde knapp. Brot war schwer zu bekommen, da die meisten Mühlen stillstanden. In Deutschland führte das Tauwetter Anfang März zu Eisgängen. Die Flüsse in den tschechischen Ländern führten vom 13. März an Treibeis.[356] Die CEUT-Temperaturen lagen 5.2 °C (+/−0.69 °C) unter dem Durchschnitt von 1961 bis 1990.

1684: Harter Frost bei Ostwind und bewölktem Himmel herrschte in den Niederlanden mit wenigen Unterbrechungen vom 30. November bis Ende Februar. Die Rinde an Bäumen platzte bei mutmaßlichen Temperaturen unter −25 °C mit einem Knall, was sich wie Gewehrfeuer anhörte. Das Meer an der niederländischen Küste fror bis zu einer Entfernung von 25 km zu. Die meisten Häfen waren geschlossen.[357] Eisberge schwammen in der Nordsee. «Die Eisschollen im Ärmelkanal waren so mächtig, dass ich gefahrlos auf ihnen herumklettern konnte», schrieb Richard Freebody aus dem englischen Lydd seinem Neffen am 19. Februar 1684. «Angetrieben von starken Ostwinden, bewegten sie sich etwa mit Schrittgeschwindigkeit der Küste entlang.»[358] Die Themse in London und die Lagune von Venedig waren eisbedeckt, ebenso der Bodensee, wo erstmals seit 1573 wieder eine Eisprozession abgehalten wurde (Einschub 8J). Auch der Neuenburger See, der Thunersee und möglicherweise sogar der Vierwaldstättersee froren ganz zu. Auf dem Bodensee brach die Eisdecke nach dem 5. Februar.[359] Die CEUT Temperaturen lagen 4.0 °C (+/−0.49 °C), jene in Paris 4.9 °C unter dem Durchschnitt von 1961 bis 1990. Auch in Tallinn (Estland) lagen die Temperaturen extrem niedrig.

1695: In den Beneluxländern begann dieser Winter am 7. Dezember. Mehrere Kältewellen folgten sich, eine letzte vom 20. Januar bis 10. Februar. Der Kanal von Haarlem nach Leiden in den Niederlanden war vom 28. Dezember bis 8. März zugefroren. Der Personenverkehr musste eingestellt werden. Die Elbe war 14 Wochen lang mit Eis bedeckt. Die Eisdecke auf dem Rhein bei Köln brach am 24. Februar auf, aber die Kältephase dauerte bis in den März.[360] Die Eisdecke auf dem Bodensee hielt sich ganze 49 Tage lang vom 24. Januar bis zum 13. März.[361] In London türmten sich die Schneemassen höher als die Kutschen auf, wodurch der Verkehr zum Erliegen kam.[362] Die CEUT Temperaturen lagen 5.7 °C (+/−0.69 °C), jene in Paris 5.0 °C unter dem Durchschnitt von 1961 bis 1990.

12 Winter waren warm.[363] 7 waren extrem warm.[364] 2 werden beschrieben.

1607: Bei westlichen Winden und gelegentlichen Regenschauern blieben Dezember und Januar im deutschen Emden warm. Selbst kleine Bäche überfroren nie. Blumen blühten in den Beneluxländern überall. Der Februar war sonnig und warm. Nur vom 13. bis 17. fiel Schnee.[365] Im Schweizer Mittelland gefror der Boden nie. Schneite es gelegentlich, schmolz die Schneedecke schnell weg. Wiesen und Gärten grünten. Veilchen und Primeln blühten Ende Februar. Die Bevölkerung trug Sommerkleidung.[366] Auch in den tschechischen Ländern fiel kein Schnee. Dafür regnete es, oder es herrschte Nebel. Pflaumen- und Sauerkirschbäume blühten Anfang Januar. Die Stadtmühlen im tschechischen Louny mussten nie enteist werden.[367] Die CEUT-Temperaturen lagen 3.6 °C (+/−0.69 °C) über dem Durchschnitt von 1961 bis 1990.

1617: Im niederländischen Rotterdam herrschten teilweise stürmische West- und Südwestwinde. Fröste traten nur selten auf. Die Kirschenbäume standen am 7. Februar in voller Blüte. Auch in Deutschland und in der Schweiz war die Vegetation weit fortgeschritten, allerdings regnete es kaum, sodass das Wasser knapp war.[368] In den tschechischen Ländern trat während des ganzen Winters kein Frost auf. Blumen und Bäume blühten bereits Anfang Januar. Ende Februar wurde Hafer gesät.[369] Die CEUT-Temperaturen lagen 2.9 °C (+/−0.69 °C) über dem Durchschnitt von 1961 bis 1990. Die Jahreszeit war in Stockholm und in Tallinn extrem warm.

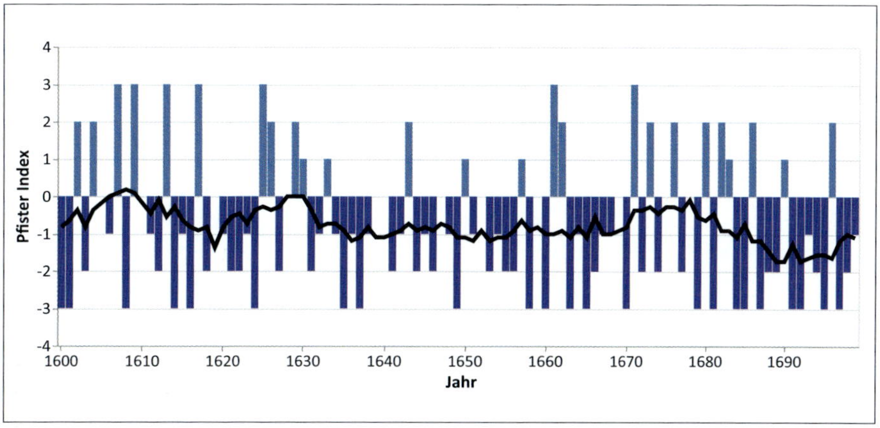

Abb. 8.24. Entwicklung der Wintertemperaturen von 1600 bis 1699.

Der Verlauf der Winter des 17. Jahrhunderts lässt sich wie folgt zusammenfassen (Abb. 8.24): In der Zeit von 1630 bis 1670 war es fast durchgängig kalt. Die Temperaturen in den vorangegangenen Jahrzehnten waren hochgradig variabel, insbesondere zwischen 1607 und 1614 sowie zwischen 1670 und 1684. In den letzten 15 Jahren des Jahrhunderts fielen die Temperaturen auf sehr niedrige Werte. Die CEUT-Temperaturen lagen 1.0 °C (+/−0.69 °C) unter dem Durchschnitt von 1961 bis 1990. Zusammengefasst beträgt die Summe der kalten Indizes 130, jene der warmen Indizes 51 (Abb. 10.3a).

8.5.2 Die Frühjahre von 1600 bis 1699

Alle Jahreszeiten sind mit CEUT-Temperaturschätzungen dokumentiert.
21 Frühjahre waren kalt.[370] **12 waren extrem kalt.**[371] **3 werden beschrieben.**

1614: In den Beneluxländern war der März schneereich mit strengem Frost bei östlichen Winden.[372] In den tschechischen Ländern wurde der Höhepunkt der Kälte zwischen dem 2. und 9. März erreicht.[373] In Deutschland verzögerte sich die Vegetation bis in den Mai, und auch die zweite Hälfte dieses Monats blieb überwiegend nass und kalt.[374] Aufgrund der extrem niedrigen Temperaturen blieb die Schneedecke im Schweizer Mittelland von Oktober 1613 bei anhaltenden Ostwinden bis Mitte April liegen.[375] Die CEUT-Temperaturen lagen 2.4 °C (+/−0.58 °C) unter dem Durchschnitt von 1961 bis 1990.

1627: In diesem Winter herrschten Winde aus nördlichen und nordwestlichen Richtungen. Im schweizerischen Schaffhausen blieb der Schnee den ganzen März über liegen. Im April wurden in Deutschland elf Frosttage verzeichnet. April und Mai waren regnerisch. Noch am 23. Mai blühten in Schaffhausen die Obstbäume. Der 26. Mai war der erste warme Tag. In Fischingen, das auf 623 m ü. M. liegt, regnete und schneite es während des ganzen Monats Mai.[376] Die CEUT-Temperaturen lagen 3.1 °C (+/−0.58 °C) unter dem Durchschnitt von 1961 bis 1990.

1658: Der Verkehr auf den niederländischen Kanälen wurde im März eingestellt, da diese zugefroren waren.[377] In Deutschland war der Main nach dem Winter erneut mit Eis bedeckt.[378] Im schweizerischen St. Gallen blieb die Schneedecke den ganzen März über erhalten. Von Ende April bis Ende Mai war es bei östlichen Winden bitterkalt.[379] Die CEUT-Temperaturen lagen 2.3 °C (+/−0.58 °C) unter dem Durchschnitt von 1961 bis 1990.

14 Frühjahre waren warm.[380] **8 waren extrem warm.**[381] **2 werden beschrieben.**

1611: In den Beneluxländern war der März überwiegend trocken bei südlichen bis östlichen Winden. Ebenso blieb der April warm und trocken bei östlichen Winden. Am 18. April standen alle Obstbäume in Blüte. Der Mai war extrem trocken, aber vom 23. Mai an regnete es häufig bei westlichen oder nordwestlichen Winden.[382] Auch in der Schweiz war der März überwiegend sonnig und warm. Im April zählte Renward Cysat in Luzern 26 sonnige und warme Tage. Die Vegetation entwickelte sich rasch, wobei die warmen Bedingungen die Vermehrung von Schädlingen begünstigten, die viele Obstbaumblüten zerstörten. Die sommerliche Witterung setzte sich im Mai größtenteils fort.[383] Die CEUT-Temperaturen lagen 2.2 °C (+/–0.58 °C) über dem Durchschnitt von 1961 bis 1990.

1686: In den Niederlanden wurde früh mit der Heuernte begonnen, und reife Kirschen wurden bereits am 17. Mai verkauft.[384] In Deutschland schneite es kaum. Das Wasser für die Mühlen wurde knapp, und im Juni beteten die Gläubigen um Regen.[385] In den Schweizer Alpen waren die Wiesen schon im März grün, und die Heuernte begann am 10. Mai. Die Rebenblüte im Mittelland endete um den 5. Juni.[386] In den tschechischen Ländern beeinträchtigte die Trockenheit das Wintergetreide.[387] Die CEUT-Temperaturen lagen mit 2.7 °C (+/–0.58 °C), jene in Paris mit 1,4 °C über dem Durchschnitt von 1961 bis 1990. Auch im estnischen Tallinn war die Jahreszeit warm.

Der Trend im Laufe des Jahrhunderts lässt sich wie folgt zusammenfassen (Abb. 8.25): Sieht man von einer Kältephase in den 1640er-Jahren ab, so bewegten sich die geschätzten Frühlingstemperaturen in Mitteleuropa bis 1687 um das Niveau des 20. Jahrhunderts. Die CEUT-Temperaturen lagen bis zu diesem Zeitpunkt um 0.2 °C (+/–0.58 °C) unter dem Durchschnitt von 1961 bis 1990. Ab 1688 fielen die Frühjahrstemperaturen dann bis zum Ende des Jahrhunderts um 1.4 °C.[388] Zusammengefasst beträgt die Summe der kalten Indizes 90, jene der warmen Indizes 65 (Abb. 10.3b).

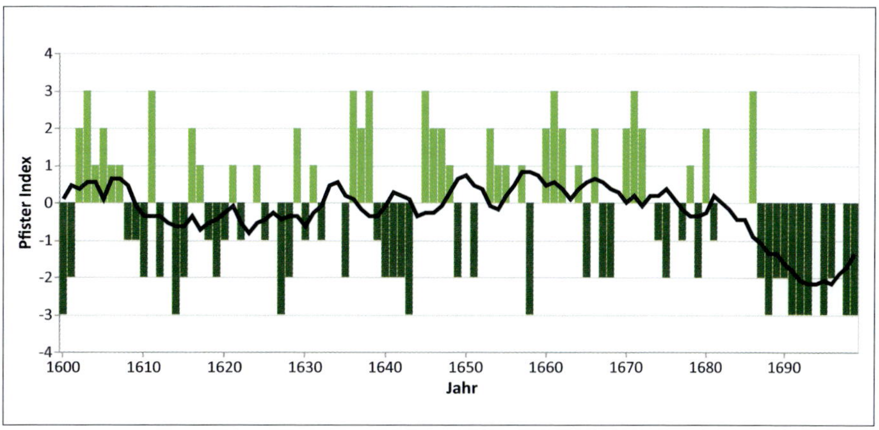

Abb. 8.25. Entwicklung der Frühlingstemperaturen von 1600 bis 1699.

8.5.3 Die Sommer von 1600 bis 1699

Alle Jahreszeiten sind mit CEUT-Temperaturschätzungen dokumentiert.
14 Sommer waren kalt.[389] 14 waren extrem kalt.[390] 4 werden beschrieben.

1621: Im Juni fiel in den Beneluxländern häufig Regen. Im deutschen Essen goss es von Juli bis Mitte August fast täglich. Der Regen hielt bis in den Herbst hinein an und beeinträchtigte die Qualität und Quantität der Ernte. Die meisten Flüsse traten über die Ufer.[391] In der Schweiz fielen im Juni herbstlich kalte Regen. Juli und August blieben regnerisch und kalt. Im Höhen über 1000 m ü. M. fiel tiefer Schnee, der auf den Alpwiesen zwei Wochen lang liegen blieb. Das Vieh hungerte.[392] In den tschechischen Ländern verzögerte die Kälte den Beginn der Getreideernte.[393] Die Weinlese war spät und unergiebig, die Beeren waren sauer. Die CEUT-Temperaturen lagen 2.6 °C (+/−0.49 °C) unter dem Durchschnitt von 1961 bis 1990.

1628: Dieser Sommer gleicht in vielerlei Hinsicht jenem von 1816 (Teilkapitel 3.2), nur dass eine auslösende vulkanische Eruption analog zu jener des Tambora 1815 bisher nicht entdeckt wurde. Im Juli 1628 fiel dreimal reichlich Schnee auf die Schwäbische Alb auf Höhen unter 1000 m ü. M.[394] Im Berner Oberland schneite es innerhalb von sieben Wochen 23 Mal auf die rund 2000 m hoch gelegenen Alpweiden. Der Hafer in höheren Lagen wurde nicht reif. Die Weinlese war spät und unergiebig bei geringer Qualität. Die Anomalie von 1628 war wahrscheinlich das Ergebnis eines über Südskandinavien zentrierten Tiefs in Verbindung mit einem schwachen Azorenhoch.[395] Die CEUT-Temperaturen lagen 2.5 °C (+/−0.49 °C) unter dem Durchschnitt von 1961 bis 1990. Auf der Iberischen Halbinsel war der Sommer extrem trocken.[396]

1675: In Deutschland war die Jahreszeit regnerisch und kalt.[397] Marie de Rabutin-Chantal, die Marquise de Sévigné, eine der großen Ikonen der französischen Literatur des 17. Jahrhunderts, schrieb Ende Juni aus Südfrankreich an

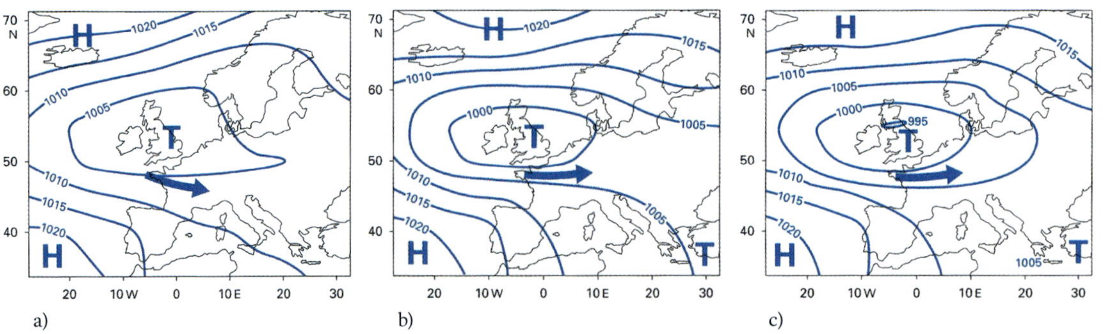

Abb. 8.26. Monatliche synoptische Situationen im Sommer 1675: a) Juni; b) Juli; c) August. Mitteleuropa lag den ganzen Sommer über im Einflussbereich eines Tiefdruckgebiets mit Kern über England, das kühle und feuchte atlantische Luftmassen nach Mitteleuropa brachte (Pfister 1999: 157).

ihre Tochter: «Wir müssen jeden Tag Feuer machen, um uns zu wärmen.»[398] In der Schweiz fiel im Juni und Juli wiederholt Schnee unterhalb von 1000 m ü. M. (Abb. 8.26a-c). Im Burgund waren die Trauben am 26. Oktober noch grün. Die Ernte begann Mitte November während des ersten Schneefalls. Die halbreifen Trauben wurden in Säcke gefüllt und mit Stöcken geschlagen, um etwas Saft zu erhalten.[399] Die CEUT-Temperaturen lagen mit 2.1 °C (+/–0.49 °C), jene in Paris mit 1.9 °C unter dem Durchschnitt von 1961 bis 1990.

1692: In den Beneluxländern wechselten Niederschläge mit sonnigen Phasen.[400] In Paris regnete es vom 7. bis 19. Juni fast ununterbrochen. Nach einer kurzen Besserung setzte der Regen am 25. Juni wieder ein und hielt bis zum 11. Juli an. Vergeblich wurde um warmes und sonniges Wetter gebetet. Die für Anfang August vorgesehene Ernte musste wegen der anhaltenden Regenfälle verschoben werden.[401] In Deutschland regnete es bei anhaltenden West- und Südwestwinden.[402] Auch die Schweiz litt unter fast ununterbrochenem Regen im Juli und August. Die spärliche Weinlese erfolgte spät bei geringer Qualität.[403] Die CEUT-Temperaturen lagen mit 2.1 °C (+/–0.49 °C), jene in Paris mit 1.9 °C unter dem Durchschnitt von 1961 bis 1990.

15 Sommer waren warm.[404] 13 waren extrem warm.[405] 3 werden beschrieben.

1616: Die extreme Dürre dieses Jahrs betraf in besonderem Maße das östliche Mitteleuropa. In Deutschland setzte die anhaltende Wärme und Trockenheit Mitte April ein. Anhand von Baumringdaten wurde ein Niederschlagsdefizit von 40 % für Frühjahr und Sommer geschätzt.[406] In der Nordostschweiz fiel an den 54 Tagen zwischen dem 6. Juni und dem 30. Juli kein Tropfen. In den tschechischen Ländern begann die Trockenheit im April oder Mai und dauerte fast bis zum Jahresende. Die Böden trockneten aus, Weiden, Wiesen und Hecken verdorrten, Sommergetreide und Gemüse verkümmerten.[407] Der «Hungerstein» am linken Elbufer bei Děčín erinnert an die katastrophale Dürre in den tschechischen Ländern (Abb. 4.3). Die Weinlese gehört zu den

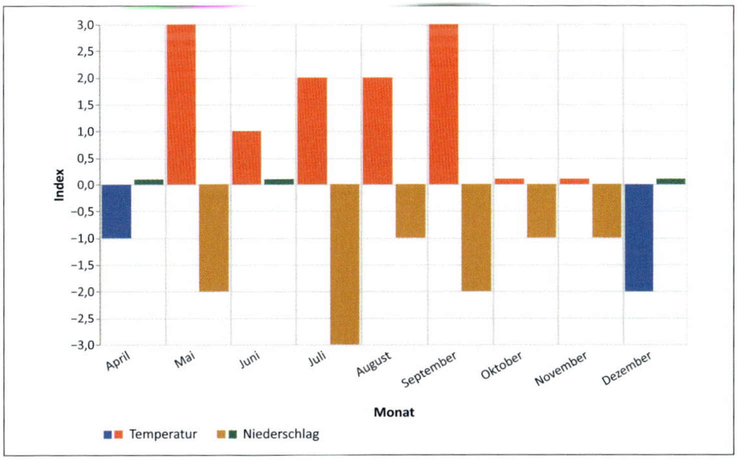

Abb. 8.27. Temperatur und Niederschlag im Schweizer Mittelland, Mai bis Oktober 1666. Im Mai begann in Mitteleuropa eine Trockenperiode, die sich mit einer Unterbrechung im Juni bis in den Oktober fortsetzte, wobei der Juli und September besonders heiß waren[408] (Basis: Pfister-Indizes, Abweichung vom Durchschnitt 1901 bis 1960; Pfister 1999: 189).

Abb. 8.28. Entwicklung der Sommertemperaturen von 1600 bis 1699.

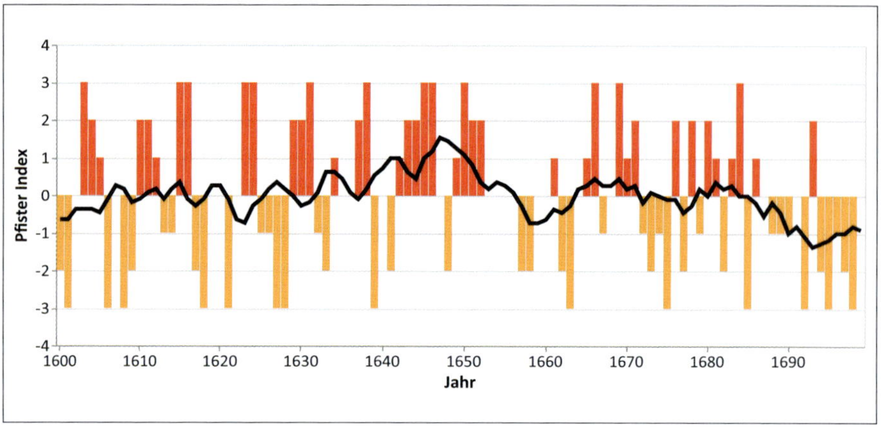

ergiebigsten in den letzten Jahrhunderten. Die Trauben wurden früh gelesen, und die Beeren schmeckten süß. Die CEUT-Temperaturen lagen 2.7 °C (+/-0.49 °C) über dem Durchschnitt von 1961 bis 1990.

1666: Die Dürreperiode, unterbrochen durch eine Regenperiode im Mai, begann im April (Abb. 8.27). Bei starken östlichen Winden herrschten große Hitze und Trockenheit. Die reichlichen Weinlesen begannen früh, die Beeren schmeckten süß. Die CEUT-Temperaturen lagen 2.1 °C (+/-0.49 °C), jene in Paris 1.5 °C über dem Durchschnitt von 1961 bis 1990.

1684: Nach einem eisigen Winter und Vorfrühling setzte Anfang Mai eine Hitzewelle bei nordöstlichen Winden ein, die etwa fünf Monate andauerte. Bereits im Mai betete man in Deutschland um Regen.[409] In den tschechischen Ländern verkümmerte die Getreideernte. Busch- und Waldbrände flammten auf. Die Sonne färbte sich blutrot hinter einem Schleier aus stinkendem, trockenem Nebel, der wahrscheinlich von Waldbränden herrührte. In London ließen viele Bäume ihre Blätter vorzeitig fallen.[410] Während die Bevölkerung in den Ebenen unter der Dürre litt, fiel in den Alpen reichlich Regen.[411] Die CEUT-Temperaturen lagen 2.6 °C (+/-0.49 °C), jene in Paris 1.5 °C über dem Durchschnitt von 1961 bis 1990.

Der Verlauf der Sommer im 17. Jahrhundert lässt sich wie folgt zusammenfassen (Abb. 8.28): Bis 1630 dominierten in Mitteleuropa mit fünf «Jahren ohne Sommer» (1601, 1608, 1618, 1621, 1628) und fünf Hitzesommern (1603, 1615, 1616, 1624, 1631) die Extreme. Anschließend gewannen warme Sommer bis in die frühen 1650er-Jahre die Oberhand. Zwischen 1670 und 1685 nahm die Sprunghaftigkeit des sommerlichen Klimas wieder zu. Nach 1688 sackten die Temperaturen dann bis zur Jahrhundertwende um 0.8 °C ab. Die CEUT-Temperaturen lagen 0.2 °C (+/-0.49 °C) unter dem Durchschnitt von 1961 bis 1990. Zusammengefasst beträgt die Summe der kalten Indizes 83, jene der warmen Indizes 80 (Abb. 10.3c).

Einschub 8F: Das verheerendste Inferno in Friedenszeiten

Feuer ist ein guter Diener, aber ein schlechter Meister, sagt das Sprichwort. Wenn Feuer außer Kontrolle gerät, wird dies meist auf menschliches Handeln zurückgeführt. Da sich die meisten historischen Studien nur mit menschlichem Handeln beschäftigen, findet sich selten ein Hinweis auf die Witterung im Zusammenhang mit Großfeuern. Die Schweizer Historikerin Eleonora Rohland hat in dieser Hinsicht Neuland betreten, indem sie Hinweise auf extreme klimatische Bedingungen in ihre Fallstudie zum Brand der schwedischen Stadt Sundsvall integriert hat. Frühling und Frühsommer 1888 waren in ganz Schweden ungewöhnlich warm und trocken, wodurch Holzgebäude leicht Feuer fingen. Funken aus dem Schlot eines Dampfschiffs am 25. Juni 1888 reichten im Falle von Sundsvall aus, um einen Feuersturm zu entfesseln.[412]

Solche Bedingungen waren auch im Falle des Brandes von London im September 1666 gegeben, der in Europa als das verheerendste Inferno in Friedenszeiten gelten kann. Anfang September 1666 war das Risiko eines Großfeuers in London groß geworden. Eine zweimonatige Hitze- und Dürreperiode hatte die dicht gedrängten Holzhäuser der Metropole ausgedörrt. Dazu wehte ein heftiger Nordostwind. Es bedurfte nur der kleinsten Unachtsamkeit im Umgang mit Feuer, um einen Großbrand auszulösen.[413] So geschah es. Am 2. September nach Mitternacht brach in einer Bäckerei Feuer aus. Angefacht durch den steifen Wind breiteten sich die Flammen rasend schnell aus. Ein unverzüglicher Abriss der Nachbarhäuser hätte das Feuer vielleicht eindämmen können, aber die örtliche Polizei erschien erst nach einer Stunde, und die Betroffenen weigerten sich zunächst, ihre Häuser abreißen zu lassen.

Allein der Oberbürgermeister verfügte über die Befugnis, die Errichtung einer Feuerschneise durchzusetzen. Aber als er endlich auf dem Platz eintraf, war das Feuer längst zum Sturm geworden. In Panik drängten sich die Fliehenden durch die Gassen und machten diese für die Feuerwehrleute unpassierbar. Zwei Tage lang wütete der Brand unbehelligt, bis er schließlich von der Garnison des Towers von London durch eine Feuerschneise eingedämmt wurde. Am Ende lagen etwa 13'500 Häuser, 87 Pfarrkirchen, die St. Pauls Cathedral und eine Reihe von offiziellen Gebäuden in Schutt und Asche.[414] Ein Großteil des alten Straßennetzes wurde beim Wiederaufbau wiederhergestellt, allerdings unter Berücksichtigung von Kriterien der Hygiene und des Brandschutzes, indem breitere Straßen und besser zugängliche Anlegestellen längs der Themse errichtet wurden.[415]

Generell wird die Bedeutung der meteorologischen Bedingungen als Mitursache für Siedlungsbrände oft übersehen. Sie sollte in lokalen und regionalen Geschichtswerken überprüft werden.

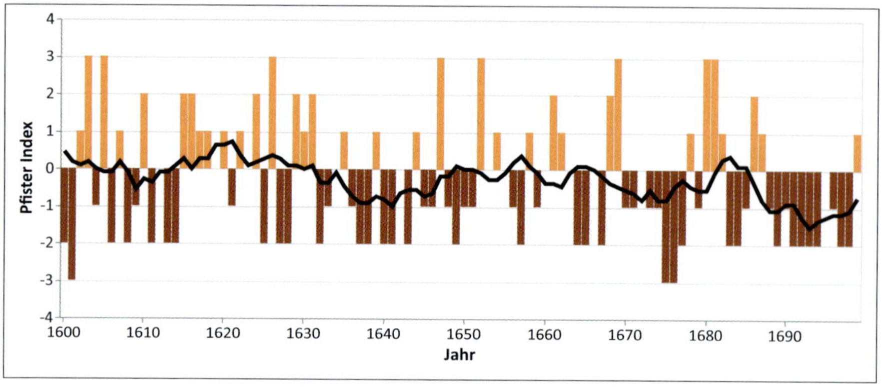

Abb. 8.29. Entwicklung der Herbsttemperaturen von 1600 bis 1699.

8.5.4 Die Herbste von **1600** bis **1699**

Alle Jahreszeiten sind mit CEUT-Temperaturschätzungen dokumentiert.
30 Herbste waren kalt.[416] **3 waren extrem kalt.**[417] **2 werden beschrieben.**

1601: September und Oktober blieben in Deutschland kalt und regnerisch bei nördlichen Winden. Die unreifen Reben wurden durch Frost geschädigt.[418] Anfang Oktober schneite es im Schweizer Mittelland bis auf 400 m ü. M. Mitte November schwappte eine Kältewelle über Mitteleuropa hinweg. Die Schneedecke in höheren Lagen wurde am Ende dieses Monats dauerhaft.[419] Die CEUT-Temperaturen lagen 2.5 °C (+/−0.55 °C) unter dem Mittelwert von 1961 bis 1990.

1676: Zwar profitierten die Trauben von häufigem Sonnenschein im September. Doch der Oktober blieb kalt und trocken. Gegen Ende dieses Monats setzte in Deutschland und in der Schweiz starker Frost ein. Der November entpuppte sich als ein kalter Wintermonat mit permanenter Schneedecke und zugefrorenen Flüssen.[420] Die CEUT-Temperaturen lagen mit 2.4 °C (+/−0.55 °C), jene in Paris mit 1.9 °C unter dem Durchschnitt von 1961 bis 1990.

9 Herbste waren warm.[421] **8 waren extrem warm.**[422] **1 ist beschrieben.**

1680: September und Oktober blieben in Deutschland und den Beneluxländern warm und trocken und ließen einen guten Tropfen heranreifen.[423] In der Schweiz blieben die Temperaturen bis Mitte November relativ hoch, sodass Mitte November reife Erdbeeren gepflückt wurden.[424] Die CEUT-Temperaturen lagen 1.8 °C (+/−0.55 °C), jene in Paris 1.9 °C über dem Durchschnitt von 1961 bis 1990.

Der Verlauf der Herbsttemperaturen im 17. Jahrhundert lässt sich wie folgt zusammenfassen (Abb. 8.29): Bis 1615 schwankten die Temperaturen um den Index-Nullpunkt, danach blieben dieselben bis 1630 eher hoch. In den folgenden vier Jahrzehnten waren die Herbste überwiegend kühl. Nach 1670 sanken die Temperaturen noch tiefer. Die CEUT-Temperaturen lagen 0.6 °C (+/−

Abb. 8.30. Entwicklung der Jahrestemperaturen von 1600 bis 1699.

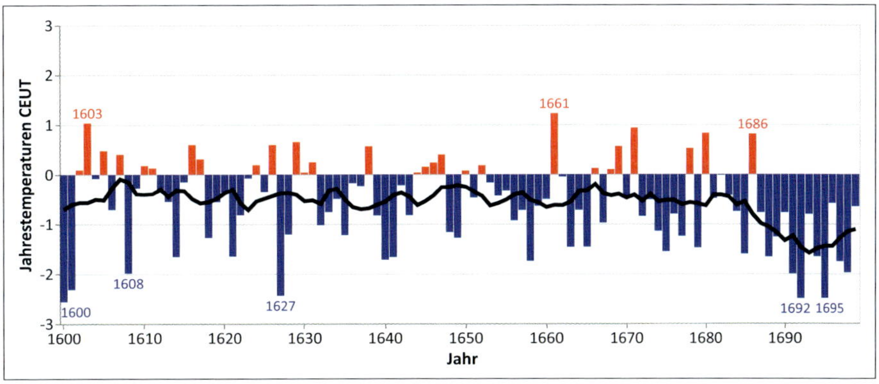

0.55 °C) unter dem Durchschnitt von 1961 bis 1990. Zusammengefasst beträgt die Summe der kalten Indizes 90, jene der warmen Indizes 59 (Abb. 10.3d).

8.5.5 Die Jahrestemperaturen von **1600** bis **1699**

Der Verlauf der Jahrestemperaturen ist in Abbildung 8.30 zusammengefasst. Den überwiegend kalten Jahren standen bis 1686 gelegentlich wärmere Jahre gegenüber. Die restliche Zeit war ausnahmslos kalt. In den extremsten Jahren 1600, 1627, 1692 und 1695 waren alle Jahreszeiten deutlich zu kalt. Die CEUT-Temperaturen lagen 0.6 °C (+/−0.3 °C) unter dem Durchschnitt von 1961 bis 1990.

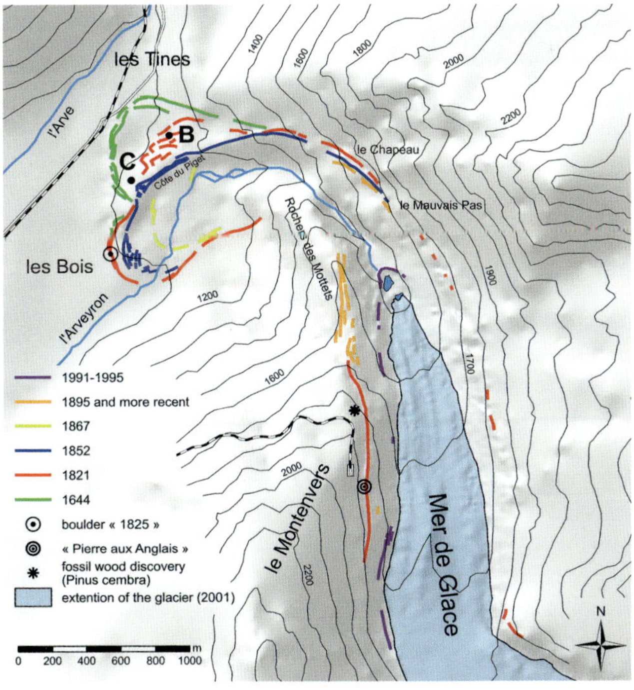

Abb. 8.31. Vorstossmaximum des Mer de Glace im Jahr 1644. Nussbaumer et al. 2012: 92.

8.5.6 Überblick über das Klima im 17. Jahrhundert

Sprunghaft zeigten sich bis um 1630 die Bedingungen im Sommer und im Winter, während sich die Frühlingstemperaturen um den Index-Nullpunkt bewegten. In den 1630er-Jahren erwärmten sich Frühjahr und Sommer, während Herbst und Winter kalt waren. Von 1601 bis 1687 blieben die Temperaturen in Mitteleuropa 0.5 °C unter dem Durchschnitt von 1961 bis 1990. Nach 1676 gingen die Wintertemperaturen weiter zurück, und von 1687 an folgten die übrigen Jahreszeiten.[425] Höher gelegene Gebiete waren einem höheren Risiko von Früh- und Spätfrösten ausgesetzt.

Die Alpengletscher schmolzen nach 1603 von ihren maximalen Positionen etwas zurück. Aber nach den eisigen Sommern 1618, 1621 und 1628 stiessen ihre Zungen wiederum in die Täler vor. Dieser Vorstoß, der als Mont-Blanc-Schwankung bezeichnet worden ist, kulminierte in den 1640er-Jahren. Das Mer de Glace, ein Talgletscher an den Nordhängen des Mont Blanc, erreichte 1644 ein Maximum (Abb. 8.31).

Der Erzbischof von Genf organisierte 1644 eine Prozession, um das Eis aufzuhalten.[426] Nach den warmen Sommern 1645 und 1646 zog sich der Gletscher tatsächlich etwas zurück. Ein kleinerer Vorstoß in den späten 1670er-Jahren ist nach dem Vernagt-Gletscher in den Tiroler Alpen, Österreich, benannt (Teilkapitel 10.2).

Zur Situation außerhalb von West- und Mitteleuropa: In Island wurden kältere Jahre zu Beginn und am Ende des Jahrhunderts verzeichnet. Im Zeitabschnitt zwischen 1640 und 1680 wurde dagegen selten Packeis vor den Küsten gesichtet. Die 1690er-Jahre waren das kälteste Jahrzehnt, auch bezüglich der Ozeantemperaturen.[427] Der Dorsch oder Kabeljau, ein Fisch, der am besten bei einer Meerestemperatur zwischen 4 und 7 °C gedeiht, dient in diesem Zusammenhang als wertvoller Indikator. Bei Temperaturen unter 2 °C versagen seine Nieren, und deshalb flieht er aus kälteren Gewässern. Zwischen 1675 und 1704 wurde im Gebiet um die Färöer-Inseln kein Kabeljau mehr gefangen. Im Jahr 1695 verschwand der Fisch sogar entlang der gesamten Küste Norwegens.[428] Daraus schloss der englische Klimatologe Hubert H. Lamb, dass sich arktisches Kaltwasser über die Oberfläche der gesamten Norwegischen See ausgebreitet hatte.[429] Mit der Ausdehnung der arktischen Eisfelder gelangten sogar einige Inuit in ihren Kajaks nach Schottland.[430] Die kalten Sommer der 1690er-Jahre führten namentlich in Schottland und Finnland zu Missernten und Hungersnöten (Teilkapitel 9.6.9). In Dänemark wurden nördliche und nordwestliche Winde häufiger und stärker spürbar.

In der Pannonischen Tiefebene («Ungarn») waren die ersten drei Jahrzehnte des 16. Jahrhunderts kühl, wobei sich dieser Trend bis in die späten 1660er-Jahre fortsetzte.[431] In Polen wurden zwischen 1620 und 1640 relativ milde Winter verzeichnet, während warme Sommer in den Jahrzehnten 1611 bis 1620, 1631 bis 1640 und 1661 bis 1670 häufiger auftraten.[432] In Russland wurden zwischen 1640 und 1659 elf extrem trockene Sommer verzeichnet.[433] In Italien blieb die erste Hälfte des 17. Jahrhunderts nach 1614 relativ mild.[434] Auf der Iberischen Halbinsel war der Zeitraum bis in die 1630er-Jahre eher nass. Im südspanischen Andalusien nahmen Winterniederschläge und Überschwemmungen im Flusseinzugsgebiet des Tejo von 1590 bis 1640 zu.[435]

Schriftliche Quellen zeigen kalte und sehr trockene Bedingungen während der folgenden Jahrzehnte, die sich zwischen 1680 und 1700 intensivierten. Die kältesten Bedingungen während der NKE traten wahrscheinlich um 1700 auf.[436] Griechenland erlebte häufig kalte Winter und Frühlinge abwechselnd mit langen Dürreperioden. Um 1700 blieb der Schnee in den Bergen der Insel Kreta selbst im Sommer liegen. Sogar im August waren höhergelegene Gebiete der Insel noch mit Schnee bedeckt. [437]

Ein Forschungsprogramm der European Science Foundation rekonstruierte in den frühen 1990er-Jahren die wichtigsten Trends und Anomalien bei Temperatur und Niederschlag auf dem gesamten Kontinent für die Kälteperiode des späten Maunder-Minimums (1675–1715), mehrheitlich anhand von Dokumentendaten.[438] Dabei stellte sich unter anderem heraus, dass sich der Zeitabschnitt mit strengen Wintern im zeitlichen Verlauf von Westen nach Osten verschob: In England traten die kalten Jahreszeiten bevorzugt zwischen 1675 und 1700, in der Schweiz zwischen 1680 und 1705 auf. In Ungarn gab es dagegen eine erste Serie kalter Jahreszeiten erst von 1685 an, eine zweite, ausgeprägtere, dann in den 1700er-Jahren, entgegen dem in Westeuropa beobachteten Erwärmungstrend.

Im Mittelmeerraum lassen sich unterschiedliche Tendenzen beobachten. In den Jahren 1683 und 1697 wurde der gesamte Mittelmeerraum von kalten Luftmassen überflutet. In acht Jahren erstreckte sich die Kaltluftzunge südwestlich von Mitteleuropa bis zur Iberischen Halbinsel.[439] In den Jahren 1681, 1691, 1693 und 1694 schloss sie Italien ein; in anderen Jahren fielen kalte Bedingungen in Spanien mit langen Regenperioden in Italien oder im östlichen Mittelmeerraum zusammen.[440] In England gab es häufiger regnerische Sommermonate als im 20. Jahrhundert, und das Land wurde oft von schweren Winterstürmen getroffen.[441]

Einschub 8G: Warum die Grönlandwale überlebten

Der US-amerikanische Umwelthistoriker Dagomar Degroot zeigt auf, dass Temperaturschwankungen im 17. Jahrhundert in der Arktis für das Überleben der Grönlandwale entscheidend waren.[442] Die Arktis war bis zum späten 16. Jahrhundert noch nicht kartographiert, und ihre Umwelt war weitgehend unbekannt. Gerardus Mercator (1512–1594) aus Flandern, der berühmteste Kartograph und Globenmacher seiner Zeit, fertigte eine Serie von mehr als 100 Karten an, die in einem Atlas zusammengebunden wurden, den sein Nachfolger Jodocus Hondius 1606 veröffentlichte.[443] Mercators Karte der Arktis ließ darauf schließen, dass der Seeweg nach Ostasien durch die russische Arktis über die Nordostpassage um zwei Drittel kürzer war als der Landweg durch Innerasien. Heute wird die Nordostpassage in der Tat häufig genutzt, da diese weitgehend eisfrei geworden ist.

Im Juli 1607 erkundete der englische Entdecker Henry Hudson (ca. 1565–1611) einen Seeweg entlang der russischen Küste nach China. Zwar waren Hudson und seine Mannschaft in dieser Beziehung nicht erfolgreich, aber dafür berichteten sie von der Sichtung einer großen Anzahl von Grönlandwalen in den Fjorden Spitzbergens, das im nordnorwegischen Svalbard-Archipel liegt. Grönlandwale werden bis zu 100 Tonnen schwer, nicht zuletzt wegen ihrer dicken Fettschicht, die ihnen hilft, die arktische Kälte zu ertragen.[444] Sie schwimmen langsam und sind leicht zu erlegen. Walfänger jagten die Tiere hauptsächlich ihres Fetts wegen, das zu Lampenöl, Seife, Leder und Wachs verarbeitetet wurde. In der Folgezeit konzentrierten sich holländische und englische Unternehmer zunehmend auf die Ausbeutung dieser wertvollen Ressource. Neben Walen wurden massenhaft Walrosse geschlachtet.[445] 1614 errichteten die niederländische Northern Company und ihre englischen, dänischen und französischen Konkurrenten entlang der westlichen Spitze Spitzbergens Anlagen zur Verarbeitung der Körper. Die Walfangschiffe wurden zunehmend von Kriegsschiffen eskortiert, während die Walfänger Festungen um ihre Anlagen errichteten.[446]

Die klimatischen Schwankungen der NKE prägten die Geschichte der Walfangindustrie. Ausgedehntes Packeis bedrohte die Walfänger, half ihnen aber andererseits, ihre Beute leichter zu finden. Wissenschaftler vermuteten, dass sich Grönlandwale in der Nähe der Packeisgrenze versammeln, wo sie eine Fülle von Krill fanden, von dem sie sich ernährten.[447] Als die Sommertemperaturen in der Arktis nach 1625 anstiegen, verschob sich die Packeisgrenze nach Norden, wohin die Wale ihr folgten. Die Tiere verbreiteten sich über das offene Meer westlich und nördlich von Spitzbergen, wo es für die Walfänger schwieriger wurde, sie zu finden. Die Walschlächtereien litten, aber die Walpopulationen erholten sich etwas. Als sich die Temperaturen nach 1645 abkühlten, versammelten sich die Grönlandwale wieder in der Nähe des Packeises nördlich von Spitzbergen, sodass die Massenschlachtungen wieder aufgenommen werden konnten. Erst als die Temperaturen im frühen 18. Jahrhundert für längere Zeit anstiegen, erhielten die Tiere eine ausreichende Atempause.[448] Zwar machten auch Einheimische in der Arktis Jagd auf Grönlandwale, doch sie erlegten nur einige Hundert Tiere pro Jahr.[449]

Zusammenfassend lässt sich feststellen, «dass die Suche nach der Nordostpassage die Umgestaltung eines großen arktischen Ökosystems in Gang setzte. Sie erfolgte rascher und war folgenreicher als vielleicht alles, was Menschen bisher in dieser Hinsicht unternommen hatten.»[450] Bevor die Europäer die Gewässer um Spitzbergen befuhren, dürften rund 46'000 Grönlandwale die Arktis bevölkert haben. Jährlich verzehrten sie etwa vier Millionen Tonnen Plankton. Als die Walpopulation im frühen 18. Jahrhundert stark dezimiert worden war, nahmen Bartrobben und Meerenten diese ökologische Rolle wahr. Generell «waren kalte Phasen günstig für die Walfangindustrie, während sie in warmen Zeitabschnitten litt». Auf diese Weise trugen die vorübergehenden warmen Unterbrechungen im 17. und 18. Jahrhundert zum Überleben des Grönlandwals bei, der heute auf der Liste der gefährdeten Arten steht.[451]

Abb. 8.32. Die eisbedeckte Lagune von Venedig 1709, ein Paradies für Schlittschuhläufer (anonyme Malerei; Fondazione Querini Stampalia, Venezia).

8.6 Das ruhige 18. Jahrhundert

8.6.1 Die Winter von **1700** bis **1799**

Die Jahreszeiten sind bis 1759 mit CEUT-Temperaturschätzungen und danach mit instrumentellen CEUT-Messungen dokumentiert. 18 Winter waren kalt.[452] 18 waren extrem kalt.[453] 4 werden beschrieben.

1709: Anfang Januar 1709 wurden weite Teile Europa von eiskalten Luftmassen überflutet, die zu den kältesten in den letzten tausend Jahren gehören. Bis am 5. Januar herrschte warme und regnerische Witterung bei südwestlichen Winden. An diesem Tag regnete es in Frankfurt, während in Paris Temperaturen von 7 °C gemessen wurden. Louis Morin, ein Pionier der instrumentellen Meteorologie (Teilkapitel 4.5.2), bemerkte in der folgenden Nacht, dass der Wind plötzlich von Südwest auf Nordost drehte, zugleich brach ein Schneesturm los, der von einem Temperatursturz und einem rasch ansteigenden Luftdruck begleitet war. Heute wissen wir, dass ein über dem Bottnischen Meerbusen zentriertes Tiefdruckgebiet polare Luft nach Mittel- und Westeuropa steuerte. Im Gegenzug stieß tropische Luft bis nach Grönland vor.[454]

Die Kaltluftwalze drang mit einer Geschwindigkeit von etwa 40 km/h von Norden nach Süden vor. Am 6. Januar überflutete sie Südfrankreich und Norditalien, am frühen Morgen des 7. Januar Spanien. Erschöpfte Vögel fielen tot vom Himmel. Baumrinde platzte mit einem Knall auf, was auf sehr tiefe Temperaturen hindeutet.[455] In kurzer Zeit überfroren große Flüsse und Seen in West- und Mitteleuropa, selbst die Flüsse Ebro und Tajo auf der Iberischen Halbinsel und die Lagune von Venedig (Abb. 8.32).[456] Sogar der südlich der Alpen gelegene Gardasee war mit tragfähigem Eis bedeckt, was historisch wohl einmalig ist.[457] Die Häfen von Genua und Livorno waren durch Eis blockiert.[458] Die spanische Meseta und die Poebene wurden im Schnee begraben. In Mitteleuropa hielt sich die Schneedecke bis Ende März, während sie in England drei Monate andauerte.[459]

Die CEUT-Temperaturen von 5.7 °C (+/−0.69 °C) unter dem Durchschnitt von 1961 bis 1990 wurden geschätzt.[460] In Paris lagen der Januar 6.5 °C und der Februar 2.2 °C unter dem entsprechenden Durchschnitt. Der Temperatursturz brachte das Leben in Paris plötzlich zum Stillstand, wie nach einem Lockdown. Viele Bewohner waren in ihren Häusern gefangen, weil die Türen eingefroren waren. Passanten glitten auf den spiegelglatten Straßen aus und brachen sich Hände und Füße. Kutschen blieben im Schnee stecken. Gerichte und Theater blieben geschlossen. Die Behörden unterhielten mächtige Feuer, um unterkühlte Passanten aufzuwärmen.[461] Liselotte von der Pfalz, die Schwägerin des Sonnenkönigs Ludwig XIV., schrieb am 10. Januar aus Paris: «Ich sitze vor einem großen Feuer und zittere vor Kälte, obwohl ich einen Zobelmantel um den Hals und ein Bärenfell an den Füßen habe. [...] Man kann kaum essen und trinken. Wein und Wasser werden trotz des Feuers zu Eis. Alles, was man isst, ist gefroren. [...] Jeder sitzt an seiner Feuerstelle und hustet und spuckt.»[462] Menschen erfroren in den Betten und das Vieh in den Ställen. Allein für Frankreich schätzt der französische Historiker Emmanuel Le Roy Ladurie die Zahl der Toten auf 600’000.[463]

Im nördlichen Mittelmeerraum vernichtete der Frost empfindliche Kulturen wie Oliven und Zitrusfrüchte.[464] «Frostresistenz ist ein physiologischer Zustand, der sich mit den Jahreszeiten stark verändert. Im Hochwinter genießen heimische Pflanzen aufgrund der reduzierten Tageslänge Schutz vor Frost. Anfällig sind sie dagegen für überraschende ’Frostattacken’ im Früh- und Spätwinter, insbesondere, wenn solche auf eine Zeit mit hohen Temperaturen folgen.»[465]

Besonders verheerend wirkte sich die Kälte auf die Weizenfelder im Pariser Becken aus, das in Höhenlagen unter 300 m liegt. Die Schneedecke, die sich Mitte Dezember 1708 gebildet hatte, schmolz bis Weihnachten weg und ließ die Saat ungeschützt.[466] Die klirrende Kälte, unterbrochen von kurzen Regenperioden bei südwestlichen Winden, hielt acht bis zehn Wochen an. Viele Felder waren mit Eis bedeckt, worunter die Saat erstickte (Teilkapitel 9.6.9). Im Schweizer Mittelland auf etwa 430 m ü. M. blieb die Schneedecke dagegen bis Anfang März 1709 liegen.[467]

Einschub 8H: Die plötzliche Erwärmung der Stratosphäre und der Temperatursturz von 1709

Der Temperatursturz von 1709 wurde wahrscheinlich durch eine Erscheinung verursacht, die als Sudden Stratospheric Warming (SSW) bezeichnet wird. Dieser Ausdruck klingt paradox, denn während solcher Ereignisse erwärmt sich die Stratosphäre extrem, während sich die untere Troposphäre stark abkühlt. Dieses Phänomen tritt fünf bis sechs Mal pro Jahrzehnt auf, allerdings in unterschiedlicher Intensität. Welcher Prozess steckt dahinter? Die SSW wurde vom deutschen Meteorologen Richard Scherhag entdeckt. Er beobachtete 1952, dass die Temperatur in der Troposphäre über Berlin (30 km ü. M.) in nur wenigen Tagen von −50 °C auf −12 °C anstieg.[468] Dieser Erwärmungseffekt kann in Höhen von etwa 40 km über Boden noch stärker sein.

Intensive Forschungen seit den 1950er-Jahren haben gezeigt, dass der Prozess beginnt, wenn im Winter großräumige atmosphärische Wellen aus der unteren Atmosphäre in die Stratosphäre eindringen. Normalerweise existiert während dieser Jahreszeit in der unteren Stratosphäre über dem Nordpol ein stratosphärischer Tiefdruckwirbel mit einer wellenförmigen Strömungsstruktur und starken Westwinden (Abb. 8.33a). Wenn diese Wellen brechen, ähnlich wie bei einer vertikal strukturierten Wasserwelle, spaltet sich der polare Tiefdruckwirbel in zwei kleinere Wirbel auf. Um Grönland wird die Luft gequetscht und komprimiert und erwärmt sich dadurch (Abb. 8.33b). In den folgenden Tagen verlagern sich die nordatlantischen Sturmsysteme dann äquatorwärts (Abb. 8.33c), womit das Nordpolgebiet von zwei Tiefdruckgebieten über Nordkanada und Nordosteuropa umgeben ist. Aufgrund dieser Druckverteilung bildet sich eine starke nordöstliche Luftströmung in der Stratosphäre über Europa aus. Verschiedene Studien haben gezeigt, dass dieser nordöstliche Impuls in die untere Troposphäre eindringen und Ausbrüche von kontinentaler Kaltluft, insbesondere von solchen von Sibirien nach Westeuropa, auslösen kann.[469]

Die Folgen dieses Prozesses zeigen sich deutlich im negativen Muster der Nordatlantischen Oszillation (NAO), die ihrerseits kaltes Winterwetter bringt. Dieses typische NAO-Muster ist in Abbildung 1.18b dargestellt. Beide Phänomene, SSW und NAO, wurden erst in der zweiten Hälfte des 20. Jahrhunderts grundlegend analysiert. Mehrere bekannte historische Ereignisse wurden wahrscheinlich durch solche Kaltluftausbrüche beeinflusst, wie z. B. Napoleons Scheitern in Russland im Winter 1812 oder Hitlers Kreuzzug gegen Russland im Jahr 1941.

1740: In diesem außergewöhnlichen Jahr dauerten Schnee und Frost von November bis Ende März, in manchen Regionen bis Ende Mai. Gemessen an der Dauer von Frost und Schnee war dieser Winter somit einer der längsten des Jahrtausends (Abb. 8.34). In den Beneluxländern schneite es häufig von Ende November bis Mitte Mai. Eine erste Kältewelle überflutete Europa zwischen dem 11. Januar und dem 5. Februar, eine zweite vom 21. bis 25. Februar. Der

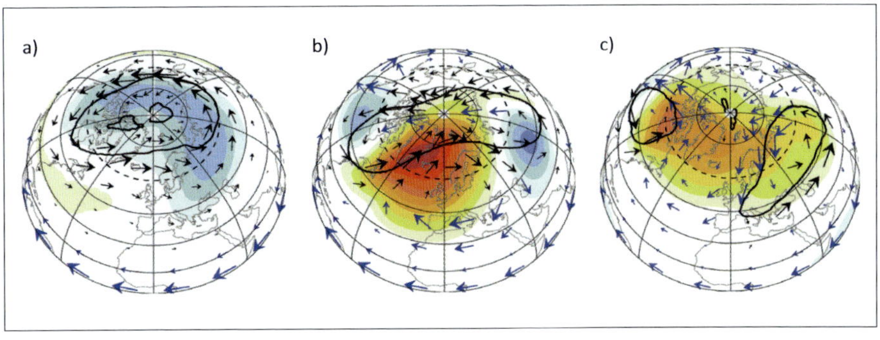

Abb. 8.33. Typische Temperatur (Farben) und Strömungsstruktur (Pfeile) während einer plötzlichen Erwärmung der Stratosphäre (Sudden Stratospheric Warming) um den 24. Januar 2009: a) 8–15 Tage vor dem Ereignis; b) –7 bis 0 Tage; c) 1–8 Tage nach dem Ereignis.[470]

Abb. 8.34. Anomalien der Lufttemperatur im Jahr 1740, bezogen auf die Referenzperiode 1961 bis 1990. a) Winter b) Frühling (Engler et al. 2013; Daten aus Luterbacher 2002).

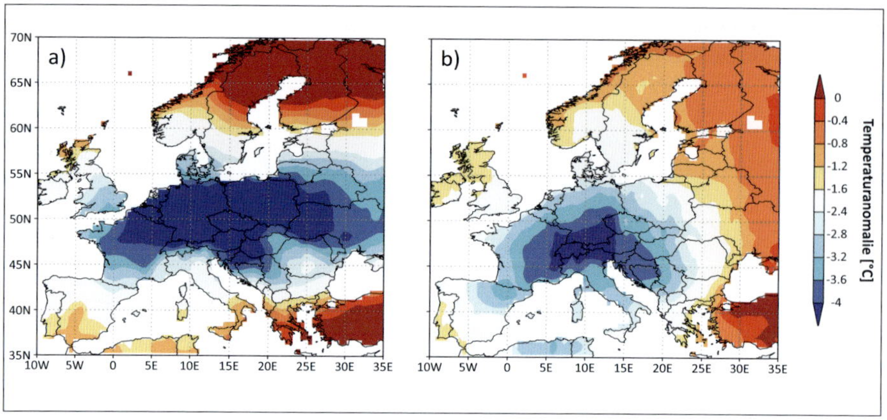

Öresund und der Große Belt zwischen Fünen und Seeland waren mit Eis bedeckt, ebenso wie die meisten großen Flüsse und Seen in West- und Mitteleuropa.[471] In Tallinn wurde es extrem kalt.[472] Mehrere Meter hoch ragten Eiswände entlang den niederländischen Kanälen empor. Im deutschen Halle musste die Bevölkerung ihre Behausungen zweimal am Tag einheizen. Der harte Bodenfrost zerstörte Wasserleitungen in der Stadt und erschwerte die Arbeit der Totengräber. Wein- und Bierfässer platzten in den Kellern. Brennholz wurde knapp. Die ärmeren Schichten litten unter Erfrierungen und Erkältungen.[473] In Irland vernichtete der Frost die eingelagerten Kartoffeln, das Grundnahrungsmittel der Bevölkerung (Teilkapitel 9.6.10).[474] Die Kälte erfasste auch die nördlichen Küsten des Mittelmeers. Die CEUT-Temperaturen lagen mit 3.9 °C (+/–0.69 °C), jene in Paris mit 4.2 °C unter dem Durchschnitt von 1961 bis 1990.

Eine blockierende Hochdrucklage über den Britischen Inseln im Januar und Februar schottete West- und Mitteleuropa von den Westwinden ab. Europa blieb im Griff von bitterkalter Luft aus östlichen und nordöstlichen Richtungen. Die tiefsten Temperaturen wurden in einem langgestreckten Gebiet zwischen 45° und 55° Grad nördlicher Breite gemessen, das sich vom Atlantik bis nach Südrussland erstreckte.[475]

1784: Im niederländischen Zwanenburg wurden zwischen dem 14. Dezember und dem 20. Februar eisige Temperaturen bei bewölktem Himmel gemessen. Die großen Flüsse im nördlichen Teil des europäischen Festlandes froren zu. In Schottland und Irland war die Jahreszeit sogar kälter als 1740.[476] Eine Warmfront mit Starkregen löste zwischen dem 25. und 27. Februar in weiten Teilen West- und Mitteleuropas einen plötzlichen Eisgang aus, der bis heute zu den katastrophalsten seiner Art zählt.[477] Im Kurfürstentum Sachsen war es der schlimmste seit 1566. «Alle laufen wild durcheinander, die Verantwortlichen sind für außerordentliche Fälle nicht vorbereitet, die Elenden sind ohne Rat und die Verschonten passiv», schrieb der deutsche Dichter Johann Wolfgang Goethe in einem Brief.[478] Die CEUT-Temperaturen lagen 4.5 °C, jene in Paris 4.7 °C unter dem Durchschnitt von 1961 bis 1990.

Abb. 8.35. Entwicklung der Wintertemperaturen von 1700 bis 1799.

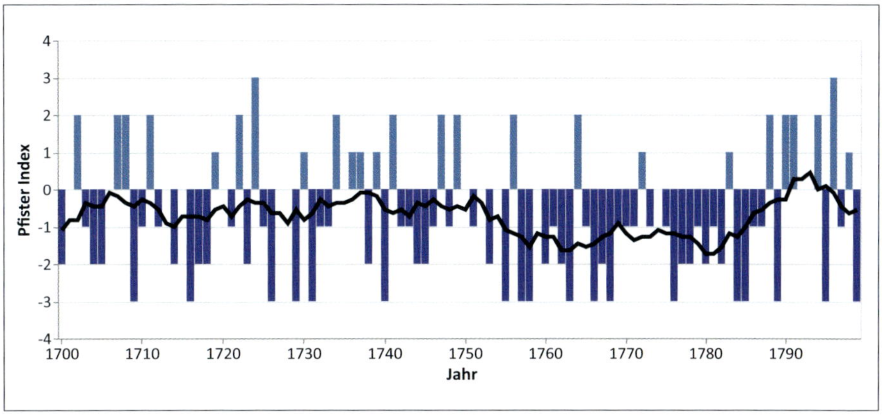

1789: In diesem Winter erreichte die Kaltluft über West- und Mitteleuropa hinaus auch Irland, Nordspanien und den nördlichen Teil der italienischen Halbinsel. Im niederländischen Utrecht fiel am 26. November tiefer Schnee. Der strenge Frost hielt unter dem Einfluss eines Hochdruckgebiets über den Alpen den ganzen Dezember über an.[479] In der Silvesternacht erreichte die Kälte in der Schweiz mit Temperaturen um −30 °C ihren Tiefpunkt. Die Rinde von Bäumen knallte, was sich wie Gewehrfeuer anhörte.[480] Auf dem Rhein bei Köln wurde die Eisdecke vier Meter dick. Auch der Fluss Limerick in Irland und Flüsse in Nordspanien waren mit Eis bedeckt. Selbst in Rom machte die Kälte der Bevölkerung zu schaffen.[481] Die CEUT-Temperaturen lagen mit 3.9 °C, jene in Paris mit 4.0 °C unter dem Durchschnitt von 1961 bis 1990.

15 Winter waren warm.[482] **2 waren extrem warm.**[483] **1 ist beschrieben.**

1796: Dieser Winter war bei südlichen und südwestlichen Winden der wärmste im 18. Jahrhundert. In der Schweiz war der Dezember warm und nass mit wenig Schnee.[484] Im Januar herrschte warme und trockene Witterung ohne liegenden Schnee. Im Februar fielen bei durchschnittlichen Temperaturen hohe Niederschläge, zu einem guten Teil in Form von Schnee. Die CEUT-Temperaturen lagen 2.7 °C, jene in Paris 2.3 °C über dem Durchschnitt von 1961 bis 1990.

Der Trend über den Verlauf des Jahrhunderts lässt sich wie folgt zusammenfassen (Abb. 8.35): Sehr kalte Winter kennzeichnen das Klima in West- und Mitteleuropa. Der Zürichsee fror mindestens siebenmal zu, am häufigsten zwischen 1755 und 1799. Warme Extreme traten nur sporadisch auf. Die CEUT-Temperaturen lagen 0.8 °C (+/−0.69 °C) unter dem Durchschnitt von 1961 bis 1990. Zusammengefasst beträgt die Summe der kalten Indizes 114, jene der warmen Indizes 44 (Abb. 10.3a).

8.6.2 Die Frühjahre von 1700 bis 1799

Die Frühjahrstemperaturen sind bis 1759 mit CEUT-Schätzungen und danach mit instrumentellen CEUT-Messungen dokumentiert. 26 Frühjahre waren kalt.[485] 11 waren extrem kalt.[486] 2 werden beschrieben.

1740: Diese Jahreszeit mit fast konstanten nordwestlichen Winden zählt zu den kältesten des Jahrtausends. Zwischen einem ausgedehnten Hochdruckgebiet über den Britischen Inseln und einem Tief über Nordostskandinavien dominierten in Mitteleuropa nordwestliche und nördliche Winde (siehe die Temperaturstruktur auf Abb. 8.34b).[487] Viele Kanäle in den Niederlanden waren Ende März noch mit Eis bedeckt, und im niederländischen Breda zeigten die Buchen noch am 20. Mai keine Blätter. Prozessionen für warme Witterung wurden durchgeführt. Das Eis auf der Themse schmolz erst Mitte April. In Deutschland verzögerte sich die Vegetation um sechs Wochen.[488] Die niedrigsten Temperaturen wurden im Alpenvorland und in den Alpen gemessen. In Höhenlagen von 900 m schmolz die winterliche Schneedecke erst Anfang Juni.[489] In der spanischen Meseta hielt die Kälte bis Ende April an.[490] In England und auf dem Kontinent schneite es noch häufig in der ersten Maihälfte.[491] In Irland verhungerten oder erfroren Schafe und Rinder.[492] Die CEUT-Temperaturen lagen 3.9 °C (+/−0.58 °C), jene in Paris 2.9 °C unter dem Durchschnitt von 1961 bis 1990.

1785: In Basel lag die gemessene Durchschnittstemperatur im März ganze 8.3 °C unter dem Durchschnitt von 1901 bis 1960. Dieses innerhalb der Messperiode seit 1755 einzigartige Extrem ist auf eine anhaltende nördliche Luftströmung zwischen einem Hochdruckgebiet über Island und einem Tief über Finnland zurückzuführen. In Bern sammelte sich in diesem Monat etwa ein Meter Neuschnee an.[493] Im niederländischen Zwanenburg war der April noch kälter als der März, und beide Monate waren sehr trocken.[494] Die winterliche Eisdecke auf den Flüssen im östlichen Mitteleuropa brach in der zweiten Aprilhälfte auf. Der erste warme Tag zeigte sich im Mai. Die Kirschbäume in der Schweiz blühten erst in der Mitte dieses Monats voll auf. In Mitteleuropa war diese Jahreszeit die kälteste seit 1500. Die CEUT-Temperaturen lagen 4.5 °C, jene in Paris 2.9 °C unter dem Durchschnitt von 1961 bis 1990.

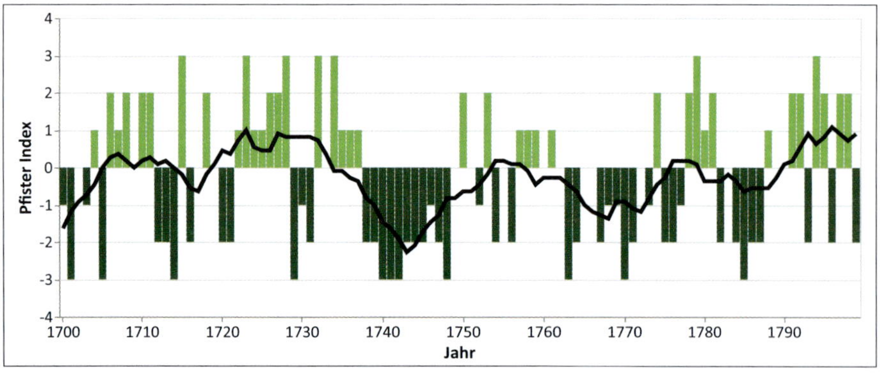

Abb. 8.36. Entwicklung der Frühjahrstemperaturen von 1700 bis 1799.

17 Frühjahre waren warm.[495] **7 waren extrem warm.**[496] **1 ist beschrieben.**

1794: In den Beneluxländern blühten Frühlingsblumen im März, und im April standen die Obstbäume in voller Blüte. Der Mai war meistens kühl bei westlichen Winden.[497] Im Schweizer Mittelland blieb der März warm und schneelos. Anfang April begannen die Kirschbäume zu blühen, während die letzten zehn Tage im Mai kühl und regnerisch waren.[498] Die CEUT-Temperaturen lagen 2.7 °C, jene in Paris mit 2.6 °C über dem Durchschnitt von 1961 bis 1990.

Der Trend im Laufe des Jahrhunderts lässt sich wie folgt zusammenfassen (Abb. 8.36): Vorwiegend warm war das Frühjahr zwischen 1722 und 1737, von 1779 bis 1781 und wieder in den 1790er-Jahren. Zwischen 1738 und 1748 fällt eine Folge von elf kalten Frühjahren auf. Kürzere Kältephasen traten zwischen 1767 und 1771 und von 1784 bis 1787 auf. Die CEUT-Temperaturen lagen 0.3 °C (+/-0.58 °C) unter dem Durchschnitt von 1961 bis 1990. Zusammengefasst beträgt die Summe der kalten Indizes 94, jene der warmen Indizes 69 (Abb. 10.3b).

8.6.3 Die Sommer von 1700 bis 1799

Die Sommertemperaturen sind bis 1759 mit CEUT-Temperaturschätzungen und danach mit CEUT-Instrumentenmessungen dokumentiert. 10 Sommer waren kalt.[499] **7 waren extrem kalt.**[500] **2 werden beschrieben.**

1713: In den Beneluxländern war die Witterung bis zum 27. Juni wechselhaft, dann regnete es mehr oder weniger vier Wochen lang. Nach einem sonnigen Zwischenspiel Anfang August setzte der Regen wieder bis zum Monatsende ein.[501] Im Juli wurde in Deutschland kein einziger warmer Tag registriert.[502] In der Schweiz fiel im Juni und nochmals im Juli bis in Höhenlagen von 800 m tiefer Schnee. Der ganze Sommer war regnerisch, mit Ausnahme einer kurzen Wärmeperiode Ende Juni. Erst Ende August hellte die Witterung auf.[503] Die Weinlese in Süddeutschland und der Schweiz war spät und unergiebig bei geringer Qualität. Die CEUT-Temperaturen lagen 1.5 °C (+/-0.49 °C), jene in Paris 1.1 °C unter dem Durchschnitt von 1961 bis 1990.

1725: In den Beneluxländern regnete es bei böigem Westwind nahezu täglich.[504] In der Schweiz war der Juni nass, der Juli wurde kühl, und im August regnete es im Hügelland Tag für Tag. In Stuttgart beteten die Gläubigen im Gottesdienst für Sonnenschein.[505] Die Weinlese war spät und mengenmäßig durchschnittlich bei geringer Qualität. Die CEUT-Temperaturen lagen 2.4 °C (+/-0.49 °C), jene in Paris 2.7 °C unter dem Durchschnitt von 1961 bis 1990.

17 Sommer waren warm.[506] **12 waren extrem warm.**[507] **2 werden beschrieben.**

1706: Im niederländischen Delft waren die ersten zehn Tage im Juni eher kühl bei südwestlichen Winden. Der Juli blieb wechselhaft, und erst die erste August-

Abb. 8.37. Entwicklung der Sommertemperaturen von 1700 bis 1799.

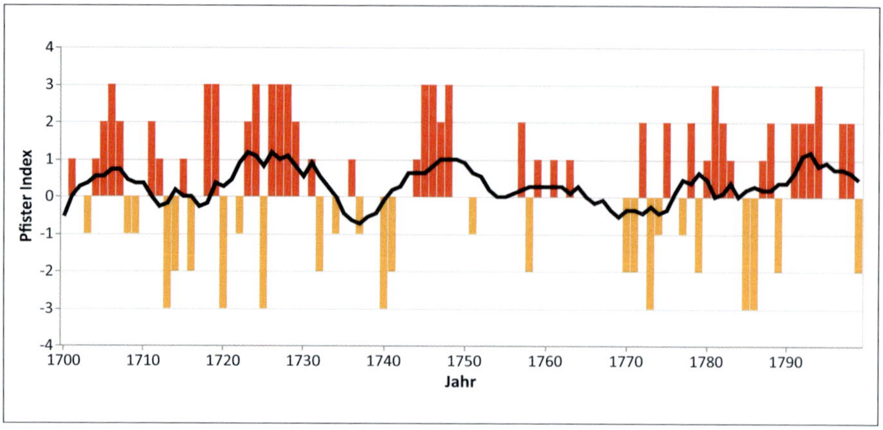

hälfte wurde sehr warm.[508] In den tschechischen Ländern und in Deutschland blieben Frühling, Sommer und Herbst warm und trocken.[509] In der Schweiz wechselten im Juni längere Hochdruckperioden mit Niederschlägen. Der Juli blieb heiß und trocken mit einigen Gewittern. Die Weinlese war früh und ergiebig bei guter Qualität. Die CEUT-Temperaturen lagen 1.2 °C (+/–0.49 °C), jene in Paris 1.5 °C über dem Durchschnitt von 1961 bis 1990.

1719: Dieser Sommer war der wärmste des Jahrhunderts. Im niederländischen Breda fiel in den ersten drei Juniwochen kein Tropfen. Der Juli war warm und trocken, wobei in den letzten Tagen des Monats reichlich Regen fiel. Der August war etwas feuchter.[510] Im deutschen Osnabrück fiel zwischen dem 26. Mai und dem 1. Oktober kein Regen. Waldbrände brachen in Deutschland aus, und Epidemien breiteten sich aus.[511] Möglicherweise handelte es sich wie in Frankreich um die Rote Ruhr.[512] In der Schweiz blieb der Juni warm und trocken bei südöstlichen Winden, der Juli wurde heiß mit häufigen Gewittern, und im August lag die Niederschlagsmenge unter dem Durchschnitt.[513] Die tschechischen Länder litten unter einer schweren Dürre.[514] Die Weinlese war früh und ergiebig, die Trauben waren süß. Die CEUT-Temperaturen lagen 2.2 °C (+/–0.49 °C), jene in Paris 2.8 °C über dem Durchschnitt von 1961 bis 1990.

Der Trend im Laufe des Jahrhunderts lässt sich wie folgt zusammenfassen (Abb. 8.37): Fünf Sequenzen von warmen Sommern dominierten von 1704 bis 1707, 1718 bis 1719, 1723 bis 1731, 1745 bis 1748 und 1780 bis 1783. Kalt blieben die Temperaturen zwischen 1770 und 1779. Extrem kalt wurden die Sommer 1785 und 1786. In den Alpen wurden sie von den späten 1780er- bis in die 1800er-Jahre etwas wärmer.[515] In den tschechischen Ländern traten zwischen 1704 und 1731 mehrere Dürreperioden auf.[516] Die durchschnittlichen Sommer des 18. Jahrhunderts waren wahrscheinlich ebenso warm wie jene im kurzen 20. Jahrhundert.[517] Zusammengefasst beträgt die Summe der kalten Indizes 50, jene der warmen Indizes 83 (Abb. 10.3c).

Einschub 8I: Fünf Monate vulkanischer Nebel über Europa[518]

Am 14. April 2010 warf eine subglaziale explosive Eruption des Vulkans Eyjafjallajökull an der südlichen Küste Islands eine Woche lang Asche in den Luftraum zwischen Großbritannien und dem Kontinent, wodurch weltweit etwa zehn Millionen Flugpassagiere sitzen blieben.[519]

Fünf Monate lang trübte im Sommer und Herbst 1783 vulkanischer Nebel den Himmel über Europa und Teilen Nordamerikas. Zeitgenossen spekulierten über seinen Ursprung. Viele waren sich einig, dass er rötlich oder bläulich war und eher wie Rauch als wie Nebel aussah. Manche nahmen einen Schwefelgeruch war. Einige glaubten, es handle sich um den Rauch aus der Hölle, welchen die biblische Offenbarung des Johannes voraussagt, und riefen zur Buße auf.[520]

Nach einigen Wochen wurde klar, dass der Rauch durch eine langanhaltende Eruption von flüssiger basaltischer Lava aus einem Bündel von Rissen an der Flanke des Berges Laki im Südosten Islands strömte (Abb. 8.38). Die Eruptionen dauerten vom 8. Juni 1783 bis zum 7. Februar 1784 und reichten in 9 bis 13 km Höhe, d. h. in den Bereich der oberen Troposphäre. Insgesamt wurden 122 Millionen Tonnen Schwefeldioxid in die Atmosphäre geschleudert, wobei ein Schleier von Schwefelaerosolen mehr als fünf Monate lang über der Nordhemisphäre hing (Abb. 8.38).[521] Es war dies das größte Luftverschmutzungsereignis innerhalb der letzten Jahrhunderte.[522]

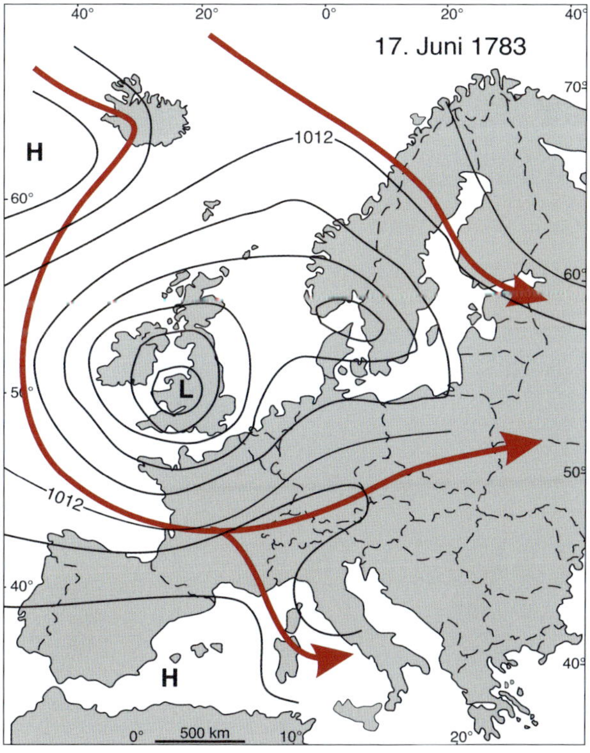

Abb. 8.38. Synoptische Wetterkarte, welche die Ausbreitung des Laki-Rauchschleiers in Europa am 17. Juni 1783 darstellt. Die Isolinien stellen den Luftdruck auf Meereshöhe dar. Die dicken durchgezogenen Linien mit den Pfeilen zeigen die geschätzten Transportwege von Gasen und Aerosolen auf dem Niveau des Jetstreams in der höheren Troposphäre (nach EGU Blog on Atmospheric Sciences, Thomas Webb, 24. Juni 2015).[523]

Der Sheriff des Bezirks Rangarvallasysla in Südisland schrieb am 8. Juni 1783: «Die Auswirkungen des Ascheniederschlags auf die lokale Umwelt waren katastrophal. Der Säuregehalt der Asche war so hoch, dass diese Löcher in die Blätter brannte und Wunden auf der Haut von Tieren und Menschen verursachte. Das Gras war versengt und hörte auf zu wachsen. Die Mäuler von Schafen und Rindern verfärbten sich gelb vor Schwefel, und die Tiere waren unruhig.»[524] Mehr als 60 % des Weideviehs in Island starben in weniger als einem Jahr, hauptsächlich an chronischer Fluorvergiftung. Die Folgen des Ausbruchs untergruben die Gesundheit einer Bevölkerung, die hauptsächlich von Viehzucht und Fischfang lebte. Die sogenannte Lufttrübungs-Hungersnot kostete etwa 20 % der isländischen Bevölkerung.[525]

Das Laki-Aerosol verursachte eine langfristige Abkühlung der hohen und mittleren Breiten in der nördlichen Hemisphäre. In den Jahren 1783 bis 1784 wurde ungewöhnliche Witterung beobachtet, hauptsächlich in Nord- und Osteuropa. Die Jahre 1784 und 1785 waren in Europa deutlich kälter.[526]

8.6.4 Die Herbste von **1700** bis **1799**

Die Herbste sind bis 1759 mit CEUT-Temperaturschätzungen und danach mit CEUT-Instrumentenmessungen dokumentiert.
20 Herbste waren kalt.[527] 11 waren extrem kalt.[528] 1 ist beschrieben.

1786: In den Beneluxländern fielen die Temperaturen den ganzen Oktober über kontinuierlich. Der November blieb schneereich mit nordöstlichen Winden und brachte fünf Eistage.[529] In der Schweiz zeigte sich der September kühl und nass, der Oktober wurde eisig mit einem frühen Schneeeinbruch. Die Schneedecke blieb im Schweizer Mittelland sieben Tage lang liegen.[530] Die CEUT-Temperaturen lagen 2.2 °C, jene in Paris 1.7 °C unter dem Durchschnitt von 1961 bis 1990.

15 Herbste waren warm.[531] 4 waren extrem.[532] 1 ist beschrieben.

1731: Der Oktober brachte Deutschland und den Beneluxländern vier Wochen lang trockene, milde, spätsommerliche Witterung, dies bis zum Übergang zu

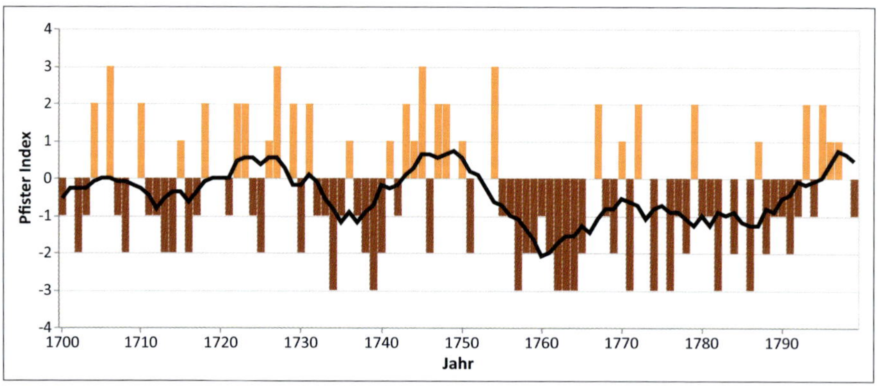

Abb. 8.39. Entwicklung der Herbsttemperaturen im 18. Jahrhundert.

Abb. 8.40. Entwicklung der Jahrestemperaturen von 1700 bis 1799.

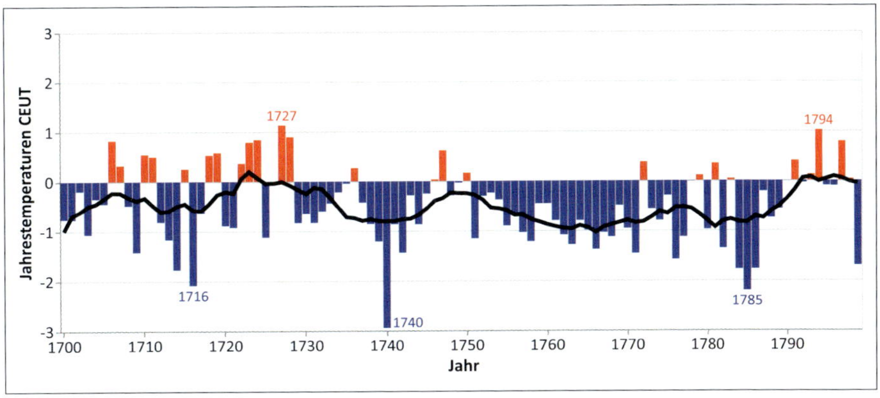

veränderlichen Verhältnissen am 13. November.[533] In der Schweiz wechselte im September sonnige Witterung mit warmen und regnerischen Phasen. Der Oktober blieb warm und sonnig mit nächtlichem Nebel, der sich am Morgen auflöste. Der November wurde regnerisch und mild. Im Mittelland wurde kein einziger Schneefall festgestellt.[534] In den tschechischen Ländern war der Herbst trocken.[535] Die CEUT-Temperaturen lagen 2.2 °C (+/–0.55 °C), jene in Paris 1.7 °C über dem Durchschnitt von 1961 bis 1990.

Der Trend der Herbsttemperaturen lässt sich wie folgt zusammenfassen (Abb. 8.39): Die Jahreszeit blieb während des gesamten 18. Jahrhunderts kalt, abgesehen von zwei kurzen warmen Phasen um 1730 und 1750. Auffällig sind Abfolgen von Kaltphasen zwischen 1711 und 1714, 1732 und 1740 sowie zwischen 1755 und 1765. Eine Warmphase tritt in den 1790er-Jahren hervor. Die CEUT-Temperaturen lagen 0.7 °C (+/–0.55 °C) unter dem Durchschnitt von 1961 bis 1990. Zusammengefasst beträgt die Summe der kalten Indizes 98, jene der warmen Indizes 52 (Abb. 10.3d).

8.6.5 Die Jahrestemperaturen von 1700 bis 1799

Der Verlauf der Jahrestemperaturen ist in Abb. 8.40 zusammengefasst. Nur wenige warme Jahre stechen heraus, am deutlichsten im Zeitabschnitt 1718 bis 1728, weniger ausgeprägt in den 1790er-Jahren. Die übrigen Jahre waren kalt, mit extremen Phasen um 1716, um 1740 sowie um 1785. Die längste Abfolge von deutlich zu kalten Jahren zeichnet sich zwischen von 1755 und 1777 ab. Die CEUT-Temperaturen lagen 0.5 °C (+/–0.3 °C) unter dem Durchschnitt von 1961 bis 1990.

8.6.6 Überblick über das Klima im 18. Jahrhundert

Kühle Winter und Herbste, in geringerem Maße kalte Frühjahre, zeichneten das Klima West- und Mitteleuropas im 18. Jahrhunderts aus. Die Sommertemperaturen bewegten sich um den Durchschnitt von 1961 bis 1990. Bemerkenswert selten traten sehr kalte (1713, 1725) und sehr warme (1719, 1728) Sommer auf. Südwestliche Winde herrschten im Zeitabschnitt von 1700 bis 1737 über den Britischen Inseln mit einem Maximum in den 1730er-Jahren vor.[536] Die Temperaturen in der warmen Jahreszeit lagen in Paris von 1723 bis 1737 jeweils um 0.4 °C, in Mitteleuropa um 0.3 °C über dem Durchschnitt von 1961 bis 1990, während die Winter in Paris um 0.2 °C und in Mitteleuropa um 0.7 °C unter diesem Wert lagen. Warme und ausreichend beregnete Sommer ließen in den späten 1720er-Jahren überreiche Weinernten in mehreren aufeinanderfolgenden Jahren heranreifen, wodurch die Preise zusammenbrachen (Teilkapitel 9.8.1). Das Jahr 1740 – in Paris das mit Abstand kälteste seit 1659 und in Mitteleuropa seit 1500 – markiert das Ende dieser Periode. Fortan traten für längere Zeit vorherrschende kalte und trockene Ostwinde an Stelle der Westwinde.[537] Ein großer Vorstoß der Alpengletscher erfolgte zwischen 1770 und 1780 (Teilkapitel 10.2).

Nachfolgend wird die Entwicklung in anderen Teilen Europas kurz dargestellt.[538] In Island folgten auf einen relativ milden Zeitabschnitt drei kalte Jahrzehnte von 1730 bis 1760, während sich die 1760er- und 1770er-Jahre etwas milder zeigten. Die Kälte gipfelte in den 1780er-Jahren.[539] In der Pannonischen Tiefebene («Ungarn») blieben die Winter bis zu den 1740er-Jahren überwiegend mild, dann folgten bis zu den 1780er-Jahren mehrheitlich kalte Jahreszeiten. Kalt blieben auch die Frühlinge sowie in den 1730er- und 1760er-Jahren die Sommer. In Ostmitteleuropa zeichnete sich das letzte Drittel des Jahrhunderts durch überwiegend warme Sommer aus.[540] In Polen herrschte in der ersten Hälfte des 18. Jahrhunderts wechselhafte Witterung bei einer großen Häufigkeit warmer Winter. Gegen Ende des Jahrhunderts folgten dann mehrheitlich strenge Winter, auch in Russland sowie im Nordosten Italiens.[541] Auf der Iberischen Halbinsel blieb das Winterhalbjahr in der ersten Jahrhunderthälfte überwiegend trocken.[542] Unter dem Einfluss wärmerer Sommer zwischen 1715 und 1760 verschwand der letzte Gletscher im Hochgebirge der Sierra Nevada (Andalusien), den Berggänger um 1700 noch beschrieben hatten.[543] Außergewöhnliche Bedingungen im letzten Drittel des Jahrhunderts – lange schneereiche Winter, regnerische Frühlinge und Herbste sowie Überschwemmungen, die sich mit langanhaltenden Dürren abwechselten – führten in Spanien zu häufigen Ernteausfällen und Nahrungsmittelknappheit.[544]

8.7 Der Tiefpunkt der Kälte im 19. Jahrhundert

8.7.1 Einleitung

Das 19. Jahrhundert bildet einen fundamentalen Bruch in der Berichterstattung über Wetter und Klima. Die damals aufkommende naturwissenschaftliche Meteorologie qualifizierte narrative Informationen als wertlos und schloss sie aus ihren Publikationen aus (Teilkapitel 4.6). Ab den 1870er-Jahren wurden Erzählungen und Verweise auf Proxydaten wie z. B. phänologische Beobachtungen in meteorologischen Jahrbüchern für einige Zeit vollständig ausgesetzt und durch den bloßen Abdruck instrumenteller Daten ersetzt. Diese wurden von den Printmedien kommentarlos übernommen. Als Folge stehen immer weniger narrative Berichte für die Klimageschichte zur Verfügung. Rüdiger Glaser lässt seine mitteleuropäischen Witterungsberichte im Jahr 1750 enden. Das Kompendium von Jan Buisman reicht bis 1825.[545] Für die Schweiz sind Witterungsberichte seit 1764 mit einigen Lücken in Euro-Climhist nachzulesen.[546] Doch dünnen diese in den frühen 1870er-Jahren aus und enden 1874 vollständig. Eine Lücke klafft zwischen 1875 und 1882. In den folgenden Jahren wurde die Tradition der Witterungsberichte wieder aufgenommen. Von den 1920er-Jahren an wurden diese zusehends reichhaltiger.

8.7.2 Die Winter von **1800** bis **1899**

Alle Jahreszeiten sind mit CEUT-Temperaturmessungen dokumentiert. 41 Winter waren kalt.[547] 13 waren extrem kalt.[548] 3 werden beschrieben.

1830: Dieser Winter, einer der längsten und strengsten der letzten Jahrhunderte, betraf hauptsächlich Mitteleuropa, England[549], Frankreich, Norditalien und Nordspanien (Abb. 8.41). Für die Schweiz liegen detaillierte Wetterdaten vor.[550] Nach einigen Tagen mit reichlich Schneefall Anfang Dezember und einer anschließenden trüben Phase fielen die Temperaturen auf sehr niedrige Werte. Im französischen Mulhouse wurden Minima von −28 °C gemessen. In der Normandie (Frankreich) türmte sich der Schnee zwei Meter hoch auf. [551] Von Neujahr bis Anfang Februar herrschte ruhiges, eiskaltes Hochdruckwetter. Der Zürichsee fror am 14. Januar bis zur Stadt zu. Ein beträchtlicher Teil des Vierwaldstättersees und der Bodensee folgten am 4. Februar, ebenso wie die meisten großen Flüsse in West- und Mitteleuropa.[552] Die CEUT-Temperaturen lagen 6.6 °C, jene in Paris 5.7 °C unter dem Durchschnitt von 1961 bis 1990.

1880: Ab November 1879 geriet Mitteleuropa unter den Einfluss eines blockierenden, kalten Hochdruckgebiets mit nordöstlichen Winden, das sich von Nordfrankreich bis Polen und von Dänemark bis Österreich erstreckte. Die Temperaturen fielen auf sehr niedrige Werte. In Paris lag die Durchschnittstemperatur

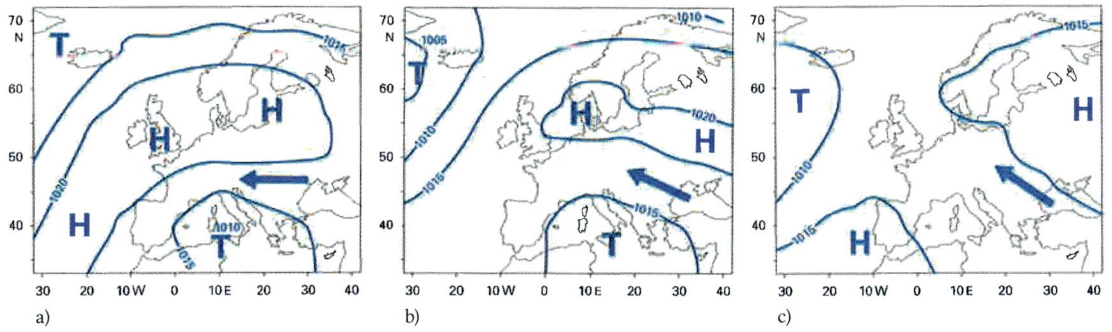

Abb. 8.41. a–c Synoptische Wetterlagen im Winter 1830
a) Dezember 1829: Eine Hochdruckzone vom Ostatlantik bis zur Ostsee schirmte den Kontinent von den atlantischen Luftmassen ab. b) Januar und c) Februar 1830: An der Flanke eines Hochdruckrückens, der sich von Dänemark bis Weißrussland erstreckte, strömte kalte, trockene Kontinentalluft aus Südosten nach Mitteleuropa. Pfister 1999: 104.

Abb. 8.42. Entwicklung der Wintertemperaturen von 1800 bis 1899.

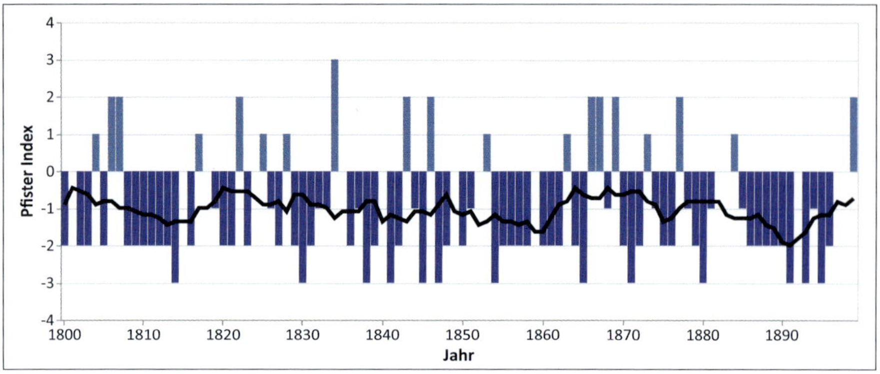

im Dezember 10.6 °C unter dem Durchschnitt von 1961 bis 1990. Dieser Monat war der kälteste seit 1659. Nach einem warmen Zwischenspiel zwischen dem 27. Dezember und dem 4. Januar setzte bis zum 7. Februar eine weitere Hochdrucklage bei sehr niedrigen Temperaturen, nördlichen Winden und sonnigem Himmel ein.[553] Die großen europäischen Flüsse und die meisten Schweizer Seen, einschließlich des Neuenburgersees, waren mit Eis bedeckt. Die Binnenschifffahrt in den Niederlanden wurde für 55 Tage eingestellt. Schneestürme und Schneeverwehungen blockierten Züge und Straßen in England.[554] Unter dem Einfluss von Temperaturen unter −25 °C platzten in vielen Bäumen 2,5 bis 6 m lange und 12 bis 60 mm breite Frostrisse auf.[555] Der Schneefall war ergiebig und bedeckte die Saaten. Bäume und Reben litten.[556] Die CEUT-Temperaturen lagen 5.0 °C, jene in Paris 4.7 °C unter dem Durchschnitt von 1961 bis 1990.

1891: In weiten Teilen Europas, von Schottland bis Spanien, herrschte strenge Kälte. In der Schweiz dauerte die Frostperiode von Ende November bis Januar, wodurch die Schneedecke erhalten blieb. Der Zürichsee war vom 21. Januar bis Mitte März zugefroren.[557] Die Summe der negativen Tagestemperaturen während dieser Zeit erreichte 464 °C.[558] In England gab es 32 Frosttage. In Frankreich dauerte die Kältewelle vom 6. bis 20. Januar.[559] Die CEUT-Temperaturen lagen 4.5 °C, jene in Paris 3.8 °C unter dem Durchschnitt von 1961 bis 1990. Ähnlich niedrig waren die Temperaturen im estnischen Tallinn.

10 Winter waren warm.[560] 1 war extrem.[561] Dieser wird beschrieben.

1834: Während dieses einzigen extrem warmen Winters im 19. Jahrhundert herrschten Hochdrucklagen bei westlichen und südwestlichen Winden vor. Starke Regenfälle führten im Dezember zu Hochwasser, wobei stürmisches Regenwetter mit längeren sonnigen Phasen abwechselte. Der Januar blieb warm und sonnig fast ohne Frost, sodass Primeln und Veilchen blühten. Im Februar blieb es tagsüber warm mit Morgennebel, der sich tagsüber auflöste.[562] Auch in Stockholm und Tallinn war der Winter sehr warm. Die CEUT-Temperaturen lagen 2.7 °C, jene in Paris 2.2 °C, unter dem Durchschnitt von 1961 bis 1990.

Der Verlauf der Wintertemperaturen ist in Abbildung 8.42 zusammengefasst. Die Winter des 19. Jahrhunderts waren wahrscheinlich die kältesten der letz-

Abb. 8.43. Die Eisprozession auf dem Bodensee im Februar 1830. Zeichnung eines unbekannten Künstlers. Gläubige aus dem Schweizer Dorf Münsterlingen tragen eine Büste des Apostels Johannes über den gefrorenen Bodensee ins deutsche Dorf Hagnau, das auf der Zeichnung dargestellt ist (Kopie aus Dobras 1992:42. Original im Generallandesarchiv Karlsruhe, verschollen).

ten tausend Jahre. Kalte Jahreszeiten dominierten fast uneingeschränkt, wobei außerordentliche Extreme auftraten. Namentlich gilt dies für den Zeitraum zwischen 1800 und 1860. Nach 1870 traten kalte Jahreszeiten etwas zurück. Ein einziger extrem warmer Winter ist im Jahr 1834 nachgewiesen. Die CEUT-Temperaturen lagen 1.2 °C unter dem Durchschnitt von 1961 bis 1990. Zusammengefasst beträgt die Summe der kalten Indizes 134, jene der warmen Indizes 31 (Abb. 10.3a).

Einschub 8J: Denkwürdige Anlässe und sportliche Aktivitäten auf dem Eis

Wie haben die Zeitgenossen die frostigsten Winter der Kleinen Eiszeit erlebt? Chronisten berichten vorwiegend vom Leiden von Menschen und Tieren, von abgestorbenen Rebstöcken und verheerenden Eisgängen. Daneben erzählen sie aber auch, wie zugefrorene Flüsse und Seen als Bühne für gesellschaftliche Ereignisse genutzt wurden. So zogen am Neujahrstag 1573 Vertreter der Berner Zünfte bei klirrender Kälte mit Trommeln und Pfeifen auf die zugefrorene Aare.[563] Im Februar 1695 zündeten Bauern auf dem zugefrorenen Zürichsee Feuer an und tanzten um sie herum.[564] Auf der zugefrorenen Themse in London[565] und auf dem Rhein in Deutschland wurden Marktstände und Essbuden aufgebaut.[566] Auf dem Bodensee gab die Bildung einer stabilen Eisdecke Anlass zu einer religiösen Zeremonie (Abb. 8.43). Angehörige der Schweizer Gemeinde Münsterlingen beschlossen im Eiswinter 1571 erstmals, ihre Solidarität mit der deutschen Gemeinde Hagnau am gegenüberliegenden Ufer des Sees zu bekunden, indem sie eine Büste des Apostels Johannes in einer Prozession nach Hagnau trugen, das auf der Zeichnung dargestellt ist. Im Eiswinter 1684 war die Büste zurück nach Münsterlingen gebracht worden, von wo sie 1830 nach Hagnau zurückgetragen wurde. Im letzten Eiswinter 1963 kehrte sie von Hagnau, wohl endgültig, nach Münsterlingen zurück.[567]

Sportliche Aktivitäten auf dem Eis finden sich auf Gemälden niederländischer Künstler. Manche brachen im späten 16. und frühen 17. Jahrhundert mit den europäischen Konventionen, indem sie realistische Momentaufnah-

Abb. 8.44. Hendrick Averkamp: Vergnügungen auf dem Eis (ijsvermaak; Aquarell, frühes 17. Jahrhundert. Teylers Museum, Haarlem (Niederlande)).

men des Alltagslebens malten oder skizzierten. Die meisten Winterlandschaften wurden für einen Markt gemalt, der saisonale Darstellungen des Alltagslebens verlangte. Die Künstler des 16. Jahrhunderts verkauften sie in der Regel zusammen mit Darstellungen von Frühling, Sommer und Herbst, die sie in viel wärmeren Farben malten. Die meisten Szenen zeigen Arbeit, Spiel und Fröhlichkeit auf dem Eis, die suggerieren, dass man das kalte Wetter ertragen, ausnutzen und sogar genießen konnte. Offensichtlich war dies eine Botschaft, die beim Zielpublikum Anklang fand.[568] Szenen mit Schlittschuhläufern weisen darauf hin, dass dieser Sport schon früh populär war. Der niederländische Maler Hendrick Averkamp (1585–1634) spezialisierte sich auf die Darstellung der niederländischen Winterlandschaft. Er schuf etwa 100 Gemälde, von denen viele Schlittschuhläufer auf zugefrorenen Kanälen zeigen (Abb. 8.44).[569] Von Holland aus gelangte das Schlittschuhlaufen um 1660 nach England.[570] Im Jahr 1692 ist der Sport in der Schweiz nachgewiesen. Als der Zürichsee in diesem Jahr zufror, war Spaß angesagt, so die Beschreibung von Hans Erhard Escher. «Auf dem See wimmelte es von jungen und alten Leuten, die auf dem Eis glitten und kleine Schlitten fuhren. Einige von ihnen schossen auf Schlittschuhen wie ein Pfeil dahin.»[571] Im Hype um den Eislauf auf dem Zürichsee zeigten sich im Winter 1880 zaghafte Zeichen der Emanzipation von Frauen. So grummelte die Neue Zürcher Zeitung: «Heute ist die Zahl der Frauen, die Schlittschuh laufen, viel größer als die der Männer, während es noch vor zwanzig Jahren als fast unmöglich galt, dass eine Dame sich dieses Vergnügen auch nur vorstellen konnte.» [572]

8.7.3 Die Frühjahre von 1800 bis 1899

Alle Jahreszeiten sind mit CEUT-Temperaturmessungen dokumentiert. 33 Frühjahre waren kalt.[573] 16 waren extrem kalt.[574] 2 werden beschrieben.

1837: In dieser Jahreszeit dominierten Winde aus nördlichen Richtungen.[575] Alle Frühlingsmonate blieben extrem kalt. Im März lag im Schweizer Mittelland während 22 Tagen Schnee. Auch im April fiel wiederholt Schnee. Im Mai wollte der Schnee in Höhenlagen von 900 m 24 Tage lang nicht schmelzen[576], und die Kirschbäume blühten erst am 5. Mai. Die CEUT-Temperaturen lagen 3.2 °C, jene in Paris 4.1 °C unter dem Durchschnitt von 1961 bis 1990.

1853: Im März wurden in der Schweiz mehrere Tage mit Temperaturen unter −5 °C gemessen. Im April wechselten sich Regen, Schneefall und Schneeregen ab. Die Blüte der Kirschbäume und die Begrünung der Buchen verspäteten sich um etwa einen Monat. Im Mai fiel immer wieder kalter Regen bei nördlichen Winden.[577] Die CEUT-Temperaturen lagen 3.2 °C, jene in Paris 2.0 °C unter dem Durchschnitt von 1961 bis 1990.

9 Frühjahre waren warm.[578] 5 waren extrem warm.[579] 2 werden beschrieben.

1811: In den Beneluxländern war der März stürmisch bei südwestlichen Winden. Der April zeigte sich wechselhaft und eher trocken. Der Mai brachte eine Reihe von Sommertagen.[580] In der Schweiz blieb der März warm und sehr trocken. Die Kirschen blühten bereits am 7. April. Aufgrund der hohen Temperaturen im April und Mai standen die Reben am 27. Mai in Blüte.[581] Die CEUT-Temperaturen lagen 2.5 °C, jene in Paris 2.1 °C über dem Durchschnitt von 1961 bis 1990.

1822: In den Beneluxländern blieb der März regnerisch und stürmisch. Der April zeigte sich wechselhaft, der Mai heiß.[582] In der Schweiz schmolz der Schnee in höheren Lagen bereits im März. Der April blieb sommerlich und trocken. Schon früh blühten Kirschbäume und Weinreben, und in einigen Regionen

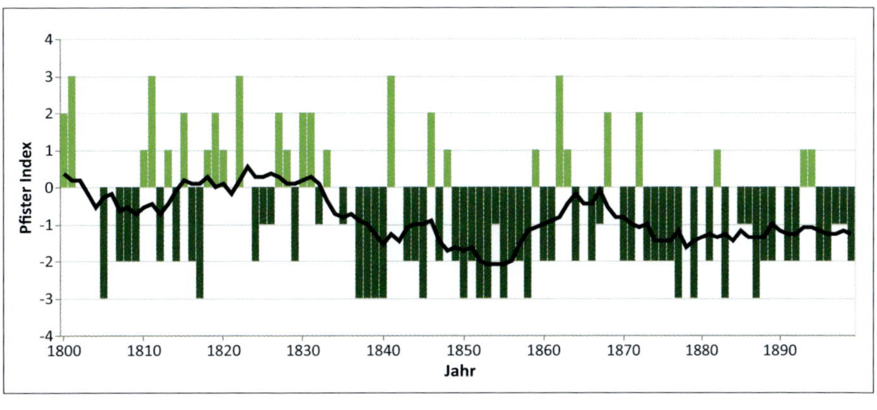

Abb. 8.45. Entwicklung der Frühjahrstemperaturen von 1800 bis 1899.

wurde Ende Mai Gerste geschnitten. Die CEUT-Temperaturen und jene in Paris lagen 2.2 °C über dem Durchschnitt von 1961 bis 1990.

Der Verlauf der Frühjahrstemperaturen im 19. Jahrhundert ist in Abb. 8.45 zusammengefasst. Bis 1836 schwankten diese um den Durchschnitt von 1961 bis 1990. In den folgenden 22 Jahren blieb das Frühjahr fast durchgängig zu kalt. Nach einer kurzen Phase der Erwärmung von den frühen 1860er- bis zu den frühen 1870er-Jahren sanken die Frühjahrstemperaturen erneut bis in die späten 1880er-Jahre. Die Frühjahre des 19. Jahrhunderts waren 0.6 °C kälter als der Durchschnitt von 1961 bis 1990. Zusammengefasst beträgt die Summe der kalten Indizes 124, jene der warmen Indizes 45 (Abb. 10.3b).

8.7.4 Die Sommer von 1800 bis 1899

Alle Jahreszeiten sind mit CEUT-Temperaturmessungen dokumentiert. 16 Sommer waren kalt.[583] 17 waren extrem kalt.[584] 2 werden beschrieben.

1816: Wetter und Klima dieses letzten «Jahres ohne Sommer» sind in Teilkapitel 3.4 beschrieben.

1821: In den Beneluxländern herrschten nordwestliche Winde bei überwiegend kühler und regnerischer Witterung.[585] In der Schweiz fiel im Juni Neuschnee bis in Höhen unter 2000 m. Im Juli und August regnete es intensiv. In der Schweiz wie in den tschechischen Ländern verzögerte sich die Getreideernte.[586] Die Weinlese war spät und unergiebig bei schlechter Qualität. Die CEUT-Temperaturen lagen 2.2 °C, jene in Paris 1.0 °C unter dem Durchschnitt von 1961 bis 1990.

9 Sommer waren warm.[587] 7 waren extrem warm.[588] 1 ist beschrieben.

1859: Diese Jahreszeit wurde in der Schweiz warm. Namentlich der Juli war heiß mit häufigen Gewittern.[589] Die CEUT-Temperaturen lagen 1.9 °C, die in Paris 1.0 °C über dem Durchschnitt von 1961 bis 1990.

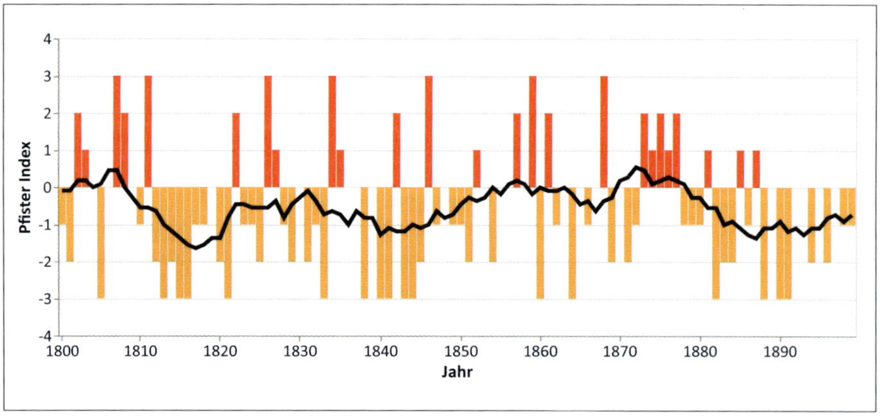

Abb. 8.46. Entwicklung der Sommertemperaturen von 1800 bis 1899.

Abb. 8.47. Entwicklung der Herbsttemperaturen von 1800 bis 1899.

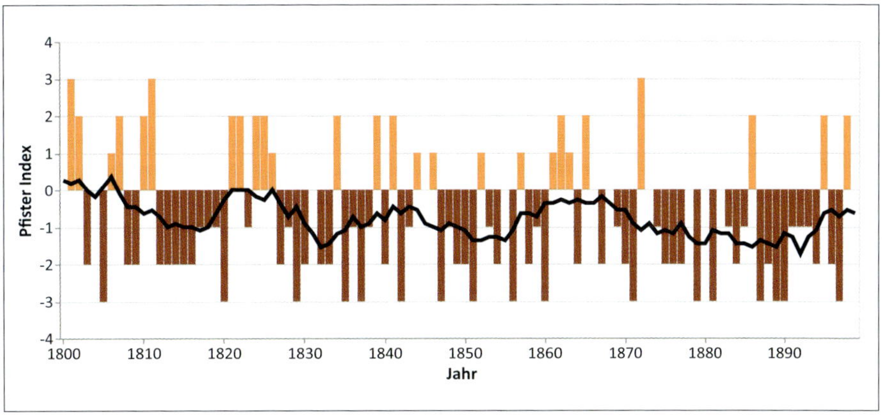

Der Verlauf der Sommertemperaturen ist in Abb. 8.46 zusammengefasst. Im Zeitabschnitt bis 1807 herrschten veränderliche Bedingungen. Zwischen 1810 und 1854 treten zwei Kaltphasen hervor, eine erste von 1812 bis 1821 und eine zweite von 1838 bis 1844. Zwischen 1857 und 1877 wurde die Jahreszeit relativ warm, allerdings bei Temperaturen, die deutlich unter jenen in den Hitzesommern des 16. und 17. Jahrhunderts lagen. Nach einem Kälteeinbruch von 1882 bis 1891 ebbte die Kälte ab. Die CEUT-Temperaturen lagen 0.6 °C unter dem Durchschnitt von 1961 bis 1990. Zusammengefasst beträgt die Summe der kalten Indizes 103, jene der warmen Indizes 48 (Abb. 10.3c).

8.7.5 Die Herbste von 1800 bis 1899

Alle Jahreszeiten sind mit CEUT-Temperaturmessungen dokumentiert. 27 Herbste waren kalt.[590] 17 waren extrem.[591] 2 sind beschrieben.

1829: Der September war in der Schweiz trüb und regnerisch. Der Oktober begann kalt und nass. In St. Gallen auf 674 m ü. M. (Abb. 3.3a) blieb der Boden 19 Tage lang mit Schnee bedeckt. Mitte des Monats bildete sich Eis auf den Gewässern. Der November wurde frostig mit häufigen Schneefällen.[592] Die CEUT-Temperaturen lagen 2.7 °C, jene in Paris 1.8 °C unter dem Durchschnitt von 1961 bis 1990.

1842: Die saisonalen Wetterlagen sind ohne klaren Trend. Der September war durch Regenfolgen und niedrige Stratusbewölkung gekennzeichnet. Der Oktober wurde extrem kalt. In St. Gallen überdauerte die Schneedecke drei Tage lang. Die zweite Novemberhälfte zeigte sich frostig und schneereich.[593] Die CEUT-Temperaturen lagen 2.7 °C, jene in Paris 1.9 °C unter dem Durchschnitt von 1961 bis 1990.

15 Herbste waren warm.[594] 3 waren extrem.[595] 1 ist beschrieben.

1811: Dieser Herbst war hochdruckbestimmt. Der September war in der Schweiz meist sonnig und warm, ebenso der größte Teil des Oktobers, abgesehen von einem Kälteeinbruch am Ende des Monats. Der November verzeichnete

Abb. 8.48. Entwicklung der Jahrestemperaturen von 1800 bis 1899.

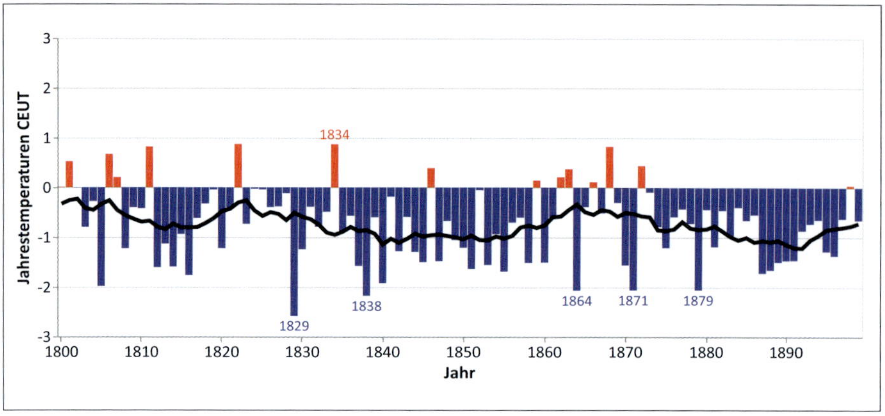

einen einzigen Schneefall (Abb. 3.3a). Ziegen und Schafe im Alpengebiet grasten bis zum Ende dieses Monats auf der Weide.[596] Die CEUT-Temperaturen lagen 1.1 °C, jene in Paris 2.0 °C über dem Durchschnitt von 1961 bis 1990.

Der Verlauf der Herbsttemperaturen ist in Abb. 8.47 zusammengefasst. Über mehrere Jahre betrachtet lagen diese fast durchgehend unter dem Durchschnitt von 1961 bis 1990. Am tiefsten lagen sie von 1812 bis 1820, von 1829 bis 1860 und zwischen 1879 und 1890. Am kältesten waren die Herbste zwischen 1887 und 1890. Die einzige, kurze Warmphase trat von 1821 bis 1826 ein. Die CEUT-Temperaturen lagen 0.8 °C unter dem Durchschnitt von 1961 bis 1990. Zusammengefasst beträgt die Summe der kalten Indizes 123, jene der warmen Indizes 47 (Abb. 10.3d).

8.7.6 Die Jahrestemperaturen von 1800 bis 1899

Der Verlauf der Jahrestemperaturen ist in Abb. 8.48 zusammengefasst. Diese gingen im Verlauf des Jahrhunderts langsam zurück, wobei die niedrigsten Temperaturen in den 1890er-Jahren erreicht werden. Das einzige warme Jahr war 1834. Die CEUT-Temperaturen lagen 0.75 °C unter dem Durchschnitt von 1961 bis 1990.

8.7.7 Überblick über das Klima im 19. Jahrhundert

Aus klimatologischer Sicht war das 19. Jahrhundert wahrscheinlich der Höhepunkt der NKE in Mitteleuropa. In keinem anderen Zeitraum, außer vielleicht im 15. Jahrhundert, überwogen die kalten Jahreszeiten so ausgeprägt. Die Jahrestemperaturen in Europa lagen 0.75 °C unter dem Durchschnitt von 1961 bis 1990, was vor allem auf das Wärmedefizit von 1.2 °C im Winter und von 0.8 °C im Herbst zurückzuführen ist. Auch fehlt eine längere Periode mit warmen Sommern. Am tiefsten sanken die Temperaturen in den 1810er-Jahren, wohl vor allem unter dem Einfluss des solaren Dalton-Minimums und mehrerer Vulkanausbrüche (Teilkapitel 10.1.2), wobei der Tambora-Ausbruch von 1815 (Teilkapitel 3.3) im Vordergrund steht. Die Kältedepression von 1836 bis in die späten 1850er-Jahre betraf alle Jahreszeiten. Der klimatische Übergang von der NKE zum K20JH wird in den Teilkapiteln 10.1.4 und 10.1.5 erläutert. In den Schwankungen der Alpengletscher äußert sich vorwiegend die Temperaturentwicklung im Sommerhalbjahr (Teilkapitel 10.2).

8.8 Die langsame Erwärmung im Kurzen 20. Jahrhundert

8.8.1 Die Winter von **1900** bis **1999**

Alle Jahreszeiten sind mit CEUT-Temperaturmessungen dokumentiert. 17 Winter waren kalt.[597] **6 waren extrem kalt.**[598] **4 werden beschrieben.**

1929: Der Dezember 1928 verlief in der Schweiz relativ mild, doch der Januar zeigte sich eisig und trocken mit fast konstantem Frost und einer anhaltenden Schneedecke. Noch kälter war der Februar. Am 16. Februar fror der Zürichsee komplett zu.[599] An der französischen Mittelmeerküste lag hoher Schnee, und viele wärmeliebende Pflanzen erfroren. Bäume platzten durch den bitteren Frost auf.[600] Die CEUT-Temperaturen lagen 5.4 °C unter dem Durchschnitt von 1961 bis 1990. Ebenso waren die Temperaturen von Januar bis April in Stockholm extrem niedrig.

1941: Der Dezember 1940 war aufgrund einer langen Hochdrucklage mit nordöstlichen Winden ungewöhnlich kalt. Die Kältewelle hielt bis zum 18. Januar an. Der Zürichsee überfror am 15. Januar bis zur Stadt. Die täglichen Minusgrade summierten sich bis zu diesem Datum auf 276 °C, aber aufgrund einer plötzlichen Erwärmung am 19. Januar wurde das Eis für Schlittschuhläufer nicht freigegeben.[601] Die CEUT-Temperaturen lagen 3.0 °C unter dem Durchschnitt von 1961 bis 1990.

1956: Der Januar dieses Jahres war warm und regnerisch. Zwischen einem Hochdruckgebiet über Skandinavien und einem Tiefdrucksystem über Südosteuropa flossen dann am 1. Februar überraschend arktische Luftmassen nach

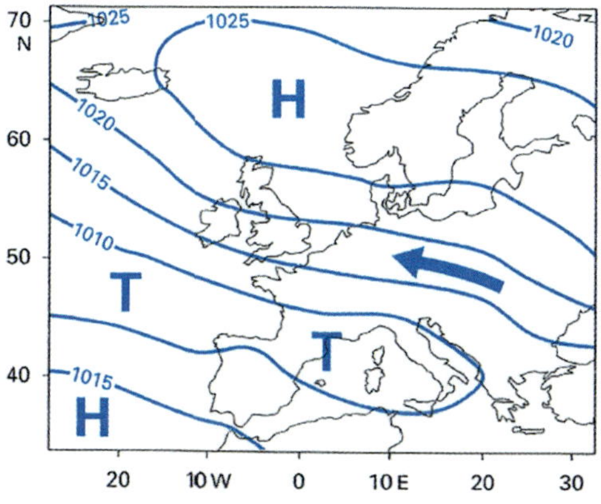

Abb. 8.49. Die Wetterlage im Februar 1956. Sie war durch ein starkes Hoch über Nordeuropa gekennzeichnet. An seiner Südflanke stießen mehrfach bitterkalte Luftmassen nach Mitteleuropa vor (Pfister 1999: 99).

West- und Mitteleuropa (Abb. 8.49). Die bitterkalte Luftmasse blieb während des ganzen Monats liegen.[602] Paris erlebte seinen kältesten Februar seit 1659.[603] In mancherlei Hinsicht liest sich der Kälteeinbruch von 1956 wie eine Analogie des Temperatursturzes vom Januar 1709 (Einschub 8H). Die CEUT- Temperaturen lagen 2.3 °C, jene in Paris bei 1.9 °C unter dem Durchschnitt von 1961 bis 1990.

Eine Schneedecke bildete sich in Rom und selbst an der Küste Algeriens. Der Mistral, ein kalter, heftiger Wind, der bei solchen Wetterlagen durch das untere Rhonetal fegt, erreichte 1956 im französischen Orange Geschwindigkeiten von bis zu 160 km/h. Die Getreide- und Weinproduktion in Frankreich und anderswo im nördlichen Mittelmeerraum litt unter der Kälte. Die Vegetation südlich der Alpen hatte sich aufgrund der milden Temperaturen im Dezember und Januar bereits entwickelt, als der Frost einbrach. In der französischen Provence vertrockneten etwa fünf Millionen Oliven-, Orangen- und Zitronenbäume. In Italien und Spanien brach die Produktion von Olivenöl und Zitrusfrüchten zusammen.[604] Der «Russische Frost», wie man die Kältewelle in der zeitgenössischen Stimmung des Kalten Kriegs nannte, endete am letzten Tag des Februars so schnell, wie er am ersten gekommen war.

Einschub 8K: Eine letzte Erinnerung an die Kleine Eiszeit

Der Winter 1963 war der längste und kälteste seit 1830, was aus der Summe der zwischen dem 13. November 1962 und dem 6. März 1963 in Zürich aufgelaufenen 581 °C an negativen Tagesmitteltemperaturen hervorgeht. «Ein kalter Ostwind setzte am 22. Dezember ein, als eine Hochdrucklage über Skandinavien kalte kontinentale Winde aus Russland nach West- und

Abb. 8.50. Ein Kleinflugzeug und ein Auto auf dem Eis des Bodensees (Hafen von Lindau, Deutschland, im Februar 1963; Foto: W. Spuhler. Keystone).

Mitteleuropa führte. In Barcelona türmte sich der Schnee während eines 36-stündigen Schneesturms bis zu einem Meter hoch auf.» [605] In der Folge blieb die kalte Luft liegen.[606] Die tiefsten Temperaturen wurden entlang einem von der französischen Atlantikküste bis ins westliche Russland reichenden Gürtel gemessen, während es in Island und in der Türkei warm blieb.

Ähnlich wie 1956 war auch dieser kalte Winter das Ergebnis einer plötzlichen Erwärmung der Stratosphäre.[607] Große Flüsse wie der Rhein, die Donau und die Loire waren mit Eis bedeckt. Der Zürichsee folgte am 24. Januar, der Bodensee am 6. Februar. Auf letzterem war die Eisdecke dick genug, um die Landung von Kleinflugzeugen zu ermöglichen (Abb. 8.50), und am 12. Februar bewegte sich die letzte Eisprozession über den See (Einschub 8J). An den Küsten von Nord- und Ostsee fror das Meer zu. In vielen Häusern brachen Wasserleitungen, sofern sie für Temperaturen unter −25 °C nicht taugten. [608] Die CEUT-Temperaturen lagen 5.4 °C, jene in Paris 5.2 °C unter dem Durchschnitt von 1961 bis 1990. Der Zeitraum von Januar bis April war in Stockholm kalt.

15 Winter waren warm.[609] 2 waren extrem warm.[610] 1 ist beschrieben.

1916: Der Dezember 1915 war in der Schweiz bei vorherrschenden Südwestwinden extrem warm und regnerisch. Der Januar zeigte sich warm und meist sonnig. Schnee blieb nur oberhalb von 1000 m liegen. Im Februar regnete es erneut bei häufigen West- und Südwestwinden.[611] In Frankreich war die Situation ähnlich. In Nantes standen Ende Januar die Aprikosenbäume in Blüte.[612] Die CEUT-Temperaturen lagen 2.6 °C, jene in Paris 2.3 °C über dem Durchschnitt von 1961 bis 1990.

Der Verlauf der Wintertemperaturen ist in Abbildung 8.51 zusammengefasst. Kühle Jahreszeiten prägten das erste Jahrzehnt, während die Temperaturen von 1910 bis 1928 eher ausgeglichen waren. Im Zeitabschnitt von 1929 bis 1942 blieben zahlreiche Winter kalt, wobei die Trias aus strengen Wintern von 1940 bis 1942 hervorsticht, die in den letzten tausend Jahren womöglich

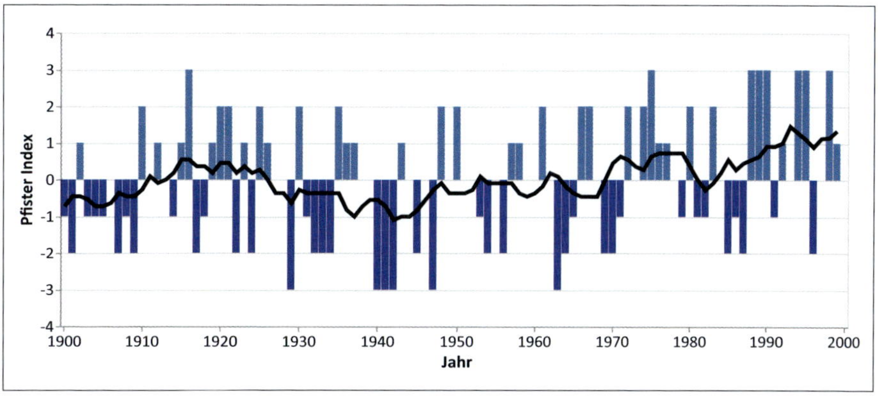

Abb. 8.51. Entwicklung der Wintertemperaturen 1900 bis 1999.

Abb. 8.52. Entwicklung der Frühjahrstemperaturen 1900 bis 1999.

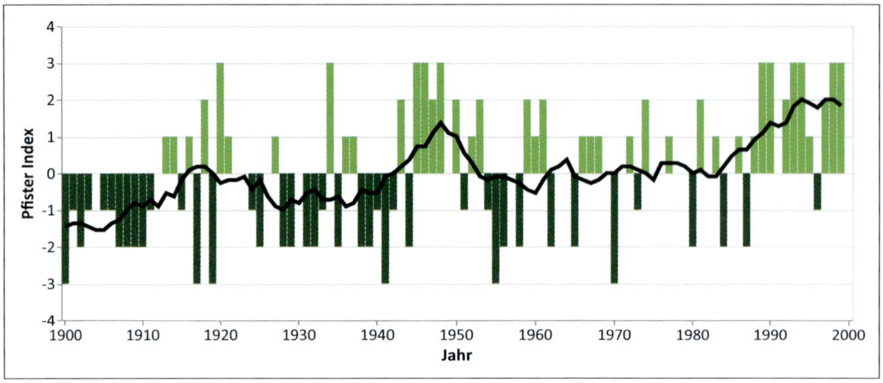

einzigartig war. Nach dem Kälteeinbruch im Februar 1956 und dem letzten Winter vom Typ NKE im Jahr 1963 traten kalte Extreme seltener ein und waren immer weniger ausgeprägt. Die Periode rascher globaler Erwärmung ab 1988 wurde durch eine Abfolge von drei warmen und fast schneefreien Wintern eingeleitet, die innerhalb der letzten tausend Jahre womöglich einzigartig war. Die CEUT-Temperaturen lagen bis 1987 um 0.4 °C unter dem Durchschnitt von 1961 bis 1990. Zusammengefasst beträgt die Summe der kalten Indizes 67, jene der warmen Indizes 49 (Abb. 10.3a).

8.8.2 Die Frühjahre von **1900** bis **1999**

Alle Jahreszeiten sind mit CEUT-Temperaturmessungen dokumentiert.
20 Frühjahre waren kalt.[613] 6 waren extrem kalt.[614] 1 ist beschrieben.

1917: Der März war kalt, trüb und nass. Die Schneedecke überdauerte in Zürich 13 Tage. Im April wurden bei anhaltenden nordwestlichen und nördlichen Winden extrem tiefe Durchschnittstemperaturen gemessen. Schnee fiel an 14 Tagen und blieb vier Tage lang liegen. In den Alpen sammelten sich gewaltige Schneemengen an, aus denen sich häufig Lawinen lösten. Die Blüte der Kirschbäume verzögerte sich, aber der Mai wurde unter dem Einfluss von Südwestwinden warm.[615] Die CEUT-Temperaturen lagen 1.6 °C unter dem Durchschnitt von 1961 bis 1990.

9 Frühjahre waren warm.[616] 5 waren extrem warm.[617] 1 ist beschrieben.

1945: Der März zeigte sich unter quasi permanentem Hochdruckeinfluss sehr warm, sonnig und trocken. Auch im April lagen die Temperaturen über der Norm, und der Monat blieb eher trocken. Die Kirschbäume standen früh in Blüte. Der Mai wurde erneut sehr warm, sonnig und trocken, wodurch die Reben früh zu blühen begannen.[618] Die CEUT-Temperaturen lagen 1.5 °C über dem Durchschnitt von 1961 bis 1990.

Der Verlauf der Frühjahrstemperaturen bis 1987 ist in Abbildung 8.52 zusammengefasst. Kalte Frühlinge herrschten in der ersten Dekade und erneut zwischen 1917 und 1941 vor. Der Zeitraum zwischen 1945 und 1953 zeichnet sich durch eine bemerkenswert hohe Häufigkeit von warmen und extrem warmen Frühlingen aus. Bis zum Beginn der raschen globalen Erwärmung im Jahr 1988 schwankten die Frühlingstemperaturen dann um den Mittelwert. Die CEUT-Temperaturen lagen bis 1987 um 0.2 °C unter dem Durchschnitt von 1961 bis 1990. Zusammengefasst beträgt die Summe der kalten Indizes 73, jene der warmen Indizes 49 (Abb. 10.3b).

8.8.3 Die Sommer von **1900** bis **1999**

Alle Jahreszeiten sind mit CEUT-Temperaturmessungen dokumentiert.
15 Sommer waren kalt.[619] 8 waren extrem kalt. [620] 3 sind beschrieben.

1913: Im 20. Jahrhundert war dieser Sommer in der Schweiz der kälteste. Bis zum 18. Juni herrschte warme und eher trockene Witterung (Abb. 3.3b). Dann schlug das Wetter um. Schnee fiel wiederholt bis in Höhen von 1300 m. Im Juli und August herrschten nordöstliche und nördliche Winde.[621] Die Weinlese war spät und unergiebig bei schlechter Qualität. Die CEUT-Temperaturen lagen 2.2 °C unter dem Durchschnitt von 1961 bis 1990.

1916: Die Monate Juni und Juli waren in der Schweiz die zweitkältesten seit 1864. Im Juni schneite es zweimal bis in tiefe Lagen. Der Juli blieb größtenteils regnerisch. Ende Juli folgte eine Phase mit wärmerer und trockener Witterung, aber nach dem 10. August setzten wieder häufig Niederschläge ein. In Zürich regnete es während des Sommers während 56 Tagen. Die Weinlese war spät,

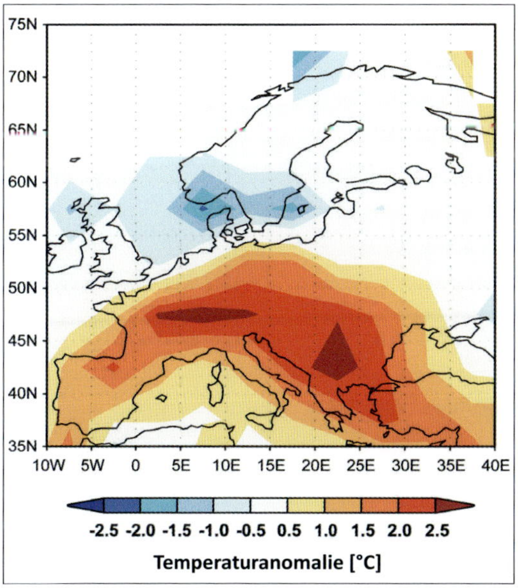

Abb. 8.53. Anomalien der Lufttemperatur und der Niederschläge in Europa von April bis Oktober 1947. Die Dürre im Frühjahr und im Spätsommer ergab sich durch zwei blockierende Nordwest-Südost- und Südwest-Nordost-verlaufende Hochdruckgebiete (Brázdil et al. 2016: 174, Abb.11a).

unergiebig und von schlechter Qualität. Es herrschten nordöstliche und nördliche Winde. Die CEUT-Temperaturen lagen 1.8 °C unter dem Durchschnitt von 1961 bis 1990.

1956: Abgesehen von zwei kurzen, warmen Phasen zeigte sich der Juni in der Schweiz bewölkt, kühl und regnerisch. Auch Juli und August blieben größtenteils nass und kalt. In Paris war der Sommer abgesehen von 1841 der kälteste seit 1816. Die Weinproduktion in Deutschland, Österreich und der Schweiz sank auf einen Tiefpunkt, teils als Folge des kalten Winters und des frostigen Frühjahrs, teils wegen des regnerischen und fast sonnenlosen Sommers.[622] Die Weinlese erfolgte spät bei geringer Qualität.[623] Die CEUT-Temperaturen lagen 1.4 °C, jene in Paris 2.3 °C unter dem Durchschnitt von 1961 bis 1990.

11 Sommer waren warm.[624] 5 waren extrem warm.[625] 1 ist beschrieben.

1947: Dieses Jahr zeigte sich extrem warm und trocken, und zwar in einem breiten gebogenen Gürtel, der sich von der Iberischen Halbinsel über Mitteleuropa bis zur Türkei erstreckte (Abb. 8.53).[626] Von April bis Oktober bewegten sich die Temperaturen durchwegs über dem langjährigen Mittelwert, wobei nur spärliche Niederschläge fielen. Vor dem Übergang zur raschen Erwärmung nach 1989 war der Sommer 1947 vielerorts der heißeste seit dem Beginn der regelmäßigen Temperaturmessungen im 19. Jahrhundert.[627] Im Großen und Ganzen gleichen die Witterungsmuster jenen von 1473 und 1540 (Teilkapitel 8.3.4 und 8.4.4), auch wenn die Temperaturmaxima niedriger und die Niederschlagsdefizite viel geringer waren Die CEUT-Temperaturen lagen 1,9 °C über dem Durchschnitt von 1961 bis 1990.

Der April blieb in der Schweiz extrem warm, sonnig und trocken. Die sporadischen Niederschläge im Mai und besonders im Juni erfolgten meist in Verbindung mit Gewittern. Die Niederschlagsmenge im Juli war nahezu durchschnittlich. August und September wurden dagegen extrem heiß und trocken.[628] Im August standen die tschechischen Länder 25 Tage lang unter dem Einfluss einer nordöstlichen Luftströmung. Die Dürre betraf auch Polen und Ungarn, wo Schwärme von Wanderheuschrecken einfielen.[629] Die Trauben in Frankreich litten unter der Hitze, wurden extrem früh gelesen und

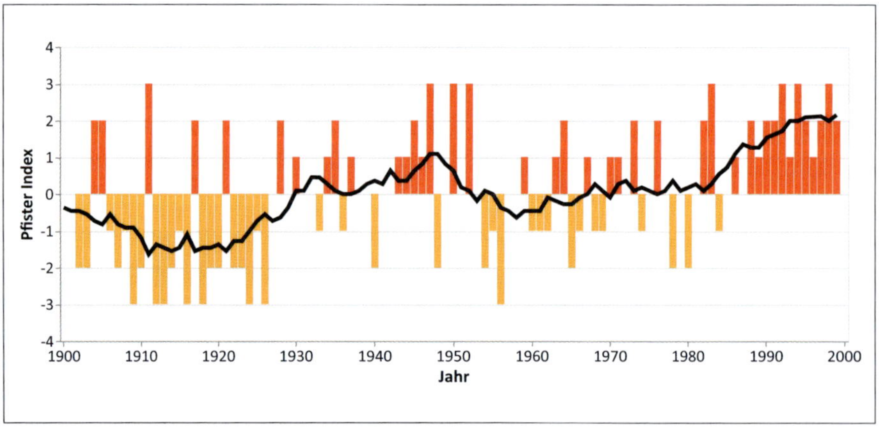

Abb. 8.54. Die Entwicklung der Sommertemperaturen 1900 bis 1999.

ergaben einen Spitzenwein. Für die besten Flaschen Bordeaux dieses Jahrgangs werden heute mehr als 3000 Euro bezahlt.[630] Die Dürre von 1947 war wahrscheinlich die schwerste seit 1719 (Abb. 11.17 a). Sie fiel in eine Zeit, in der die europäischen Volkswirtschaften sich noch kaum von den Folgen des Zweiten Weltkriegs erholt hatten und deshalb für Klimaschocks besonders anfällig waren. Der lange kalte Winter und die anhaltende Dürre ließen die Erträge bei Getreide und Kartoffeln in weiten Teilen Europas einbrechen, namentlich in Belgien, in Frankreich und in der damaligen Tschechoslowakei. Dies zu einem Zeitpunkt, in dem es überall an Dollars zum Import von Getreide aus Übersee mangelte und die Teilung Europas im beginnenden Kalten Krieg in vollem Gange war.[631]

Der Verlauf der Sommertemperaturen zwischen 1900 und 1987 ist in Abb. 8.54 zusammengefasst. Drei Trends lassen sich erkennen. Bis 1927 herrschten kühle Sommer vor, wobei die Extreme weniger ausgeprägt waren als in den vorangehenden Jahrhunderten. In den folgenden 25 Jahren stiegen die Temperaturen bis zur warmen Dekade von 1943 bis 1952 an und kulminierten im heißen und trockenen Sommer 1947. In den folgenden Jahrzehnten schwankten die Temperaturen dann um den Durchschnitt 1961 bis 1990, während kalte und warme Extreme moderat blieben, abgesehen von den Anomalien von 1956 und 1976 (Teilkapitel 11.3). Die CEUT-Temperaturen lagen 0.2 °C unter dem Durchschnitt von 1961 bis 1990. Zusammengefasst beträgt die Summe der kalten Indizes 69, jene der warmen Indizes 49 (Abb. 10.3c).

8.8.4 Die Herbste von 1900 bis 1999

Alle Jahreszeiten sind mit CEUT-Temperaturmessungen dokumentiert. 13 Herbste waren kalt.[632] 8 waren extrem kalt.[633] 1 ist beschrieben.

1912: Der September dieses Jahres war in Paris der kälteste seit 1658 gemessene und in Mitteleuropa mit Abstand der kälteste seit 1500. Das südliche Mitteleuropa war fast vollständig von westlichen Strömungen abgeschnitten, teils durch ein blockierendes Hochdruckgebiet über den Britischen Inseln, teils durch einen Kaltlufttrog, der von Skandinavien bis zum Mittelmeer reichte.[634] In der Schweiz herrschte in der ersten Monatshälfte trübes, kaltes Wetter mit schwachen Niederschlägen. Ungewöhnlich niedrige Temperaturmaxima wurden bereits im August in der Provence (Frankreich) festgestellt.[635] In der zweiten Septemberhälfte fielen die Temperaturen bei Nordwinden mit Frost rasch auf sehr tiefe Werte. Der Wetterwart auf dem Säntis, Schweizer Alpen, in 2500 m ü. M., registrierte an 27 Vormittagen Frost. Am 26. September fiel das Thermometer bis auf –8.8 °C. Neuschnee wurde an 14 Tagen gemessen.[636] Am 22. September lagen die Temperaturen in Frankreich landesweit unter 0 °C.[637] Am 2. Oktober fiel in der Schweiz Schnee bis 800 m. Vom 11. November bis zum Ende des Monats schneite es in Höhenlagen von 1000 m. In diesem Monat herrschten häufig nordöstliche, östliche und nördliche Windströmungen vor. Die CEUT-Temperaturen lagen um 3.7 °C, jene in Paris um 2.0 °C unter dem Durchschnitt von 1961 bis 1990. Die drastische Abkühlung dieser Jahreszeit wurde wahrscheinlich durch einen Ausbruch des im Südwesten Alaskas

Abb. 8.55. Die Entwicklung der Herbsttemperaturen 1900 bis 1999.

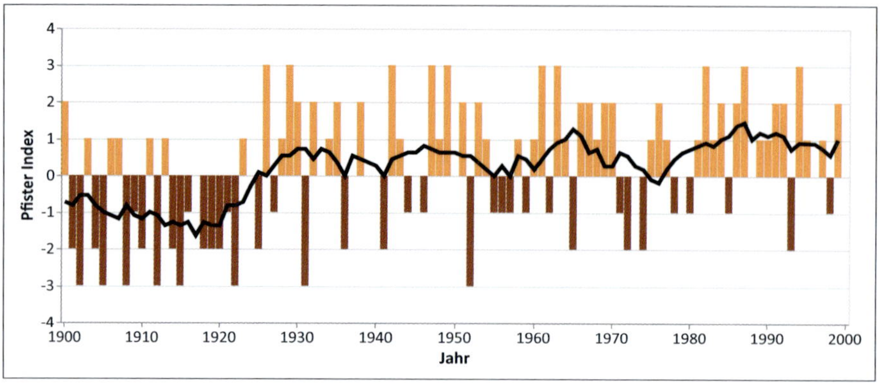

gelegenen Vulkans Katmai am 6. bis 8. Juni 1912 beeinflusst, dem stärksten im 20. Jahrhundert.[638]

13 Herbste waren warm.[639] 9 waren extrem warm.[640] 1 ist beschrieben.

1947: Die Hitze und Trockenheit des Sommers setzten sich in den September hinein fort, mit extrem hohen Temperaturen, einer rekordhohen Sonneneinstrahlung und spärlichen Niederschlägen, die den Zuckergehalt der Trauben auf selten erreichte Werte ansteigen ließen. Bei westlichen und nordöstlichen Winden stiegen die Temperaturen in West- und Mitteleuropa auf den höchsten Wert seit 1727.[641] Der Oktober war recht warm und extrem trocken, weil blockierende Hochs den Kontinent von den atlantischen Störungen abschirmten. Im November dominierten warme Südwestlagen. Die ersten ergiebigen Niederschläge seit dem Frühjahr wurden in der Schweiz am 10. November gemessen. Einen Tag später endete die Dürreperiode auch in den tschechischen Ländern.[642] Die CEUT-Temperaturen lagen 1.2 °C, jene in Paris 1.5 °C über dem Mittelwert von 1961 bis 1990.

Der Verlauf der Herbsttemperaturen bis 1987 lässt sich wie folgt zusammenfassen (Abb. 8.55). Niedrige Herbsttemperaturen waren ein anhaltendes

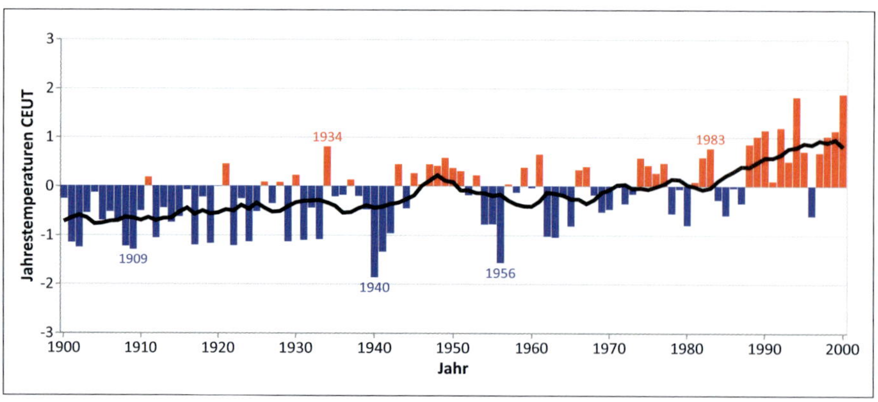

Abb. 8.56. Entwicklung der Jahrestemperaturen von 1900 bis 1999.

Merkmal der NKE. Dieser Trend setzte sich bis ins 20. Jahrhundert fort und kulminierte im eisigen September 1912. Von den späten 1920er-Jahren an erwärmte sich der Herbst schnell und fluktuierte bis 1990 um den Index-Nullpunkt. Die CEUT-Temperaturen lagen 0.4 °C unter dem Durchschnitt von 1961 bis 1990. Zusammengefasst beträgt die Summe der kalten Indizes 65, jene der warmen Indizes 74 (Abb. 10.3d).

8.8.5 Die Jahrestemperaturen von 1900 bis 1999

Der Verlauf der Jahrestemperaturen bis 1987 ist in Abbildung 8.56 zusammengefasst. Sie stiegen im Laufe des Jahrhunderts kontinuierlich an. Eine erste Abfolge von mehrheitlich warmen Jahren trat zwischen 1943 und 1951 ein, eine zweite zwischen 1974 und 1986. Der Sprung im Jahr 1989 markiert den Übergang zur Periode der schnellen Erwärmung. Dies ist der größte Temperatursprung seit 1727. Die CEUT-Temperaturen lagen 0.2 °C unter dem Durchschnitt von 1961 bis 1990.

8.8.6 Überblick über das Klima im 20. Jahrhundert

Der Zeitabschnitt von 1900 bis 1920 ist gekennzeichnet durch kalte Winter und Frühlinge, kühle und regnerische Sommer und kühle Herbste. Es war eine Übergangsphase zwischen dem Ende der NKE und der allmählichen Erwärmung des K203H. Die Temperaturen im Sommer und vor allem im Herbst stiegen ab den 1920er-Jahren an, während sie im Winter und Frühjahr sanken. Frigide Winter (1940–1942, 1947) und Frühlinge (1917, 1919, 1941) traten bis in die 1940er-Jahre auf. In der Dekade 1943 bis 1952 häuften sich warme Frühjahre und heiße Sommer, während viele Winter kalt blieben. Nach dem Temperatursturz im Februar 1956 und dem letzten Winter vom Typ NKE (1963) blieben die Winter weniger kalt. Die Sommertemperaturen bewegten sich um den Durchschnitt. Eine Besonderheit der WPG ist das seltene Auftreten von herausragenden Extremen, wenn man die Ausrutscher von 1956 und 1976 außer Acht lässt.

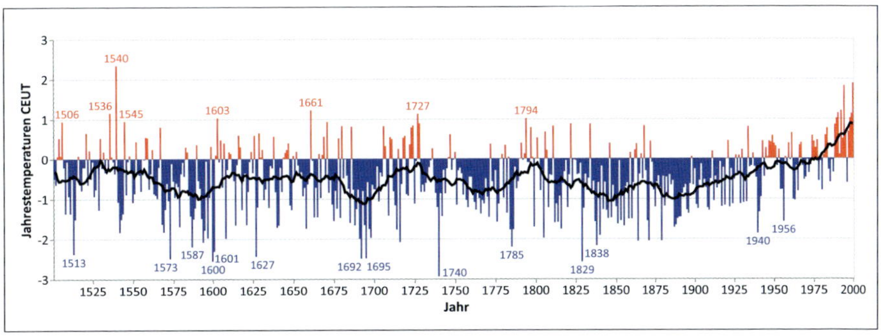

Abb. 8.57. Langfristige jährliche Temperaturtrends und -extreme 1500 bis 1999. Zusammengesetzt aus den Abb. 8.22, 8.30, 8.40, 8.48 und 8.56.and 8.56).

8.9 Die Jahrestemperaturen von 1500 bis 1999

Die längerfristige Entwicklung der Jahrestemperaturen wird in Teilkapitel 6.3 behandelt. Die Extremwerte der letzten 500 Jahre werden in Abbildung 8.57 zusammengefasst, wobei die Werte bis 1759 auf Schätzungen beruhen.

Kalte Jahre sind ein Markenzeichen der NKE. Allerdings liegen die Jahrestemperaturen in Europa von 1500 bis 1900 nur gerade 0.6°C unter dem Mittel der Periode 1961 bis 1990. Doch ist in diesem Buch gezeigt worden, dass langfristige Mittelwerte der Temperatur dem Klimacharakter in der Vergangenheit ebenso wenig gerecht werden wie jenem in der Gegenwart und in der Zukunft. Außerordentlich kalte Jahre nehmen nach 1570 zu. Im rekordverdächtigen Jahr 1740 waren alle Jahreszeiten kalt oder extrem kalt, ebenso in den Jahren 1573, 1600 und 1829. Von 1830 an, noch deutlicher von 1880 an, werden kalte Extreme zunehmend seltener und weniger extrem, abgesehen von den Ausreißern 1940, 1956 und 1912.

Anders sieht es bei den warmen Jahren aus. Innerhalb des letzten halben Jahrtausends waren sie zwischen 1530 und 1560 am häufigsten, wobei das extreme Dürrejahr 1540 (Teilkapitel 8.4.4) heraussticht. Aber schon vor 1500 waren extrem warme Jahre häufig, wie die nur durch Beschreibungen belegten elf Jahre 1078, 1083, 1137, 1236, 1252, 1304, 1331, 1375, 1393, 1420 und 1473 nahelegen. Im Laufe des 17. und 18. Jahrhunderts, wenn man die Dekade zwischen 1719 und 1728 außer Acht lässt, wurden die warmen Jahre seltener und zugleich weniger ausgeprägt. In den darauffolgenden 260 Jahren bis zum Beginn der raschen Erwärmung im Jahr 1989 fehlten sie fast völlig. Seit 2010 sind solche historisch herausragenden Extreme zur Norm geworden (Teilkapitel 11.3).

9. Witterung, Klima und die Welt der Menschen

9.1 Einleitung

Nach den Fallstudien zum Eismann Ötzi (Kapitel 2) und zur Tambora-Krise von 1816 (Kapitel 3) erläutert Kapitel 4, wie sich die Wahrnehmung der Witterung in den letzten 1000 Jahren verändert hat, und skizziert das Aufkommen der instrumentellen Messungen. Methoden der Klimarekonstruktion werden in Kapitel 5 vorgestellt. Kapitel 6 präsentiert den Verlauf des Klimas anhand von Belegen aus Naturarchiven und Modellsimulationen, während die Kapitel 7 und 8 auf die jahreszeitlichen Veränderungen anhand von Daten aus Archiven der Gesellschaft eingehen. Im vorliegenden Kapitel wird der Schwerpunkt von der Klimavariabilität auf die menschliche Geschichte verlagert, wodurch die Perspektive grundlegend verändert wird. Geschichte besteht aus einer Vielzahl aufgezeichneter menschlicher Aktivitäten, die traditionell drei grundlegenden Kategorien zugeordnet werden, nämlich der Politik, der Wirtschaft und der Kultur. Die quasinatürliche Umwelt wird zunehmend als vierte Kategorie akzeptiert.[1]

Um die Wechselwirkungen zwischen dem Verlauf der menschlichen Geschichte und der Dynamik der natürlichen Umwelt zu untersuchen, müssen wir berücksichtigen, dass die Prozesse in diesen beiden Sphären zu einem guten Teil unabhängig voneinander ablaufen. Im Bereich der Gesellschaft müssen Trends wie Bevölkerungswachstum, wirtschaftliche Entwicklung, der Aufbau von Kommunikationsnetzen, die Entwicklung zur Globalisierung sowie Veränderungen in der institutionellen Struktur berücksichtigt werden. Das Beispiel der Tambora-Krise von 1816/17 (Abbildung 1.3.) zeigt, wie die verschiedenen Ereignisebenen, vom Wetter über die Getreidepreise und den demographischen Einbruch bis hin zu Hungerunruhen, zusammenwirkten.

Energie ist die zentrale Kraft, die Prozesse in der materiellen Welt antreibt, seien sie klimatisch oder gesellschaftlich. «Große Veränderungen in der materiellen Kultur von Gesellschaften und insbesondere in ihrer Fähigkeit, größere Bevölkerungen zu ernähren, sind eng mit Veränderungen im Umfang und in der Art der Energie verbunden, die zur Befriedigung des menschlichen Bedarfs an Nahrung und zur Verrichtung von Arbeit zur Verfügung steht.»[2] Als Produktionsfaktor steht Energie auf derselben Stufe wie Arbeit und Kapital, wie weitsichtige Ökonomen wie Hans Georg Binswanger schon in den 1980er-Jahren feststellten.[3] Der in den 1970er-Jahren aus der Physik in den gesellschaftlichen Diskurs eingeführte Begriff Energie muss im Sinne von Energiedienstleistungen zur Herstellung von Gütern und Dienstleistungen wie Nahrung, Heizung, Transport, Kommunikation und mechanische Arbeit verstanden werden.

Der US-amerikanische Anthropologe Leslie White (1900–1975) skizzierte erstmals eine ökologische Evolutionstheorie, welche die Beherrschung und Nutzung von Energiequellen als zentrales Kriterium für den Grad der soziokulturellen Entwicklung herausstellte.[4] Der englische Wirtschaftshistoriker Edward Anthony Wrigley hat am Beispiel der Industriellen Revolution in England die Zusammenhänge zwischen der Verfügbarkeit von Energie, Wirtschaftswachstum und Wohlstand herausgearbeitet, die für die allgemeine Geschichte von grundlegender Bedeutung sind.[5] Der kanadisch-tschechische Umweltwissenschaftler Vaclav Smil veröffentlichte eine monumentale technisch-ökonomische Energiegeschichte, die von der Vorgeschichte bis in die

Abb. 9.1. Energienutzung und kulturelle Entwicklung (nach Ellen 1982: 268).

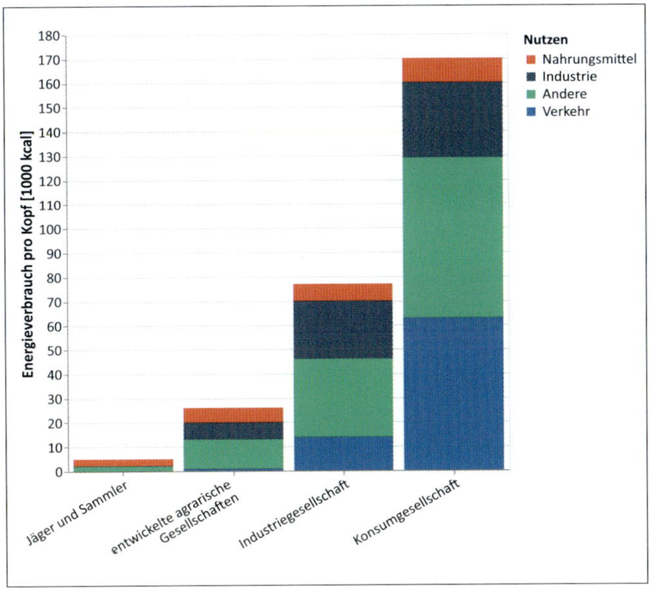

Zukunft reicht.[6] Der Anthropologe Roy Ellen hat den Energieverbrauch für verschiedene Gesellschaftstypen seit der Urzeit grob abgeschätzt. (Abb. 9.1).

Aus energetischer Sicht können alle Volkswirtschaften vor der Industriellen Revolution als organische Ökonomien bezeichnet werden; organisch deshalb, weil sie ausschließlich von der Energie der Sonne angetrieben wurden. Grüne Pflanzen nutzen die Photosynthese, um Sonnenenergie in Biomasse umzuwandeln, die dann lebende Organismen «antreibt». Die jährliche Menge an Biomasse, die durch die pflanzliche Photosynthese gewonnen wurde, stellte eine Obergrenze für die Energie dar, die vor der Erschließung von fossilen Energieträgern für jegliche produktive Tätigkeit menschlicher Gruppen zur Verfügung stand. Alle Nahrungsmittel und praktisch alle Rohstoffe für die materielle Produktion wurden durch den Landbau erzeugt. Auch das Angebot an Rohstoffen wie Wolle, Leder und Holz war durch die Produktivität des Bodens begrenzt.[7] Gesellschaften, die auf organische Energien angewiesen waren, lassen sich in Jäger und Sammler und in verschiedene Stufen der Agrarwirtschaft einteilen. Die verfügbare Energie in organischen Ökonomien war nicht nur gering (der Pro-Kopf-Energieverbrauch in fortgeschrittenen organischen Gesellschaften betrug nur 11 % des heutigen Verbrauchs)[8], sondern aufgrund von meteorologischen Einflüssen beschränkt, rasch wechselnd und unberechenbar.

Industrielle Volkswirtschaften nutzen vor allem fossile und nukleare Energiequellen. Erst durch die Erschließung von fossilen Brennstoffen, den über ein geologisches Zeitalter akkumulierten Überresten der pflanzlichen Photosynthese, konnte die Energiebarriere überwunden werden, die ein länger anhaltendes Wirtschaftswachstum in der Vergangenheit verunmöglicht hatte.[9] Zwei Perioden in der Entwicklung der industriellen Wirtschaft lassen sich unterscheiden. Vom frühen 19. Jahrhundert bis in die späten 1950er-Jahre war die Kohle der grundlegende Brennstoff. Sie ermöglichte den Aufbau eines neuen Wirtschaftssystems, das einen raschen und kostengünstigen globalen

Austausch von Gütern und Information ermöglichte. Eisen und Stahl lösten Holz als wichtigstes Material ab. Der Pro-Kopf-Energieverbrauch betrug etwa ein Drittel des heutigen Wertes. Die landwirtschaftliche Produktion war immer noch vom Wetter abhängig, wenngleich Missernten in Friedenszeiten durch Produzenten rund um den Globus ausgeglichen werden konnten.

Nach dem Zweiten Weltkrieg entstand die Konsumgesellschaft, zunächst in den USA, in den 1960er-Jahren in Europa und später noch in anderen Teilen der Welt. Ihre Angehörigen nutzten hauptsächlich Erdöl, Erdgas und Kernenergie. Der weltweite Energieverbrauch ist mittlerweile viereinhalb Mal so hoch wie in Industriegesellschaften. Eine große Anzahl langlebiger Konsumgüter, vor allem Autos, wurde für durchschnittliche Haushalte erschwinglich.[10] Kunststoffe lösten Holz, Eisen und Stahl als wichtigsten Werkstoff ab. Nahrungsmittel werden hauptsächlich auf der Basis von Technologien produziert, die auf fossiler Energie beruhen. Diese Entwicklung bewirkte zeitverzögert den Übergang von der langsamen zur schnellen Erwärmung (Teilkapitel 11.2).

Die Verfügbarkeit von Energie und die Entwicklung von Technologie definieren den physischen Spielraum, der für die kulturelle Entwicklung zur Verfügung steht. Die Menschen können sich für die Art des Spiels entscheiden, aber sie müssen dabei auf die Größe des Spielraums Rücksicht nehmen. In einer Turnhalle kann man nicht Golf spielen. Der physische Spielraum der Gesellschaft vergrößerte sich mit der Entwicklung neuer Energiequellen und Technologien. In den Agrargesellschaften umfasste er ein Dorf und seine Umgebung, in der Industriegesellschaft vorwiegend die Nachbarländer, während den Menschen in der Konsumgesellschaft der ganze Globus zu Füßen liegt.

Stufenmodelle der technologischen Entwicklung zu immer größerer Effizienz dürfen nicht im Sinne eines linearen Fortschrittsmodells verstanden werden, das individuelles und politisches Handeln, Rückschläge und mögliche Alternativen außer Acht lässt.[11] In unserem Zusammenhang sollte das Modell (Abbildung 9.1) vielmehr auf die Rahmenbedingungen hinweisen, die individuelles und kollektives Handeln ermöglichten und begrenzten, insbesondere im Hinblick auf die Bedeutung des Klimas.

9.2 Die Bevölkerungsentwicklung als neue Bezugsgröße

Eine Auseinandersetzung mit dem Thema «Klima und Gesellschaft» ist aus mehreren Gründen schwierig. Der Begriff «Gesellschaft» besteht aus einem Sammelsurium von Faktoren, von denen viele nicht quantifizierbar sind. Die interne Dynamik der Gesellschaft ist vom Klima weitgehend unabhängig. «Reduktionistische Klimageschichten» (Mike Hulme), die ausschließlich die Auswirkungen des Klimas untersuchen, überzeichnen dessen Bedeutung im Vergleich zu anderen Einflüssen.[12] Ein Vergleich ist etwas aussagekräftiger, wenn die Bevölkerungszahl als roter Faden der Erzählung gewählt wird. Vor dem 13. Jahrhundert sind Bevölkerungszahlen zwar weitgehend spekulativ. Die Zahl der Menschen in einem Territorium lässt sich in der Folgezeit wenigstens mithilfe von Proxies wie der Zahl der Feuerstellen (also der Haus-

Abb. 9.2. Exogene Einflüsse auf die Bevölkerungsgröße.

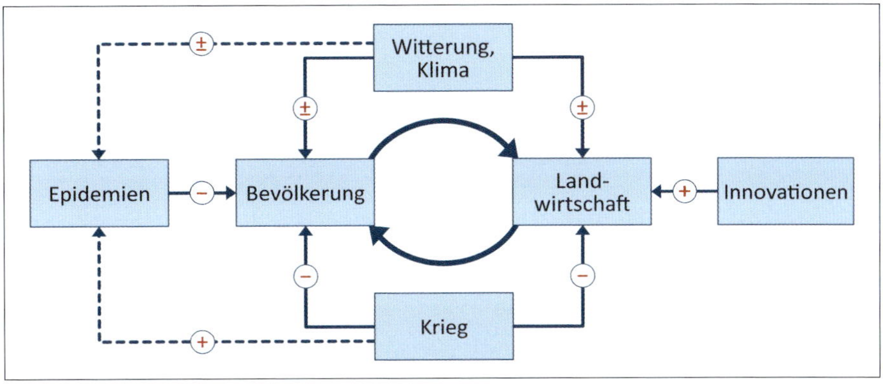

halte), der Zahl der wehrfähigen Männer oder der Zahl der Gottesdienstbesucher grob schätzen. Die ersten Volkszählungen im heutigen Sinne sind in Schweden, Frankreich und Preußen vom späten 17. Jahrhundert an durchgeführt worden.[13]

Abbildung 9.2 zeigt ein vereinfachtes Schema der vier wichtigsten externen Einflüsse, welche auf die Bevölkerungsgröße in einer organischen Wirtschaft einwirkten.

- Witterung und Klima beeinflussten vor allem die Gewinnung von Biomasse (Nahrung, Futter).
- Pandemien, die zu einem guten Teil unabhängig von Witterungseinflüssen auftraten und auftreten, verringer(te)n das Bevölkerungswachstum. Ihr Rückgang und ihr Verschwinden sind auf das Zusammenspiel verschiedener Faktoren zurückzuführen, die sich selbst heute noch nicht zufriedenstellend erklären lassen.
- Große Kriege, die in unterschiedlichen Kontexten ausbrachen, dezimierten auch die Zivilbevölkerung und zerstörten ihre Lebensgrundlagen. In vielen Fällen förderten militärische Konflikte die Ausbreitung von Epidemien und verschärften klimabedingte Versorgungskrisen.
- Innovationen wie die Durchsetzung von Maßnahmen zur Eindämmung von Epidemien, die Einführung produktiverer Nutzpflanzen aus der Neuen Welt, die Steigerung der Produktivität in der Landwirtschaft und die Verbesserung des Transportwesens verringerten die Anfälligkeit von Landwirtschaft und Bevölkerung gegenüber Klimaeffekten (Kap. 9.9).

Längerfristig waren Angebot und Nachfrage nach Nahrungs- und Futtermitteln mit der Bevölkerungsgröße rückgekoppelt. Es wurden mehr Hände benötigt, um die Produktion zu steigern, solange keine arbeitssparenden Technologien zur Verfügung standen. Auf der anderen Seite förderte die größere Agrarproduktion das Bevölkerungswachstum.

Die Entwicklung einer Bevölkerung (Abb. 9.3) hängt primär vom Verhältnis von Geburten und Sterbefällen ab. Daneben ist das Verhältnis von Zu- und Abwanderung zu berücksichtigen. Geburten, historisch genauer gesagt Taufen, wurden in einigen Territorien vom 16. Jahrhundert an aufgezeichnet, Sterbefälle meist erst vom 18. oder vom frühen 19. Jahrhundert an. Noch später wurde die Migration erfasst. Bei der Untersuchung von Bevölkerungsprozessen muss zudem der Altersaufbau berücksichtigt werden. Unterschiedlich

Fig. 9.3. Endogene Einflüsse auf die Bevölkerungsgröße.

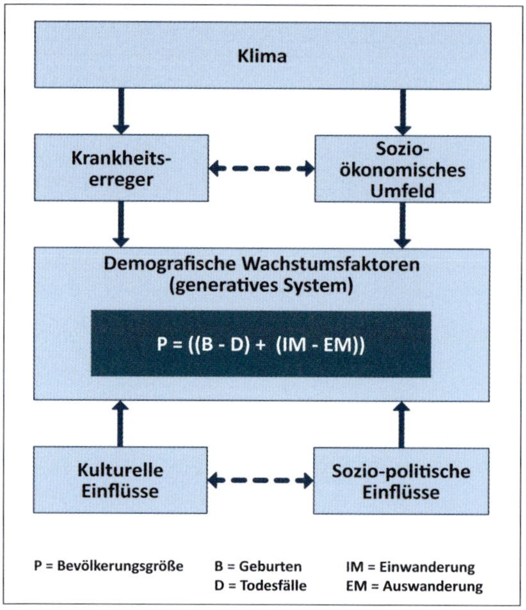

große Gruppen von Kohorten (also Altersgruppen) bewegen sich in Form von Wellenbergen und -tälern durch den Bevölkerungskörper und werden durch den Tod allmählich abgebaut. Das Phänomen, genannt Python-Effekt, erinnert an eine Python, die ein Kaninchen verdaut, wobei sich das verschlungene Tier allmählich durch den Körper der Schlange bewegt. [14] Die englischen Demographen Edward Anthony Wigley und Roger S. Schofield entwickelten ein ausgeklügeltes Modell, um die jährlichen Sterbe- und Geburtenraten für England zwischen 1541 und 1871 anhand der Simulation von Bevölkerungsprozessen zu schätzen. Ihr Modell berücksichtigte auch Eheschließungen, Migration neben wirtschaftlichen Einflussgrößen wie Löhne und Preise.[15]

Die Landwirtschaft war in Agrargesellschaften aus drei Gründen der führende Wirtschaftssektor:

- Der erste Sektor lieferte den Löwenanteil der Energie in Form von Biomasse und Grundstoffen (Holz und tierischen Produkten).
- Der Wechsel zwischen reichen und schlechten Ernten bestimmte die kurzfristigen, in erheblichem Maße auch die mittelfristigen Schwankungen dessen, was wir heute Konjunktur nennen.
- 80 bis 90 % der Haushalte waren mehr oder weniger intensiv in der Landwirtschaft tätig.[16]

Die organische Landwirtschaft war in den natürlichen Kreislauf der Materie eingebunden. Jahr für Jahr wurden die Felder bearbeitet, gedüngt und mit den Körnern der letzten Ernte besät. Pflanzenreste und Exkremente von Mensch und Tier wurden dem Boden wieder zugeführt, wodurch dieser Kreislauf über Jahrhunderte fortgesetzt werden konnte. In einer Welt, in der die Versorgung mit Nahrungsmitteln von den Launen der Witterung abhing, war bebautes Land die zuverlässigste Quelle sozialer Sicherheit. Gleichzeitig war es das häufigste Objekt für Investitionen, das wichtigste Steuersubstrat sowie der Maßstab für politische Macht und soziale Anerkennung. Die Größe des

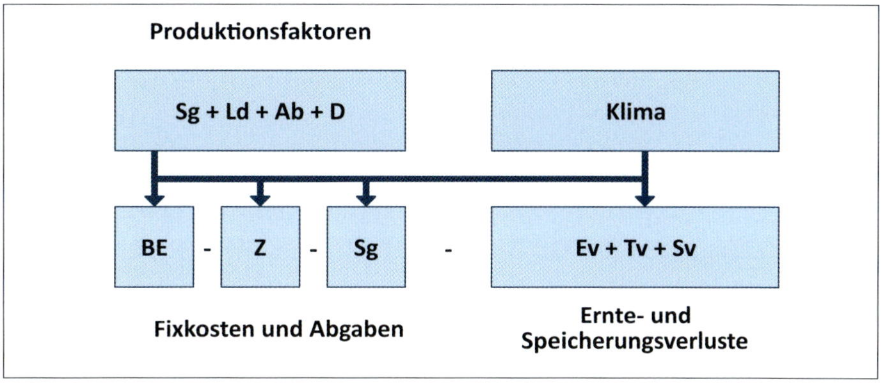

Abb. 9.4. Bruttoernte, Abgaben, Verluste und Verzehr. Sg: Saatgut. Ld: (Kultur-)Land. Ab: Arbeit. D: Dünger BE: Bruttoernte. Z: Zehnten. Ev: Ernteverluste. Tv: Transportverluste. Sv: Speicherungsverluste.

Grundbesitzes spiegelte sich in der Speisekarte wider und entschied oft über die Wahl der Partner. Der Löwenanteil der Erzeugnisse wurde für Menschen und Vieh auf dem Hof selbst verbraucht, ein weiterer wurde für Steuern und Abgaben benötigt. Nur ein Teil der Ernte, die Marktquote, wurde auf dem Markt abgesetzt.[17] Der Kontakt mit dem Markt war zwar zeitweise von grundlegender Bedeutung, hatte aber wenig Einfluss auf die Art der landwirtschaftlichen Produktion. Die Hauptsorge galt der Versorgung der Haushaltsfamilie. Ein Bauer war immer mit dem einen Fuß im Markt und mit dem anderen in der Selbstversorgung.[18]

Getreide war das Grundnahrungsmittel in West- und Mitteleuropa. Um die Leistungsfähigkeit des Anbaus zu beurteilen, muss man sich vertieft mit den Produktionsbedingungen auseinandersetzen. Das Saat-Ernte-Verhältnis, also die Beziehung zwischen dem Umfang des ausgesäten und des eingebrachten Getreides, war das Maß für die Produktivität, bevor die Anbauflächen im 19. Jahrhundert durch Katastererhebungen ermittelt wurden. Der niederländische Sozialhistoriker Bernard Slicher van Bath (1910–2004), ein Pionier der vorindustriellen Agrargeschichte, hat mehr als 9500 Daten des Saat-Ernte-Verhältnisses in Europa vor dem frühen 19. Jahrhundert zusammengetragen.[19]

Das Modell (Abb. 9.4) zeigt die Bruttoernte, also die Menge der auf dem Feld geernteten Körner, die Menge des Saatguts, die Abgaben und die zu berücksichtigenden Verluste sowie den Anteil, der für die Versorgung der Haushaltsfamilie und den Verkauf auf dem Markt übrigblieb. Die sozioökonomische Ordnung der Agrargesellschaften orientierte sich an den Interessen der herrschenden Eliten, die einen beträchtlichen Teil der Überschüsse abschöpften.[20] Die Einkünfte einer Institution wuchsen mit der Größe ihres Territoriums und der Anzahl der Menschen, die das Land bearbeiteten. Das Wachstum der Bevölkerung kurbelte die agrarisch dominierte Wirtschaft an, während der Wirtschaftsmotor nach verheerenden Kriegen und Epidemien ins Stocken geriet. Wenn viele Bauernhöfe verlassen waren, wucherte die natürliche Vegetation. Um die Wirtschaft wieder in Gang zu bringen, mussten neue Siedler angeworben werden.

Um den konsumierbaren Teil der Bruttoernte, also die auf dem Feld geschnittene Ernte,[21] zu ermitteln, müssen Abzüge, Abgaben und Verluste berücksichtigt werden. Sie fielen selbst für einen wohlhabenden Bauern wie Benedikt Echter im deutschen Unterfinning ins Gewicht. Wenn Echter den ersten Teil seines Getreides ausgedroschen hatte, musste er den Zehnten an die berechtigte kirchliche Institution, das Jesuitenkolleg im nahen Landsberg, abführen. Dieser belief sich auf 10 % der Bruttoernte. Dazu musste er zwei Fuhrwerke mit insgesamt eineinhalb Tonnen gedroschenem Getreide bereitstellen. Außerdem musste er eine Gans, vier Hühner und 50 Eier mitnehmen sowie Bargeld als Abgabe für die Nutzung der Wiesen und für seinen Hausgarten. Insgesamt lieferte die Gesamtheit der Zehntpflichtigen am Zinstag neben einer ansehnlichen Geldsumme 20 Tonnen Getreide, 59 Hühner, 14 Gänse und 900 Eier an das Jesuitenkolleg ab.[22] Soweit die Geistlichen die Naturalien nicht selbst verbrauchten, wurden sie für gutes Geld vermarktet.

Der Preis für Getreide prägte die Nachfrage nach gewerblichen Waren und Dienstleistungen. Zeitreihen von Marktpreisen für Getreide, soweit sie inflationsbereinigt, d. h. in Gramm Silber oder Gold umgerechnet sind, dienen als Krisensensor und Konjunkturbarometer. Vom Mittelalter bis zur Gegenwart liegen solche für England und Frankreich vor, ab 1550 auch für die Schweiz.[23]

Der deutsche Geograph Eduard Brückner untersuchte pionierhaft den Einfluss von Wetter und Klima auf die Schwankungen der Getreidepreise, und zwar anhand von Daten zwischen 1700 und dem späten 19. Jahrhundert.[24] Der deutsche Wirtschaftshistoriker Wilhelm Abel (1904–1985) dokumentierte als Erster die Agrarkrisen auf dem europäischen Kontinent zwischen dem 13. und 19. Jahrhundert anhand von Getreidepreisen.[25] Der deutsche Wirtschaftshistoriker Walter Bauernfeind stellte für Nürnberg (Deutschland) eine homogene Reihe von Roggenpreisen in Gramm Gold über den langen Zeitraum von 1339 bis 1670 nach Erntejahren (1. August bis 31. Juli) zusammen.[26]

Die Ergiebigkeit der Ernten erklärt nur einen Teil der Preisschwankungen für Getreide. Im protestantischen Schweizer Kanton Bern waren es im Zeitraum von 1755 bis 1797 nur 25%.[27] Diese eher bescheidene statistische Übereinstimmung von Ernten und Preisen mag ein Grund sein, warum der renommierte schwedische Wirtschaftshistoriker Karl Gunnar Persson (1943–2016) die Ansicht vertrat, dass Ernteschocks nur eine lokale Dimension hätten, wobei hohe Transportkosten den Übergang zum freien Handel mit Getreide vor dem 18. Jahrhundert verunmöglichten.[28] Seine Ansicht mag für durchschnittliche Ernten und für Regionen zutreffen, in die Getreide auf dem Seeweg günstig importiert werden konnte. Nicht aber für schwerwiegende Ernteausfälle, da dieselben auf großräumigen Witterungseinflüssen beruhten und einen markanten Anstieg der Getreidepreise und Versorgungsengpässe im Inneren des Kontinents nach sich zogen (Abbildung 8.22 und Teilkapitel 9.6).

9.3 Das demographische Treibhaus im Hochmittelalter

Um die Jahrtausendwende mag Europa ohne Russland etwa 30 Millionen Menschen umfasst haben.[29] Große Teile des Kontinents waren noch mit Wald in Form eines Kontinuums von Baumgruppen und dazwischenliegenden Lichtungen bedeckt. Die Vegetation auf den Feldern und in den Waldlichtungen wurde zeitweise abgebrannt, mit der Hacke bearbeitet und mit anspruchslosem Ge-

Abb. 9.5. Die Bevölkerung in Europa (ohne Russland) 1000 bis 1900. Die Bevölkerung stieg von einer geschätzten Zahl von 30 Millionen im Jahr 1000 auf fast 70 Millionen Menschen im Jahr 1300 (Daten: Dupâquier 1997: 33).

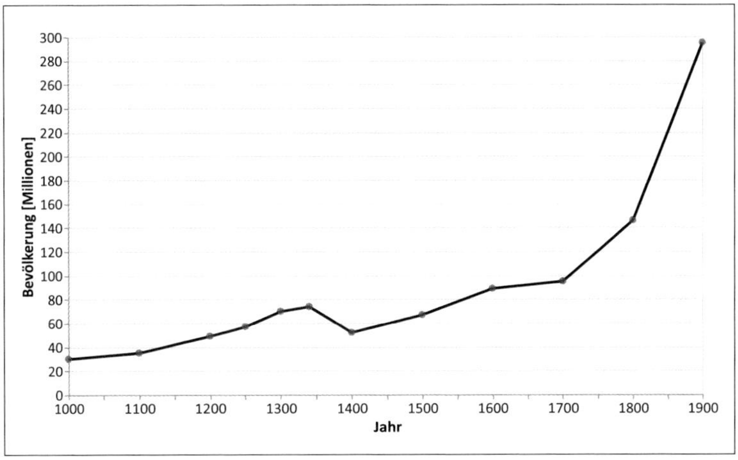

treide besät. Wenn der Boden nach einer Ernte erschöpft war, wurde er wieder dem Wald überlassen.[30] Der Hochwald diente dem Adel als Jagdreservat.[31]

In der Zeit zwischen 1150 und 1300 erlebte Europa einen demographischen Boom (Abb. 9.5). Für Frankreich schätzte der Historiker Robert Fossier eine durchschnittliche jährliche Wachstumsrate von 0.8 % für den Zeitraum zwischen 1000 und 1300. Diese relativ bescheidenen Zahlen wurden durch die lange Dauer des Wachstumsprozesses zur demographischen Explosion. Basierend auf einer Zählung der Feuerstätten im Jahr 1328 wurde die Bevölkerung in dem damals zu Frankreich gehörenden Territorium auf 13.4 Millionen Seelen geschätzt, was innerhalb der Grenzen des heutigen Frankreichs einer geschätzten Zahl von 21 Millionen entspricht.[32] Die Bevölkerung in England wuchs von einer Million im Jahr 1086 auf 3.7 ? Millionen im Jahr 1300.[33] Zu dieser Zeit mag Europa fast 80 Millionen Menschen gezählt haben.[34]

Im Gleichschritt mit dem Bevölkerungswachstum wurden die regelmäßig bewirtschafteten Flächen ausgeweitet. Die Ackerflächen nahmen zu, und die Wälder schrumpften im gesamten Gebiet des fruchtbaren west- und mitteleuropäischen Tieflandes mit seinen großen Ebenen, einschließlich der Täler und Hügel in den angrenzenden Mittelgebirgen. Extensiv genutzte Landstriche, die einst von verwandtschaftlichen Kriegergruppen beansprucht worden waren, wurden nun in genau abgegrenzte Hofstellen aufgeteilt, die Kastellanen und Mönchen gehörten.[35] Es genügte nicht, lediglich Bäume zu fällen, um ein Gebiet urbar zu machen. Denn die verbleibenden Baumstrünke hätten den Pflug zerbrochen, um dann aufs Neue auszuschlagen. Sie mussten mit Muskelkraft ausgegraben werden, um den Boden dauerhaft für den Ackerbau zu erschließen.[36] Erst dann kann man von Rodung sprechen. Das Ergebnis dieses Prozesses ist erstaunlich. Um 800 umfasste das Gebiet des heutigen Frankreich etwa 30 Millionen Hektar Wald. Davon blieben im Jahr 1300 nur noch etwa 13 Millionen übrig.[37] Der in den USA geborene archäologische Umweltwissenschaftler Jed Kaplan und seine Mitautoren schätzten, dass die Waldfläche in West- und Mitteleuropa zwischen 1000 und 1350 um zwei Drittel reduziert wurde.[38]

Fossier untersuchte die von den Grundherren in der Picardie zwischen 1100 und 1350 erteilten Rodungsbewilligungen (Abb. 9.6). Zwei Wellen lassen

Abb 9.6. Anzahl der erteilten Rodungsbewilligungen in der Picardie (nördlich von Paris) 1100 bis 1350 (Daten: Fossier 1968: 311).

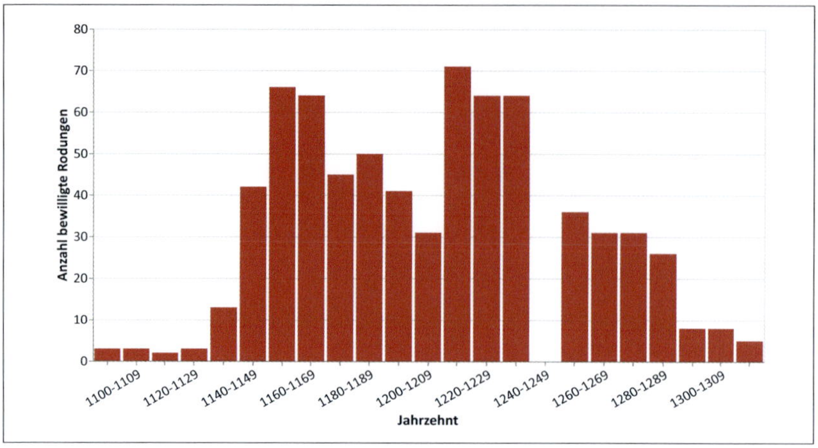

sich unterscheiden: Ausgehend von niedrigen Werten gewann der Prozess zwischen 1150 und 1200 mit steigenden Temperaturen und Bevölkerungszahlen an Dynamik. Der anschließende Einbruch ist möglicherweise auf die schwere Hungersnot zwischen 1195 und 1197 und auf die Abkühlung zu Beginn des 13. Jahrhunderts zurückzuführen (Teilkapitel 7.5.3. und 9.9.3). Die zweite Rodungswelle verläuft parallel zu den heißen Sommern zwischen 1220 und 1250. Damals wiegten sich viele in der Illusion, dass Hungersnöte der Vergangenheit angehörten, wie der Franziskanermönch Saint Bonaventura schrieb.[39] Nach einem anschließenden kurzen Einbruch zwischen 1254 und 1258 kehrten die warmen Sommer zurück. Erst nach 1290 ebbte der Prozess ab. Ein Bündel von drei Innovationen trug dazu bei, das Kulturland in Wert zu setzen.

Der schollenwendende Räderpflug (Abb. 9.7) löste den leichten mediterranen Pflug ab, der mit seiner Spitze nur die Oberfläche aufgelockert hatte. Das Pflugmesser des Räderpflugs schneidet in den Boden ein, und das auf den Pflug montierte Streichbrett wendet die Erdschollen um.[40] Dadurch werden nasse Böden entwässert und die löslichen Pflanzennährstoffe für die relativ flachen Wurzeln der Getreidepflanze besser zugänglich gemacht. Doch erforderte der Räderpflug ein stärkeres Zuggespann: Es mussten mehr Ochsen für die Feldbestellung eingesetzt werden, was einen Ausbau der Herde erforderte. Als Alternative bot sich der Einsatz von Pferden an. Doch diese stärkeren und schnelleren Zugtiere verzehren Getreidekörner und treten dadurch in Nahrungskonkurrenz zu den Menschen, während Ochsen mit Gras vorliebnehmen. Ein mittelalterlicher Bauer, der Pferde einspannte, musste mehr Getreide für ihr Futter und für seine Familie sowie seinen Herrn erzeugen.[41] Die Haltung von Pferden war damit wohlhabenden Bauern und dem Adel vorbehalten. Auf dem Kontinent spannten die Bauern noch während Jahrhunderten Ochsen vor den Pflug.[42] In England lösten Pferde dagegen bereits im späten 12. Jahrhundert die Ochsen als Zugtiere weitgehend ab, und dieser Prozess schritt während des gesamten Mittelalters stetig voran.[43]

Abb. 9.7. Der schollenwendende Räderpflug (Malanima 2009: 147).

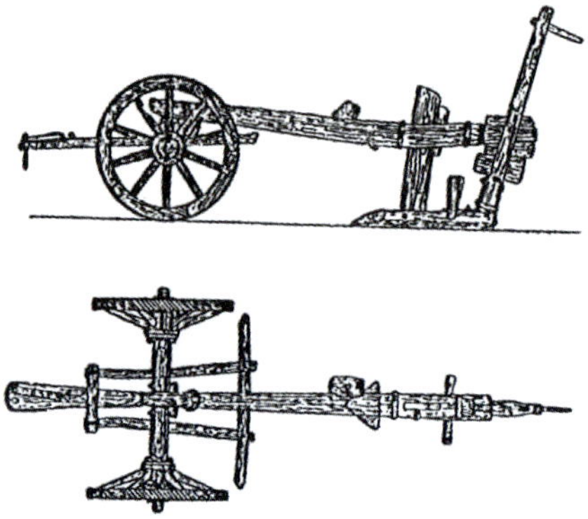

Bei der Verwendung von Pferden als Zugtiere war das für Ochsen gebräuchliche Joch nicht geeignet. Damit das Pferd seine Kraft voll ausnutzen konnte, war ein spezielles Geschirr erforderlich. Dieses soll die Zugkraft des Pferdes um das 4- bis 5-fache erhöht haben. Das einzige verbleibende Problem waren die brüchigen Hufe. Dies wurde durch das Beschlagen des Pferdes gelöst.[44]

Die dritte Neuerung war der Übergang zu einer neuen Fruchtfolge, die als Dreizelgenwirtschaft bezeichnet wird. Vorgängig wurde eine Parzelle jedes zweite Jahr brachgelegt,[45] vielleicht weil nicht genügend Stalldünger zur Verfügung stand. In den fruchtbaren Böden des europäischen Tieflandes kann jedoch in zwei von drei Jahren Getreide angebaut werden. Eine Parzelle wird im ersten Jahr mit Wintergetreide besät. Die Stoppeln bleiben nach der Ernte bis zum nächsten Frühjahr stehen. Dann werden diese gepflügt und darauf wird Sommergetreide, meist Hafer, angesät. Im dritten Jahr lässt man das Land dann brachliegen. So konnte die Praxis vom zweigängigen Wechsel zwischen Wintergetreide und Brache zu einem dreigängigen Wechsel von Wintergetreide zu Frühjahrsgetreide und Brache übergehen. Außerdem wurden auf der Brache Hülsenfrüchte angebaut, die den Boden mit Stickstoff aus der Luft und die Nahrung mit Proteinen anreicherten.[46] Die drei erwähnten Innovationen – der Räderpflug, Pferdegeschirr und Hufeisen sowie der Übergang zur Dreizelgenwirtschaft – erhöhten den Umfang des Getreidebaus gewaltig. Dazu kam ein strukturell bedingtes Wachstumspotenzial (Abb. 9.8).

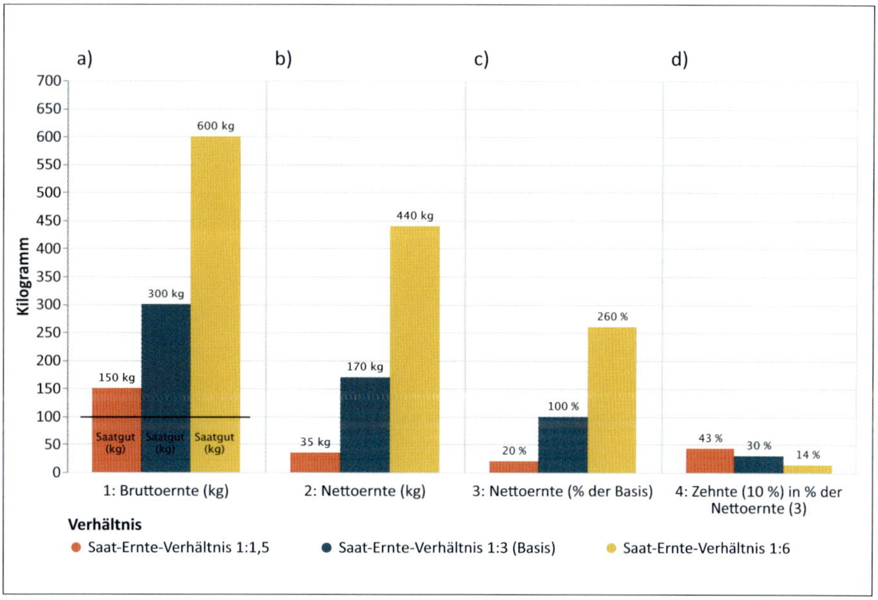

Abb. 9.8. Die Nettoerträge für drei verschiedene Saat-Ernte-Verhältnisse pro 100 kg Saatgut: Saat-Ernte-Verhältnis: 1:1,5 (Missernte), 1:3 (Durchschnittsernte), 1:6 (Rekordernte).
a) Die Bruttoernte (vor Abzug des Saatguts und des Zehnten). Das Saatgut ist den Fixkosten zuzurechnen. Der Zehnte, die zehnte Garbe, wurde vor dem Beginn der Ernte auf dem Feld eingesammelt, d. h., er war ein Prozentsatz der Bruttoernte.
b) Die Nettoernte (nach Abzug des Saatguts und des Zehnten).
c) Die Nettoernte als Prozentsatz des ausgebrachten Saatguts.
d) Der Zehnte als Prozentsatz der Nettoernte (b).

Das Modell zeigt, dass die Nettoernte bei einer Verdoppelung des Saat-Ernte-Verhältnisses überproportional gesteigert werden konnte. Verblieben einem Bauern im Falle einer witterungsbedingten Missernte nur 35 kg für den Eigenverbrauch, erhöhte sich dieser Anteil bei einer durchschnittlichen Ernte auf 170 kg, während es bei einer Rekordernte unter optimalen Witterungsbedingungen sogar 440 kg waren (Abb. 9.8b). Dies lässt darauf schließen, dass der Bauer bei einer Missernte Getreide auf dem Markt zukaufen musste, bei einer mittleren Ernte den Hausbedarf decken und bei einer Rekordernte einen stattlichen Überschuss vermarkten konnte. Der überproportionale Anstieg der Nettoerträge im Verhältnis zum Saat-Ernte-Verhältnis ist darauf zurückzuführen, dass der Anteil der Aussaatmenge und der Anteil des Zehnten mit zunehmender Produktivität relativ sinken (Abbildung 9c und 9d). Unter diesen Voraussetzungen hatten die Witterungsbedingungen, von denen das Saat-Ernte-Verhältnis weitgehend abhing, eine große Hebelwirkung. Es wurde geschätzt, dass sich das Saat-Ernte-Verhältnis von 1:3 um die Jahrtausendwende auf 1:4,5 im Jahr 1300 verbesserte,[47] was die durchschnittliche Nettoernte um 80 % erhöhte.[48] Durch die Einführung der Dreizelgenwirtschaft konnte der Gesamtertrag entsprechend der Zunahme der Anbaufläche um weitere 17 % gesteigert werden. Als Folge davon dürfte sich das Volumen der durchschnittlichen Ernten innerhalb der bestehenden landwirtschaftlichen Nutzfläche zwischen der Jahrtausendwende und dem Jahr 1300 anhand des Modells (Abb. 9.8) in etwa verdoppelt haben.[49] Dazu kam wie erwähnt, dass die landwirtschaftlichen Nutzflächen selbst durch Rodungen zwischen dem späten 12. und dem ausgehenden 13. Jahrhundert gewaltig erweitert wurden.

Eine Produktionssteigerung in diesem Umfang erforderte freilich mehr Zugkraft und einen vermehrten Einsatz von Stalldünger. Das kennzeichnende wichtigste Merkmal des Anbausystems in Europa war die Kombination von Ackerbau und Viehzucht, die in Asien getrennt waren.[50] Die Fütterungskapazität während der kalten Jahreszeit begrenzte den Umfang des Viehbestandes in Europa.[51] Der Löwenanteil der zusätzlichen Fläche, die durch Rodungen im HMA gewonnen wurde, diente wahrscheinlich der Vergrößerung der Wiesen und Weiden, um zusätzlichen Stallmist und Zugkraft zu erhalten. Wenn das Sommerhalbjahr wärmer wurde, wie es vom späten 12. Jahrhundert an nachgewiesen ist (Teilkapitel 7.5.4), dauerte die Weidezeit länger, mehr und nahrhafteres Winterfutter wurde geerntet, und es gingen weniger Tiere durch Seuchen verloren (Teilkapitel 9.9.5). Zudem stand mehr Milch zur Verfügung (Teilkapitel 9.8), mehr Früchte wurden geerntet, und es wurde mehr Wein gekeltert. In der Folge war die Ernährung vermutlich besser ausgewogen.

Zusammenfassend beruht der erstaunliche Aufschwung der Landwirtschaft im HMA auf einem Summationseffekt von vier Faktoren:

1. durch Rodungen wurde die landwirtschaftliche Nutzfläche vergrößert;
2. der Übergang von der Zweifelder- zur Dreifelderwirtschaft erweiterte die Anbaufläche für Getreide innerhalb der landwirtschaftlichen Nutzfläche;
3. die Verbesserung der Anbauverhältnisse durch die Verwendung des Räderpflugs und von Pferden als Zugtiere vermehrte die Erträge zusammen mit den Auswirkungen des wärmeren Klimas;
4. die strukturellen Effekte der Ertragssteigerung vergrößerten die Nettoernten.

Inwieweit war der Aufschwung der Landwirtschaft mit der klimatischen und demographischen Entwicklung verknüpft? Der US-Historiker Victor Lieberman argumentiert, dass der demographische Boom durch das Klima angetrieben wurde: Ein wärmeres Klima dürfte dazu beigetragen haben, das Bevölkerungswachstum zu fördern, schreibt er. Aufgrund von frühneuzeitlichen Studien sei zu erwarten, dass höhere Temperaturen die Sterblichkeit von Menschen und Nutztieren verminderten, das durchschnittliche weibliche Heiratsalter senkten und die Fruchtbarkeit erhöhten.[52] Seine These wird durch einen demographischen Beleg gestützt. Anhand von Stammbäumen adliger Familien in der Picardie, der fruchtbaren Ebene nördlich von Paris, ermittelte der französische Historiker Robert Fossier die Anzahl der Söhne, die die gefährliche Zeit des Säuglings- und Kindesalters im Zeitraum von 1075 bis 1300 überlebten. Die Daten (Abb. 9.6) wurden aus einer kleinen Stichprobe von 100 heranwachsenden Knaben gewonnen, die möglicherweise den Trend in der Oberschicht widerspiegelt.[53]

Die demographischen und klimatischen Proxies zeigen trotz ihrer begrenzten Erklärungskraft eine ähnliche Tendenz. Während in der ersten Hälfte des 12. Jahrhunderts relativ wenige Knaben das Erwachsenenalter erreichten, waren die klimatischen Bedingungen zwischen 1150 und 1200 demographisch günstiger (Teilkapitel 7.4.3), wodurch die Anzahl der überlebenden Knaben pro Ehepaar im Gleichschritt mit den Klimabedingungen stieg. Ebenso überlebten mehr Knaben in der klimagünstigen Periode von 1225 bis 1250. Schließlich entspricht das aus Abbildung 9.9 abgeleitete demographische Muster in etwa dem Verlauf des Rodungs- und Urbanisierungsprozesses in Frankreich (Abb. 9.6). Anzunehmen ist, dass sich der demographische und der agrarische Wachstumsprozess gegenseitig aufschaukelten, ohne dass eine Gewichtung möglich ist. Der Zusammenhang zwischen warmen Sommern und einem schnelleren Bevölkerungswachstum ist keine Besonderheit des 13. Jahrhunderts. Er ist auch für den Zeitraum zwischen 1530 und 1570 sowie für die Periode 1719 bis 1737 belegt, für die zuverlässigere Klimadaten, Bevölkerungszahlen und Ertragsdaten vorliegen.

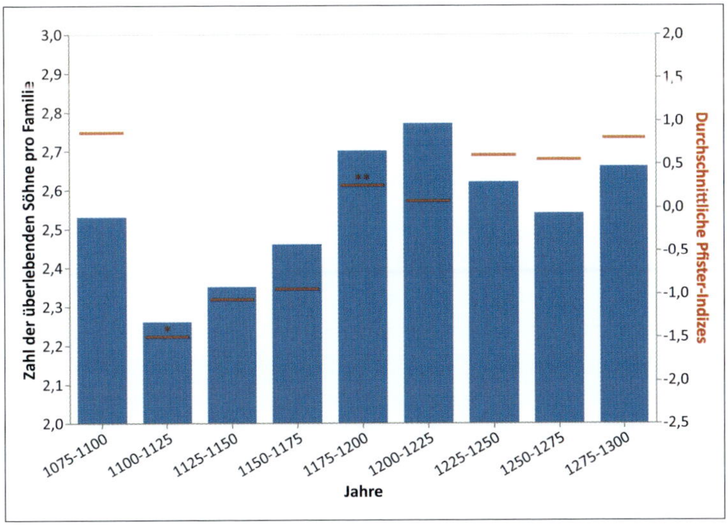

Abb. 9.9. Anzahl der heranwachsenden Söhne pro fruchtbare Ehe in der Picardie (nördlich von Paris) 1075 bis 1300. Die roten horizontalen Balken zeigen den Mittelwert der Pfister Sommer- und Winter -Indizes für die jeweiligen Zeiträume (Teilkapitel 7.3, 7.4. und 7.5; Daten: Fossier 1968: 216).

Der arbeitsintensive Weinbau beschäftigte im 13. Jahrhundert einen bedeutenden Teil der wachsenden Bevölkerung. Klöster, Städte, reiche Adelige und Bürger stellten Land, Gebäude, Werkzeuge und Rebstöcke zur Verfügung, während die Familien, die sich dem Rebbau zuwandten, ihre Arbeitskraft mitbrachten. Die Ernte wurde in den meisten Fällen zu gleichen Teilen geteilt, wobei die Weinbauern ihren Anteil größtenteils verkauften und sich mit dem Erlös auf dem Markt mit Getreide eindeckten.[54] Die großen Weinernten, die in den warmen Sommern des 13. Jahrhunderts eingekellert wurden, entsprachen dem Bedarf der wachsenden Bevölkerung. Im deutschen Rheinland kletterten die Weinberge die Hänge hinauf und breiteten sich nach Norden bis nach Schleswig-Holstein aus.[55]

Die Migration war eine Begleiterscheinung des Booms. Schätzungsweise 400'000 Menschen folgten im späten 12. und im 13. Jahrhundert dem Aufruf kirchlicher und weltlicher Herrscher, in die dünn besiedelten Gebiete in den heutigen deutschen Bundesländern östlich der Elbe sowie ins heutige Polen und in die tschechischen Länder auszuwandern. Der ungarische König Bela IV. schickte sogar Werber nach Deutschland, um die Einwanderung in sein Land anzukurbeln.[56] Die Einwanderer waren mit den neuen effizienteren Produktionsmethoden wie dem Räderpflug und der Dreifelderwirtschaft vertraut. Die agrarischen Überschüsse dienten der Versorgung der aufstrebenden Städte. Wo Zugewanderte Land gewaltsam in Besitz nahmen, führte dies zu Konflikten. Wo die slawischen Fürsten dagegen den Prozess organisierten, war die ansässige Bevölkerung kaum betroffen.[57] Die Bedeutung der Auswanderung in den europäischen Osten darf nicht überschätzt werden. Im Verhältnis zum Bevölkerungswachstum in West- und Mitteleuropa war sie von geringer Bedeutung.

Die Walser, eine kulturbewusste deutschsprachige Volksgruppe, gründete neue Siedlungen in den höchsten, noch unbesiedelten Teilen der Alpentäler. Sie banden sich nur an einen Grundherrn, dem sie Zinsen für ihre Ländereien, nicht aber den Zehnten zahlten.[58] Ausgehend vom Kanton Wallis (Schweiz) verließen kleine Gruppen zu unterschiedlichen Zeiten vom späten 12. Jahrhundert an ihre Heimat und ließen sich zunächst im oberen Teil des Kantons Uri

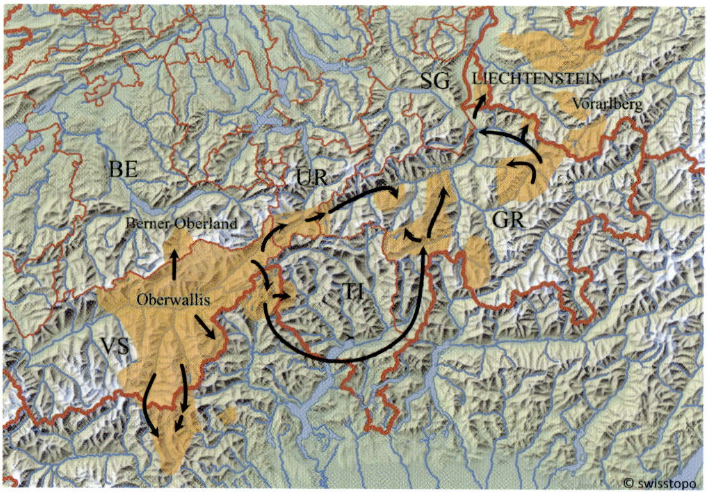

Abb. 9.10. Wanderungen der Walser in den Alpen zwischen dem 12. und dem 16. Jahrhundert (nach Weibel 2003: 1).

Abb. 9.11. Die Kathedrale Notre-Dame in Reims, erbaut von 1207 bis 1275 (Foto: bodoklecksel. Juli 2006. Creative Commons).[62] In der Kathedrale von Reims wurden die meisten französischen Könige gekrönt.

und im westlichen Kanton Graubünden nieder, im 13. Jahrhundert auch im Berner Oberland (Abb. 9.10.). Später wurden Gebiete in Vorarlberg, Liechtenstein und im Tirol besiedelt. Insgesamt sind heute etwa 150 ursprüngliche Walsersiedlungen bekannt.[59]

Der Boom des 13. Jahrhunderts rief eine kommerzialisierte und monetarisierte Gesellschaft mit entwickelten Waren- und Faktormärkten ins Leben. Sie beruhte auf funktionierenden Netzwerken und Hierarchien von Städten und förderte den interregionalen wirtschaftlichen und kulturellen Austausch mit anderen kommerziell entwickelten Gesellschaften in der Alten Welt.[60] Die Zahl der Klöster verzweieinhalbfachte sich annähernd, die jährliche Produktion von Manuskripten war 13 Mal höher, die Anzahl der Städte mit mehr als 10'000 Einwohnern verdoppelte sich gegenüber den vorangehenden Jahrhunderten. Kleinstädte wurden in großer Zahl gegründet, auch in Gebieten, in welchen es zuvor nur wenig oder gar kein städtisches Leben gegeben hatte.[61]

Der Boom spiegelt sich in der Baugeschichte von 1695 großen Kirchen, die zwischen 700 und 1500 im heutigen Italien, Frankreich, der Schweiz, Deutschland, den Niederlanden und Großbritannien geweiht wurden. Eine eigentliche Welle des Kirchenbaus zeichnet sich vom 10. bis zum 13. Jahrhundert ab, wobei 40 % auf Kathedralen als Sitz eines Bischofs entfielen. «Ihr Bau erforderte eine Planung auf hohem Niveau, einen erheblichen Einsatz von

Abb. 9.12. Zehnjahresmittel der Weizenpreise in England und Frankreich 1201 bis 1500 (in Gramm Silber pro 100 kg). Abel 2005: Appendix.

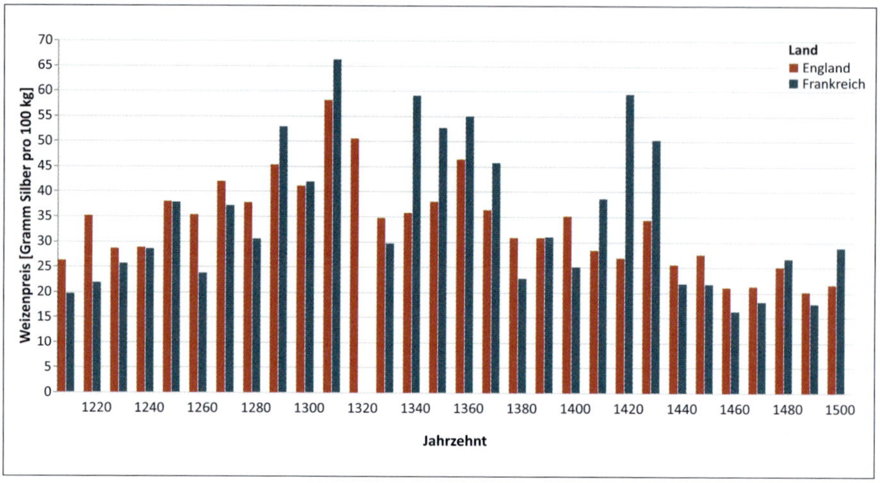

Kapital und Arbeitskräften sowie die Beschaffung von beeindruckenden Mengen an Baumaterialien wie Stein, Ziegel, Holz, Eisen und Glas.»[63] Achtzig stolze Kathedralen zeugen in Frankreich von der langen wirtschaftlichen und demographischen Expansion des HMA. Die für ihren Bau benötigten Mittel wurden durch Sponsoren, durch den Opferstock und durch Ablassbriefe aufgebracht.[64] Wohlstand und Vertrauen in die Zukunft förderten den Kirchenbau, während Rezession und Unsicherheit ihn bremsten.» [65]

Die Getreidepreise erhöhten sich im 13. Jahrhundert aufgrund der steigenden Nachfrage der wachsenden Bevölkerung[66] (Abb. 9.12). Bemerkenswert ist, dass die Periode des stärksten Bevölkerungswachstums vor 1270 nicht mit einem proportionalen Anstieg der Getreidepreise einherging, was auf ein ausreichendes Angebot schließen lässt. Andererseits stiegen die Preise im letzten Drittel des Jahrhunderts stärker an, obschon sich das Bevölkerungswachstum vermutlich verlangsamte. Dies könnte darauf zurückzuführen sein, dass fruchtbares Ackerland nicht mehr in genügendem Umfang zusätzlich erschlossen werden konnte[67] (Abb. 9.12).

Fruchtbares Kulturland dürfte nach 1250 knapp geworden sein. Stattdessen mussten magere Böden in Randgebieten auf Kosten von Weiden und Wäldern in Kultur genommen werden. Dies um den Preis immer geringerer Netto-Erträge. Das ökonomische Gesetz des abnehmenden Ertrags besagt, dass der vermehrte Einsatz eines Produktionsfaktors (in diesem Fall von Arbeit) bei gleichbleibendem Einsatz von anderen Faktoren («ceteris paribus») einen immer geringeren Ertragszuwachs nach sich zieht.[68] In einer organischen Wirtschaft würgte sich unter diesen Bedingungen jeder Wachstumsprozess mit der Zeit selbst ab. Das wachsende Ungleichgewicht zwischen Bevölkerung und Ressourcen verstärkte unter diesen Bedingungen den sozialen Effekt von Klimaschwankungen. Nach 1280 verlangsamte sich das Bevölkerungswachstum zusammen mit dem Wirtschaftswachstum (Abb. 9.6.), was im Deutschen Reich im Bau neuer Städte deutlich hervortritt (Abb. 9.13).

Aus Abbildung 9.13 geht hervor, dass mit dem Einsetzen der Bevölkerungswelle nach 1150 die Zahl der neu gegründeten Städte deutlich zunahm. Dies weist darauf hin, dass im landwirtschaftlichen Umland namhafte Überschüsse erzeugt wurden. Zunächst entstanden wachstumsbegünstigte Siedlungen nach dem Vorbild der 1120 gegründeten Stadt Freiburg im Breisgau, darunter Leipzig (1168), Berlin (um 1190), Bern (1191) und Dresden (1218). Nach der Mitte des 13. Jahrhunderts wurden Städte mit geringerem Wachstumspotenzial gegründet. Nach 1290 gründeten die Fürsten schließlich, vor allem jene in den zersplitterten Territorien im Südwesten, nur noch Zwergstädte, allerdings in großer Zahl. Diese waren befestigt und mit Stadtrecht und eingeschränkter Marktfunktion ausgestattet, sie konnten sich jedoch auf demographischen und wirtschaftlichen Gründen nicht entwickeln[69] (Abb. 9.13). Diese Erscheinung erinnert an Angsttriebe von Bäumen unter Stress. Noch vor der Großen Europäischen Hungersnot von 1314 bis 1317 (Teilkapitel 9.7.5), und vor dem Einfall des Schwarzen Todes nach 1347, kam es zum ersten europaweiten Rückgang der Bautätigkeit.[70] Europa hatte Grenzen des urbanen Wachstums erreicht.

In einer solchen Situation würde man erwarten, dass die demographischen Wachstumsraten sinken, aber dafür gibt es keine stichhaltigen Beweise. Der US-amerikanische Historiker Josiah Russell kam zwar anhand von 30'000 Skeletten aus historischen Friedhöfen zu dem Schluss, dass im Mittelalter deutlich mehr Männer als Frauen begraben wurden,[71] aber es ist offen, ob diese Daten auf eine Form von verkappter Tötung von neugeborenen Mädchen hinweisen.[72]

Ökologische Folgen des ungezügelten Rodungsprozesses wurde schon gegen Ende des 13. Jahrhunderts wahrgenommen. Um 1300 stellte der anonyme Colmarer Chronist (Teilkapitel 4.3.2) Folgendes fest: Seitdem viele Wälder im Elsass eintönigen Feldern und Weinbergen gewichen sind, werden die Bäche und Flüsse in den Bergen reißender, weil die fehlenden Wurzeln der

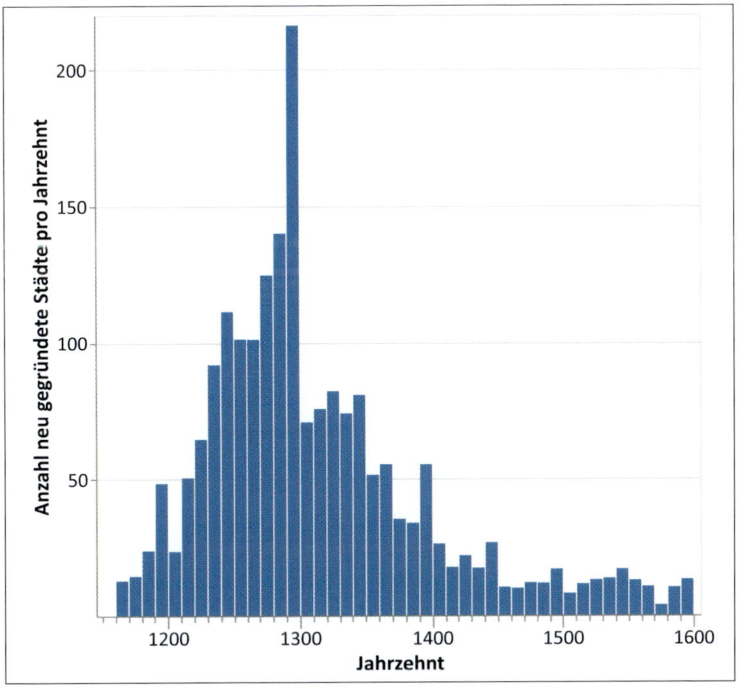

Abb. 9.13. Stadtgründungen im Heiligen Römischen Reich Deutscher Nation 1150 bis 1600 (neu gezeichnet nach Clout 1977: 97. Original: Stoob 1959).

Bäume den Regen und den Schnee nicht mehr zurückhalten. Seine Bemerkung lässt vermuten, dass die ökologischen Folgen der ungezügelten Rodungen mit der beginnenden Veränderung des Klimas deutlicher in Erscheinung traten.[73] Gegen Ende des Jahrhunderts wurden erste Gesetze erlassen, um das Abholzen der Wälder einzudämmen.[74]

Abschließend lässt sich der Wachstumsprozess wie folgt zusammenfassen. Beträchtliche Teile des anbaufähigen Landes wurden um 1150 noch extensiv genutzt, sei es in Form von Zweifelderwirtschaft oder in Form von Wanderfeldbau, doch war der allmähliche Wechsel zur produktiveren Dreifelderwirtschaft bereits im Gange. Das im späten 12. Jahrhundert einsetzende raschere Bevölkerungswachstum trieb den Wandel voran. Mehr Kinder erreichten das Erwachsenenalter, traten in den Arbeitsprozess ein und trugen zum wirtschaftlichen Wachstum bei. Die längere Vegetationsperiode ernährte eine größere Anzahl von Zugtieren auf größeren Weiden, die den notwendigen Stalldünger für die neuen Felder lieferten. Der rückgekoppelte Prozess des Bevölkerungs- und Wirtschaftswachstums ermöglichte die Gründung von Städten und steigerte den Wohlstand der landbesitzenden Schichten. Nach 1270 verlangsamte sich der Boom, als fruchtbares Ackerland knapp wurde, was sich im Bau von Zwergstädten äußerte. Das demographische Wachstum kam in den Jahren nach 1300 zum Stillstand. Die Große Europäische Hungersnot von 1314 bis 1317 (Teilkapitel 9.7.5) leitete den Rückgang ein.

9.4 Rückschlag und Stagnation

In der Mitte des 13. Jahrhunderts beginnt für den britischen Wirtschaftshistoriker Bruce Campbell die lange Periode des «Großen Übergangs», die sich bis zum Ende des 15. Jahrhunderts hinzog.[75] Unter demographischen und ökonomischen Gesichtspunkten mag dieser Begriff berechtigt sein, da sich der Boom von 1270 an in der Tat abschwächte, nicht dagegen vom Klima her. Zwar leitete der Extremwinter von 1306, der erste seit 1234 (Teilkapitel 7.5.1), eine Phase von mehrheitlich kalten Wintern ein, die bis 1330 andauerte. Aber im Sommerhalbjahr gingen die Temperaturen nach 1270 nur allmählich zurück. Zwischen 1314 und 1323 brachen sie erstmals seit dem ausgehenden 12. Jahrhundert für längere Zeit ein, doch stellte sich von 1325 bis 1336 erneut eine längere Periode von warmen Sommern ein. Die ökonomische und demographische Langzeitkrise setzte erst mit der Großen Europäischen Hungersnot richtig ein, von der sich Europa auch unter den folgenden zunächst noch günstigen Klimaverhältnissen nicht mehr richtig erholte. Fast unaufhörliche Regenfälle im Sommer, Herbst und Frühjahr, unterbrochen von einem frostigen Winter, zogen zwischen Juli 1314 und Juli 1316 alle Zweige der Landwirtschaft schwer in Mitleidenschaft. Die Bevölkerung Englands ging um 10 bis 15 % zurück. Die Unterernährung der Nutztiere zog Ausbrüche von Tierseuchen nach sich, die Schafe und Rinder dezimierten und die Erzeugung von Wolle, Milch und Getreide längerfristig verminderten (Teilkapitel 9.7.5).[76] Englische Ansprüche auf den französischen Thron lösten nach dem Aussterben der Valois-Dynastie 1337 den «Hundertjährigen Krieg» zwischen England und Frankreich aus.[77] Eine Abfolge von Extremen, die im Kaltsommer 1347 gipfelten, leitete in den 1340er-Jahren den Beginn der Nordhemisphärischen Kleinen Eiszeit (NKE) ein. Die 1347 aus Innerasien eingeschleppte Pest war der Tropfen, der das Fass zum Überlaufen brachte.[78] Die Pandemie ist der bedeutendste Wendepunkt in der europäischen Bevölkerungsgeschichte in den vergangenen tausend Jahren.[79] Es war weit mehr als ein kurzfristiger Schock, denn die Bevölkerung wurde durch immer neue Wellen der Pandemie dezimiert. Diese schuf eine neue Normalität, die mehr als 300 Jahre andauerte.

Einschub 9A: Biologische Kriegsführung und der Schwarze Tod

Das Vorrücken der Pest im Asien des frühen 14. Jahrhunderts und ihre Ausbreitung in Europa wurden durch die Verlegung der Haupthandelsroute zwischen Europa und Asien und durch den Klimawandel erleichtert. Im wohlhabenden 13. Jahrhundert tauschten genuesische und venezianische Kaufleute Silber aus den reichen europäischen Minen gegen Gewürze in Indien und gegen Seide und Porzellan in China. Für diesen Handel standen ein nördlicher Landweg durch Innerasien und zwei südliche Seewege offen.[80] Der eine führte von Häfen an der Levante mit Karawanen durch die syrische Wüste zum Persischen Golf, der andere von Ägypten durch das Rote Meer nach Aden. Von dort aus gelangte man durch den Indischen Ozean nach Indien und nach China.

Die territorialen Verhältnisse änderten sich im ausgehenden 13. Jahrhundert grundlegend. Zum einen eroberten die ägyptischen Mameluken die europäischen Kreuzfahrerstaaten im Nahen Osten, die Ende des 12. Jahrhunderts entstanden waren. Zum anderen schloss ein Kartell muslimischer Kaufleute die Europäer fortan weitgehend vom profitablen Handel mit Asien aus. Unter diesen Bedingungen wandten sich die europäischen Kaufleute zunehmend dem Landweg durch Innerasien zu. Dort hatten es warme und anhaltend feuchte Bedingungen im 13. Jahrhundert den Mongolen erleich-

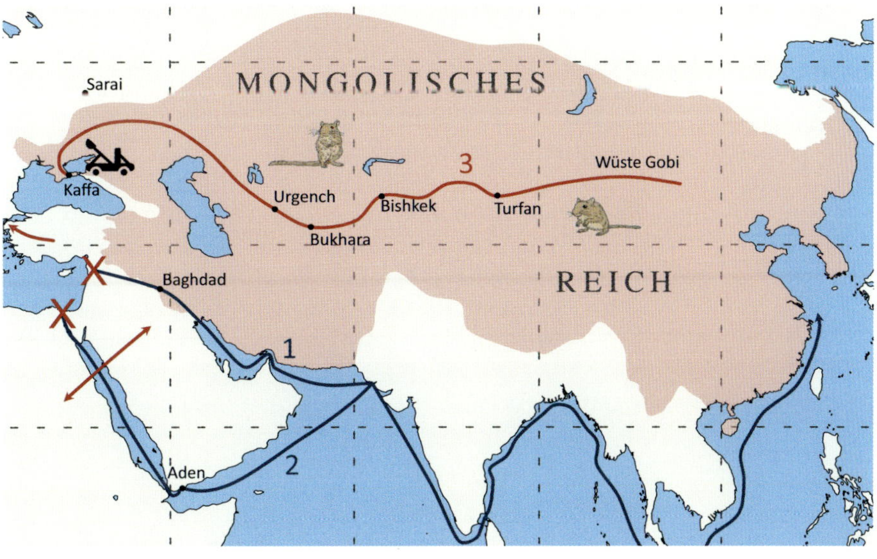

Abb. 9.14. Transitrouten von Europa nach Asien und der Weg der Pest auf dem Wege nach Europa.

tert, große Teile Asiens zu erobern. Um 1300 herrschten sie über das größte zusammenhängende Territorium der Weltgeschichte. Unter dem Schirm der «Pax Mongolica» konnten Menschen und Waren frei zirkulieren. Kaufleute machten sich diese Veränderung zunutze, indem ihre Karawanen, ausgehend von den Schwarzmeerhäfen, fortan auf der Seidenstraße durch Innerasien nach Nordchina zogen[81] (Abb. 9.14).

Doch in Innerasien lauerte eine tödliche Pandemie: Der Erreger der Beulenpest, der Bazillus Yersinia pestis, war im ariden Zentralasien endemisch. Seine hauptsächliche Wirtspopulation waren ober- und unterirdisch lebende Wüstenrennmäuse. Flöhe als Zwischenwirte injizierten den tödlichen Bazillus in die Blutbahn der Opfer. Irgendwann nach 1268, so folgern Mikrobiologen und Genetiker, trat Yersinia pestis, wahrscheinlich bedingt durch das wärmere und feuchtere Klima im 13. Jahrhundert, in eine aktivere Phase ein.[82] Zugleich nahmen die Nager- und die Flohpopulationen zu.[83] Doch als es vom 14. Jahrhundert an in Zentralasien wieder trockener wurde, schränkte dies den Umfang der Nagerpopulationen ein, was die Flöhe teilweise auf die Hausratte als alternativen Wirt verwies. Dies könnte dazu geführt haben, dass die Pest von einer Seuche von Wildtieren zu einer tödlichen Krankheit für Menschen mutierte.[84] Soldaten, Beamte und Händler schleppten die Pest nach und nach durch das dünn besiedelte Gebiet Innerasiens bis ins westliche Russland.[85]

Biologische Kriegführung warf schließlich den Funken ins Pulverfass. Im Jahr 1346 brach die Pest im Heer eines mongolischen Fürsten aus, der die genuesische Hafenstadt Kaffa (heute Feodisia) auf der Krim belagerte. Die Mongolen katapultierten infizierte Leichen in die Stadt, um sie zur Kapitulation zu bringen. Dadurch kamen die Flöhe auf den Pestleichen in Kontakt mit den schwarzen Ratten, die auf den genuesischen Galeeren lebten. Als die genuesischen Kaufleute im Frühjahr 1347 an Bord gingen, nahmen sie die Ratten und ihre infizierten Flöhe mit nach Italien.[86] Wie das Covid-19-Virus im Jahr 2020 wurde Yersinia pestis 1347 aus Asien zunächst nach Italien eingeschleppt, von wo aus sich die Pandemie ins übrige Europa ausbreitete.

Im Jahr 1346 wurden im nördlichen Mittelmeerraum geringe Ernten eingebracht.[87] Ausgehungerte Menschenmassen dürften sich in der Hoffnung auf Almosen in den italienischen Hafenstädten zusammengedrängt haben, wodurch diese zu Hotspots für die Pandemie wurden. Von dort drang diese in andere Regionen Europas vor. Bis 1353 hatte sie sich auf dem gesamten Kontinent von Portugal bis Russland und von Sizilien bis Norwegen eingenistet. In Paris und St. Denis starben innerhalb von 18 Monaten 66'000 Menschen.[88] In England mussten 45% der Priester ersetzt werden. Diese Zahl mag repräsentativ für das durchschnittliche Ausmaß der Verluste unter ihren Gemeindemitgliedern sein. Übertragen auf den europäischen Maßstab würden 45 % Sterblichkeit einer kolossalen Zahl von 36 Millionen Todesfällen entsprechen.[89] Die Pest lebt weiter. In der Inneren Mongolei, die zu China gehört, wurden im November 2019 vier Fälle gemeldet, die vermutlich durch den Verzehr von Ratten oder Wüstenrennmäusen entstanden waren.[90]

In einer Pestwelle veränderte sich das Leben der Menschen innerhalb weniger Tage grundlegend. Den Überlebenden blieben die Leichen ihrer Familienmitglieder, die sie ohne die erwartete christliche Letzte Ölung

Abb. 9.15. Bestattung von Pestopfern in Zürich 1582 (Zentralbibliothek Zürich Ms F30 F11r). Pestopfer wurden außerhalb von Friedhöfen bestattet. Die eher kurzen Särge enthielten wahrscheinlich Kinder.

schlicht «entsorgen» mussten.[91] Der Schriftsteller und Dichter Giovanni Boccaccio (1313–1375) beschreibt die Situation im pestgeschwängerten Florenz in seinem Bestseller «Il Decamerone» wie folgt: «Die sozialen, politischen und religiösen Institutionen und Hierarchien, die dazu dienten, das Leben der Menschen zu organisieren und zu lenken, sind alle zusammengebrochen. Die Gesetze haben aufgehört zu funktionieren, die religiösen Institutionen können ihre Aufgaben nicht mehr erfüllen [...] Ebenso zerstört die Pest die affektiven Bindungen, welche die Menschen in Familien, Nachbarschaften und politischen Bündnissen zusammenhalten.»[92]

Die Pest flammte in immer wiederkehrenden Wellen auf, die vor allem die heranwachsenden Generationen dezimierten[93] (Abb. 9.15). Die zweite Pestwelle im Jahr 1361 verursachte wahrscheinlich die zweitgrößte Sterblichkeitskrise im spätmittelalterlichen Europa. Eine dritte Pestwelle rollte 1368 an.[94] Bis zum Ende des 14. Jahrhunderts halbierte die Pandemie die europäische Bevölkerung.[95] Am meisten traf es die Mittelmeerländer (Abb. 9.25). Der Kontinent blieb für mehrere Jahrzehnte demographisch gelähmt. Das goldene 13. Jahrhundert kehrte nicht zurück, aber die Erinnerung daran wurde im kollektiven Gedächtnis verankert (Einschub 8B).

Schockartig reduzierte die Pest das Angebot an Arbeitskräften und die Nachfrage nach Gütern und Dienstleistungen. Zwischen den 1340er- und den 1370er-Jahren schrumpfte das reale Bruttoinlandsprodukt BIP zu laufenden Preisen in England um 35 %, in Italien um 35 bis 40 %. In beiden Ländern wurde das geschätzte BIP unmittelbar vor dem Ausbruch der Pandemie bis 1500 nicht mehr erreicht.»[96] Um 1340 mögen in Deutschland (in den Grenzen von 1914) schätzungsweise 170'000 Siedlungen bestanden haben. Etwa ein Viertel davon wurde im Pestzeitalter aufgegeben, und ein erheblicher Teil davon wurde seither nie wieder besiedelt.[97] «Nachfrageschwäche, niedrige

Abb. 9.16. Preise und Löhne in England 1270 bis 1500. Preise: Quotient aus landwirtschaftlichen und gewerblichen Preisen und Tagelöhne von Landarbeitern (nach Campbell 2016: 361).

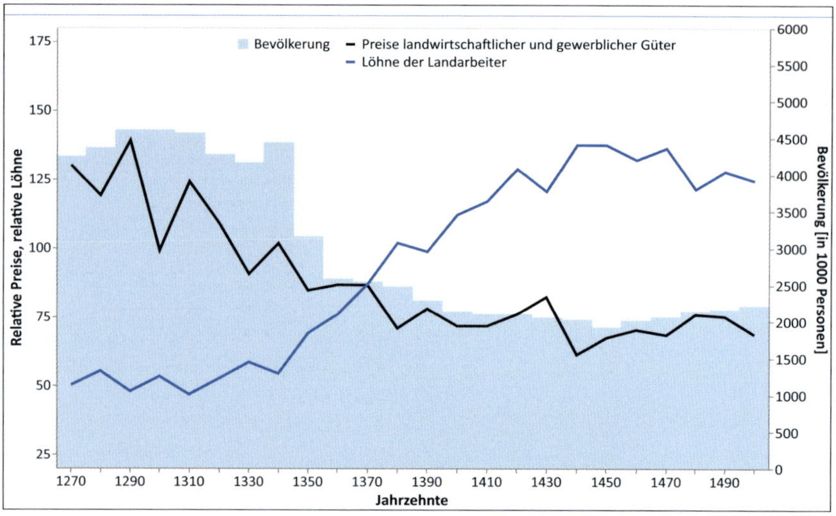

Preise und hohe Lohnkosten minderten die Attraktivität des Getreidebaus, während tierische Produkte bei einem geringeren Arbeitsbedarf höhere Preise erzielten. Die Nachfrage nach Getreide sank so stark, dass die Preise für Brotgetreide selbst auf Missernten kaum mehr reagierten.»[98] Unter diesen Bedingungen lohnte es sich, Grenzertragsflächen in Dauergrünland umzuwandeln. Durch die rückläufige Bautätigkeit wurden weniger Bäume gefällt, und der Baumbestand verjüngte sich.[99] Die vor der Pest verbleibende Waldfläche dürfte sich etwa verdoppelt haben.[100]

Abbildung 9.16 vergleicht den Quotienten aus den Preisen landwirtschaftlicher und industrieller Produkte mit den Löhnen der Tagelöhner. Von 1270 an sanken die Getreidepreise im Verhältnis zu den Preisen gewerblicher Güter. Die Reallöhne der Landarbeiter stiegen bis um 1430. In der Folge waren die unteren Schichten besser ernährt, gekleidet und untergebracht als die Generationen vor 1350.[101] Von 1430 an wurde der Klimawandel spürbar. Bis um 1442 setzten katastrophale Winter- und Frühjahrsfröste dem Obst-, Wein- und teilweise sogar dem Getreidebau zu (Teilkapitel 8.3.6). Der französische Historiker Laurent Litzenburger zeigte am Beispiel des kleinen, heute französischen Stadtstaates Metz, was eine solche Folge von Katastrophen für eine Weinbauregion bedeutete. In den warmen Sommern 1416 bis 1424 wurden jährlich mehr als 50'000 Hektoliter Weinmost gekeltert. Als harte Spätfroste zwischen 1430 und 1437 dann nahezu im Jahresrhythmus auftraten (Kap. 8.3.2), wurden weniger als 20'000 eingekellert.[102] Dass Spätfröste großräumig auftreten können, zeigt das Beispiel des verheerenden Ereignisses vom 20. April 2017. Arktische Luft ließ die Temperaturen bei weit fortgeschrittener Vegetation damals verbreitet unter −5°C sinken. Die Verluste im Obst- und Weinbau in Frankreich, Deutschland, Polen und Spanien wurden auf 3.3 Milliarden Euro geschätzt.[103]

In England besiegelte die Frostperiode zwischen 1430 und 1460 die Aufgabe von Weinbergen, eine Tendenz, die seit Mitte des 14. Jahrhunderts im Gange war. Der in England angebaute Wein wurde kaum je bei Tisch getrunken. Stattdessen wurde Qualitätswein in großem Umfang aus Frankreich importiert, meist aus der Gascogne (Südwestfrankreich), wo die englische Krone namhafte Ländereien besaß. Klöster bewirtschafteten die kleinen englischen Weinberge, von denen wir Kenntnis haben. Die dortigen Trauben lieferten in den meisten Jahren nur einen sauren Tropfen, der für die Messe oder als Zutat in der Küche verwertet wurde. Der letzte englische Weinberg wurde im Jahr 1470 aufgegeben.[104] Mehr noch als die klimatischen Verhältnisse dürften die Lohnkosten für diesen Schritt ins Gewicht gefallen sein, die unter dem Einfluss der Pandemie stark anstiegen (Abb. 9.16).

Im letzten Viertel des 15. Jahrhunderts lockerte sich der harte Griff des Klimas ein wenig, und der Große Übergang neigte sich seinem Ende zu.[105] Die Temperaturen stiegen in allen Jahreszeiten an, besonders in den 1470er-Jahren, und die Pest schwächte sich etwas ab, wodurch die Bevölkerungen allmählich auf den Wachstumspfad zurückfanden.[106]

Einschub 9B: Vom Schmieden des Hexenhammers

Mit dem Einsetzen des Spörer-GSM um 1430 folgten sich verheerende Schadenfröste zwischen Mitte April und Ende Mai eine Zeitlang fast im Jahresrhythmus (Abbildung 8.8). Darüber hinaus zeigten sich in den 1450er Jahren drei kalte, regnerische und unfruchtbare Sommer. (Abbildung 8.13). Folgen von "unnatürlichem Wetter", in ihrer Wirkung vergleichbar mit heutigen Terroranschlägen, wühlten die gesamte Gesellschaft auf. Sie wurden eine Zeitlang mit böser Magie erklärt, die von einem Zauberer oder einer Zauberin ausgeübt wurde [107] (Teilkapitel 4.1). Schuldige wurden zur Bestrafung gesucht. Die Opfer wurden von weltlichen Gerichten verurteilt, wie das Beispiel des französischen Metz zeigt. [108]

Kirchenjuristen und Theologen arbeiteten in den 1430er Jahren die Verschwörungstheorie des Diabolismus aus. Sie postulierte, dass Hexen eine "teufelsanbetende Sekte" seien, die einen Pakt mit dem Teufel schloßen, indem sie Sex mit ihm hatten.[109] (vgl. auch Abbildung 9.17). Mit dieser theologisch stimmigen Erklärung festigte die Kirche ihre Herrschaft im «Klimadiskurs». Gleichzeitig eröffnete das Deutungsmuster des Diabolismus Handlungsfähigkeit, indem Randgruppen oder Einzelpersonen für die Misere verantwortlich gemacht und verfolgt werden konnten. Um 1460 hatte die Bevölkerung von Metz die Verschwörungstheorie des Diabolismus, wahrscheinlich durch Predigten, verinnerlicht.[110]

Die ersten Verfolgungen richteten sich gegen die Waldenser. Es waren dies pazifistische Anhänger einer asketischen Massenbewegung, die im 14. Jahrhundert entstand.[111] Ihre Leiter – Brüder genannt – verstanden sich als Elite außerhalb der Hierarchie der lateinischen Kirche, die geheime nächtliche Zusammenkünfte praktizierte. Sie faszinierten ihre Anhänger durch Berichte über außerirdische geistige Welten, über angebliche Begegnungen mit Seelen von Verstorbenen, mit Engeln oder mit Gottvater selbst. Frauen amteten als Vertreterinnen der «Brüder». Stark war die Bewegung unter Bauern und Hirten verbreitet, namentlich unter solchen aus dem Berggebiet.[112] In größerem Umfang begannen Hinrichtungen wegen Wetterzaubers nach dem nasskalten Sommer 1428, dem ersten seit 1406. Intensiviert wurden Verfolgungen nach den kalten Frühjahren der 1430er-Jahre,[113]

Abb. 9.17. Ein Bild des Hexensabbats aus dem Jahr 1570 (Zentralbibliothek Zürich. Ms F 19, 147v).

die für den Obst- und Weinbau sowie die Berglandwirtschaft verheerend waren (Kapitel 8.3.1 und 8.3.2). Die Bezeichnung «Waldenserhexen» taucht erstmals 1440 in einer päpstlichen Bulle auf, die im Gefolge der schweren Hungersnot von 1437 bis 1438 erlassen wurde (Kap. 9.7.6). Sie bezieht sich explizit auf das Herzogtum Savoyen, das zwischen der französischen Provence, dem heutigen Italien und der Südwestschweiz lag.[114]

Im 16. Jahrhundert rückte das Flugblatt zum bevorzugten Kommunikationsmedium auf. Dies erlaubte es, die Vorstellungen des Diabolismus bildlich darzustellen, wodurch sie auch ein analphabetisches Publikum erreichten. Das von dem Schweizer Pfarrer Johann Jakob Wick (1522–1588) [115] gezeichnete und kolorierte Flugblatt (Abb.9.17) wurde im Hungerjahr 1570 veröffentlicht (Teilkapitel 9.9.7). Es stellt das Szenario des Diabolismus dar, wobei sexuelle Handlungen unverkennbar dargestellt werden. Die Szenen spielen sich im Grenzbereich zwischen dem wilden Wald und der menschlichen Welt ab, was die Zwischenstellung der Hexen in der Gesellschaft symbolisiert. Der Teufel erscheint als übergeordnete Figur auf einem Thron, wo er Mittel zum Schadenzauber verteilt.[116] In anderer Darstellung zieht er eine Frau an sich, um sie anzumachen (unten Mitte). Eine andere küsst seinen Hintern (oben rechts), was den Geschlechtsverkehr symbolisiert. Die neue Hexe kann darauf zum Sabbat auf den Blocksberg fliegen, wo ihr der Teufel Zutaten für die Wettermagie überreicht (unten links). Sie erzeugt daraufhin ein Hagelwetter (oben links).

Sobald Hexen als «teufelsanbetende Sekte» eingestuft wurden, konnten sie von Amtes wegen von Inquisitoren, d. h. kirchlichen Anklägern, verfolgt werden, d. h., ein Prozess konnte ohne eine Anklage von Geschädigten eingeleitet werden, und Anschuldigungen mussten nicht bewiesen werden, wie dies bei Verfahren vor weltlichen Gerichten üblich war.[117] Der 1486 veröffentlichte "Hexenhammer" diente bis ins 17. Jahrhundert als Leitfaden für die Durchführung von Hexenprozessen (siehe unten). Den Opfern wurde vorgeworfen, Sex mit dem Teufel gehabt zu haben, der ihnen die Macht gab, Wetterkatastrophen zu erzeugen. Die weltlichen Behörden hatten die Aufgabe, die Urteile der kirchlichen Gerichte zu vollstrecken. [118]

Im Vergleich zu den Massenverfolgungen im 16. und 17. Jahrhundert wurden zwischen 1300 und 1500 nur wenige Prozesse geführt. Die Verfolgungen intensivierten sich etwas nach 1435, als der gelehrte «diabolische» Begriff der Hexerei aufkam, mit Maxima in den Jahren 1445 bis 1460 sowie zwischen 1480 und 1485 (Abb. 9.18).

Der deutsche Historiker Wolfgang Behringer fand als Erster heraus, dass große Hexenverfolgungen im späten 16. und frühen 17. Jahrhundert mit klimatisch induzierten Versorgungskrisen und Hungersnöten zusammenfielen.[119] «Was wir im Rückblick als Klimavariation bezeichnen, nahmen die Zeitgenossen als eine Reihe von 'unnatürlichen', unerhörten Ereignissen wahr, welche ihre Lebensgrundlagen in Mitleidenschaft zogen.»[120]

Ein Hauptargument gegen die Klima-These ist, dass «Wettermagie» in den Prozessprotokollen nur selten vorkommt. [121] Diese Lesart übersieht jedoch, dass die Opfer des Diabolismus angeklagt wurden. Hinweise auf Wettermagie wurden, wenn überhaupt, nur im Verlauf des Prozesses erwähnt.[122] Danach wurde das Protokoll, das die Details des Prozesses, einschließlich des Geständnisses der Angeklagten, enthielt, in der Regel zusammen mit dem Opfer ins Feuer geworfen. [123] Um ins Detail zu gehen, hat der französische Historiker Laurent Litzenburger 126 Prozesse zwischen 1335 und 1525 näher untersucht, von denen die meisten aus Chroniken bekannt sind. Diese erzählen die Geschichte der Verfolgungen aus der Perspektive der Betroffenen. Litzenburger fand heraus, dass 80 % der Vorstöße «von unten» direkt oder indirekt mit meteorologischen Extremereignissen zu tun hatten. Er schloss daraus, dass die meisten Stereotypen des Diabolismus schon früh in der Bevölkerung verwurzelt waren. [124]

Nach den Versorgungskrisen der frühen 1480er Jahre und den darauffolgenden Hexenverfolgungen, beschloß Papst Innozenz VIII. (Abb. 9.19) das kirchliche Deutungsmonopol auf diesem Gebiet durchzusetzen. Nach seiner Wahl 1484 wies er die Bischöfe an, öffentliche Gebete gegen Hexen zu veranlassen.[125] Außerdem beauftragte er zwei deutsche Dominikaner-

Abb. 9.19. Der «Hexenpapst» Innozenz VIII. (1432–1492) (Wikimedia commons).

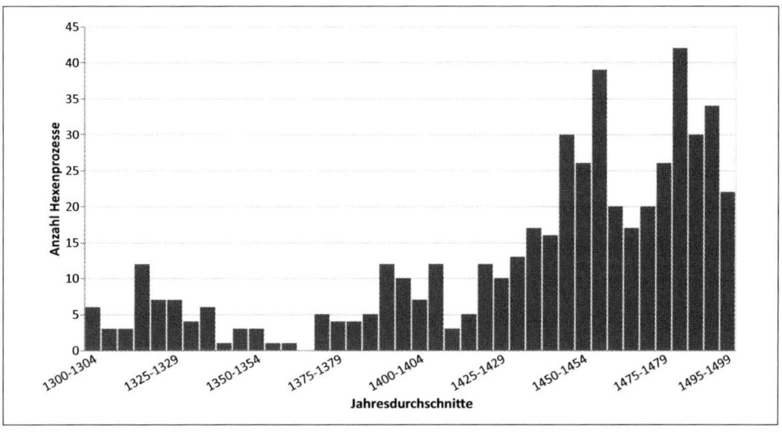

Abb. 9.18. Häufigkeit von Hexenprozessen in Europa zwischen 1300 und 1500 (Daten aus Kieckhefer 1976: 11).

Inquisitoren namens Jacobus Sprenger (gest. 1495) und Heinrich Kramer (1430–1505), juristische und theologische Argumente gegen die neue Art von Ketzerei zusammenzutragen. Litzenburger argumentiert, dass ein eigentliches Handbuch benötigt wurde, um lokale Praktiken der Hexenverfolgung in den Kanon der Kirche zu integrieren.[126]

Kramer war mehr an der Hexenjagd interessiert als an einer akademischen Karriere. Im Juli 1485 begann er eine Inquisition in Tirol, bei der er uneingeschränkt die Folter einsetzte, Rechtsbeistand verweigerte und die Berichte über die Verhöre manipulierte. Der rüde Stil seiner Verfolgungen stieß selbst in den eigenen Reihen auf Widerstand. Sowohl der Tiroler Adel als auch der Bischof stoppten die Verfolgung, annullierten ihre Ergebnisse und ließen die angeklagten Frauen frei.[127] Dagegen stellte sich der Papst hinter das Vorgehen seines «geliebten Sohnes» Heinrich Kramer.[128]

Gemäß dem päpstlichen Auftrag erstellte Kramer eine Anleitung für die von der Kirche durchzuführenden Hexenprozesse. Er nistete sich in einem Kloster in Speyer ein und verfasste unter seinem lateinischen Namen Henricus Institoris einen Text, den er dem Papst vorlegte. Dieser wurde 1486 in lateinischer Sprache unter dem Titel «Malleus Maleficarum», d.h. Hexenhammer, veröffentlicht.[129] Zum öffentlichen Zeichen seiner Billigung erlaubte Innozenz VIII., dass Kramer dem Buch den Text seiner oben erwähnten Bulle voranstellte.[130]

Der Hexenhammer setzt voraus, dass die Angeklagten sexuelle Beziehungen mit dem Teufel hatten und legt von Anfang an klar, dass entsprechende Geständnisse erpresst werden sollten, einschließlich der Namen von Mitverschworenen. Das Buch ist gesättigt mit «einem zwanghaften Hass gegen Frauen und ihre Sexualität», der auf Kramers eigene verkorkste Psyche verweist. Der Inquisitor unterstellte den Frauen, aus bloßer Lust mit Dämonen zu kopulieren, und behauptete sogar, dass Hexen die Fähigkeit besäßen, Männern ihre Penisse zu stehlen.[131] Nach der Erstveröffentlichung des Hexenhammers im Jahr 1486 erschienen bis 1500 sechs Nachdrucke, gefolgt von sieben oder acht weiteren nach kalten Sommern bis 1523. Während der anschließenden 50-jährigen Warmzeit wurde das Handbuch nicht mehr gedruckt.[132] Erst mit dem 1570 einsetzenden Klimawandel flammte die Nachfrage wieder auf (Teilkapitel 9.5).

9.5 Gegensätzliche Tendenzen im 16. Jahrhundert

Das Sommerklima des 16. Jahrhunderts ist zweigeteilt. Die Zeitspanne von 1530 bis 1568 war vorwiegend warm und trocken, jene von 1569 bis 1602 kalt und nass (Teilkapitel 8.4.7). Im Verlaufe des gesamten Jahrhunderts nahm die Bevölkerung Europas in allen Regionen deutlich zu, wobei starke Kontraste zwischen den beiden oben genannten Zeiträumen bestehen. Ein genaueres Bild lässt sich für «Deutschland» (in den Grenzen von 1914) anhand der Anzahl Wohnhäuser pro Jahrzehnt gewinnen (Abb. 9.20).

Begünstigt durch warme Frühlings- und Sommermonate nahm die Zahl der Wohnhäuser in Deutschland (in den Grenzen von 1914) pro Jahrzehnt

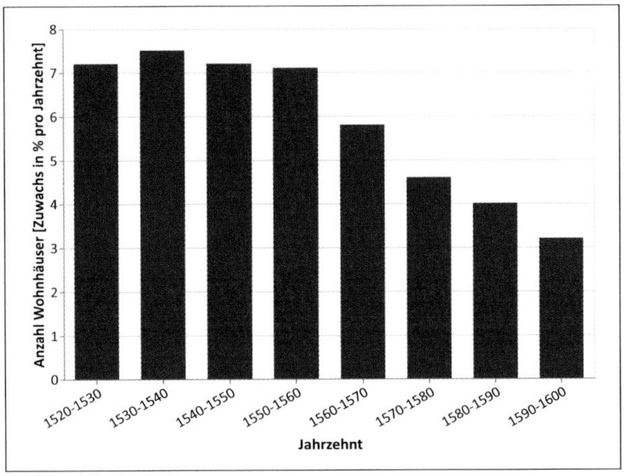

Abb. 9.20. Prozentuale Zunahme der Wohnhäuser in Deutschland (in den Grenzen von vor 1914) von 1500 bis 1600 nach Zehnjahresperioden (Daten aus Pfister 1996: 40, basierend auf Koerner 1958).

zwischen 1500 und 1560 um mehr als 0.7 % zu. Andere Daten stützen diesen Befund. Im wärmsten Jahrzehnt 1531 bis 1540 wurden im österreichischen Bistum Salzburg pro Jahr durchschnittlich 1.2 % mehr Kinder getauft als in den vorangehenden Jahrzehnten, in den Schweizer Kantonen Zürich und Bern waren es sogar 1.4 %.[133] Auch in Frankreich stieg die Zahl der Taufen stark an.[134] Die französische Bevölkerung verdoppelte sich zwischen 1450 und 1560 und erreichte um 1570 wieder das Niveau vor dem Einbruch des Schwarzen Todes.[135] In Schweden sind während der Regierungszeit König Gustavs I. (1523–1560) keine schweren Missernten bekannt.[136]

Wie im 13. Jahrhundert begünstigten warme Frühlinge und Sommer die Anlage neuer Weinberge, und die mutmaßliche Vergrößerung des Viehbestandes förderte die Getreideerträge. Das Saat-Ernte-Verhältnis von Weizen lag in Frankreich zwischen 1500 und 1550 um 11 %, in Deutschland und der Schweiz sogar um 20 % höher als zwischen 1700 und 1750.[137] Das Bevölkerungswachstum ließ eine Klasse von Kleinbauern entstehen, die marginales Land mit immer geringeren Erträgen unter den Pflug brachten. Selbst ein steiniges Buschland in Südfrankreich, «Garrigue» genannt, das seit dem Schwarzen Tod brachgelegen hatte, wurde wieder ackerbaulich genutzt.[138] Größere Kriege wurden im Kerngebiet zwischen 1500 und 1560 nicht ausgetragen, abgesehen vom Bauernkrieg in Deutschland (1525) und dem Schmalkaldischen Krieg zwischen deutschen Protestanten und Katholiken (1546–47).[139] Von 1560 an verlangsamte sich die Bautätigkeit in «Deutschland». 1568 brach die Periode mit überwiegend warmen Sommern ab. Nach den Hungerjahren um 1570 (Teilkapitel 9.6.7) sanken die Temperaturen in allen Jahreszeiten, und die Niederschläge konzentrierten sich vermehrt auf die Erntezeit im Hochsommer.

Nach einem Tiefpunkt um 1465 stiegen die Getreidepreise im Gleichschritt mit der Bevölkerung wieder an. In den Jahren 1570 bis 1574 traf eine Subsistenzkrise, die schwerste seit der Großen Europäischen Hungersnot von 1315 bis 1317, weite Teile West- und Mitteleuropas (Teilkapitel 9.6.). Lässt man die Ausnahmesituation im Dreißigjährigen Krieg außer Acht, so wurden die extrem hohen Roggenpreise der frühen 1570er-Jahre von 1500 bis heute nicht übertroffen (Abb. 9.21). Der lange Anstieg im 16. Jahrhunderts verstärkte sich

Abb. 9.21. Roggenpreise in Frankreich zwischen 1500 und 2000 (nach Fourastié, Schneider 1989: 96).

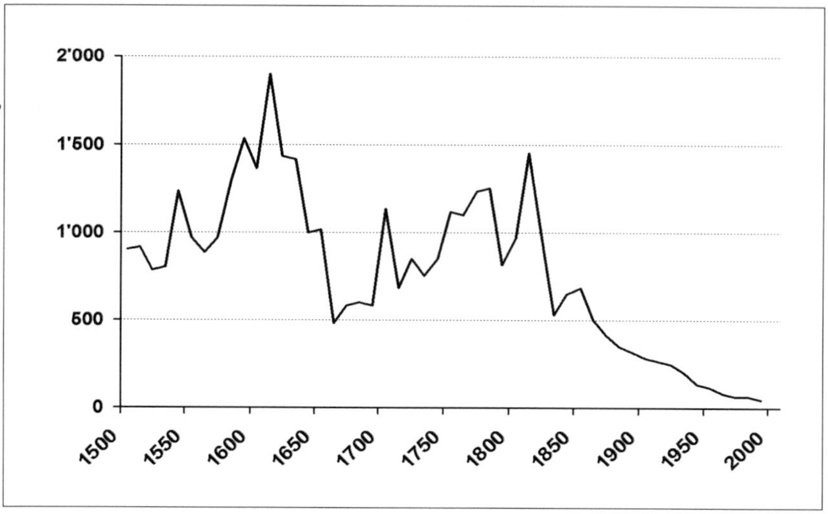

in der zweiten Jahrhunderthälfte deutlich und brach kurz nach der Jahrhundertwende ab, als sich das Klima etwas verbesserte[140] (Teilkapitel 8.5.6).

Der Import von Edelmetallen zwischen 1550 und 1600, vor allem von Silber, trug zur Preisinflation bei. Den größten Anteil hatte amerikanisches Silber. Allerdings korrelieren die Silberimporte nicht mit der Preisentwicklung. Fast die Hälfte des gesamten in Amerika von 1521 bis 1610 produzierten Silbers stammte aus der Mine von Potosí im heutigen Bolivien. Das Potosí-Silber hat eine ausgeprägte chemische Zusammensetzung, die es erlaubt, seine Verbreitung nachzuweisen. Es tauchte in Europa erst nach der Mitte des 16. Jahrhunderts auf. Das peruanische Silber löste die Preisrevolution nicht aus, aber verstärkte sie erheblich.[141]

Der britisch-amerikanische Historiker Geoffrey Parker hat sich intensiv mit dem Zusammenhang von Krieg und Klimawandel befasst. Religiös motivierte Kriege und Volksaufstände trugen viel zur wirtschaftlichen und demographischen Notlage im späten 16. Jahrhundert bei. Sie schlugen sich vor allem in der Besteuerung nieder. Im Allgemeinen verdoppelte der Krieg die Staatsausgaben in den 1590er-Jahren.[142] Der spanische König Philipp II. (1556 bis 1598) aus der Dynastie der Habsburger herrschte über ein Imperium, in dem die Sonne nie unterging. Er sah es als seine gottgegebene Aufgabe an, den Katholizismus in den von ihm regierten Ländern durchzusetzen und in alle religiösen Konflikte einzugreifen. Zunächst trat Philipp ab 1568 den Niederländern in ihrem Kampf um die Unabhängigkeit entgegen. Außerdem unterstützte er die Katholiken in den französischen Religionskriegen zwischen 1572 und 1598. Ab 1585 geriet er schließlich in Konflikt mit England (Einschub 8E). Die Finanzierung dieser Kriege überforderte die wirtschaftliche Kapazität des kastilischen Kernlandes, wo der Klimawandel Bevölkerung, Ernten und Steuern dahinschmelzen ließ. Wohl ahnte Philipp den drohenden Kollaps, aber er hielt an seinem unerschütterlichen Glaubenseifer fest. «1596 konnte er seinen Schulden nicht mehr begleichen. Zum vierten Mal in seiner Regierungszeit war Spanien bankrott.»[143]

Freilich traf der Summationseffekt von Witterung und Krieg auch Spaniens Feinde. «Von den 1570er-Jahren an litten die Territorien des Osmanischen Reiches unter einem ungewöhnlich kalten und wechselhaften Klima. Die Dürre im letzten Jahrzehnt des 16. Jahrhunderts war die längste in den letzten sechshundert Jahren. Zusammen mit der Kälte verursachte sie schwere Hungersnöte und ließ den Viehbestand dahinschmelzen. Zur gleichen Zeit startete das Osmanische Reich 1593 einen Feldzug gegen die Habsburger in Ungarn, was Steuern und Zwangsenteignungen in die Höhe trieb. Die osmanischen Versorgungssysteme brachen zusammen. Dies veranlasste den Sultan, die Steuerschraube noch stärker anzuziehen, wodurch er seine Untertanen in die Rebellion trieb. Als sich ein Anführer an ihre Spitze stellte, musste der Sultan Truppen aus den Kriegen entlang seiner Grenzen zurückziehen, um den Aufstand zu unterdrücken.»[144] «Die extreme Witterung in den 1590er-Jahren führte nicht nur zu Ernteausfällen, sondern sie löste auch Seuchen unter ungeschützten und hungrigen Schafen und Rindern aus. Unter dem stetigen Bevölkerungsdruck im 16. Jahrhundert waren Tiere in marginale semiaride Gebiete getrieben worden. Über die Versorgung der großen Städte und der osmanischen Armee an der Donaugrenze breiteten sich die Viehseuchen im ganzen Reich aus und zogen auch Mitteleuropa in Mitleidenschaft.»[145]

Russland litt in den 1590er-Jahren unter einem verheerenden Krieg mit Schweden um Livland (einer Gegend im heutigen Estland und Lettland). Möglicherweise besserte sich die Situation in den späten 1590er-Jahren, aber in den Jahren 1601 bis 1603 kam es erneut zu einer schweren Hungersnot. Im Jahr 1602 traf es auch Polen.[146]

Der Klimawandel mit seinen verheerenden Folgen ließ die betroffenen Bevölkerungen verzweifeln. Einerseits äußerte sich dies in der Verbreitung von Verschwörungstheorien, die den häufigen Hexenprozessen den Weg bereiteten (Einschub 9C), andererseits in Repressionsmaßnahmen der Kirche. Mehr Unruhen, Elend und Leid bedeutete in der Sprache der Religion mehr Sünden. In Anlehnung an das Alte Testament deuteten frühneuzeitliche Theologen aller Konfessionen klimatische Extreme, Missernten, Epidemien und Hungersnöte als Zeichen, mit denen Gott die Menschen auf ihre Sünden aufmerksam machen wollte. Theologische Theorien in beiden Konfessionen postulierten, dass es eine Art kollektives «Sündenkonto» gebe, auf dem sich die Sünden einer Gesellschaft im Laufe der Zeit ansammelten. Je größer die angesammelten Sünden seien, desto härter sei die Strafe, die jedes Mitglied der Gesellschaft traf. Das Konzept der Sündenökonomie wurde verwendet, um das sich verschlechternde Klima zu erklären, indem man argumentierte, dass die gesamte Gesellschaft ihr Sündenkonto überzogen habe.[147] Als Reaktion darauf versuchten die Kirchen vermehrt, den Menschen ihre moralischen Standards aufzuzwingen. Das betraf die individuelle Lebensführung bis in Einzelheiten. «Auf katholischer Seite stand die Beendigung des Konkubinats unter Priestern und die Durchsetzung des Zölibats im Vordergrund, außerdem wurden vermehrt voreheliche sexuelle Beziehungen und Prostitution kriminalisiert. Eine Stadt nach der anderen schloss ihre Bordelle, die oft dem Erdboden gleichgemacht wurden.»[148]

Abb. 9.22. Durchschnittliche Anzahl der Hexenverbrennungen in Mitteleuropa und Anzahl der Kälteanomalien (Index -3) pro Zehnjahresperiode im Sommerhalbjahr 1560 bis 1670. Zwischen 1570 und 1579 waren die Kälteanomalien zwölfmal häufiger als im Jahrzehnt davor, während die Zahl extrem warmer Anomalien (Index +3) zurückging (Pfister 2007: 65).

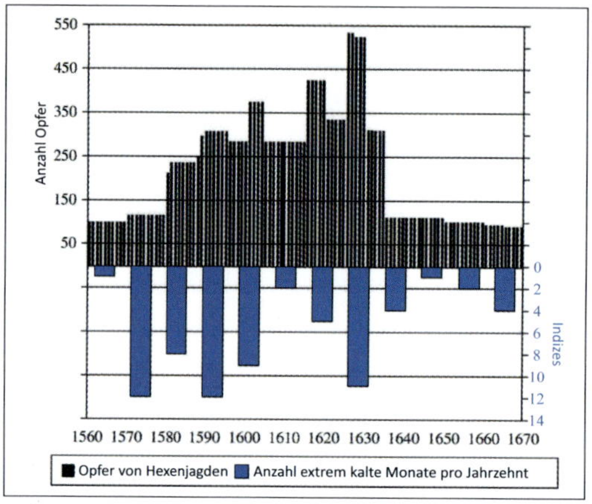

Einschub 9C: Das Zeitalter der Hexenjagden 1570 bis 1630

Unter dem Einfluss eines relativ günstigen Klimas wurde der Hexenhammer bis 1570 kaum nachgefragt. Von den frühen 1570er Jahren an zog die Nachfrage dann rasch an. Fünf Neuauflagen wurden bis 1601 veröffentlicht.[149] Zudem erreichten Flugblätter mit bildlichen Darstellungen des Diabolismus (Abb. 9.17) in dieser Zeitspanne auch ein Laienpublikum.

Die Hexenverfolgungen von 1570 bis 1630 unterschieden sich in zweierlei Hinsicht von jenen im 15. Jahrhundert. Erstens waren das Kerngebiet der Verfolgungen und die Zahl der Opfer weit größer. Zweitens lässt sich ein überregionales zeitliches Muster in Form von Wellen und Konjunkturen erkennen. Wolfgang Behringer schrieb dazu Folgendes: «Stellt man sich die Wellen statistisch vor, so strukturieren die größten ein allgemeines Muster entlang einer Zeitlinie. Die schwersten Hexenverfolgungen in Frankreich, Deutschland und klimatischen Randgebieten wie Schottland und der Schweiz traten im gleichen Rhythmus auf [...] Spitzen der Verfolgung fielen mit Perioden rapider Klimaverschlechterung zusammen oder folgten diesen.»[150]

Die Dynamik der Hexenverfolgung scheint aus zwei unterschiedlichen Komponenten zu bestehen (Abb. 9.22). Ein längerfristiger Trend der Verfolgung, der sich auf etwa hundert Fälle pro Jahr beläuft, stellt vermutlich Anklagen gegen Einzelpersonen dar. Diesen überlagern sich klimatisch bedingte Wellen kollektiver Verfolgungen, die zwischen 1580 und 1600 ihren Höhepunkt erreichen. Eine zweite Welle beginnt 1618 und kulminiert während der Subsistenzkrisen in den späten 1620er-Jahren. Von den frühen 1630er-Jahren an fällt die Zahl der Hinrichtungen wieder auf das langjährige Niveau der individuellen Verfolgungen zurück.[151] Kollektive Aufrufe zu Verfolgungen – sofern sie von der Obrigkeit akzeptiert wurden – führten regelmäßig zu groß angelegten Jagden. Ein häufiger Grund für Verfolgungen scheint der Vorwurf der Wettermagie gewesen zu sein, d. h., die Hexen wurden für «unnatürliches Wetter» verantwortlich gemacht. Dies ist ein Begriff, der in Protokollen auftaucht, um Klimaanomalien zu bezeichnen, die von langjährig erlebten Normen abweichen.[152] Angebliche Akte von Wettermagie richteten sich gegen die Bevölkerung ganzer Territorien ähnlich wie heute terroristische Anschläge. Verschwörungstheorien waren und sind heute weit verbreitet, um Unerklärliches zu erklären. Barry Coward und Julian Swann argumentieren mit Blick auf das frühneuzeitliche Europa, «dass im Falle eines Kontrollverlusts durch unerwartete politische oder religiöse Umwälzungen Verschwörungstheorien plausible und überzeugende Erklärungen boten».[153] In existenziell bedrohlichen Situationen werden solche eher akzeptiert, wie die gegenwärtige Covid-19-Pandemie zeigt. Für die Agrargesellschaften des 15. und späten 16. Jahrhunderts waren die Auswirkungen der Klimaschwankungen fast ebenso unerklärlich und bedrohlich.

Zudem war die Zahl der Angeklagten pro Prozess weit größer als im 15. Jahrhundert. Dutzende, manchmal Hunderte von Opfern wurden bei sogenannten «Superjagden» massakriert.[154] Der Verfolgungsimpuls wurde fast vollständig «von unten», von den Gemeinden und ihren Vertretern, gefördert und gefordert. Ein Kernzitat findet sich in der von Hans Linden verfassten Chronik «Gesta Treverorum»: «Kaum einer der [Fürst-]Erzbischöfe regierte sein Bistum mit solcher Not, solchen Sorgen und so extremen Schwierigkeiten wie Johannes [Fürsterzbischof Johannes VII. von Schönenberg, reg. 1581–99]. Während der ganzen Zeit hatte er mit seinen Untertanen einen ständigen Mangel an Getreide, die Unbilden des Klimas und Missernten zu ertragen. Nur zwei der neunzehn Jahre (zwischen 1581 und 1599) waren fruchtbar, 1584 und 1590 [...]. Da jedermann glaubte, die ständigen Missernten seien von Hexen aus teuflischem Hass verursacht wurden, erhob sich das ganze Land zu ihrer Ausrottung.»[155]

In der Tat fühlten sich die Menschen nach dieser einmaligen Häufung von Ernteausfällen unmittelbar in ihrer Existenz bedroht. Die klerikale Verschwörungstheorie des Diabolismus bot eine plausible Erklärung, die zugleich Handlungsmöglichkeiten eröffnete. Die Verfolgung einer okkulten Sekte erlaubte die Folterung der Opfer, bis sie die Namen der anderen Sektenmitglieder verrieten, und ihre anschließende öffentliche Hinrichtung auf dem Scheiterhaufen.[156]

Das Zeitalter der großen Hexenverfolgungen war auch das Zeitalter des Kampfes zwischen protestantischer und katholischer Konfession. Die protestantischen Reformatoren Martin Luther (1483–1546) und Jean Calvin (1509–1564) befürworteten die Todesstrafe für Hexen, aber sie zeigten wenig Interesse am Thema Hexerei selbst. Mit der anhaltenden Krisenzeit ab den 1570er-Jahren fanden Hexenverfolgungen auch in protestantischen Territorien statt, insbesondere in Gebieten, in denen sich die Konfessionen direkt gegenüberstanden, sei es in großen Staaten mit etablierten religiösen Minderheiten wie Frankreich, sei es in Gebieten mit vielen kleinen Gerichtsbarkeiten wie in den Schweizer Kantonen und im Heiligen Römischen Reich, [157] sei es in den Niederlanden.[158]

Im protestantischen Schottland fanden in den Jahren 1591, 1597 und 1629 große Hexenjagden statt[159], möglicherweise nach schweren Missernten.[160] König James VI. mischte sich persönlich in die Diskussion über Hexenverfolgungen in seinem Land ein. Obwohl er nicht aktiv an der Einleitung von Hexenjagden beteiligt war, rechtfertigte er die Praxis in einem Traktat mit dem Titel «Demonology» (Dämonologie), das er 1597 gegen die skeptischen Abhandlungen protestantischer Dämonologen über die Hexen-

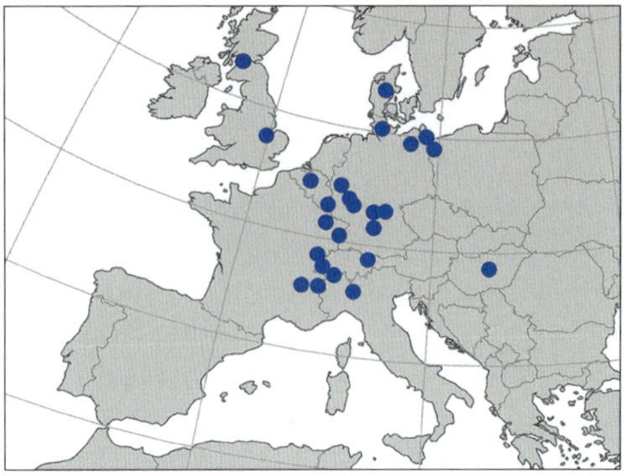

Abb. 9.23. Hotspots der Hexenverfolgung in Europa 1400 bis 1800 (nach Behringer 2004: 105).

Abb. 9.24. Massenverbrennung von Hexen in Süddeutschland am 10. Juni 1587 (Zentralbibliothek Zürich, Ms F 35 338r). Diese Gräueltat ist den Fürsten von Waldburg-Zeil (wohnhaft bei Leutkirch im Landkreis Ravensburg, Baden-Württemberg) anzulasten.

verfolgung schrieb. Wie in den meisten protestantischen Ländern wurden Hexen in Schottland hauptsächlich dadurch überführt, dass man das Opfer in ein Muttermal stach, um festzustellen, ob es schmerzunempfindlich war und nicht blutete und damit vom Teufel stammte. [161]

Die überwältigende Mehrheit der Hexenverfolgungen fand in Deutschland, Frankreich, der Schweiz und den Niederlanden statt (Abb. 9.23). Mehr als die Hälfte dieser Zone lag innerhalb des Heiligen Römischen Reiches. Das Reich konnte die verschiedenen lokalen Gerichte nicht kontrollieren, die Hexenprozesse durchführten. Zu diesen gehörten auch die Schweizer Kantone, die juristisch autonom waren. Dieser Umstand machte auch große Hexenjagden möglich.[162] Insgesamt «sprachen drei von vier Opfern, die zwischen 1560 und 1660 in Europa hingerichtet wurden, einen deutschen Dialekt. Sechs von sieben lebten und starben innerhalb der Grenzen des Heiligen Römischen Reiches, einer Region, in der etwa 20 Prozent der europäischen Bevölkerung lebten.» [163]

Die Bilanz der Hexenprozesse übersteigt jede Vorstellungskraft. Übereinstimmend schätzen die meisten akademischen Gelehrten, dass etwa 100'000 Personen vor Gericht gestellt wurden und dass 40'000 bis 60'000 von ihnen der klerikal implementierten Verschwörungstheorie zum Opfer fielen. 80 % von ihnen waren Frauen. In diesen Zahlen ist eine «Dunkelziffer» für jene Personen enthalten, deren Aufzeichnungen und Namen verloren gegangen sind.[164] Die Massaker, die aus den großen Hexenverfolgungen resultierten, dürfen nicht auf die Zahl der Todesopfer reduziert werden (Abb. 9.24). Tausende mehr wurden gefoltert oder sahen ihr Leben und ihren Ruf ruiniert.[165] Zweifellos ist das «Verbrechen der kleinen Eiszeit», wie Wolfgang Behringer die Hexenverfolgungen bezeichnet,[166] das abscheulichste Massaker von Unschuldigen in Europa vor den Gräueltaten der Nazis. Immerhin muss erwähnt werden, dass sich einige Stimmen schon früh gegen die massenhafte Verfolgung und Tötung von Unschuldigen erhoben. Der prominenteste unter ihnen war Johann Weyer (1515–1588), der Hofarzt der Herzöge von Jülich-Kleve (Deutschland). Er hielt «die sogenannten Hexen für melancholische Frauen, die zur Heilung ihrer Geisteskrankheit der Gnade, Liebe und ärztlicher Pflege bedürfen». In einem 1560 veröffentlichten Traktat betonte er, dass «ihre Tötung unter keinen Umständen gerechtfertigt werden dürfe, sondern als 'Massaker von Unschuldigen' anzusehen sei». Der Mediziner erhielt auf seine Veröffentlichung ein massives Echo von Anhängern und von Gegnern.[167]

Die Zahl der Hinrichtungen in Europa ging zurück, als sich das Klima nach 1630 verbesserte. Und als die Temperaturen zwischen 1675 und 1714 erneut sanken, hatte sich der Mainstream der öffentlichen Meinung dem Rationalismus zugewandt und sah den Versprechungen der Aufklärung hoffnungsvoll entgegen.

9.6 Ein Füllhorn von Innovationen

9.6.1 Neue demografische Impulse

Ein neues Denken, beflügelt von unbändigem Optimismus, eröffnete in der Zeit der Aufklärung ein Füllhorn neuer Möglichkeiten. Die Menschen begannen, sich im Namen der Vernunft von der klerikalen Diskurskontrolle der Kirchen zu befreien. Die Säkularisierung des Denkens verlangte nach einer effizienten Beackerung von Problemfeldern. Die stürmische Entwicklung des Buchdrucks beschleunigte die Verbreitung wissenschaftlicher Erfahrungen und die Diskussion politischer Ideen innerhalb gleichgesinnter Gruppen. Neuartige gelehrte Gesellschaften setzten sich für die Förderung der Forschung und den wissenschaftlichen Informationsaustausch ein.[168] Die elitäre Royal Society of London und ihr französisches Gegenstück, die Pariser Akademie, die beide in der entscheidenden Dekade der 1660er-Jahre gegründet wurden, wurden zum Vorbild für die Institutionalisierung der klassischen Wissenschaften, insbesondere der Astronomie und der Mechanik. Dazu entstanden im 18. Jahrhundert etwa 70 gelehrte Gesellschaften. Die meisten von ihnen betrieben Grundlagenforschung auf mathematisch-theoretischer Basis.[169]

In dem Maße, wie die religiöse Legitimation der Herrscher schwand, förderten sie ihr Ansehen durch Maßnahmen zu Gunsten der Untertanen. Die meisten Herrscher schufen neue Gremien, die für einen bestimmten Aufgabenbereich wie das Gesundheitswesen und die Sozialfürsorge zuständig waren. Auf der anderen Seite nutzten die Untertanen die größeren Spielräume, um Neues zu diskutieren und zu erproben. Nicht zuletzt manifestierten sich solche Initiativen in einem neuartigen Wachstumsmuster der Bevölkerung, das weniger von den Einflüssen des Klimas abhing.

Abbildung 9.25 zeigt die geschätzte Bevölkerungsgröße pro Jahrhundert zwischen 1300 und 1800 in Millionen in fünf Regionen, nämlich in Frankreich und den heutigen Beneluxländern (dunkelblau), im Mittelmeeraum mit Portugal, Spanien, Italien und den Balkanländern (rot), in Mitteleuropa mit der

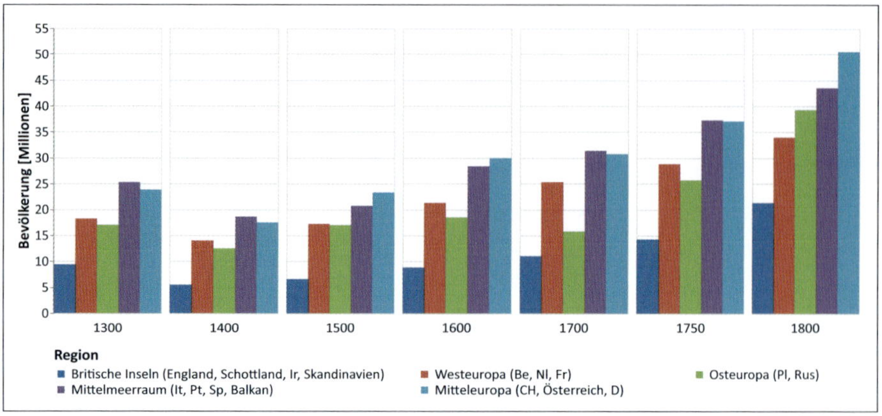

Abb. 9.25. Das Bevölkerungswachstum in Europa 1300 bis 1800 (Daten: Malanima 2009: 9, adaptiert).

Schweiz, dem österreichischen Kaiserreich und Deutschland (grün), auf den britischen Inseln mit England, Schottland und Irland (violett). «Osteuropa» steht für Polen, Russland und Skandinavien (hellblau).

Im 14. Jahrhundert ging die Bevölkerung in allen Regionen aufgrund der Pest zurück, im 15. Jahrhundert ist ein bescheidener Anstieg zu verzeichnen. Um 1600 wurde der Stand von 1300 in allen Regionen überschritten. Im 17. Jahrhundert ging die Bevölkerung in «Osteuropa» zurück und flachte in Mitteleuropa aufgrund von Kriegen ab, während sie in den anderen Regionen zunahm. Allerdings sind die Wachstumsraten bis 1700 aufgrund von Klimaeinflüssen, Epidemien und Kriegen relativ bescheiden. Ein neuartiges, dynamischeres und dauerhaftes Bevölkerungswachstums trat von der Mitte des 18. Jahrhunderts an in ganz Europa in Erscheinung. Nachfolgend werden die Ursachen ausführlicher diskutiert.

9.6.2 Durchsetzung der Quarantäne

Die entstehenden Territorialstaaten ergriffen vom späten 16. Jahrhundert an Maßnahmen zum Schutz ihrer Bevölkerung vor Epidemien, namentlich der Pest. In Norditalien wurden die Bemühungen zur Durchsetzung der Quarantäne intensiviert. Nach dem Vorbild Venedigs richteten die norditalienischen Territorien einen Nachrichtendienst ein, der Ausbrüche der Pest in benachbarten Territorien aufspürte und meldete. Infizierte Gebiete wurden abgeriegelt. Nur wer ein Gesundheitszeugnis vorwies, durfte die Sperren passieren. Zwischen 1656 und 1658 erlosch die Epidemie.[170] Andere Länder folgten: 1667 England, 1669 die Niederlande, 1670 die Schweiz und Belgien, 1712 Dänemark und Schweden, 1713 Deutschland und 1716 das österreichische Kaiserreich.[171] Die letzte Epidemie in Westeuropa brach 1720 in Marseille aus. Sie forderte 100'000 Tote. Ein Viertel der französischen Kavallerie und ein Drittel der Infanterie wurden eingesetzt, um die Stadt und ihre Umgebung vom Hinterland abzuriegeln.[172]

In Osteuropa hielt sich die Pandemie weiterhin. Um sie einzudämmen, errichteten die Habsburger in den von ihnen im 18. Jahrhundert eroberten Gebieten auf dem Balkan einen 1900 Kilometer langen «Cordon Sanitaire», die sogenannte Pestgrenze. In den neu eroberten Gebieten wurden Bauern angesiedelt, die sich verpflichteten, mindestens fünf Monate im Jahr Wachdienst zu leisten. Ein Netz von Agenten beschaffte Nachrichten über die Pestsituation im Osmanischen Reich. Je nach Gefährdungsgrad wurde die Grenze mehr oder weniger dicht bemannt. Wer versuchte, die Grenze ohne Passierschein zu überqueren, wurde erschossen.[173]

Die Ursachen für das Erlöschen der Pest sind ähnlich umstritten wie die heutigen Auseinandersetzungen im Umfeld von Covid-19. Reduzierte Kontakte zwischen Mensch und Floh,[174] eine veränderte Virulenz des Erregers oder eine Immunität des Wirtes in Kombination mit der Durchsetzung von Quarantänemaßnahmen werden in der Literatur angeführt.[175] Fest steht, dass die Pest aus Europa verschwand, bevor der Erreger im ausgehenden 19. Jahrhundert entdeckt wurde und bevor er nach dem Zweiten Weltkrieg mit Antibiotika bekämpft werden konnte.

Nach dem Verschwinden der Pest wandten sich die neu geschaffenen medizinischen Gremien der Bekämpfung anderer Epidemien zu. Erfolgreich waren sie bei der Eindämmung der Pocken durch Impfungen.[176] Während im 16. und 17. Jahrhundert eine passive Haltung gegenüber den Umweltbedingungen vorherrschte, setzte die neue «Präventivmedizin» um die Mitte des 18. Jahrhunderts zu einem generellen «Angriff auf die Mortalität und Morbidität» an.[177] Die Überzeugung setzte sich durch, dass Gefahren für die Gesundheit durch den Gestank wahrgenommen werden könnten. Entsprechend versuchten die Behörden, als gesundheitsgefährdend geltende Kadaver und Fäkalien zu beseitigen.[178]

9.6.3 Die Modernisierung der Landwirtschaft

Das Bevölkerungswachstum ab 1750 ging einher mit einem Anstieg der landwirtschaftlichen Produktion. Traditionelle Wirtschaftshistoriker erklären den Aufschwung der europäischen Landwirtschaft mit den Marktanreizen durch den zusätzlichen Nahrungsmittelbedarf einer wachsenden Bevölkerung und Verbesserungen in der Verkehrsinfrastruktur. Der Ausbau der Transportwege erleichterte und verbilligte den Austausch von Massengütern wie Getreide zwischen Überschuss- und Defizitregionen. Das vorhandene Netz von Strassen und Brücken war vor allem in der Blütezeit des 13. Jahrhunderts geschaffen worden. Die mittelalterlichen Straßen waren bloße Trampelpfade durch die Landschaft, die durch die regelmäßige Nutzung entstanden und nur selten angemessen instandgehalten wurden. Da sie nicht durchgängig geschottert, geschweige denn gepflastert waren, bestand immer die Gefahr, dass sie durch anhaltende Regenfälle unpassierbar wurden.[179] In England wurde der Bau von neuen und die Instandhaltung von bestehenden Straßen hauptsächlich von privaten Institutionen finanziert, die für die Benutzung eine Abgabe erhoben, ähnlich den heutigen Autobahngebühren. In Frankreich übernahm die königliche Regierung die direkte Verantwortung für die Instandhaltung der großen Durchgangsstraßen. Überall in Europa begannen die Regierungen Straßen zu bauen, weil sie glaubten, dass diese den Handel fördern und den Wohlstand mehren würden.[180] Aus demselben Grund wurden Kanäle errichtet, zunächst in den Niederlanden, später in England und Frankreich, gefördert von privaten und staatliche Unternehmungen.[181] Allerdings kann die Ausweitung des Handels allein nicht erklären, warum die europäische Bevölkerung von der Mitte des 18. Jahrhunderts an wesentlich schneller wuchs.

Dazu müssen die Strategien untersucht werden, die eine Mehrproduktion von Nahrungs- und Futtermitteln erlaubten. Die «Modernisierung» der Landwirtschaft in Westeuropa war ein langwieriger Prozess.[182] Zum einen wurden produktivere Nutzpflanzen aus der Neuen Welt, namentlich Mais und Kartoffeln, angebaut. Der um 50 bis 100 % ertragreichere Mais breitete sich in Norditalien während der Hungersnot in den 1580er-Jahren aus.[183] Danach fasste er in Nordspanien, in Südfrankreich, in Ungarn und auf dem Balkan Fuß.[184] Kartoffeln sind produktiver als Getreide, sie brauchen eine kürzere Reifezeit und sind dem Risiko des Hagels nicht ausgesetzt. Im späten 16. Jahrhundert wurden die Knollen in geringem Umfang in Norditalien, Irland und den Niederlanden angebaut. Zwischen 1650 und 1670 eroberte die neue Kulturpflanze Flandern, und während der Hungersnöte am Ende des 17. Jahrhunderts tauchte sie im Rheinland, im Elsass, in Südwestdeutschland und in der Schweiz auf. Nach den Subsistenzkrisen von 1740 und 1770/71 verbreitete sich der Kartoffelanbau in Österreich, den böhmischen Ländern und Preußen.[185]

Mit neuen, effizienteren Formen der Umwandlung von Sonnenenergie in Biomasse wurde vom 17. Jahrhundert an in der ostenglischen Grafschaft Norfolk experimentiert, wie der Wirtschaftshistoriker Bruce Campbell und der britische Agrarhistoriker Mark Overton nachweisen. Norfolk gilt als Wiege der organischen landwirtschaftlichen Revolution.[186] Die neuen Anbauformen ermöglichten es, auf die in der Dreifelderwirtschaft übliche Brache zu verzichten und die gesamte Ackerfläche kontinuierlich zu bewirtschaften. Damit konnte die jährliche Anbaufläche um ein Drittel vergrößert werden.[187] Die Kultur von Futter, Klee und Rüben auf der Brache ermöglichte es, mehr Vieh zu ernähren und damit mehr Stalldünger und tierische Zugkraft für den Ackerbau zu gewinnen.[188] Nach 1740 stiegen die Ernteerträge in ungeahnte Höhen.[189] Der Strukturwandel in der Landwirtschaft nach dem Muster von Norfolk lässt sich europaweit nachvollziehen. Bernhard Slicher van Bath beschreibt detailliert, wie sich das neue Anbausystem im 18. und frühen 19. Jahrhundert auf dem Kontinent von West nach Ost ausbreitete.

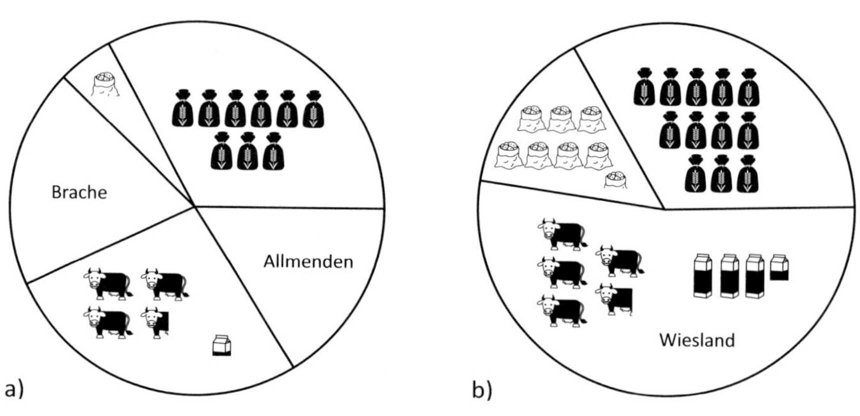

Abb. 9.26. Veränderungen in der Landnutzung und der landwirtschaftlichen Produktivität in der alten Grafschaft Büren (Kanton Bern, Schweiz) 1764 bis 1847 (Pfister 1991: 44). Die Daten stammen aus der unveröffentlichten Berner Dissertation von Marc Stampfli (1987). Jedes Symbol (Getreide, Kartoffeln, Milch) steht für eine Produktion von 5.8 Millionen Joule/Tag bzw. für 1000 Kühe.

Ab etwa 1750 stieg das Saat-Ernte-Verhältnis in England und in den Niederlanden an und erreichte um 1800 Werte von 1:10. Zwischen 1750 und 1799 wurden in Frankreich, Spanien und Italien Durchschnittswerte von 1:7, in Deutschland, der Schweiz und Skandinavien solche von 1:5 und in Osteuropa solche von 1:4,7 erreicht.[190] Wie anhand des Modells (Abb. 9.8) erläutert worden ist, ging ein Anstieg des Saat-Ernte-Verhältnisse mit einem überproportionalen Anstieg der Nettoernte einher. Die Auswirkungen der Agrarmodernisierung werden am Beispiel des im Schweizer Mittelland gelegenen Bezirks Büren (Kanton Bern) dargestellt[191] (Abb. 9.26).

Die Sektoren innerhalb der beiden Tortendiagramme sind proportional zu den Flächen, die für verschiedene Kulturen genutzt wurden. 2750 Hektar wurden 1764 kultiviert, gegenüber 4000 Hektar im Jahr 1847. Das gemeinsame Weideland, die Allmende, war in der Zwischenzeit unter den Landbesitzern aufgeteilt worden. Die Brache wurde kontinuierlich bewirtschaftet. Die Symbole stehen für die Produktion von Getreide (Dinkel und Roggen), Kartoffeln, Milch und die Anzahl der Kühe. Jedes vollständige Symbol steht für eine Produktion von 5.8 Millionen Joule pro Tag bzw. 1000 Kühe. Durch die organische Modernisierung der Landwirtschaft wurden vor dem Aufkommen der Eisenbahn erhebliche Produktivitätssteigerungen in einer Zeit erzielt, die noch ganz vom Klima der NKE geprägt war.

Die Pro-Kopf-Tagesleistung der Landwirtschaft pro Hektar entsprach 1764 bereits den durchschnittlichen Standards des 20. Jahrhunderts. Das Fortbestehen der Brache wurzelte im Mangel an Stallmist im Verhältnis zur Ackerfläche. Zu den Verbesserungen gehörten die Verwertung von tierischen Ausscheidungen und der Anbau von Klee. Auf diese Weise wurde die Produktivität der Wiesen zur Fütterung von mehr Vieh erheblich gesteigert, um mehr Milch und mehr Stalldünger zu erhalten, was wiederum den Übergang zum großflächigen Kartoffelanbau ermöglichte. Infolgedessen verdreifachte sich die Netto-Nahrungsenergie zwischen 1764 und 1847 fast. Die Bevölkerung verdoppelte sich, wobei die Pro-Kopf-Erzeugung von Nahrungsmitteln um 40 % anstieg. Die Milch als wichtige Quelle lebenswichtiger Nährstoffe machte davon einen bedeutenden Anteil aus.

Der Modernisierungsprozess entwickelte sich sowohl von oben nach unten als auch von unten nach oben. Nach der Mitte des 18. Jahrhunderts wurden ökonomisch-patriotische und landwirtschaftliche Gesellschaften gegründet, die von privaten Sponsoren und lokalen Regierungsvertretern getragen wurden.[192] Zu ihren Mitgliedern gehörten Gelehrte, Pfarrer, Verwaltungsbeamte und reformfreudige Bauern. In den aufkommenden Fachzeitschriften und anderen Druckerzeugnissen publizierten sie neue Erkenntnisse und ihre Anwendung.[193] Viele Vorschläge blieben zunächst auf dem Papier, wurden aber in den Jahrzehnten nach 1800 von den entstehenden landwirtschaftlichen Vereinen aufgegriffen und umgesetzt.[194]

9.7 Schwere Hungersnöte und ihre Überwindung

9.7.1 Die vielen Gesichter des Hungers

Die physischen und emotionalen Auswirkungen des Hungers sind enorm. Er wirkt sich auf alle Bereiche des Lebens aus. Nicht selten prägt die Erfahrung der Not die Betroffenen über Generationen hinweg. Hunger ist ein hybrides Phänomen, das zwischen Natur-, Sozial- und Geisteswissenschaften angesiedelt ist. Die US-amerikanische Soziologin und Demographin Sara R. Millman vergleicht die Situation mit dem Gleichnis von den Blinden und dem Elefanten. Ein Blinder, der den Rüssel des Tieres untersucht, kommt zu anderen Ergebnissen als ein anderer, der ein Ohr oder ein Bein ertastet. Auch im Falle des Hungers führen unterschiedliche Herangehensweisen zu unterschiedlichen Ergebnissen.[195] Ein Zweig der Hungerforschung beschäftigt sich mit der Nahrungserzeugung, ein anderer mit der Nahrungsverteilung, ein dritter mit den Symptomen der Unterernährung und ein vierter mit der Effizienz von Hilfsmaßnahmen. Ein Königsweg, der die verschiedenen Interpretationen zusammenführt, wurde bisher nicht gefunden. Ein Schritt hin zu einem integrativen und interdisziplinären Ansatz ist das Konzept der Verletzlichkeit (Teilkapitel 3.6).

Zunächst sollte geklärt werden, was als Hungersnot gelten soll. Der irische Wirtschaftshistoriker Carmac Ó Gráda hat die folgende Definition vorgeschlagen: «Eine Hungersnot bezieht sich auf einen Mangel an Nahrungsmitteln oder Kaufkraft, der direkt zu einer übermäßigen Sterblichkeit durch Verhungern oder hungerinduzierte Krankheiten führt.»[196] Seine Definition umfasst zwei scheinbar widersprüchliche Ansichten über die Ursache von Hungersnöten, die entweder als «nature made», d. h. durch Umwelteinflüsse, vor allem klimatisch, bedingt oder als menschengemacht aufgrund sozialer Ungleichheit angesehen werden können. Tatsächlich hat der indische Ökonom Amartya Sen in seinem klassischen Werk «Poverty and Famines» (1983) gezeigt, wie der Mangel an Kaufkraft zu einer Hungersnot für den armen Teil einer Bevölkerung führen kann, obwohl an sich genügend Nahrungsmittel zur Verfügung stehen, um die gesamte Bevölkerung zu ernähren, eine Situation, die heute im globalen Maßstab gilt. Sen stützte seine Schlussfolgerung auf seine Untersuchung der großen Hungersnot von 1942 bis 1944 in Bengalen (Indien), die vorwiegend durch den Weltkrieg bedingt war. Seine Ergebnisse wurden auf fragwürdige Weise verallgemeinert. Der US-Wirtschaftshistoriker Robert W. Fogel (1926–2013), Träger des Nobel-Gedächtnispreises für Wirtschaftswissenschaften, ging so weit zu behaupten, dass historische Hungersnöte «nicht durch Naturkatastrophen, sondern durch dramatische Umverteilungen von Ansprüchen auf Getreide verursacht wurden».[197] Es versteht sich von selbst, dass jeder Produktionsausfall eine unzureichende Verteilung der verfügbaren Nahrungsmittel nach sich zieht.[198] Darunter leiden in erster Linie die unteren Schichten und Randgruppen der Gesellschaft wie Flüchtlinge. Aus der Fallstudie der Tambora-Krise in der Schweiz geht hervor, dass die soziale Verletzlichkeit regional und sogar haushaltsspezifisch verschieden war (Teilkapitel 3.6). Die meisten, wenn nicht sogar alle vorindustriellen Hungersnöte waren mit einem starken Rückgang der Nahrungsmittelproduktion verbunden.

In diesem Teilkapitel wird in erster Linie das Ausmaß der klimatischen Auswirkungen untersucht, wobei die vielen Facetten der regionalspezifischen Verwundbarkeit außer Acht gelassen werden.

9.7.2 Der Einfluss von Klimavariationen

Kulturpflanzen in Europa waren an die vorherrschenden Witterungsbedingungen in den verschiedenen Teilen des Kontinents angepasst (Teilkapitel 6.1).

- In Nordeuropa war (und ist) der wichtigste limitierende Faktor für die Landwirtschaft die kurze Dauer der Vegetationsperiode. Sie birgt das Risiko von harten Herbst- oder Frühjahrsfrösten, welche die Roggen- oder Gerstenernte vernichten können.
- Die Mittelmeerregion war und ist am anfälligsten für Frühjahrsdürren, die zu schweren Ertragsausfällen bei Winterweizen und Gerste führen können.
- In West- und Mitteleuropa war die Landwirtschaft anfällig für verschiedene saisonale Muster, die nasse Herbste, kalte Frühlinge und – besonders nachteilig – kühle und regnerische Hochsommer umfassten.[199]

In West- und Mitteleuropa hing der Ertrag der Agrarproduktion von bestimmten monatlichen und saisonalen Temperatur- und Niederschlagsmustern ab. Kälteperioden im Spätwinter und im Frühjahr dünnten die Saaten aus und zehrten die Heuvorräte auf, sodass das Vieh hungerte und keine Milch mehr lieferte. Kalte, nasse Sommer schädigten die Vorräte in mehrfacher Hinsicht. Anhaltende Regenfälle verursachten die Keimung der Getreidekörner, wobei Enzyme deren Nährwert und die Qualität des Mehls verringern. Wenn das Erntevolumen z. B. 50 % unter dem Durchschnitt liegt, gehen 60 bis 70 % des Nährwerts verloren. Feucht gelagertes Getreide verliert durch den Befall mit Schimmelpilz und durch Kornkäfer (Silophilus granarius) bis zu 30 % seiner Substanz, selbst bei guter Belüftung. Anhaltender Regen macht das Mähen von Gras schwierig und kostspielig. Heu, das unter solchen Bedingungen geerntet wird, verliert den größten Teil seines Nährstoffgehalts, wodurch sich die Milchleistung der Kühe bis zum späten Frühjahr des Folgejahrs erheblich verringert. Stroh, früher ein wichtiges Futtermittel in der kalten Jahreszeit, wurde durch sintflutartige Regenfälle verdorben. Ungeschütztes, nasses Stroh wird leicht schmutzig, schimmelig und faulig und ist für das Tier gefährlich. Im Weiteren schädigte nasskalte Witterung das Grünland. Man kann argumentieren, dass Weidegras und Heu das Rückgrat der spätmittelalterlichen Viehwirtschaft darstellten, die entscheidend auf gesunde, kräftige Zugtiere angewiesen war, um eine stetige Versorgung der Menschen mit Nahrung zu gewährleisten. Langanhaltende kalte Regen im Hochsommer verringerten den Fruchtansatz bei Weintrauben und damit den Umfang der Ernte. Nasse Herbste verzögerten die Bodenbearbeitung und verringerten die Aussaatfläche, da die Zugtiere auf wassergesättigten Feldern nur mühsam arbeiten konnten. Gleichzeitig schwemmten heftige Regenfälle Stickstoff aus dem Boden. Kälteeinbrüche im September und Oktober senken den Zuckergehalt der Reben und verkürzen die Weidezeit auf Kosten der Heuversorgung.[200] Die Situation war in den Niederlanden im 15. Jahrhundert ähnlich, nur dass anhaltende Regenfälle im Winter und im Frühjahr den Stickstoff aus den Böden auswuschen. Die

Schweizer Historikerin Chantal Camenisch zeigte, dass ihr Modell der biophysikalischen Einflussfaktoren gut mit den Schwankungen der Getreidepreise in den Niederlanden übereinstimmt.[201]

Generell war die Abfolge eines verregneten Herbstes, eines kalten Frühjahrs und eines kühlen, regenreichen Hochsommers die schlimmste meteorologische Katastrophe, die einen mitteleuropäischen Bauern in den vergangenen Jahrhunderten treffen konnte.[202] «In der Folge der Krise herrschten Hungersnot und Unterernährung, die Sterblichkeitsrate stieg und die Zahl der Geburten sank. Die Behörden jagten Bettler und Landstreicher auf der Suche nach Nahrung; Verfolgungen von Hexen lebten wieder auf, um nur einige der wirtschaftlichen und kulturellen Folgen zusammenzufassen.»[203]

Die folgenden Beschreibungen konzentrieren sich zunächst auf großräumige Hungersnöte vor 1700, vorwiegend in West- und Mitteleuropa. Für das 18. Jahrhundert werden regionale Ereignisse zusammengefasst. Die Beispiele aus dem 19. Jahrhunderts beschränken sich auf außerordentliche Situationen.

9.7.3 Die Jahrtausend-Hungersnot von 1195 bis 1197

Die Jahre 1195 bis 1197 zeichnen sich durch eine Abfolge von drei «Jahren ohne Sommer» aus (Teilkapitel 7.4.2). Dem ausführlichen Bericht des Benediktinerchronisten Reiner in Lüttich (Belgien) ist zu entnehmen (Teilkapitel 4.3.4), dass es von Juli 1195 bis zum Jahresende in Kübeln goss, was die Getreide- und Weinernte ruinierte. Im Herbst überschwemmten die endlosen Regenfälle die Felder, behinderten die Aussaat und ertränkten die Saaten, was die Ernte im darauffolgenden Jahr empfindlich schmälerte.[204] In den beiden kritischen Hochsommermonaten des Jahres 1196 goss es erneut. Vergeblich wurden am 31. Juli und am 30. August in Lüttich Bittprozessionen für warmes und sonniges Wetter abgehalten. Erneut fielen die Getreide- und Weinernte weitgehend aus. Bereits hungerte die arme Bevölkerung. Nach dem dritten kühlen und regnerischen Sommer in Folge nahm die Hungersnot im Jahr 1197 katastrophale Ausmaße an. «Wenn wir nach dem morgendlichen Lobgesang aus der Kirche traten», schreibt Reiner, «lagen Sterbende seufzend am Boden und warteten auf das letzte Almosen.»[205] Hunderte von Leichen lagen unbestattet auf den Feldern. Wölfe näherten sich den Siedlungen, und Räuber trieben ihr Unwesen.[206] In England wurden die Mittellosen in Massengräbern verscharrt.[207] Selbst der wohlhabenden Abtei St. Jakob in Lüttich gingen die Vorräte aus. Die Mönche mussten Getreide zu exorbitanten Kosten kaufen. Das Bier wurde knapp, und von Mitte Mai bis zur neuen Weinlese 1197 tranken sie häufig Wasser statt Wein.[208] 1198 war der Albtraum vorüber, aber die demographischen und wirtschaftlichen Folgen blieben wohl längerfristig spürbar. Die Hungersnot wird auch in Chroniken aus Frankreich, England, den Niederlanden, Deutschland, Österreich und Katalonien erwähnt.[209]

9.7.4 Hungersnöte im 13. Jahrhundert

Der deutsche Historiker und Geograph Fritz Curschmann hebt in seiner frühen Untersuchung über Hungersnöte in Deutschland die herausragenden Verhältnisse im 13. Jahrhundert hervor, indem er nur eine einzige größere Hungersnot in den Jahren 1225 und 1226 nachweisen kann.[210] Der Sommer 1223 war kühl und regnerisch, was zu einer späten und kleinen Ernte von sauren Trauben führte. Das regnerische Wetter mag den Ausbruch einer verheerenden Viehseuche begünstigt haben, die sich von Ungarn nach Deutschland und dann nach Frankreich ausbreitete.[211] Kurz vor der Ernte 1224 verwüstete ein heftiger Sturm die Felder in Nordfrankreich und Deutschland. Er schüttelte die Körner aus den reifen Ähren, was die Ernte großräumig schmälerte. Schnee und Frost setzten bereits Ende Oktober 1224 ein und dauerten bis Mitte April 1225 an. Die Berichte über verbreitete Ernteausfälle lassen vermuten, dass die Saat unter der anhaltenden Schneedecke erstickte.[212]

Daten aus Eisbohrkernen zeigen auf, dass durch den Ausbruch des indonesischen Vulkans Samalas zwischen Mai und Juli 1257 in den Polargebieten eine ungeheure Menge an Schwefel abgelagert wurde (Teilkapitel 10.1.3). Auf dem europäischen Kontinent führte das darauffolgende «Jahr ohne Sommer» 1258 zwar zu schweren Ernteausfällen bei Getreide und Wein, aber nur eine einzige Quelle aus Frankreich spricht von einer Hungersnot.[213] Fritz Curschmann erwähnt die Krise von 1258 in seiner Untersuchung mit keinem Wort.[214] Auch die irischen Annalen melden keine Bevölkerungsrückgänge zwischen den 1220er- und 1270er-Jahren.[215] Das mag daran liegen, dass der Sommer 1259 sehr warm und trocken war (Teilkapitel 7.5.3). Einzig England bekam die Krise zu spüren, weil dem «Jahr ohne Sommer» Ernteausfälle in den Jahren 1256 und 1257 vorausgegangen waren. London mit der größten Konzentration an karitativen Einrichtungen wurde zu einem Magneten für die Mittellosen. Der Stadt fehlten jedoch die notwendigen Ressourcen, um den Zustrom von Hungerflüchtlingen zu bewältigen. Viele Tausende kamen ums Leben. Der Chronist Matthew Paris (Teilkapitel 4.4.2) schildert ausführlich, «wie die sterblichen Überreste der Opfer überall gefunden wurden. Zu fünft und sechst lagen sie in Schweineställen, auf Misthaufen und in den schlammigen Straßen. Die Stadtverwaltung sammelte die Verstorbenen ein und gab ihnen ein christliches Begräbnis in Massengräbern auf den Friedhöfen der Stadt.» 1988 wurden auf dem Friedhof des St.-Marien-Hospitals 10'516 Skelette ausgegraben, von denen über die Hälfte aus dem 13. Jahrhundert stammen.[216]

9.7.5 Die Große Europäische Hungersnot von 1315 bis 1317

Die Große Europäische Hungersnot von 1315 bis 1317 ist wohl die schwerste Katastrophe dieser Art, die in den letzten tausend Jahren hinreichend dokumentiert ist. Der Nordatlantik war in dieser Zeit ungewöhnlich warm, was anhaltend nasses, kühles und stürmisches Wetter in den mittleren Breiten Europas begünstigte. «Sintflutartige Regenfälle breiteten sich über weite Teile des Kontinents aus, von Irland im Westen bis Polen und von Norditalien bis Norwegen.»[217]

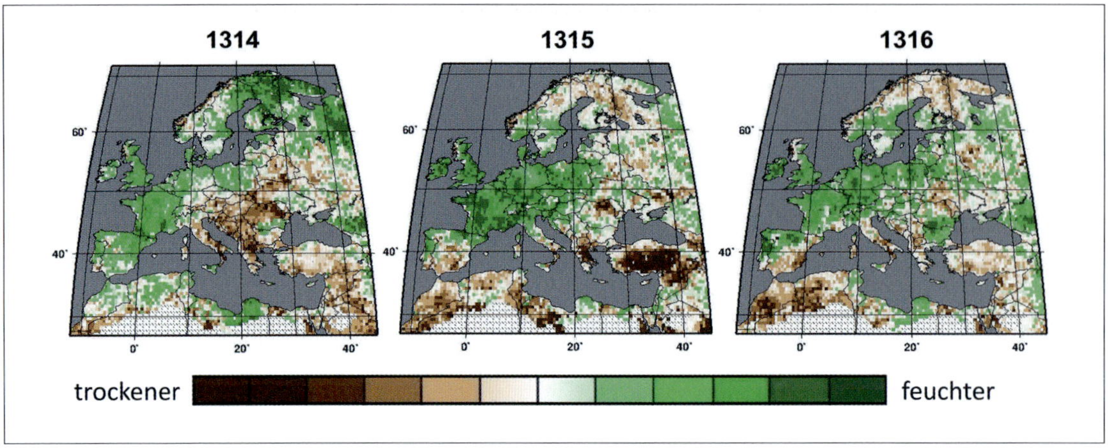

Abb. 9.27. Anhand von Baumringen rekonstruierte Variationen der Niederschlagsverhältnisse in den Sommern 1314 bis 1316. Die grünen Schattierungen zeigen Nässe, die braunen Trockenheit an (Huhtama 2020, basierend auf Cook et al. 2015).

Philip Slavin, ein Professor für mittelalterliche Geschichte an der Universität von Stirling (UK), hat die Situation in England ausführlich untersucht, wobei er sich auf das reiche englische Quellenmaterial stützte. Daraus gibt sich folgendes Bild: «Die lange Niederschlagsperiode begann im Sommer 1314, möglicherweise im Juli. Sie dauerte bis zum Oktober, möglicherweise bis zum November. Dies verzögerte die Aussaat, so dass kleinere Flächen als üblich bestellt werden konnten. Im Frühjahr 1315 setzte der Dauerregen wieder ein. Er wurde von schweren Stürmen und Gewittern begleitet, die Gebäude zerstörten und Bäume fällten. Auch während der Erntezeit regnete es in Strömen, was die Ernte erschwerte und in die Länge zog. Auch der Winter und der Frühling des Jahres 1316 waren übermäßig regnerisch und stürmisch. Das Regenwetter hielt bis in den Sommer hinein an, wodurch viele Felder zur Erntezeit unter Wasser standen. Während der Ernte hörte der Regen endlich auf.» Der Winter war kalt und schneereich[218] und dauerte auf dem Kontinent bis Ende März,[219] was den Saaten zusetzte. Im Frühjahr 1317 nahm der Albtraum ein Ende.

Auf der Grundlage von Baumringdaten wurden die Niederschlagsverhältnisse in einem großen Gebiet rekonstruiert, das Europa, Nordafrika und den Nahen Osten umfasst (Abb. 9.27). Am extremsten war die Nässe im Jahr 1315 innerhalb eines west-östlich orientierten Gürtels zwischen 43° und 58°, der neben West- und Mitteleuropa Katalonien, die Poebene, Irland und Dänemark sowie das westliche Russland umfasste, während die Türkei, Griechenland und Nordafrika unter Trockenheit litten.[220]

Zusammenfassend lässt sich feststellen, dass 24 Monate lang, zwischen Juli 1314 und 1316, extreme Witterungsverhältnisse mit sintflutartigen Regenfällen herrschten, denen ein kalter Winter folgte.[221] Kein vergleichbares Witterungsmuster ist seitdem nachgewiesen, außer vielleicht jenem in den Jahren 1195 bis 1197. «Das ungewöhnlich nasse und kalte Wetter beeinträchtigte praktisch alle Zweige der Landwirtschaft. Insbesondere dünnte es das Getreide aus und förderte den Auswuchs der feuchten Körner, selbst in den Scheunen. Anzunehmen ist, dass der relative Verlust an Nährstoffen größer war als die Einbuße an Volumen, die anhand der Angaben in den Quellen geschätzt werden kann. Mit anderen Worten: Wenn die angenommenen Erträge 50 % unter dem Durchschnitt lagen, mögen die Nährwertverluste 60 oder 70 % betragen haben. Ein durchschnittlicher englischer Pächter hatte somit praktisch nichts mehr zu essen.»[222]

Zusätzlich zu den Lagerbedingungen sind die Transportkosten zu berücksichtigen, denn der Transport mit Pferden und Ochsen wurde extrem zeitaufwendig und teurer. [223] Die anhaltenden Regenfälle verwandelten die Straßen in Morast, wodurch Reit- und Wagenpferde im Schlamm stecken blieben.[224]

Das Vieh lieferte in der organischen Landwirtschaft nicht nur tierisches Eiweiß für die menschliche Ernährung. Seine lebenswichtige Rolle beruhte vielmehr auf seiner multifunktionalen Nutzung als Lieferant von Zugkraft, Stalldünger, Milch und Fleisch. Die endlose Nässe und Kälte zogen die Viehzucht schwer in Mitleidenschaft. Philip Slavin untersuchte die Verwaltungsberichte von englischen Landgütern (Teilkapitel 5.3.3) im Detail und interpretierte die Ergebnisse auf der Grundlage der veterinärmedizinischen Literatur. «Stroh war ein Hauptbestandteil des Tierfutters, vor allem in den Wintermonaten», schreibt er. «Die sintflutartigen Regenfälle erlaubten es den lokalen Bewirtschaftern nicht, es ausreichend zu trocknen. Überschwemmtes Stroh wird leicht schmutzig, schimmelig und faulig und ist dadurch als Tierfutter ungeeignet. Der unaufhörliche Regen erschwerte und verteuerte auch das Mähen von Grasland und die Gewinnung von Heu. Sofern dieses mehrere Tage im Regen liegt, verliert es den größten Teil seines Nährwerts. Zudem fördert faulendes Heu die Aktivität von Parasiten. Es scheint, dass der Verzehr von fauligem Heu der wichtigste Einzelfaktor war, der zum Ausbruch von tödlichen Schaf- und Rinderseuchen während der Hungerjahre beitrug.»[225]

Besonders folgenschwer waren die Auswirkungen der Rinderpest, die 1319 in England ausbrach. «Dabei handelt es sich um eine Viruserkrankung, die nahezu 100 % der infizierten Tiere dahinraffte. Die Seuche scheint, wie eine Generation später der Schwarze Tod, in der eurasischen Steppe entstanden zu sein. In England und Wales verendeten etwa 62 % der Rinder, vor allem weibliche Tiere. Die Kuhbestände erholten sich bis in die ausgehenden 1330er-Jahre nur langsam. Das Angebot an Milch lag deshalb etwa zwanzig Jahre lang unter dem Durchschnitt, wodurch der englischen Bevölkerung einige lebenswichtige Nährstoffe, einschließlich Eiweiß, Kalzium und Vitamin B12 fehlten. Anhand von Skelettfunden auf einem Pestfriedhof des Schwarzen Todes in London ist nachgewiesen, dass Personen, die nach 1319 (dem Jahr des Ausbruchs der Rinderpest in England) geboren wurden, deutlich mehr Anzeichen von Gebrechlichkeit und Pathologie, vor allem Kleinwuchs aufweisen. Solche Befunde deuten auf eine unzureichende Aufnahme der oben genannten Nährstoffe während der körperlichen Entwicklung in der Kindheit und Jugend hin.»[226] Vermutlich zogen anhaltende Nässe und Kälte in anderen Subsistenzkrisen ähnliche Folgen nach sich, auch wenn dies nicht zu belegen ist.

Wie gingen die Opfer mit dem Unglück um? Im Jahr 1315 berichtet ein Pariser Chronist Folgendes: «Ich sah eine große Anzahl (von Menschen) beiderlei Geschlechts, nicht nur aus nahegelegenen Orten, sondern aus Orten, die bis zu fünf Meilen (etwa 20 km) von Paris entfernt waren, barfuß, und viele, mit Ausnahme der Frauen, sogar völlig nackt, mit ihren Priestern, für eine Prozession an der Kirche des heiligen Märtyrers zusammenkommen.

Andächtig trugen sie die Körper von Heiligen und andere Reliquien zur Anbetung mit sich.»[227] «Für die meisten mittelalterlichen Männer und Frauen war es unzweifelhaft Gott, der ein solch unglaubliches Unheil herbeiführte, um die legitime Vergeltung für die Sünde auf alle Köpfe zu verteilen (Teilkapitel 4.3.2). Die Strafe, die die Ungerechten verdient hatten, musste auch von den Gerechten ertragen werden, so wie das Sonnenlicht sowohl die Bösen als auch die Guten wärmte.»[228]

Die räumliche Dimension der großen Hungersnot umfasste Spanien, Frankreich, Großbritannien, Irland, die heutigen Beneluxländer, die germanischen und nordischen Länder, Ungarn sowie die Grenzgebiete Böhmens und Polens,[229] nicht jedoch Italien.230 Die Gesamtbevölkerung dieser Regionen betrug am Vorabend der Hungersnot etwa 30 Millionen Menschen, von denen etwa 90 % auf dem Lande gelebt haben dürften.[231]

Die Weizenpreise in England, Frankreich, dem Deutschen Reich und den Beneluxländern waren etwa dreimal so hoch wie in einem krisenfreien Jahr. Die Schwarzmarktpreise lagen weit höher. «Auf den lokalen Märkten war sehr wenig Getreide zum Verkauf verfügbar. Die Unterbrechung der Getreideversorgung auf den lokalen Märkten kann durch die Zurückhaltung derselben Produzenten erklärt werden, die ihre Getreidevorräte zum Verkauf zur Verfügung zu stellen.»[232] «Von 1315 an zogen auch die Preise für tierische Produkte wie Käse und Butter, Fett und Eier stark an.»[233]

Jede Schätzung über den Rückgang der Bevölkerung während der Hungersnot bleibt spekulativ. Daten aus fünf englischen Landgütern, die auf lokalen Gerichtsprotokollen basieren, deuten darauf hin, dass die Bevölkerung Englands zwischen 1315 und 1318 um 10 bis 15 % zurückging.[234] Im heutigen Belgien ging die städtische Bevölkerung um etwa 10 % zurück, wobei die ländlichen Regionen mindestens ebenso stark betroffen waren.[235]

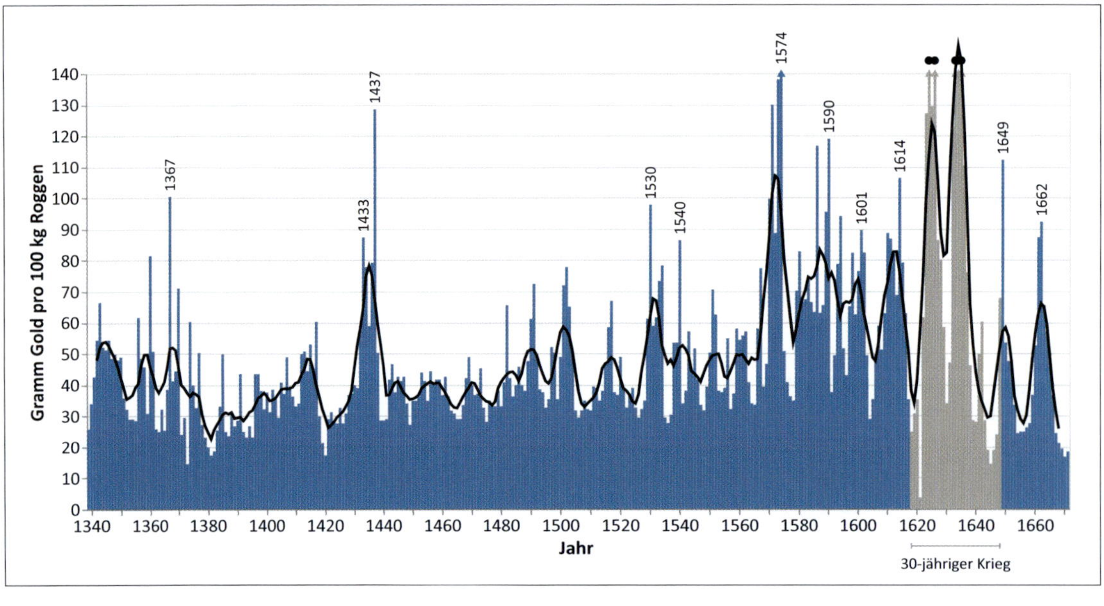

Abb. 9.28. Marktpreise für Roggen in Nürnberg 1339 bis 1671 (in Gramm Gold pro 100 kg). Die Preise beziehen sich auf das Erntejahr (1. August bis 31. Juli). Schwarze Linie: 7-jähriger gleitender Durchschnitt (Daten: Bauernfeind 1993, Tab. A33: 465–470).

9.7.6 Die Hungersnot von 1437 bis 1438

Im Jahr 1437 brach eine schwere Hungersnot aus, die Frankreich, England, die heutigen Beneluxstaaten, die germanischen Länder[236] sowie Irland betraf.[237] Chronisten berichteten von hohen Sterberaten,[238] obwohl die Bevölkerungszahlen relativ gering waren. Die meteorologischen Ursachen der Missernte liegen im Dunkel. Der vorangegangene Sommer 1436 war kühl, aber nicht regnerisch.[239] Der anonyme «bourgeois de Paris» schreibt in seinem Tagebuch, dass es vom 9. Dezember bis zum 21. Februar nur schneite, nie regnete. Als der Schnee Anfang April schmolz, hatte der Frost fast alles Grün [d.h. auch die Saaten] erstickt[240]. Solche schneebedingten Schädigungen der Wintersaat wirkten sich grossräumig aus. In der Folge explodierten die Getreidepreise förmlich[241] (Abb. 9.28). Der Spitzenpreis im Jahr 1437 ist nach der Malthusianischen Hungersnot von 1569 bis 1574 (Teilkapitel 9.7.7), ohne Berücksichtigung der Situation während des Dreissigjährigen Krieges, der zweithöchste. Einzig die europäische Dauerkrise von 1586 bis 1602 zog einen höheren längerfristigen Preisanstieg nach sich (Teilkapitel 9.7.8).

Die Hungerkrise setzte nach einer fast ununterbrochenen Folge von unterdurchschnittlichen und schlechten Getreideernten zwischen 1430 und 1436 ein. Der klimatische Abschwung der 1430er-Jahre betraf fast ganz Europa, wenn auch zu unterschiedlichen Zeiten. Während in Mitteleuropa der Höhepunkt der Knappheit und der Epidemien 1438 erreicht wurde, scheint die Not in Irland 1433/34 am größten gewesen zu sein, auf der Iberischen Halbinsel um 1435, im Ostseeraum zwischen 1434 und 1437, während in England die Krise bis 1440 anhielt.[242] Um Unruhen zu vermeiden, ergriffen viele Städte Maßnahmen, um die Verletzlichkeit der Wohnbevölkerung bei Versorgungsengpässen zu verringern. Zu den Maßnahmen während der Krise von

Fig. 9.29. Der Kornspeicher in Ulm (Deutschland). Quelle: Eventseeker Ulm.[243] Der Getreidespeicher wurde während der schweren Krise des späten 16. Jahrhunderts im Jahr 1594 an der Stelle eines kleineren, 1407 erbauten Speichers errichtet. Charakteristisch ist der hohe Dachstuhl, der auch zu Lagerzwecken genutzt wird. 1962 umgebaut, dient er heute als Veranstaltungsort für verschiedenste Events.

1437/38 gehörten Ausfuhrverbote und Höchstpreise sowie Getreideimporte aus besser versorgten Gebieten.

Kornspeicher wurden gebaut, um bei reichlichen Ernten Getreide zu lagern und dieses bei Knappheit unter den Marktpreisen an Bedürftige zu verkaufen (Abb. 9.29). So unterstützte der Nürnberger Rat während der Krise von 1437 bis 1438 etwa 2000 Menschen mit vergünstigtem Getreide. Bedürftige von außerhalb der Stadt, sogenannte «fremde Bettler», wurden vertrieben. Immense Summen wurden für Getreideimporte ausgegeben, die durch die Aufnahme von Krediten im Voraus bezahlt werden mussten. Später floss ein Teil der Kosten durch den Verkauf des Getreides zurück. Im 15. Jahrhundert blieben solche Maßnahmen auf wohlhabende Städte beschränkt. Aufstrebende Territorialstaaten dehnten dieselben vom späten 17. Jahrhundert an auf ihr gesamtes Territorium aus.[244]

9.7.7 Bevölkerungswachstum und die Hungersnot von 1569 bis 1574

Nach einer langen demographischen Wachstumsperiode leitete die Hungersnot von 1569 bis 1574 den Übergang von einer warm-gemäßigten zu einer mehrheitlich kalt-feuchten Klimaperiode ein, die bis 1601 andauerte. Ein Großteil des Kontinents wurde in ihren Strudel hineingezogen.

In Norditalien zog der nasse Herbst 1568 eine schlechte Ernte und eine Hungersnot nach sich. Auch in Ost- und Ostmitteleuropa stiegen die Getreidepreise im Jahr 1569 sprunghaft an.[245] In Mitteleuropa beeinträchtigte der nasse und kalte Sommer 1569 die Getreide- und Weinernte. Der lange, schneereiche Winter 1570 schädigte das Saatgut, und die übermäßige Sommernässe führte zu Auswuchs der Ähren.[246] Auch in den Kornkammern Ostpreußens

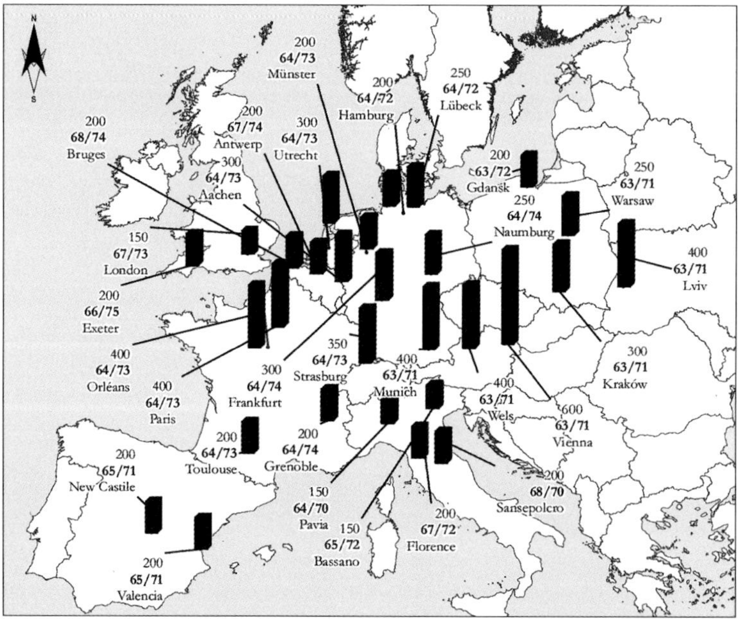

Abb. 9.30. Die malthusianische Hungersnot der frühen 1570er-Jahre in Europa (Basis: Abel 1974: 74, adaptiert von White und Co-Autoren 2018: 341). (Erläuterungen im Text).

im heutigen Polen und in den heutigen baltischen Staaten fielen die Ernten in diesem Jahr schlecht aus.[247] Eine Serie von drei Ernteausfällen löste die Krise aus, wobei räumliche Unterschiede zu berücksichtigen sind: Die Getreidepreise in Nürnberg zeigen zwei Doppelspitzen. Nach einer ersten in den Jahren 1570 und 1571 folgte nach einer kurzzeitigen Entspannung im Jahr 1572 eine zweite, höhere in den Jahren 1573–74 (Abb. 9.28).

Die Zahlen in Abbildung 9.30 zeigen den Anstieg der Getreidepreise für eine Reihe von europäischen Städten in Prozent (dreistellig) innerhalb des Zeitraums 1563 bis 1576, wobei das Jahr (-1500) mit den niedrigsten Preisen und jenes (-1500) mit den höchsten Getreidepreisen, jeweils durch einen Schrägstrich getrennt sind. Zum Beispiel zeigt die Angabe für Valencia (Südostspanien) «200» und darunter «64/71» an, was bedeutet, dass die Preise zwischen dem günstigsten Jahr [15]64 und dem teuersten Jahr [15]71 um 200 % anstiegen.

Wie in Situationen starker Nahrungsmittelknappheit üblich, waren die von günstigen Importen abgeschnittenen Binnenregionen stärker betroffen als die Städte an der Küste, die von den niedrigen Transportkosten über das Meer profitierten. Während sich die Preise im Mittelmeerraum und in den Nord- und Ostseehäfen verdoppelten, verteuerten die explodierenden Transportkosten im Hinterland und über Land, vor allem durch höhere Ausgaben für Futtermittel für Zugtiere und Menschen, das importierte Getreide im Inneren des Kontinents um das Vier- bis Sechsfache.[248] Das «Binnenlandhandikap» oder die Polarisierung des Raums, wie man es nennen könnte, vereitelte die ausgleichende Wirkung des Marktes auf die Preise. Die Binnenregionen Europas mussten auf den Bau eines dichten Eisenbahnnetzes in der zweiten Hälfte des 19. Jahrhunderts warten, bevor sie voll in den Weltmarkt integriert wurden.[249]

Die Regierungen wurden von der Krise kalt erwischt. Die drei vorangehenden Generationen hatten nur moderate und kurzlebige klimatische Stresssituationen erlebt. So standen innert nützlicher Frist keine adäquaten Massnahmen zur Verfügung, um mit der neuen Situation umzugehen. Die Behörden versuchten, ihre unzureichende Vorsorge durch demonstrative Eingriffe in den Markt zu überspielen. Territoriale Machthaber verboten den Export von Getreide, wobei die Embargos oft umgangen werden konnten. «Die Regierungen machten Spekulanten für den Preisanstieg verantwortlich, deren Verhalten als verbrecherisch und sündhaft gebrandmarkt wurde.»[250] Die Krise rührte auch an das religiöse und moralische Selbstverständnis der Bevölkerungen. Dies nutzten Regierungen und der Klerus für ihre politischen und religiösen Ziele aus. Durch Kleidervorschriften, Einschränkungen des Sexuallebens und Verbot von Lustbarkeiten griffen sie massiv das Alltagsleben ein.[251]

9.7.8 Die Dauerkrise von 1585 bis 1601

Der schlimmste Schlag folgte in den 1580er-Jahren. Die Witterung in den Sommern von 1586 bis 1597 stand unter dem Einfluss eines schwachen Azorenhochs und stationären Tiefdruckgebieten in Nordwesteuropa (Abb. 8.31). Die außergewöhnliche Situation wurde sehr wahrscheinlich durch eine Serie von fünf großen Vulkanausbrüchen rund um den Pazifischen Feuerring verur-

Abb. 9.31. Zehntabgaben in Roggen in der Region Nürnberg (Deutschland), 1541 bis 1545 und 1591 bis 1620 (nach Bauernfeind 1993: 250).

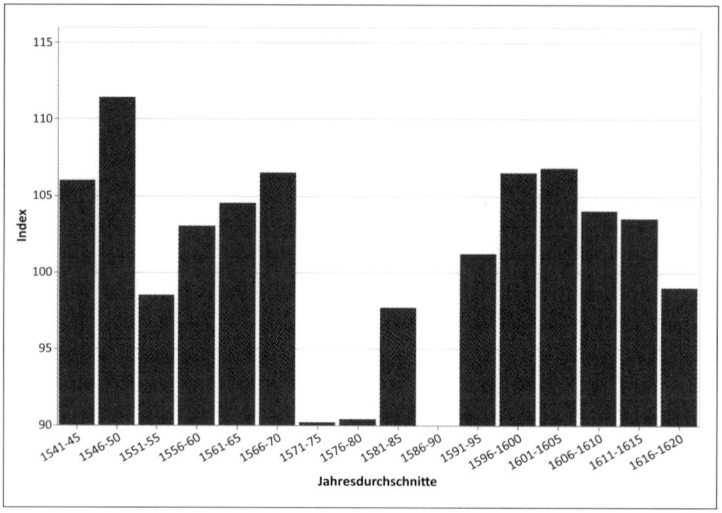

sacht. Und nach dem gigantischen Ausbruch des peruanischen Vulkans Huaynaputina im Februar und März 1600 folgten die beiden sehr kalten und nassen Jahre 1600 und 1601 (Teilkapitel 10.1.3).

Die Abkühlung im späten 16. Jahrhundert betraf alle Zweige der Landwirtschaft. Der deutsche Historiker Walter Bauernfeind stellte anhand der Zehnterträge im Nürnberger Raum fest, dass die Spitzenerträge nach 1585 bei weitem nicht mehr das Niveau in der Zeit vor 1570 erreichten (Abb. 9.31). Ebenso sanken die Zehnterträge im Schweizer Mittelland um etwa 10 %, und auch für England und in Norditalien wurde ein deutlicher Ertragsrückgang festgestellt.[252]

Unter den klimatischen Bedingungen des späten 16. Jahrhunderts war der Einbruch der Getreideerträge möglicherweise durch geringere Viehbestände mitbedingt. Weniger Vieh konnte in kalten Frühlingen überwintert werden, und in den nassen Sommern waren die Tiere vermehrt auf verdorbenes Futter angewiesen, was die Gefahr von Viehseuchen mit sich brachte (Teilkapitel 9.7.4). In einem alarmierenden Memorandum aus dem Jahr 1591 ist zu lesen, dass im heutigen Kanton Waadt (Westschweiz) große Teile der Felder aufgrund eines akuten Mangels an Zugvieh brachlagen. Gestützt wird dieser Bericht durch die Tatsache, dass die Getreidezehnten aus dieser Region ab Mitte der 1580er-Jahre einbrachen.[253]

Aufgrund häufiger Kälte- und Nässeperioden zwischen Ende Juni und Anfang August sackten die Weinernten nördlich der Alpen, auch im westlichen Ungarn,[254] nach 1584 auf niedrige Werte ab (Abb. 9.32). Außerdem war der Tropfen oft sauer, weil es im Spätsommer und Frühherbst an Wärme und Sonnenschein fehlte. Massiv brach wahrscheinlich auch die Milchproduktion ein. Die jährliche Milchleistung pro Kuh im Schweizer Mittelland ging von schätzungsweise 1635 Litern in der Warmzeit 1530 bis 1565 in der darauffolgenden Kaltperiode auf 625 Liter zurück.[255]

Das war mehr als nur eine kurze Schlechtwetterperiode. Es war die längste und schwerwiegendste Klimakrise der letzten tausend Jahre, die mit verbreiteten Missernten und Unruhen einherging. Beobachter in Frankreich,

England, Italien und Spanien bezeichneten die 1590er-Jahre als eine Zeit des großen Umbruchs. Von Mitte der 1580er- bis Ende der 1590er-Jahre litt Frankreich unter Missernten, Epidemien und Religionskriegen. Neapel und Sizilien sowie Teile Spaniens wurden in den frühen 1590er-Jahren von Subsistenzkrisen heimgesucht. England und Schottland erlebten von 1593 bis 1597 eine katastrophale Abfolge von Missernten mit wirtschaftlicher Depression, weit verbreiteter Armut und hoher Sterblichkeit durch Pest und Hungersnöte. In Österreich lösten hohe Lebensmittelpreise zwischen 1594 und 1597 Bauernaufstände aus. In Skandinavien kam es zwischen 1596 und 1603 zu Missernten in Schweden. «Es gab schreckliche Szenen des Leidens in England, Schottland, Frankreich, Deutschland, der Schweiz, Ungarn, Russland und Spanien.»[256]

Die Reallöhne blieben in England zwischen 1541 und 1570 trotz eines erheblichen Bevölkerungswachstums stabil. In den anschließenden drei Jahrzehnten fielen dieselben dagegen rasch (Abbildung 9.33). Darin äußert sich die typische Armutsfalle vorindustrieller Gesellschaften. Die wachsende Verelendung äußert sich auch im Rückgang der durchschnittlichen Körpergröße der europäischen Männer im späten 16. und frühen 17. Jahrhundert, was auf schlechtere Ernährungsbedingungen hindeutet.[257]

9.7.9 Hungersnöte im 17. und frühen 18. Jahrhundert

Geoffrey Parker wies nach, dass die Menschen am meisten unter der «fatalen Synergie» von klimatischen Extremen, Nahrungsmittelknappheit und Krieg litten.[258] Dies betrifft weniger die europäischen Konflikte im späten 16. Jahrhundert als den Dreißigjährigen Krieg und die Zeit bis zum Ende des Spanischen Erbfolgekriegs 1714.

Der Dreißigjährige Krieg warf die Bevölkerung in Deutschland auf den Stand von 1520 zurück. Der enorme demographische Aderlass war durch die Synergie von Krieg, Kälteeinbrüchen und Epidemien bedingt. Der frostige Sommer 1628 kann jenen von 1258 und 1816 verglichen werden (Teilkapitel

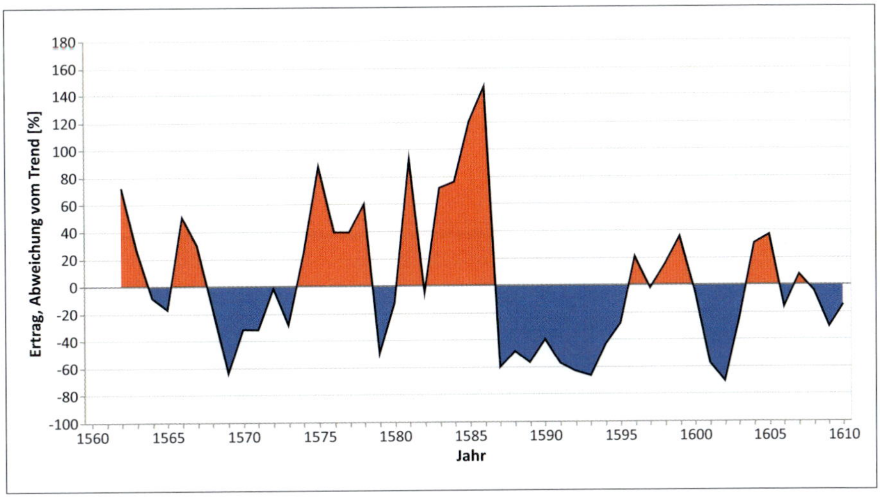

Abb. 9.32. Weinproduktion des «Bürgerspitals» in Wien 1585 bis 1610 (Abweichungen vom langjährigen Trend in %; nach Landsteiner 2005: 106).

3.4 und 7.5.3). Plündernde Soldatenbanden verbreiteten die Pest und die Rote Ruhr. Die Landbevölkerung, die sich gegen Zahlung einer Steuer hinter die festen Mauern der Städte rettete, schleppte die Seuchen in die Stadt oder steckte sich dort an und infizierte nach der Rückkehr ihre Dorfgenossen. Am Ende des Krieges waren einige Gebiete des Heiligen Römischen Reiches zu 80 % entvölkert. Die Erholung erfolgte nur langsam, obwohl die verbleibende Bevölkerung ihr Fortpflanzungspotenzial voll ausleben konnte.[259] Zusammenfassend lässt sich sagen, dass die Bevölkerung im 17. Jahrhundert in Mitteleuropa stagnierte, in Osteuropa sogar rückläufig war, während Westeuropa einen Bevölkerungszuwachs verzeichnete (Abbildung 9.25).

Im Jahr 1688 stürzte der französische Sonnenkönig Ludwig XIV. im Kampf gegen eine Koalition von Großmächten den Kontinent in zwei lange Konflikte, zunächst bis 1697 in den Pfälzischen Krieg, dann zwischen 1701 und 1714 in den Spanischen Erbfolgekrieg. Zeitgleich mit dem Ausbruch des Pfälzischen Kriegs 1688 sank die Jahrestemperatur in West- und Mitteleuropa für ein Jahrzehnt um 1.5 °C unter den Durchschnitt des 20. Jahrhunderts (Teilkapitel 10.1.2). Besonders betroffen von der Krise waren Gebiete in Gebirgslagen und höheren Breiten. Im Alpengebiet wurde die frostfreie Zeit erheblich verkürzt.[260] In Schottland reiften die Ernten über mehrere Jahre hinweg nur unzureichend. Die dortige Hungersnot war wahrscheinlich die schlimmste in den letzten 750 Jahren.[261] In Finnland wurden die Getreideernten in drei aufeinanderfolgenden Jahren – 1694, 1695 und 1696 – durch extreme sommerliche Spätfröste vernichtet.[262] Im griechischen Hochland dezimierten lange Winter und kalte Frühlinge den Viehbestand.[263]

Große Teile Europas litten unter einer siebenjährigen Periode hoher Lebensmittelpreise, die durch die von den Konfliktparteien verhängten Embargos verschärft wurden. Nach einem «Jahr ohne Sommer» 1692 und einem kalten Frühling im Jahr 1693 wurden 1694 nur geringe Ernten eingefahren. Frankreich verlor 6 % seiner Bevölkerung, meist durch hungerbedingte Epidemien.[264] In Deutschland und in der Schweiz litten die Beschäftigten im Textilgewerbe analog zur Tambora-Krise von 1817 (Teilkapitel 3.5) in besonderem Maße.[265]

9.7.10 Subsistenzkrisen und Hungersnöte im späteren 18. und im 19. Jahrhundert

Nach dem frühen 18. Jahrhundert wurden Subsistenzkrisen zunehmend auf Misswirtschaft und «Versagen der Politik» zurückgeführt. Die veröffentlichte Meinung verwies auf strukturelle Defizite und bürokratische Ineffizienz. Warum waren die Straßen so schlecht, dass die Einfuhr von Brotgetreide nicht zügig erfolgen konnte? Warum waren die Lagerhäuser zu klein, um die Armen zu versorgen? Warum waren die vorhandenen nicht gefüllt?[266] Die Kritik der Intellektuellen und die Wut der Bevölkerung machten Aufstände wahrscheinlicher und zwangen die Behörden zum Handeln. [267]

Im Allgemeinen verliefen Versorgungsengpässe glimpflicher, sei es, dass die landwirtschaftliche Produktivität anstieg (Teilkapitel 9.6.3), sei es, dass die Behörden effizientere Maßnahmen ergriffen, um ihre Auswirkungen zu dämpfen. Zu den Ausnahmen gehört der Temperatursturz von 1709 (Einschub 8E), der in Frankreich etwa 600'000 Opfer kostete.[268] Ein anderes Beispiel betrifft Irland, das im Wesentlichen von Kartoffeln lebte. Da die Winter üblicherweise mild waren (Teilkapitel 6.1), wurden die Knollen in Gärten und auf Feldern gelagert.[269] Der harte Frost im Jahr 1740 (Kap. 8.6.1) vernichtete die gelagerten Vorräte einschließlich des Pflanzguts für das folgende Jahr[270] (Teilkapitel 9.7.10). Außerdem fiel die Maisernte aus, was in Irland zu einer größeren Sterblichkeit führte als in Großbritannien oder auf dem Kontinent. Schließlich fielen Schafe und Rinder den Spätfrösten in den Jahren 1740 und 1741 zum Opfer.[271] Ein Kälteeinbruch in den frühen 1770er-Jahren löste eine weitere Subsistenzkrise aus, die in Mitteleuropa stark spürbar wurde, aber eigentliche Hungersnöte blieben auf Teile der tschechischen Länder, Deutschlands und auf die nordischen Länder beschränkt.[272]

Ein neuartiges Phänomen zeigte sich in England im späten 18. Jahrhundert (Abb. 9.33). In der Abbildung lassen sich drei Teile unterscheiden. Wie bereits erwähnt führte das schnelle Bevölkerungswachstum im späten 16. Jahrhundert zu sinkenden Reallöhnen, weil die landwirtschaftliche Produktion nicht mit der Zahl der Menschen Schritt hielt. Zwischen dem frühen 17. und der Mitte des 18. Jahrhunderts wuchsen Bevölkerung und Wirtschaft in etwa gleich schnell. Dann, im späten 18. und frühen 19. Jahrhundert, sanken die Reallöhne trotz der Modernisierung der Landwirtschaft erneut, weil die Bevölkerung zu rasch wuchs. Erst mit der einsetzenden Industrialisierung im frühen 19. Jahrhundert wuchsen Bevölkerung und Lebensstandard dann wieder im Gleichschritt.

Schwere Hungersnöte im 19. Jahrhundert sind auf ein schlechtes Management von Subsistenzkrisen zurückführen. Beträchtliche kleinräumige Unterschiede sind am Beispiel der Tambora-Krise von 1816–17 in der Schweiz nachgewiesen worden, je nach den sozioökonomischen Voraussetzungen und der Effizienz des Krisenmanagements (Teilkapitel 3.6). Dies gilt auch für den Fall von Irland und Finnland.

Die in den 1840er-Jahren durch eine Pilzkrankheit (Phytophthera infestans) ausgelöste Kartoffelfäule nahm in Irland katastrophale Ausmaße an,

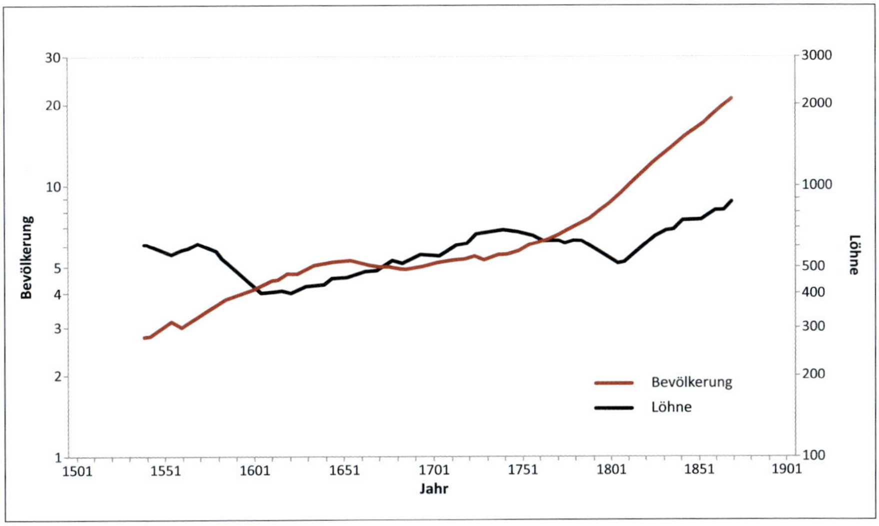

Abb. 9.33. Bevölkerung und Reallöhne in England 1541 bis 1871 (umgezeichnet nach Wrigley und Schofield 1981, 93; semilogarithmische Skala). Das vom Wirtschaftshistoriker Edward Anthony Wigley und dem Sozialhistoriker Roger Schofield (1937–2019) ausgearbeitete, raffinierte Modell umfasst aggregierte Schätzwerte für Geburten, Sterbefälle, die Migration sowie Eheschließungen zusammen mit ökonomischen Parametern wie Löhnen und Preisen.

wodurch etwa eine Million Menschen starb.[273] «Die Katastrophe wird sowohl mit der wirtschaftlichen Unterentwicklung als auch mit dem Missmanagement der regierenden englischen Eliten in Verbindung gebracht.»[274] In Finnland vernichteten Spätsommerfröste in den Jahren 1867 und 1868 nahezu die gesamte Getreideernte. Jeder zwölfte Einwohner des Landes starb an Unterernährung und den damit verbundenen Krankheiten, während die Zahl der Geburten um fast ein Drittel zurückging. Die Katastrophe war das Ergebnis schlechter Kommunikationswege, einer frühen Vereisung der Wasserstraßen, die den Massentransport behinderte, der ineffizienten russischen Bürokratie, einer leeren Staatskasse und der Schwierigkeit, rechtzeitig Kredite zu organisieren. Im Gegensatz zu Irland, das mehr als ein halbes Jahrhundert brauchte, um sich demographisch einigermaßen zu erholen, erlangte Finnland seine Vorkrisenbevölkerung innerhalb von sieben Jahren wieder. Diese Unterschiede mögen teilweise erklären, warum die irische Hungersnot allgemein bekannt ist, während die finnische Hungersnot von 1866 bis 1868 außerhalb des Landes bisher kaum beachtet worden ist.[275]

9.8 Fazit

Anhand von Klimarekonstruktionen auf der Basis von saisonalen Proxies und instrumentellen Messungen wurde die Bedeutung des Klimas für die Entwicklung der Bevölkerung und der Wirtschaft vor dem Aufkommen der modernen Welt untersucht. Im Folgenden werden die wichtigsten Ergebnisse zusammengefasst, und es werden einige Schlussfolgerungen gezogen.

Zum einen zeigt sich, dass relativ hohe Temperaturen im Sommerhalbjahr bis zur Mitte des 18. Jahrhunderts das Bevölkerungswachstum maßgeblich förderten. Die überwiegend warme Sommerwitterung zwischen 1170 und 1300 induzierte eine lange Bevölkerungswelle, die durch die Ausweitung der Anbaufläche mittels technischer und organisatorischer Innovationen unterstützt wurde. Nach den 1270er-Jahren geriet die demographische Dynamik entsprechend dem ökonomischen Gesetz des abnehmenden Ertrags ins Stocken. Die Reallöhne sanken, eine Situation, die als Armutsfalle oder «Malthusianische Falle» bekannt ist.

Der Rückschlag durch den Schwarzen Tod in der zweiten Hälfte des 14. Jahrhunderts führte zu einer 150-jährigen Periode demographischer und wirtschaftlicher Quasi-Stagnation. Der Getreideanbau ging zurück, Felder wurden in Wiesen umgewandelt, und Wälder breiteten sich aus. Eine zweite Welle des Bevölkerungswachstums setzte im späten 15. Jahrhundert ein. Zwischen 1530 und 1568 fußte sie auf mehrheitlich warmen und trockenen Bedingungen im Sommerhalbjahr. Nach der Krise in den frühen 1570er-Jahren verlangsamte sich der demographische Impuls. Verstärkt wurde diese Tendenz durch eine in ihrer Dauer wohl einmalige Abkühlung zwischen 1585 und 1601. Der Aufschwung nach der Katastrophe des Dreißigjährigen Kriegs profitierte vom Abklingen der Pest. Darüber hinaus ergriffen die Obrigkeiten zunehmend Maßnahmen, um ihre bedürftigen Untertanen bei Lebensmittelknappheit zu unterstützen.

Das 18. Jahrhundert war frei von längerfristigen klimatischen Widrigkeiten. Eine Wärmeperiode zwischen 1718 und 1739 leitete eine dritte Bevölkerungswelle ein. Die Ausbreitung der landwirtschaftlichen Modernisierung ab etwa 1750 schuf dann eine neue Qualität von Bevölkerungswachstum, die auf landwirtschaftlichen Recyclingstrategien im Verbund mit einer Ausweitung der Viehzucht beruhte.

Witterungsbedingt ging die Bevölkerung im Gefolge von drei aufeinanderfolgenden Missernten stets stark zurück. Dieses Muster zeigt sich erstmals in den Jahren 1195–97, im Weiteren anhand der Großen Europäischen Hungersnot zwischen 1314 und 1317, vielleicht auch anhand der «Malthusianischen Hungersnot» in den frühen 1570er-Jahren. Diese Krisen wurzelten in meteorologischen Bedingungen, die seither nie mehr aufgetreten sind. Inwieweit Missernten in zwei aufeinanderfolgenden Jahren zu überregionalen Hungersnöten führten, bleibt zu untersuchen. Anhand der vorliegenden Dokumentation kann jedoch davon ausgegangen werden, dass Ernteausfälle in einem einzelnen Jahr, selbst wenn sie wirklich katastrophal waren wie 1258, keine großflächigen Hungersnöte nach sich zogen.

Jahrzehntelange klimatische Schlechtwetterperioden mit Hungersnöten betrafen drei Zeitintervalle. Die Jahre zwischen 1430 und 1442, die von häufigen strengen Wintern und frostigen Frühlingen geprägt waren, gipfelten in der klimageschichtlich unzureichend erklärten Hungersnot von 1437 bis 1438. Diese wurde möglicherweise durch einen aussergewöhnlich extremen Schadenfrost Ende Mai 1437 verursacht. Die längste meteorologisch bedingte Dauerkrise steht im Zusammenhang mit fünf großen Ausbrüchen tropischer Vulkane zwischen 1585 und 1600. Wiederholte Extreme stürzten Europa in eine Reihe von schweren Krisen in verschiedenen Regionen zu unterschiedlichen Zeitpunkten. In Nürnberg trat die Krise durch eine lange Abfolge von hohen Getreidepreisen in Erscheinung. Schließlich brachte das durch geringere Sonnenaktivität gekennzeichnete späte Maunder-Minimum (Abb. 6.9b) neben regionalen Krisen in den 1690er-Jahren und im Jahr 1709 eine Verkürzung der frostfreien Periode in Gebirgsregionen und hohen Breiten mit sich.

Schlussfolgerungen zum Zusammenhang von Klima und Bevölkerung gehen zunächst von der einflussreichen Theorie der dänischen Agrarökonomin Ester Boserup (1910–1999) aus. Mit Blick auf die Situation im heutigen globalen Süden betrachtete sie den Bevölkerungsdruck als Hauptursache für Verbesserungen in der Landnutzung.[276] Dieser Theorie entspricht die Entwicklung in der langen Welle des Bevölkerungswachstums im 13. Jahrhundert. Aufgrund des Gesetzes des abnehmenden Grenznutzens würgte sich dieser Wachstumsprozess jedoch vom späten 13. Jahrhundert an selber ab, und zwar bevor sich die Sommer nennenswert abkühlten.

Der englische Pastor Robert Thomas Malthus (1766–1834), der Inhaber des weltweit ersten Lehrstuhls für politische Ökonomie, führte Versorgungsengpässe und Hungersnöte auf «Überbevölkerung» zurück. In seinem berühmten Aufsatz «Principle of Population» aus dem Jahr 1798 postulierte er, dass die Bevölkerung die inhärente Neigung habe, über ihre inhärenten Grenzen hinaus zu wachsen. Tatsächlich ist, wie Carmac Ó Gráda es ausdrückt, «der demographische Druck auf die Ressourcen ein wichtiger Faktor bei der Schaffung der Bedingungen, unter denen eine schwere Hungersnot auftreten kann, aber er ist nicht in der Lage, sie per se auszulösen».[277] Die «Malthusianische Hungersnot» der frühen 1570er-Jahre entspricht Malthus' Lesart des Problems am ehesten. Andererseits konnten extreme meteorologische Bedingungen selbst bei fehlendem Bevölkerungsdruck schwere Hungersnöte nach sich ziehen, wie das Beispiel der Jahre 1437–38 zeigt.

Die demographische Bedeutung von meteorologischen Extremen nahm vom 18. Jahrhundert an ab, zunächst durch die Agrarmodernisierung im späten 18. und frühen 19. Jahrhundert, dann durch die Transportrevolution des 19. Jahrhunderts und schließlich in beschleunigtem Maße durch die langsame anthropogen beeinflusste Erwärmung im 20. Jahrhundert, zumindest außerhalb der beiden Weltkriege.

10. Das europäische Klima während des letzten Jahrtausends

10.1. Das Klima von 1000 bis 1989 in jahreszeitlicher Auflösung

10.1.1 Einleitung

In Kapitel 1 wurden die Grundlagen des globalen Klimasystems erläutert. In Kapitel 2 wurde die Klimadynamik während des Holozäns dargestellt. Ein 1000-jähriger Überblick über das Klima, gestützt auf Belege aus natürlichen Archiven, meteorologischen Messungen und einer Modellsimulation, wurde in Kapitel 6 skizziert. Dieses Kapitel präsentiert ein langfristiges, nach Jahreszeiten aufgelöstes Bild des Klimas vor der Warmperiode der Gegenwart (WPG). Die Zeit nach 1988/89 wird in Teilkapitel 11.3 charakterisiert. Die Pfister-Temperatur-Indizes decken nahezu das gesamte Jahrtausend ab. Geschätzte saisonale Temperaturen für Mitteleuropa (Deutschland, Schweiz und die tschechischen Länder) sind von 1500 bis 1760 verfügbar. Anschließend beruhen diese auf instrumentellen Messreihen. Für Paris liegen Temperaturen ab 1659 vor. Die jahreszeitlichen Belege pro Jahrhundert wurden in Kapitel 7 für das Hochmittelalter (HMA) und in Kapitel 8 für die Nordhemisphärische (boreale) Kleine Eiszeit (NKE) sowie das Kurze 20. Jahrhundert (K20JH) vorgestellt.[1] Die jahrhundertübergreifende Perspektive in diesem Kapitel fasst die wichtigsten Ergebnisse der Kapitel 6 bis 9 zu einem kohärenten Bild zusammen. Zusätzlich gibt sie Einblicke in die Antriebsfaktoren, die das Klima vor dem Beginn der vor allem anthropogen beeinflussten Erwärmung prägten.

10.1.2 Die Entwicklung der saisonalen Temperaturen vor der Warmperiode der Gegenwart (WPG)

Die Zeitreihen in Abbildung 10.1a-d zeigen einen Überblick über die saisonalen Pfister-Indizes als Temperaturindikatoren für das letzte Jahrtausend. Die geglätteten Kurven (schwarze Linien) vermitteln das Bild des längerfristigen Verlaufs. Vor 1140 sind die Aussagen zu lückenhaft, um allgemeine Aussagen für Winter und Sommer zuzulassen (siehe auch Abb. 6.7a). Die wichtigsten Tendenzen lassen sich wie folgt zusammenfassen:

Die Winter waren zwischen 1000 und den 1970er-Jahren fast durchgehend kalt, abgesehen von kurzen warmen Sequenzen im späten 13. und im späten 15. Jahrhundert sowie in den 1920er-Jahren (Abb. 10.1a). Als besonders frostig erwiesen sich die Jahreszeiten im frühen 13. Jahrhundert, in den 1320er-Jahren und in den 1430er-Jahren. Nach 1560 wurden strenge Winter bis Mitte der 1890er-Jahre fast zur Regel. Extrem waren in dieser Hinsicht die Perioden zwischen 1573 und 1608 sowie zwischen 1684 und 1740, als Seen und Flüsse häufig zufroren. Erst von 1970 an wurden die Winter kontinuierlich wärmer.

Im Frühling (Abb. 10.1b) ging eine kalte Phase zwischen 1210 und 1260 in eine Abfolge von warmen Jahreszeiten zwischen 1268 und 1284 über, welche innerhalb des Jahrtausends einmalig ist. Der Zeitraum bis 1950 war durch eine Abfolge von Temperaturrückgängen und anschließenden Erholungen auf

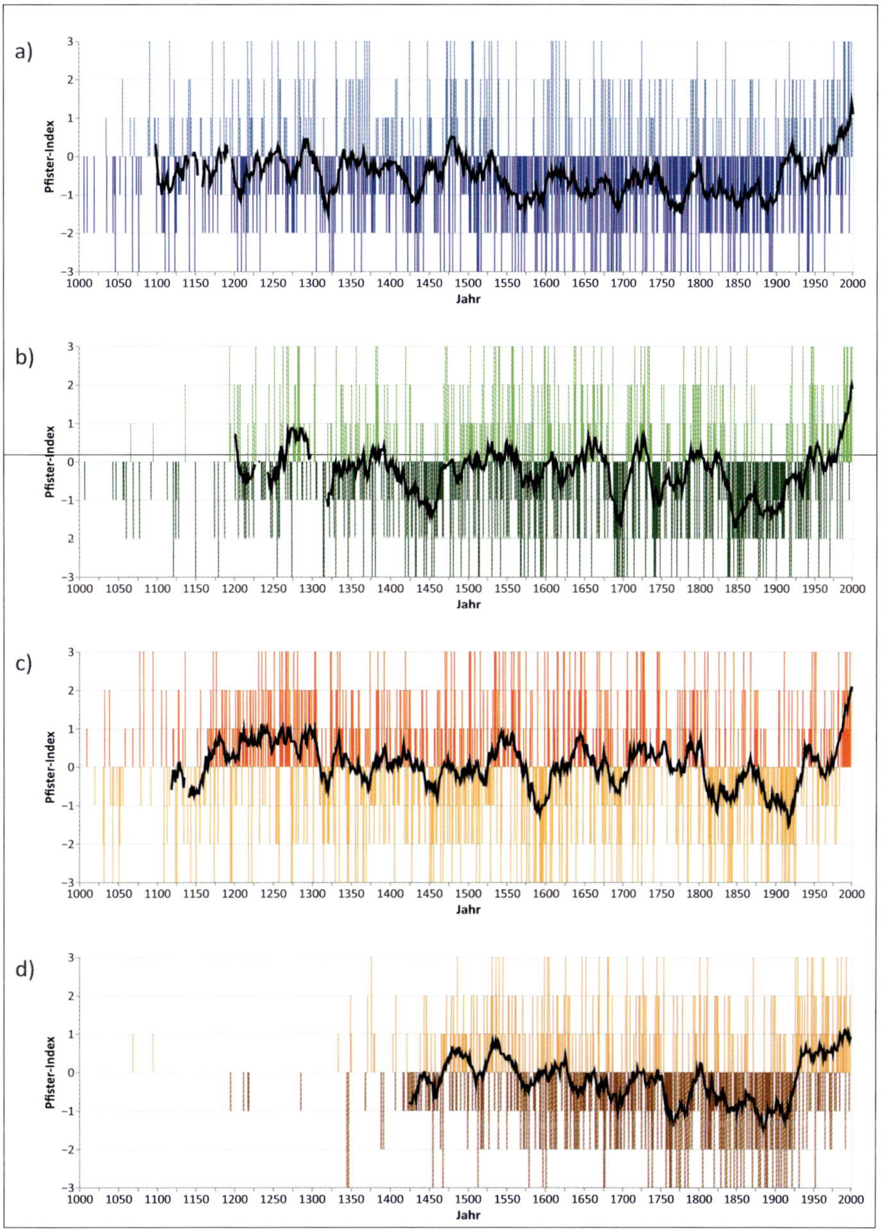

Abb. 10.1. Übersicht über die saisonalen Pfister-Indizes für das letzte Jahrtausend. a) Winter. b) Frühling. c) Sommer. d) Herbst.

«durchschnittliche» Werte gekennzeichnet. Nach 1385 sanken die Frühlingstemperaturen kontinuierlich bis zu einem ersten ausgeprägten Tiefpunkt in den 1450er-Jahren. In England nahm die Häufigkeit der Westwinde von den 1350er-Jahren an bis zu einem säkularen Minimum in den 1430er-Jahren ab.[2] Auf die Erholung zwischen den 1470er- und 1560er-Jahren folgte ein zweiter kleiner Rückgang im späten 16. Jahrhundert. Die dritte Sequenz von kalten Frühlingsperioden äußerte sich während des (solaren) Maunder-Minimums zwischen 1687 und 1701 in Form eines eigentlichen Temperatursturzes. Die vierte Kaltphase zwischen 1837 und 1853 dauerte länger, war aber weniger extrem. Sie leitete die langsame Erwärmung dieser Jahreszeit ein, die sich erst ab Mitte der 1940er-Jahre beschleunigte.

Beim Verlauf der Sommertemperaturen (Abb. 10.1c) fällt eine fast durchgehende 140-jährige Abfolge von warmen Jahreszeiten von 1170 bis 1310 auf, die innerhalb der letzten 1000 Jahre einzigartig ist. Sie wurde durch einen extremen Rückschlag zwischen 1195 und 1197 unterbrochen, außerdem 1258 durch ein «Jahr ohne Sommer», dies nach dem Ausbruch des Vulkans Samalas im Vorjahr. Vom frühen 14. Jahrhundert an sanken die Temperaturen auf ein tieferes Niveau, das bis in die späten 1980er-Jahre mehr oder weniger beibehalten wurde. Kältere Phasen wurden in den 1340er-, 1360er- und 1370er-Jahren beobachtet. Eine Reihe von kalten Sommern prägte die 1450er- und frühen 1480er-Jahre, während sich die anschließenden Sommer bis 1530 wechselhaft zeigten. Danach waren die Sommer bis 1565 überwiegend warm. Anschließend wendete sich das Blatt merklich. Die Temperaturen schwankten zunächst und fielen dann von 1585 bis 1601 rasch auf sehr niedrige Werte. Bis 1688 bewegten sich die Sommer zwischen warmen und kalten Phasen. Die 1690er-Jahre zeigten sich überwiegend kalt und blieben danach wechselhaft bis 1717. Die folgenden zwei Jahrzehnte bis 1739 blieben überwiegend warm. Ab 1700 herrschten über den Britischen Inseln sehr häufig südwestliche Winde, die in den 1730er-Jahren einen Höhepunkt erreichten.[3] Nach einem Kälteeinbruch in den frühen 1740er-Jahren wechselten sich in den späten 1740er, in den frühen 1780er- und in den 1790er-Jahren warme und kalte Perioden ab. Die Sommer zwischen 1810 und 1860 zeigten sich überwiegend kühl, ebenso zwischen 1882 und der Mitte der 1920er-Jahre. Ab 1930 stiegen die Sommertemperaturen bis zu einem vorübergehenden Maximum in den späten 1940er-Jahren an, dann gingen sie von der Mitte der 1950er-Jahre bis 1965 zurück, bevor in den 1980er-Jahren der bekannte, globale Erwärmungstrend einsetzte (Abb. 10.1c).

Die Herbstmonate (Abb. 10.1d) zeigten sich zwischen 1470 und 1560 überwiegend warm, dann sanken die Temperaturen langfristig bis 1920. Kälterückfälle sind zwischen 1570 und 1602, 1630 und 1650, 1675 und 1720 sowie von 1768 bis in die frühen 1790er-Jahre zu verzeichnen. Nach einer leichten Erwärmung um 1800 blieben die Herbste im 19. und frühen 20. Jahrhundert fast durchwegs kalt. Schlagartig erwärmten sie sich dann von den späten 1920er-Jahren an.

10.1.3 Die Antriebsfaktoren und das längerfristige Bild

Das Schema in Abbildung 10.2 zeigt, wie die Antriebsfaktoren und der Einfluss der internen Systemvariabilität (d. h. in Europa vorwiegend die NAO) auf das Klima wirken, welches seinerseits die Dynamik der Gletscher, der Vegetation und der Baumgrenze sowie die menschliche Welt beeinflusst. Die bestimmenden Faktoren des Klimasystems sind auch in den beiden oberen Vierecken von Abbildung 1.6 dargestellt. Dabei ist zu beachten, dass verschiedene Antriebsfaktoren auf unterschiedlichen Zeitskalen wirken. Das «Rauschen» des Klimas ist nicht nur das Ergebnis interner Variabilität, sondern es wird auch

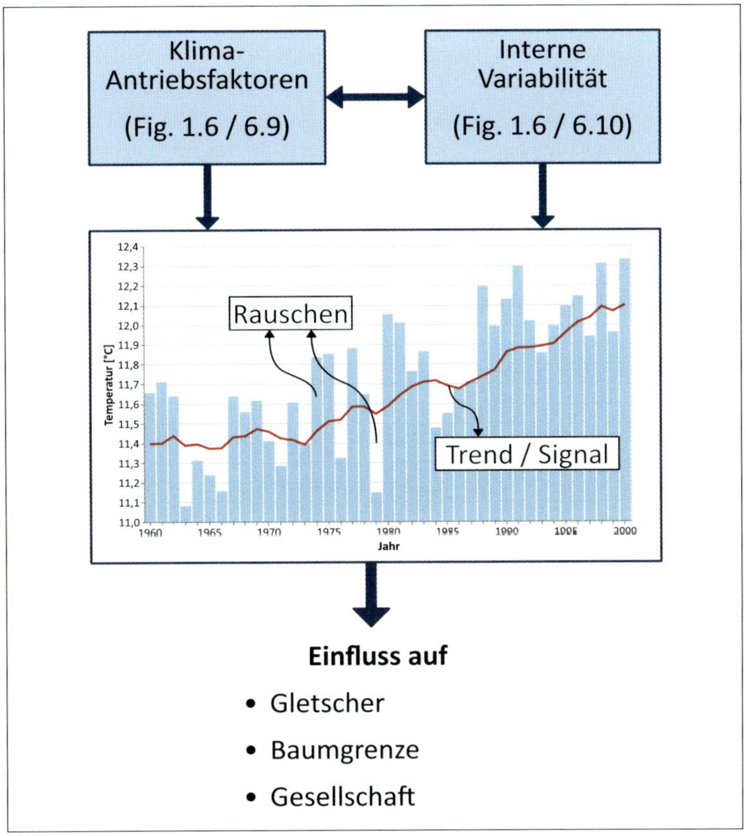

Abb. 10.2 Zusammenhang zwischen den treibenden Antriebsfaktoren, der systeminternen Variabilität, Klimadaten und Klimaauswirkungen.

durch kurzfristige Impulse wie vulkanische Ereignisse oder Schwankungen der Sonneneinstrahlung geprägt.

Die Parameter der Erdbahndynamik (Abb. 1.8) beeinflussen die Energiebilanz des Globus über Zeitspannen von Jahrhunderten bis zu Millionen von Jahren. Dabei ist zu beachten, dass die solare Einstrahlung im Sommer auf 60°N während der letzten 10'000 Jahre um etwa 40 W/m^2 abgenommen hat (dies bedeutet etwa 0.4 W/m^2 pro Jahrhundert). Diese Änderung der Mittelwerte ist zwar sehr gering. Sie ist jedoch die Hauptursache für den langfristigen Abkühlungstrend in den letzten Jahrtausenden, der sich auf der Nordhemisphäre vor allem im Sommer zeigte.

Die solare Bestrahlungsstärke (umgangssprachlich die «Leistung der Sonnenlampe») betrifft vor allem Zeitskalen im Bereich von Jahrzehnten (Abb. 2.8d). Große Solare Minima (GSM; Abb. 6.9b) sind zumindest teilweise in den Zeitreihen der Temperatur sichtbar, welche anhand von Archiven der Natur rekonstruiert wurden (Kapitel 6, Abb. 6.7a). Während der letzten 1000 Jahre sind fünf GSM nachgewiesen: das Ort-Minimum von 1010–1050, das Wolf-Minimum von 1280–1350, das Spörer-Minimum von 1415–1535, das Maunder-Minimum von 1645–1715, sowie das Dalton-Minimum von 1795–1830.[4] Während dieser Perioden nahm die solare Bestrahlungsstärke jeweils um maximal 0.5 bis 1 W/m^2 ab. GSM wirken längerfristig auf das Klima, indem sie den Wärmeinhalt der Ozeane senken und zu einer verlängerten Dauer von Schnee- und Eisdecken in Hochgebirgen und in den Polargebieten führen.

Starke Vulkanausbrüche, von denen bekannt ist, dass sie das globale Klima für ein bis drei Jahre beeinflussen (Abb. 6.9a), führen in West- und Mitteleuropa eine schnelle Reaktion des Klimasystems in der Form von milden, feuchten Wintern und sehr kalten und nassen Sommern herbei. Die Reduktion der Energiebilanz an der Erdoberfläche beträgt oft mehrere W/m^2. Wie die Abbildungen 1.6 und 10.2 ebenfalls zeigen, wirken Antriebsfaktoren und interne Variabilität zusammen und beeinflussen die verschiedenen Subsysteme des Klimas, die ihrerseits wiederum charakteristische Zirkulationsmuster erzeugen. Die Mischung dieser Antriebsfaktoren unterscheidet sich von Tag zu Tag, von Jahr zu Jahr und von Jahrtausend zu Jahrtausend, was zu Änderungen der relevanten Klimavariablen wie Luftdruck, Temperatur, Niederschlag, Wind usw. führt.

Wie aus Abbildung 10.2 ebenfalls hervorgeht, werden hochaufgelöste Wetter- und Klimadaten als Rauschen bezeichnet. Wenn eine große Anzahl verrauschter Daten geglättet wird, entsteht daraus das sogenannte Klimasignal. Ändern sich die längerfristigen Durchschnittswerte, handelt es sich um einen Klimatrend. Inwieweit spiegeln sich die Antriebsfaktoren des Klimas in seiner dynamischen Struktur innerhalb der einzelnen Jahreszeiten der letzten 1000 Jahre wider? Die Antwort wird in diesem Kapitel durch eine detaillierte jahrhundertweise Beschreibung gegeben.

Der Beginn des 11. Jahrhunderts wies zwischen 900 und 1050 eine Warmphase auf, wie auch auf den Abbildungen 2.8a und 6.7a zu sehen ist. Sie steht exemplarisch für mehrere wärmere Perioden während der letzten 4000 Jahre, denn sie wurde maßgeblich dadurch beeinflusst, dass die Sonnenaktivität über mehrere Jahrzehnte auf einem relativ konstanten Niveau blieb (Abb. 2.8d, 6.9b) und große Vulkanausbrüche ausblieben (Abb. 2.8c, 6.9a).[5]

Eine Serie von kalten Wintern und kühlen Sommern prägte die erste Hälfte des 12. Jahrhunderts (Abb. 10.1). Diese Kälteereignisse wurden möglicherweise noch durch das Oort-Solarminimum mitbeeinflusst. Dieses begann um 1010, wies um 1040 die niedrigsten Einstrahlungswerte auf (Abb. 6.9b) und endete in der zweiten Hälfte des 12. Jahrhunderts.

Die hohen Temperaturen während der warmen Jahreszeit im 13. Jahrhundert werden auf eine anhaltend relativ hohe Sonnenaktivität zurückgeführt. Der Einfluss der gewaltigen Explosion des Vulkans Samalas 1257 (Abb. 6.9a) auf die Sommertemperaturen war in Mitteleuropa begrenzt. Mit dem Beginn des Wolf-Solarminimums ab etwa 1280 nahm die solare Bestrahlungsstärke langsam ab (Abb. 6.9b). Der Ausbruch des Vulkans Quilotoa, der wahrscheinlich im Jahr 1274 stattfand (Teilkapitel 7.5.3), könnte den Abkühlungstrend verstärkt haben. Die Simulation in Abbildung 2.9b zeigt, dass die Oberflächentemperatur des Atlantiks um 1300 eher niedrige Werte erreicht haben dürfte. Winterliche Frostperioden und Trockenphasen wurden häufiger, während die Sommer mit Ausnahme des massiven Kälterückfalls von 1314 bis 1316 zunächst noch warm blieben. Dieser Effekt ist auf die sommerliche Erwärmung der obersten Schicht der Ozeane zurückzuführen, welche den Auftrieb von kühlerem Tiefenwasser dämpfte.[6] Als das Wolf-Minimum um 1350 endete, löste die Explosion eines unbekannten Vulkans im Jahr 1345[7] wahrscheinlich die außerordentlich frostigen Sommer der Jahre 1346 und 1347 aus, welche den Beginn des NKE beschleunigten (Teilkapitel 8.2.4).

Das solare Spörer-Minimum von 1415 bis 1535 (Abb. 6.9b) fiel mit mehreren langen Sequenzen von frostigen Wintern und Frühjahren zusammen, wahrscheinlich unter dem Einfluss niedriger Meerestemperaturen, die von 1430 bis in die 1510er-Jahre hinein andauerten. Der Ausbruch eines unbekannten Vulkans um 1459 löste im Jahr 1460 wahrscheinlich ein «Jahr ohne Sommer» aus.[8] Dieses wurde möglicherweise durch das solare Minimum verstärkt. Eine weitere Häufung von kalten Sommern fällt in die 1480er-Jahre (Abb. 8.8, 10.1c).

Im 16. Jahrhundert ging eine mehrere Jahrzehnte umfassende Warmperiode um 1570 rasch in eine Phase rascher Abkühlung und vermehrter Niederschläge über (Abb. 8.13, 10.1). Nördlich der Alpen folgten sich von 1530 bis 1570 vier Jahrzehnte mit vorwiegend hohen Sommertemperaturen, die an die Verhältnisse im 13. Jahrhundert erinnern. Dagegen blieben die Winter kühl. Ab 1560 wurden strenge Winter häufiger, während sich die anderen Jahreszeiten ein Jahrzehnt später abkühlten. Die allgemeine Abkühlung um 1570 (Abb. 10.1) ging mit der schwersten mitteleuropäischen Hungersnot innerhalb der letzten 500 Jahre einher (Teilkapitel 9.7.6). Die Abkühlung nach 1580 war noch intensiver und länger anhaltend und wird hauptsächlich auf vulkanischen Antrieb zurückgeführt. Fünf große Vulkanexplosionen in niedrigen Breiten sind in kurzen Abständen zwischen 1580 und 1600 bekannt: Um 1580 jene des Billy Mitchell auf Bougainville Island in Melanesien, 1586 jene des Kelud auf Java (Indonesien), 1593 folgte der ebenfalls auf Java gelegene Raung, 1595 der Nevado del Ruiz in Kolumbien und schließlich 1600 der Huaynaputina in Peru. Diese kurzfristige Abfolge von schweren Vulkanausbrüchen ist innerhalb des letzten Jahrtausends einzigartig. Die geschätzten jährlichen Durchschnittstemperaturen zwischen 1570 und 1600 fielen um 1 °C (+/– 0.37 °C) unter den Durchschnitt des 20. Jahrhunderts.[9] Teile des Mittelmeerraums litten am Ende des Jahrhunderts unter ungewöhnlichen, mehrjährigen Dürrekrisen. Insgesamt führten die Folgen der veränderten klimatischen Situation zu einer europaweiten Serie von Ernteausfällen, insbesondere im späten 16. Jahrhundert (Teilkapitel 9.5 und 9.6.7). Wie die Zeitreihen in den Abbildungen 6.10a und b zeigen, verharrten die Nordatlantische Oszillation (NAO) und die Atlantische Multidekadische Oszillation (AMO) in ihrem negativen Modus, was auf kühle Bedingungen im nordatlantischen Raum hinweist.

Die späte Phase des Maunder-Minimums (Abb. 6.9b) war in Europa mit niedrigen Temperaturen zwischen 1675 und 1715 verbunden, wobei der Rückgang im Sommer moderat blieb. In Paris lagen die gemessenen Temperaturen von 1670 bis 1700 0.9 °C unter dem Durchschnitt des 20. Jahrhunderts.[10] Größere Ausbrüche tropischer Vulkane sind für 1673 oder 1674 (Gamkonora, Indonesien) und einen unbekannten Vulkan im Jahr 1695 dokumentiert.[11]

Im Vergleich zum Sommer waren die Winter im 18. Jahrhundert außer im letzten Jahrzehnt überwiegend kalt. Die durchschnittlichen Jahrestemperaturen in Mitteleuropa lagen 0.5°C (+/–0.37°C) unter jenen des K20JH. Der Unterschied ist hauptsächlich auf die Bedingungen im Winter und Herbst zurückzuführen. Frostige Winter- und Herbstmonate und in geringerem Maße auch kühle Frühlingsmonate kennzeichneten das Klima von West- und Mitteleuropa im 18. Jahrhundert, während sich die Sommertemperaturen um das

Niveau des K20JH bewegten. Zudem zeichnen sich diese durch das weitgehende Fehlen von kalten (1725) und warmen (1719, 1728) Extremen aus. Die Jahrestemperaturen lagen in Mitteleuropa um 0.5°C und in Paris um 0.3°C unter dem Durchschnitt des K20JH. Ab 1700 herrschten über den Britischen Inseln südwestliche Winde, die ihren Höhepunkt in den warmen 1730er-Jahren erreichten.[12,13] Von 1723 bis 1737 lagen die Temperaturen während der warmen Jahreszeit in Mittelengland und Paris jeweils 0.4 °C, in Mitteleuropa 0.3 °C über dem STC-Mittelwert.

Aus klimatologischer Sicht wies das 19. Jahrhundert wahrscheinlich die deutlichsten Ausprägungen der NKE in Mitteleuropa auf (Abb. 10.1). Die Jahrestemperaturen lagen 0.7 °C unter dem Durchschnitt des 20. Jahrhunderts, was in erster Linie auf das thermische Defizit von 1.2 °C im Winter und von 0.8 °C im Herbst zurückzuführen ist, in geringerem Maße auf jenes von 0.6 °C im Frühling und von 0.4 °C im Sommer. Das kälteste Jahrzehnt, die 1810er-Jahre, fiel mit dem Dalton-Minimum zusammen, einer Periode geringer Sonnenaktivität, die von etwa 1790 bis 1830 dauerte (Abb. 6.9b). Der Ausbruch eines unbekannten Vulkans hinterließ im Jahr 1809 bereits seine Spuren im Sommerklima. Das letzte «Jahr ohne Sommer» 1816, das in den Teilkapiteln 3.2 und 3.3 beschrieben wird, wurde mit hoher Wahrscheinlichkeit durch den großen Tambora-Ausbruch von 1815 ausgelöst (Kap. 3). Ein weiterer starker Vulkanausbruch, jener des Cosigüina in Nicaragua im Jahr 1835, steht am Ausgangspunkt einer weiteren von 1836 bis in die späten 1850er-Jahre andauernden Kaltphase, die vor allem Winter und Frühjahre umfasste. Gemäßigte Sommer und eher kühle Frühlinge herrschten von 1857 bis 1877 vor. Die Winter und Herbste blieben bis in die 1890er-Jahre frostig, während sich die Frühlings- und Sommertemperaturen leicht erhöhten. Diese Erwärmung ist wahrscheinlich

Abb. 10.3. Hundertjährige Summen der Pfister-Indizes für die letzten 1000 Jahre. a) Winter. b) Frühling. c) Sommer. d) Herbst. Positive Summen sind in roten Farben dargestellt, negative in blauen. N: Anzahl nachgewiesene Jahreszeiten.

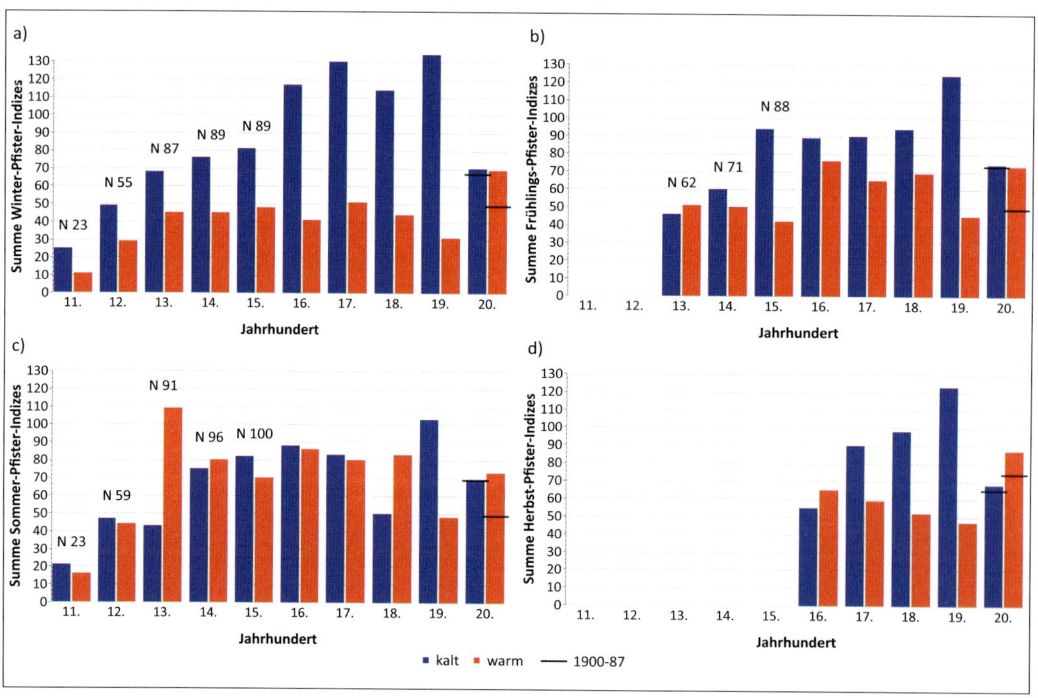

auf natürliche und auf anthropogene Einflüsse zurückzuführen. Es gab keine großen Vulkanausbrüche (Abb. 6.9a), die Sonnenaktivität nahm zu (Abb. 6.9b), und die Konzentration der Treibhausgase begann zu steigen (Abb. 6.9c).

Zusammenfassend lässt sich feststellen, dass Kaltphasen meist in Verbindung mit Gruppen von Vulkanausbrüchen und solaren Minima auftraten. Wenn die vulkanische Aktivität sehr gering war und die Sonneneinstrahlung konstant um den langjährigen Durchschnitt oder sogar auf einem höheren Niveau blieb, blieben die mittleren Temperaturen überdurchschnittlich hoch. Ein weiteres Phänomen betrifft Perioden mit sehr kalten und trockenen Wintern, die oft in Verbindung mit Schönwetter und erhöhten Temperaturen im Sommer auftraten. Ob der Einfluss der NAO (Abb. 6.10) dabei eine gewisse Rolle spielte, bleibe dahingestellt.

10.1.4. Jahreszeitlicher Überblick über das Klima des vergangenen Jahrtausends

Abbildung 10.3 zeigt die Summe der negativen (blau) und positiven (rot) Pfister-Indizes für alle vier Jahreszeiten. In der ersten Hälfte des Jahrtausends wurden sie aus Proxydaten ermittelt.[14] Ab 1500 sind sie aus geschätzten Temperaturen hergeleitet, die auf Indizes für Deutschland, die Schweiz, die tschechischen Länder sowie ab 1760 auf instrumentellen Daten beruhen (Teilkapitel 5.4). Die Anzahl der gültigen Fälle pro Jahrhundert vor 1500 ist oberhalb der Balken angegeben. Nach diesem Jahr sind pro Jahrhundert immer 100 gültige Fälle vorhanden.[15]

Generell ist der Übergang vom wärmeren HMA zur kühleren Kleinen Eiszeit (NKE) in den Daten zu erkennen, die Struktur ist jedoch von Jahreszeit zu Jahreszeit verschieden. Am deutlichsten ist sie im Winter ausgeprägt. Offensichtlich handelt es sich bei der NKE in West- und Mitteleuropa vor allem um ein Winterphänomen. Die Sommer blieben meist relativ warm. Es ist anzunehmen, dass Hubert Lamb besonders von den herausragenden Sommern des 13. Jahrhunderts begeistert war, als er den Ausdruck «Medieval Warm Epoch» schuf.[16] Alle Daten belegen, dass die Summe der kalten Indizes während der gesamten NKE zunahm und im 19. Jahrhundert ihren Höhepunkt erreichte.

Kalte Winter waren während des gesamten Jahrtausends vor dem K20JH und der WPG gegenüber warmen Wintern deutlich in der Überzahl. Vom 11. bis zum 19. Jahrhundert steigt die Zahl der kalten Indizes kontinuierlich an, während jene der warmen Indizes vom 13. bis ins 18. Jahrhundert in etwa stagniert und dann zurückgeht (Abb. 10.3a).

Die Summe der warmen Frühlingsindizes (Abb. 10.3b) war im 13. Jahrhundert etwas höher und im 14. Jahrhundert deutlich niedriger. Im 15. Jahrhundert sanken die Temperaturen dann stark ab. Vor dem K20JH blieben die Frühlinge überwiegend kühl. Besonders ausgeprägt sind die Wärmedefizite für das 15. und 19. Jahrhundert.

Die Sommer (Abb. 10.3c) waren im 12. Jahrhundert überwiegend kalt, wobei dieses Ergebnis auf relativ geringen Fallzahlen beruht. Das 13. Jahrhundert zeigt wie oben erwähnt einen deutlichen Überschuss an warmen Jahreszeiten. In den folgenden Jahrhunderten waren die Summen der kalten und warmen

Pfister-Indizes weitgehend ausgeglichen, d. h., warme und kalte Sommer hielten sich in etwa die Waage.

Die positiven und negativen Summen der Herbsttemperaturen sind im 16. Jahrhundert (Abb. 10.3d) fast ausgeglichen, was wohl mit der unzureichenden Qualität der Indizes zusammenhängt. Vom 17. bis zum 19. Jahrhundert nehmen die kalten Indizes kontinuierlich zu, während die warmen Indizes zurückgehen. Dies deutet auf eine starke Abkühlung der Herbste hin.

Die geschätzten jährlichen Durchschnittstemperaturen im Mitteleuropa des 16. Jahrhunderts lagen um 0.5 °C (+/−0.37 °C) unter jenen des K20JH. Das 17. Jahrhundert wies negative Anomalien von 0.6 °C (+/−0.37 °C), das 18. Jahrhundert solche von 0.5 °C (+/−0.37 °C), während das 19. Jahrhundert mit einem gemessenen Jahresmittel von 0.7 °C unter dem Durchschnitt des 20. Jahrhunderts in Europa wahrscheinlich das kälteste in den letzten tausend Jahren war.[17]

10.1.5. Die Übergänge vom HMA zur NKE und von der NKE zur WPG

Wie Abbildung 10.1 zeigt, ist der Übergang zwischen dem HMA und der NKE sowie zwischen der NKE, dem K20H und der WPG[18] jahreszeitlich unterschiedlich und komplex. Die meisten wissenschaftlichen Arbeiten charakterisieren das HMA[19,20,21] und die NKE[22,23,24], aber nur wenige beschäftigen sich mit den Besonderheiten im Übergang zwischen diesen beiden Perioden.[25,26] Zweifellos spielte das Zusammentreffen mehrerer vulkanischer Eruptionen (Abb. 6.9a) mit den vier erwähnten GSMs (Wolf, Spörer, Maunder und Dalton; Abb. 6.9b) eine entscheidende Rolle. Während große Vulkanausbrüche mit katastrophal kalten Sommern eine kurzfristige, starke Reaktion des Klimasystems hervorriefen, wirkten die schwächeren GSM längerfristig durch eine Abkühlung der Ozeane (Abb. 2.9). Mit anderen Worten: Aufgrund der Änderungen der Antriebsfaktoren hatte das Klimasystem stets wieder ein neues thermodynamisches Gleichgewicht zu finden. Ein solches war und ist jedoch aufgrund der zeitweisen, wenn auch nur leichten Änderungen der Antriebsfaktoren nie völlig stabil.

Gab es eine zusätzliche Beeinflussung durch die interne Variabilität, insbesondere hervorgerufen durch Zirkulationsänderungen im Ozean und in der Atmosphäre? Abbildung 2.9b zeigt eine allmähliche Abkühlung des Atlantischen Ozeans, die sicherlich durch die oben erwähnten vulkanischen und solaren Antriebe beeinflusst wurde. Der Vergleich zwischen der simulierten Temperatur im Atlantik (Abb. 2.9) und den saisonalen Temperaturindizes der letzten 1000 Jahre (Abb. 10.1) zeigt den langsam fortschreitenden Wechsel vom wärmeren HMA zur kühleren NKE, der sich im zusätzlichen Auftreten von Kälterückfällen oder Kälteperioden ausdrückt, die im Winter am deutlichsten sichtbar sind (Abb. 10.1a).

Wie in Kapitel 6 erwähnt wurde die winterliche Abkühlung zusätzlich durch eine mehrjährige Abnahme des nordwärts gerichteten Wärmetransports durch den subpolaren Wirbel im Nordatlantik (als Teil des Golfstroms) gefördert.[27] Dies löste einen Rückkopplungsprozess aus, welcher das Auftreten von Kälteepisoden im Winterhalbjahr beförderte. Es ist eine offene Frage, inwieweit die Ozeandynamik atmosphärische Prozesse auslöste, die zur Dominanz negativer NAO-Indizes beitrugen (Abb. 1.1b und 6.10a). Die NAO ist das wichtigste Phänomen der internen Systemvariabilität, das im Winter das europäische Klima beeinflusst.[28] Mehrere Autoren argumentieren, dass sich die vor allem winterliche Abkühlung der NKE zumindest zum Teil aus dem Übergang von vorwiegend positiven zu vorwiegend negativen NAO-Indizes ergab.[29]

Da der saisonale Übergang vom HMA zur NKE zeitlich nicht genau festgelegt werden kann, werden in der Literatur unterschiedliche Zeitpunkte genannt. Die britische Geographin und Glaziologin Jean Grove bezog sich in ihren bahnbrechenden Büchern über die Kleine Eiszeit stark auf das Wachstum der Gletscher in den europäischen Alpen.[30] Sie stellte fest, dass die NKE im 13. Jahrhundert begann. Der Paläoklimatologe Gifford Miller und sein Team aus Colorado haben gezeigt, dass die Sommerkälte und das Eiswachstum der NKE im arktischen Kanada und in Island abrupt zwischen 1275 und 1300 begannen, dies hauptsächlich aufgrund von Vulkanismus und Rückkopplungen zwischen Meereis und Ozean. Im Ozean trat das Temperatursignal, hauptsächlich aufgrund der hohen Wärmekapazität des Wassers, verzögert auf. In der östlichen Labradorsee erfolgte der Beginn der NKE zirka um 1400. Auch das IPCC legt in seinem 5. Sachstandsbericht 1400 als Beginn der NKE fest. Dies ist keine Überraschung, da die Trägheit der großen Wassermasse des Pazifiks mitberücksichtigt wurde.[31] Somit ist 1400 als geeignetes Startjahr für die Kleine Eiszeit auf der Südhalbkugel anzusehen,[32] die in diesem Buch als Südhemisphärische Kleine Eiszeit (SKE) bezeichnet wird. Dabei muss darauf hingewiesen werden, dass die Übergangszeit auch in verschiedenen Gebieten der Südhalbkugel variabel ist.[33]

Der Übergang von der NKE zur MWP (einschließlich des K20JH und der WPG) war ebenso komplex wie der Übergang vom HMA zur NKE. Auch hier sieht der Übergang mit Gruppen von Kälteschüben im Wechsel mit längeren Warmperioden von Jahreszeit zu Jahreszeit unterschiedlich aus (Abb. 10.1). Aufgrund der oben beschriebenen Abfolge natürlicher und anthropogener Antriebsfaktoren (Abb. 2.8c-e, 6.9) begann dieser Übergang bereits im späten 19. Jahrhundert. Dies wird auch in Abbildung 10.4 sichtbar, welche die jährlichen und saisonalen Mitteltemperaturen für Europa innerhalb des in Abbildung 6.1 dargestellten Perimeters zeigt. Gemeinsam mit fünf bemerkenswerten Vulkanausbrüchen um 1808/09 (Standort unbekannt), 1815 (Tambora), 1822 (Galunggung), 1831 (unbekannt) und 1835 (Cosigüina) war die schwache Sonneneinstrahlung, die das Dalton-Minimum aufzeigt, mitverantwortlich dafür, dass die letzten größeren Kälteschübe in der ersten Hälfte des 19. Jahrhunderts auftraten.[34] Ende des 19. Jahrhunderts klang die NKE aus und glitt allmählich in die MWP hinüber. Mit Ausnahme einer kühleren Periode am Ende lagen die Temperaturen in der zweiten Hälfte des 19. Jahrhunderts durchwegs höher als in der ersten, blieben aber noch deutlich unter jenen des 20. Jahrhunderts. Bemerkenswert ist, dass nur gerade ein einziges vulkanisches Ereignis, die Eruption des Krakatau 1883, in die zweite Jahrhunderthälfte fällt. Dieses trug möglicherweise zur einzigen kühlen Periode des späten 19. Jahrhunderts bei, denn die Werte der Sonneneinstrahlung und der Treibhausgaskonzentrationen lagen damals bereits höher (Abb. 6.9a-c).

Zu Beginn des 20. Jahrhunderts wurden nochmals niedrige Temperaturen registriert (Abb. 10.4). Der Zeitraum von 1900 bis 1920 und damit die Zeit um

Abb. 10.4. Jährliche und saisonale Mitteltemperaturen in Europa zwischen 1800 und 2000 basierend auf einem neunjährigen «triangle filtering». a) Jährliches Mittel. b) Saisonales Mittel für Sommer. c) Saisonales Mittel für Winter. Daten aus Franke et al. 2017.[72]

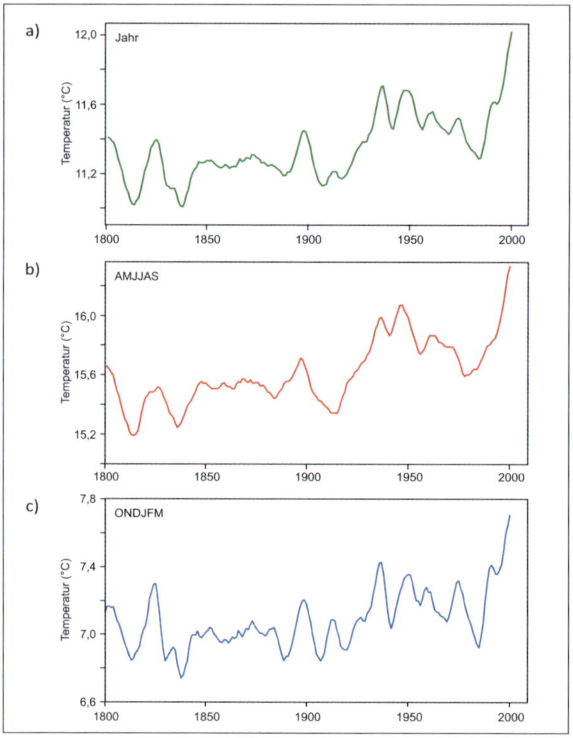

den Ersten Weltkrieg war trotz zunehmender Treibhausgaskonzentrationen durch viele eisige Winter und Frühlinge, kühle und regnerische Sommer und kalte Herbste gekennzeichnet (Abb. 10.1). Die kalten Bedingungen traten zuerst im Südatlantik auf und breiteten sich weiter nach Norden aus.[35] Auch in den 1930er- und 1940er-Jahren gab es vereinzelte Kältewinter. Herausragend war die Triade der Kältewinter von 1940 bis 1942. Es gibt keine alleinige Erklärung für dieses Ereignis, da auch in den Ozeangebieten niedrige Temperaturen verzeichnet wurden.[36]

Die folgenden Jahrzehnte wiesen erste Zeichen der globalen Erwärmung auf, welche sich vor allem durch einen beschleunigten Temperaturanstieg bis in die späten 1940er- und in die frühen 1950er-Jahre ausdrückte (Abb. 10.4). Analysen zeigen, dass die höheren Meeresoberflächentemperaturen im Nordatlantik und in der Arktis mit einer Nordwärtsverschiebung der Hadley-Zelle und der intertropischen Konvergenzzone verbunden waren (Abb. 1.10).[37] Zudem waren die 1950er-Jahre durch positive NAO-Indizes gekennzeichnet (Abb. 1.16a, 6.10a), was auf ein Vorherrschen von Westwinden hinweist.[38] Ferner gibt es Hinweise dafür, dass dieser erste Erwärmungsschub auf eine geringere Aerosolkonzentration in der Atmosphäre zurückgeführt werden kann, d. h., die Einstrahlung der Sonne nahm aufgrund zahlreicher Maßnahmen gegen die Luftverschmutzung zu.[39] Zwischen den 1950er- und 1980er-Jahren ging die Einstrahlung aufgrund zunehmender Aerosolemissionen wiederum zurück. Diese Tatsache bildet sich in Abbildung 10.4 durch leicht abnehmende Temperaturen ab (siehe auch Abb. 11.13). Im gleichen Zeitraum erwärmten sich die Ozeane auf der Südhalbkugel schneller als jene auf der Nordhalbkugel, wodurch sich die Hadley-Zirkulation und der Tropengürtel nach Süden verschoben. Die beiden eisigen Winter der Jahre 1956 und 1963 erinnerten ein letztes Mal an die NKE. Beide Kälteereignisse standen unter dem Einfluss einer negativen NAO (Abb. 1.16b). Der kalte Winter von 1963 wurde möglicherweise auch durch den massiven Ausbruch des indonesischen Vulkans Agung beeinflusst. Abgesehen von diesen beiden Kälteereignissen und dem heißen Sommer 1947 ist das Fehlen herausragender Extreme typisch für die Zeit von der Mitte bis zum Ende des K20JH.

Wann begann die MWP, und inwiefern war sie im Vergleich zu früheren Jahrhunderten beispiellos? Es ist wenig sinnvoll, ein präzises Jahr für einen Übergang zu bezeichnen. Ein Blick auf die Daten aus dem 5. Sachstandsbericht (AR5) des IPCC, der 2013 veröffentlicht wurde, benennt 1988 oder 1989 als mögliches Übergangsdatum für die MWP in Europa, dies, obwohl der Ausbruch des Pinatubo im Juni 1991 möglicherweise eine leichte Wintererwärmung verursachte.

Wie einzigartig ist die MWP? Eine mögliche Antwort kann durch die Analyse verschiedener 51-jähriger Perioden für die Mittelalterliche Klimaanomalie (MCA), die NKE und für die letzten 2000 Jahre für den gesamten Globus gegeben werden. In den Abbildungen 10.5a-c zeigen alle farbigen Pixel die Jahrhunderte mit der höchsten Wahrscheinlichkeit, dass an diesen Orten die wärmste oder kälteste 51-jährige Periode innerhalb der drei oben genannten Epochen aufgetreten ist.[40] Die drei Abbildungen zeigen deutlich, dass es während der wärmeren MCA (Abb. 10.5a) oder der kühleren Kleinen Eiszeit (Abb. 10.5b) absolut keine räumliche Einheitlichkeit gab, d. h., die wärmste bzw. kälteste Periode trat in verschiedenen Jahrhunderten auf. Im Gegensatz dazu trat die wärmste Periode für mehr als 98 % aller dargestellten Regionen auf dem gesamten Globus im Zeitraum der letzten 2000 Jahre während des 20. Jahrhunderts auf. Dis bedeutet, dass der Antrieb durch die zunehmenden Treibhausgase in den letzten Jahrzehnten stark genug war, um ein solch einzigartiges, einheitliches Muster zu erzeugen. In modernen Nachweis- und Zuordnungsstudien für verschiedene Klimaantriebe wird der anthropogene Treibhauseffekt von den anderen Antriebsfaktoren getrennt, indem der Fingerabdruck der Reaktionen für jeden einzelnen Antrieb quantifiziert wird. Der AR5 des IPCC stellte fest: «Es ist sehr wahrscheinlich, dass

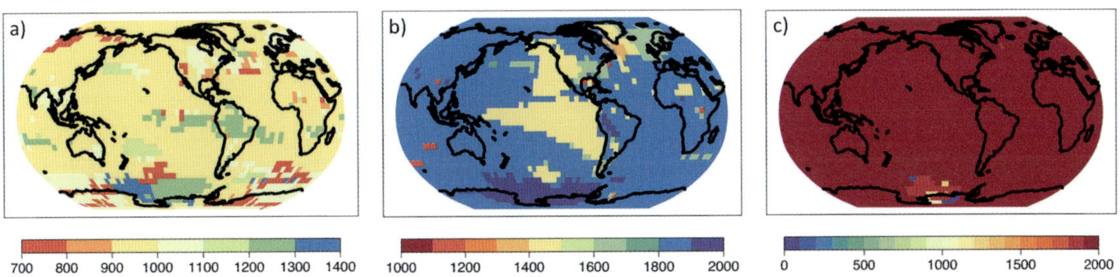

Abb. 10.5. Farbige Pixel zeigen jene Jahrhunderte, in welchen am betreffenden Ort innerhalb der letzten 2000 Jahre mit der höchsten Wahrscheinlichkeit die wärmste (a, c) oder kälteste (b) Temperatur aufgetreten ist. a) Mittelalterliche Klimaanomalie. b) Kleine Eiszeit. c) Letzte 2000 Jahre. (Daten und Abbildungen wurden uns freundlicherweise von Raphael Neukom zur Verfügung gestellt).

mehr als die Hälfte des beobachteten Anstiegs der globalen durchschnittlichen Oberflächentemperatur von 1951 bis 2010 dem anthropogenen Anstieg der Konzentration von Treibhausgasen und anderen menschbedingten Ursachen anzulasten ist.»[41] Diese Erwärmung ist innerhalb der letzten 2000 Jahre beispiellos hinsichtlich ihrer absoluten Größenordnung und ihrer räumlichen Einheitlichkeit. Diese Tatsache wird in Abschnitt 11.3 besonders hervorgehoben.

10.2. Schwankungen der Gletscher

Gletscher sind einzigartige Zeugen des Klimas für Zeiträume von Jahren bis Jahrzehnten oder sogar Jahrhunderten. Lange Zeit fürchteten sich die Anwohner vor den vorrückenden Eismassen (Teilkapitel 4.2), später wurden sie als faszinierende Erscheinungen touristisch vermarktet (Teilkapitel 5.3.2). Heute sind sie zur Messlatte des Klimawandels geworden. Die NKE wurde ursprünglich als eine Periode von mehreren weitreichenden Gletschervorstößen und Hochständen zwischen dem späten 14. und dem späten 19. Jahrhundert verstanden.

Der folgende Abschnitt diskutiert langfristig dokumentierte Gletscherschwankungen in ihrem Verhältnis zur jahreszeitlichen Temperaturentwicklung (Abb. 6.7a-b), meist ohne Berücksichtigung des Niederschlags und der Feuchtigkeit, aber mit Überlegungen zu den Antriebsfaktoren und zur internen Variabilität. Die ausführlichste Geschichte der Alpengletscher wurde von den Schweizer Geographen und Paläoklimatologen Hanspeter Holzhauser und Heinz J. Zumbühl geschrieben.[42,43] Abbildung 2.7 vermittelt einen Überblick über die Vorstöße und Rückschmelzperioden des Grossen Aletschgletschers, des größten Gletschers der Alpen, während der letzten 3500 Jahre.[44] Abbildung 10.6 zeigt eine weitere, ebenfalls 3500-jährige Übersicht über die Schwankungen des Gornergletschers, des zweitgrößten Gletschers der Alpen. Die Dynamik ausgewählter Gletscher pro Jahrhundert wurde in den

Abb. 10.6. Schwankungen des Gornergletschers während der letzten 3300 Jahre. Die Abbildung wurde uns freundlicherweise von Hanspeter Holzhauser zur Verfügung gestellt.[73]

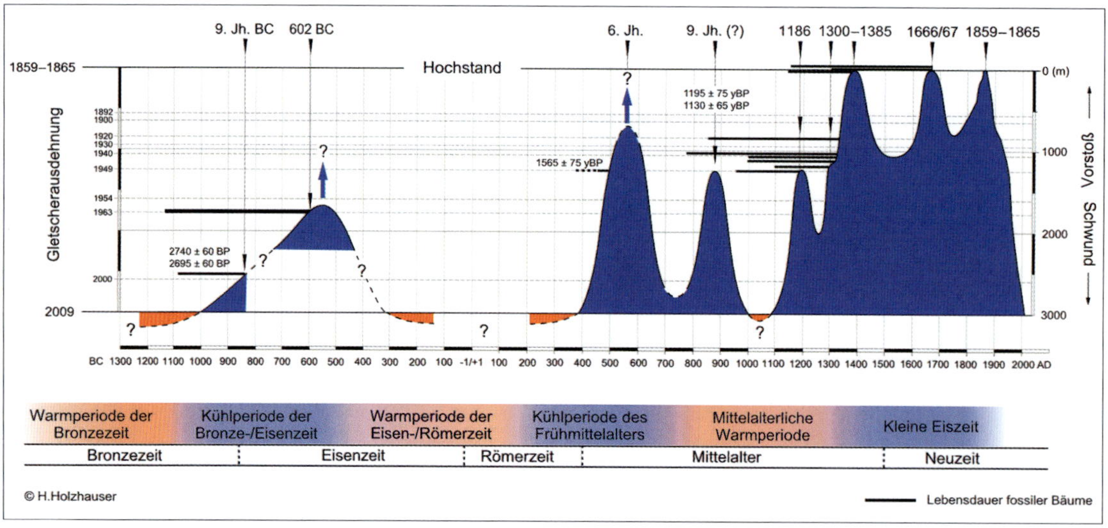

Kapiteln 7 und 8 anhand der Temperaturentwicklung im Sommer interpretiert. Abbildung 10.7 zeigt eine vergleichende Übersicht über die Veränderungen mehrerer Alpengletscher in Verlaufe der letzten Jahrhunderte.[45]

Unter dem Einfluss der Wärmeperiode um das Jahr 1000 (Abb. 6.7a) schmolzen der Aletschgletscher (Abb. 2.7) und der Gornergletscher (Abb. 10.6) stark zurück. Mit der Abkühlung nach 1040 stießen sie wieder vor, allerdings weit weniger als in der folgenden NKE. Um 1100 überfuhr der vorstoßende Grosse Aletschgletscher eine Arve, die seit etwa 970 bestanden hatte. Der Eisstrom erreichte zu dieser Zeit eine Dimension, die etwa jener in den 1920er-Jahren entspricht.

Die «Gorner I-Schwankung» wurzelte in kühlen Sommern zwischen den 1120er- und den 1150er-Jahren, massgeblich in den beiden eiszeitlichen Sommern 1144 und 1150. Der Gletscher rückte gegenüber dem Zustand um die Jahrtausendwende um 1800 m vor (Abb. 10.6). Er wurde durch warme Sommer zwischen 1175 und 1186 gestoppt. Nach drei «Jahren ohne Sommer» von 1195 bis 1197, eingebettet in eine wärmere Periode (Abb. 6.7b und 10.1c), stießen die Gletscher wieder vor. Dieser Vorstoß wurde wahrschcinlich durch die Serie von trockenen und heißen Sommern zwischen 1232 und 1252 gebremst und abgebaut. Das «Jahr ohne Sommer» 1258 war ein isolierter Kälteschock, dessen Auswirkungen wahrscheinlich durch die folgenden sehr warmen Jahre bis zu einem gewissen Grad neutralisiert wurde. Die Auswirkungen des Quilotoa-Ausbruchs, der möglicherweise 1274 stattfand, waren wahrscheinlich länger anhaltend, weil sie mit rückläufigen Sommertemperaturen zusammenfielen. Zusammenfassend muss festgestellt werden, dass die Alpengletscher als Hauptzeugen des Klimawandels im 13. Jahrhundert nicht in dem Maße zurückschmolzen, wie es unter Berücksichtigung der Sommerwärme zu erwarten gewesen wäre.

Der Gornergletscher war um 1300 etwas größer als beim Maximum während des HMA im Jahre 1186. Er rückte bis 1341 langsam vor, dann unter dem Einfluss mehrerer Jahre ohne Sommer schneller, dies bis zum ersten Maximum während der NKE im Jahr 1385 (Abb. 10.6). Die Erwärmung nach 1370 bremste den Vorstoß, und die warmen Frühjahr-Sommer-Perioden in den Jahren 1383/84 stoppten ihn gänzlich.

Nachdem die Gletscher zwischen 1386 und 1430 zurückgeschmolzen waren, stieß der Aletschgletscher von etwa 1480 bis 1506 vor, stark unterstützt durch die «Jahre ohne Sommer» in den 1450er-Jahren sowie in den Jahren 1480, 1481 und 1485 (Teilkapitel 8.2.2 bis 8.2.4). Der Eisstrom erreichte eine Größe, die jener von 1926 entspricht. Die sogenannte Aletschschwankung wurde durch heiße Sommer in den Jahren 1503 und 1504 abgebremst (Kap. 8.2.3).

Der nachfolgende Vorstoß zwischen 1570 und 1602 wurde als «Grindelwald-I-Schwankung» bezeichnet.[46] Um 1530 lagen die Zungen der beiden Grindelwaldgletscher noch unten im Tal. Die warme Periode von 1530 bis 1565, insbesondere die heiß-trockenen Jahre 1536, 1540, 1545 und 1556 (Kap. 8.3.5), ließen dann den Unteren Grindelwaldgletscher so stark zurückschmelzen, dass er 1577/78 nicht mehr als eigenständiger Eisstrom wahrgenommen wurde (Abb. 10.7). Nach dem Kälteumschwung von 1570 rückte der Gletscher in den zwei Jahrzehnten zwischen 1580 und 1602 um etwa einen Kilometer vor. Dabei drang er in bebautes Gebiet ein, riss Wälder nieder und verschlang

Wiesen, Scheunen und sogar vier Wohnhäuser (Abb. 10.7). Im Jahr 1600 staute das Eis den Fluss Lütschine, der die Dämme durchbrach und alles entlang seines Laufes verwüstete.[47] Der Glacier des Bois, wie das heutige Mer de Glace im Mont-Blanc-Massiv früher hieß, zerstörte bei seinem weitreichenden Vorstoß 1601 einen Teil der beiden Weiler Le Chatelard und Bonanay (Abb. 10.7). Le Chatelard war kurz vor Beginn der NKE im Jahr 1289 gegründet worden, Bonanay im Jahre 1458. Als der Eisstrom in ihre Behausungen eindrang, zogen die meisten Bewohner weg.

Der Vernagt-Gletscher in den österreichischen Tiroler Alpen dehnte sich nach 1599 rasch aus und staute einen See auf, der am 20. Juli 1600 ausbrach.[48] Die Flutwelle verwüstete das Ötztal und das Inntal bis hinunter in die Tiroler Hauptstadt Innsbruck. Die Katastrophe lenkte die Aufmerksamkeit der Behörden auf die Gefahr, die vom Gletscher in dieser abgelegenen Gegend drohte. Als sich der See 1601 wieder füllte, wurden Experten entsandt, um sein Volumen zu schätzen. Dabei entwarfen diese eine eindrückliche farbige Karte der ganzen Szene (Abb. 10.8). Allerdings entleerte sich der See, ohne das Tal zu überfluten.

In anderen Gebieten waren die Auswirkungen der vorrückenden Gletscher auf den Menschen noch drastischer. Im Kanton Wallis staute der Giétroz-Gletscher im Val de Bagnes im Jahr 1595 und erneut im Juni 1818 den Fluss Drance (Teilkapitel 3.4, Abb. 3.3b) und schuf so einen natürlichen Stausee. Im Gegensatz zu 1818 war der Dammbruch am 4. Juni 1595 nicht vorausgesehen worden. Die daraus resultierende gigantische Hochwasserwelle überraschte die Bevölkerung, zerstörte etwa 500 Gebäude und tötete etwa 140 Menschen. Die Gletscher zogen sich nach den beiden warmen und trockenen Sommern 1603 und 1604 etwas zurück. Diese Interpretation wird gestützt durch die Beobachtung des Luzerner Historikers und Wissenschaftlers Renward Cysat (Kap. 4.3), der 1604 feststellte, die Gletscher seien in jenen beiden Jahren stark zurückgeschmolzen (Kap. 8.3.5).

Das Mont-Blanc-Gebiet war der Schauplatz der nächsten bedeutenden Fluktuation. Der Vorstoß des Mer de Glace kulminierte in den 1640er-Jahren

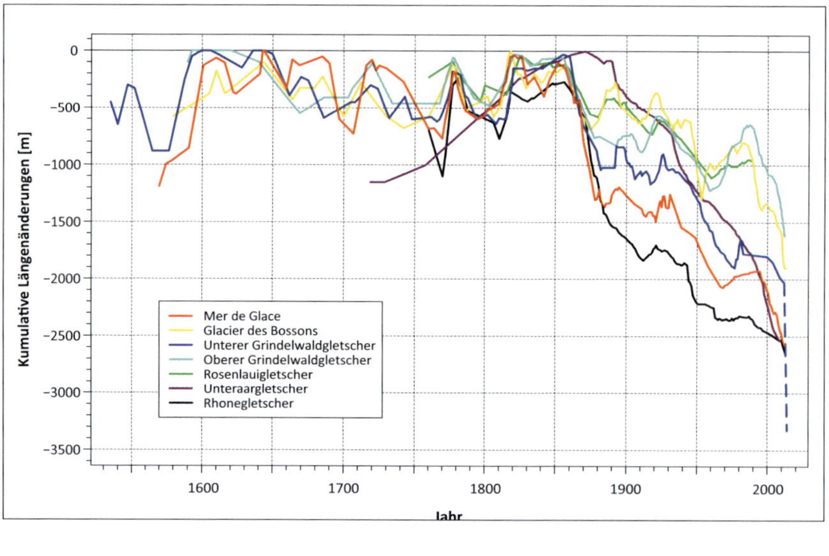

Fig. 10.7. Fluktuationen verschiedener Alpengletscher während der letzten fünf Jahrhunderte. (Die Abbildung wurde uns freundlicherweise von Samuel Nussbaumer zur Verfügung gestellt.)[74]

Abb. 10.8. Der vom vorrückenden Vernagt-Gletscher aufgestaute Gletschersee bei Vent, Österreich, am 9. Juli 1601. Die 200 × 525 mm große Aquarellzeichnung zeigt den See, der mit schwimmenden Eisbergen bedeckt ist, die von der Gletscherzunge (ganz rechts) aufgestaut wurden. Der See hatte ein geschätztes Volumen von 13 Millionen m³. Quelle: Tiroler Landesmuseum Ferdinandeum.

und drohte sich im Arve-Tal aufzustauen und es zu überschwemmen. Der Vorstoß wurzelte wohl zu einem guten Teil in den drei «Jahren ohne Sommer» 1618, 1621 und insbesondere 1628. Nach den warmen Sommern in den Jahren 1645 und 1646 schmolz das Eis schließlich etwas zurück. Eine Reihe von vulkanischen Ereignissen und das Maunder-Grand-Solar-Minimum (Abb. 6.9a-b) trugen wahrscheinlich zur Abkühlung nach der Mitte des 17. Jahrhunderts bei. Die Gletscherfluktuation der späten 1670er-Jahre, benannt nach dem Vernagt-Gletscher, fiel mit dem Maximum des Aletschgletschers während des Maunder-Minimums zusammen (Abb. 2.9b).

Die warme und trockene Jahreszeit von 1681 markierte das Ende dieser Vorstoßperiode. Während der bekannten NKE-Gletschermaxima in den Jahren 1600, 1680, 1772 und 1845 zeigte der Vernagtgletscher Perioden mit schnellen Vorstößen kurz nach den wesentlichen klimatischen Impulsen. Im Jahr 1845 wurden tägliche Vorstöße von bis zu 11 m geschätzt. Dies könnte der Grund sein, weshalb der Vernagtgletscher seine Maxima früher erreichte als andere. Zusammenfassend kann festgestellt werden, dass die meisten Alpengletscher ihr Gletschermaximum im 17. Jahrhundert noch vor dem Einsetzen der massiven gletscherfeindlichen Kältewelle am Ende des Jahrhunderts fanden, die mit eisigen Wintern bei nordöstlichen Winden, sehr trockener Luft aus Sibirien und äußerst geringen Schneefällen verbunden war.[49,50]

Aus glaziologischer Sicht kennt das 18. Jahrhundert einen weitreichenden Gletschervorstoß in den 1770er-Jahren, der als «Grindelwald-II-Schwankung» bezeichnet wurde (Abb. 10.7). Zu den Voraussetzungen gehört eine Abfolge von frostigen Herbsten von 1755 bis 1765, kalt-nassen Frühjahren zwischen 1767 und 1769 sowie extremen Schneeansammlungen im Winter und Frühjahr 1770, die durch einen kühlen und regnerischen Juni/Juli konsolidiert wurden. Ausgelöst wurden die extremen Bedingungen in den Jahren 1769 bis 1771 möglicherweise durch die Eruption zweier Vulkane im tropischen Ecuador, des Cotopaxi (5897 m) im Jahr 1768 und des Tungurahua (5016 m) im Jahr 1769.[51] Der Vernagtgletscher erreichte seinen Höhepunkt schon 1772. Die beiden Grindelwaldgletscher folgten etwas später. Der Schweizer Jurist Bernhard Friedrich Kuhn (1762–1825), Sohn des Pfarrers in Grindelwald, verfolgte in seiner Jugend die Ausdehnung der Gletscherzungen akribisch. «Von 1770 bis 1778», schreibt er, «schritten die Zungen der beiden Gletscher mit jährlichen

Raten von 47 bis 70 Metern rasch voran.»[52] Der Alpenmaler Caspar Wolf hat diese Vorstöße eindrucksvoll auf die Leinwand gebannt (Teilkapitel 5.3.1.). Sie wurden durch die warmen Frühjahrs- und Sommerperioden der Jahre 1780 und 1781 gestoppt. Der Rhonegletscher rückte in dieser kurzen Zeitspanne um ganze 940 m vor.[53] Das Mer de Glace auf der französischen Seite des Mont-Blanc-Massivs drang etwa 700 m weit vor und erreichte seinen Höhepunkt 1778[54] (Abb. 10.7), während die Zunge des Brenva-Gletschers auf der italienischen Seite des Massivs etwa 200 m vorstieß.[55]

Im 19. Jahrhundert kam es zu zwei Vorstoßphasen, die nach dem Rhonegletscher benannt sind. Fünf kühle Sommer von 1812 bis 1816, die im letzten «Jahr ohne Sommer» gipfelten, trugen wahrscheinlich entscheidend zum ersten Vorstoß bei. Der zweite, der 1856 endete, folgte auf einen kurzen Rückzug von 1822 (?) bis 1835 (Abb. 10.7). Er wurde durch kalte Herbste, frostige Frühlinge und eisige Sommer verursacht, die jedoch nicht die Wirkung eines «Jahrs ohne Sommer» aufwiesen. Die beiden Wachstumsphasen des 19. Jahrhunderts wurden wahrscheinlich durch das Dalton-Grand-Solar-Minimum sowie durch die oben erwähnte Serie großer Vulkanausbrüche mitbeeinflusst. Zwei relativ warme Sommer in den Jahren 1857 und 1858 leiteten den folgenden Rückzug ein (Abb. 2.7, 10.7). Weitere Vorstöße wurden durch die beiden wärmeren Sommer von 1857 und 1858 gestoppt. Die Entwicklung der anderen Alpengletscher verlief ähnlich, wenngleich einige Unterschiede in Bezug auf Zeitpunkt und Dauer zu berücksichtigen sind. Der schnelle Vorstoß des Unteren Grindelwaldgletschers, der 1814 begann, wurde durch den warmen Sommer 1822 gebremst. Der Eisstrom drang auf dem Höhepunkt 1855/56 etwas weiter vor als 1602, während der Obere Grindelwaldgletscher seine 1600er-Moräne annähernd erreichte.[56] Das Mer de Glace soll im letzten Jahr ohne Sommer 1816 um «täglich etwa 30 cm» vorgerückt sein.[57] Dieser Gletscher erreichte seinen Höhepunkt in den 1820er-Jahren, als seine Zunge nur noch 55 m vom nächsten Haus im Weiler Les Bois entfernt war (Abb. 10.7).[58] Der Brenva-Gletscher zerstörte bei seinem Maximum 1818 die Kapelle «Notre Dame de Guérison», die 1781 erbaut worden war, um den vorrückenden Gletscher aufzuhalten. Der Vorstoß endete nur etwa einen Kilometer vom Dorf Entrèves entfernt, das sich heute in der Nähe des südlichen Eingangs des Mont-Blanc-Tunnels befindet.[59] Auch in Tirol stießen die meisten Gletscher vor, wenn auch nicht annähernd so weit wie in den Jahren von 1770 bis 1773.[60, 61] Der Große Aletschgletscher erreichte sein Vorstoßmaximum mit einiger Verzögerung 1859/60 (Abb. 2.7).

Die Alpengletscher schmolzen nach 1860 stark zurück (Abb. 2.7, 10.6, 10.7), die Zunge des Rhonegletschers von 1857 bis 1900 um etwa 1300 m. Die klimatischen Bedingungen begünstigten diesen Prozess, da die Sommer zwischen 1857 und 1877 eher warm, die Frühlinge nach 1858 weniger frostig und die Herbste nach 1860 weniger kühl waren. Während der kälteren Zeitspanne bis 1882 verlangsamte sich der Rückschmelzprozess vorübergehend.[62] Analog zum Rhonegletscher büßte das Mer de Glace zwischen 1856 und 1900 rund 1300 m an Länge ein. Der Untere Grindelwaldgletscher verlor im gleichen Zeitraum etwa 900 m. Seine Dimension um 1900 entsprach etwa jener, die der Eisstrom nach der Warmzeit des 16. Jahrhunderts um 1560 eingenommen hatte. Insgesamt endete die NKE in West- und Mitteleuropa aus glaziologischer Sicht mit dem letzten alpinen Gletschermaximum zwischen 1855 und 1860. Die anschließenden Rückzüge waren zum Teil darauf zurückzuführen, dass die

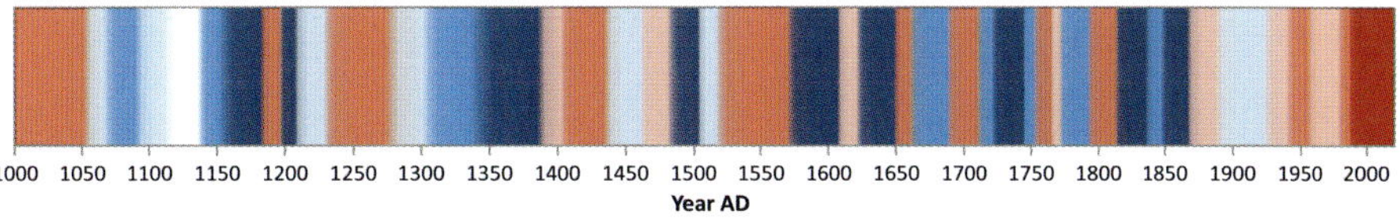

Abb. 10.9. Übersicht über die großen Gletschervorstöße (blaue Farbe) und -rückzüge (rote Farbe) in den europäischen Alpen.

vulkanische Aktivität in den folgenden Jahrzehnten gering war, während der solare Strahlungsantrieb recht hoch blieb, und dass die Treibhausgaskonzentrationen nach 1860 leicht anstiegen. Nur schwache Gletschervorstöße wurden noch in den 1920er- und 1980er-Jahren beobachtet (Abb. 10.7).

Gestützt auf die diskutierte Gletscherdynamik fasst Abbildung 10.9 die Dynamik der großen Gletschervorstöße und -rückzüge in den europäischen Alpen während der letzten 1000 Jahre zusammen. Unter Verwendung der verfügbaren Gletscherkurven sind Perioden mit mehrheitlich großen Vorstößen blau und solche mit grossen Rückzügen rot eingefärbt. Die Abbildung stellt damit lediglich ein qualitatives Bild der Gletscherdynamik in den Alpen dar.

Vier große Vorstöße – im späten 12. Jahrhundert, um 1375, um und nach 1600 sowie zwischen 1850 und 1860 – sind in den Abbildungen des Großen Aletschgletschers (Abb. 2.7) und des Gornergletschers (Abb. 10.6) dargestellt. Generell zeigt Abb. 10.9 auch die Komplexität des Übergangs vom HMA zur NKE. Der langsame Übergang von der NKE zur MWP äußert sich letztmals in den beiden schwachen Gletschervorstößen um die 1920er-Jahre und zwischen den 1970er- und den 1980er-Jahren.[63]

10.3 Schwankungen der Baumgrenze

Die Baumgrenze verschiebt sich in Zeiträumen von mehreren Jahrzehnten oder sogar Jahrhunderten nach oben oder nach unten.[64] Bäume werden unter anderem durch verschiedene Umweltfaktoren wie Klima (Temperatur, Niederschlag/Feuchtigkeit, Sonneneinstrahlung), steigende CO_2-Konzentrationen und zunehmende Stickstoffdeposition sowie durch menschliche Eingriffe beeinflusst. Die Baumgrenze ist im Gelände oft nicht klar erkennbar. In den Gebieten der nördlichen Arktis und der Antarktis können Bäume aufgrund der abnehmenden Temperatur und Niederschläge nicht überleben. Ähnliche Effekte treten in den Hochgebirgsregionen auf. Der Schweizer Botaniker und Ökologe Christian Körner spricht von einer «allmählichen Abnahme der Baumgröße und Öffnung des Baumbestandes».[65] Selbst in einem Zeitraum von 1000 Jahren sind nur begrenzte Verschiebungen in der Baumgrenze zu erkennen. Eine Nordverschiebung der Waldbäume wurde in der europäischen Arktis und in West- und Zentralsibirien zwischen dem frühen und späten Holozän beobachtet.[66]

Mehrere Studien dokumentieren Baumgrenzverschiebungen in den europäischen Alpen. Mithilfe der vertikalen Verteilung von Holzproben alter Baumstämme, die im Boden des Kaunertals gefunden wurden, konnte der österreichische Geograph und Paläoklimatologe Kurt Nicolussi die Absenkung der holozänen Baumgrenze in diesem Gebiet bestimmen. Abbildung 10.10 zeigt die vertikale Verteilung der gefundenen und mittels dendrochronologischer und Radiokarbon-Analysen datierten Holzproben über die letzten

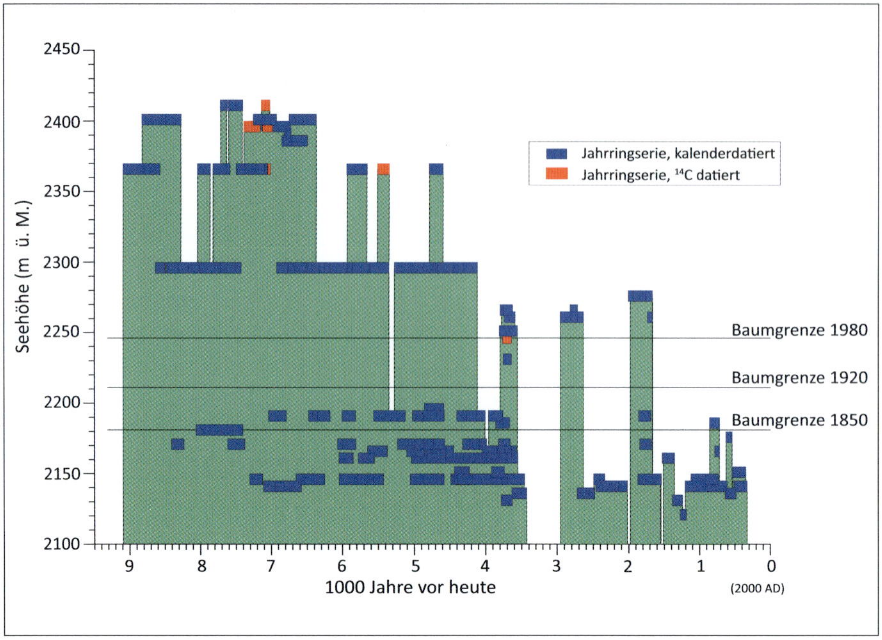

Abb. 10.10. Kaunertal, Westtirol, Österreich: Vertikale Verteilung der Standorte, an denen Baumstamm-Proben gefunden und mit dendrochronologischen und Radiokarbon-Analyse-Methoden datiert wurden. Die Länge der blauen und roten Balken markiert die Länge einer datierten Serie. (Die Figur wurde uns freundlicherweise von Kurt Nicolussi zur Verfügung gestellt.)[75]

9000 Jahre.[67] Das Diagramm zeigt deutlich, dass sich die Baumgrenze zwischen dem frühholozänen thermischen Maximum (HTM) zwischen zirka 10'000 und 7000 Jahren vor heute (Abb. 1.9) und der kühlen, spätholozänen Neoglazialzeit zwischen 4200 Jahren vor heute und der NKE um zirka 250 m nach unten verschoben hat. Abgesehen von der Tatsache, dass die Baumgrenze vor allem durch die Sommertemperaturen beeinflusst wird, haben menschliche Eingriffe in den letzten Jahrtausenden zusätzlich zur Verschiebung der Baumgrenze nach unten beigetragen.

Wenn wir in etwa davon ausgehen, dass eine Absenkung der Baumgrenze um 250 m stattgefunden hat, ergibt die Abschätzung einen durchschnittlichen Temperaturrückgang von etwa 1.7 °C. Aufgrund der Erwärmung während der MWP wird eine Reaktion der Baumgrenze erwartet. Im österreichischen Kaunertal begannen die Zirbenbäume oder Arven (Pinus cembra) in den letzten 150 Jahren um etwa 100 bis 150 m in die Höhe zu steigen.[68] Eine Gruppe von Wissenschaftlern in den Schweizer Alpen argumentiert jedoch, dass der größte Teil der Verschiebung der potenziellen Baumgrenze nach oben durch Landnutzungseffekte induziert und nur schwach durch den Klimawandel beeinflusst wurde.[69]

10.4. Klimaschwankungen und die menschliche Welt

Die Verwendung saisonaler Temperaturdaten hat es ermöglicht, die Bedeutung des Klimas auf das Bevölkerungswachstum und die wirtschaftliche Entwicklung in West- und Mitteleuropa abzuschätzen. Dabei ist zu berücksichtigen, dass viele Prozesse in der menschlichen Welt unabhängig vom Klima ablaufen (Kapitel 9).

Bei den Auswirkungen der Klimavariabilität auf die menschlichen Aktivitäten steht nicht zuletzt die landwirtschaftliche Produktion im Vordergrund, da diese empfindlich auf Wetter und Klima reagierte und weiterhin reagiert. Aus energetischer Sicht ist die organische, vorindustrielle Landwirtschaft als ein ökonomisch-ökologisches System zu verstehen, das durch Photosynthese und die Energie der Sonne angetrieben wird. Biomasse, in Form von Nahrungs- und Futtermitteln, war die wichtigste Energiequelle der vorindustriellen Welt, wobei ihre quantitative und qualitative Verfügbarkeit je nach den meteorologischen Bedingungen schwankte.

Bestimmte Kombinationen von saisonalen Temperatur- und Niederschlagsmustern beeinflussten die traditionelle landwirtschaftliche Produktion in West- und Mitteleuropa in besonderem Maße. Kälteperioden im Spätwinter und Frühjahr dünnten die Getreidesaaten aus und zehrten die Heuvorräte auf, sodass das Vieh hungerte. «Jahre ohne Sommer» beeinträchtigten die Versorgung in mehrfacher Hinsicht – Dauerregen verursachte den Auswuchs des Getreides und Nährstoffverluste des Futters, dezimierten die Trauben- und Obsternten und förderten den Ausbruch von Tierseuchen. Dauerregen im Herbst verzögerte die Bodenbearbeitung und verringerte die Anbaufläche, weil die Zugtiere auf den überschwemmten Feldern kaum arbeiten konnten. Generell war die Abfolge eines verregneten Herbstes, eines langen Winters, eines kalten Frühjahrs und eines kühlen, verregneten Hochsommers die denkbar schlimmste meteorologische Katastrophe (Teilkapitel 9.2).[70] Nicht weniger als 33 schwierige «Jahre ohne Sommer» sind zwischen 1150 und 1821 dokumentiert. Seitdem ist kein einziges mehr aufgetreten. In dieser Hinsicht hat die langfristige Erwärmung, die Anfang des 19. Jahrhunderts begann, für Erleichterung gesorgt. In der Folge von Krisen kam es zu Hungersnöten und Unterernährung, die Sterblichkeit stieg und die Zahl der Geburten sank. Krisen veränderten das Lohn- und Preisgefüge grundlegend, denn ein starker Anstieg der Getreidepreise ließ die Nachfrage nach gewerblichen Gütern und Leistungen einbrechen.

Andererseits wurden nach warmen und relativ trockenen Sommermonaten reiche Getreide-, Trauben- und Obsternten eingebracht, während der Viehbestand weitgehend gesund und produktiv blieb. Damit verbesserten sich die Bedingungen für die Gründung einer Familie und das Überleben der Kinder. Die Größe der Ernten trieb das wichtigste Wirtschaftsbarometer, den Getreidepreis, an, der wiederum die Nachfrage nach gewerblichen Waren und Dienstleistungen und damit die Gesamtwirtschaft steuerte. Neben den konjunkturellen Schwankungen wurde die Bevölkerungszahl – die wohl wichtigste Schlüsselvariable – durch Epidemien beeinflusst, die ihre eigene Dynamik kannten.

Drei Wellen des Bevölkerungswachstums wurden durch warme Bedingungen in den Sommermonaten unterstützt, die mehrere Jahrzehnte andauerten. Die längste – der Boom von 1170 bis 1300 – förderte einen sich selbst verstärkenden Prozess des demographischen und wirtschaftlichen Wachstums, unterstützt durch die bessere Nutzung vorhandener Technologien und Institutionen. Er führte zu einer ungefähren Verdreifachung der europäischen Bevölkerung. Der Boom war verbunden mit einer steigenden Nachfrage nach

Nahrungsmitteln und Dienstleistungen, einer raschen Urbanisierung und einer Blüte von Kultur und Wissenschaft. In Frankreich wurden etwa 10'000 Pfarrkirchen, 500 große Kirchen und 80 Kathedralen gebaut (Teilkapitel 9.2). Die ökonomische und demographische Dynamik verlangsamte sich von den 1270er-Jahren an, als die Reserven an fruchtbarem Ackerland zur Neige gingen und neues Land mit immer größerem Aufwand in Kultur genommen werden musste. Am Ende stand die Hungersnot von 1314 bis 1316.

Die Pest, die in wiederkehrenden Wellen aufflammte, halbierte die europäische Bevölkerung zwischen 1348 und 1400. Im Vergleich dazu waren die klimatischen Veränderungen, die sich im ersten Schub des BLIA von 1340 bis in die frühen 1380er-Jahre manifestierten, für die Menschen eher bedeutungslos. Die Bevölkerung stagnierte 150 Jahre lang, die Getreidepreise sanken, die Löhne stiegen, Felder wurden in Wiesen umgewandelt und Randgebiete dem Wald überlassen.

Die zweite Bevölkerungswelle trat im 16. Jahrhundert in Erscheinung. Weitgehend warme und trockene Bedingungen im Sommerhalbjahr führten bis 1565 zu einem erheblichen Anstieg der Erntemengen, wobei immer weniger Kulturlandreserven zur Verfügung standen. Der Wachstumsprozess wurde durch die Hungersnot von 1569 bis 1571 gebremst, und die anschließende drastische Abkühlung ließ die Jahrestemperaturen bis zum Ende des Jahrhunderts um 1°C sinken. Renward Cysat bemerkte «eine Verschlechterung [...] nicht nur bei den Menschen und der Tierwelt, sondern auch bei den Feldfrüchten und Erzeugnissen der Erde».[71] Seine Beobachtungen werden durch weitere Belege gestützt (Teilkapitel 9.7.8). Der Klimawandel, überlagert von verheerenden Kriegen, trug zu diesem Niedergang bei. Der Dreißigjährige Krieg, der von 1618 bis 1648 dauerte, und die damit verbundenen verheerenden Verluste der Zivilbevölkerung dezimierten die Bevölkerung in Mitteleuropa weiter.

Die dritte Bevölkerungswelle begann um 1720. In einer ersten Phase bis 1739 wurde sie durch warme Witterung getragen. In der zweiten Jahrhunderthälfte beschleunigte sich das Wachstum durch ein Bündel von landwirtschaftlichen Innovationen, die unabhängig von klimatischen Bedingungen wirkten. Das Bevölkerungswachstum beschleunigte sich im 19. Jahrhundert, dem klimatisch vielleicht ungünstigsten in den letzten tausend Jahren. Es markierte den Beginn des Industriezeitalters und leitete die Abhängigkeit von fossilen Brennstoffen ein. Vom späten Jahrhundert an wurden Ernteausfälle durch Importe aus Übersee ausgeglichen. Mit der Verbesserung des Klimas im Laufe des 20. Jahrhunderts, vor allem aufgrund des Treibhauseffekts, trat die Natur eine Zeit lang weniger als Gegenspieler der Gesellschaft in Erscheinung (Teilkapitel 10.1.2). Je länger das Wetter seine Bedeutung im Alltag verlor, umso mehr verblasste es im Bewusstsein. Erst die schnelle Erwärmung der letzten drei Jahrzehnte leitete ein Umdenken ein (Kapitel 11). Zusammenfassend lässt sich sagen, dass Wetter und Klima, abgesehen von verheerenden Kriegen und der Pest, die wichtigsten Kräfte waren, die das Bevölkerungswachstum zwischen 1000 und 1750 prägten.

11. Von der langsamen zur raschen Klimaerwärmung

11.1 Gefangen im Treibhaus: Von der Früherkennung bis zum vollen Erscheinungsbild

11.1.1 Einleitung

Die lange Periode politischer Stabilität nach dem Ende des Zweiten Weltkriegs und während des Kalten Kriegs endete 1989 mit dem Fall der Berliner Mauer. Im selben Zeitraum trat die globale Erwärmung im globalen und im regionalen Maßstab deutlich in Erscheinung. Im 21. Jahrhundert zog der Übergang von einer langsam fortschreitenden zu einer schneller ablaufenden Erwärmung weitreichende Folgen für den Menschen und die Biosphäre nach sich. Es handelt sich wahrscheinlich um die grundlegendste Umweltveränderung in den letzten 2000 Jahren.[1] Dieser bahnbrechende Klimawandel ist vor allem auf den deutlichen Anstieg der anthropogenen Treibhausgase zurückzuführen. Messungen ergaben, dass der CO_2-Gehalt der Atmosphäre von etwa 290 ppm im 19. Jahrhundert bis 2021 auf über 415 ppm zugenommen hat. Darüber hinaus ist auch die Konzentration anderer Treibhausgase wie Methan (CH_4) oder Lachgas (N_2O) rasant angestiegen. Daher wird die jüngste geologische Epoche, in welcher menschliche Aktivitäten die Prozesse in der Atmosphäre und der Biosphäre signifikant beeinflussen, als Anthropozän, d. h. als Zeitalter des Menschen bezeichnet.[2] Rückblickend lässt sich feststellen, dass die Menschheit 60 Jahre lang in der Treibhausfalle gefangen war, obschon die wesentlichen physikalischen Erkenntnisse bereits vor etwa 40 Jahren auf dem Tisch lagen.

Es stellen sich folgende Fragen: Wer hat den Treibhauseffekt entdeckt, und wie kam es zu der heutigen Situation? Welches waren die entscheidenden sozioökonomischen Triebkräfte? Warum hat es so lange gedauert, bis griffige Maßnahmen auf globaler Ebene beschlossen wurden? Was können wir in der Zukunft erwarten?

Im folgenden Teilkapitel werden grundlegende Fakten zur Diskussion des Treibhausproblems dargestellt. Das zweite Teilkapitel befasst sich mit den sozio-ökonomischen Triebkräften der globalen Erwärmung. Die tiefgreifenden Veränderungen des Klimas in den letzten drei Jahrzehnten werden im dritten Teilkapitel beschrieben, und das letzte Teilkapitel weist auf die neue Verletzlichkeit der natürlichen Umwelt und unserer sozioökonomischen Ordnung im Gefolge der fortschreitenden Erwärmung hin.

11.1.2 Wissenschaftliche Pioniere und frühe Warner

In der Frühphase der Forschung begannen Wissenschaftler, die Rolle von Kohlendioxid in seiner Beziehung zu atmosphärischen Prozessen und zum Strahlungstransport zu untersuchen.[3] Der französische Mathematiker und Physiker Joseph Fourier (1768–1830) war wahrscheinlich der Erste, der sich mit den Gründen für die Erwärmung der Erde beschäftigte.[4] Er experimentierte mit einer Glasbox und erkannte, dass die Erdatmosphäre die Strahlungs-

Abb. 11.1. Wissenschaftliche Pioniere in der Treibhausdebatte. a) John Tyndall. b) Svante Arrhenius. c) Guy Stewart Callendar. d) Roger Revelle. e) Charles David Keeling. f) Hermann Flohn. g) Hans Oeschger. h) James Hansen (Quelle: Wikipedia).

wärme zurückhält und dass der Planet ohne seine Atmosphäre deshalb deutlich kälter wäre.

In der Mitte des 19. Jahrhunderts maß der irische Experimentalphysiker John Tyndall (1820–1893; Abb. 11.1a) die Infrarotabsorption von Gasen wie Stickstoff, Sauerstoff, Wasserdampf, Kohlendioxid, Ozon und Methan.[5] Er kam zum richtigen Schluss, dass Wasserdampf der leistungsfähigste Absorber ist und dass Treibhausgase Wärme einfangen und durch ihre Existenz bewirken, dass diese Wärme vor allem aus höheren Schichten der Atmosphäre in den Weltraum entweicht.

Der Schwede Svante Arrhenius, der Nobelpreisträger für Chemie im Jahr 1903, wird oft als «Vater der globalen Erwärmung» bezeichnet (Abb. 11.1b). Tatsächlich war er der erste Wissenschaftler, der die Grundprinzipien der physikalischen Chemie nutzte, um zu berechnen, in welchem Ausmaß eine Zunahme des atmosphärischen Kohlendioxids die Temperatur der Erdoberfläche ansteigen lässt. Dabei konnte Arrhenius höchstens die unmittelbaren Auswirkungen einer Veränderung des CO_2-Gehalts abschätzen. Im späten 19. Jahrhundert berechnete er, dass eine Verdopplung des CO_2 in der Atmosphäre die Temperatur der Erde um etwa 5 oder 6 °C anheben würde, aber bis dahin würde es Tausende von Jahren dauern. Die Vorstellung, dass der Mensch die Atmosphäre massiv stören könnte, beeindruckte ihn nicht. Eine Erwärmung des Klimas in Schweden in der ausgehenden NKE schien für ihn eine gute Sache zu sein.[6] Er schrieb: «Die enorme Verbrennung von Kohle durch unsere Industriebetriebe reicht aus, um den Prozentsatz von Kohlendioxid in der Luft spürbar zu erhöhen [...]. Durch den Einfluss des zunehmenden Prozentsatzes von Kohlensäure in der Atmosphäre können wir hoffen, namentlich in den kälteren Regionen der Erde künftighin ein gleichmäßigeres und besseres Klima zu genießen. In künftigen Zeitaltern wird die Erde zum Nutzen der sich schnell vermehrenden Menschheit reichhaltigere Ernten als bisher hervorbringen.»[7] Allerdings war das anthropogene Signal um 1900 immer noch weitaus schwächer als die natürlichen Klimaschwankungen. Daher konnte Arrhenius keinen Zusammenhang zwischen der Zunahme der Treibhausgase und einem Temperaturanstieg nachweisen.[8] Aus diesem Grund bestand dahingehend ein wissenschaftlicher Konsens, wonach Kohlendioxid in der Luft keinen nennenswerten Einfluss auf das Klima habe.

Guy Stewart Callendar (1898–1964; Abb. 11.1c), ein englischer Dampfingenieur und Erfinder, stellte diesen Konsens infrage. Obwohl er auf dem Gebiet der Klimawissenschaften bloß ein Amateur war, hatte er den Mut, 1938 vor die Royal Meteorological Society in London zu treten und über das Klima zu sprechen.[9] In seiner Freizeit hatte er seit den frühen 1930er-Jahren Messungen der Eigenschaften von Gasen, der Struktur der Atmosphäre, der Sonneneinstrahlung in verschiedenen Breiten, der Nutzung fossiler Brennstoffe, der Wirkung von Meeresströmungen sowie der Temperatur und des Niederschlags an Wetterstationen auf der ganzen Welt gesammelt. Durch die Kombination dieser Daten war Callendar in der Lage, das Konzept eines ersten, groben Klimamodells zu entwerfen, das den heute üblichen Modellstrukturen bereits ähnlich war. Nach jahrelangen Berechnungen kam er zum Schluss, dass die globalen Landtemperaturen in den vorausgehenden 50 Jahren gestiegen waren. Er stellte dezidiert fest, dass dieser Anstieg durch die Zunahme des Kohlendioxids erklärt werden könne.[10] Seine Schätzungen erwiesen sich später als bemerkenswert genau. Allerdings sprachen die Experten der Royal Meteorological Society seiner Arbeit jegliche Bedeutung ab mit dem Argument, es gebe gar nicht genug Kohlendioxid in der Luft.[11] Andere Gelehrte glaubten, der CO_2-Gehalt steige so langsam an, dass er in den nächsten Jahrhunderten noch keine Rolle spielen werde.

Der amerikanische Geologe Thomas Chrowder Chamberlin (1843–1928) war der erste Wissenschaftler, der sich mit den langfristigen Auswirkungen von CO_2 auseinandersetzte. In einer bahnbrechenden Arbeit zeigte er 1899 auf, dass CO_2 die globale Temperatur reguliert und dass dieses die Entstehung der Eiszeiten durch einen Rückkopplungszyklus beeinflussen konnte.[12]

1957 verfasste der amerikanische Ozeanograph Roger Revelle (1909–1991; Abb. 11.1d) zusammen mit seinem Kollegen von der University of California, Hans Suess (1909–1993), einen bahnbrechenden Beitrag zur Erforschung der globalen Erwärmung.[13] Mithilfe von 14C-Isotopenmessungen[14] wiesen die beiden Forscher nach, dass sich Kohlendioxid durch die Verbrennung fossiler Brennstoffe seit dem Beginn der industriellen Revolution in der Atmosphäre angereichert hatte. Entgegen früherer Annahmen gelangten sie zum Schluss, dass der größte Teil des CO_2 von den Ozeanen aufgenommen worden war. Ihre Erkenntnisse gipfelten in der Aussage, die Menschheit sei daran, ein groß angelegtes geophysikalisches Experiment durchzuführen, das weder in der Vergangenheit je möglich war noch in der Zukunft reproduziert werden könne. Später stellte sich heraus, dass der CO_2-Gehalt in der Atmosphäre kurz nach ihrer Veröffentlichung aufgrund der Überschwemmung der Märkte mit billigem Erdöl rapide anstieg (Abb. 11.2).

Revelle lud den Geochemiker Charles David Keeling (1918–2005; Abb. 11.1e) ein, an sein Institut zu kommen. Dieser hatte als junger Wissenschaftler das erste Instrument zur Messung von Kohlendioxid in der Atmosphäre entwickelt. Revelle gehörte zu den Initianten des Internationalen Geophysikalischen Jahrs (IGY), eines Projekts, das von 1957 bis 1958 dauer-

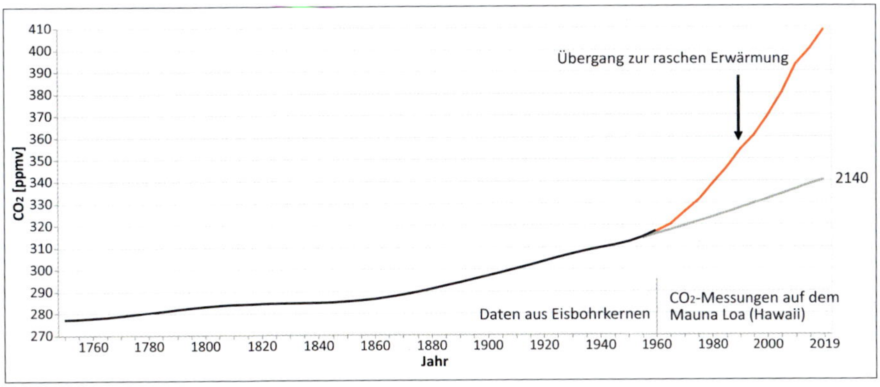

Abb. 11.2. Der Verlauf der CO_2-Konzentrationen von 1750 bis 2019. Bis 1957 basiert die Abbildung auf Daten aus Eisbohrkernen, ab 1958 auf den Mauna-Loa-Messungen. Extrapoliert man den Trend von 1750 bis 1957 (graue Kurve), so würde sich ergeben, dass der heutige Wert von 412 ppm (2019) erst im Jahr 2140 erreicht wird.

te. Keeling, sein ehemaliger Postdoc, erhielt IGY-Gelder und begann 1958 mit den ersten und längsten permanenten Kohlendioxid-Messungen in der abgelegenen Gegend des Vulkans Mauna Loa auf Hawaii auf 3397 m über Meer, umgeben von Tausenden von Meilen sauberen Ozeans. Ab diesem Jahr stieg die CO_2-Konzentration steil an (Abb. 11.2). Diese auffallende Veränderung wurde zuerst von Atmosphärenphysikern bemerkt, die in ihren Vorlesungen darauf hinwiesen. Um 1966 sprach Revelle vor Studenten an der Harvard-Universität über die Zukunft der Erde. Der Sohn eines Senators, Albert Gore Jr., saß im Publikum. Als Revelle die Keeling-Kurve des CO_2 in der Atmosphäre präsentierte, die seit acht Jahren markant angestiegen war, war Al Gore tief betroffen. Die Aussicht auf eine Erwärmung der Atmosphäre schockierte ihn, wie er sich als US-Vizepräsident später erinnerte. Sie erschütterte seinen Kindheitsglauben, dass «die Erde so riesig und die Natur so mächtig sei, dass nichts, was wir tun, irgendeinen großen oder dauerhaften Einfluss auf das normale Funktionieren ihrer natürlichen Systeme haben könne».[15]

Im Jahr 1963 entwickelte der deutsche Meteorologe Fritz Möller (1906–1983) ein eindimensionales atmosphärisches Modell, das von einer festen relativen Luftfeuchtigkeit und Bewölkung ausging.[16] Für den Fall einer Verdopplung des CO_2 von 300 auf 600 ppmv schätzte er einen Temperaturanstieg von 1.5 °C. Möller arbeitete mit dem japanischen Klimatologen Syukuro Manabe und dem amerikanischen Klimatologen Richard Tryon Wetherald (1936–2011) vom Geophysical Fluid Dynamics Laboratory in Princeton zusammen. Sie machten bahnbrechende Fortschritte bei der Modellierung des Treibhauseffekts und gaben 1967 bekannt, dass die globalen Temperaturen um 2°C ansteigen würden, wenn sich der CO_2-Gehalt der Atmosphäre verdoppeln würde.[17]

In den 1970er-Jahren löste eine Gruppe besorgter Wissenschaftler, darunter der US-amerikanische Geowissenschaftler Wally Broecker (1931–2019),[18] der deutsche Klimatologe Hermann Flohn (1912–1997; Abb. 11.1f)[19] und der Schweizer Physiker Hans Oeschger (1927–1998; Abb. 11.1g),[20] innerhalb der wissenschaftlichen Gemeinschaft der Klimatologen eine lebhafte Diskussion aus. 1975 stellte Broecker fest, dass «der exponentielle Anstieg des atmosphärischen Kohlendioxidgehalts tendenziell zu einem bedeutenden Faktor wird und dass die Mitteltemperatur unseres Planeten bis Anfang des nächsten Jahrhunderts über die Grenzen der letzten 1000 Jahre hinaus angestiegen sein wird». 1978 wiesen Hans Oeschger und Uli Siegenthaler darauf hin, dass «ein maximal zulässiger atmosphärischer CO_2-Gehalt gefunden werden könnte, der nicht überschritten werden sollte, wenn die atmosphärische Strahlungsbilanz nicht in gefährlicher Weise gestört werden sollte».

Abb. 11.3. Titelseite der Zeitschrift *Der Spiegel* 33 vom 11. August 1986. Die Fotomontage zeigt den Kölner Dom, der infolge des Meeresspiegelanstiegs halb unter Wasser steht.

Im Oktober 1985 diskutierte eine kleine Gruppe führender Umweltwissenschaftler auf einer Konferenz im österreichischen Villach über die Probleme an der Schnittstelle von Ozon und Klimawandel. Sie stellten fest: «In der ersten Hälfte des nächsten Jahrhunderts könnte es zu einem Anstieg der globalen Mitteltemperatur kommen, der größer ist als jeder andere in der Geschichte der Menschheit.»[21] Eine nach dem Treffen gegründete «Arbeitsgruppe Energie» schaffte es, das Interesse der Medien auf sich zu lenken. Ihre öffentliche Warnung, dass «der Ausstoß von Treibhausgasen dringend reduziert werden sollte, um eine Klimakatastrophe zu vermeiden», wurde vom bekannten Magazin Der Spiegel unter dem Titel «Die Klimakatastrophe» aufgegriffen. Dieser Begriff etablierte sich als Schlagwort, und die Illustration (Abb. 11.3) wurde zur Ikone.[22]

In den USA setzte James Hansen, der damalige Direktor des NASA Goddard Institute for Space Studies (Abb. 11.1h), Ende Juni 1988 die Messlatte bewusst hoch. Noch nie seien die klimatischen Bedingungen so extrem gewesen, hob er hervor. Eine Serie von Hitzewellen und Dürren, die schlimmsten seit dem «Dust Bowl» in den 1930er-Jahren, verwüstete namhafte Regionen der USA und weckte das Interesse der Öffentlichkeit an wissenschaftlichen Erklärungen. Titelartikel in Nachrichtenmagazinen, Hauptbeiträge in Fernsehsendungen und unzählige Zeitungsspalten boten dramatische Bilder von verdorrten Ernten und brennenden Wäldern, die wie eine visuelle Vorschau auf das wirkten, was die Zukunft bringen würde. Wissenschaftler wussten natürlich, dass kein einzelnes Wetterereignis auf die globale Erwärmung zurückgeführt werden konnte, aber Hansen wollte dieses Zeitfenster nutzen, um seine Erkenntnisse zu popularisieren. Bei einer Anhörung vor dem Energieausschuss des US-Senats erklärte er: «Der Treibhauseffekt ist nachgewiesen worden, und er verändert unser Klima jetzt.»[23] Die Medien, die Öffentlichkeit und hochrangige Politiker begannen, den Treibhausgasen größere Aufmerksamkeit zu schenken.[24] Im Nachhinein stellte sich heraus, dass Hansen mit seiner Einschätzung völlig recht hatte. In der Tat zeigen viele Datensätze, dass das folgende Jahr, 1989, den Übergang von einer langsamen zu einer schnellen, in den Zeitreihen klar sichtbaren globalen Erwärmung markiert (Teilkapitel 11.3; Abb. 11.11). Hansens spektakulärer Schritt fiel mit den laufenden Bemühungen der Vereinten Nationen um eine verstärkte internationale Zusammenarbeit beim Klimawandel zusammen.

11.1.3 Die Treibhausdebatte erreicht die internationale Ebene

Die möglichen Folgen des CO_2-Anstiegs waren lange Zeit ungeklärt. Unter der Schirmherrschaft der Weltorganisation für Meteorologie (WMO) wurden 1979, 1990 und 2009 in Genf drei Weltklimakonferenzen veranstaltet. Neben der Gründung des Weltklimaprogramms, welches die Vorhersagbarkeit des Klimas und die Auswirkungen menschlicher Aktivitäten auf das Klimasystem ermitteln soll, wurde auf der Konferenz von 1979 gemeinsam mit dem Umweltprogramm der Vereinten Nationen (UNEP) ein neues Gremium ins Leben gerufen, das Intergovernmental Panel on Climate Change (IPCC).[25] Die Gründung des IPCC wurde 1988 von der Generalversammlung der Vereinten Nationen bestätigt. Das Gremium setzt sich hauptsächlich aus einer internationalen Gruppe von renommierten Forscherinnen und Forschern von Universitäten oder nationalen Laboratorien zusammen. Das IPCC ist in drei Arbeitsgruppen organisiert. Es hat den Auftrag, den politischen Entscheidungsträgern regelmäßig wissenschaftliche Einschätzungen zum Klimawandel und seinen Auswirkungen sowie möglichen zukünftigen Risiken zu liefern. Dazu soll es die möglichen Anpassungs- und Minderungsmaßnahmen bewerten.[26]

Seit der Diskussion über seinen ersten Bericht, der 1990 veröffentlicht wurde, setzte sich das IPCC unablässig für eine bessere politische Umsetzung seiner Erkenntnisse ein. Diese wurden in Rio de Janeiro auf der Konferenz der Vereinten Nationen über Umwelt und Entwicklung 1992, auch «Erdgipfel 1992» genannt, in Gang gesetzt. Neben anderen wichtigen Dokumenten wurde auf dieser Konferenz die bahnbrechende Klima-Rahmenkonvention der Vereinten Nationen (United Nations Framework Convention on Climate Change, UNFCCC) entworfen, die bis 1994 von 197 Ländern ratifiziert wurde. Oberstes Ziel der UNFCCC ist es, die Treibhausgaskonzentrationen «auf einem Niveau zu stabilisieren, das gefährliche anthropogene (vom Menschen verursachte) Störungen des Klimasystems verhindert».[27]

Auf der Grundlage der ersten beiden Weltklimakonferenzen von 1979 und 1990 sowie des Erdgipfels von Rio 1992 wurden zusätzlich Konferenzen der Vertragsstaaten (COPs) einberufen, welche für die Überwachung und Überprüfung der Umsetzung der Beschlüsse der Rio-Konferenz zuständig sind. Seit 1995 tagen die COPs jährlich. Ihre Beschlüsse werden regelmäßig durch die wissenschaftlichen Erkenntnisse des IPCC gestützt. 1997 wurde das Kyoto-Protokoll unterzeichnet, das 2005 in Kraft trat. Ihm folgte im Jahr 2016 das Pariser Klimaabkommen.

Bisher hat das IPCC fünf Sachstandsberichte (Assessment Reports, ARs) veröffentlicht – 1990 (AR1), 1995 (AR2), 2001 (AR3), 2007 (AR4) und 2014 (AR5) – sowie eine Reihe von Sonderberichten. Der AR6 ist in Vorbereitung. Die ARs versorgen die politischen Entscheidungsträger und die Öffentlichkeit mit Informationen über den wissenschaftlichen Stand des Klimasystems, über die möglichen Auswirkungen des Klimawandels sowie über die Möglichkeiten zur Anpassung und zur Minderung der Treibhausgasemissionen. Im AR1 wurde festgestellt, dass «Emissionen aufgrund der menschlichen Aktivitäten die atmosphärischen Konzentrationen der Treibhausgase wesentlich erhöhen».[28] Der AR2 hielt fest, dass «Kohlendioxid den quantitativ wichtigsten Beitrag zum anthropogenen Antrieb des Klimawandels liefert».[29] Er bildete die Grundlage für das Kyoto-Protokoll. Dieses sollte die Kontrolle der Emissionen der wichtigsten anthropogenen Treibhausgase im Zeitraum 2008 bis 2012 kontrollieren. AR4 bezeichnete den vom Menschen verursachten Klimawandel als «sehr wahrscheinlich», dies mit einer Wahrscheinlichkeit von über 90 %. Im Laufe der 24 Jahre zwischen AR1 und AR5 wurde der menschliche Einfluss auf den Klimawandel überzeugend nachgewiesen. Dabei spielten verbesserte statistische Verfahren bzw. Modelle sowie die Beschleunigung des Klimawandels selbst eine wichtige Rolle.

Der AR5 zeigt, dass «die Erwärmung des Klimasystems eindeutig ist und dass die seit den 1950er-Jahren vielerorts beobachteten Veränderungen über Jahrzehnte oder Jahrtausende beispiellos sind».[30] Er bildete die wissenschaftliche Grundlage für die COP21 in Paris im Jahr 2015. Sie verfolgt das Ziel, die globale Antwort auf die Bedrohung durch den Klimawandel zu stärken, indem der globale Temperaturanstieg in diesem Jahrhundert deutlich unter 2°C über dem vorindustriellen Niveau gehalten werden soll. Nach Möglichkeit sollte er sogar auf 1.5°C begrenzt werden.[31] Die Einhaltung der von den einzelnen Ländern festgelegten Maßnahmen soll regelmäßig überprüft werden.

11.1.4 Die Treibhauskontroverse

Als sich ein wissenschaftlicher Konsens über die globale Erwärmung anbahnte, startete eine Handvoll hochrangiger Wissenschaftler mithilfe finanzstarker Interessenten eine Kampagne, um die einschlägigen Forschungen zu diskreditieren.[32] Die amerikanische Geologin und Wissenschaftshistorikerin Naomi Oreskes und der Historiker Erik M. Conway untersuchten das taktische Vorgehen der betreffenden Drahtzieher. In ihrem minutiös recherchierten Werk Merchants of Doubt (Händler des Zweifels) wiesen sie nach, dass die betreffenden Wissenschaftler eine Desinformationsstrategie anwandten, mit der zuvor die Wahrheit über die gesundheitlichen Auswirkungen des Tabakrauchens jahrzehntelang verschleiert worden war.[33] Das George C. Marshall Institute, das 1984 gegründet wurde, um Präsident Reagans Strategische Verteidigungsinitiative (SDI; Spitzname: Star-Wars-Programm) zu verteidigen, griff 1989 in seinem ersten Bericht die Klimawissenschaft frontal an. Die Drahtzieher waren hoch angesehene Wissenschaftler wie der Physiker William Nierenberg, der Astrophysiker Robert Jastrow, der Physiker Frederick Seitz – ein ehemaliger Präsident der US National Academy of Sciences – sowie der in Österreich geborene amerikanische Physiker Fred Singer. Als 1989 das Ende des Kalten Kriegs in Sicht war, verlor das George C. Marshall Institut seine Daseinsberechtigung als Speerspitze für Star Wars. Als Ersatz beschlossen die Kalten Krieger, einen neuen Feind ins Visier zu nehmen.[34] Mit dem Kampfbegriff «Alarmisten» versuchten sie all jene zu diskreditieren, die vor der Dynamik der globalen Erwärmung und den damit verbundenen unabsehbaren Folgen warnen.

Seitz, Jastrow, Nierenberg und Singer hatten aufgrund ihrer Positionen als Physiker, die den Kalten Krieg gewonnen hatten, Zugang zu den Zentren der Macht, namentlich auch zum Weißen Haus. Sie nutzten diesen, um ihre politische Agenda durchzusetzen, selbst wenn sie damit die Wissenschaft und ihre wissenschaftlichen Kollegen diskreditierten. Sie waren überzeugt, dass der Zweck ihre Mittel heiligte.[35] Doch standen sie in ihrem Streben nicht allein. Schon von den frühen 1980er-Jahren an hatte sich das Netzwerk von konservativen und libertären «Think Tanks» in Washington auf Umweltschutzaktivisten eingeschossen. Ein Großteil der Finanzierung kam von der Öl- und der Kohleindustrie. Die Massenmedien fühlten sich verpflichtet, die Think Tanks auf Augenhöhe mit Wissenschaftlern zu behandeln. Die Journalisten wurden erfolgreich unter Druck gesetzt, den professionellen Leugnern unter dem Deckmantel der Meinungsvielfalt den gleichen Status, die gleiche Zeit und den gleichen Platz in den Medien zu gewähren,[36] sogar außerhalb der USA.

Gruppen und Einzelpersonen, die wissenschaftliche und pseudowissenschaftliche Kontroversen untersuchten, wurden als «Klimaskeptiker» bezeichnet, aber der Ausdruck «Klimagegner» oder «Klimaschwindler» wird hier bevorzugt. Ab 1994 begannen ideologisch motivierte Klimagegner, prominente IPCC-Wissenschaftler anzugreifen, um deren wissenschaftliche Integrität zu diskreditieren. Ihre Behauptungen wurden im Wall Street Journal veröffentlicht, wo sie von Millionen von aufgeklärten Menschen gelesen wurden. Sie beeinflussten damit die amerikanische öffentliche Meinung und eine Mehrheit der Mitglieder im amerikanischen Kongress. Im Jahr 1997 stimmte der US-Senat mit 95:0 Stimmen für die Ablehnung des Kyoto-Protokolls.[37] Besonders umstritten waren Studien zur Bewertung und ursächlichen Zuordnung beobachteter langfristiger Klimaveränderungen. Diese sogenannten «Detection and Attribution Studies» untersuchen, inwieweit sich die durch menschgemachte Treibhausgase verursachte Erwärmung von jener unterscheidet, die durch natürliche solarbedingte oder vulkanische Einflüsse oder auch durch die interne (zufällige) Variabilität des Klimasystems verursacht wird. Dabei geht es offensichtlich um die umweltpolitische Schlüsselfrage, inwieweit die Menschen eine Schuld am Klimawandel trifft, denn damit wird die ordnungspolitische Kontrolle der Treibhausgase begründet.[38]

In den vergangenen zwei Jahrzehnten drehte sich die Debatte zum Klimawandel in den USA und zeitweise sogar weltweit um die sogenannte «Hockeyschläger-Kontroverse». Im AR3 des IPCC wurde 2001 eine Tempe-

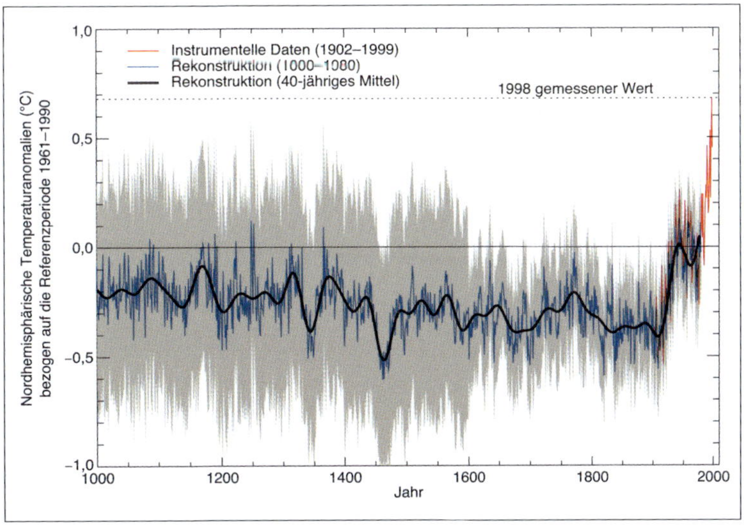

Abb. 11.4. Tausendjährige Temperaturrekonstruktion der nördlichen Hemisphäre (blau) und instrumentelle Daten (rot) von 1000 bis 1999 (nach Mann et al. 1999, aus IPCC 2001). Die geglättete Kurve ist schwarz, und die Grenzen von zwei Standardfehlern sind grau schattiert.

Abb. 11.5. «Hilfe! Die Erde schmilzt. Die große Klima-hysterie». Titelseite des deutschen Magazins *Der Spiegel* 19, vom 7. Mai 2007.

raturrekonstruktion der Nordhemisphäre für die letzten 1000 Jahre veröffentlicht (Abb. 11.4).[39] Die schwarze Kurve ähnelt deutlich einem Hockeyschläger. Der Stock repräsentiert die bis ins 19. Jahrhundert fallenden Temperaturen, das Blatt des Schlägers die vom Beginn des 20. Jahrhundert an zunehmenden Temperaturwerte im Zuge der globalen Erwärmung. Die Kurve wurde zuerst von den amerikanischen Klimaforschern Mike Mann, Ray Bradley und Malcolm Hughes veröffentlicht. Sie wurde unter anderem vom kanadischen Bergbaudirektor Steve McIntyre und dem kanadischen Geschäftsmann Ross McKitrick kritisiert, die beide weder ausgebildete noch aktive Klimaforscher sind. Der Großteil der Kritik wurde auf McIntyres Blog «Climate Audit» veröffentlicht.

In der Dekade nach der Veröffentlichung im Jahr 2001 wurde die Hockeyschläger-Kurve von einem Ausschuss des US National Research Council bestätigt. Auch wenn die Form des Hockeyschlägers leicht deformiert sein mag, wurde seine Gültigkeit durch eine große Anzahl von Folgestudien rund um den Globus[40] und zuletzt durch einen Artikel in der Zeitschrift Nature[41] bestätigt. Seine Struktur stimmt auch mit den Abbildungen 10.1a bis d überein.

Al Gores Film «Eine unbequeme Wahrheit» löste 2006 die erste weltweite öffentliche Debatte über den raschen Klimawandel aus, den das deutsche Magazin Spiegel als «Hysterie» bezeichnete (Abb. 11.5). In Europa manifestierte sich der politische Einfluss der Klimagegner zuerst in Großbritannien. Im November 2009 lösten diese eine Kontroverse namens «Climategate» (in Analogie zur Watergate-Affäre in den frühen 1970er-Jahren) aus, nachdem ein Server der Climatic Research Unit (CRU) an der englischen University of East Anglia in Norwich gehackt worden war. Klimagegner behaupteten, anhand von E-Mails könne belegt werden, dass Daten zur globalen Erwärmung manipuliert worden seien. In der Folge überprüften mehrere hochrangige Gremien die Arbeit des britischen Professors und Direktors der CRU, Phil Jones, eines weltweit führenden Wissenschaftlers, und seines Teams.[42] Sie stellten fest, dass Jones' wissenschaftliche Arbeit absolut korrekt war. In Frankreich trat Claude Allègre, ein Geochemiker und späterer Minister für nationale Bildung, Forschung und Technologie, führend als Klimagegner in Erscheinung. Im Jahr 2010 behauptete Allègre in seinem Buch L'imposture climatique ou la fausse écologie (Der Klimaschwindel oder die falsche Ökologie), die Ursachen des Klimawandels seien unbekannt. Mehr als 400 französische Forscher forderten daraufhin die Ministerin für Hochschulwesen und Forschung, Valérie Pécresse, in einer Petition auf, gegen Allègres Buch Stellung zu beziehen.[43] Am 20. September 2010 fand eine für Presse und Öffentlichkeit geschlossene Debatte in der französischen Akademie statt. Die Wissenschaftler, die sich angegriffen und nicht voll unterstützt fühlten, übten heftige Kritik an der Regierung Sarkozy.

In Deutschland tritt das Europäische Institut für Klima und Energie (EIKE) als Speerspitze der Klimagegner in Erscheinung. Die meisten EIKE-Mitglieder sind nicht ausgebildete Klimawissenschaftler. Sie veranstalten regelmäßig Konferenzen und unterhalten eine Website, auf der sie die Bedeutung des anthropogenen Einflusses auf den raschen Klimawandel infrage stellen. In vielen Fällen präsentieren sie fragwürdige Argumente.

Die Hockeystick-Kontroverse schwappte auch nach Australien über. Im Jahr 2011 reichten die australische Wissenschaftlerin Joëlle Gergis von der Universität Melbourne und ihre Mitarbeitenden einen Artikel im hochrangigen American Journal of Climate ein. Darin präsentierten sie eine Rekonstruktion der Temperatur in Australien und seiner Umgebung für die letzten 1000 Jahre und stellten fest, dass die Erwärmung seit 1950 beispiellos ist. Die Forschergruppe um Gergis wurde daraufhin von Klimaschwindlern angegriffen. Sie musste die Arbeit zurückziehen und leicht modifizieren. Nach der Wiedereinreichung wurde das Papier akzeptiert und 2016 mit den nahezu gleichlautenden Schlussfolgerungen neu veröffentlicht.[44]

In Anbetracht der großen politischen und wirtschaftlichen Bedeutung des Themas haben mehrere europäische Forschungseinrichtungen begonnen, ihre Studien zum Klimawandel auf die Bereiche Wirtschaft, Geschichte, Politikwissenschaft, Soziologie und Medizin auszuweiten. Das 1992 in Deutschland gegründete Potsdam-Institut für Klimafolgenforschung (PIK) befasst sich mit grundlegenden Fragen zum globalen Wandel, zu den Auswirkungen des Klimas und zur nachhaltigen Entwicklung. Das im Jahre 2000 im Vereinigten Königreich gegründete Tyndall Centre for Climate Change Research verfolgt das Ziel, Wissenschaftler, Ökonomen, Ingenieure und Sozialwissenschaftler zusammenzubringen, um die vielfältigen Dimensionen des Klimawandels zu untersuchen. Das 2007 gegründete Oeschger Zentrum für Klimaforschung an der Universität Bern, Schweiz, ist grundsätzlich interdisziplinär ausgerichtet und befasst sich mit Klimaprozessen im Erdsystem sowie mit den Auswirkungen des gegenwärtigen und des zukünftigen Klimawandels auf Menschen und Ökosysteme.

11.2 Das «1950er-Syndrom»[45]

Viele Autoren führen die Entstehung des Treibhausproblems auf den Beginn der Industrialisierung im ausgehenden 18. Jahrhundert zurück. Der Nobelpreisträger Paul Crutzen nannte diesen Zeitraum in Anlehnung an die Benennung anderer geologischer Epochen wie z. B. des Holozäns Anthropozän (d. h. geologische Epoche des Menschen), um zum Ausdruck zu bringen, dass seit der Industrialisierung menschliche Aktivitäten die biologischen, geologischen und atmosphärischen Prozesse auf der Erde maßgeblich mitbestimmen.[46] Der Beginn des Anthropozäns mit der Industrialisierung im frühen 19. Jahrhundert wird aber der Dringlichkeit des Klimaproblems nicht gerecht. Später präzisierte Crutzen in einem gemeinsam mit dem amerikanischen Chemiker und Klimatologen Will Steffen und dem amerikanischen Historiker John McNeill verfassten Aufsatz, dass der Zeitraum seit Beginn der Industrialisierung in eine erste Phase des langsamen Wirtschaftswachstums vor 1950 und eine seitherige zweite Phase des beschleunigten Wirtschaftswachstums unterteilt werden müsse. Tatsächlich war die «Große Beschleunigung» von 1950 bis 1973 der längste und ausgeprägteste ökonomische Boom in der Geschichte der Menschheit.[47] Die drei oben genannten Autoren kamen zu dem Schluss, die Hauptursache des stürmischen Wirtschaftswachstums sei in den

Abb. 11.6. Globaler Primärenergieverbrauch 1800–2017 (Ritchie, Roser 2015; https://ourworldindata.org/energy-production-and-changing-energy-sources; Zugriff am 3. November 2019). Primärenergie ist eine in der Natur vorkommende Energieform, die noch keinem von Menschen durchgeführten Umwandlungsprozess unterzogen wurde.

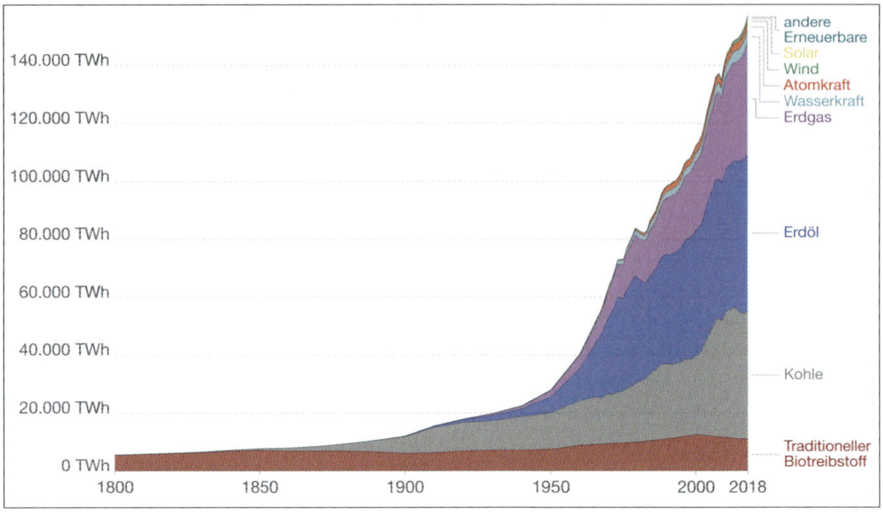

nach 1945 geschaffenen internationalen Institutionen wie dem Internationalen Währungsfonds (IWF), im schnellen technologischen Wandel und im Bevölkerungswachstum zu suchen.[48] Doch berücksichtigten sie die tiefer liegenden Gründe für die exponentiell zunehmende Nutzung fossiler Brennstoffe von den späten 1950er-Jahren nicht ausreichend (Abb. 11.6).

Ein interdisziplinäres Projekt an der Universität Bern kam bereits 1995 zum Schluss, der Kollaps der Energiepreise seit den 1950er-Jahren und der damit aufkommende verschwenderische Lebensstil seien die Hauptursache für den sprunghaften Anstieg der Nutzung fossiler Brennstoffe und den damit verknüpften beschleunigten Treibhauseffekt. Die Autoren nannten das Phänomen das «1950er-Syndrom».[49] Zwar wiesen auch der US-amerikanische Historiker John McNeill und sein Kollege Peter Engelke 2014 auf den Zusammenhang zwischen erhöhtem Energieverbrauch und dem Anstieg der Treibhausgase hin, ohne jedoch die entscheidende Bedeutung der rekordtiefen Energiepreise zu erwähnen.[50]

In Deutschland fiel der Weltmarktpreis für eine Tonne Rohöl zwischen 1950 und 1960 von 79 auf 12 Mark. Um 10 Liter Benzin zu kaufen, musste ein Facharbeiter 1950 4,8 Stunden arbeiten, 1960 dagegen bloß noch eine Stunde. Nach der Ölpreiskrise 1973 erholte sich der Rohölpreis etwas, aber der reale Preis für die Verbraucher sank aufgrund der gestiegenen Reallöhne weiter. Im Jahr 1986 konnten die Deutschen mit ihrem Stundenlohn fast siebenmal mehr Benzin kaufen als 1950[51], und diese Situation hat sich seitdem kaum verändert (Abb. 11.7).

Die Ursachen für diesen einmaligen Kollaps der Energiepreise sind in der Entwicklung des Welt-Erdölmarktes seit der Zwischenzeit zu suchen. Die fünf US-Konzerne Exxon (Esso), Mobil, Socal (heute Chevron), Gulf und Texaco dominierten damals zusammen mit British Petroleum (BP) und Royal Dutch Shell den Weltmarkt. Im Jahr 1928 trafen sich die CEOs der Seven Sisters, wie die Unternehmen genannt wurden, in Schottland, um Moorhühner zu schießen und Geschäfte zu besprechen. Sie kamen überein, dass jedes Unternehmen den Markt der anderen respektieren sollte, solange es in jedem

Gebiet eine schnell wachsende Nachfrage gab. Das Oligopol der Sieben Schwestern bestand bis in die späten 1950er-Jahre.[52]

Die gigantischen Ölfunde im Nahen Osten schufen grundlegend neue Bedingungen. 1933 unterzeichnete Socal einen Vertrag mit Saudi-Arabiens König Ibn Saud. Der Monarch übertrug seine Förderrechte für 60 Jahre an das Unternehmen und erhielt im Gegenzug ein Darlehen von 100'000 Pfund (heute rund 40 Millionen Euro), das aus den künftigen Einnahmen zurückgezahlt werden sollte. Während des Zweiten Weltkriegs waren rund hundert Amerikaner damit beschäftigt, in der saudischen Wüste nach Erdöl zu bohren. Ihr Chef, der Geologe Everette Lee DeGolyer, ein Mitbegründer der späteren Firma Texas Instruments, berichtete bei seiner Rückkehr nach Washington Anfang 1944, dass sich die bekannten und möglichen Reserven im Nahen Osten – Iran, Irak, Saudi-Arabien, Kuwait, Bahrain und Katar – auf etwa 25 Milliarden Barrel (40 Milliarden hl) beliefen. Doch vermutete er, dass die Reserven in Wirklichkeit 300 Milliarden Barrel (477 Milliarden hl) betrugen, was wie Wahnsinn klang. Ein Mitglied seines Teams gab zu Protokoll: «Das Öl in dieser Region ist der größte Schatz, den die Geschichte der Menschheit kennt.»[53]

Es dauerte einige Jahrzehnte, bis der Schatz gehoben war. Das saudiarabische Ghawar-Ölfeld, das weitaus größte der Welt, ging von den frühen 1950er-Jahren an in Produktion. Der Nachfrageschub während des Koreakriegs (1950–1953) und der Suezkrise (1956) hielt die Ölpreise zunächst hoch,

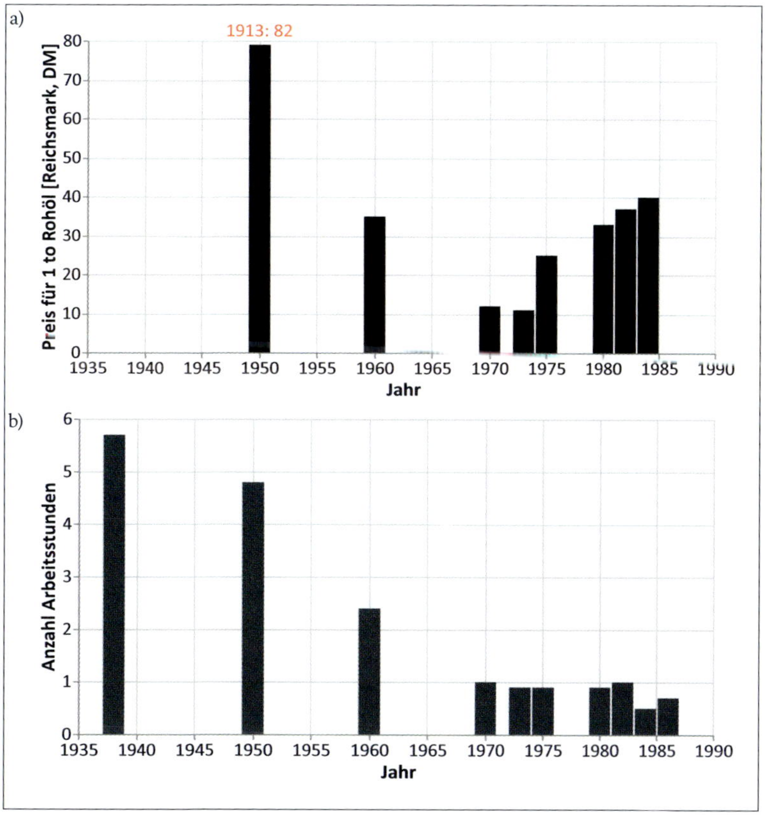

Abb. 11.7. a) Preis für eine Tonne Rohöl und b) Arbeitsaufwand eines qualifizieren Arbeiters in Stunden für den Kauf von 10 Liter Benzin an der Zapfsäule 1938 bis 1984 (Daten Fourastié, Schneider 1989:71).

Abb. 11.8. Südwestansicht des vierten Solarhauses des MIT in Lexington, Massachusetts, erbaut 1958. Geplant als Prototyp für den Massenbau, bezog es die Hälfte seiner Winterwärme von der Sonne (Butti, Perlin 1980: 196. Quelle: MIT housing collections).

was den Sieben Schwestern sagenhafte Gewinne bescherte. Auch hielten die Transportkapazitäten lange Zeit nicht Schritt mit der Nachfrage. Die Tanker waren zunächst klein, und viele Pipelines befanden sich noch im Bau.[54]

Von 1957 an brach der Preis für Rohöl aus mehreren Gründen ein. Die Aussicht auf hohe Gewinne hatte Ölgesellschaften verlockt, weitere Vorkommen zu erkunden. Die Transportkosten sanken massiv, nachdem als Reaktion auf die vorübergehende Schließung des Suezkanals 1956 Supertanker gebaut worden waren. Im Jahr 1954 transportierte ein durchschnittlicher Öltanker 28'000 Tonnen Rohöl, während ein 1972 gebauter Supertanker 380'000 Tonnen beförderte – fast 14 Mal so viel.[55] Letztlich waren die Ölgesellschaften bestrebt, die Lagerstätten so schnell wie möglich leer zu pumpen, weil die Konzessionen zeitlich begrenzt waren und sie damit rechnen mussten, dass die Folgegeschäfte mit den Förderländern weniger günstig ausfallen würden. Die dortigen Machthaber waren ihrerseits auf steigende Einnahmen aus dem Ölgeschäft angewiesen, um ihre Machtbasis zu erhalten. Als die Preise fielen, erhöhten beide die Produktion, um ihre Gewinne zu halten. Von den späten 1950er-Jahren an geriet der Rohölmarkt außer Kontrolle.[56] Innerhalb weniger Jahre wurde die westeuropäische Brennstoffwirtschaft auf den Kopf gestellt. Die Kohleindustrie brach zusammen, soweit sie nicht durch staatliche Subventionen gestützt wurde. Im Jahr 1955 hatte Kohle noch einen Anteil von 75 % und Erdöl von 23 % am Gesamtenergieverbrauch. Bis 1972 sank der Anteil der Kohle auf 22 %, während jener des Erdöls auf 60 % anstieg.[57] Aus der Förderstatistik lässt sich errechnen, dass zwischen 1861 und 2018 insgesamt 967 Milliarden Tonnen Rohöl gefördert wurden – 97 % davon seit 1957.[58]

Die Entwicklung der Solarenergie, die noch in den Kinderschuhen steckte, wurde unter diesen Voraussetzungen aufgegeben. 1938 hatten Ingenieure am Massachusetts Institute of Technology (MIT), unterstützt von einem privaten Geldgeber, mit der Entwicklung von Sonnenkollektoren zum Heizen von Häusern begonnen. In den 1950er-Jahren bauten sie ein Solarhaus in Lexington (Massachusetts). Dieses wurde etwa zur Hälfte durch Sonnenenergie beheizt[59] (Abb. 11.8). Präsident Jimmy Carter, ein früher Befürworter energiesparender Technologien, schlug dem Kongress eine «nationale Solarstrategie» vor. Er installierte 32 Sonnenkollektoren auf dem Dach des Weißen Hauses, um die Personalküche mit heißem Wasser zu versorgen. Doch sein Nachfolger Ronald Reagan setzte stattdessen auf den Ausbau der Kohleindustrie und ließ die Solarpanels bei Dachreparaturen entfernen.[60]

Aufgrund des niedrigen Ölpreises und der enormen Kosten für die ersten Sonnenkollektoren beendeten die Ingenieure ihre Forschungen im Jahre 1962.[61] In den folgenden drei Jahrzehnten wurde die Solarenergie als teure, unzuverlässige Energieform belächelt. Unter marktüblichen Bedingungen stiegen die Energiepreise in wirtschaftlichen Boomzeiten mit zunehmender Nachfrage, wie es vor 1958 und auch nach der Jahrtausendwende der Fall war. Obwohl die Nachfrage zwischen 1958 und 1972 Rekordwerte erreichte, fielen die Ölpreise weiter oder blieben stabil, solange das Angebot die Nachfrage überstieg. Die «Energiepreisanomalie», wie man sie nennen könnte,[62] trug dazu bei, die tiefgreifende Umstrukturierung der Wirtschaft voranzutreiben.

Ökonomen haben sich viele Gedanken über den relativen Preiseffekt gemacht. Er bezieht sich auf die Tatsache, dass der relative Preis eines Gutes nicht nur dem Modell von Angebot und Nachfrage entspricht, sondern auch von der Preisänderung anderer Güter beeinflusst wird. Wenn ein Gut im Vergleich zu anderen billiger wird, werden die Menschen theoretisch mehr von diesem Gut kaufen. Dies wird als «Substitution» bezeichnet. In einer Zeit galoppierender Reallöhne und spottbilliger fossiler Energie wurden auf der Ebene der einzelnen Unternehmen unzählige Entscheidungen getroffen, um Arbeit oder Zeit zu sparen, was so ziemlich dasselbe ist. Begründet wurden solche Maßnahmen mit «Rationalisierung», «Kosteneinsparung», «Verbesserung der Standortqualität» und so weiter. Sieht man von organisatorischen Verbesserungen ab, so waren die meisten Maßnahmen mit einem zusätzlichen Einsatz von fossiler Energie verbunden, ohne dass dieser Faktor explizit angesprochen wurde, weil er nicht kostenrelevant war. Der Substitutionseffekt wurde zusätzlich durch den technologischen Wandel vorangetrieben und führte zu einem rasanten Wirtschaftswachstum. Zusammenfassend lässt sich sagen, dass der langfristige Rückgang der relativen Preise für fossile Energieträger ein wesentlicher Faktor für mehrere sogenannte Revolutionen ist, die der Entstehung und Entwicklung einer Konsumgesellschaft zugrunde liegen. Dazu gehört z. B. die zweite Verkehrsrevolution mit ihren vielfältigen Folgen und Nebenwirkungen: Massenmotorisierung, Billigflugverkehr und Globalisierung der Märkte. In der Landwirtschaft kann auf Tierfabriken, Eutrophierung und den Verlust der Artenvielfalt verwiesen werden.

Auch der Alltag der meisten Menschen im Norden veränderte sich tiefgreifend, wie ein Blick auf die Verhältnisse in Westeuropa in den 1950er-Jahren zeigt. Die meisten Löhne deckten damals nur etwa die Grundbedürfnisse. Der größte Teil des Budgets wurde für Nahrung, Kleidung, Wohnung und die Erziehung der Kinder ausgegeben. Arbeiter und Angestellte lebten in engen Wohnungen und pendelten zu Fuß, mit dem Fahrrad oder mit der Straßenbahn zu ihrem Arbeitsplatz. Lebensmittel wurden in kleinen «Tante-Emma-Läden» gekauft. Solche Beschreibungen sind nicht nostalgisch inspiriert. Sie weisen vielmehr darauf hin, dass das tägliche Leben damals dem Ideal der Nachhaltigkeit noch recht nahe kam. Der Begriff «Ancien Régime Ecologique» bringt diesen Sachverhalt auf den Punkt.[63]

Wie nachhaltig war das Ancien Régime Ecologique? Zwei Wissenschaftler – der Schweizer Ingenieur und Planer Mathis Wackernagel und der kanadische Ökologe William Rees – schufen an der University of British Columbia in Vancouver ein weithin anerkanntes, umfassendes Buchhaltungssystem zur ökologischen Bewertung menschlicher Aktivitäten, den sogenannten «ökologischen Fußabdruck». Er misst die Menge an biologisch produktiver Land- und Meeresfläche, die benötigt würde, um die Ressourcen zu reproduzieren, die menschliche Aktivitäten benötigen, und um die Reststoffe zu absorbieren, die sie erzeugen. Kurz, der ökologische Fußabdruck zeigt auf, um wie viel der Ressourcenverbrauch einer Bevölkerung die Regenerationsfähigkeit ihrer Umwelt übersteigt.[64] Das Beispiel der Niederlande (Abb. 11.9) ist repräsentativ für Westeuropa. Von 1961 bis 1973 – also in der Zeit der größten Diver-

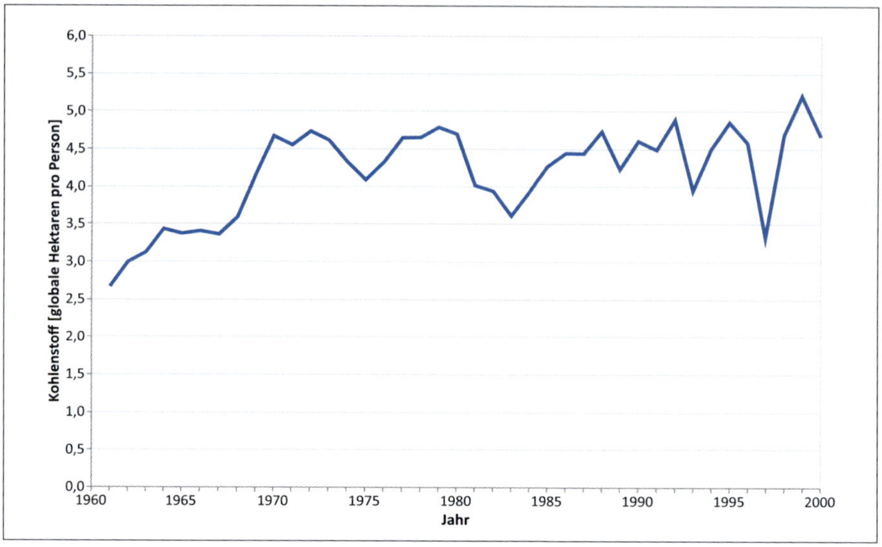

Abb. 11.9. Der ökologische Fußabdruck der Niederlande 1961 bis 2000 (Pfister 2010: 108, inklusive Datenquellen).

genz zwischen Reallöhnen und Energiepreisen – stieg der ökologische Fussabdruck des Landes kontinuierlich an. Seit 1973 fluktuiert er auf gleichem Niveau.

Die Schwemme an spottbilligem Öl, die ab Ende der 1950er-Jahre den Markt überflutete, hat noch ein weiteres globales Umweltproblem verursacht. Mit den Kunststoffen schuf das Erdölzeitalter einen neuen, billigen Werkstoff, der die abbaubaren Werkstoffe wie Holz, Eisen, Papier und Pappe zu einem guten Teil verdrängt hat. Die Produktion von Kunststoffen hat sich seit 1960 mehr als verzwanzigfacht (Abb. 11.10). Kunststoffabfälle werden entweder verbrannt, was die Atmosphäre aufheizt, im Boden deponiert oder im Meer entsorgt. Jährlich gelangen etwa acht Millionen Tonnen Plastikmüll in die Weltmeere, wo sie das Leben allmählich ersticken.[65] Die beiden schwerwiegendsten Umweltprobleme, die unseren Planeten heute plagen, lassen sich somit weitgehend auf eine einzige Ursache zurückführen, nämlich auf die gigantische Menge an spottbilligem Erdöl, die seit den späten 1950er-Jahren gefördert worden ist.

Diese unheilvolle Entwicklung erinnert an die Geschichte der Pandora in der griechischen Mythologie. Pandora, die «Allbegabte», wurde von Hephaistos, dem Gott der Schmiede, auf Anweisung des Gottvaters Zeus erschaffen. Ihre Gabe an die Welt symbolisiert ein Geschenk, das zunächst wertvoll erscheint, längerfristig aber zum Fluch wird.[66] Allerdings wurde es nicht in einer Büchse aufbewahrt, wie das Sprichwort sagt. Der betreffende griechische Begriff «pithos» ist falsch übersetzt worden. Vielmehr bezeichnet er ein großes Vorratsgefäß, vergleichbar mit heutigen Tonnen und Fässern.[67] Der Begriff «Barrel», Fass, der das Standardmaß für Erdöl darstellt, würde dem Sprichwort in der heutigen Situation besser entsprechen. Öffnete die moderne Pandora anstatt einer Büchse nicht eher ein Fass mit Erdöl?

Rückblickend war das 1950er-Syndrom, das die Dynamik des Anthropozäns beflügelte, einer der wesentlichen Wendepunkte in der Geschichte der Menschheit. Die Periode der Billigenergie dauerte lange genug, um die Struk-

Abb. 11.10. Globale Kunststoffproduktion (in Millionen Tonnen pro Jahr) 1917 bis 2017.

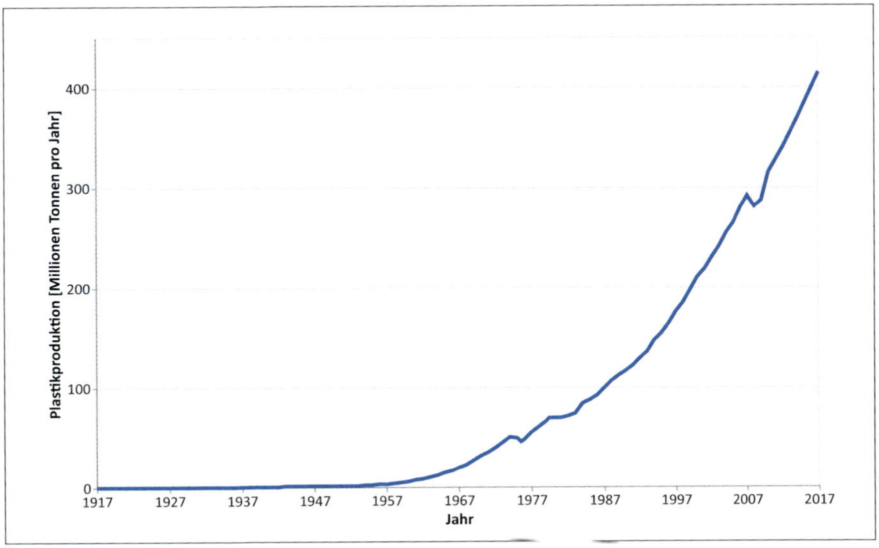

tur von Wirtschaft und Gesellschaft tiefgreifend zu verändern. Insbesondere ist sie die Hauptursache für den aktuellen Klimastress.[68] Die Bemühungen der sich herausbildenden Global Governance, die Treibhausgasemissionen deutlich zu reduzieren, sollten als Versuch verstanden werden, von den nicht nachhaltigen Praktiken loszukommen, die durch das 1950er-Syndrom und die daraus resultierende Große Beschleunigung entstanden sind. Es ist anzunehmen, dass ein bedeutendes Wirtschaftswachstum in der Nachkriegszeit auch ohne spottbillige Energie möglich gewesen wäre, nur in einer weniger verschwenderischen Form. Auf jeden Fall hätte uns eine etwas langsamere Entwicklung mehr kostbare Zeit verschafft, um das drängende Klimaproblem zu lösen.

11.3 Der plötzliche Übergang zur raschen Erwärmung

11.3.1 Die Warmperiode der Gegenwart (WPG)

Abbildung 11.11 zeigt den unregelmäßigen, aber allmählichen Anstieg der europäischen Jahresmitteltemperatur zwischen 1900 und 2015, der auch in Abbildung 10.4 zu sehen ist. Die Daten verdeutlichen, dass nach einer ersten moderaten Spitze um die Mitte des 20. Jahrhunderts ein scharfer Sprung auf ein generell höheres Temperaturniveau am Ende der 1980er-Jahre erfolgte. Auch wenn dies wie ein Übergang zu einem neuen Klimaregime mit einem konstant höheren Temperaturniveau aussieht, ist es hauptsächlich als verzögerte Reaktion auf den längerfristigen Antrieb durch die zunehmenden anthropogenen Treibhausgase zu betrachten (Abb. 6.9c). Es handelt sich um ein globales Phänomen. Nicht weniger als 26 der letzten 30 Jahre waren weltweit die wärmsten seit 1880. Im Alpenraum äußerte sich der starke Anstieg be-

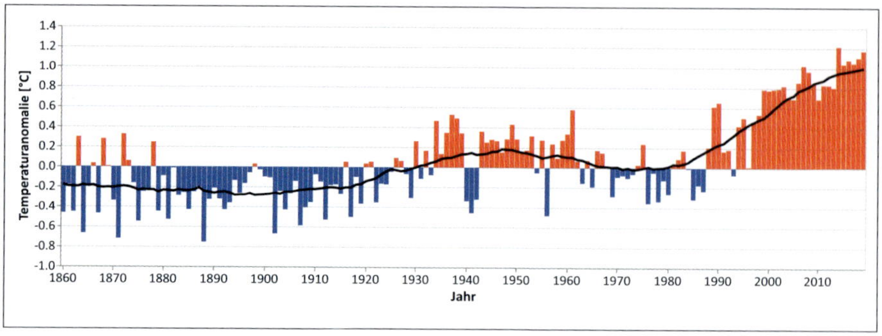

Abb. 11.11. Jährliche Mitteltemperaturen in Europa zwischen 1860 und 2015 (Quelle: HadCRUT4. CRUTEM.4.6.0.0., HadSST.3.1.1.0).

reits 1990 nach der Abfolge von drei sehr warmen und fast schneelosen Wintern, was in diesem Gebiet seit 1525 beispiellos war.[69] Er beschleunigte das Abschmelzen von Gletschern und Firnfeldern und ließ im September 1991 den Eismann Ötzi nach 5250 Jahren auftauen (Kapitel 2). Gleichzeitig beunruhigte die Aussicht auf weitere schneearme Winter die Tourismusindustrie und veranlasste den Auf- und Ausbau von künstlichen Beschneiungsanlagen (Abb. 11.12).

Was waren die maßgeblichen Prozesse, die zum markanten Übergang in den späten 1980er-Jahren führten? Die Argumentation ist ähnlich wie bei den Übergängen vom HMA zur NKE im 13. Jahrhundert und von der NKE zur MWP im späten 19. Jahrhundert; allerdings waren andere Antriebsfaktoren dominant. Der dramatische Anstieg der Treibhausgaskonzentrationen von 1958 an (siehe Abb. 6.9c und Teilkapitel 11.2) verursachte ein ausgeprägtes Energieungleichgewicht in der Atmosphäre. Das globale Klimasystem musste sich an die sich ständig ändernden Strahlungsverhältnisse anpassen und begann in ein neues Quasi-Gleichgewicht mit einem höheren Temperaturniveau hinüberzuschwingen. Neben den steigenden Treibhausgaskonzentrationen haben wahrscheinlich auch die sich ändernden globalen Konzentrationen von Aerosolen zu Veränderungen der Energiebilanz an der Erdoberfläche geführt. Dieser Vorgang wird in der wissenschaftlichen Literatur als «globales Dimming und Brightening» (d. h. Abdunklung und Aufhellung) bezeichnet.[70] Abbildung 11.13 zeigt, dass diese beiden Effekte den durch die anthropogenen Treibhaus-

Abb. 11.12. Ein weißes Band in einer grünen Landschaft. Der Ort Savognin im Kanton Graubünden war der erste in der Schweiz, der im Januar 1990 einen Hang künstlich beschneit hat (Quelle: Prisma, Dia Agentur und Bildproduktion AG, Zürich).

gase erzeugten Erwärmungstrend nur schwach überlagern. Nach einer frühen Aufhellungsphase, die ab den 1920er-Jahren einsetzte, herrschte bis zum deutlichen allmählichen Übergang auf ein höheres Temperaturniveau in den späten 1980er-Jahren eine längere Abdunklungs- oder Dimmingphase vor. Während dieser Dämpfung durch atmosphärische Aerosole wurde der Prozess der sukzessiven Erwärmung unterdrückt. Zusätzlich könnte der Einfluss der internen Systemschwankungen des Klimasystems eine entscheidende Rolle gespielt haben. Zusammen mit der wiederum neu einsetzenden Aufhellung in den späten 1980er-Jahren begann auch eine längerc Periode mit positiven Indizes der Nordatlantischen Oszillation (NAO)[71], die zu einer höheren Anzahl antizyklonaler Wetterlagen und damit ebenfalls zu einer höheren Sonneneinstrahlung führte.[72]

Die neue Periode nach 1988 wird in diesem Buch als «Warmperiode der Gegenwart» (WPG) bezeichnet. Trotz des deutlich höheren Temperaturniveaus wurde direkt nach 2000 noch ein deutlicher «Hiatus» oder eine «Pause» mit einem Plateau oder sogar leicht sinkenden Werten bei der globalen Mitteltemperatur beobachtet. Er ist in Abbildung 11.11 sichtbar, und seine Existenz wurde heftig diskutiert. In mehreren Publikationen wird der Grund für dieses Phänomen hinterfragt.[73,74] Einige Autoren führen die vorübergehende Unterbrechung des globalen Temperaturanstiegs auf eine leichte Abnahme der solaren Bestrahlungsstärke und auf einen weiteren Anstieg des atmosphärischen Aerosolgehalts zurück, der insbesondere auf die verstärkte Verbrennung fossiler Brennstoffe in Indien und China zurückzuführen ist.[75] Die plausibelste Erklärung ist jedoch, dass die Jahre zwischen 2002 und 2012 von mehreren starken La-Niña-Ereignissen dominiert wurden. Wie in Kapitel 6 erwähnt, sind La Niñas mit einem kühlen äquatorialen Ostpazifik verbunden. Durch den verstärkten Wärmefluss von der wärmeren Atmosphäre zum kühlen Ozeanwasser wurde der globale Temperaturanstieg kurzzeitig unterbrochen. Aufgrund der Ergebnisse von Modellsimulationen wurde eine baldige Rückkehr zu den Vorjahren mit konstant steigenden Temperaturen erwartet, und genau dies ist nach 2014 passiert. Abgesehen von der Tatsache, dass die Treibhausgaskonzentrationen weiter anstiegen, wurde die Erwär-

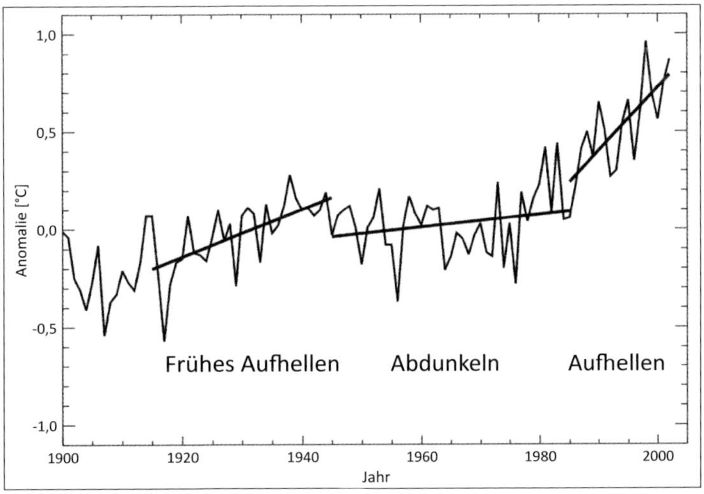

Abb. 11.13. Beobachtete 2-m-Temperaturanomalien über globalen Landoberflächen während des 20. Jahrhunderts, die die Effekte der Aufhellung (Brightening) und Verdunkelung (Dimming) darstellen (modifiziert nach Wild 2009).

mung durch den wiederauflebenden El Niño zusätzlich unterstützt, wobei dieses klassische Phänomen der natürlichen Klimavariabilität etwa alle 2 bis 7 Jahre auftritt. Es überrascht nicht, dass die vier Jahre von 2016 bis 2020 an der Spitze der wärmsten Jahre seit Beginn der globalen Temperaturmessungen im Jahr 1880 stehen. Namentlich traten in ganz Europa sehr hohe Sommertemperaturen auf.

11.3.2 Zukünftige Klimaszenarien

Abschließend werden ausgewählte zukünftige Klimaszenarien für Europa diskutiert. Die aktuellsten Szenarien für Temperatur und Niederschlag wurden auf der Grundlage von Simulationen im Rahmen des World Climate Research Programme (WCRP) Euro-Cordex erstellt.[76] Alle folgenden Szenarien basieren auf Euro-Cordex-Ergebnissen[77], die das Ergebnis von Simulationen mit den modernen, hochauflösenden regionalen Klimamodellen (RCMs) mit 12 km und 50 km horizontaler Auflösung bilden. Die Szenarien basieren auf dem sogenannten Representative Concentration Pathway (RCP) 8.5, welcher eines der wichtigen Basisszenarien des IPCC darstellt. Dieses Szenario enthält keine spezifischen CO_2-Reduktionsziele. Es ist daher eher pessimistisch, aber möglicherweise sehr realistisch. Zusätzlich zu den dynamischen Effekten muss auch die statistische Dimension des Klimawandels berücksichtigt werden. Abbildung 11.14 zeigt die möglichen zukünftigen Veränderungen von möglichen Tagesmittelwerten der Temperatur und des Niederschlages.[78] Die Temperaturwerte folgen einer sogenannten Glockenkurve oder Gauß-Verteilung. Bei steigenden Mitteltemperaturen verschiebt sich die gesamte Kurve von links nach rechts. Aufgrund des höheren Energiegleichgewichts des Globus sind deshalb weniger kalte Tage, dafür jedoch mehr heiße Tage und länger andauernde Hitzewellen zu erwarten. Neben dieser Verschiebung erfährt die Kurve in Abbildung 11.14 auch eine horizontale Dilatation oder Dehnung, und die Temperaturextreme werden deutlich verstärkt. Dies bedeutet, dass die Wahrscheinlichkeit von heißen Extremen sehr hoch ist. Im Gegensatz zur Temperatur ist die Verteilung des Tagesniederschlags unsymmetrisch; sie hat einen langen Schwanz auf der linken Seite und einen steilen Abfall auf der

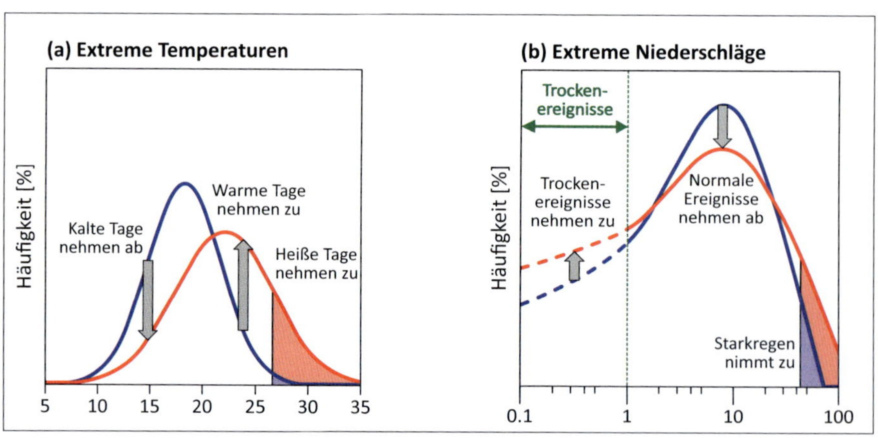

Abb. 11.14. Änderung der Verteilung der täglichen Temperatur (a) und des Niederschlags (b) im Falle eines zukünftigen Klimawandels (die Abbildungen zeigen die sogenannten Wahrscheinlichkeitsdichtefunktionen; aus CH2018 2018).

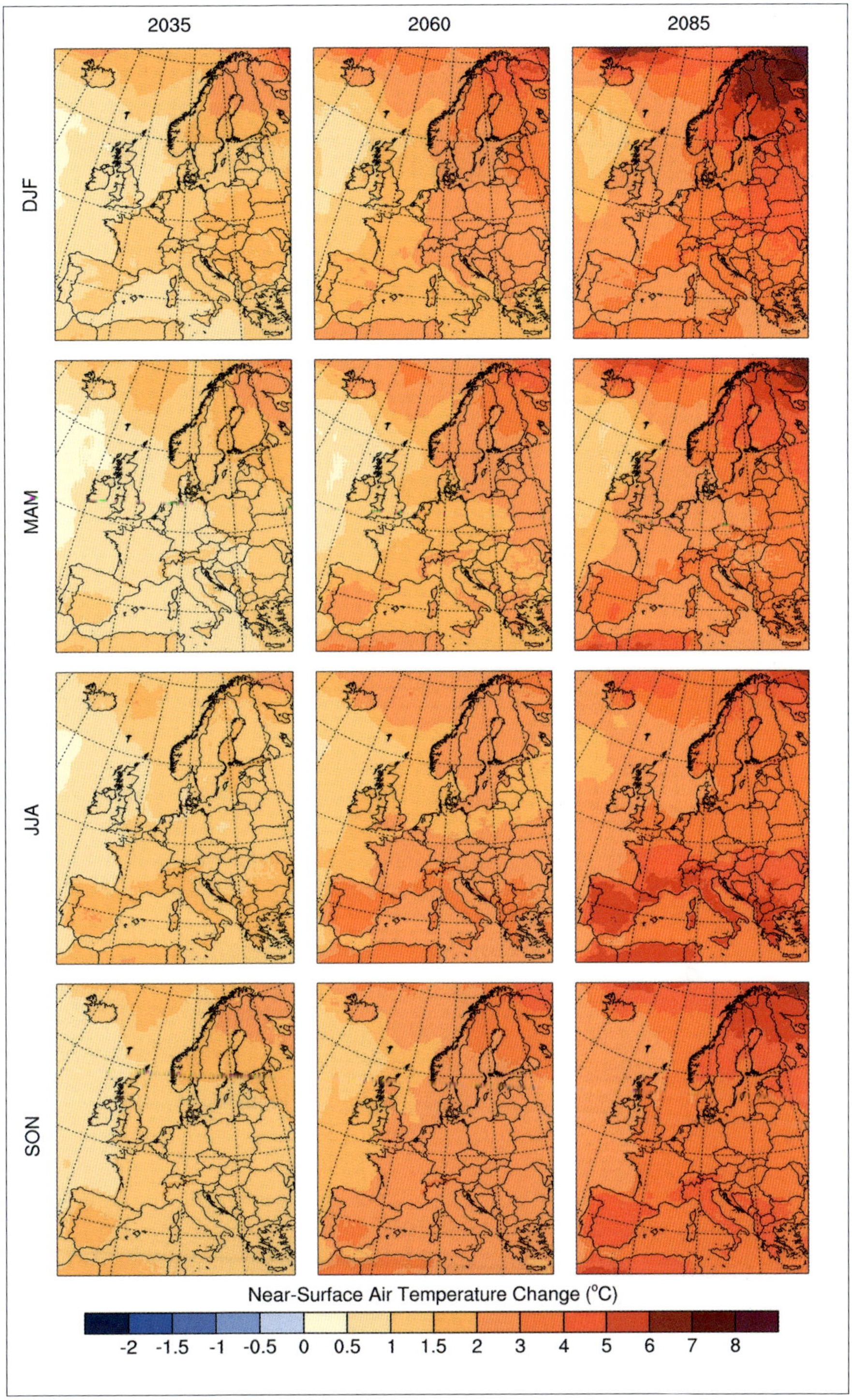

Abb. 11.15. Simulierte Temperaturänderung (in °C) über Europa bis 2035, 2060 und 2085, in Bezug auf die Referenzperiode 1981 bis 2010, für Winter (DJF), Frühling (MAM), Sommer (JJA) und Herbst (SON; aus CH2018 2018).

rechten Seite. Der zukünftige Klimawandel wird deshalb mehr trockene Ereignisse bringen, und die Anzahl der durchschnittlichen Niederschlagsereignisse wird abnehmen. Der rechte Schwanz der Kurve wird sich zu höheren Werten verschieben. Dies wiederum bedeutet, dass die Anzahl der Starkniederschlagsereignisse zunehmen wird, obwohl die Länge der heißen und trockenen Perioden ebenfalls zunimmt.

Basierend auf dem oben erwähnten und eher pessimistischen, aber wahrscheinlich realistischen Szenario RCP 8.5 zeigt Abbildung 11.15 das Ergebnis von 21 Multimodell-Simulationen, welche die saisonalen Temperaturen in Europa für drei verschiedene Zeitpunkte darstellen, dies in Schritten von 15, 40 und 65 Jahren.[79,80] Die Temperaturveränderung wird in Bezug auf die Referenzperiode 1981 bis 2010 berechnet. Alle saisonalen Szenarien zeigen, dass die Temperaturen von 2035 bis 2085 stark zunehmen werden, was vor allem auf den massiven Anstieg der Treibhausgaskonzentrationen zurückzuführen ist. Der Temperaturanstieg dürfte in Nordeuropa im Winter und in Südeuropa im Sommer stärker ausfallen. Die im oberen Teil von Abbildung 11.15 gezeigten Wintermuster (DJF) werden durch verschiedene Prozesse verursacht, die unter dem Begriff Arctic Amplification zusammengefasst werden. Einer der mitwirkenden Hauptmechanismen ist der fortschreitende Verlust des arktischen Meereises. Wenn das helle und reflektierende Eis schmilzt, entsteht eine dunklere, eisfreie Oberfläche. Diese dunkle Meeresoberfläche absorbiert mehr Solarstrahlung als die weiße Oberfläche von Schnee und Eis und verstärkt somit den winterlichen Erwärmungstrend.[81] Mehrere Arbeiten argumentieren, dass andere Prozesse eine noch wichtigere Rolle spielen.[82,83] So können insbesondere Veränderungen der arktischen Wolken und des vertikalen atmosphärischen Temperaturprofils die Erwärmung in den Polarregionen ebenfalls verstärken. Transportprozesse in der Atmosphäre und im Ozean, die zur Advektion (Herantransport) von Wärme und Feuchtigkeit in den arktischen Bereich führen, können ebenfalls verantwortlich sein. Ein weiterer Faktor ist die erwärmende Wirkung abgelagerter schwarzer Rußpartikel, die vor allem durch die stark zunehmenden Emissionen aus Asien verursacht werden. Die verringerte Ausdehnung des arktischen Meereises führt außerdem zu einem positiven Wärmefluss von der eisfreien Ozeanoberfläche in die Atmosphäre, was Veränderungen in der atmosphärischen Zirkulation bewirkt.[84] Das sibirische Hochdrucksystem kann möglicherweise verstärkt und nach Westen verlagert werden. Daher wird ein Trend zu negativeren NAO-Mustern mit kälteren kontinentalen Nordostwinden erwartet, wie dies in Abbildung 11.14b dargestellt ist.

Die Sommermuster in den drei JJA-Darstellungen von Abb. 11.15 folgen einem recht komplexen physikalischen Mechanismus, der als mediterrane Verstärkung bezeichnet wird. Die stärkere Sommererwärmung im Mittelmeerraum ist mit trockeneren Bedingungen verbunden (siehe die Sommerniederschlagskarten in Abb. 11.16). Einige Studien stellten die Hypothese auf, dass die Erwärmung und die Trockenheit durch eine polwärts gerichtete Ausdehnung der nördlichen Hadley-Zelle erklärt werden kann, die den Sommerregen im Mittelmeerraum beeinflusst (Abb. 1.10). Ein Team um den Schweizer Atmosphärenforscher und Klimatologen Christoph Schär hat gezeigt, dass der Verstärkungsprozess im Mittelmeerraum vor allem durch einen anderen Mechanismus verursacht wird: Die Atmosphäre erwärmt sich

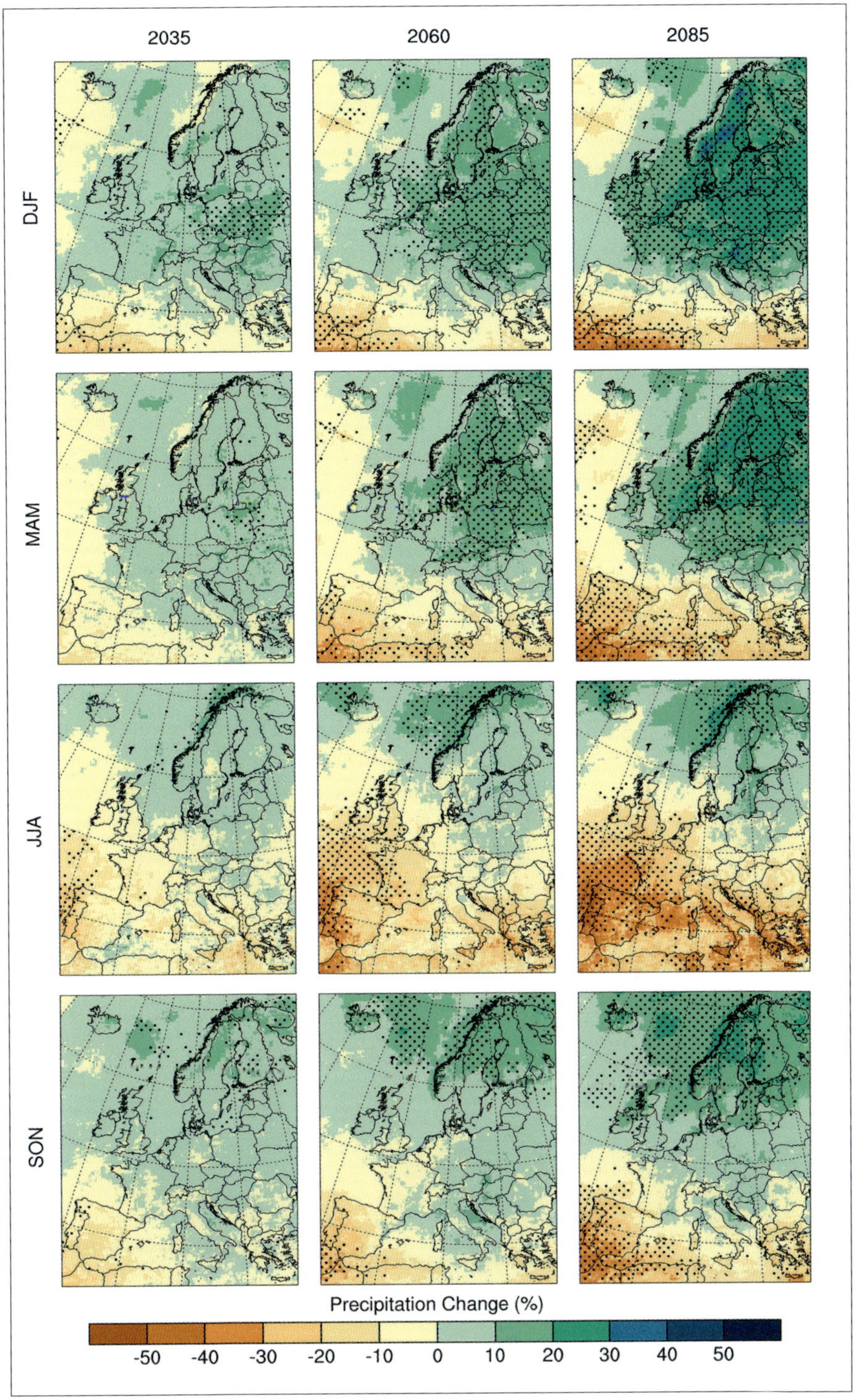

Abb. 11.16. Simulierte Niederschlagsänderungen (in %) über Europa bis 2035, 2060 und 2085, in Bezug auf die Referenzperiode 1981 bis 2010, für Winter (DJF), Frühling (MAM), Sommer (JJA) und Herbst (SON). Die Punkte zeigen Regionen an, in denen mindestens 90 % der Modelle über das Vorzeichen der Änderung übereinstimmen (aus CH2018-2018).

an der Oberfläche weniger als in den höheren Lagen.[85] Dies wird als Lapse-Rate-Änderung (oder Änderung des Temperaturgradienten) bezeichnet.[86] Unterschiedliche Lapse-Rate-Änderungen, bedingt durch Unterschiede in der verfügbaren Feuchte, führen im trockenen Mittelmeerraum zu einer stärkeren Oberflächenerwärmung. Diese Tatsache ist in Abbildung 11.15 deutlich zu erkennen. Sie zeigt, dass die Temperaturen im Sommer vor allem im Mittelmeerraum um 4 bis 6 °C ansteigen können.

Abbildung 11.16 zeigt die saisonalen Niederschlagsszenarien, wiederum für drei verschiedene Zeitpunkte. Die Niederschlagsverteilung spiegelt ebenfalls die oben erwähnten Muster der arktischen Verstärkung (Amplifizierung) im Winter und der mediterranen Verstärkung im Sommer wider. Im Allgemeinen nimmt der Niederschlag in Nordeuropa im Winter um 20 bis 30 % zu und im Sommer im Mittelmeerraum um etwa die gleichen Werte ab. Wenig überraschend zeigen die Punkte in den Abbildungen auch, dass die Ergebnisse der Simulationen im Winter in Nordeuropa und im Sommer in Südeuropa am signifikantesten sind. Wie bei der Temperatur hat die Wahl des Emissionsszenarios wenig Einfluss auf die kurzfristige Simulation, aber große Auswirkungen auf die langfristigen Projektionen (Jahr 2085).[87]

Trotz der Tatsache, dass die Niederschläge im Winter mehr oder weniger zunehmen, werden Schneefall und Schneedecke in den Gebirgsregionen, wie den Alpen und den Pyrenäen, aufgrund der höheren Temperaturen abnehmen. Für das Szenario mit hohen Emissionen im Jahr 2085 wird eine Verringerung um 50 % geschätzt; daher werden die Mittelgebirgsregionen auch im Sommer ein deutlich höheres Trockenheitsrisiko haben.

Starke und extreme Niederschlagsereignisse werden sich in allen Jahreszeiten und in weiten Teilen des europäischen Kontinents verstärken. Die auffälligsten und stärksten Intensivierungen finden sich in den kalten Jahreszeiten und in Nordeuropa. Die Schweizer Studie CH2018[88,89] zeigt, dass «in weiten Teilen Europas und in den meisten Jahreszeiten die Intensivierung von Extremereignissen mit einer Wiederkehrperiode von 100 Jahren zwischen +10 % und +30 % liegt. Die Veränderungen der moderaten Ereignisse zeigen ausgeprägte Nord-Süd-Unterschiede, die sich mit dem Jahreszeitenzyklus verschieben, dies mit einer leichten Abnahme im Mittelmeerraum, einer Intensivierung in Skandinavien und einer Übergangsregion mit kleineren Veränderungen dazwischen. Im Sommer ist eine Abnahme abnehmende Intensität der gemäßigten Ereignisse in Regionen bis in den nördlichen Alpenraum zu beobachten. Zudem werden im Sommer längere Hitze- und Trockenperioden erwartet.

11.4 Die Rückkehr der Verletzlichkeit

Die oben erwähnten Temperatur- und Niederschlagsänderungen führen zusammen mit veränderten Windgeschwindigkeiten, Stürmen, Hagel usw. zu erhöhten Risiken für Natur, Gesellschaft und technische Infrastrukturen, was als «Rückkehr der Verletzlichkeit» bezeichnet werden kann. Die sich daraus ergebenden Folgen werden im letzten Abschnitt dieses Kapitels diskutiert. Vulnerabilität ist die Neigung eines Systems, auf bestimmte Formen von äußeren Einflüssen empfindlich zu reagieren. Diese Neigung besteht unabhängig vom Auftreten solcher Ereignisse und kann oft schwer definiert werden. Die Wahrscheinlichkeit von Einwirkungen kann dann abgeschätzt werden, wenn sie in der Vergangenheit dokumentiert sind. Die Versicherungswirtschaft nutzt solche «historische» Daten zur Berechnung von Risikoprämien. Klimarisiken waren im Zeitalter der Agrargesellschaften in den Köpfen der Menschen allgegenwärtig, weil die Mehrheit ihre Folgen – in Form von Hunger und Verarmung – immer wieder erlebt hatte. Die generationenübergreifende Erinnerung an solche Ereignisse wurde in Chroniken festgehalten und durch die Einberufung von Prozessionen oder das Anbringen von Hochwassermarken an Gebäuden immer wieder in Erinnerung gerufen. Mit dem Aufkommen der globalen Verkehrssysteme im späten 19. Jahrhundert verlor das Wetter im Leben der Menschen allmählich seine große Bedeutung. Außerdem reduzierte die zunehmende Erwärmung im 20. Jahrhundert vorerst die schwereren Risiken. Schließlich verzichteten viele Meteorologen bis in die frühen 1990er-Jahre darauf, Berichte über Extremereignisse zu veröffentlichen und aufzubewahren. Diese Erinnerungen gingen deshalb verloren (Teilkapitel 4.6.2). Wie bereits erwähnt beschäftigt sich dieses Buch mit zwei unterschiedlichen Wissenschaftskulturen, mit Naturwissenschaften und Geisteswissenschaften, dies im Bezug auf Wetter und Klima und die damit verbundenen menschlichen Aktivitäten. Abbildung 11.17 visualisiert abschließend die wesentlichen Erkenntnisse beider Bereiche in Bezug auf das Klima und die gesellschaftliche Dynamik.

Die beiden oberen Balken von Abbildung 11.17 stellen die positiven (rot) und negativen (blau) Anomalien der Winter- und Sommertemperaturen dar. Sie wurden von den saisonalen Pfister-Indizes in Abbildung 10.1 abgeleitet. Da Extreme im Hinblick auf die Klimaanfälligkeit wichtiger sind als Durchschnittswerte, wird in Form der roten und blauen Dreiecke auf warme und kalte Extreme in beiden Jahreszeiten hingewiesen. Die Eigenschaften dieser extremen Jahreszeiten werden in den Kapiteln 7 und 8 beschrieben. Sie werden in Tabelle 11.1 kurz charakterisiert. Der Streifen unterhalb der Winter- und Sommerbalken (Abb. 11.17b) fasst die Schwankungen der Alpengletscher zusammen, wobei dunkelblaue Flächen für Phasen mit Gletschervorstößen und rote für die Gletscherrückzüge stehen. Weiße Flächen kennzeichnen Phasen geringer Gletscheraktivität. Das nächste Feld (Abb. 11.17c) ist den Veränderungen der Bevölkerungszahlen gewidmet. Da die demographischen Daten vor dem späten 17. Jahrhundert hauptsächlich auf groben Schätzungen beruhen, zeigt die Kurve nur «qualitative» Auf- und Abwärtstendenzen an, ohne sich auf eine quantitative Skala zu beziehen. Im folgenden Feld (Abb. 11.17d) werden verschiedene Perioden der landwirtschaftlichen Aktivität dargestellt. Das vorletzte Feld (Abb. 11.17e) enthält Informationen darüber, wie das Klima wahrgenommen und wie darüber berichtet wird, während im letzten Feld (Abb. 11.17f) wirtschaftliche und politische Aspekte dargestellt werden.

Die extrem kalten Winter sind entlang der Zeitachse sehr unregelmäßig verteilt. Sie häufen sich zwischen 1573 und 1608 und zwischen 1684 und 1740. Bezogen auf die Dauer der Schneedecke und des Zufrierens von Gewässern waren die Winter 1077, 1364, 1573 und 1830 die kältesten. Der Große Temperatursturz von 1709 hatte für Mensch und Wirtschaft verheerende Folgen (Einschub 8H). Extrem warme, schneelose Winter mit anhaltender Vegetationsaktivität traten relativ häufig zwischen dem späten 13. und dem frühen

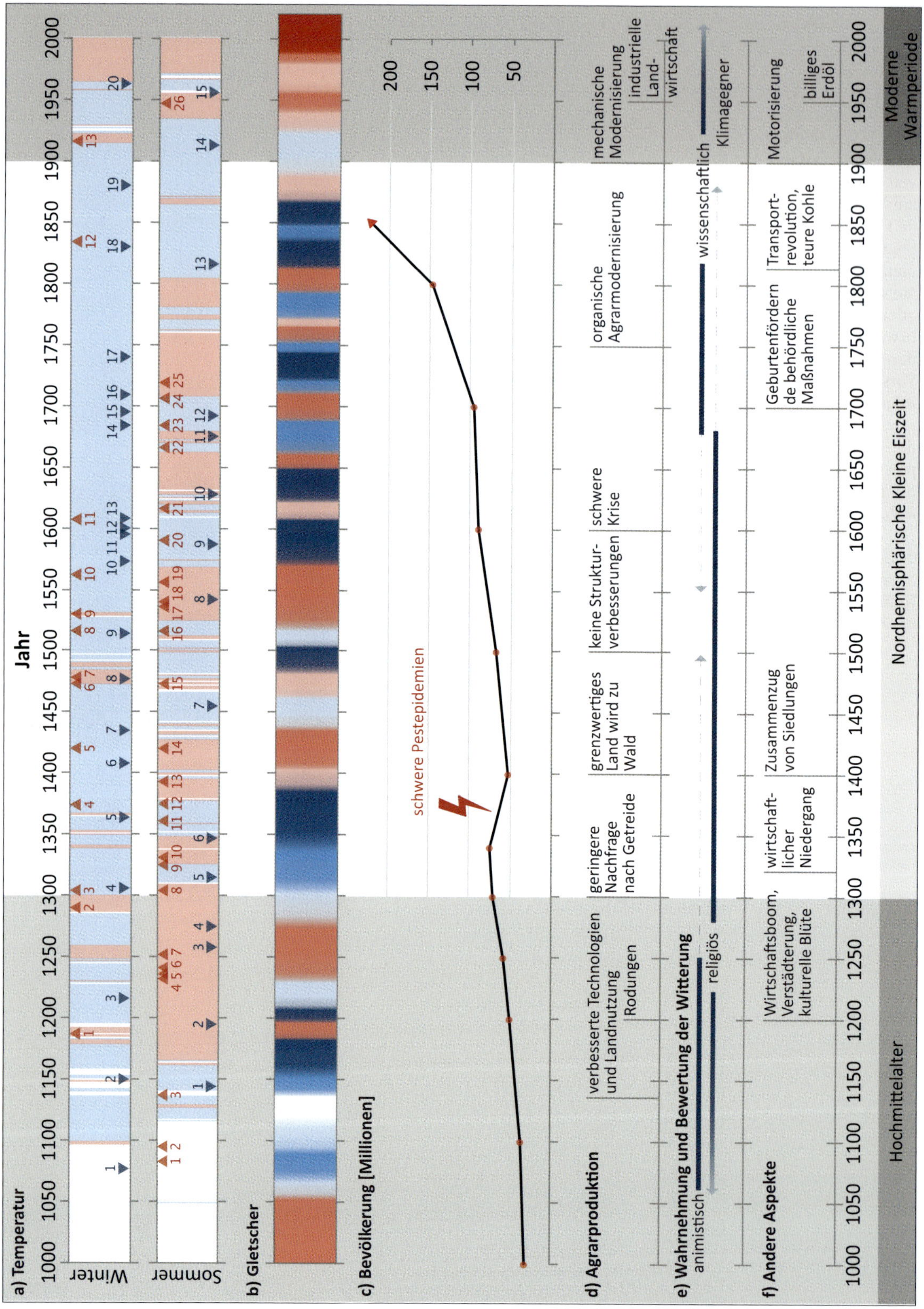

a) Temperatur
Winter
Sommer
Jahr
b) Gletscher
c) Bevölkerung [Millionen]
schwere Pestepidemien
d) Agrarproduktion
verbesserte Technologien und Landnutzung
Rodungen
geringere Nachfrage nach Getreide
grenzwertiges Land wird zu Wald
keine Strukturverbesserungen
schwere Krise
organische Agrarmodernisierung
mechanische Modernisierung
industrielle Landwirtschaft
e) Wahrnehmung und Bewertung der Witterung
animistisch
religiös
wissenschaftlich
Klimagegner
f) Andere Aspekte
Wirtschaftsboom, Verstädterung, kulturelle Blüte
wirtschaftlicher Niedergang
Zusammenzug von Siedlungen
Geburtenfördernde behördliche Maßnahmen
Transportrevolution, teure Kohle
Motorisierung
billiges Erdöl
Hochmittelalter
Nordhemisphärische Kleine Eiszeit
Moderne Warmperiode

Abb. 11.17. Syntheseabbildung mit den wesentlichen Erkenntnissen in Bezug auf die Klima- und Gesellschaftsdynamik: a) Darstellung von warmen (rot) und kühlen (blau) Perioden im Winter und Sommer. Rote und blaue Dreiecke markieren extrem warme oder kühle Winter- bzw. Sommerperioden. b) Synthese der Vorstöße (blau) bzw. Rückzüge (rot) der großen Gletscher in den europäischen Alpen während der letzten 1000 Jahre (aus Abb. 10.12). c) Bevölkerungsdynamik. d) Landwirtschaftliche Produktion. e) Klimawahrnehmung. f) Andere Aspekte.

17. Jahrhundert auf. Im Winter von 1290 – dem wahrscheinlich wärmsten des Jahrtausends – behielten die Bäume ihre Blätter, und die Kirschbäume standen Mitte Februar in voller Blüte (Abb. 11.17a). Nach der Mitte des 17. Jahrhunderts traten Warmwinter bis zum Beginn der raschen Erwärmung kaum noch in Erscheinung.

«Jahre ohne Sommer» sind sowohl in kalten als auch in warmen Klimaperioden bis zur Mitte des 20. Jahrhunderts dokumentiert. Viele von ihnen stehen im Zusammenhang mit dem Ausbruch tropischer Vulkane (Kap. 10.1.3) und lösten markante Gletschervorstöße aus. Auffällig ist die relativ schnelle Abfolge von 21 heißen, meist extrem trockenen Sommern während der Warm- und Kaltzeiten zwischen dem frühen 13. und frühen 18. Jahrhundert. Viele wurden durch warme Frühlingsepisoden eingeleitet und hielten bis weit in den Herbst hinein an. Im Gegensatz dazu wurde zwischen 1720 und 1988 nur ein einziger heißer Sommer, nämlich jener von 1947, registriert. Der klimatologische Hintergrund der heißen und trockenen Sommer wird in Einschub 8D erläutert. Seit dem Übergang zur starken Erwärmung im Jahr 1989 sind diese ehemals extremen Sommer normal geworden (Abb. 11.17a).

Die Massenbilanz der Gletscher hängt stark von den Sommertemperaturen und zusätzlich von den Winterniederschlägen in Form von Schnee ab (Kap. 10.2). Diese Tatsache spiegelt sich auch in Abbildung 11.17b (einer Kopie von Abb. 10.9) wider. Sie zeigt die großen Gletschervorstöße (blaue Farbe) und -rückzüge (rote Farbe) in den europäischen Alpen während der letzten 1000 Jahre. Die Hauptstruktur der Abbildung zeigt eine gute Übereinstimmung mit der Sommertemperatur in Abbildung 11.17a. Gletscherrückzüge treten hauptsächlich während warmer Sommerperioden auf, so zum Beispiel um 1260, 1420 und 1560. Während der langen winterlichen Abkühlungsperiode zwischen 1490 und gegen das Ende des 19. Jahrhunderts fanden mehrere Gletschervorstöße statt, dies trotz warmer Sommerperioden, z. B. um 1640 oder um 1725.

Das langsame Bevölkerungswachstum beschleunigte sich nach 1170 (Abb. 11.17c), und dieser Boom dauerte bis ins späte 13. Jahrhundert. Er wurde nicht nur durch relativ hohe Temperaturen in der warmen Jahreszeit angetrieben, sondern auch durch effizientere Pflüge und Feldsysteme, die die landwirtschaftliche Produktivität steigerten und zu einer Erweiterung der Anbauflächen führten. Die säkulare Welle des Bevölkerungswachstums ebbte im späten 13. Jahrhundert ab, wahrscheinlich deshalb, weil das landwirtschaftliche Wachstumspotenzial erschöpft war und weil die Temperaturen während der warmen Jahreszeit allmählich zurückgingen. Der Übergang zum neuen, raueren und unberechenbaren Klima der borealen Kleinen Eiszeit in den 1340er-Jahren fiel mit dem Ausbruch der Pest zusammen, welche die Bevölkerung Europas innerhalb von drei Jahrzehnten um die Hälfte reduzierte. Erst vom späten 15. Jahrhundert an erholte sich die Bevölkerung wieder. Die Abfolge von wärmeren Sommern von 1530 bis 1560 löste dann eine weitere, über mehrere Jahrzehnte ablaufende Welle des Bevölkerungswachstums aus, die in einigen Fällen sogar das Niveau des 13. Jahrhunderts übertraf. Die europäische Hungersnot von 1571 markiert die Wende zu einer 30-jährigen Periode rascher Abkühlung, die das Bevölkerungswachstum gestoppt oder umgekehrt haben könnte. Der Dreißigjährige Krieg und die daraus resultierenden Epidemien dezimierten die Bevölkerung in großen Teilen Mitteleuropas weiter. Die langsame Erholung nach 1650 wurde durch das Ende der Pest im späten 17. und frühen 18. Jahrhundert sowie durch eine Wärmeperiode zwischen 1718 und 1737 angetrieben. In der zweiten Hälfte des 18. Jahrhunderts entkoppelte sich das Bevölkerungswachstum allmählich von den klimatischen Zyklen, dies als Folge der Modernisierung der Landwirtschaft und einer verbesserten sanitären und medizinischen Versorgung.

Die landwirtschaftliche Produktivität (Abb. 11.17d) wurde im 13. Jahrhundert durch warme Frühlinge und Sommer, welche die Vieh- und Dungproduktion ankurbelten, durch bessere Bodenbearbeitungstechniken und eine erhebliche Zunahme der Ackerfläche infolge Abholzung und Änderungen in der Landnutzung stimuliert. Vom späten 13. Jahrhundert an ging das Wachstum wahrscheinlich zurück. Der pestbedingte Bevölkerungsrückgang nach 1347 hatte einen langfristigen Einbruch der Nachfrage nach Getreide zur Folge. Die zweite Welle des Bevölkerungswachstums zwischen 1530 und 1560 wurde wiederum von einer erheblichen Steigerung der landwirtschaftlichen Produktion getragen, was durch die Saatgut-Ertragsverhältnisse belegt ist. Im Gegensatz zum 13. Jahrhundert erfolgte dieser Boom ohne agrartechnische Verbesserungen und wahrscheinlich oder eine nennenswerte Vergrößerung der Anbauflächen. Die landwirtschaftliche Produktivität ging während der raschen Abkühlung nach 1570 zurück. Der längerfristige Temperaturrückgang zwischen 1585 und 1598 führte zu einer großen Häufigkeit von Ernteausfällen.

Die «Modernisierung» der Landwirtschaft in Westeuropa im Sinne einer Steigerung des Saat-Ernte-Verhältnisses ermöglichte eine weitgehende Abkopplung der Landwirtschaft von den Launen des Wetters und des Klimas. Eine erste «organische Phase», die in der Mitte des 18. Jahrhunderts begann, beruhte im Wesentlichen auf mehreren sich gegenseitig verstärkenden Faktoren: dem Recycling von tierischen und menschlichen Fäkalien, dem Anbau von kleeartigen, stickstoffproduzierenden Futterpflanzen und dem Anbau von neuen stickstoffhungrigen, aber ertragsstarken Kulturen, namentlich Mais und Kartoffeln. In der zweiten «mechanischen Phase» im späten 19. Jahrhundert wurde die Landwirtschaft in die globale Arbeitsteilung integriert, die das kohlebetriebene globale Verkehrsnetz schuf. Sie erlaubte den Einsatz von effizienteren Werkzeugen, pferdegezogenen Maschinen und einer begrenzten Anzahl von Betriebsmitteln von außerhalb des Hofes. Zu Beginn des 20. Jahrhunderts war die Anfälligkeit der europäischen Bevölkerung gegenüber der Witterung in Friedenszeiten fast verschwunden, wenn auch um den Preis einer erhöhten Anfälligkeit gegenüber Störungen im Welthandel, wie die Erfahrungen während der beiden Weltkriege zeigten. Die dritte Phase der Agrarmodernisierung, «High-Input-Landwirtschaft» genannt, begann mit der Phase spottbilliger Fossilenergie von den späten 1950er-Jahren an. Sie stützte sich auf motorisierte, arbeitssparende Maschinen, die in Kombination mit ertragreichen Pflanzensorten eingeführt wurden, welche von einem massiven Einsatz an Düngemitteln und Pestiziden abhängig waren und sind.[90]

Die Wahrnehmungen von Wetter und Klima (Abb. 11.17e) veränderten sich im Laufe der Zeit, wobei neue Trends die bestehenden überlagerten, ohne sie vollständig verschwinden zu lassen. Animistische Vorstellungen waren um das Jahr 1000 verbreitet. In den nächsten zwei Jahrhunderten wurden sie allmählich durch religiöse Vorstellungen über Wetter und Klima abgelöst. Ein neues, rationales Verständnis der Natur, beginnend im späten 12. Jahrhundert, verstand dieselbe als reibungslos funktionierende Maschine, die von verständlichen Gesetzen geleitet wurde, wobei sich die Kirchen weiterhin die Diskursherrschaft sicherten. Die klerikale Verschwörungstheorie des Diabolismus, die im 15. Jahrhundert entwickelt wurde, floss in ein Handbuch zur Durchführung von Hexenprozessen ein, das den Namen Hexenhammer trug und 1486 veröffentlicht wurde. Viele Hexenprozesse wurden während der Krisen im Zusammenhang mit der Abkühlung im späten 16. Jahrhundert durchgeführt und führten zum Feuertod von 40'000 bis 60'000 – meist weiblichen – Opfern. Im Zuge der Aufklärung verloren die Kirchen die Diskursherrschaft über Wetter und Klima an die Wissenschaft, die seit dem Übergang zur starken Erwärmung um 1989 ihre Erkenntnisse ihrerseits gegen hochsubventionierte und politisch einflussreiche Klimagegner verteidigen muss.

«Andere Aspekte» betreffen den wirtschaftlichen Aufschwung, die Verstädterung und die kulturelle und wissenschaftliche Prosperität im Einklang mit dem Bevölkerungswachstum im 13. Jahrhundert (Abb. 11.17). Der pestbedingte Einbruch im 14. und 15. Jahrhundert führte zu einem wirtschaftlichen Niedergang, schrumpfenden Siedlungen und zur Aufgabe von Grenzertragsflächen zugunsten des Waldes. Vom frühen 16. Jahrhundert an, insbesondere nach der demographischen Katastrophe des Dreißigjährigen Kriegs, förderten die Obrigkeiten das Bevölkerungswachstum durch Seuchenbekämpfung, Heiratsförderung und Armenfürsorge. Neben der Modernisierung der Landwirtschaft trugen auch die Industrialisierung und die damit verbundene Verkehrsrevolution dazu bei, die Verletzlichkeit der Menschen gegenüber dem Klima deutlich zu verringern. Bis zur Mitte des 19. Jahrhundert erlebten die meisten Menschen immer wieder den Einfluss von Wetter und Klima auf ihr Wohlbefinden und bezogen diese Erfahrung in ihr Weltbild ein. Seit dem 20. Jahrhundert und erst recht seit dem Aufkommen der Konsumgesellschaft ist die Furcht vor extremen Wetterereignissen allmählich einem unerschütterlichen Vertrauen in die Stabilität des Versorgungssystems gewichen.

Der anthropogene Klimawandel wird die klimatischen Verhältnisse in den nächsten Jahrzehnten deutlich verändern. Die in den Abbildungen 11.15 und 11.16 dargestellten Szenarien basieren auf einem eher pessimistischen, aber wahrscheinlich realistischen Basisszenario. Die folgenden Ausführungen beziehen sich auf die in den Figuren dargestellten Simulationen für das Jahr 2085. Im Winter wird das europäische Muster durch die arktische Verstärkung («Arctic Amplification») gekennzeichnet sein. Dies bedeutet, dass der Temperaturanstieg in Nordwesteuropa am stärksten sein wird. Der erwartete Temperaturbereich für Europa liegt zwischen 1 und 5°C. Der Winterniederschlag wird je nach Region um 10 bis 30 % zunehmen. Im Sommer folgt die Temperaturänderung in Europa dem Muster der mediterranen Verstärkung («Mediterranean Amplification»), was bedeutet, dass die Erwärmung rund um das Mittelmeer sehr ausgeprägt ist. Die Werte für Europa werden im Bereich zwischen 1.5 und 6°C liegen. Die Niederschläge werden in Nordeuropa zunehmen und rund um das Mittelmeer abnehmen (Bereich: 20 bis 40 %). Die maximalen durchschnittlichen Sommertemperaturen können um 8 °C steigen. Starke und extreme Niederschläge werden zunehmen, und es werden noch längere Trockenperioden im Sommer erwartet.

Die Wohlstandsgesellschaften des Nordens sind gegen bekannte Klimarisiken wie Hungersnöte weitgehend immun, zumindest auf absehbare Zeit. Andererseits sind sie neben Pandemien bekanntermaßen anfällig für Störungen der Wasser- und Energieversorgung. Die entsprechenden Risiken in der Form von Episoden extremer Hitze und Dürre nehmen mit den aktuellen Klimatrends zu. Ausnahmesituationen, die außerhalb des Bereichs der instrumentellen Messungen zu liegen kommen, können nicht in statistische Analysen einbezogen werden. Der libanesisch-amerikanische Essayist, Statistiker und Risikoanalyst Nassim Taleb prägte die Theorie des schwarzen Schwans – eine Metapher, die im Zusammenhang mit der globalen Finanzkrise von 2009 steht und unwahrscheinliche, aber höchst verheerende Auswirkungen bezeichnet.[91] Klimaextreme dieses Ausmaßes sind aus der ferneren klimatischen Vergangenheit bekannt. Sie sind gekennzeichnet durch einen heißen und trockenen Frühling sowie monatelange Trockenheit im Sommer, gefolgt von anhaltend warmen und trockenen Bedingungen bis zum späten Herbst oder frühen Winter. Lässt man die Zeit nach 1989 außer Acht, ist dieses Muster für die oben genannten 18 Jahre belegt (Tabelle 11.1).[92]

Der am besten dokumentierte Fall betrifft das Jahr 1540. Die elfmonatige Megadürre betraf ein Gebiet von 2 bis 3 Mio. km², das sich von Westfrankreich bis Polen und von der Toskana in Mittelitalien, bis nach Norddeutschland erstreckte. Die Niederschläge im Frühjahr, Sommer und Herbst lagen weit unter den Durchschnittswerten des 20. Jahrhunderts. Für die großen Flüsse wurden Abflussdefizite von 90 % geschätzt. Aufgrund der extremen Bodentrockenheit stiegen die Höchsttemperaturen Anfang August wahrscheinlich auf über 40 °C an. Im ganzen Gebiet waren Wald- und Siedlungsbrände weit verbreitet (Teilkapitel 8.4.4).

Im Jahr 1473 folgte auf einen warmen, fast schneelosen Winter eine Hitzewelle im Frühjahr, die sich über das Jahresende hinaus fortsetzte. Ganz West- und Mitteleuropa waren davon betroffen, von Irland im Westen bis nach Südschweden im Norden und Polen im Osten. In Basel fiel vom 29. Juni bis Mitte September neun Wochen lang kein vegetationswirksamer Niederschlag. In dieser Zeit warfen viele Bäume einen Großteil ihrer Blätter ab und sahen aus «wie an Weihnachten» (Teilkapitel 8.3.3).[93]

Prämoderne Gesellschaften waren gegenüber solch extremen Bedingungen erstaunlich widerstandsfähig, ungeachtet der weit verbreiteten Roten Ruhr, des Viehsterbens und der Waldbrände. Energie ist bekanntlich die Achillesferse der modernen Volkswirtschaften. Der größte Teil der Auswirkungen eines Supergaus wie 1540 oder 1473 auf die heutigen Gesellschaften würde durch die daraus resultierende Wasserknappheit und die Auswirkungen auf alle miteinander verbundenen, technischen Systeme verursacht. Insbesondere die fossile und nukleare Energieerzeugung, die von einer ausreichenden Menge an Kühlwasser abhängig ist, wäre erheblich betroffen. Ein solcher Mangel könnte zu lange anhaltenden Stromausfällen führen und damit die Gesellschaften und Volkswirtschaften stark in Mitleidenschaft ziehen. Neben schweren Ernteausfällen würde eine wiederkehrende Megadürre auch die Viehzucht und damit die Milch- und Fleischproduktion stark beeinträchtigen. Außerdem würde sie, wie die Hitzewelle im Jahr 2003 gezeigt hat, die Transportkapazität von Flüssen und Eisenbahnen (beschädigte Gleise) erheblich reduzieren. Schwerwiegende Auswirkungen auf die menschliche Gesundheit können nicht ausgeschlossen werden. Die langanhaltende Hitze und Dürre im Jahr 1540 förderte ein verbreitetes epidemisches Phänomen, das als «Großer Tod» bezeichnet wird und vermutlich in erster Linie auf die Rote Ruhr und andere Darmerkrankungen zurückzuführen ist, welche als Folge von verunreinigtem Wasser in auftraten.[94]

In den letzten drei Jahrhunderten haben sich die Gesellschaften durch Innovationen und als Folge der Globalisierung weitgehend vom Diktat des natürlichen Klimas befreit. In den letzten sechs Jahrzehnten sind sie jedoch aus denselben Gründen in eine neue und bedrohliche Abhängigkeit von einem menschengemachten Klima geraten, aus der sie sich nur durch eine enorme gemeinsame Anstrengung befreien können. Hinzu kommt die wachsende Verletzlichkeit durch komplexe technische Systeme, durch die Intensivierung der Landwirtschaft und durch höhere Mobilität. Man stelle sich eine globale Pandemie wie Covid-19 unter monatelanger dramatischer Hitze und Dürre vor, wie dies in den Jahren 1473 und 1540 der Fall war. Moderne Klimaszenarien zeigen, dass Jahre mit dramatischer Hitze und Dürre sogar über mehrere aufeinanderfolgende Jahre hinweg auftreten könnten. Wenn es uns nicht gelingt, Pandemien wirksam einzudämmen und wenn wir nicht in der Lage sind, das globale Energiesystem zu dekarbonisieren, könnten wir in Zukunft mit gewaltigen Problemen konfrontiert werden.

Tab. 11.1. Liste der Extremjahre, wie sie durch rote und blaue Pfeile in Abb. 11.17a dargestellt sind, zusammen mit Bemerkungen zu den Merkmalen der einzelnen Jahre.

Nr	Jahr	Kurzbeschreibung
Kalte Winter		
1	1077	NO bis Ende MZ extreme Schneebedeckung, BS, ZS kältester Winter (mit 1364)
2	1150	Frost während 3–4 Monaten, Obstbäume geschädigt
3	1216	Frost OK bis Ende AP, BS
4	1306	Flüsse/Seen, Ostsee und Belt eisbedeckt
5	1364	Flüsse/Seen eisbedeckt, extrem lange Schneebedeckung, kältester Winter (mit 1077)
6	1408	Flüsse/Seen, Belt eisbedeckt, Obstbäume geschädigt, BS, ZS
7	1435	Flüsse/Seen, eisbedeckt, Frost Irland und Spanien, Obstbäume geschädigt, BS, ZS
8	1477	CH: Schneedecke NO bis MZ, Flüsse/Seen eisbedeckt, BS, ZS
9	1514	Mitte NO bis Anfang FE Schnee und Frost, Flüsse/Seen/Ostsee eisbedeckt, BS, ZS
10	1573	Mitte NO bis Ende MZ Schnee, Frost, Flüsse/Seen/Ostsee eisbedeckt, BS, ZS
11	1595	Ende NO bis MZ Mittel- und Südeuropa, Flüsse/Seen eisbedeckt, BS, ZS
12	1600	Mitte NO bis Ende FE, Frost und Schnee, N bis E Winde, ZS
13	1608	Ostsee, W-Mitteleuropa, Katalonien, Flüsse/Seen eisbedeckt, BS, ZS
14	1684	Ende NO bis Ende FE, Flüsse/Seen eisbedeckt, Eisberge in Nordsee, BS, ZS
15	1695	Anfang DE bis MZ, W-Mitteleuropa tiefer Schnee, Flüsse/Seen eisbedeckt, BS, ZS
16	1709	Extrem kalt, JA, FE, Osteuropa bis PL, enorme Frostschäden, ZS, Gardasee
17	1740	JA bis MZ, Irland, West- und Mitteleuropa, Ostsee, Flüsse/Seen eisbedeckt, ZS
18	1830	DE bis Mitte MZ, N-Spanien, N Italien, W-Mittel-EU, Flüsse/Seen eisbedeckt, BS, ZS
19	1880	DE bis FE, West- und Mitteleuropa, Flüsse/Seen eisbedeckt, BS, ZS
20	1963	DE bis Anfang MZ, Schneemassen, W-Mitteleuropa, N-IT, Flüsse/Seen vereist, BS, ZS
Warme Winter		
1	1187	Obstbäume blühen JA und FE in Frankreich und Deutschland
2	1290	Kein Schneefall, kein Blattfall, Obstbäume blühen Mitte FE, wärmster Winter
3	1304	Warm ohne Frost in Frankreich, «sommerlich» in Polen
4	1374	Nassester Winter in West- und Mitteleuropa, JA, FE 3 extreme Überschwemmungen

Nr	Jahr	Kurzbeschreibung
5	1420	Frühlingsblumen im JA (Paris), Kirschbäume blühen anfangs MZ)
6	1473	Regnerisch in F, ohne Eis und Schnee in der Schweiz
7	1478	Kaum Frost (F), holländische Kanäle niemals gefroren
8	1516	Regnerisch, weder Schnee noch Frost (Frankreich, Schweiz)
9	1530	Regnerisch, weder Schnee noch Frost, Feldarbeiten im Hemd (Elsass)
10	1562	1 Tag Schnee und Regen (Schweiz), Gärten grünen, Frühlingsblumen (CZ)
11	1607	Weder Schnee noch Eis, Kirschbäume blühen im Januar
12	1834	West- und südwestliche Wetterlagen, warme Hochdrucklage
13	1916	Warm, regnerisch, vorwiegend tiefdruckbestimmt
Kalte und nasse Sommer		
1	1144	Kühl, anhaltender Regen, Westwind, geringe Weinernte, saurer Wein
2	1195	Regen von Juli bis Jahresende, geringe Weinernte, saurer Wein
3	1258	Kalte Regen während des ganzen Sommers, Trauben unreif
4	1275	Kalte Regen während des ganzen Sommers, Trauben unreif
5	1315	Anhaltende Regen in West und Mitteleuropa, Trauben unreif
6	1347	Reben Anfang SE noch in Blüte, Getreide unreif, kältester Sommer
7	1455	Prozessionen für warm-trockene Witterung (F), Weinlese gering, sauer, sehr spät
8	1542	Regen und kalt (D, CH, CZ), Trauben unreif
9	1587	JU und JL Regen und kalt in NL, D, CH, AU warm, Weinlese spät, gering, Wein sauer
10	1628	Regen und kalt, in den Alpen viele Schneefälle in tiefe Lagen, Trauben unreif
11	1675	Regen und kalt, Schneefälle bis in tiefe Lagen, Trauben unreif
12	1692	JU bis AU kalt und Regen, Weinlese spät und gering, Trauben sauer
13	1816	Regen und kalt, Alpen viele Schneefälle in tiefe Lagen, Trauben unreif
14	1913	Ende JU bis AU kalt und Regen, Weinlese spät und gering, Trauben sauer
15	1956	JU bis AU überwiegend kalt und Regen, Weinlese spät und gering, Trauben sauer
Warm-trockene Sommer		
1	1083	Weinlese im «AU», hohe Fisch- und Viehsterblichkeit, Ruhrepidemie
2	1095	Heiß-trocken von Ende AP bis Ende AU, Weinlese in «AU»
3	1137	AP bis SE fast ohne Regen, Austrocknung Böden, gutes Weinjahr, Waldbrände, Ruhr
4	1232	MZ bis OK Dürre in England, JU bis AU Hitzewelle in Mitteleuropa
5	1236	3–4 Monate Hitzewelle in England, Böden trocken, D große Weinernte
6	1241	AP bis NO Dürre in England, Viehsterben, Westeuropa große Weinernte
7	1252	Hitzewelle MZ bis AU, niedrige Wasserstände, Waldbrände (EN, EIR)
8	1304	Winter Regen, heißes Frühjahr, dürrer Sommer, frühe, große, süße Weinernte
9	1325	Sommer regenarm (4 Monate) EN, EIR, F, NL
10	1331	Winter regnerisch, Frühjahr heiß-trocken, 12 Wochen ohne Regen, Weinlese Ende AU
11	1361	Hitzewelle MZ bis OK, England und C-EU, trockene Böden, Trauben dürregeschädigt
12	1375	Hitzewelle MZ bis SE, 14 Wochen ohne Regen (CH), Weinlese dürrebedingt verzögert
13	1393	Hitzewelle AP bis AU, trockene Böden, tiefe Wasserstände, Weinlese früh, süß
14	1420	Sehr warm FE bis OK, zweite Blüte von Obstbäumen, Weinlese sehr früh
15	1473	Winter Regen, 14 Monate heiß-trocken (Rekord), W-C-EU, DK, EIR, PL Waldbrände
16	1516	Winter regnerisch, AP-NO warm-trocken, frühe, große, Weinlese, Trauben süß
17	1536	MZ bis OK warm-trocken, Wassermangel, Viehsterblichkeit
18	1540	FE bis DE warm-trocken, F bis PL, IT, C-EU, Viehsterblichkeit, Waldbrände, Ruhr
19	1556	Hitzewelle AP bis SE, Prozessionen für Regen, Weinlese extrem früh, ausgiebig, süß
20	1590	JU bis SE, extrem im östl. Mitteleuropa, Weinlese früh, ausgiebig, süß
21	1616	Dürre AP bis SE, extrem im östl. Mitteleuropa, tiefe Wasserstände, Weinlese früh, groß

Nr	Jahr	Kurzbeschreibung
22	1666	Dürre MA bis SE, Weinlese früh, groß, süß
23	1684	Hitze Trockenheit MA-SE, Prozessionen für Regen, frühe Weinlese, mittlerer Ertrag
24	1706	JU bis AU sehr warm, mäßige Trockenheit, frühe, ergiebige süße Weinlese
25	1719	MA bis JL sehr warm, Dürre im JU, Wassermangel, frühe, ergiebige, süße Weinlese
26	1947	AP bis OK warm-trocken, besonders AU, SE, Dürreschäden, Weinlese, früh, groß, süß

Abkürzungen

AP April
AU August
BS Bodensee
C Mittel
CH Schweiz
CZ Tschechische Länder
D Deutschland
DE Dezember
DK Dänemark
E Ost, östlich
EIR Irland
EN England
EU Europa
F Frankreich
FE Februar
IT Italien
JA Januar
JL Juli
JU Juni
MA Mai
MZ März
N Norden, nördlich
NL Niederlande
NO November
OK Oktober
PL Polen
S Süden, südlich
SE September
SW Südwest, südwestlich
W Westen, westlich
ZS Zürichsee

Anhang

Endnoten

1. Einleitung

1 Nach Chakrabarty 2009: 206.
2 Charkrabarty 2009: 207.
3 Neukom et al. 2019.
4 Croce 2012: 146.
5 NKE dient in diesem Buch als Abkürzung für «Nordhemisphärische Kleine Eiszeit».
6 Brönnimann et al. 2018.
7 Mauelshagen 2014: 2.
8 Pfister et al. 2018b.
9 Stolz 1979: 373.
10 Oreskes et al. 2010: 1023.
11 Sieferle 1997: 45.
12 Zur Theorie des sozialen Konstruktionismus siehe https://de.qaz.wiki/wiki/Social_constructionism; Zugriff am12. Dezember 2020.
13 In Anlehnung an Eisner et al. 2001.
14 Wehler 2000: 221.
15 Mauelshagen 2010: 55.
16 Siemann 2003: 12–13.
17 Pfister et al. 2018a.
18 Die folgenden drei Abschnitte entstammen einem Interview von Hans von Storch und Heinz Wanner mit Christian Pfister im November 2018 (https://www.hist.unibe.ch/ueber_uns/personen/pfister_christian/index_ger.html).
19 Brückner 1890.
20 Stehr, von Storch 2000.
21 Le Roy Ladurie 1967, englische Übersetzung 1971.
22 Le Roy Ladurie 2013.
23 Lamb 1995: 6, 318.
24 De Vries 1985: 274.
25 Stehr, von Storch 2000: 187.
26 Pfister 2007: 33.
27 Pfister et al. 2018a.
28 Brooke 2014.
29 Der Massenfluss beschreibt den Betrag der Masse (z. B. in Gramm Wasserdampf), welcher durch einen bestimmten Querschnitt fließt (m^2; Hartmann 2016).
30 *Albedo* definiert den Anteil der einfallenden Solarstrahlung, welcher ohne Absorption in den Weltraum zurückgestreut wird.
31 Unter *Feldkapazität* versteht man die Wassermenge, die ein zunächst wassergesättigter Boden gegen die Schwerkraft nach 2 bis 3 Tagen noch halten kann (Quelle: Wikipedia).
32 Wir verzichten an dieser Stelle darauf, die komplexen Wechselwirkungen zwischen Ozean und Atmosphäre zu beschreiben.
33 Denton, Karlén 1973.
34 Solomina et al. 2016.
35 Robock 2000.
36 Steinhilber et al. 2009
37 Fraedrich, Müller 1992.
38 Brönnimann et al. 2007.

2. Ötzis Weckruf

1 Denton, Karlén 1973.
2 Grosjean et al. 2007.
3 Zink 2016.
4 Fleckinger 2018.
5 Thompson 2010.
6 Fleckinger, Steiner 2003: 11.
7 Zink 2016: 32.
8 Fleckinger, Steiner 2003: 14.
9 Albert Hafner, zitiert in Andrews 2012.
10 Fleckinger, Steiner 2003: 32.
11 Fleckinger, Steiner 2003: 33.
12 Jacomet, Oeggl 2007.
13 Bressan 2016.
14 Zink 2016: 43.
15 d'Estries 2018.
16 Zink 2016: 52.
17 Fleckinger, Steiner 2003: 84.
18 Schlumbaum et al. 2010.
19 Fleckinger 2018: 68.
20 Fleckinger, Steiner 2003: 85.
21 Fleckinger, Steiner 2003: 84.
22 Dickson, Oeggl 2003.
23 Dickson, Oeggl 2003.
24 Heiri et al. 2003.
25 Die Schneedeckenhöhe betrug in Davos/Weissfluhjoch (2693 m ü. M.) während der Periode 1933–2018 im Mittel 2,5 bis 3 m (Schnee und Lawinen in den Schweizer Alpen. WSL Berichte 86, 2019: Fig. 13).
26 Zink 2016: 34–35.
27 d'Estries 2018.
28 Schibler, Jacomet 2010.
29 Von Tschudi 1868: 519–530.
30 Callanan 2013 for Norway.
31 Zink 2016: 39–40.
32 Zink 2016: 75.
33 Zink 2016: 75.
34 Zink 2016: 63.
35 d'Estries 2018.
36 Zink 2016: 66.
37 Fleckinger, Steiner 2003: 137.
38 Zink 2016: 68–69.
39 Imbler 2015.
40 d'Estries 2018.
41 Imbler 2015.
42 Fleckinger, Steiner 2003: 16.
43 In der wissenschaftlichen Literatur wird normalerweise die Bezeichnung BP (before present) verwendet. Damit wird die Anzahl Jahre vor 1950 oder 2000 bezeichnet.
44 Wanner 2016.
45 Kleiven et al. 2008.
46 Kobashi et al. 2016.
47 Magny, Haas 2004.
48 Wanner 2016.
49 Claussen et al. 1999.
50 Jalali et al. 2019.
51 Denton, Karlén 1973.
52 Geirsdóttir et al. 2019.
53 Holzhauser et al. 2016.

54 Le Roy et al. 2017.
55 Menounos et al. 2008.
56 Nicolussi 2009.
57 Wanner et al. 2008.
58 Magny et al. 2006.
59 Holzhauser et al. 2005.
60 Van Geel et al. 1998.
61 Sigl et al. 2015.
62 Sigl et al. 2015.
63 IPCC 2013.
64 Ljungqvist 2010.
65 Bradley et al. 2016.
66 Gebbie, Huybers 2019.
67 Büntgen et al. 2011.
68 Haeberli 1996.

3. Der lange Arm des Tambora

1 Sigl et al. 2015.
2 Krämer 2015.
3 Brönnimann, Krämer 2016.
4 Stothers 1984: 1192.
5 Oppenheimer 2003: 233.
6 Oppenheimer 2003: 233.
7 Der Fürst der Sangihe-Inseln, zu denen Sumbawa gehört. http://en.wikipedia.org/wiki/Sangihe_Islands; abgerufen 3 April 2014.
8 Raffles 1830: 282–284.
9 25 Kubikmeilen.
10 Stommel, Stommel 1983: 28.
11 Sigurdsson, Carey 1992: 21.
12 Raffles 1830: 265.
13 Raffles 1830: 268.
14 Stommel, Stommel 1983: 34.
15 Makassar ist die heutige Hauptstadt der Provinz Süd-Sulawesi.
16 Raffles 1830: 275–276.
17 Oppenheimer 2003: 241.
18 Bodenmann et al. 2011.
19 Luterbacher, Pfister 2015; Brönnimann, Krämer 2016.
20 Stoffel et al. 2015: 784–788.
21 Brönnimann, Krämer 2016.
22 Brönnimann, Krämer 2016.
23 Auchmann et al. 2012.
24 Baron 1992: 124.
25 Post 1977.
26 Baron 1992: 130.
27 Wilson 1992: 548.
28 Klingaman, Klingaman 2013: 275.
29 D'Arcy, Wood 2014: 85–90.
30 Mariétan 1959: 5.
31 Mariétan 1959: 7.
32 Mariétan 1959: 8.
33 Mariétan 1959: 9.
34 Mariétan 1959: 10–11.
35 Kaiser 1990: 66.
36 Mariétan 1959: 11–13.
37 Wikipedia.
38 Krüger 2013: 97.
39 Kaiser 1990: 97–99.
40 Kaiser 1990: 97, konvertiert unter Benützung von Swistoval (http://www.swistoval.ch/content/startseite.en.html).
41 Krüger 2013: 100.
42 Krüger 2013: 97.
43 Krüger 2013: 101.
44 S. Escher 1978: 231, zitiert in Kaiser 1990: 100.
45 Venetz 1861.
46 Krüger 2013: 109.
47 Post 1977.
48 Kington 1992: 365.
49 Rousseau 2015; Euro-Climhist.
50 Ogilvie 1992: 331.
51 Wilson 1992: 548.
52 Post 1977: 20.
53 Kington 1992: 370.
54 Post 1977: 20.
55 Guiot 1992: 298.
56 Barriendos, Dannecker 1999. Die Niederschlagsdaten wurden freundlicherweise von Mariano Barriendos, Barcelona, zur Verfügung gestellt.
57 Auchmann et al. 2012.
58 Pfister 1984: 132.
59 Krämer 2015: 218–220.
60 Scheitlin 1820: 37.
61 Die Mitteltemperaturen im Marz und April lagen 2,4 °C unter dem Mittelwert des 20. Jahrhunderts (Auer et al. 2007).
62 Scheitlin 1820: 165.
63 Barriendos, Dannecker 1999.
64 Weber 2006.
65 Weber 2006: 404.
66 https://de.wikipedia.org/wiki/Vulnerabilität; Zugriff am 4. November 2020.
67 Krämer 2015: Teilkapitel 3.5.1.
68 Füssel 2007; Krämer 2015: 138.
69 Krämer 2015: 225.
70 Krämer 2015: 193.
71 Göttmann 1991: 402–407.
72 Krämer 2015: Teilkapitel 6.3.
73 O'Gráda 2009: 145.
74 Treichler 1990: 39.
75 Krämer 2015: Fußnote 229.
76 Krämer 2015: 122–124.
77 Krämer 2015: Teilkapitel 7.4 and 7.5.
78 Krämer 2012: 129.
79 Scheitlin 1820: 182–183.
80 Specker 1993: 39–40.
81 Scheitlin 1820: 182–183.
82 Scheitlin 1820: 176.
83 Scheitlin 1820: 26.
84 Scheitlin 1820: 187.
85 Scheitlin 1820: 190.
86 Krämer 2015: Teilkapitel 7.4, 7.5.
87 Scheitlin 1820.
88 Krämer 2015: 46.
89 Post 1977: XIV.
90 Post 1977: 72–75.
91 Krämer 2015: 89–92.
92 Grabbe: 2001.
93 Grabbe 2001: 398.
94 Grabbe 2001: 352–364.
95 Klingaman, Klingaman 2014: 54.
96 Klingaman, Klingaman 2014: 94–95.
97 Seymour 1988: 152.
98 Klingaman, Klingaman 2014: 97.
99 Wollstonecraft Shelley 1831/1961: 8.
100 Tägliche Wetterbeobachtungen von Bern (Pfister, Rohr, Euro-Climhist, https://www.euroclimhist.unibe.ch/en/).
101 Tägliche Wetterbeobachtungen von Bern (Pfister, Rohr, Euro-Climhist, https://www.euroclimhist.unibe.ch/en/).

102 http://en.wikipedia.org/wiki/Darkness_%28poem%29; Zugriff am 15. März 2014.
103 Seymour 1988: 155.
104 Feldman, Scott-Kilvert 1987: 439.
105 Wollstonecraft Shelley 1831/1961: 8–12.
106 Wollstonecraft Shelley 1831/1961: 11.
107 Wollstonecraft Shelley 1831/1961: 14.
108 Mellor 1988: 42.
109 Wollstonecraft Shelley 1831/1961: 16.
110 http://en.wikipedia.org/wiki/Victor_Frankenstein#History, http://en.wikipedia.org/wiki/Frankenstein%27s_monster; Zugriff am 15. März 2014.
111 Von Engelhardt 2006: 114.
112 Barbour 1992.
113 Post 1977.

4. Von der Witterungsbeschreibung zur Klimawissenschaft

1 Zitiert bei Hoffmann 2014: 98.
2 What is Animism? https://www.compellingtruth.org/animism.html; Zugriff am 1, Februar 2017.
3 Park, in Encyclopedia Britannica https://www.britannica.com/topic/animism; Zugriff am 1. Februar 2017.
4 Flint 1991: 3.
5 Labbé 2020: 204.
6 Augustin (354–430 AD) war ein Bischof aus Hippo im heutigen Algerien.
7 Labbé 2017: 105–134.
8 Flint 1991: 92.
9 Flint 1991: 206.
10 Aberth 2013: 18–19.
11 Britton 1937: 70.
12 Flint 1991: 174.
13 Flint 1991: 183.
14 *Annales Sanctae Columbae*, zitiert bei Wozniak 2020: 534.
15 Lieberman 2009: 43.
16 Lieberman 2009: 143.
17 Labbé 2017: 147.
18 Lambrigger 1996: 29.
19 https://www.kath.ch/newsd/walliser-gemeinde-betet-neu-gegen-die-klimaerwaermung/; Zugriff am 1. Februar 2020.
20 Crombie 1967: 68.
21 Frisinger 1972: 19.
22 Frisinger 1972: 17.
23 Frisinger 1972: 6.
24 Grant 1996: 18.
25 Freely 2012: Kapitel 3.
26 Gutas 1999.
27 Freely 2012: Kapitel 3.
28 Grant 1996: 23.
29 Grant 1996: 27.
30 Wegmann 1996: 28.
31 Rohr 2009: 21.
32 Pfister, White 2018: 50–65.
33 Nelson 1991: 68–69.
34 Mullins et al. 1992: 92.
35 Pfister, White 2018: 50–65.
36 Quelle: Gembloux 1844.
37 Alexandre 1987: 206.
38 Alexandre 1987: 411–423 (*Quelle: Annales Colmarienses*).
39 Pfister, White 2018.
40 Brázdil et al. 2013.
41 Pfister et al. 2006.
42 Hulme 2007: 6.
43 Rohr 2013: 364.
44 Crombie 1996: 79–80; Wegmann 1996: 104.
45 Quelle: Robert of Auxerre 1882.
46 Quelle: Rigord 2006: 165.
47 Bänteli, Bürgin 2017: 89.
48 Van Dijk 1993: 257.
49 Drzek 1997: 8, zitiert in Hulme 2007: 5.
50 Jellen 2012.
51 Rohr 2009: 21.
52 Rohr et al. 2018: 251.
53 Ogilivie 1990: 233–250.
54 Mauelshagen 2011: 36–39.
55 Imhof 1984: 68.
56 Dupuis 1998: 2, 68–75, 81.
57 Der Artikel über sein Werk von Weiler (2009) erwähnt Mathews meteorologische Beobachtungen nicht.
58 Britton 1937: 91.
59 Weiler 2009: 255.
60 Dotzauer 1973: 26–27.
61 Übersetzt durch Hegel, 1885.
62 Litzenburger 2011: 30.
63 Schuh 2005: 3, 88; übersetzt durch Pfister.
64 Daten in Euro-Climhist.
65 Über seine Biographie ist nichts bekannt.
66 Reynman 1510, 1969.
67 Körber 1989: 60.
68 Pfister 1999: 111.
69 Körber 1986: 74.
70 Jenks 1983: 189.
71 Labbé 2017: 152–160.
72 Jenks 1983: 189.
73 Lawrence 1972: 496.
74 Farmer, Mortimer 1982.
75 Schwarz-Zanetti 1998: 30–31.
76 Litzenburger 2011: 594.
77 Von Stromer 1993.
78 Körber 1989: 76.
79 Pfister, White 2018.
80 Pfister et al. 1999: 116.
81 Für Italien siehe Enzi et al. 2013: 100.
82 Pfister, White 2018: 40.
83 Schwarz-Zanetti 1992.
84 Körber 1989: 77.
85 Schwarz-Zanetti 1998: 40.
86 Pfister, White 2018: 59. Einige ausgewählte Reihen sind in Euro-Climhis enthalten.
87 Pfister, White 2018: 59.
88 Pfister 1985: 155, Euro-Climhist.
89 Wheeler 2005.
90 Garcia-Herrera 2005: 1027.
91 Garcia-Herrera et al. 2005b: 21.
92 Hewson 1983. A history of the practice of navigation. Glasgow: Brown, Son and Ferguson; zitiert in Wheeler 2005.
93 Wheeler 2005: 134.
94 Wheeler 2009: 114.
95 Wheeler and Wilkinson 2005: 61.
96 Wheeler 2005: 144.
97 Garcia-Herrera et al. 2005b: 34.
98 Wheeler 2009: 109.
99 Wheeler 1995.
100 Wheeler 2009.
101 Pfister et al. 1999; Limanowka 2001.

102 Ostern sollte am Sonntag gefeiert werden, welcher auf den ersten Vollmond nach der Tagundnachtgleiche folgt.
103 Pfister et al. 1999.
104 Richards 1998: 240–241.
105 Münch 1992: 176.
106 Schwarz-Zanetti 1998: 40.
107 Klemm 1973: 29.
108 Schwarz-Zanetti 1998: 40.
109 Brázdil 2013: 20–21.
110 Pfister et al. 1999: 122; Euro-Climhist.
111 Freely 2012: 244.
112 Freely 2012: 246.
113 La Cour 1876, zitiert in Larson et al. 2016.
114 Freely 2012: 249–251.
115 Thoren 1989, zitiert in Pfister et al. 1999: 112.
116 Pfister 2013.
117 Cysat Stationes, 924, zitiert in Pfister 2013: 175.
118 Pfister 2013; Pfister, Rohr: Euro-Climhist.
119 Zitiert in Pfister 2007: 55.
120 Parker 2018: 124–128.
121 Lenke 1960.
122 *Der echte 100-jährige Kalender. Das Original nach Abt Mauritius Knauer*. Leipzig 2016, St. Benno Verlag: 29.
123 http://www.hundertjaehriger-kalender.com/; accessed 22 January 2020.
124 Pelz 1978.
125 Endfield, Morris 2012.
126 Wikipedia
127 Strathern 2003: 363.
128 Hannam 2011: 334.
129 Heilbron 2010.
130 Heilbron 2010: 353.
131 Camuffo 2018.
132 Frisinger 1977: 52.
133 Camuffo. Bertolin 2012:337
134 Camuffo, Bertolin 2012: 337.
135 Camuffo, Bertolin 2012.
136 Der italienische Ausdruck «cimento» ist ein altes Synonym zu «experimentell» (Strathern 2003: 363).
137 Acton 1980: 38.
138 McClelland 1985: 42.
139 Camuffo, Bertolin 2012.
140 McClelland 1985: 1.
141 Kington 1988: 86.
142 Manley 1962.
143 Legrand, LeGoff 1992.
144 Pfister, Bareiss 1994: 155.
145 Rousseau 2015.
146 Legrand Le Goff 1987.
147 Pelz 1978.
148 Westfall 2007.
149 Jankovic 2000: 4.
150 Bráazdil et al. 2008.
151 Kington 1988: 86.
152 Jankovic 2000: 121.
153 Jankovic 2000: 34.
154 Kington 1988: 87.
155 Stapelbroek, Marjanen 2012.
156 Jankovic 2000: 166.
157 Wyss Stuber 2012.
158 Pfister 2018a.
159 Jankovic 2000: 167.
160 Desaive et al. 1972.
161 Le Roy Ladurie in Desaive et al. 1972: 9–15.
162 https://simple.wikipedia.org/wiki/Antoine_Lavoisier; Zugriff am 28. März 2017.
163 Körber 1987: 135.
164 Johann Jakob Hemmer (1733–1790) befestigte Blitzableiter an öffentlichen Gebäuden und führte Experimente mit Heißluftballonen durch (Cappel 1980: 27).
165 Winkler 2006.
166 Jankovic 2000: 160.
167 Mauelshagen 2018, auch für die folgenden Erklärungen.
168 Venel, Publikation in Climate in the Encyclopédie, zitiert durch Mauelshagen 2018: 577.
169 Mauelshagen 2018: 577.
170 *An Attempt to account for the Change of Climate, which has been observed in the Middle Colonies in North America. Transactions of the American Philosophical Society*, 17. August 1770, zitiert in Mauelshagen 2018: 577.
171 Alexander von Humboldt, *Fragments de Géologie et de Climatologie Asiatiques* 2 Bände, 2: 426; Gide, Paris 1831, zitiert von Mauelshagen in einer früheren Version seiner Publikation von 2018: 28.
172 Ette, Lubrich 2014.
173 Humboldt 1845.
174 Humboldt 1845: 304.
175 https://dspace.ut.ee/handle/10062/19163?show=full; Zugriff am 17. November 2020.
176 Kämtz 1831, 1843, 1845, 1853.
177 Brönnimann et al. 2018: 310.
178 Hulme et al. 2009: 197.
179 Wearth 2003: 10.
180 Winzer 202.
181 https://www.wmo.int/pages/prog/www/wwwinfo.html; Zugriff am 27. Dezember 2020.
182 Hulme et al. 2009: 199.
183 Jankovic 2000: 51.
184 Jankovic 2000: 143.
185 Jankovic 2000: 11.
186 *A Complete Course of Meteorology* von L. F. Kaemtz, übersetzt von C.V . Walker (London: Hippolyte Bailliere Publisher, 1845), 464; zitiert in Jankovic 2000: 359.
187 Heymann 2010: 581.
188 Le Roy Ladurie 1971: 119.
189 Pfister et al. 2018: 7.
190 Borst 1981: 560–563.
191 Pfister 2009.
192 Katz, Brown 1992

5. Die Rekonstruktion des vergangenen Klimas

1 Brönnimann et al. 2018.
2 Brönnimann et al. 2018.
3 Dobrovolný et al. 2010.
4 Brönnimann et al. 2018: 27–28.
5 Sigl et al. 2015.
6 Bradley 2014.
7 https://en.wikipedia.org/wiki/Radiocarbon_dating; Zugriff am 6. November 2020.
8 Esper, Gärtner 2001.
9 Fritts 1976.
10 Jouzel 2013.
11 Schwikowski et al. 2017.

12 Fleitmann et al. 2008.
13 Fairchild, Baker 2012.
14 Bei der Erstellung einer Massenbilanz muss die Masse eines Stoffes geschätzt werden, die in ein System aufgenommen oder von ihm abgegeben wird. Im Fall von Gletschern wird dies als Akkumulation oder Ablation von Schnee und Eis bezeichnet. Ist die Bilanz positiv, wächst der Gletscher.
15 Oerlemans, Reichert 2000.
16 Reichert, Bengtsson 2001.
17 Steiner et al. 2008.
18 Oerlemans 2005.
19 Wanner et al. 2000.
20 Holzhauser 2009.
21 Holzhauser 2010.
22 Zumbühl et al. 2008.
23 Nicolussi 2009.
24 Miller et al. 2012.
25 Weidmann et al. 1994.
26 Wozniak 2020: 226.
27 Camuffo, Enzi 1992.
28 Rohr et al. 2018; Rohr 2015.
29 Slavin 2018: 505.
30 Schwander et al. 2017; Pfister, Rohr: Euro-Climhist.
31 Raeber 1979: 64.
32 Raeber 1979: 62.
33 Der deutsche Begriff «Gletscher der Damen und Stutzer» findet sich in *Allgemeine Literatur Zeitung* 1819(1): 48.
34 Zumbühl 2009: 129.
35 Patzelt 2019.
36 Nussbaumer, Zumbühl 2018: 94.
37 Nussbaumer et al. 2012; Zumbühl et al. 2016.
38 Pribyl 2017: 9–13.
39 https://en.wikipedia.org/wiki/Pipe_rolls; Zugriff am 19. April 2017.
40 Pribyl 2017: 12.
41 Pribyl 2017: 91.
42 Pribyl 2017: 44.
43 Brázdil, Kotyza 2000; Wetter, Pfister 2011.
44 Leijonhufvud et al. 2009: 113.
45 Siehe die detaillierte Beschreibung der Quellen in Leijonhufvud et al. 2009.
46 Leijonhufvud et al. 2009.
47 Beispiele stammen von Lotta Leijonhufvud.
48 Euro-Climhist.
49 Jones, Davis 2000.
50 Jones, Davis 2000 : 813.
51 Müller 1953 vermittelt eine systematische, relativ unkritische Zusammenstellung für Westdeutschlane seit dem Mittelalter.
52 R2 von 0.6, Pfister 1981: 467; Daten in Euro-Climhist.
53 Le Roy Ladurie 1967, 1971.
54 Wetter, Pfister 2013: 43–45.
55 Garnier et al. 2011.
56 Chuine et al. 2004.
57 Labbé et al. 2019.
58 http://www.eldiario.es/andalucia/arzobispo-preocupado-plantea-plegarias-lluevа_0_641486343.html; Zugriff am 9. May 2017.
59 Historical Municipal Archive of Barcelona, *Manual de Novells Ardits*, vol. 19, 1566, 3. April. Der katalanische Originaltext wurde von Mariano Barriendos ins Spanische übersetzt.
60 Barriendos 2005: 395.
61 Barriendos 2005: 386–387.
62 Pfister et al. 2018b: 78.
63 Barriendos 2005: Section 2.2.
64 Alberola 2014.
65 Mauelshagen 2010: 55.
66 Pfister et al. 2018a. Dieser Artikel beschreibt ebenfalls das Verfahren zur Schätzung der Niederschlagsdaten.
67 Die Übersicht von Pfister et al. 2018a vermittelt detailliertere Informationen.
68 Dobrovolny et al. 2010; siehe auch die aktuelle Bewertung in Pfister et al. 2018a.
69 Camenisch 2015b: 60–62.
70 Nicolussi et al. 2009.
71 Dobrovolný et al. 2010.
72 Esper et al. 2015.
73 Pfister et al. 2015.
74 Pfister et al. 2018.
75 Pfister, Christian; Wanner, Heinz (2021). Klima und Gesellschaft in Europa. Die letzten tausend Jahre. Digital Appendix DOI 10.7892/boris.148155.
76 Dobrovolný et al. 2010; Werte für einzelne Jahre: Siehe Euro-Climhist.
77 Dobrovolný 2010: Fig. 5.

6. Das Klima Europas - Gegenwart und Vergangenheit

1 Dee et al. 2011.
2 Kottek et al. 2006.
3 Neukom et al. 2014.
4 Luterbacher et al. 2016.
5 Glaser, Riemann 2009.
6 Crowley, Lowery 2000.
7 Bradley et al. 2003.
8 Sigl et al. 2015.
9 Toohey, Sigl 2017.
10 Vieira et al. 2011.
11 Schmidt et al. 2012.
12 Muscheler et al. 2007.
13 Usoskin et al. 2014.
14 Bradley et al. 2016.
15 Glaser, Riemann 2009.
16 Die Berechnung des Treibhausgasantriebes basiert auf der Publikation von Joos and Spahni, 1996.
17 IPCC 2013.
18 Cook et al. 2015.
19 Seftigen et al. 2017.
20 Wetter et al. 2014.
21 Sigl et al. 2015.
22 Toohey, Sigl 2017.
23 Schmidt et al. 2012.
24 Muscheler et al. 2007.
25 Usoskin et al. 2014.
26 Deser et al. 2012.
27 Wanner et al. 2001.
28 Baker et al. 2015.
29 Moreno-Chamarro et al. 2017.
30 Schlesinger, Ramankutty 1994.
31 Mann et al. 2009.
32 Brönnimann et al. 2007.
33 King et al. 2020.
34 Lehner et al. 2015.
35 Hartman et al. 2019.
36 PAGES 2k-PMIP3 group 2015.

7. Die Periode des Hochmittelalters 1000–1300

1 Pfister, Christian; Wanner, Heinz (2021). Climate and Society in Europe. The Last Thousand Years. Digital Appendix DOI 10.7892/boris.148155.
2 Alexandre 1987.
3 Britton 1937.
4 Schwarz-Zanetti 1998.
5 Camenisch 2015; 497-.500; Litzenburger 2015: Annex 5
6 Buisman 1995–2019.
7 Wozniak 2020.
8 Titow 1960, Titow 1970, Pribyl 2017.
9 Glaser 2013.
10 Júlíusson 1997; Júlíússon, Jónsson 2013.
11 Parry 1978.
12 Lyons 1989: 39.
13 Lieberman 2009: 162.
14 Unwin 1991.
15 Alexandre 1987: 378–494.
16 Alexandre 1987: 378–494.
17 Pfister 1985b.
18 Lachiver 1988.
19 Graham-Campbell 1980.
20 Ogilvie 2016: 114.
21 Campbell 1980.
22 Ogilvie 2016: 174.
23 Graham-Campbell 1980: 62–63.
24 Ogilvie 2016: 115
25 Ogilvie 2016: 122
26 Ogilvie 2016: 116
27 Ogilvie 2001: 175
28 Ogilvie 2001: 179
29 Graham-Campbell 1980: 82
30 Jones 1968: 290
31 E-Mail von Astrid Ogilvie, 19. Juni 2017
32 Ogilvie 2016: 115
33 Ogilvie 2016: 116
34 Ogilvie 2016: 116
35 Ogilvie 2001: 182
36 Ferguson 2001: 143.
37 Koch 1945, zitiert in Ogilvie 1998: 234.
38 Diaz et al. 2011.
39 Serreze, Stroeve 2015.
40 Digital Appendix DOI 10.7892/boris.148155.
41 Index -2: 1007, 1011, 1020, 1036, 1044, 1060.
42 Index -3: 1047, 1069, 1077.
43 Der nicht zeitgenössische Teil der Konstanzer Chronik erwähnt eine Überfrierung des Bodensee im Jahre 1277 (Alexandre 1987: 193 und 407), die jedoch mit dem klimatischen Kontext dieses Jahres nicht übereinstimmt Das echte Datum ist wahrscheinlich 1077.
44 Wozniak 2020: 485.
45 Pfister et al. 1998: 542.
46 1056. Beleg in Tabelle 1 im Online-Anhang.
47 Quelle: Cosmas of Prague.
48 Robinson 1999: 2.
49 Robinson 1999: 2.
50 Robinson 1999: 160.
51 Wozniak 2020: 500–506.
52 Digital Appendix DOI 10.7892/boris.148155.
53 Index -2: 1031, 1052.
54 Index -3: 1032, 1043, 1051.
55 Alexandre 1987: 338–339.
56 Index 2: 1033, 1039.
57 Index 3: 1078, 1083, 1095.
58 Britton 1937: 46; Quelle: *Vita Theoderici Abbatis*. Quelle: *Annales S. Columbae Senonensis.*
59 Büntgen et al. 2006.
60 Wozniak 2020: 533; Britton 1937: 46. Hohe Baumringdichten sind dokumentiert für 1084 (Büntgen 2006, Battipaglia 2010).
61 Quelle: *Annales Bavarici.*
62 Bergthórsson 1969; Ogilvie, Jónsson 2001; Ogilvie 2010.
63 Xoplaki et al. 2016.
64 Digital Appendix DOI 10.7892/boris.148155.
65 Index -2: 1100, 1107, 1109, 1110, 1125, 1126, 1160, 1163, 1168, 1173, 1179, 1197.
66 Index -3: 1111, 1116, 1124, 1143, 1150.
67 Pfister 1998.
68 Quelle: *Annales Ottenburani.*
69 Index 2: 1123, 1142, 1144, 1198.
70 Index 3: 1117, 1172, 1187.
71 Quelle: *Continuatio S. Martini Tornacensis.* Quelle: *Annales Egmundeneses.* Quelle: *Notae Leodienses.*
72 Quelle: *Annales Marbacenses.*
73 Quelle: *Colmarer Chronik.*
74 Alexandre 1987: 336–371, 585–594; Britton 1937: 51–77; Schwarz-Zanetti 1998. Belege für Pfister Sommertemperatur Indizes (+2, +3, -2 und -3) in Tabelle 3 im Online-Anhang: Pfister, Christian; Wanner, Heinz (2021). Climate and Society in Europe. The Last Thousand Years. Digital Appendix DOI 10.7892/boris.148155.
75 Index -2: 1113, 1135, 1140, 1156, 1169, 1179.
76 Index -3: 1109, 1124, 1143, 1144, 1151, 1174, 1195, 1196, 1197.
77 Quelle: *Annales S. Petri Catalaunensis.* Quelle: *Annales Scheftlarienses.*
78 Quelle: *Continuatio Gemblacensis.* Quelle: *Gesta Abbatum Gemblacensium.*
79 Alexandre 1987: 365.
80 Quelle: Renier de Saint-Jacques: *Annales S. Jacobi Leodiensis.*
81 Britton 1937: 75.
82 Quelle: *Annales Colonienses maximi.* Quelle: Renier de Saint-Jacques: *Annales S. Jacobi Leodiensis.*
83 Quelle: Renier de Saint-Jacques: *Annales S. Jacobi Leodiensis.*
84 Jordan 1996: 26.
85 Index 2: 1106, 1112, 1128, 1129, 1157, 1170, 1184, 1185, 1188, 1190, 1194.
86 Index 3: 1137, 1173, 1177.
87 Alexandre 1987: 350–351. Quelle: *Continuatio S. Martini Tornacensis.*
88 Müller 1953: 189.
89 Müller 1953: 189.
90 Ogilvie 2001: 180.
91 Holzhauser 2010: 186.
92 Przbylak 2010:197.
93 Huhtama 2015.
94 Klimenko, Solomina 2010: 81.
95 Xoplaki et al. 2016: 24.
96 Telelis 2000.
97 Xoplaki et al. 2016.
98 Xoplaki et al. 2016.
99 Alexandre 1987: 370–424, 585–587; Britton 1937: 77–130; Schwarz-Zanetti 1998; Titow 1960; Pribyl 2017: 95–117. Belege für Pfister-Wintertemperatur-Indizes (+2, +3, -2 und -3) in Tabelle 1 im Online-Anhang: Pfister, Christian; Wanner, Heinz (2021). Climate and Society in Europe. The Last Thousand Years. Digital Appendix DOI 10.7892/boris.148155.
100 Index -2: 1201, 1204, 1213, 1219, 1225, 1230, 1242, 1254, 1254, 1267, 1269, 1270, 1275, 1276, 1277, 1278, 1281, 1292.
101 Index -3: 1205, 1210, 1216, 1234.

102 Alexandre 1987: 373.
103 Kington 1988: 207.
104 Camuffo 2017: 20.
105 Guidoboni et al. 2010: 127.
106 Britton 1937: 90.
107 Quelle: *Annales Agrippinenses.*
108 Quelle: *Annales Colonienses maximi.* Quelle: *Rolandi Patavini Chronica.* Guidoboni et al. 2010: 124.
109 Larcher 1970.
110 Sanzabi et al. 2012; Le Roy Ladurie 2009: 230–231.
111 Pfister 1998 und darin erwähnte Referenzen.
112 Index 2: 1206, 1220, 1239, 1259, 1260, 1279, 1285, 1296.
113 Index 3: 1218, 1223, 1249, 1257, 1283, 1290.
114 Quelle: *Annales Colmarienses minores et maiores, Annales Basileenses, Chronicon Colmariense.*
115 Quelle: *Annales Praedicatorum Vindobonensium.*
116 Britton 1937: 126.
117 Pfister 1998.
118 Alexandre 1987: 370–424, 585–587; Britton 1937: 77–130; Schwarz-Zanetti 1998; Titow 1960; Pribyl 2017: 95–117. Belege für Pfister-Frühjahrstemperatur-Indizes (+2, +3, –2 und –3) in Tabelle 2 im Online-Anhang: Pfister, Christian; Wanner, Heinz (2021). Climate and Society in Europe. The Last Thousand Years. Digital Appendix DOI 10.7892/boris.148155.
119 Index –2: 1205, 1213, 1215, 1219, 1225, 1247, 1249, 1257, 1258.
120 Index –3: 1255, 1274.
121 Quelle: *Chronique Finissant in 1286.*
122 Quelle: *Chronica Majora.* Quelle: *Continuatio Pragensis.*
123 Index 2: 1200, 1204, 1206, 1208, 1224, 1245, 1259, 1278, 1279.
124 Index 3: 1228, 1252, 1263, 1268, 1270, 1282, 1283, 1284.
125 Quelle: *Chronica Majora.* Quelle: *Continuatio Pragensis.*
126 Seneviratne 2010.
127 Alexandre 1987: 370–424, 585–587; Britton 1937: 77–130; Schwarz-Zanetti 1998; Titow 1960; Pribyl 2017: 95–117. Belege für Pfister-Sommertemperatur-Indizes (+2, +3, –2 und –3) in Tabelle 2 im Online-Anhang: Pfister, Christian; Wanner, Heinz (2021). Climate and Society in Europe. The Last Thousand Years. Digital Appendix DOI 10.7892/boris.148155.
128 Index –2: 1233, 1246, 1254, 1255, 1257, 1276, 1280, 1283, 1290, 1294.
129 Index –3: 1219, 1223, 1258, 1274, 1275.
130 Quelle: Renier de Saint-Jacques: *Annales S. Jacobi Leodiensis.*
131 Campbell 2017.
132 Pribyl 2017: 275.
133 Matthew Paris, in Britton 1937: 108.
134 Quelle: *Chronica Majora.*
135 Quelle: Richer of Senones: *Gesta Ecclesiae Senoniensis.* Quelle: Geraud de Frachet: *Chronica.*
136 Quelle: *Annales Clerici Parisiensis.*
137 Quelle: Lambert of Hersfeld: *Annales Weissenburgenses.*
138 Quelle: *Annales Vindobonenses.*
139 Pribyl 2017: 107.
140 Quelle: Alberto Miliolo: *Chronica Civitatis Reginae.*
141 Ledru et al. 2013.
142 Index 2: 1202, 1205, 1206, 1208, 1212, 1217, 1221, 1222, 1225, 1228, 1238, 1244, 1245, 1247, 1248, 1260, 1263, 1266, 1272, 1279, 1281, 1284, 1287, 1288, 1291, 1293, 1296, 1297, 1298.
143 Index 3: 1232, 1236, 1241, 1252, 1259, 1262, 1267, 1268, 1270, 1277, 1282.
144 Quelle: *Chronica Majora.*
145 Titow 1960: 367.
146 Quelle: *Annales Marbacenses.*
147 Quelle: *Chronica Majora.*
148 Quelle: *Annales S. Dionysii.* Quelle: *Chronicon Pontificum et Imperatorum Rhenense.*
149 Quelle: Gilles d'Orval: *Gesta Episcoporum Leodiensium*, misdated to 1243.
150 Pribyl, Cornes 2019.
151 Quelle: *Chronica Majora.*
152 «Boon services» sind Arbeiten, die spezielle Leibeigene zusätzlich zu ihren regulären Pflichten erbrachten. Christian Pfister dankt Dr. Kathleen Pribyl für die Interpretation dieses Begriffs.
153 Titow 1960: 370.
154 Britton 1937: 102.
155 Quelle: Mícheál Ó Cléirigh: Annala Rioghachta Eireann.
156 Quelle: *Continuatio Pragensis.*
157 Pribyl, Cornes 2019: Abbildung S. 2.
158 Die von Müller (1953: 184–185) zusammengestellten Daten stimmen mit den narrativen Quellen überein.
159 Meyer, Jessen 1876/2012: 98, 99.
160 Wollmer 2013.
161 Führer 2020.
162 Kiss 2011: 64.
163 Vadas, Racs 2013: 218–221.
164 Barber et al. 2000: Abbildung 5.
165 Ogilvie 1990: 240–241.
166 Ledru et al. 2013.
167 Przybylak et al. 2010: 172
168 Klimenko, Solomina 2010: 81–83

8. Die Nordhemisphärische Kleine Eiszeit und das Kurze 20. Jahrhundert (1300–1988)

1 Dobrovolný et al. 2010.
2 Rousseau 2016.
3 Glaser 2013.
4 https://www.echdb.unibe.ch/selection/welcome/de/.
5 Alexandre 1987: 424–539, 586–593; Britton 1937: 130–153; Titow 1960: 383–403; Schwarz-Zanetti 1998; Glaser 2013: 61–92; Buisman (Vol. 2) 1996; Weikinn (Vol. 1) 1958. Belege für Pfister-Wintertemperatur-Indizes (+2, +3, –2 und –3) in Tabelle 1 im Online-Anhang: Digital Appendix DOI 10.7892/boris.148155.
6 Index –2: 1303, 1310, 1311, 1314, 1317, 1319, 1322, 1330, 1339, 1351, 1354, 1355, 1359, 1361, 1366, 1367, 1369, 1377, 1378, 1392, 1393, 1396.
7 Index –3: 1306, 1323, 1326, 1328, 1364.
8 Quelle: *Annales Altimontenses.*
9 Britton 1937: 131, zitiert Matthew Paris.
10 Glaser 2013: 76.
11 Quelle: *Annales Fossenses.*

12 Quelle: *Chronicon Moguntinum.*
13 Quelle: *Aymery de Peyrac.*
14 Weikinn (Vol. 1) 1958: 233.
15 Quelle: *Schrämli.*
16 Escher 1692: 332.
17 Alexandre 1987: 496–498, 592.
18 Weikinn (Bd. 1) 1958: 236.
19 Index 2: 1302, 1332, 1344, 1348, 1350, 1353, 1360, 1362, 1365.
20 Index 3: 1304, 1331, 1368, 1371, 1374.
21 Glaser 2013: 77.
22 Quelle: *Twinger von Königshofen.*
23 Buisman (Bd. 2) 1996: 248–249.
24 Weikinn (Bd. 1) 1958: 207–210.
25 Buisman (Bd. 2) 1996: 246.
26 Alexandre 1987: 424–539, 586–593; Britton 1937: 130–153; Titow 1960: 383–403; Schwarz-Zanetti 1998; Glaser 2013: 61–92; Buisman (Bd. 2) 1996; Weikinn (Bd. 1) 1958; Pribyl 2017: 98–117, Appendix 4; Labbé et al. 2019. Belege für Pfister-Frühjahrstemperatur-Indizes (+2, +3, –2 und –3) in Tabelle 2 im Online-Anhang: DOI 10.7892/boris.148155.
27 Index –2: 1322, 1328, 1347, 1348, 1355, 1378, 1392, 1396, 1399.
28 Index –3: 1314, 1315, 1330, 1346, 1366, 1377, 1381.
29 Buisman 2/1996: 228.
30 Index 2: 1303, 1337, 1338, 1340, 1369, 1383, 1385, 1393, 1397.
31 Index 3: 1304, 1331, 1351, 1361, 1382, 1384.
32 Quelle: *Chroniques de St. Denis.*
33 Quelle: *Jean de Noyal.*
34 Dierauer 1900.
35 Alexandre 1987: 521.
36 Alexandre 1987: 424–539, 586–593; Britton 1937: 130–153; Titow 1960: 383–403; Schwarz-Zanetti 1998; Glaser 2013: 61–92; Buisman (Bd. 2) 1996; Weikinn (Bd. 1) 1958; Pribyl 2017: 98–117, Appendix 4; Labbé et al. 2019. Belege für Pfister-Sommertemperatur- Indizes (+2, +3, –2 und –3) in Tabelle 3 im Online-Anhang: DOI 10.7892/boris.148155.
37 Index –2: 1314, 1316, 1320, 1321, 1322, 1328, 1345, 1348, 1374, 1380, 1387, 1392, 1394, 1399.
38 Index –3: 1302, 1315, 1330, 1335, 1346, 1347, 1356, 1359, 1366, 1367, 1370.
39 Alexandre 198: 437–438; Titow 1960: 385. Dieses Ergebnis wird durch dendroklimatische Daten gestützt (Büntgen 2006).
40 Alexandre 1987: 439.
41 Pribyl 2017 in Euro-Climhist.
42 Alexandre 1987: 451–452.
43 Quelle: *Anonymi Leobiensis Chronicon.*
44 Quelle: *Anonymi Leobiensis Chronicon.*
45 Glaser 2013: 89.
46 Glaser 2013: 89.
47 Alexandre 1987: 474–475; Alfani 2017: 35.
48 Guidoboni et al. 2010: 130.
49 Moreda 2017: 50.
50 Quelle: *Johannes von Winterthur.*
51 Glaser 2013: 89.
52 Index 2: 1300, 1303, 1306, 1326, 1332, 1340, 1344, 1351, 1352, 1353, 1360, 1361, 1383, 1384, 1386, 1390, 1397.
53 Index 3: 1304, 1305, 1325, 1331, 1333, 1336, 1375, 1385, 1393.
54 Pribyl 2017: 98–117, Appendix 4.
55 Alexandre 1987: 428–429.
56 Jäger 2010: 89.
57 Glaser 2013: 64. Dieses Ergebnis wird durch dendroklimatische Daten gestützt (Büntgen 2006).
58 Buisman (Bd. 2) 1996: 92–94.
59 Britton 1937: 135.
60 Glaser 2013: 67.
61 Quelle: *Kungstein Chronicon.*
62 Kington 2010: 230.
63 Buisman (Bd. 2) 1996: 316.
64 Alexandre 1987: 532–533.
65 Buisman (Bd. 2) 1996: 316.
66 Quelle: *Chronicon Bohemiae Lipsiense.*
67 Euro-Climhist.
68 Euro-Climhist.
69 Campbell 2016: 278, Abbildung 4.2B.
70 Sigl: Persönliche Mitteilung, 24. Januar 2019.
71 Bork et al. 1998.
72 http://wuerzburg.de/media/wuerzburg.de/org/med_878/1342_A3G.pdf; Zugriff am 30. Oktober 2020.
73 Herget et al. 2015: 81.
74 Wetter et al. 2011.
75 Wetter et al. 2011.
76 Messmer et al. 2015.
77 Stucki et al. 2012.
78 Herget et al. 2015: 81.
79 Kington 2010: 220–231, für England.
80 Holzhauser 2010: 166, Abbildung 103 (nicht dargestellt).
81 Berechnet anhand von Pribyl 2017: 274, Appendix 4; siehe auch Euro-Climhist.
82 Kington 2010: 146.
83 Ogilvie 1998: 238, 242–243.
84 Ogilvie 1998: 32.
85 Vadas, Racz 2013: 212.
86 Przybylak et al. 2010: 179.
87 Klimenko, Solomina 2010: 81.
88 Quelle: Giovanni Villani, zitiert durch Guidoboni et al. 2010: 135.
89 Telelis 2005: 47.
90 Bauch 2017.
91 Oskar Schade (Ed): Geistliche Gedichte des XIV. und XV. Jahrhunderts am Niederrhein, Hannover 1854: 310, zitiert durch Bauch 2017: 984.
92 Rohr 2020: 110–114 geht sowohl auf das ökologische Umfeld als auf die Wahrnehmung der Berichte mit Verweis auf die Bibel ein.
93 Kiss 2011: 127 ; Vadas, Racz 2013: 223.
94 Rohr 2007.
95 Fäh et al. 2009.
96 Labbé 2020: 205–209.
97 Eustace Deschamps, zitiert durch Labbé 2020: 210. «Automne,yver, esté, printems,/Et tous les climats principaulx,/du monde varie le temps, Trop sont les pechiez generaulx [...] La fin de ce monde approchons/Toute chose se desnature.»
98 Ruhl 2009: 55.
99 Die Belege stützen sich vorwiegend auf Alexandre 1987: 538–581, 592–593; Britton 1937: 153–163; Titow 1970; Brázdil, Kotyza 1995; Schwarz-Zanetti 1998; Glaser 2013; Litzenburger 2015: 216–218. Belege für Pfister-Wintertemperatur-Indizes (+2, +3, –2 und –3) in Tabelle 1 im Online-Anhang: DOI 10.7892/boris.148155.
100 Index –2: 1400, 1417, 1419, 1421, 1424, 1426, 1427, 1433, 1434, 1438, 1440, 1457, 1460, 1462, 1476, 1492.
101 Index –3: 1408, 1423, 1432, 1435, 1437, 1443, 1458, 1465, 1470, 1477, 1481, 1491.
102 Glaser 2013: 78.
103 Kington 2010: 232.
104 Kington 2010: 232; Tarand 2013.
105 Brázdil et al. 2006.
106 Bauch 2015.
107 Bauch 2015.
108 Camuffo 2017: 23.

109 Glaser 2013: 79; Quelle: *Annalen Nürnberg*; Quelle: *Lhotsky 1952*.
110 Weikinn (Bd. 1) 1958: 334–340; Quelle: Heinrich Brennwald, Schweizerchronik.
111 Kington 2010: 241.
112 Quelle: *William Gregory's Chronicle of London*.
113 Quelle: *William Gregory's Chronicle of London*.
114 Zitiert in Jörg 2008: 111.
115 Buisman (Bd. 2) 1996: 526–533.
116 Britton 1937: 161.
117 Quelle: Philippe de Vigneulles, *Chronique*.
118 Camuffo 2017: 24.
119 Quelle: Hermann *Miles*.
120 Quelle: Johann *Heise*.
121 Index 2: 1407, 1409, 1420, 1472, 1479, 1485, 1497.
122 Index 3: 1425, 1473, 1474, 1478, 1483.
123 Quelle: Philippe de Vigneulles, Chronique.
124 Quelle: *Colmarische Fortsetzung*.
125 For England Kington 2010.
126 Camenisch 2015: 172. Durch H. H. Lamb rekonstruierte Wetterlage in Kington 2010: 235–242.
127 Belege bei Alexandre 1987: 538–581, 592–593; Britton 1937: 153–163; Litzenburger 2015: 218–219; Labbé et al. 2019; Brázdil, Kotyza 1995; Schwarz-Zanetti 1998; Pribyl 2017: 98–117, Appendix 4; Glaser 2013. DOI 10.7892/boris.148155.
128 Index −2: 1404, 1411, 1415, 1421, 1427, 1428, 1430, 1437, 1440, 1444, 1447, 1463, 1465, 1468, 1477, 1478, 1488, 1496, 1498.
129 Index −3: 1419, 1423, 1432, 1433, 1435, 1443, 1446, 1453, 1459, 1460, 1481, 1491.
130 «Item, il recommença à geller en la fin de mars, et ne fut jour qu'il ne gelast jusques après Pasques, qui furent le XVIIe jour d'avril [26 April], et furent les vignes qui estoient en vallées et les marès toz gelez [...], et la plus grant partie des serisiers aussi moururent celle année pour la grant froidure qui dura sans pluvoir ne sans desgeler que trop pou plus d'un quart d'an» (Tuetey 1881: 303).
131 Litzenburger 2011.
132 Brázdil, Kotyza 1995: 130.
133 Quelle: Jean de *Stavelot*.
134 Quelle: Hermann *Miles*.
135 Buisman (Bd. 3) 1998: 200–201.
136 Buisman (Bd. 3) 1998: 199–200.
137 Index 2: 1408, 1425, 1426, 1475, 1482, 1490.
138 Index 3: 1420, 1471, 1473, 1479.
139 Beaune 1989: 57.
140 Buisman (Bd. 2) 1996: 439–440; Litzenburger 2011: Annex 4; Camenisch et al. 2020.
141 Jörg 2008.
142 Moriceau 2011.
143 Fierro 1996: 278.
144 Moriceau 2007: Tabellen 47E, 49.
145 Lachiver 1991: 56.
146 Moriceau 2007: 263, 273, 278, 281.
147 Weikinn (Bd. 1) 1958: 334–340.
148 Moriceau 2007: 112.
149 Lachiver 1991: 56; Moriceau 2007: 98.
150 Moriceau 2007: 122; Charles Perrault, Le petit Chaperon Rouge, in Pierre Féron (ed.) 1902. Les contes de Perrault, Casternan, Tournai 1697, S. 5–6; https://fr.wikisource.org/wiki/Contes_de_Perrault_(%C3%A9d._1902)/Le_petit_Chaperon Rouge; Zugriff am 12. Oktober 2020.
151 Dieses Teilkapitel stützt sich auf Camenisch et al. 2020, sofern nicht anderweitig angegeben.
152 Camenisch et al. 2019: 19, Table 2.
153 Quelle: Brennwald, *Schweizerchronik*.
154 Quelle: Brennwald, *Schweizerchronik*. Quelle: *Vigneulles, Chronique*.
155 Camenisch et al. 2020: Tabelle 1; Litzenburger 2011: 1049, Annex 4.
156 Quelle: Brennwald, *Schweizerchronik*.
157 Quelle: Knebel, *Diarium*.
158 Larchey 1857: 20.
159 Quelle: Knebel, *Diarium, S. 64*.
160 Quelle: Erhard von Appenwiler; Quelle: Brennwald, *Schweizerchronik*.
161 Stahleder 1995: 446.
162 Zitiert in Przybylak et al. 2020: 635.
163 Litzenburger 2011: 377.
164 Zitiert in Camenisch et al. 2019: 4.
165 Borghi 1861.
166 Rohr 2020: 121.
167 Rohr 2020: 110–111.
168 Kiss 2020: 135–136.
169 Rex 1950.
170 Garcia-Herrera et al. 2010.
171 Seneviratne et al. 2010.
172 Pfister 2018c fasst die Ereignisse im Sommer 2003 zusammen.
173 Fischer et al. 2007: 5082.
174 Seneviratne 2010.
175 Die Belege stützen sich vorwiegend auf Alexandre 1987: 538–581, 592–593; Britton 1937: 153–163; Litzenburger 2015: 220–222; Labbé et al. 2019; Brázdil, Kotyza 1995; Schwarz-Zanetti 1998; Pribyl 2017: 98–117, Appendix 4; Glaser 2013. Belege für Pfister-Sommertemperatur-Indizes (+2, +3, −2 und −3) in Tabelle 3 im Online-Anhang: DOI 10.7892/boris.148155.
176 Index −2: 1419, 1421, 1423, 1429, 1437, 1438, 1445, 1454, 1455, 1459, 1460, 1470, 1474, 1477, 1481, 1485, 1488, 1489, 1496, 1498.
177 Index −3: 1406, 1428, 1451, 1453, 1456, 1465, 1468, 1480, 1491.
178 Pfister, Wetter 2011.
179 Wetter et al. 2011.
180 Brázdil, Kotyza 1995: 146.
181 Quelle: Règne de Jean de Horne, zitiert in Buisman (Bd. 3) 1998: 204.
182 Quelle: Hermann Miles.
183 Quelle: *Notae Althasenses*.
184 Index 2: 1400, 1402, 1409, 1413, 1418, 1422, 1425, 1426, 1434, 1441, 1442, 1447, 1461, 1462, 1464, 1466, 1472, 1484, 1493.
185 Index 3: 1420, 1458, 1471, 1473, 1479, 1483.
186 Quelle: Hector Mülich, *Chronik*.
187 Britton 1937: 157; Titow 1970: 337.
188 Quelle: Die *Röteler Chronik*.
189 Quelle: Philippe de Vigneulles, *Chronique*.
190 Euro-Climhist.
191 Büntgen 2006; Battipaglia 2010.
192 https://keripeardon.wordpress.com/2012/08/15/could-people-swim-in-the-middle-ages/.
193 Buisman (Bd. 3) 1998: 122; Glaser 2013: 70.
194 Quelle: Vigneulles, *Chronique*.
195 Quelle: Fridolin Sicher, *Chronik*.
196 Kington 2010: 146–147.
197 Camenisch 2015: 349.
198 Litzenburger 2011: 1049.
199 Camenisch 2015: 349.
200 Litzenburger 2011: 1049.
201 Kington 2010: 147.
202 Ogilvie 2016: 123.
203 Ogilvie 1998: 30.
204 Enzi et al. 2013: 113, Abbildung 10.

205 Kiss 2017.
206 Przybylak et al. 2010: 179.
207 Klimenko, Solomina, 2010: 71–102, hier: 83.
208 Telelis 2005: 47.
209 Index -2: 1502, 1503, 1504, 1508, 1509, 1511, 1522, 1525, 1526, 1529, 1536, 1544, 1546, 1548, 1550, 1551, 1554, 1563, 1564, 1571, 1572, 1574, 1576, 1586, 1590, 1591, 1593, 1598, 1599.
210 Index -3: 1512, 1513, 1514, 1517, 1534, 1543, 1557, 1561, 1565, 1569, 1573, 1587, 1589, 1595.
211 Glaser 2013: 118; Buisman 3/1998: 592–601.
212 Buisman 3/1998: 675–682.
213 Brázdil et al. 2013: 123.
214 Euro-Climhist; Buisman 3/1998: 675–682.
215 Buisman 3/1998: 675–682.
216 Euro-Climhist.
217 Pfister 1999: 105.
218 Buisman (Bd. 4) 2000: 148–151.
219 Brázdil et al. 2013: 121.
220 Euro-Climhist.
221 Tagebücher des Kölner Juristen Hermann von Weinsberg (1518–1597), zit. in Buisman 4/2000: 151.
222 Index -2. 1516, 1524, 1539, 1557, 1585, 1597.
223 Index -3: 1505, 1506, 1507, 1521, 1530, 1538, 1562.
224 Buisman 3/1998: 358–59; Euro-Climhist.
225 Brázdil et al. 2013: 79.
226 Glaser 2013: 105.
227 Euro-Climhist.
228 Buisman (Bd. 3) 1998: 404.
229 Index -2: 1500, 1508, 1510, 1520, 1527, 1535, 1538, 1546, 1550, 1551, 1553, 1565, 1566, 1570, 1580, 1586, 1588, 1592.
230 Index -3: 1502, 1514, 1515, 1531, 1542, 1568, 1569, 1573, 1578, 1587, 1594, 1595, 1597.
231 Kington 2010: 249.
232 Glaser 2013: 108.
233 Euro-Climhist.
234 Brázdil et al. 2013: 94.
235 Buisman 3/1998: 691–693.
236 Euro-Climhist.
237 Kington 2010: 248, Brázdil et al. 2013: 98, Euro-Climhist.
238 Euro-Climhist, Brázdil et al. 2013: 142.
239 Glaser 2013: 125; Brázdil et al. 2013: 142.
240 Buisman (Bd. 4) 2000: 92–93.
241 Index 2: 1501, 1519, 1532, 1545, 1552, 1560, 1567, 1585, 1591, 1596.
242 Index 3: 1504, 1521, 1534, 1536, 1540, 1556, 1558, 1559, 1571, 1585, 1599.
243 Buisman (Bd. 3) 1998: 550.
244 Labbé et al. 2019: Tabelle 6.
245 Euro-Climhist.
246 Brázdil et al. 2013: 105.
247 Der für die Rekonstruktion verwendete Pfister-Index war falsch. Die von Petr Dobrovolny freundlicherweise durchgeführte Korrektur beruht auf einem Index von 1,33.
248 Euro-Climhist.
249 Index -2: 1501, 1505, 1507, 1513, 1518, 1537, 1543, 1560, 1570, 1573, 1598.
250 Index -3: 1511, 1515, 1529, 1542, 1555, 1563, 1569, 1576, 1579, 1585, 1587, 1588, 1593, 1594, 1595, 1596, 1597.
251 Labbé et al. 2019.
252 Buisman (Bd. 3) 1998: 478.
253 Glaser 2013: 109.
254 Euro-Climhist.
255 Buisman (Bd. 4) 2000: 44.
256 Glaser 2013: 122.
257 Brázdil et al. 2013: 131.
258 Euro-Climhist.
259 Buisman (Bd. 4) 2000: 96–97.
260 Buisman (Bd. 4) 2000: 96–97; Brázdil et al. 2013: 142 ; Euro-Climhist.
261 Pfister 1999: 198; Euro-Climhist.
262 Pfister 1999: 198; Euro-Climhist.
263 Pfister 1999: 158–160; Buisman (Bd. 4) 2000: 108; Brázdil et al. 2013: 142; Glaser 2013: 113.
264 Lamb, Frydendahl 1991: 40.
265 Euro-Climhist.
266 Brazdil et al. 2013: 157.
267 Index 2: 1520, 1525, 1532, 1538, 1557, 1558, 1561, 1566, 1581, 1583.
268 Index 3: 1502, 1503, 1504, 1509, 1516, 1534, 1535, 1536, 1540, 1545, 1548, 1556, 1559, 1565, 1567, 1575, 1590, 1599.
269 Glaser 2013: 107; Buisman 3/1998: 446; Euro-Climhist.
270 Labbé et al. 2019.
271 Ribbert 2013. https://www.tg.ch/public/upload/assets/2260/Archaeologie_Bildteppich_Bischofszell_Hintergrundinfo.pdf. Hansjürg Brem, Staatsarchiv des Kantons Thurgau, Schweiz.
272 Buisman (Bd. 3) 1998: 494.
273 Glaser 2013: 110.
274 Buisman (Bd. 3) 1998: 549–550.
275 Labbé et al. 2019.
276 Glaser 2013: 113; Euro-Climhist.
277 Brazdil et al. 2013: 148–49; Euro-Climhist.
278 Przybylak et al. 2020: 635.
279 Buisman (Bd. 4) 2000: 118–119; Euro-Climhist.
280 Nowosad, Oliski 2020.
281 Weitere Belege in Wetter et al. 2014 (Ergänzungsmaterial).
282 Alberola 2014: 147.
283 Quelle zitiert in Pfister 2018c: 167.
284 Pfister 2018c: 167, Abbildung 5.4.
285 Wetter et al. 2014: 357.
286 Orth et al. 2016.
287 Orth et al. 2016.
288 Quelle zitiert in Pfister 2018c: 175.
289 Zitiert in Pfister 2018c.
290 Pfister 2018c: 175.
291 Zwierlein 2011: 170.
292 Pfister 2017: 184.
293 https://www.buergerspital.de/weingut/weine/1540er-steinwein/index.html; Zugriff am 10. Juni 2019.
294 Zitiert in Pfister 2018b.
295 Pfister 2018c: 183.
296 Rohr 2020: 110–111; vgl. Teilkapitel 8.3.3.
297 Index -2: 1517, 1518, 1520, 1527, 1539, 1550, 1568, 1572, 1573, 1576, 1587, 1593, 1594.
298 Index -3: 1513, 1579, 1597.
299 Glaser 2013: 122.
300 Buisman (Bd. 4) 2000: 48.
301 Brázdil et al. 2013: 130.
302 Glaser 2013: 130.
303 Euro-Climhist.
304 Brázdil et al. 2013: 158–59.
305 Index 2: 1508, 1512, 1521, 1525, 1530, 1532, 1537, 1552, 1553, 1557, 1561, 1562, 1571, 1584, 1590, 1596.
306 Index 3: 1531, 1536, 1540, 1545, 1599.
307 Brázdil et al. 2013: 187.
308 Martin, Parker 1999: 27.
309 Martin, Parker 1999: 104, 106, 108.
310 Martin, Parker 1999: 105.
311 Martin, Parker 1992: 35.
312 Martin, Parker 1992: 55, 56.
313 Martin, Parker 1992: 52.
314 Martin, Parker 1992: 56.
315 Martin, Parker 1992: 52.

316 Fernandez 1988: 237.
317 Douglas et al. 1978: Appendix (unpaginiert).
318 Douglas et al. 1978: Appendix (unpaginiert).
319 Fernandez 1988: 203.
320 Douglas et al. 1978: Appendix (unpaginiert).
321 Fernandez 1988.
322 Die Rückseite der Medaille zeigt das Treffen der beiden Flotten. Darüber erscheint in den Wolken der hebräische Name Jehovas: Die lateinische Inschrift lautet: «1588 Flavit Jehovah et Dissipati Sunt». Jehova blies, und sie wurden zerstreut. https://collections.rmg.co.uk/collections/objects/37452.html; Zugriff am 7. September 2020.
323 Martin, Parker 1999: 256.
324 Pfister et al. 1999: 139–140.
325 Parry 1978: 67.
326 Pfister et al. 2018c: Tabelle 23.1.
327 Parker 1590s, in Leggewie, Mauelshagen 2018.
328 Parker 2018: 121.
329 Mariétan 1959: 7.
330 Pfister 2007: 59.
331 Details für England, einschließlich von rekonstruierten Wetterlagen: Kington 2010: 244–255.
332 Ogilvie 2020: 15.
333 Lamb 1995: 221, Fig. 79.
334 Zitiert in Utterström 1955: 32.
335 Myllyntaus 2009: 83, Tabelle 3.1.
336 Vadas, Racz 2013: 220.
337 Klimenko, Solomina 2010: 83.
338 Pfister et al. 2018c.
339 Camuffo et al. 2011.
340 Camuffo, Enzi in Bradley, Jones 1992.
341 Guidoboni 2010: 170.
342 Alberola 2014: 147, 151, 155.
343 Martin-Vide, Barriendos 1995: 216.
344 Alberola 2014: 155.
345 White 2011.
346 Index -2: 1603, 1612, 1618, 1621, 1622, 1627, 1631, 1641, 1644, 1646, 1653, 1655, 1656, 1666, 1672, 1674, 1677, 1688, 1689, 1694, 1698.
347 Index -3: 1600, 1601, 1608, 1614, 1616, 1624, 1635, 1637, 1649, 1658, 1660, 1663, 1665, 1670, 1679, 1681, 1684, 1685, 1687, 1691, 1692, 1695, 1697.
348 Buisman (Bd. 4) 2000: 202–204; Euro-Climhist.
349 Brázdil, Kotyza 2000: 69.
350 Lejonjuvhud 2010, Euro-Climhist.
351 Fontana-Tarrats 1976, für Katalonien.
352 Glaser 2013: 134, Kington 2010: 257–258.
353 Buisman 4/ 2000: 245–248; Pfister 1999: 97.
354 Brázdil, Kotyza 2000: 74.
355 Brázdil, Kotyza 2000: 74; vgl. auch den Bericht von Renward Cysat in Euro-Climhist.
356 Buisman (Bd. 4) 2000: 245–248; Brázdil, Kotyza 2000: 74.
357 Buisman (Bd. 5) 2006: 107–117.
358 Zitiert in Lamb 1995: 240. Für England Kington 2010: 274–276.
359 Pfister 1999: 97, einschließlich Darstellungen von rekonstruierten Wetterlagen.
360 Buisman (Bd. 5) 2006: 212–217.
361 Pfister 1999: 105, einschließlich Darstellungen von rekonstruierten monatlichen Wetterlagen.
362 Kington 2010: 198.
363 Index 2: 1602, 1604, 1626, 1629, 1643, 1662, 1673, 1676, 1680, 1682, 1686, 1696.
364 Index 3: 1607, 1609, 1613, 1617, 1625, 1661, 1671.
365 Glaser 2013: 134; Buisman (Bd. 4) 2000: 241.
366 Euro-Climhist.
367 Brázdil, Kotyza 2000: 73–74.
368 Buisman 4/2000.324.
369 Brázdil, Kotyza 2000: 80.
370 Index -2: 1601, 1610, 1612, 1615, 1619, 1628, 1635, 1640, 1641, 1642, 1649, 1651, 1665, 1667, 1668, 1675, 1679, 1687, 1689, 1690, 1696.
371 Index -3: 1600, 1614, 1627, 1643, 1658, 1688, 1691, 1692, 1693, 1695, 1698, 1699.
372 Buisman (Bd. 4) 2000: 296–297.
373 Brázdil, Kotyza 2000: 78.
374 Glaser 2013: 137.
375 Pfister 1999: 197.
376 Euro-Climhist.
377 Buisman (Bd. 4) 2000: 553–554.
378 Glaser 2013: 156.
379 Euro-Climhist.
380 Index 2: 1602, 1605, 1616, 1629, 1637, 1646, 1647, 1653, 1660, 1662, 1666, 1670, 1672, 1680.
381 Index 3: 1603, 1611, 1636, 1638, 1645, 1661, 1671, 1686.
382 Buisman (Bd. 4) 2000: 275–276.
383 Euro-Climhist.
384 Buisman (Bd. 5) 2006: 129–130.
385 Glaser 2013: 169.
386 Euro-Climhist.
387 Brázdil et al. 2019: 9; Kington 2010: 279 für England.
388 Der entsprechende Messwert für Paris ist 0,7 °C.
389 Index -2: 1600, 1609, 1617, 1633, 1641, 1648, 1657, 1658, 1662, 1673, 1677, 1682, 1694, 1697.
390 Index -3: 1601, 1606, 1608, 1618, 1621, 1627, 1628, 1639, 1663, 1675, 1685, 1692, 1696, 1698.
391 Buisman (Bd. 4) 2000: 342.
392 Euro-Climhist.
393 Brázdil, Kotyza 2000: 82.
394 Buisman (Bd. 4) 2000: 396.
395 Buisman (Bd. 4) 2000: 396.
396 Rodrigo, Barriendos 2008: 251.
397 Glaser 2013: 164.
398 Lachiver 1998: 18.
399 Lachiver 1998: 18.
400 Buisman (Bd. 5) 2006: 181–183.
401 Lachiver 1998: 24.
402 Glaser 2013: 172.
403 Euro-Climhist, vgl. auch die täglichen Beobachtungen in Zürich.
404 Index 2: 1604, 1610, 1611, 1629, 1630, 1637, 1643, 1644, 1651, 1652, 1671, 1676, 1678, 1680, 1693.
405 Index 3: 1603, 1615, 1616, 1623, 1624, 1631, 1638, 1645, 1646, 1650, 1666, 1669, 1684.
406 Glaser 2013: 139.
407 Brázdil et al. 2019: 8.
408 Glaser 2013: 166.
409 Glaser 2013: 168.
410 Buisman (Bd. 5) 2006: 118–119.
411 Euro-Climhist.
412 Rohland 2011.
413 Kington 2010: 155; Rohland 2011: 53–86.
414 Nach Hason 2001.
415 https://en.wikipedia.org/wiki/Great_Fire_of_London#Aftermath; Zugriff am 27. Oktober 2020.
416 Index -2: 1600, 1606, 1608, 1611, 1613, 1614, 1625, 1627, 1628, 1632, 1637, 1638, 1640, 1641, 1643, 1649, 1657, 1664, 1665, 1667, 1677, 1683, 1684, 1689, 1691, 1692, 1693, 1694, 1697, 1698.
417 Index -3: 1601, 1675, 1676.

418 Glaser 2013: 132; Buisman (Bd. 4) 2000: 206–207.
419 Euro-Climhist.
420 Glaser 2013: 132; Euro-Climhist.
421 Index 2: 1610, 1615, 1616, 1624, 1629, 1631, 1661, 1668, 1686.
422 Index 3: 1603, 1605, 1626, 1647, 1652, 1669, 1680, 1681.
423 Glaser 2013: 165; Buisman (Bd. 5) 2006: 75.
424 Pfister 1999: 171.
425 Die entsprechenden Werte für Paris sind 0,9 °C.
426 Nussbaumer, Zumbühl 2012: 88.
427 Ogilvie 2020: 19.
428 Parry 1978: 62.
429 Lamb 1995: 220.
430 Gibson, Smout 1994: 170.
431 Racz 1999.
432 Przybylak 2010: 180–182.
433 Klimenko, Solomina 2010: 89.
434 Camuffo, Enzi, in Bradley, Jones 1992.
435 Rodrigo, Barriendos 2008.
436 Oliva et al. 2018: 200.
437 Xoplaki et al. 2001.
438 Das Programm «European Palaeoclimate and Man since the Last Glaciation» der European Science Foundation (ESF) unter Leitung von Burkart Frenzel hat ein entsprechendes Projekt von 1989 bis 1995 unterstützt.
439 1679, 1681, 1689, 1691, 1693, 1694, 1695, 1698.
440 Italien 1689, 1695; östliches Mittelmeer 1679, 1693, 1698.
441 Pfister 1994.
442 Degroot 2018: 73–80.
443 Degroot 2018: 72.
444 Wikipedia.
445 Degroot 2018: 83.
446 Degroot 2018: 84.
447 Degroot 2018: 85.
448 Degroot 2018: 86.
449 Degroot 2018: 86–87.
450 Degroot 2018: 87.
451 Degroot 2020: 576–577.
452 Index −2: 1702, 1704, 1705, 1714, 1717, 1718, 1723, 1738, 1744, 1745, 1753, 1760, 1762, 1767, 1777, 1778, 1780, 1782.
453 Index −3: 1709, 1716, 1726, 1729, 1731, 1740, 1755, 1757, 1758, 1763, 1766, 1768, 1776, 1784, 1785, 1789, 1795, 1799.
454 Kington 2010: 291.
455 Euro-Climhist; Pfister 1999: 96. Eine Rekonstruktion der Wetterlage findet sich auf S. 97.
456 Buisman (Bd. 5) 2006: 332–345.
457 http://www.moebiusonline.eu/fuorionda/Inverno1709.shtml; Zugriff am 10. Juni 2020.
458 Guidoboni et al. 2010: 219–220, für Italien.
459 Glaser 2013: 178; Euro-Climhist; Kington 2010: 291, für England.
460 Die Temperature in Paris lag 4.3 °C unter dem Mittel 1961 bis 1990.
461 Buisman (Bd. 5) 2006: 337.
462 Feuerstein-Prasser 2016: 78, übersetzt durch C. P.
463 Le Roy Ladurie 2004: 417.
464 Guidoboni 2010: 220.
465 Körner 2014: 766.
466 Lachiver 1991: 274–75.
467 Pfister 1977: Tabelle 4.
468 Scherhag 1952.
469 Baldwin, Dunkerton 1999.
470 Butler et al. 2015.
471 Buisman (Bd. 5) 2006: 681–689; Kington 2010: 298–299, für England.
472 Euro Climhist.
473 Glaser 2013: 188.
474 Dickson 1997: 21.
475 Luterbacher et al. 2002.
476 Buisman (Bd. 5) 2006: 728–743.
477 Brázdil et al. 2010.
478 Poliwoda 2007: 74.
479 Rekonstruktion der Wetterlage in Pfister 1999: 92.
480 Euro-Climhist; Pfister 1999: 92.
481 Buisman (Bd. 6) 2015: 718–741.
482 Buisman (Bd. 6) 2015: 718–741.
483 Index 3: 1724, 1796.
484 Buisman (Bd. 6) 2015: 856–857.
485 Index −2: 1712, 1713, 1716, 1720, 1721, 1731, 1738, 1739, 1740, 1744, 1745, 1747, 1754, 1756, 1764, 1767, 1771, 1775, 1776, 1782, 1784, 1786, 1787, 1793, 1796, 1799.
486 Index −3: 1701, 1705, 1714, 1729, 1740, 1741, 1742, 1748, 1763, 1770, 1785.
487 Luterbacher el. al. 2002.
488 Glaser 2013: 188.
489 Pfister 1999: 194.
490 Alberola 2014: 102.
491 Kington 2010: 298.
492 Clarkson, Crawford 2002: 126.
493 Pfister 1999: 212, daselbst auch Darstellung der Wetterlagen für März und April.
494 Buisman (Bd. 6) 2015: 666.
495 Index 2: 1706, 1708, 1710, 1711, 1718, 1726, 1727, 1750, 1753, 1774, 1778, 1781, 1791, 1792, 1795, 1797, 1798.
496 Index 3: 1715, 1723, 1728, 1732, 1734, 1779, 1794.
497 Buisman (Bd. 6) 2015: 666, 812, 818, 820.
498 Euro-Climhist.
499 Index −2: 1714, 1716, 1732, 1741, 1758, 1770, 1771, 1779, 1789, 1799.
500 Index −3: 1713, 1720, 1725, 1740, 1773, 1785, 1786.
501 Buisman (Bd. 5) 2006: 399–400; Kington 2010: 293, für England.
502 Glaser 2013: 178.
503 Euro-Climhist.
504 Buisman (Bd. 5) 2006: 516.
505 Glaser 2013: 181.
506 Index 2: 1706, 1707, 1711, 1723, 1729, 1747, 1757, 1772, 1775, 1778, 1782, 1788, 1791, 1792, 1793, 1797, 1798.
507 Index 3: 1706, 1718, 1719, 1724, 1726, 1727, 1728, 1746, 1748, 1781, 1794.
508 Buisman (Bd. 5) 2006: 317–318.
509 Glaser 2013: 177.
510 Buisman (Bd. 5) 2006: 465–466.
511 Glaser 2013: 180.
512 Lachiver 1991: Kapitel 5.
513 Euro-Climhist.
514 Mozny et al. 2016.
515 Brönnimann 2015: 207.
516 Brazdil et al. 2013: 1989.
517 CEUT-Temperaturen 0,0 °C (+/−0,49 °C).
518 Thordarson, Self 2003.
519 Pedersen 2010.
520 Kington 2010: 165.
521 Thordarson, Self 2003.
522 Thordarson, Self 2003.
523 https://blogs.egu.eu/divisions/as/2015/06/24/what-is-the-biggest-air-pollution-event-in-the-modern-era/.
524 Ogilvie 1986.
525 Thordarson, Self 2003.

526 Thordarson, Self 2003: 18–21.
527 Index -2: 1702, 1708, 1713, 1714, 1716, 1725, 1730, 1738, 1740, 1746, 1751, 1758, 1759, 1761, 1765, 1769, 1778, 1784, 1788, 1791.
528 Index -3: 1734, 1739, 1757, 1762, 1763, 1764, 1771, 1774, 1776, 1782, 1786.
529 Buisman (Bd. 6) 2015: 686.
530 Euro-Climhist.
531 Index 2: 1704, 1710, 1718, 1722, 1723, 1729, 1731, 1743, 1747, 1748, 1767, 1772, 1779, 1793.
532 Index 3: 1706, 1727, 1745, 1754.
533 Glaser 2013: 182; Buisman (Bd. 5) 2006: 587.
534 Euro-Climhist.
535 Dobrovolný et al. 2014.
536 Kington 2010: 159.
537 Kington 2010: 161.
538 Pfister et al. 2018b.
539 Ogilvie 1994: 17.
540 Racz 1999: 105–117.
541 Enzi et al. 2013.
542 Rodrigo, Barriendos 2008: 251.
543 Oliva et al. 2018: 201.
544 Alberola 2014: 145.
545 Buisman (Bd. 7) 2019.
546 https://echdb.unibe.ch/selection/search/en/; Zugriff am 13. September 2020.
547 Index -2: 1800, 1802, 1803, 1805, 1808, 1809, 1810, 1811, 1812, 1813, 1816, 1820, 1821, 1823, 1827, 1831, 1836, 1839, 1843, 1848, 1850, 1855, 1856, 1857, 1858, 1860, 1861, 1862, 1864, 1870, 1872, 1875, 1876, 1879, 1886, 1887, 1888, 1889, 1890, 1896.
548 Index -3: 1814, 1830, 1838, 1841, 1845, 1847, 1865, 1871, 1880, 1891, 1893, 1895.
549 Kington 2010: 347.
550 Tägliche Beobachtungen in Euro-Climhist.
551 http://almanach.meteo01.fr/articles.php?pg=145&lng=fr; Zugriff am 29. Juni 2020.
552 http://almanach.meteo01.fr/articles.php?pg=145&lng=fr; Zugriff am 29. Juni 2020.
553 Billwiler 1881: unpaginiert; Pfister 1999: 102, mit Darstellung der Wetterlage.
554 Kington 2010: 371–373, 414.
555 Coaz 1882/2011: 43.
556 http://www.alertes-meteo.com/vague_de_froid/hiver-1800-1900.php; Zugriff am 29. Juni 2018; http://la.climatologie.free.fr/hiver/hivers-rigoureux1.htm; Zugriff am 29. Juni 2018; Schmidt 1967.
557 NZZ https://www.nzz.ch/archiv_1961-1.8932433; Zugriff am 7. Juli 2018.
558 Güller 1963: 418.
559 https://www.prevision-meteo.ch/almanach/1891; Zugriff am 7. Juli 2018. Für England: Kington 2010: 379–380.
560 Index 2: 1806, 1807, 1822, 1843, 1846, 1866, 1867, 1869, 1877, 1899.
561 Index 3: 1834.
562 Pfister 1999: 88, 90, einschließlich Rekonstruktion der Wetterlagen; Euro-Climhist.
563 Euro-Climhist.
564 Euro-Climhist.
565 Euro-Climhist.
566 Glaser 2013: 187.
567 Dobras 1992: 15–16.
568 Degroot 2018: 297, 300, 302.
569 https://en.wikipedia.org/wiki/Hendrick_Avercamp; Zugriff am 30. August 2020.
570 Kington 2010: 267.
571 Escher 1692: 16.
572 http://www.erniland.com/ernimedals/Seegfroerni-Vortrag.pdf; von Lotti Teuscher, 19. Januar 1880.
573 Index -2: 1808, 1809, 1810, 1811, 1812, 1813, 1816, 1824, 1829, 1843, 1844, 1847, 1849, 1851, 1856, 1857, 1860, 1861, 1864, 1866, 1870, 1871, 1873, 1874, 1875, 1876, 1881, 1888, 1889, 1891, 1892, 1895, 1896, 1899.
574 Index -3: 1805, 1817, 1837, 1838, 1839, 1840, 1845, 1850, 1852, 1853, 1855, 1858, 1877, 1879, 1883, 1887.
575 Schwander 2017; Daten in Euro-Climhist
576 Euro-Climhist; Rekonstruktion der Wetterlage für März in Pfister 1999: 120.
577 Euro-Climhist.
578 Index 2: 1800, 1815, 1819, 1827, 1830, 1831, 1846, 1868, 1872.
579 Index 3: 1801, 1811, 1822, 1841, 1862.
580 Buisman (Bd. 7) 2019: 337.
581 Pfister 1999: 112; Euro-Climhist.
582 Buisman (Bd. 7) 2019: 683, 691.
583 Index -2: 1801, 1812, 1814, 1820, 1825, 1829, 1831, 1845, 1851, 1854, 1869, 1871, 1883, 1884, 1894, 1896.
584 Index -3: 1805, 1813, 1815, 1816, 1821, 1833, 1838, 1840, 1841, 1843, 1844, 1860, 1864, 1882, 1888, 1890, 1891.
585 Buisman (Bd. 7) 2019: 645.
586 Euro-Climhist.
587 Index 2: 1802, 1808, 1822, 1842, 1857, 1861, 1873, 1875, 1877.
588 Index 3: 1807, 1811, 1822, 1826, 1834, 1846, 1859, 1868.
589 Pfister 1999: 137, mit Rekonstruktion der Wetterlagen.
590 Index -2: 1803, 1808, 1809, 1812, 1813, 1814, 1815, 1816, 1827, 1830, 1832, 1833, 1840, 1849, 1850, 1854, 1858, 1864, 1867, 1870, 1875, 1876, 1877, 1884, 1888, 1894.
591 Index -3: 1805, 1820, 1829, 1835, 1837, 1842, 1851, 1860, 1871, 1879, 1881, 1887, 1889, 1890, 1897.
592 Euro-Climhist.
593 Euro-Climhist.
594 Index 2: 1802, 1807, 1810, 1821, 1822, 1824, 1825, 1834, 1839, 1841, 1862, 1865, 1886, 1895, 1898.
595 Index 3: 1801, 1811, 1872.
596 Euro-Climhist.
597 Index -2: 1901, 1907, 1909, 1917, 1922, 1924, 1932, 1933, 1934, 1945, 1954, 1956, 1969, 1970, 1985, 1987.
598 Index -3: 1929, 1940, 1941, 1943, 1947, 1963.
599 Euro-Climhist; Pfister 1999: 99.
600 https://www.prevision-meteo.ch/almanach/1929; Zugriff am 13. September 2020.
601 Euro-Climhist.
602 Pfister 1999: 98.
603 Rousseau 2016.
604 Le Roy Ladurie 2009: 227–233.
605 https://forums.infoclimat.fr/f/topic/32638-hiver-1962; Zugriff am 17. August 2018.
606 https://en.wikipedia.org/wiki/Winter_of_1962%E2%80%9363_in_the_United_Kingdom; Zugriff am 17. August 2018.
607 Butler et al. 2017.
608 https://www.ouest-france.fr/bretagne/lorient-56100/le-jour-ou-un-froid-siberien-glaca-tout-lorient-924976; Zugriff am 17. August 2018.
609 Index 2: 1910, 1920, 1921, 1925, 1930, 1935, 1948, 1950, 1961, 1966, 1967, 1972, 1974, 1980, 1983.
610 Index 3: 1916, 1975.
611 Euro-Climhist; Pfister 1999: 85–86, einschließlich der rekonstruierten Wetterlage für Dezember 1915 und Januar 1916.

612 ://www.prevision-meteo.ch/almanach/1916; Zugriff am 17. August 2018.
613 Index -2: 1902, 1907, 1908, 1909, 1910, 1925, 1928, 1929, 1932, 1935, 1938, 1939, 1944, 1956, 1958, 1962, 1965, 1980, 1984, 1987.
614 Index -3: 1900, 1917, 1919, 1941, 1955, 1970.
615 Euro-Climhist; Pfister 1999: 124, einschliesslich der rekonstruieren Wetterlagen für April und Mai.
616 Index 2: 1918, 1943, 1947, 1950, 1953, 1959, 1960, 1961, 1974, 1981.
617 Index 3: 1920, 1934, 1945, 1946, 1948, 1989.
618 Pfister 1999: 116; Euro-Climhist.
619 Index -2: 1902, 1903, 1907, 1910, 1914, 1919, 1920, 1922, 1940, 1943, 1948, 1954, 1965, 1978, 1980.
620 Index -3: 1909, 1912, 1913, 1916, 1918, 1924, 1926, 1956.
621 Euro-Climhist; Pfister 1999: 145, 146, einschließlich der rekonstruierten Wetterlagen für Juli und August.
622 Mitchell European Statistics.
623 https://www.jahrhundertweine.de/shpPfCnt.php?sCI=204; Zugriff am 7. Oktober 2018.
624 Index 2: 1904, 1905, 1917, 1921, 1928, 1935, 1945, 1964, 1973, 1982, 1987.
625 Index 3: 1911, 1947, 1950, 1952, 1983.
626 Brázdil et al. 2016.
627 Brönnimann et al. 2018: 317.
628 Euro-Climhist; Pfister 1999: 140, 183–186, einschließlich der rekonstruierten Wetterlagen für April bis September.
629 Brázdil et al. 2016.
630 Château d'Yquem 1947, 3110 Euro, https://www.sodivin.fr/chateau-d-yquem/878-yquem-d-1947.html#/30-condition-bonne; Zugriff am 31. Januar 2021.
631 Brázdil et al. 2016: 174–175.
632 Index -2: 1901, 1904, 1910, 1914, 1918, 1919, 1920, 1925, 1936, 1941, 1965, 1972, 1974.
633 Index -3: 1902, 1905, 1908, 1912, 1915, 1922, 1952.
634 Pfister 1999: 174.
635 http://tazieff.fr/eruption-du-katmai-en-1912-et-etude-de-son-impact-climatique-sur-lhemisphere-article-redige-par-michel-lecouteur/; Zugriff am 19. August 2018.
636 https://www.prevision-meteo.ch/almanach/1912.
637 https://www.prevision-meteo.ch/almanach/1912.
638 Wikipedia.
639 Index 2: 1900, 1930, 1932, 1935, 1938, 1951, 1953, 1966, 1967, 1969, 1970, 1976, 1984, 1986; disregarding 1991, 1992, 1994, 1999.
640 Index 3: 1926, 1929, 1942, 1947, 1949, 1961, 1963, 1982, 1987; 1999.
641 Dobrovolný et al. 2010; Euro-Climhist.
642 Brazdil et al. 2016.

9 Witterung, Klima und die Welt der Menschen

1 Siemann 2003: 14.
2 Wrigley 2013.
3 Möller 1986: 8.
4 Orlove 1984: 238.
5 Wrigley 2013.
6 Wrigley 2013.
7 Wrigley 2013.
8 Malanima 2009: 56.
9 Wrigley 2013.
10 Pfister 1995.
11 Cantoni 2018.
12 Hulme 2011: 247.
13 Pfister 1994, Bardet, Dupâquier, 1997.
14 Hauser 1982: 157.
15 Wrigley, Schofield 1981
16 Sieferle 2003: 67.
17 Die Marktquote gibt den Prozentsatz der Bruttoernte an, die auf dem Markt abgesetzt wird.
18 Malanima 2009: 107.
19 Slicher van Bath 1963.
20 Sieferle, 2003: 14.
21 Le Roy Ladurie and Goy 1982.
22 Beck, 1993:428.
23 Allen 2001; für die Schweiz Studer (2008), auch in Euro-Climhist.
24 Stehr, von Storch 2000: 210–242.
25 Abel 2005.
26 Bauernfeind 1993.
27 Die Zehnteinnahmen der Berner Obrigkeit stammten aus säkularisierten Klostergütern. Sie verkörperten rund 57% der Gesamtproduktion (Pfister 1975: 135 und 159.
28 Persson 2010: VIII.
29 Daten in Bardet al 1997: 33.
30 Aberth 2013: 86.
31 Aberth 2013: 87.
32 Dubois 1998: 262.
33 Herlihy 1987, 2–23.
34 Hoffmann 2014: 115.
35 Lieberman 2009: 163.
36 Hoffmann 2014: 121.
37 Hoffmann 2014: 212.
38 Kaplan et al. 2009. Dieser Durchschnittswert wurde aus den Daten für die Beneluxländer, England, Frankreich, Deutschland, die Schweiz, Österreich und die tschechischen Länder in Tabelle 3, S. 3023 ermittelt.
39 Cassard 2011 zitiert bei Labbé 2020: 204.
40 Wikipedia «Räderpflug».
41 Hoffmann 2014: 122–125.
42 Hoffmann 2014: 122–125.
43 Campbell, Overton 1993: 80.
44 Malanima 2009: 67.
45 Hoffmann 2014: 122–125.
46 Hoffmann 2014: 125.
47 Lieberman 2009: 64.
48 Ein Saat-Ernte-Verhältnis von 1:4,5 entspricht einer Nettoernte von 305 kg laut dem Modell (Abb. 9.8).
49 Ein Saat-Ernte-Verhältnis von 1:4,5 auf einer 17 % größeren Fläche entspricht 357 kg entsprechend dem Modell (Abb. 9.8).
50 Malanima 2009: 106.
51 Hennig 1994: 97.
52 Lieberman 2014: 46.
53 Fossier 1968: 216.
54 Gilomen 2014: 67.
55 Abel 2005: 24.
56 Livi Bacci 1999: 22.
57 Hennig 1994: 179–202.

58 Kathrein, 2016: 187–221.
59 Zinsli 2002.
60 Campbell 2016.
61 Campbell 2016: 130.
62 https://commons.wikimedia.org/wiki/File:Reims_Kathedrale.jpg?usel.
63 Buringh et al. 2020: keine Seitenzahlen.
64 Icher 1998: 16–52.
65 Buringh et al. 2020: keine Seitenzahlen.
66 Abel 2005: 1.
67 Für England Campbell, Overton 1993: 97.
68 Samuelson, Nordhaus 2001: 110.
69 Stoob 1959.
70 Buringh et al. 2020: keine Seitenzahlen.
71 Russell 1985.
72 Bardsley 2014.
73 Anonymous, De rebus Alsaticis ineuntis saeculi XIII, in: G. H. Pertz, MGH SS 17, 232–237, Hannover s. d.. (S. 236), übersetzt durch C. P.
74 Malanima 2009: 57.
75 Campbell 2016.
76 Slavin 2018: 495.
77 https://de.wikipedia.org/wiki/Hundert-j%C3%A4hriger_Krieg.
78 Campbell 2016: 291.
79 Campbell 2016: 307.
80 Campbell 2016: 307.
81 Campbell 2016: 253.
82 Campbell 2016: 8.
83 Pribyl 2017: 260.
84 Campbell 2016: 286.
85 Campbell 2016: 252.
86 Campbell 2016: 14.
87 Alexandre 1987: 472–474, für Italien Guidoboni et al. 2010: 131.
88 Campbell 2016: 308.
89 Campbell 2016: 310.
90 Deutsches Ärzteblatt November 2019, https://www.aerzteblatt.de/nachrichten/sw/Pest (10. Dezember 2019).
91 Campbell 2016: 310.
92 Boccaccio 2013: XXXVII.
93 Pribyl 2017: 260.
94 Campbell 2016: 313.
95 Campbell 2016: 313.
96 Campbell 2016: 355.
97 Pfister 1996: 40.
98 Bauernfeind 1993: 146.
99 Campbell 2016: 313.
100 Kaplan et al. 2009: Tabelle 3.
101 Campbell 2016: 365.
102 Litzenburger 2015: Annex 1.
103 Munich Re, https://www.munichre.com/topics-online/en/climate-change-and-natural-disasters/climate-change/spring-frost-losses-climate-change-2018.html (18. Oktober 2019).
104 Pribyl 2017: 137–140.
105 Campbell 2016: 335.
106 Biraben 1975: 126.
107 Kieckhefer 1976: 14.
108 Litzenburger 2015, 699–703
109 Kieckhefer 1976; 14
110 Litzenburger 2015, 699–703
111 Die Information in diesem Abschnitt stammt größtenteils aus Behringer 2004.
112 Behringer 2004: 15.
113 Behringer 2004: 25.
114 Behringer 2004
115 Vgl. Mauelshagen (2011) zur Persönlichkeit des Autors und seiner berühmten Bilderchronik.
116 Behringer 2010: 118.
117 Kieckhefer 1976: 22.
118 Litzenburger 2015, 699–703
119 Behringer 1999, Pfister 2007.
120 White et al. 2018b.
121 Kieckhefer 1976: 61.
122 Kiekhefer 1976: 62.
123 Litzenburger 2011: 422–423.
124 Litzenburger 2011: 422–423.
125 Litzenburger 2011: 422–423.
126 Litzenburger 2011: 691.
127 Behringer 2004: 72
128 Die Bulle trägt den Titel «*Summis desiderantes affectibus*» («In unserem sehnlichsten Wunsche»). https://www.planet-wissen.de/geschichte/neuzeit/hexenverfolgung/pwiederhexenhammer100.html (10. März 2019).
129 https://www.planet-wissen.de/geschichte/neuzeit/hexenverfolgung/pwiederhexenhammer100.html (10. März 2019). Massgebliche deutsche Übesetzung: Jerouschek, Behringer (2000).
130 Die Bulle trägt den Titel «*Summis desiderantes affectibus*» («In unserem sehnlichsten Wunsche»). https://www.planet-wissen.de/geschichte/neuzeit/hexenverfolgung/pwiederhexenhammer100.html (10. März 2019).
131 Burns 2003: 159–160.
132 Schnyder 1992; 328
133 Pfister 1996: 41.
134 Dupâquier 1988: 150.
135 Le Roy Ladurie 1972: 61.
136 Utterström 1955: 33.
137 Malanima 2009: Tabelle 4.
138 Le Roy Ladurie, The Peasants of Languedoc, zitiert bei Fischer 1996: 73.
139 https://de.wikipedia.org/wiki/Geschichte_Deutschlands#Reformation_und_Gegenreformation_(1517%E2%80%931618).
140 Bauernfeind 1993: 246.
141 Fischer 1996: 80–83.
142 Clark 1985: 9.
143 Clark 1985: 9.
144 White 2011: 224.
145 White et al. 2018b: 340.
146 Clark 1985: 7.
147 Behringer 2010: 133–145.
148 Behringer 2010: 124.
149 Behringer 2004: 74.
150 Behringer 1998: 3
151 Pfister 2007: 63.
152 Behringer 1999: 335, 339.
153 Coward, Swann 2004: 2.
154 Monter 2002: 22.
155 Emil Zenz (ed.), Die Taten der Trierer. Gesta Treverorum, Vol. 7, Trier 1964: 13 zitiert bei Behringer 1999: 195.
156 Pfister 2007: 56.
157 Burns 2003: 56.
158 Degroot 2018: 287–289.
159 Larner 1981.
160 Lamb 1995: Abb. 79, S. 221.
161 Levack 2008: 45.
162 Pfister 2007: 65.
163 Monter 2002: 16.
164 Behringer 2004: 149.
165 Burns 2003: 220–221.
166 Behringer 2004.
167 Behringer 1998: 89
168 Scott 2015: 166.
169 McClelland 1985.
170 Malanima 2009: 29.
171 Biraben 1975: 400–420.

172 Lachiver 1991: 451.
173 Pesalj, 2019.
174 Hays 2009: 107.
175 Perrenoud in Bardet, Dupâquier 1997: 87 f.
176 Riley 2001: 171.
177 Riley 1987: 102–110.
178 Riley 2001: 59–61.
179 Scott 2015b: 167–168.
180 Scott 2015: 185.
181 Sieferle 2008: 110.
182 Pfister 2010 gestützt auf Ergebnisse von Bairoch in «Annales ESC» (1989).
183 Guidoboni 2010: 200.
184 Malanima 2009: 136; Guidoboni 2010: 175–177.
185 Malanima 2009: 137.
186 Campbell, Overton 1993: 47.
187 Malanima 2009: 155.
188 Campbell, Overton 1993: 47.
189 Campbell, Overton 1993: 47.
190 Slicher van Bath 1977: 81, Tabelle 7.
191 Pfister 1990.
192 McClelland 1985: 39.
193 Die älteste Ökonomische Gesellschaft war die «Honourable Society of Improvers of Knowledge of Agriculture» im schottischen Edinburgh, die zwischen 1723 and 1745 bestand (McClelland 1985: 38–39).
194 Popplow 2010.
195 Millman 1990: 277.
196 Ó Gráda 2009: 4.
197 Fogel, 1992: 255.
198 Alfani, Ó Gráda 2017.
199 Die Synthese von Slicher van Bath 1977 ist immer noch die umfassendste (siehe auch White et al. 2018; 338).
200 White et al. 2018: 339.
201 Camenisch 2015: 113–120 und 386–398.
202 Pfister 1984: 36; White et al. 2018: 339; Slavin 2018: 499–500.
203 White et al. 2018b: 340.
204 Quelle: Auctarium Aquicinense, in: L. Bethmann, MGH SS 6, 406–438, Hannover s. d.
205 Quelle: Annales s. Jacobi Leodienses (Reinerus): 652.
206 Buisman 1/1995: 394 (Alexandre. 1987: 208).
207 Rothwell, s. d.
208 Source Annales S. Jacobi Leodiensis, 650 (Alexandre 1987: 63).
209 Alexandre 1987: 369–371; Sabaté 2017: 4; Curschmann 1900: 156–160.
210 Curschmann 1900: 39.
211 Der Zusammenhang zwischen anhaltenden Regenfällen in den Sommermonaten und dem Ausbruch von Viehseuchen wurde von Slavin (2018) untersucht.
212 Alexandre 1987: 381–383; Curschmann 1900: 168–171 ; Britton 1937: 86.
213 Alexandre 1987: 394–396. Für Limoges: Annales S. Martialis Lemovicensis. Chroniques de St-Martial de Limoges, in: H. Duples-Agier, Société de l'histoire de France 1874, S. 130–185.
214 Curschmann 1900: 164–165.
215 Curschmann 1900: 164–165.
216 Campbell 2017: 110–111.
217 Slavin 2018: 496.
218 Slavin 2018: 497–498.
219 Alexandre 1987: 439–440.
220 Huhtama 2020.
221 Slavin 2018: 497–498.
222 Slavin 2018: 498.
223 Slavin 2018: 502.
224 Jordan 1996: 20.
225 Slavin 2018: 499.
226 Slavin 2018: 508.
227 Slavin 2018: 508.
228 Jordan 1996: 22.
229 Slavin 2018: 521.
230 Alfani, Ó Gráda 2017: 9.
231 Jordan 2010: 8.
232 Slavin 2018: 502.
233 Jordan 1996: 58.
234 Slavin 2018: 504.
235 Alfani, Ó Gráda 2017: 13.
236 Alfani, Ó Grada 2017: 9.
237 Jörg 2008: 107.
238 Camenisch 2016: 248.
239 Camenisch 2016: 295.
240 Tuetey 1881:329. Es dürfte sich um die Getreidekrankheit Schneeschimmel gehandelt haben. https://de.wikipedia.org/wiki/Schneeschimmel
241 Bauernfeind 1993: 443. Die Preise für Roggen stiegen zwischen April und Juni 1437 um 44 %.
242 Jörg 2008: 87–118.
243 https://eventseeker.com/venue/583884-kornhaus-ulm; Zugriff am 7. Oktober 2020.
244 Jörg 2008: 87–118.
245 Abel 1974: 82; Behringer 2010: 91.
246 Euro-Climhist.
247 Abel 1974: 77.
248 White et al. 2018b: 341.
249 Studer 2008: 184.
250 Behringer 2010: 124.
251 Behringer 2010: 109.
252 Für England Fischer 1996: 89, für die Schweiz Pfister 1984/2: 73, 77, für Norditalien Guidoboni et al. 2010: 176.
253 Pfister 1984/2: 86.
254 Pfister 1981; Landsteiner 2005.
255 Das entsprechende Modell ist in Pfister 1984/2: 89 erklärt.
256 Clark 1985.
257 White et al. 2018: 342.
258 Parker 2013.
259 Pfister 1994: 78.
260 Pfister 1984: 2/102.
261 D'Arrigo et al. 2020.
262 Myllyntaus 2009: 82.
263 Xoplaki et al. 2016.
264 Lachiver 1991: 200–207.
265 Medick 1996.
266 Krämer 2015.
267 2010: 155.
268 Lachiver 1991: 384.
269 Post 1985.
270 Dickson 1997: 21.
271 Engler et al. 2013.
272 Collet 2019.
273 Ó Gráda 2009: 93.
274 Ó Gráda 2017: 184.
275 Myllyntaus 2009: 90–98.
276 Boserup 1965: 5.
277 Alfani , Ó Gráda 2017: 16–17.

10 Das europäische Klima während des letzten Jahrtausends

1 Kington 2010: 146.
2 Kington 2010.
3 Kington 2010.
4 Eddy 1976.
5 Bradley et al. 2016.
6 Gebbie, Huybers 2019.
7 Datengrundlagen von Michael Sigl, Universität Bern.
8 Hartman et al. 2019.
9 Schätzung von Dobrovolný et al. 2010; Euro-Climhist.
10 Schätzung nach Rousseau 2015; Euro-Climhist.
11 Siebert et al. 2010, nach Datengrundlagen von Michael Sigl.
12 Kington 2010.
13 Jones, Briffa 2006.
14 Siehe die Tabellen 1 bis 3 in Pfister, Christian; Wanner, Heinz (2021). Klima und Gesellschaft in Europa. Die letzten tausend Jahre. Digitaler Anhang, doi:10.7892/boris.148155.
15 Dobrovolný et al. 2010.
16 Lamb 1982, 1995.
17 Gemäß den Berechnungen von Dobrovolný et al. 2010 in Euro-Climhist. https://www.euroclimhist.unibe.ch/en/; Zugriff am 18. Oktober 2019.
18 Es ist zu beachten, dass das K20H alle Jahre des 20. Jahrhunderts vor 1989 umfasst und dass die WPG die folgenden Jahre bis zur Gegenwart einschließt.
19 Crowley, Lowery 2000.
20 Bradley et al. 2003.
21 Diaz et al. 2011.
22 Free, Robock 1999.
23 Nesje, Dahl 2003.
24 Matthews, Briffa 2005.
25 Miller et al. 2012.
26 Moffa-Sánchez et al. 2014.
27 Moreno-Chamarro et al. 2017.
28 Wanner et al. 2001.
29 Siehe zum Beispiel Olsen et al. 2015.
30 Grove 2004.
31 IPCC 2013.
32 Neukom et al. 2014.
33 PAGES 2k Consortium 2013.
34 Brönnimann 2019.
35 Hegerl et al. 2018.
36 Hegerl et al. 2019.
37 Brönnimann et al. 2015.
38 Wanner et al. 2001.
39 Wild 2009.
40 Neukom et al. 2019.
41 IPCC 2013.
42 Holzhauser 2010.
43 Zumbühl et al. 2016.
44 Holzhauser et al. 2005.
45 Nussbaumer et al. 2016.
46 Pfister 1984: 150.
47 Coolidge 1911: 14.
48 Nicolussi 1990.
49 Wanner et al. 1995.
50 Wanner et al. 2000.
51 Siebert et al. 2010.
52 Pfister 1975.
53 Zumbühl 1988.
54 Nussbaumer et al. 2012.
55 Imhof 2010.
56 Grove 2004: 184–185.
57 Feldman et al. 1987: 116.
58 Grove 2004: 144.
59 Grove 1988: 115–118.
60 Grove 1988: 138–152.
61 Imhof 2010: 9.
62 Zumbühl 1988: 166–224.
63 Solomina et al. 2016.
64 Körner 2012.
65 Körner 1998.
66 MacDonald et al. 2000.
67 Nicolussi 2009.
68 Nicolussi, Patzelt 2006.
69 Gehrig-Fasel et al. 2007.
70 Pfister 1984: 36; White et al. 2018: 339; Slavin 2018: 499–500.
71 Cysat 1969: 907.
72 Franke et al. 2017.
73 Holzhauser 2010.
74 Nussbaumer et al. 2016.
75 Nicolussi 2009.

11 Von der langsamen zur raschen Klimaerwärmung

1 Neukom et al. 2019.
2 Crutzen, Stoermer 2000.
3 Jones, Henderson-Sellers 1990; Bard 2004.
4 Fourier 1824.
5 Tyndall 1869.
6 Wearth 2003: 7.
7 Arrhenius 1908: 61, 63.
8 Wearth 2003: 8.
9 Wearth 2003.
10 Fleming 2007: 24.
11 Fleming 2007: 29.
12 Chamberlin 1899.
13 Chamberlin 1899.
14 Die Analysen von Revelle und Suess waren möglich geworden, weil Willard Frank Libby (1908–1980) 1949 eine neue Methode zur Radiokarbondatierung entwickelt hatte. Er wurde dafür 1960 mit dem Nobelpreis ausgezeichnet.
15 Wearth 2003: 142.
16 Möller 1963.
17 Manabe, Wetherald 1967.
18 Broecker 1975.
19 Flohn 1981.
20 Siegenthaler, Oeschger 1978.
21 WMO 1986.
22 Oreskes et al. 2018.
23 The New York Times, 24. Juni 1988.
24 Wearth 2003: 156.
25 IPCC 2013.
26 Arbeitsgruppe 1 hat zum Ziel, die physikalischen Grundlagen des Klimasystems und der Klimaveränderungen aufzuzeigen. Arbeitsgruppe 2 soll die Verletzbarkeit der sozioökonomischen und natürlichen Systeme bei Klimaveränderungen abschätzen.

Arbeitsgruppe 3 soll mögliche Optionen zur Verhinderung des Klimawandels durch die Einschränkung der Treibhausgasemissionen aufzeigen.

27 UNFCCC 1992; https://www.who.int/globalchange/climate/unfccc/en/; Zugriff am 11. März 2021.
28 IPCC 2013.
29 IPCC 1995.
30 IPCC 2014.
31 https://unfccc.int/resource/docs/2015/cop21/eng/l09r01.pdf; Zugriff am 6. August 2019.
32 Kerr 1989: 1041–1043.
33 Oreskes, Conway 2010.
34 Oreskes et al. 2018: 154.
35 Oreskes et al. 2018: 159.
36 Oreskes et al. 2018: 161.
37 Oreskes et al. 2018: 159.
38 Hegerl et al. 2019.
39 Mann et al. 1999, IPCC 2001.
40 Rutherford et al. 2005.
41 Neukom et al. 2019.
42 Leiserowitz et al. 2010.
43 Allègre 2010.
44 Gergis et al 2015.
45 Falls nicht auf andere Literatur verwiesen wird, folgen die Ausführungen in diesem Teilkapitel der Publikation Pfister 2010 sowie den darin zitierten Arbeiten.
46 Crutzen 2006.
47 Maddison 2007: 71.
48 Steffen et al. 2007: 616.
49 Pfister 1995; Pfister 2010.
50 McNeill, Engelke 2014: Kapitel 3; siehe die fundamentale Kritik von Frank Uekötter in Pfister 2010: 95.
51 Fourastié, Schneider 1989: 71; für die Schweiz: Pfister 1995b, Pfister 2010.
52 Yergin 1992: 244.
53 Yergin 1992: 375.
54 Yergin 1992: 461–480.
55 Pfister 1996.
56 Massarat 1995b: 166–173.
57 Abelshauser 1984.
58 https://data.oecd.org/energy/crude-oil-production.htm, Zugriff am 14. November 2019. 967 Milliarden Tonnen Rohöl wurden seit 1861 gefördert (Etemad et al. 1991, bis 1985; BP Statistical Review of World Energy, 1965–2018). 1 Tonne Rohöl entspricht einem Volumen von 1,16 m^3, 967 Milliarden Tonnen einem solchen von 11,2 km^3.
59 http://solarhousehistory.com/blog/2015/11/29/richard-levine-a-1970s-solar-architect; Zugriff am 28. September 2020.
60 https://www.everbluetraining.com/blog/bringing-solar-power-back-white-house; Zugriff am 26. Dezember 2019.
61 Buttin, Perlin 1980: 216, 290.
62 Pfister 2010: 205.
63 Pfister 1995b: 65; Pfister 2010: 107.
64 Wackernagel 2009.
65 https://www.theguardian.com/environment/2019/mar/22/plastic-pollution-can-the-ocean-really-be-cleaned-up; Zugriff am 6. Juli 2019.
66 https://en.wikipedia.org/wiki/Pandora%27s_box; Zugriff am 22. Juli 2019.
67 https://en.wikipedia.org/wiki/Pithos; Zugriff am 22. Juli 2019.
68 Pfister 2020.
69 Pfister 1990.
70 Wild 2009.
71 Wanner et al. 2001.
72 Schwander et al. 2017.
73 Trenberth et al. 2014.
74 Medhaug et al. 2017.
75 Smith et al. 2016.
76 CORDEX: Die Abkürzung für «Coordinated Regional Climate Downscaling Experiment» stellt den europäischen Teil des 5. Globalen Modellexperiments (5th Coupled Global Model Intercomparison Project CMIP5) im Rahmen des Weltklimaprogramms dar.
77 Jacob et al. 2014.
78 CH2018 2018.
79 CH2018 2018.
80 Sørland et al., in Vorbereitung.
81 Sørland et al., in Vorbereitung.
82 Stuecker at al. 2018.
83 Serreze, Barry 2011.
84 Handorf et al. 2015.
85 Brogli et al. 2019.
86 Die Lapse-Rate der Temperatur bezeichnet den Betrag, um den sich diese Temperatur mit der Höhe ändert (auch als Temperaturgradient bezeichnet).
87 CORDEX: Das koordinierte Regional Climate Downscaling Experiment ist der europäische Teil des globalen Fifth Coupled Model Intercomparison Project (CMIP5) des Weltklimaprogramms; Taylor et al. 2012.
88 Jacob et al. 2014.
89 CH2018 2018.
90 Pfister 2010, basierend auf Bairoch in Annales 1989: 317–353.
91 Taleb 2007.
92 Für die Periode nach 1354 siehe auch Labbé et al. 2019.
93 Camenisch et al. 2020.
94 Pfister 2017.

Literaturverzeichnis

A

Abel Wilhelm, 2005. Agricultural Fluctuations in Europe. Routledge, London, 363 S.

Abel Wilhelm, 1974. Massenarmut und Hungerkrisen im vorindustriellen Europa. Paul Parey, Hamburg, 424 S.

Aberth John, 2013. An Environmental History of the Middle Ages. Routledge, London, 344 S.

Acton Harold, 1980. Gli ultimi Medici. Macmillan, London, 355 S.

Alberola Romá Armando, 2014. Los ambios climáticos. La Pequeña Edad del Hielo. Catedra, Madrid, 344 S.

Alexandre Pierre, 1987. Le climat en Europe au Moyen Age. Éditions de l'École des Hautes Études en Sciences Sociales, Paris, 827 S.

Alfani Guido, Mocarelli Luca, Strangio Donatella, 2017. Italy. In: Alfani Guido, Ó Grada Cormac (Hg.). Famines in European History, Cambridge University Press, Cambridge, 25–47.

Alfani Guido, Ó Grada Cormac (Hg.), 2017a. Famines in European History. Cambridge University Press, Cambridge, 302 S.

Alfani Guido, Ó Grada Cormac, 2017b. Famines in Europe: An Overview. In: Alfani Guido, Ó Grada Cormac (Hg.). Famines in European History, Cambridge University Press, Cambridge, 1–24.

Alheit Jürgen, Hagen Eberhard, 1997. Long-term climate forcing of European herring and sardine populations. Oceanography 6 (2), 130–139.

Allègre Claude (avec Dominique Montvalon), 2010. L'imposture climatique, ou la fausse écologie. Plon, Paris, 300 S.

Allen Robert C., 2001. The great divergence in European wages and prices from the Middle Ages to the First World War. Explorations in Economic History 38 (4), 411–447.

Ariès Philippe, 1976. Studien zur Geschichte des Todes im Abendland. Hanser, München, 222 S.

Arrhenius Svante, 1908. Worlds in the Making. Harper & Brothers, New York, 248 S.

Auchmann Renate, Brönnimann Stefan, Breda Leila et al., 2012. Extreme climate, not extreme weather: the summer of 1816 in Geneva, Switzerland. Climate of the Past 8, 325–335.

B

Bairoch Paul, Batou Jean, Chèvre Pierre, 1988. The Population of European Cities 800–1850. Librairie Droz, Genève, 336 S.

Baker Andy, Hellstrom John C., Kelly Bryce F.J. et al., 2015. A composite annual-resolution stalagmite record of North Atlantic climate over the last three millennia. Scientific Reports 5 (10307), doi: 10.1038/srep10307.

Baldwin Mark P., Dunkerton Timothy J., 1999. Propagati on of the Arctic Oscillation from the stratosphere to the troposphere. Journal of Geophysical Research Atmospheres 104 (D24), 30937–30946.

Bankoff Greg, Hilhorst Dorothea, 2009. The politics of risk in the Philippines: comparing state and NGO perceptions of disaster management. Disasters 33 (4), 686–704.

Bänteli Kurt, Bürgin Katharina, 2017. Schaffhausen im Mittelalter: Baugeschichte 1045–1550 und archäologisch-historischer Stadtkataster des baulichen Erbes 1045–1900. 2 Bände. Kantonsarchäologie, Schaffhausen, 716 S.

Barber Keith E., Maddy Darrel, 2000. Replicated proxy-climate signals over the last 2000 yr from two distant UK peat bogs: new evidence for regional palaeoclimate teleconnections. Quaternary Science Reviews 19 (6), 481–487.

Barbour Judith, 1992. Dr. John William Polidori, author of The Vampyre. In: Coleman Deirdre, Otto Peter (Hg.). Imagining romanticism. Essays on English and Australian romanticisms, Locust Hill Press, West Cornwall (CT), 85–111.

Bard Edouard, 2004. Greenhouse effect and ice ages: historical perspective. Compte Rendus Geoscience 336 (7–8), 603–638.

Bardet Jean-Pierre, Dupâquier Jacques, 1997. Histoire des populations de l'Europe. Vol. 1: Des origines aux prémices de la révolution démographique. Fayard, Paris, 547 S.

Baron William R., 1995. Historical Climate Records from the Northeastern United States, 1640 to 1900. In: Bradley Raymond S., Jones Philip D. (Hg.). Climate since A.D. 1500, Routledge, London, 74–91.

Barraclough Geoffrey, 2020. Holy Roman Empire. In: Encyclopædia Britannica [online], 3rd March 2020. URL: https://www.britannica.com/place/Holy-Roman-Empire [1st July 2020].

Barriendos Mariano, 2005. Climate and Culture in Spain. In: Behringer Wolfgang, Lehmann Hartmut, Pfister Christian (Hg.). Cultural Consequences of the Little Ice Age, Vandenhoeck & Ruprecht, Göttingen, 379–414.

Barriendos Mariano, Dannecker Andreas, 1999. La sequía de 1812–1824 en la costa central catalana. In: Raso Nadal José M., Martín-Vide Javier (Hg.). La climatología española en los albores del siglo XXI, Oikos-Tau, Barcelona, 53–62.

Basavaraja H., Mahajanashetti S.B., Udagatti Naveen C., 2007. Economic analysis of post-harvest losses in food grains in India. A case study of Karnataka. Agricultural Economics Research Review 20 (1), 117–126.

Battipaglia Giovanna, Frank David, Büntgen Ulf et al., 2010. Five centuries of Central European temperature extremes reconstructed from tree-ring density and documentary evidence. Global Planetary Change 72 (3), 182–191.

Bauch Martin, 2020. Chronology and Impact of a Global Moment in the 13th Century: The Samalas Eruption Revisited. In: Kiss Andrea, Pribyl Katleen (Hg.). The Dance of Death in Late Medieval and Renaissance Europe. Environmental Stress, Mortality and Social Response, Routledge, Abington, 214–233.

Bauch Martin, 2017. Jammer und Not. Karl IV. und die natürlichen Rahmenbedingungen des 14. Jahrhunderts. ?esk? ?asopis historick? (The Czech Historical Review) 115 (4), 983–1016.

Bauch Martin, Labbé Thomas, Engel Annabell et al., 2020. A prequel to the Dantean Anomaly: the water seesaw and droughts of 1302–1307 in Europe. Climate of the Past. [In review]

Bauernfeind Walter, 1993. Materielle Grundstrukturen im Spätmittelalter und der Frühen Neuzeit. Universitätsbuchhandlung Korn und Berg, Nürnberg, 544 S.

Baumann Martin, Babotal Caroline, Schibler Jörg, 2005. Native or naturalized? Validating Alpine Chamois habitat models with aracheozoological data. Ecological Applications 15 (3), 1096–1110.

Beaune Colette (Hg.), 1989. Le journal d' un bourgeois de Paris de 1405 à 1449. Librairie Général Français, Paris, 539 S.

Béaur Gérard, Chevet Jean-Michel, 2017. France. In: Alfani Guido, Ó Grada Cormac (Hg.). Famines in European History, Cambridge University Press, Cambridge, 73–100.

Beck Rainer, 1993. Unterfinning. Ländliche Welt vor Aufbruch der Moderne. Beck, München, 667 S.

Behringer Wolfgang, 2010. A Cultural History of Climate. Polity Press, Cambridge, 280 S.

Bell Wendy T., Ogilvie Astrid E.J., 1978. Weather compilations as a source of data for the reconstruction of european climate during the medieval period. Climatic Change 1, 331–348.

Behringer Wolfgang, 2004. Witches and Witch-Hunts. A Global History. Polity Press, Cambridge, 360 S.

Behringer Wolfgang, 2004. Detecting the Ultimate Conspiracy, or how Waldensians became Witches. In: Coward Barry, Swann Julian (Hg.). Conspiracies and Conspiracy Theory in Early Modern Europe. From the Waldensians to the French Revolution, Routledge, London, 13–34.

Behringer Wolfgang, 1999. Climatic change and witch-hunting: the impact of the Little Ice Age on mentalities. Climatic Change 43 (1), 335–351.

Behringer Wolfgang, 1998. Hexen. Glaube, Verfolgung, Vermarktung. Beck, München, 119 S.
Behringer Wolfgang, 1980. Die Krise von 1570. In: Jakubowski-Tiessen Manfred, Lehmann Hartmut (Hg.). Um Himmels Willen. Religion in Katastrophenzeiten, Vandenhoeck & Ruprecht, Göttingen, 51–156.
Berchtold Stefan, Bumann Peter (Hg.), 1990. Ignaz Venetz, 1788–1859. Ingenieur und Naturforscher. Gedenkschrift (Mitteilungen der Naturforschenden Gesellschaft Oberwallis 1). Rotten-Verlag AG, Brig, 144 S.
Bill Jan, 1997. Ships and Seamanship. In: Sawyer Peter (Hg.). The Oxford Illustrated History of the Vikings, Oxford University Press, Oxford, 182–201.
Billwiller Robert, 1881. Die Kälteperiode im Winter 1879/80. [No publisher], Zürich, 10 S.
Biraben Jean-Noël, 1979. Essai sur l'évolution du nombre des hommes. Population (French Edition) 34 (1), 13–25.
Biraben Jean-Noël, 1975. Les hommes et la peste en France et dans les pays européens et méditerranéens. Vol. 1: La peste dans I' histoire. Mouton, Paris, 455 S.
Blöschl Günter, Kiss Andrea, Viglione Alberto et al., 2020. Current Europaen flood-rich period exceptional compared with past 500 years. Nature 583, 560–566.
Boccaccio Giovanni, 2013. The Decameron. Norton & Company, New York, 947 S.
Bodenmann Tom, Brönnimann Stefan, Hirsch Hadorn Gertrude et al., 2011. Perceiving, explaining, and observing climatic changes: An historical case study of the "year without a summer" 1816. Meteorologische Zeitschrift 20 (6), 577–587.
Bolin Bert, 2007. A History of the Science and Politics of Climate Change. The Role of the Intergovernmental Panel on Climate Change. Cambridge University Press, Cambridge, 292 S.
Borghi Carlo (Hg.), 1861. Cronaca modenese di Jacopino de' Bianchi detto de' Lancellotti (Monumenti di storia patria delle province modenesi, serie delle cronache 1). Pietro Fiaccadori, Parma, 279 S.
Bork Hans-Rudolf, Russok Christian, Dreibrodt Stefan et al., 2006. Spuren des tausendjährigen Niederschlags von 1342. In: Bork Hans-Rudolf (Hg.). Landschaften der Erde unter dem Einfluss des Menschen, Primus, Darmstadt 2006, 115–120.
Borst Arno, 1981. Das Erdbeben von 1348. Historische Zeitschrift 233 (JG), 529–569.
Bouchard Constance B., 2002. Rural Economy and Society. In: Bull Marcus (Hg.). France in the Central Middle Ages 900–1200, Oxford University Press, Oxford, 77–101.
BP, 2019. British Petroleum, Statistical Review of World Energy June 2011. Historical Data. In: BP [online], [no publication date]. URL: http://www.bp.com/statisticalreview [accessed 21th September 2019].
Bradley Raymond S., 2014. Paleoclimatology. Reconstructing Climates of the Quaternary. 3rd Edition. Elsevier / Academic Press, Amsterdam, 675 S.
Bradley Raymond S., Wanner Heinz, Diaz Henry F., 2016. The medieval quiet period. The Holocene 26 (6), 990–993.
Bradley Raymond S., Hughes Malcolm K., Diaz Henry F., 2003. Climate in medieval times. Science 302 (5644), 404–405.
Brázdil Rudolf, Dobrovolný Petr, Trnka Miroslav et al., 2019. Extreme droughts and human responses to them: the Czech Lands in the pre-instrumental period. Climate of the Past 15 (1), 1–24.
Brázdil Rudolf, Ra?ka Pavel, Trnka Miroslav et al., 2016. The Central European drought of 1947: causes and consequences, with particular reference to the Czech Lands. Climate Research (70), 161–178.
Brázdil Rudolf, Kotyza Old?ich, Dobrovolný Petr et al., 2013. Climate of the Sixteenth Century in the Czech Lands. Masaryk University, Brno, 286 S.
Brázdil Rudolf, Demarée Gaston D., Deutsch Mathias et al., 2010. European floods during the winter 1783/1784: scenarios of an extreme event during the 'Little Ice Age'. Theoretical and Applied Climatology 100 (1), 163–189.
Brázdil Rudolf, Kiss Andrea, Luterbacher Jürg et al., 2008. Weather patterns in eastern Slovakia 1717–1730, based on records from the Breslau meteorological network. International Journal of Climatology 28 (12), 1639–1651.
Brázdil Rudolf, Kotyza Old?ich, Dobrovolný Petr, 2006. July 1432 and August 2002 – two millennial floods in Bohemia? Hydrological Sciences–Journal–des Sciences Hydrologiques 51 (5), 848–863.
Brázdil Rudolf, Pfister Christian, Wanner Heinz et al., 2005. Historical Climatology in Europe – The state of the art. Climatic Change 70 (3), 363–430.
Brázdil Rudolf, Kotyza Old?ich, 2000. Utilisation of Economic Sources for the Study of Climate Fluctuation in the Louny Region in the Fifteenth-Seventeenth Centuries. Masaryk University, Brno, 350 S.
Brázdil Rudolf, Kotyza Old?ich, 1999. Daily Weather Records in the Czech Lands in the Sixteenth Century. Masaryk University, Brno, 227 S.
Boserup Ester, 1965. The Conditions of Agricultural growth. The Economics of Agrarian Change under Population Pressure. Routledge, Abingdon (OX), 124 S.
Bressan David, 2016. What Ötzi The Iceman Reveals About the Climate. In The Last 5,000 years. In: Forbes [online], 30th September 2016. URL: http://www.forbes.com/sites/davidbressan/2016/09/30/what-otzi-the-iceman-reveals-about-the-climate-in-the-last-5000-years/#764f0e755330 [accessed 22nd December 2016].
Britton Charles E., 1937. A Meteorological Chronology to A.D. 1450 (Meteorological Office, Geophysical Memoirs No. 70 [vol. VIII, no. 1]). London, W. C., 177 S.
Broecker Wallace S., 1975. Climatic Change: Are we on the brink of a pronounced global warming? Science (189), 460–463.
Brogli Roman, Kröner Nico, Sørland Silje et al., 2019. The role of Hadley circulation and lapse-rate changes for the European summer climate. Journal of Climate 32 (2), 385–404.
Brönnimann Stefan, 2007. Impact of El Niño – Southern Oscillation on European Climate. Reviews of Geophysics 45 (3), 1–28.
Brönnimann Stefan, Franke Jörg, Nussbaumer Samuel U. et al., 2019. Last phase of the Little Ice Age forced by volcanic eruptions. Nature Geoscience 12 (8), 650–656.
Brönnimann Stefan, Pfister Christian, White Sam, 2018. Archives of Nature and Archives of Societies. In: White Sam, Pfister Christian, Mauelshagen Franz (Hg.). The Palgrave Handbook of Climate History, Palgrave Macmillan, London, 27–48.
Brönnimann Stefan, White Sam, Slonosky Victoria, 2018. Climate from 1800 to 1970 in North America and Europe. In: White Sam, Pfister Christian, Mauelshagen Franz (Hg.). The Palgrave Handbook of Climate History, Palgrave Macmillan, London, 309–320.
Brönnimann Stefan, Krämer Daniel, 2016. Tambora and the "Year Without a Summer" of 1816. A Perspective on Earth and Human Systems Science (Geographica Bernensia G90). Geographisches Institut der Universität Bern, Bern 48 S.
Brönnimann Stefan, Fischer Andreas M., Rozanov Eugene et al., 2015. Southward shift of the northern tropical belt from 1945 to 1980. Nature Geoscience 8 (12), 969–974.
Brönnimann Stefan, Xoplaki Elena, Casty Carlo et al., 2007. ENSO influence on Europe during the last centuries. Climate Dynamics 28 (2), 181–197.
Brooke John L., 2014. Climate Change and the Course of Global History. Cambridge University Press, New York, 631 S.
Brückner Eduard, 1895. Der Einfluss der Klimaschwankungen auf die Ernteerträge und Getreidepreise in Europa. Geographische Zeitschrift 1 (1), 39–51.

Brückner Eduard, 1890. Klima-Schwankungen seit 1700, nebst Bemerkungen über die Klimaschwankungen der Diluvialzeit (Geographische Abhandlungen 4,2). Hölzel, Wien, 324 S.
Buisman Jan, 1995–2019. Duizend jaar weer, wind en water in de Lage Landen. 7 Vols . Arranged by Van Engelen Aryan. Uitgeverij Van Wijnen, Franeker. [TW1]
Bulst Neithard, 1997. L'essor (Xe–XIVe siècle). In: Bardet Jean-Pierre, Dupâquier Jacques (Hg.). Histoire des populations de l'Europe. Vol. 1: Des origines aux prémices de la révolution démographique, Fayard, Paris, 168–184.
Büntgen Ulf, Brázdil Rudolf, Heussner Karl-Uwe et al., 2011. Combined dendro-documentary evidence of Central European hydroclimatic springtime extremes over the last millennium. Quaternary Science Review 30 (27–28), 3947–3959.
Büntgen Ulf, Tegel Willy, Nicolussi Kurt et al., 2011. 2500 years of European climate variability and human susceptibility. Science 331 (6017), 578–582.
Büntgen Ulf, Frank David C., Nievergelt Daniel et al., 2006. Summer temperature variations in the European Alps, A.D. 755–2004. Journal of Climate 19 (21), 5606–5623.
Büntgen Ulf, Esper Jan, Frank David C. et al., 2005. A 1052-year tree-ring proxy for Alpine summer temperatures. Climate Dynamics 25, 141–153.
Burns William E., 2003. Witch Hunts in Europe and America. An Encyclopedia. Greenwood Press, Westport (CT), 359 S.
Butler A.H., Sjoberg J.P., Seidel D.J. et al., 2017. A sudden stratospheric warming compendium. Earth System Science Data (9), 63–76.
Butti Ken, Perlin John, 1980. A Golden Thread. 2500 Years of Solar Architecture and Technology. Cheshire Books, Palo Alto, 289 S.

C

Callanan Martin, 2013. Melting snow patches reveal Neolithic archery. Antiquity 87 (337), 728–745.
Callendar Guy Steward, 1938. The artificial production of carbon dioxide and its influence on temperature. Quarterly Journal of the Royal Meteorological Society 64 (275), 223–240.
Camenisch Chantal, 2016. Endlose Kälte. Witterungsverlauf und Getreidepreise in den Burgundischen Niederlanden im 15. Jahrhundert. Schwabe, Basel, 523 S. [Single Temperature Indices in Euro-Climhist]
Camenisch Chantal, 2015. Endless cold: a seasonal reconstruction of temperature and precipitation in the Burgundian Low Countries during the 15th century based on documentary evidence. Climate of the Past 11 (8), 1049–1066.
Camenisch Chantal, Brázdil Rudolf, Kiss Andrea et al., 2020. Extreme heat and drought in 1473 and their impacts in Europe in the context of the early 1470s. Regional Environmental Change 20 (19), doi: 10.1007/s10113-020-01601-0.
Camenisch Chantal, Keller Kathrin M., Salvisberg Melanie et al., 2016. The 1430s: A cold period of extraordinary internal climate variability during the early Spörer Minimum with social and economic impacts in Northwestern and Central Europe. Climate of the Past 12 (11), 2107–2126.
Campbell Bruce, 2017. Global climates, the 1257 mega-eruption of samalas volcano, Indonesia, and the English food crisis of 1258. Transactions of the Royal Historical Society 27, 87–121.
Campbell Bruce, 2016. The Great Transition. Climate, Disease and Society in the Late-Medieval World. Cambridge University Press, Cambridge, 463 S.
Camuffo Dario, 2018. Evidence from the Archives of Societies: Early Instrumental Observations. In: White Sam, Pfister Christian, Mauelshagen Franz (Hg.). The Palgrave Handbook of Climate History, Palgrave Macmillan, London, 83–92.
Camuffo Dario, Bertolin Chiara, Craievich Alberto et al., 2017. When the Lagoon was Frozen over in Venice from A.D. 604 to 2012: evidence from written documentary sources, visual arts and instrumental readings. In: Méditerranée, Paleoenvironment, Geoarchaelogy, Historical Geography [online], 7th February 2017. URL: https://journals.openedition.org/mediterranee/7015 [accessed 13th October 2017].
Camuffo Dario, Bertolin Chiara, 2012. The earliest temperature observations in the world: the Medici Network (1654–1670). Climatic Change 111 (2), 335–363.
Camuffo Dario, Enzi Silvia, 1992. Critical Analysis of Archive Sources for Historical Climatology of Northern Italy. In: Frenzel Burkhard, Pfister Christian, Gläser Birgit (Hg.). European Climate Reconstructed from Documentary Data. Methods and Results, G. Fischer, Stuttgart, 65–74.
Cantoni Robert, 2018. Energy and Civilization. A History (Vaclav Smil, 2017). Journal of Energy History 1 [online], 4th December 2018. URL: https://energyhistory.eu/en/reviews/energy-and-civilization-history-vaclav-smil-2017 [accessed 2nd September 2017].
Cappel Albert, 1980. Societas Meteorologica Palatina 1780–1795 (Annalen der Meteorologie, Neue Folge 16). Selbstverlag des Deutschen Wetterdienstes, Offenbach/Main, 261 S.
Chamberlin Thomas C., 1899. An attempt to frame a working hypothesis on the cause of glacial periods on an atmospheric basis. The Journal of Geology 7 (6), 751–787.
Chrimes Stanley Bertram, 1959. An Introduction to the Administrative History of Mediaeval England. Blackwell, Oxford, 225 S.
Chuine Isabel, Yiou Pascal, Viovy Nicolas et al., 2004. Grape ripening as a past climate indicator. Nature 432, 289–290.
Clark Peter, 1985. Introduction. In: Clark Peter (Hg.). The European Crisis of the 1590's. Essays in Comparative History. Allen & Unwin, London, 3–22.
Clark Peter (Hg.), 1985. The European Crisis of the 1590's. Essays in Comparative History. Allen & Unwin, London, 324 S.
Clarkson Leslie, Crawford Margret, 2001. Feast and Famine. A History of Food and Nutrition in Ireland 1500–1920. Oxford University Press, New York, 336 S.
Claussen Martin, Kubatzki Claudia, Brovkin Victor et al., 1999. Simulation of an abrupt change in Saharan vegetation in the Mid-Holocene. Geophysical Research Letters 26 (14), 2037–2040.
Clout Hugh D., 1977. Themes in the Historical Geography of France. Academic Press, London, 622 S.
Coaz Johann, 2011[1882]. Der Frostschaden des Winters 1879/80 und des Spätfrostes vom 19./20. Mai 1880 an den Holzgewächsen der Schweiz. Nabu Press, 190 S.
Collet Dominik, 2019. Die doppelte Katastrophe. Klima und Kultur in der europäischen Hungerkrise 1770–1772. Vandenhoek & Ruprecht, Göttingen, 466 S.
Cook Earl, 1971. The flow of energy in an industrial society. Scientific American 225 (3), 134–147.
Cook Edward R., Seager Richard, Kushnir Yochanan et al., 2015. Old World megadroughts and pluvials during the Common Era. Science Advances 1 (10), doi: 10.1126/sciadv.1500561.
Coolidge William Augustus Brevoort, 1911. Die Petronella-Kapelle in Grindelwald. J. Jakober-Peter, Grindelwald, 31 S.
Coward Barry, Swann Julian, 2004. Introduction. In: Coward Barry, Swann Julian (Hg.). Conspiracies and Conspiracy Theory in Early Modern Europe. From the Waldensians to the French Revolution, Routledge, London, 1–22.
Croce Benedetto, 2012. History, Its Theory and Practice. Forgotten Books [No place of publication], 322 S. [Original: 1915. Zur Theorie und Geschichte der Historiographie. C.B. Mohr, Tübingen, 269 S.]
Crombie Alistair Cameron, 1967. Medieval and Early Modern Science. XIII to XVIII Centuries, Harvard University Press, Cambridge (MA), 296 S.
Crowley Thomas J., Lowery Thomas S., 2000. How warm was the Medieval Warm Period? Ambio 29 (1), 51–54.
Crutzen Paul J., Stoermer Eugene F., 2000. The «Anthropocene». IGBP Global Change Newsletter 41, 17–18.

Curschmann Fritz, 2019[1900]. Hungersnöte im Mittelalter. Ein Beitrag zur deutschen Wirtschaftsgeschichte des 8. bis 13. Jahrhunderts. Vero Verlag, Norderstadt, 232 S.
Cysat Renward, 1969. Witterung. Missjahre. Teuerung. In: Schmid Josef (Hg.) Collectanea chronica und denkwürdige Sachen pro Chronica Lucernensi et Helvetiae. 1/t. 1: Stadt und Kanton Luzern, Luzern, 542 S.

D

D'Arcy Wood Gillen, 2014. Tambora: The Eruption That Changed the World. Princeton University Press, Princeton (NJ), 312 S.
D'Arrigo Rosanne, Klinger Patrick, Newfield Timothy et. al., 2020. Complexity in crisis: The volcanic cold pulse of the 1690s and the consequences of Scotland's failure to cope. Journal of Volcanology and Geothermal Research (389), 106746.
D'Estries Michael, 2018. 12 things you may not know about Otzi the Iceman. In: Treehugger [online], 13th July 2018. URL: https://www.treehugger.com/things-you-dont-know-about-otzi-4868803 [accessed 16th September 2018].
Dai Aiguo, Luo Dehai, Song Mirong et al., 2019. Arctic amplification is caused by sea-ice loss under increasing CO_2. Nature Communications 10 (121), doi: 10.1038/s41467-018-07954-9.
Daux Valérie, Garcia de Cortazar-Atauri Inaki, Yiou Pascal et al., 2012. An open-access database of grape harvest dates for climate research: data description and quality assessment. Climate of the Past 8, 1403–1418.
De Vries Jan, 1977. Histoire du climat et économie: des faits nouveaux, une interprétation différente. Annales. Histoire, Science Sociales 32 (2), 198–226.
Dee Dick P., Uppala Sakari M., Simmons Adrian J. et al., 2011. The ERA-Interim reanalysis: configuration and performance of the data assimilation system. Quarterly Journal of the Royal Meteorological Society 137 (656), 553–597.
Denton George H., Karlén Wibjörn, 1973. Holocene climatic variations – Their pattern and possible cause. Quaternary Research 3 (2), 175–205.
Degroot Dagomar, 2020. War of the whales: Climate Change, weather and arctic conflict in the early Seventeenth Century. Environment and History (26), 549–577.
Degroot Dagomar, 2018. The Frigid Golden Age: Climate Change, the Little Ice Age, and the Dutch Republic, 1560–1720, Cambridge University Press, Cambridge, 387 S.
Desaive Jean-Paul, Goubert Jean-Pierre, Le Roy Ladurie Emmanuel et al., 1972. Médecins, climat et épidémies à la fin du XVIIIe siècle (Civilisations et Sociétés 29). De Gruyter Mouton, Paris, 256 S.
Deser Clara, Phillips Adam S., Bourdette Vincent et al., 2012. Uncertainty in climate change projections: the role of internal variability. Climate Dynamics 38, 527–546.
Devroey Jean-Pierre, 2019. La nature et le roi. Environnement, pouvoir et société à l'âge de Charlemagne (740–820). Albin Michel, Paris, 592 S.
Diaz Henry F., Trigo Ricardo, Hughes Malcolm K. et al., 2011. Spatial and temporal characteristics of climate in medieval times revisited. Bulletin of the American Meteorological Society 92 (11), 1487–1500.
Dickson David, 1997. Arctic Ireland: the Extraordinary Story of the Great Frost and Famine of 1740–41. White Row Press, Belfast, 94 S.
Dierauer Johannes, 1900. Chronik der Stadt Zürich. In: Quellen zur Schweizer Geschichte (18), 1–183.
Dobrovolný Petr, Moberg Anders, Brázdil Rudolf et al., 2010. Monthly, seasonal and annual temperature reconstructions for Central Europe derived from documentary evidence and instrumental records since AD 1500. Climatic Change 101 (1), 69–107. [Single seasonal temperature estimates in Euro-Climhist]
Dotzauer Winfried, 1973. Das sog. Chronicon Moguntinum. Eine Quelle zwischen Mittelalter und Neuzeit. Archiv für mittelrheinische Kirchengeschichte 25, 9–32.
Douglas K. S., Lamb Hubert Horace, Loader C., 1978. A Meteorological Study of July to October 1588: the Spanish Armada Storms (CRU RP6). University of East Anglia, Norwich, 16 S.
Dubois Henri, 1998a. L'essor médiéval. Le premier monde plein. In: Dupâquier Jacques, Biraben Jean-No?l, Étienne Robert et al. (Hg.). Histoire de la population française. Vol 1: Des origines à la Renaissance, Presses Universitaires de France, Paris, 207–266.
Dubois Henri, 1998b. La dépression. XIVe et XVe siècles. In: Dupâquier Jacques, Biraben Jean-No?l, Étienne Robert et al. (Hg.). Histoire de la population française. Vol. 1: Des origines à la Renaissance, Presses Universitaires de France, Paris, 313–346.
Duheim Pierre, 1987. Medieval Cosmology. Theories of Infinity, Place, Time, Void, and the Plurality of Worlds. Edited and translated by Roger Ariew. University of Chicago Press, Chicago, 601 S.
Dupâquier Jacques, 1997. Introduction. In: Bardet Jean-Pierre, Dupâquier Jacques (Hg.). Histoire des populations de l'Europe. Vol. 1: Des origines aux prémices de la révolution démographique. Fayard, Paris, 26–38.
Dupuis Nicolas, 1998. Les «Annales» de Renier de Saint-Jacques (1194–1230). Une œuvre et son auteur. Annuaire d'histoire liégeoise 29, 1–219.

E

Eddy John A., 1976. The Maunder Minimum. Science 192 (4245), 1189–1201.
Ellen Roy, 1982. Environment, Subsistence and System. The Ecology of Small-Scale Social Formations. Cambridge University Press, Cambridge, 324 S.
Elsberg Marc, 2012. Blackout – Morgen ist es zu spät. Blanvalet, München, 350 S.
Endfield Georgina H., Morris Carol, 2012. 'Well weather is not a girl thing is it?'. Contemporary amateur meteorology, gender relations and the shaping of domestic masculinity. Social & Cultural Geography 13 (3), 233–253.
Engler Steven, Mauelshagen Franz, Werner Johannes P., 2013. The Irish famine of 1740–1741: famine vulnerability and "climate migration." Climate of the Past (9), 1161–1179.
Enzi Silvia, Sghedoni Mirca, Bertolin Chiara, 2013. Temperature reconstruction for north-eastern Italy over the last millennium: Analysis of documentary sources from the historical perspective. The Medieval History Journal 16 (1), 89–120.
Esper Jan, Gärtner Holger, 2001. Interpretation of tree-ring chronologies. Erdkunde 55 (3), 277–288.
Etemad Bouda, Luciani Jean, Bairoch Paul et al., 1991. World Energy Production, 1800–1985. Droz, Genève, 272 S.
Ette Ottmar, Lubrich Oliver, 2014[2004]. Kosmos. Entwurf einer physischen Weltbeschreibung. Die Andere Bibliothek, Berlin, 941 S.
Von Engelhardt Dietrich, 2006. Mary Shelleys Frankenstein oder Der moderne Prometheus (1818). In: Von Engelhardt Dietrich, Wisskirchen Hans (Hg.). Von Schillers Räubern zu Shelleys Frankenstein, Schattauer, Stuttgart, 87–128.
Euro-Climhist,– a data platform for weather-, climate- and disaster history, Hg. Pfister Christian and Rohr Christian. In general, data out of Euro-Climhist are freely available at https://www.echdb.unibe.ch/selection/welcome/en/ Scholars (university, college of applied sciences, archive, museum, research project at school) may apply to get extended access to the database.[TW2]

F

Fäh Donat, Gisler Monika, Jaggi Bernard et al., 2009. The 1356 Basel earthquake: an interdisciplinary revision. Geophysical Journal International 178 (1), 351–374.
Fairchild Ian, Baker Andy, 2012. Speleothem Science: From Process to Past Environments. Wiley-Blackwell, Chichester (UK), 432 S.
Farmer Graham, Mortimer Richard, 1982. Comparison of 1340s daily weather data with the modern period. Weather 37 (2), 58–61.
Feldman Paula R., Scott-Kilvert Diana (Hg.), 1987. The Journals of Mary Shelley, 1814–1844. Vol. 1: 1814–1822. Oxford, Clarendon Press, 427 S.
Fernández-Armesto Felipe, 1988. The Spanish Armada: The Experience of War in 1588. Oxford University Press, Oxford, 300 S.
Feuerstein-Praßer Karin, 2016. Liselotte von der Pfalz: Ein Leben am Hof Ludwigs XIV. Pustet, Regensburg, 144 S.
Fierro Alfred, 1996. Histoire et dictionnaire de Paris. Robert Laffont, Paris, 1580 S.
Filipiak Janusz, Przybylak Rajmund, Oli?ski Piotr, 2019. The longest one-man weather chronicle (1721–1786) by Gottfried Reyger for Gda?sk, Poland as a source for improved understanding of past climate variability. International Climatology 39 (2), 828–842.
Fischer David Hackett, 1996. The Great Wave. Price Revolutions and the Rhythm of History. Oxford University Press, New York, 536 S.
Fischer Erich M., Seneviratne Sonia I., Vidale Pier-Luigi et al., 2007. Soil moisture – atmosphere interactions during the 2003 European summer heat wave. Journal of Climate 20 (20), 5081–5099.
Fleckinger Angelika, 2018. Ötzi, the Iceman. The Full Facts at a Glance. 5th Edition. Folio Verlagsges, Vienna, 120 S.
Fleitmann Dominik, Spötl Christoph, Newman Louise et al., 2008. Advances in speleothem research. PAGES News 16 (3), 1–40.
Fleming James R., 2007. The Callendar Effect. The Life and Work of Guy Stewart Callendar (1898–1964). American Meteorological Society, Boston, 176 S.
Fleming James R., 1998. Historical Perspectives on Climate Change. Oxford University Press, New York, 208 S.
Flint Valerie I.J., 1991. The Rise of Magic in Early Medieval Europe. Princeton University Press, Princeton, 472 S.
Flohn Hermann, 1988. Ändert sich unser Klima? Neue Erkenntnisse und Folgerungen. Mannheimer Forum (88/89). 135–189.
Flohn Hermann, 1941. Die Tätigkeit des Menschen als Klimafaktor. Zeitschrift für Erdkunde 9, 13–[illegible]
Fogel Robert W., 1992. Second Thoughts on the European Escape from Hunger. Famines, Chronic Malnutrition, and Mortality Rates. In: Osmani Siddiqur R. (Hg.). Nutrition and Poverty, Oxford University Press, New York, 243–286.
Fontana-Tarrats José Maria, 1976. Historia del clima en Cataluña. Noticias antiguas, medievales y en especial de los siglos XV, XVI y XVII. Madrid, 1976, 248 S. [Unedited typed work. Communicated by Mariano Barriendos, Barcelona] [TW3]
Fossier Robert, 1968. La terre et les hommes en Picardie jusqu à la fin du XIIIe siécle. 2 Vols. Béatrice Nauwelaerts, Paris, 824 S.
Founda Dimitra, 2011. Evolution of the air temperature in Athens and evidence of climatic change: A review. Earthscan, 1751–2048.
Fourastié Jean, Schneider Jan, 1989. Warum die Preise sinken. Produktivität und Kaufkraft seit dem Mittelalter. Campus, Frankfurt, 154 S.
Fourier Jean-Baptiste-Joseph, 1824. Remarques générales sur les températures du globe terrestre et des espaces planétaires. Annales de Chimie et de Physique 27, 136–167.
Fraedrich Klaus, Müller Klaus, 1992. Climate anomalies in Europe associated with ENSO extremes. International Journal of Climatology 12 (1), 25–31.
Franke Jörg, Brönnimann Stefan, Bhend Jonas et al., 2017. A monthly global paleo-reanalysis of the atmosphere from 1600 to 2005 for studying past climate variations. Scientific Data 4 (170076), doi: 10.1038/sdata.2017.76.
Free Melissa, Robock Alan, 1999. Global warming in the context of the Little Ice Age. Journal of Geophysical Research Atmospheres 104 (D16), 19057–19070.
Freely John, 2012. Before Galileo. The Birth of Modern Science in Medieval Europe. Overlook Duckworth, New York, 348 S.
Frenzel Burkhard, Pfister Christian, Gläser Birgit (Hg.), 1994. Climatic Trends and Anomalies in Europe 1675–1715. High Resolution Spatio-temporal Reconstructions from Direct Meteorological Observations and Proxy Data. Methods and Results. Gustav Fischer, Stuttgart, 479 S.
Frisinger Howard H., 1977. The History of Meteorology to 1800. Science History Publications, New York, 148 S.
Fritts Harold C., 1976. Tree Rings and Climate. Academic Press, London, 567 S.
Führer Markus, 2020. Albert the Great. In: Edward N. Zalta (Hg.) The Stanford Encyclopedia of Philosophy [online], 20th March 2006 [revised 19th February 2020]. URL: https://plato.stanford.edu/archives/sum2020/entries/albert-great/ [accessed 25th September 2020].
Füssel Hans-Martin, 2007. Vulnerability: A generally applicable conceptual framework for climate change research. Global Environmental Change 17 (2), 155–167.

G

García-Herrera Ricardo, 2018. Understanding weather and climate of the last 300 years from ships logbooks. Advanced Review. WIRES Climatic Change, 1–39.
García-Herrera Ricardo, Díaz Julio, Trigo Ricardo M. et al., 2010. A review of the European summer heat wave of 2003. Critical Reviews in Environmental Science and Technology 40 (4), 267–306.
García-Herrera Ricardo, Können Gunther P., Wheeler Dennis A. et al., 2005. CLIWOC: A climatological database for the world's oceans 1750–1854. Climatic Change 73 (1), 1–12.
García-Herrera Ricardo, Wilkinson Clive, Koek Frits B., 2005. Description and general background to ships' logbooks as a source of climatic data. Climatic Change 73 (1), 13–36.
García-Herrera Ricardo, Rosario-Prieto Maria, Hernandez, Elder, 2003. The use of Spanish historical archives to reconstruct climate variability. Bulletin of the American Meteorological Society (84), 1037–1035.
Garnier Emmanuel, Daux Valérie, Yiou Pascal et al., 2011. Grapevine harvest dates in Besançon (France) between 1525 and 1847: social outcomes or climatic evidence? Climatic Change 104 (3), 703–727.
Gebbie Geoffrey, Huybers Peter, 2019. The Little Ice Age and 20th-century deep Pacific cooling. Science 363 (6422), 70–74.
Geirsdóttir Áslaug, Miller Gifford H., Andrews John T. et al., 2019. The onset of neoglaciation in Iceland and the 4.2 ka event. Climate of the Past 15, 25–40.
Gergis Joëlle, Neukom Raphael, Gallant Ailie J. E. et al., 2016. Australasian temperature reconstruction spanning the last millennium. Jounal of Climate 29 (15), 5365–5392.
Gilomen Hans-Jörg, 2014. Wirtschaftsgeschichte des Mittelalters (C.H. Beck Wissen). Beck, München, 128 S.
Glaser Rüdiger, 2013. Klimageschichte Mitteleuropas. 1200 Jahre Wetter, Klima, Katastrophen. Primus, Darmstadt, 264 S.
Glaser Rüdiger, Riemann Dirk, Vogt Steffen et al., 2017. Long- and Short-Term Central European Climate Development in the Context of Vulnerability, Food Security, and Emigration. In: Leggewie Claus, Mauelshagen Franz (Hg.). Climate Change and Cultural Transition in Europe (Climate and Culture 4), Brill, Leiden, 85–118.

Glaser Rüdiger, Riemann Dirk, 2009. A thousand-year record of temperature variations for Germany and Central Europe based on documentary data. Journal of Quaternary Science 24 (5), 437–449.

Gore Al, 2006. An Inconvenient Truth. The Planetary Emergency of Global Warming and What We Can Do About it. Rodalle, New York, 325 S.

Gore Al, 1992. Earth in the Balance. Forging a New Common Purpose. Hughton Miffin, 407 S.

Göttmann Frank, 1991. Getreidemarkt am Bodensee. Raum – Wirtschaft – Politik – Gesellschaft (1650–1810). Scripta Mercaturae, St. Katharinen, 516 S.

Grabbe Hans-Jürgen, 2001. Von der grossen Flut. Die europäische Migration in die Vereinigten Staaten von Amerika 1783–1820. Franz Steiner, Stuttgart, 458 S.

Graber Doris, Dunaway Johanna, 2014. Mass Media and American Politics. 9th Edition. Thousand Oaks, California: CQ Press, SAGE Publications, 536 S.

Graham-Campbell James, 1980. The Viking World. Ticknor & Fields, New Haven, 220 S.

Grant Edward, 1996. The Foundations of Modern Science in the Middle Ages. Their Religious, Institutional, and Intellectual Contexts. Cambridge University Press, Cambridge, 247 S.

Grosjean Martin, Suter Peter J., Trachsel Mathias et al., 2007. Ice-borne prehistoric finds in the Swiss Alps reflect Holocene glacier fluctuations. Journal of Quaternary Science 22 (3), 203–207.

Grove Jean M., 1988. Little Ice Ages. Ancient and Modern. 2 Vols. Methuen, London, 718 S.

Grübler Arnulf, 2009. Transitions in Energy Use. In: Cleveland Cutler J. (Hg.). Concise Encyclopedia of the History of Energy, Elsevier Science, Oxford, 287–300.

Guidoboni Emanuela, Boschi Enzo, Navarra Antonio, 2010. Nella spirale del clima. Culture e società mediterranee di fronte ai mutamenti climatici. Bononia University Press, Bologna, 350 S.

Guiot Joel, 1992. The Climate of Central Canada and Southwestern Europe Reconstructed by Combining Various Types of Proxy Data: A Detailed Analysis of the 1810–20 Period. In: Harington Charles Richard (Hg.). The Year Without a Summer? World Climate in 1816, Canadian Museum of Nature, Ottawa, 291–308.

Gutas Dimitri, 1998. Greek Thought, Arabic Culture. The Graeco-Arabic Translation Movement in Baghdad and Early ?Abb?sid Society (2nd–4th/8th–10th centuries). Routledge, London, 220 S.

H

Haeberli Wilfried, 1995. Glacier Fluctuations and Climate Change Detection, W Geografia Fisica e Dinamica Quaternaria 18, 191–195.

Handorf Dörthe, Jaiser Ralf, Dethloff Klaus et al., 2015. Impacts of Arctic sea ice and continental snow cover changes on atmospheric winter teleconnections. Geophysical Research Letters 42 (7), 2367–2377.

Hannam James, 2011. The Genesis of Science. How the Christian Middle Ages Launched the Scientific Revolution. Regnery Publishing, Washington D.C., 448 S.

Hanson Neil, 2001. The Dreadful Judgement. The True Story of the Great Fire of London. Doubleday, New York, 378 S.

Harington Charles Richard (Hg.), 1992. The Year Without a Summer? World Climate in 1816. Canadian Museum of Nature, Ottawa, 432 S.

Hartmann Dennis L., 2016. Global Physical Climatology. 2nd Edition. Elsevier Science, Amsterdam, 485 S.

Hartman Laura H., Kurbatov Andrei V., Dominic A., 2019. Volcanic glass properties from 1459 C.E. volcanic event in South Pole ice core dismiss Kuwae caldera as a potential source. Scientific Reports 9, Article number 14437.

Hartman Steven, Ogilvie Astrid E.J., Ingimundarson Jón Haukur et al., 2017. Medieval Iceland, Greenland, and the new human condition: A case study in integrated environmental humanities. Global and Planetary Change 156, 123–139.

Hauser Jürg A., 1982. Bevölkerungslehre für Politik, Wirtschaft und Verwaltung. Paul Haupt, Bern, 359 S.

Hays J.N., 2009. The Burdens of Disease. Epidemics and Human Response in Western History. Revised Edition. Rutgers University Press, New Brunswick (NJ), 374 S.

Hegel Karl (Hg.), 1885. Chronicon Moguntinum (Monumenta Germaniae Historica, Scriptores rerum Germanicarum in usum scholarum separatim editio 20). Hahn, Hannover, 103 S.

Hegerl Gabriele C., Brönnimann Stefan, Cowan Tim et al., 2019. Causes of climate change over the historical record. Environmental Research Letters, 14 (12), doi: 10.1088/1748-9326/ab4557.

Hegerl Gabriele C., Brönnimann Stefan, Schurer Andrew et al., 2018. The early 20th century warming: Anomalies, causes, and consequences. WIRES Climatic Change 9 (4), 1–20.

Heilbron John H., 2010. Galileo. Oxford University Press, Oxford, 508 S.

Heiri Olicer, Lotter André, Hausmann S. et al., 2003. A chironomid-based Holocene summer air temperature reconstruction from the Swiss Alps. The Holocene 13(4), 477–484.

Hennig Friedrich-Wilhelm, 1994. Deutsche Agrargeschichte des Mittelalters 9. bis 15. Jahrhundert. Eugen Ulmer, Stuttgart, 368 S.

Herget Jürgen, Kapala Alice, Krell Maria et al., 2015. The millennium flood of July 1342 revisited, Catena (130), 82–94.

Herlihy David, 1987. Outline of Population Developments in the Middle Ages. In: Hermann Bernd, Sprandel Rolf (Hg.). Determinanten der Bevölkerungsentwicklung im Mittelalter, Acta Humaniora, Weinheim, 1–23.

Heymann Matthias, 2010. The evolution of climate ideas and knowledge. WIREs Climate Change 1 (4), 581–597.

Higounet Charles, 1986. Die deutsche Ostsiedlung im Mittelalter. Wolf Jobst Siedler Verlag GmbH, Berlin, 406 S.

Higounet-Nadal Arlette, 1998a. La croissance urbaine. XIIe–XIVe siècle. In: Dupâquier Jacques, Biraben Jean-No?l, Étienne Robert et al. (Hg.). Histoire de la population française. Vol. 1: Des origines à la Renaissance, Presses Universitaires de France, Paris, 267–311.

Higounet-Nadal, Arlette, 1998b. Le relèvement. In: Dupâquier Jacques, Biraben Jean-No?l, Étienne Robert et al. (Hg.). Histoire de la population française. Vol. 1: Des origines à la Renaissance, Presses Universitaires de France, Paris, 367–420.

Hoffmann Richard C., 2014. An Environmental History of Medieval Europe. Cambridge University Press, Cambridge, 409 S.

Hogan Michael H., 1987. The Marshall Plan. America, Britain, and the Reconstruction of Western Europe 1947–1952. Cambridge University Press, Cambridge, 482 S.

Holzhauser Hanspeter, 2010. Zur Geschichte des Gornergletschers. Ein Puzzle aus historischen Dokumenten und fossilen Hölzern aus dem Gletschervorfeld. Geographisches Institut der Universität Bern, Bern, 253 S.

Holzhauser Hanspeter, 2009. Die bewegte Vergangenheit des grossen Aletschgletschers. In: Pfister Christian, Imboden Gabriel (Hg.). Klimageschichte in den Alpen. Methoden – Probleme – Ergebnisse (Blätter aus der Walliser Geschichte 41), Geschichtsforschender Verein Oberwallis, Brig, 47–100.

Holzhauser Hanspeter, 1984. Zur Geschichte der Aletschgletscher und des Fieschergletschers (Physische Geographie 13). Gebo, Zürich, 448 S.

Holzhauser Hanspeter, 1982. Neuzeitliche Gletscherschwankungen. Geographica Helvetica 37 (2), 115–126.

Holzhauser Hanspeter, Magny Michel, Zumbühl Heinz J., 2005. Glacier and lake-level variations in west-central Europe over the last 3500 years. The Holocene 15 (6), 789–801.

Hreinsson Vi?ar 1997. The Complete Sagas of Icelanders. 5 Vols. Leifur Eiríksson, Reykjavík, 2313 s.
Huguenin Jean-François (Hg.), 1838. Les Chroniques de la ville de Metz. Lamort, Metz, 896 S.
Huhtamaa Heli, 2015. Climatic anomalies, food systems, and subsistence crises in medieval Novgorod and Ladoga. Scandinavian Journal of History 40 (4), 562–590.
Hulme Mike, 2011. Reducing the future to climate. A story of climate determinism and reductionism. Osiris 26 (1), 245–266.
Hulme Mike, 2007. The conquering of climate: discourses of fear and their dissolution. The Geographical Journal 174 (1), 5–16.
Hulme Mike, Dessai Suraje, Lorenzoni Irene et al., 2009. Unstable climates: Exploring the statistical and social constructions of 'normal' climate. Geoforum 40 (2), 197–206.
Von Humboldt Alexander, 1845. Kosmos. Entwurf einer physikalischen Weltbeschreibung. Bd. 1. Cotta, Stuttgart/ Tübingen, 493 S.
Von Humboldt Alexander, 1817. Sur les lignes isothermes et de la distribution de la chaleur sur la globe, Annales de Chimie et de Physique, 102–112.

I

Icher François,1998. Les œuvriers des cathédrales. Editions de la Martinière, Paris, 201 S.
Imbler Sabrina, 2015. Melting Mummies Are on Thin Ice, Thanks to Climate Change. In: Scientific American [online], 28th July 2015. URL: https://www.scientificamerican.com/article/melting-mummies-are-on-thin-ice-thanks-to-climate-change/ [accessed 22th December 2016].
Imhof Arthur E., 1984. Die verlorenen Welten. C. H. Beck, München, 247 S.
Imhof Patrizia, 2010. Glacier Fluctuations in the Italian Mont Blanc Massif from the Little Ice Age until the Present. Master Thesis, Faculty of Science, University of Bern, 135 S.
IPCC, 2014. Climate Change 2014: Synthesis Report. Contribution of Working Groups I, II and III to the Fifth Assessment Report of the Intergovernmental Panel on Climate Change [Pachauri R.K., Meyer L.A. (Hg.)]. IPCC, Geneva, 151 S.
IPCC, 2013. Climate Change 2013: The Physical Science Basis. Contribution of Working Group I to the Fifth Assessment Report of the Intergovernmental Panel on Climate Change [Stocker Thomas F., Qin D., Plattner G.-K. et al. (Hg.)]. Cambridge University Press, Cambridge,1535 S.
IPCC, 2012. Managing the Risks of Extreme Events and Disasters to Advance Climate Change Adaptation. A Special Report of Working Groups I and II of the Intergovernmental Panel on Climate Change [Field Christopher B., Barros Vicente, Stocker Thomas F. (Hg.)]. Cambridge University Press, Cambridge, 582 S.
IPCC, 2001. Climate Change 2001. The Scientific Basis. Contribution of Working Group 1 to the Third Assessment Report of the Intergovernmental Panel on Climate Change [Houghton J.T., Ding Y., Griggs D.J. et al. (Hg.)]. Cambridge University Press, Cambridge, 881 S.
Ivy-Ochs Susan, Kerschner Hanns, Maisch Max et al., 2009. Latest Pleistocene and Holocene glacier variations in the European Alps. Quaternary Science Reviews 28 (21), 2137–2149.
Ivy-Ochs Susan, Kerschner Hanns, Reuther Anne et al., 2008. Chronology of the last glacial cycle in the European Alps. Journal of Quaternary Science 23 (6–7), 559–573.

J

Jacob Daniela, Petersen Juliane, Eggert Bastian et al., 2014. EURO-CORDEX: new high-resolution climate change projections for European impact research. Regional Environmental Change 14 (2), 563–578.
Jacomet Stefanie, Oeggl Klaus, 2007. Neolithic Plant Economies in the northern Alpine Foreland from 5500–3500 BC cal. In: Colledge Sue, Conolly James (Hg.). The Origins and Spread of Domestic Plants in Southwest Asia and Europe, Publications of the Institute of Archaeology, University College London, Walnut Creek (CA), 221–258.
Jäger Georg, 2010. Schwarzer Himmel – Kalte Erde – Weisser Tod. Universitätsverlag Wagner, Innsbruck, 464 S.
Jalali Bassem, Sicre Marie-Alexandrine, Azuara Julien et al., 2019. Influence of the North Atlantic subpolar gyre circulation on the 4.2 ka BP event. Climate of the Past 15, 701–711.
Jancovic Vladimir, 2000. Reading the Skies. A Cultural History of English Weather, 1650–1820. Manchester, University of Chicago Press, Chicago, 272 S.
Jellen Reinhard, 2012. "Gut gemeinte Absicht, die ihre selbstkritische Kontrolle verliert", Der Sozialwissenschaftler Hartmut Krauss über Political Correctness, postmodernen Feminismus und die die Errichtung wahrheitswidriger Tabuzonen. In: Telepolis [online], 7th April 2012. URL: https://www.heise.de/tp/features/Gut-gemeinte-Absicht-die-ihre-selbstkritische-Kontrolle-verliert-3503475.html [accessed 12th October 2017].
Jenks Stuart, 1983. Astrometeorology in the Middle Ages. Isis 74 (2), 185–210.
Jones Gregory V., Davis Robert E., 2000. Using a synoptic climatological approach to understand climate-viticulture relationships. International Journal of Climatology 20 (88), 813–837.
Jones Gwyn, 1968. A History of the Vikings. Oxford University Press, Oxford, 504 S.
Jones Martina D.H., Henderson-Sellers Ann, 1990. History of the greenhouse effect. Progress in Physical Geography: Earth and Environment 14 (1), 1–18.
Joos Fortunat, Spahni Renato, 1996. Rates of change in natural and anthropogenic radiative forcing over the past 20,000 years. PNAS 105 (5), 1425–1430.
Jordan William Chester, 2010. The Great Famine 1315–1322 revisited. In: Scott G. Bruce (Hg.). Ecologies and Economies in Medieval and Early Modern, Brill, Leiden, 44–61.
Jordan William Chester, 1996. The Great Famine. Northern Europe in the Early Fourteenth Century. Princeton University Press, Princeton (N.J.), 328 S.
Jörg Christian, 2008. Teure, Hunger, Grosses Sterben. Hungersnöte und Versorgungskrisen in den Städten des Reiches während des 15. Jahrhunderts. Anton Hiersemann, Stuttgart, 464 S.
Jouzel Jean, 2013. A brief history of ice core science over the last 50 yr. Climate of the Past 9 (6), 2525–2547.

K

Kaiser Karlheinz, 1990. Ignaz Venetz im Dienste der Eiszeitforschung. In: Berchtold Stefan, Bumann Peter (Hg.). Ignaz Venetz 1788–1859. Ingenieur und Naturforscher, Gedenkschrift (Mitteilungen der Naturforschenden Gesellschaft Oberwallis 1), Rotten-Verlag AG, Brig, 53–123.
Kämtz Ludwig Friedrich, 1831. Lehrbuch der Meteorologie. Gebauersche Buchhandlung, Halle, 510 S. [Digitale Version: http://mdz-nbn-resolving.de/urn:nbn:de:bvb:12-bsb10133996-2[TW4]]
Kandlbauer Jesse, Sparks R., Stephen J, 2014. New estimates of the 1815 Tambora eruption volume. Bulletin of Volcanology 286, 93–100.
Kaplan Jed O., Krumhardt Kristen M., Zimmermann Niklaus, 2009. The prehistoric and preindustrial deforestation of Europe. Quaternary Science Reviews 28 (27–28), 3016–3034.
Kates Robert W., 1985a. The Interaction of Climate and Society. In: Kates Robert W., Ausubel Jesse H., Berberian Mimi (Hg.). Climate Impact Assessment – Studies of Interaction of Climate and Society (SCOPE 27), John Wiley & Sons, Chichester, 3–36.

Kates Robert W., 1985b. Preface. In: Kates Robert W., Ausubel Jesse H., Berberian Mimi (Hg.). Climate Impact Assessment – Studies of Interaction of Climate and Society (SCOPE 27), John Wiley & Sons, Chichester, XIII–IXI.
Kathrein Jakob, 2016. „Walliser off Gultüre." Die Wanderungsbewegung der Walser und Galtür. Historia scribere 8, 187–221.
Katz Richard W., Brown Barbara G., 1992. Extreme events in a changing climate: variability is more important than averages. Climatic Change 21 (3), 289–302.
Keller Andreas, Graefen Angela, Zink Albert et al., 2012. New insights into the Tyrolean Iceman's origin and phenotype as inferred by whole-genome sequencing. Nature communications 3 (698), doi: 10.138/ncomms 1701.
Kieckhefer Robert, 1976. European Witch Trials. Their Foundations in Popular and Learned Culture, 1300–1500. University of California Press, Berkeley, 181 S.
King Martin P., Yu Entao, Sillmann Jana, 2020. Impact of strong and extreme El Niños on European hydroclimate. Tellus A, 72, 1–10.
Kington John A., 2010. Climate and Weather (Collins New Naturalist Library 115). Collins, London, 496 S.
Kington John A., 1992. Weather Patterns over Europe in 1816. In: Harington Charles Richard (Hg.). The Year Without a Summer? World Climate in 1816, Canadian Museum of Nature, Ottawa, 358–370.
Kington John A., 1988. The Weather of the 1780s over Europe. Cambridge University Press, Cambridge, 166 S.
Kirchhofer André, Krämer Daniel, Merki Christoph Maria et al. (Hg.), 2009. Nachhaltige Geschichte. Festschrift für Christian Pfister. Chronos, Zürich, 400 S.
Kirtman Bern, Power Scott B., Adedoyin Akintayo J. et al., 2013. Near-term Climate Change: Projections and Predictability. In: Climate Change 2013: The Physical Science Basis. Contribution of Working Group I to the Fifth Assessment Report of the Intergovernmental Panel on Climate Change [Stocker, T.F., D. Qin, G.-K. Plattner et al. (Hg.)]. Cambridge University Press, Cambridge, 953–1028.
Kiss Andrea, 2020. A Dynamic Interplay of Weather, Biological Factors and Socio-Economic Interactions. Late 15th Century-Early 16th Century Hungary. In: Kiss Andrea, Pribyl Kathleen (Hg.). The Dance of Death in Late Medieval and Renaissance Europe, Routledge, London, 125–145.
Kiss Andrea, 2018. Before and After the Great Heat and Drought of 1540. Multiannual Trends of Grape and Grain Harvest Dates in the Vienna Hospital Accounts. In: Mérai Dora (Hg.). Genius Loci. Laszlovszky 60, Archaeolingua, Budapest, 117–120.
Kiss Andrea, Piti Ferenc, Seb?k Ferenc et al., 2019. Food Crisis in Fourteenth-Century Hungary: Indicators, Causes and Case Studies. In: Bauch Martin, Schenk Gerrit Jasper (Hg.). The Crisis of the 14th Century (Das Mittelalter. Perspektiven mediävistischer Forschung. Beihefte 13), De Gruyter, Berlin, 100–129.
Kiss Andrea, Wilson Rob, Baristva István et al., 2009. An experimental 392-year documentary-based multi-proxy (vine and grain) reconstruction of May–July temperatures for K??szeg, West-Hungary. International Journal of Biometeorology 55 (4), 595–611.
Kleiven Helga F., Kissel Catherine, Laj Carlo et al., 2008. Reduced North Atlantic deep water coeval with the glacial Lake Agassiz freshwater outburst. Science 319 (5859), 60–64.
Klemm Fritz, 1973. Die Entwicklung der meteorologischen Beobachtungen in Franken und Bayern bis 1700 (Annalen der Meteorologie (Neue Folge) 8). Selbstverlag des Deutschen Wetterdienstes, Offenbach a.M., 50 S.
Klimenko Vladimir, Solomina Olga, 2010. Climatic Variations in the East European Plain During the Last Millennium: State of the Art. In: Przybylak Rajmund, Majorowicz Jacek, Brázdil Rudolf et al. (Hg.). The Polish Climate in the European Context. An Historical Overview, Springer, New York, 71–102.
Klingaman William K., Klingaman Nicholas P., 2013. The Year Without Summer: 1816 and the Volcano that Darkened the World and Changed History. St. Martins Press, New York, 352 S.
Kobashi Takuro, Menviel Laurie, Jeltsch-Thömmes Aurich et al., 2017. Volcanic influence on centennial to millennial Holocene Greenland temperature change. Scientific Reports 7 (1441), doi: 10.1038/s41598-017-01451.
Koerner Fritz, 1958. Die Bevölkerungsverteilung in Thüringen am Ausgang des 16. Jahrhunderts. Wissenschaftliche Veröffentlichungen des Deutschen Instituts für Länderkunde, NF 15/16, 178–315.
Körber Hans-Günther, 1987. Vom Wetteraberglauben zur Wetterforschung. Pinguin, Leipzig, 230 S.
Körner Christian, 2014. Pflanzen im Lebensraum. In: Kadereit Joachim W., Körner Christian, Kost Benedikt et al. (Hg.). Strasburger – Lehrbuch der Pflanzenwissenschaften, Springer/Spektrum, Berlin, 759–810.
Körner Christian, 2012. Alpine Treelines. Functional Ecology of the Global High Elevation Tree Limits. Springer, Basel, 220 S.
Körner Christian, 1998. A re-assessment of high elevation treeline positions and their explanation. Oecologia 115 (4), 445–459.
Kornhuber Kai, Scott Osprey, Dim Coumou et al., 2019. Extreme weather events in early summer 2018 connected by a recurrent hemispheric wave-7 pattern. Environmental Research Letters 14 (5), doi: 10.1088/1748-9326/ab13bf.
Kottek Markus, Grieser Jürgen, Beck Christoph et al., 2006. World Map of the Köppen-Geiger climate classification updated. Meteorologische Zeitschrift 15 (3), 259–263.
Krämer Daniel, 2015. «Menschen grasten nun mit dem Vieh». Die letzte grosse Hungerkrise der Schweiz 1816/17 (Wirtschafts-, Sozial- und Umweltgeschichte 4). Schwabe, Basel, 527 S.
Krüger Tobias, 2013. Discovering the Ice Ages. International Reception and Consequences for a Historical Understanding of Climate (History of Science and Medicine Library 37). Brill, Leiden, 556 S.
Kupper Patrick, 2003. Die „1970er Diagnose". Grundsätzliche Überlegungen zu einem Wendepunkt der Umweltgeschichte. Archiv für Sozialgeschichte 43, 325–348.
Kutschera Walter, Patzelt Gernot, Steier Peter et al., 2017. The Tyrolean iceman and his glacial environment during the Holocene. Radiocarbon 59 (2), 395–405.

L

La Cour Poul (Hg.), 1876. Tyge Brahes Meteorologiske Dagbog: holdt paa Uraniborg for Aarene 1582–1597. Selskabet, Kjøbenhavn [Kopenhagen], 263 S.
Labbé Thomas, 2020. 'Toute Chose se Desnature', Environmental Changes of the 14th Century in the Perspective of Contemporary Witnesses (c 1330–1400). In: Kiss Andrea, Pribyl Katleen (Hg.). The Dance of Death in Late Medieval and Renaissance Europe. Environmental Stress, Mortality and Social Response, Routledge, Abington, 198–213.
Labbé Thomas, 2017. Les Catastrophes naturelles au Moyen Âge. CNRS Editions, Paris, 352 S.
Labbé Thomas, 2009. Impact et perception des catastrophes naturelles en Europe occidentale du XIIe au XVe siècle. 2 Vols. PhD thesis. Typoscript, Université de Bourgogne, 614 S.
Labbé Thomas, Pfister Christian, Brönnimann Stefan et al., 2019. The longest homogeneous series of grape harvest dates, Beaune 1354–2018, and its significance for the understanding of past and present climate. Climate of the Past 15, 1–17. [Single grape harvest dates between 1354 and 2018 in Euro-Climhist.]

Labbé Thomas, Gaveau Fabien, 2013. Deux cents ans de réflexion sur les bans de vendange: un bilan historiographique de la question. In: Ducos Jo?lle (Hg.). Météores et climats d'hier. Décrire et percevoir le temps qu'il fait de l'Antiquité au XIXe siècle, Hermann, Paris, 179–203.
Lachiver Marcel, 1998. Vins, vignes et vignerons. Histoire du vignoble français. Fayard, Paris, 714 S.
Lachiver Marcel, 1991. Les années de misère. La famine au temps du Grand Roi 1680–1720. Fayard, Paris, 573 S.
Lamb Hubert H., 1997. Through All the Changing Scenes of Life. A Meteorologist's Tale. Taverner Publications, East Harling, 274 S.
Lamb Hubert H., 1995. Weather, Climate and Human Affairs. A Book of Essays and Other Papers. Routledge, London, 364 S.
Lamb Hubert H., 1982. Climate, History and the Modern World. Methuen, London, 387 S.
Lambrigger Josef, 1996. Die Fieschertaler mit Gottes und der Heiligen Hilfe im Kamof gegen Not und Gefahr. In: Holzer Markus (Hg.). "Es gibt einen Flecken Erde, dort zieht's mich immer hin". J. Lambrigger, Fieschertal, 3–35.
Landsteiner Erich, 2005. Wenig Brot und saurer Wein. Kontinuität und Wandel in der zentraleuropäischen Ernährungskultur im letzten Drittel des 16. Jahrhunderts. In: Behringer, Wolfgang, Lehmann Hartmut, Pfister Christian (Hg.). Kulturelle Konsequenzen der »Kleinen Eiszeit«, Vandenhoeck & Ruprecht, Göttingen, 87–147.
Larcher Walter, 1970. Kälteresistenz und Überwinterungsvermögen mediterraner Holzpflanzen. Oecologia Plantarum 5 (1), 267–286.
Larchey Lorédan (Hg.), 1857. Journal de Jehan Aubrion, Bourgeois de Metz, avec sa continuation par Pierre Aubrion 1465–1512. F. Blanc, Metz, 550 S.
Larner Christina, 1981. Enemies of God. The Witch-Hunt in Scotland. Chatto & Windus, London, 244 S.
Larson Magnus, Frederikson Caroline, Hanson Hans, 2016. Changing wind properties in South Sweden since the days of Tycho Brahe. VATTEN. Journal of Water Management and Research (72), 117–128.
Lawrence E.N., 1972. The earliest known journal of the weather. Weather 27 (12), 494–501.
Le Roy Ladurie Emmanuel, 2013. Naissance de l'histoire du climat. Hermann, Paris, 222 S.
Le Roy Ladurie Emmanuel, 2005–2009. Histoire humaine et comparée du climat. 3 Vols. Arthème Fayard, Paris. [TW5]
Le Roy Ladurie Emmanuel, 1972. Zero Population Growth. Population and Subsistence in Sixteenth Century Rural France. Sixteenth Century Rural France Peasant Studies 1 (2), 60–65.
Le Roy Ladurie Emmanuel, 1971. Times of Feast, Times of Famine: A History of Climate since the Year 1000, Allen & Unwin, London, 426 S. [Original: 1967. Histoire du climat depuis l'an mil. Flammarion, Paris, 376 S.
Le Roy Melanie, Deline Philip, Carcaillet Julien et al., 2017. 10Be exposure dating of the timing of Neoglacial glacier advances in the Ecrins-Pelvoux massif, southern French Alps. Quaternary Science Reviews 178 (15), 118–138.
Le Roy Ladurie Emmanuel, Goy Joseph, 1982. Tithe and Agrarian History from the Fourteenth to the Nineteenth Centuries. Cambridge University Press, Cambridge, 220 S.
Ledru Marie-Pierre, Jomelli Vincent, P. Samaniego et al., 2013. The medieval climate anomaly and the Little Ice Age in the eastern Ecuadorian Andes. Climate of the Past 9 (1), 307–321.
Legrand Jean-Pierre, 1979. L'expression de la vigne au travers du climat depuis le Moyen-Age. Revue Francaise d'Oenologie 75, 23–52.
Legrand Jean-Pierre, Le Goff Maxime, 1987. Louis Morin et les observations météorologiques sous Louis XIV. La vie des sciences. Comptes rendus. Série générale (4) 3, 251–281.
Lehner Flavio, Joos Fortunat, Raible Christoph C. et al., 2015. Climate and carbon cycle dynamics in a CESM simulation from 850 to 2100 CE. Earth System Dynamics 6, 411–434.
Leijonhufvud Lotta, Wilson Rob, Moberg Anders et al., 2010. Five centuries of Stockholm winter/spring temperatures reconstructed from documentary evidence and instrumental observations. Climatic Change 101, 109–141. [Single temperature estimates in Euro-Climhist]
Lenke Walter, 1960. Klimadaten von 1621–1650 nach Beobachtungen des Landgrafen
Hermann IV. von Hessen (Uranophilus Cyriandrus) (Berichte des Deutschen Wetterdienstes
63/9). Selbstverlag des Deutschen Wetterdienstes, Offenbach a.M., 51 S.
Levack Brian P., 2008. Witch-Hunting in Scotland: Law, Politics and Religion. Routledge, New York, 217 S.
Lieberman Victor, 2009. Strange Parallels. Southeast Asia in Global Context, c. 800–1830. Vol. 2: Mainland Mirrors: Europe, Japan, China, South Asia, and the Islands. Cambridge University Press, Cambridge, 976 S.
Limanówka Dantuta, 2001. Rekonstrukcja warunków klimatycznych krakowa w pierwszej polowie XVI wieku. Materialy Badawcze IMGW Seria Meteorol 33, 3–176.
Linnell, John D.C., Alleau Julien, 2016. Predators That Kill Humans: Myth, Reality, Context and the Politics of Wolf Attacks on People. In: Angelici Francesco M. (Hg.). Problematic Wildlife. A Cros-Disciplinary Approach, Springer, Cham, 357–371.
Litzenburger Laurent, 2015. Une ville face au climat. Metz à la fin du Moyen Âge (1400–1530). Presses Universitaires de Nancy, Nancy, 487 S.
Livi Bacci Massimo, 1999. The Population of Europe. A History. Blackwell, Oxford, 236 S.
Ljungqvist Fredrik Charpentier, 2010. A new reconstruction of temperature variability in the extra-tropical Northern Hemisphere during the last two millennia. Geografiske Annaler Series A Physical Geography 92 (3), 339–351.
Long C, 1974. The oldest European weather diary? Weather 29 (6), 233–237.
Lück Heiner, 2017. Der Sachsenspiegel. Das berühmteste deutsche Rechtsbuch des Mittelalters. Lambert Schneider Verlag, Darmstadt, 176 S.
Luterbacher Jürg, Werner Johannes P., Smerdon Jason E. et al., 2016. European summer temperatures since Roman times. Environmental Research Letters 11 (2), doi: 10.1088/1748-9326/11/2/024001.
Luterbacher Jürg, Pfister Christian, 2015. The year without a summer. Nature Geoscience 8 (4), 246–248.
Luterbacher Jürg, Dietrich Daniel, Xoplaki Elena et al., 2004. European seasonal and annual temperature variability, trends, and extremes since 1500. Science 303 (5663), 1499–1503.
Luterbacher Jürg, Rickli Ralph, Tinguely Chantal et al., 2002. Reconstruction of monthly mean sea level pressure over Europe for the Late Maunder Minimum. International Journal of Climatology 20, 1049–1066.
Luterbacher Jürg, Rickli Ralph, Xoplaki Elena et al., 2001. The Late Maunder Minimum (1675–1715) – A key period for studying decadal scale climatic change in Europe. Climatic Change 49, 441–462.
Lutz Burkart, 1989. Der kurze Traum immerwährender Prosperität. Campus, Frankfurt, 288 S.
Lyons Mary C., 1989. Weather, Famine, Pestilence and Plague in Ireland, 900–1500. In: Crawford Margaret E. (Hg.). Famine: The Irish Experience, 900–1900, John Donald Publishers, Edinburgh, 31–74.

M

Mac Donald Glen M., Velichko Andrei A., Kremenetski Constantine V. et al., 2000. Holocene treeline history and climate change across norther Eurasia. Quaternary Research 53 (3), 302–311.

Mackay Christopher S., 2009. Hammer of Witches. A Complete Translation of the Malleus Maleficarum. Cambridge University Press, Cambridge, 668 S.

Maddison Angus, 2007. Contours of the World Economy, 1–2030 AD. Oxford University Press, Oxford, 418 S.

Mafrici Mirella Vera, 1994. Calabria Ulteriore (1266–1860). In: Galasso Giuseppe, Romeo Rosario (Hg.). Storia del mezzogiorno. Vol. 7: Le Province, Edizioni del Sole, 95–237.

Magny Michel, Leuzinger Urs, Bortenschlager Sigmar et al., 2006. Tripartite climate reversal in Central Europe 5600–5300 years ago. Quaternary Research 65 (1), 3–19.

Magny Michel, Haas Jean Nicolas, 2004. A major widespread climatic change around 5300 cal. yr BP at the time of the Alpine Iceman. Journal of Quaternary Science 19 (5), 423–430.

Malanima Paolo, 2009. Pre-Modern European Economy. One Thousand Years (10th–19th Centuries). Brill, Leiden, 218 S.

Manabe Syukuro, Wetherald Richard T., 1975. The effects of doubling the CO_2 concentration on the climate of a General Circulation Model. Journal of the Atmospheric Science 32 (1), 3–15.

Manion Margaret M., 1995. Psalter Illustration in the Très Riches Heures of Jean de Berry. Gesta 34 (2), 147–161.

Manley Gordon, 1962. Early meteorological observations and the study of climatic fluctuation. Endeavour 21 (81), 43–50.

Mann Michael E., Zhang Zhihua, Rutherford Scott et al., 2009. Global signatures and dynamical origins of the Little Ice Age and Medieval Climate Anomaly. Science 326 (5957), 1256–1260.

Mann Michael E., Bradley Raymond S., Hughes Malcolm K., 1999. Northern hemisphere temperatures during the past millennium: Inferences, uncertainties, and limitations. Geophysical Research Letters 26 (6), 759–762.

Marcott Shaun A., Shakun Jeremy D., Clark Peter U. et al., 2013. A reconstruction of regional and global temperature for the past 11,300 years. Science 339 (6124), 1198–1201.

Mariétan Ignace, 1959. La Vie et l'œuvre de l'ingénieur Ignace Venetz 1788–1859. Bulletin de la Murithienne 76, 1–51.

Martin Colin, Parker Geoffrey, 1999. The Spanish Armada. Manchester University Press, Manchester, 295 S.

Martin-Vide Javier, Barriendos Mariano Vallvé, 1995. The use of rogation ceremony records in climatic reconstruction. A case-study from Caralonia (Spain). Climatic Change 30, 201–221.

Massarat Mohssen, 1995. Erschöpfbare Ressourcen zu Dumpingpreisen. In: Pfister Christian (Hg.). Das 1950er Syndrom. Der Weg in die Konsumgesellschaft, Paul Haupt, Bern, 149–178.

Mathieu Jon, 1998. Geschichte der Alpen 1500–1900. Böhlau, Wien, 253 S.

Matthews John A., Briffa Keith R., 2005. The 'Little Ice Age': Re-evaluation of an evolving concept. Geografiska Annaler A, Physical Geography 87, 17–36.

Mattmüller Markus, 1987. Bevölkerungsgeschichte der Schweiz. Die frühe Neuzeit, 1500–1700. 2 Bände. Helbing & Lichtenhahn, Basel, 735 S.

Mauelshagen Franz, 2018. Climate as a Scientific Paradigm – Early History of Climatology to 1800. In: White Sam, Pfister Christian, Mauelshagen Franz (Hg.). The Palgrave Handbook of Climate History, Palgrave Macmillan, London, 565–588.

Mauelshagen Franz, 2014. Redefining historical climatology in the Anthropocene. The Anthropocene Review 1 (2), 1–34.

Mauelshagen Franz, 2011. Wunderkammer auf Papier. Die „Wickiana" zwischen Reformation und Volksglaube (Frühneuzeit-Forschungen 15). Biblioteca Academica Verlag. Epfendorf, 460 S.

Mauelshagen Franz, 2010. Klimageschichte der Neuzeit. 1500–1900. Wissenschaftliche Buchgesellschaft, Darmstadt, 144 S.

Mauelshagen Franz, 2009. Keine Geschichte ohne Menschen: Die Erneuerung der historischen Klimawirkungsforschung aus der Klimakatastrophe. In: Kirchhofer André, Krämer Daniel, Merki Christoph Maria et al. (Hg.). Nachhaltige Geschichte. Festschrift für Christian Pfister, Chronos, Zürich, 169–193.

McClelland III James E., 1985. Science Reorganized. Scientific Societies in the Eighteenth Century. Columbia University Press, New York, 413 S.

Meadows Donella H., Meadows Dennis L., Randers Jorgen, 1992. Beyond the Limits: Confronting Global Collapse, Envisioning a Sustainable Future. Chelsea Green Publishing Company, Post Mills, 300 S.

Medhaug Iselin, Stolpe Martin B., Fischer Erich M. et al., 2017. Reconciling controversies about the 'global warming hiatus'. Nature 545, 41–47.

Medick Hans, 1997. Weben und Überleben in Laichingen 1650–1900 (Veröffentlichungen des Max-Planck-Instituts für Geschichte 126). Vandenhoeck & Ruprecht, Göttingen, 708 S.

Mellor Anne K., 1988. Mary Shelley. Her Life, Her Fiction, Her Monsters. Routledge, New York, 308 S.

Menounos Brian, Clague John J., Osborn Gerald et al., 2008. Western Canadian glaciers advance in concert with climate change circa 4.2 ka. Geophysical Research Letters 35, L07501, doi:10.1029/2008GL033172.

Menzel Annette, Sparks Tim H., Estrella Nicole et al., 2006. European phenological response to climate change matches the warming pattern. Global Change Biology 12 (10), 1969–1976.

Meyer Ernst Heinrich Friedrich, Jessen Karl (Hg.), 1867. Alberti Magni ex Ordine Praedicatorum De vegetabilibus libri VII: historiae naturalis pars XVIII. Reimer, Berlin, 752 S.

Miettinen Arto, Divine Dmitry V., Husum Katrine et al., 2015. Exceptional ocean surface conditions on the SE Greenland shelf during the Medieval Climate Anomaly. Paloceanography and Paleoclimatology 30 (12), 657–1674.

Miller Gifford H., GeirsdóttirÁslaug, Zhong Yafang et al., 2012. Abrupt onset of the Little Ice Age triggered by volcanism and sustained by sea-ice/ocean feedbacks. Geophysical Research Letters 39, L02708, doi:10.1029/2011GL050168.

Millman Sara, 1990. Hunger in the 1980s. Backdrop for policy in the 1990s. Food Policy 15 (4), 277–285.

Millward Alan S., 1984. The Reconstruction of Western Europe. 1945–1951. Methuen, London, 552 S.

Mitchell Brian R., 2007. International Historical Statistics. 6th Edition. Palgrave Macmillan, London, 1104 S.

Moffa-Sánchez Paola, Hall Ian R., Barker Stephen et al., 2014. Surface changes in the eastern Labrador Sea around the onset of the Little Ice Age. Paleoceanography 29 (13), 160–175.

Möller Fritz, 1963. On the influence of changes in the CO_2 concentration in air on the radiation balance of the Earth's surface and on the climate. Journal of Geophysical Research 68 (13), 3877–3886.

Möller Thomas, 1986. Energie im gesamtwirtschaftlichen Produktionsmodell. Dissertation an der Hochschule St. Gallen für Wirtschafts- und Sozialwissenschaften[6]. [No publisher], St. Gallen, 240 S.

Monter William, 2002. Witch Trials in Continental Europe 1560–1660. In: Ankarloo Bengt, Stuart Clark, Monter William (Hg.). Witchcraft and Magic in Europe, London, Athlon Press, 1–52.

Moreda Vicante Pérez, 2017. Spain. In: Alfani Guido, Ó Grada Cormac (Hg.). Famines in European History, Cambridge University Press, Cambridge, 48–72.

Moreno-Chamarro Eduardo, Zanchettin Davide, Lohmann Katja et al., 2017. Wintertime amplification of the European Little Ice Age cooling by the subpolar gyre. Scientific Reports 7 (9981), doi: 1038/s41598-017-07969-0.

Morice Colin P., Kennedy John J., Rayner Nick A. et al., 2012. Quantifying uncertainties in global and regional temperature change using an ensemble of observational estimates: The HadCRUT4 dataset. Journal of Geophysical Research, doi:10.1029/2011JD017187.

Moriceau Jean-Marc, 2011. Histoire du méchant loup. Fayard, Paris, 631 S.

Morineau Michel, 1971. Les faux-semblants d'un démarrage économique: Agriculture et démographie en France au XVIII siècle (Cahier des Annales 30). A. Colin, Paris, 387 S.

Moscovici Serge, 1973. Foreword. In: Herzlich Claudine (Hg.). Health and Illness: A social Psychological Analysis, Academic Press, London, IX–XIV S.

Možný Martin, Brázdil Rudolf, Dobrovolný Petr, 2016. Drought reconstruction based on grape harvest dates for the Czech Lands, 1499–2012. Climate Research (70), 119–132.

Müller Karl, 1953. Geschichte des Badischen Weinbaus. 2. Auflage. Verlag Moritz Schauenburg, Lahr (Baden), 342 S.

Mullins Michael G., Bouquet Alain, Williams Larry E., 1992. Biology of the Grapevine. Cambridge University Press, Cambridge, 239 S.

Münch Paul, 1992. Lebensformen in der frühen Neuzeit. Propyläen, Frankfurt am Main, 603 S.

Murphy Conor, Broderick Ciaran, Burt Timothy P. et al., 2018. A 305-year continuous monthly rainfall series for the island of Ireland (1711–2016). Climate of the Past 14 (3), 413–440.

Murton Brian, 2000. Famine. In: Kiple, Kenneth F., Ornelas Kriemhild Cone (Hg.). The Cambridge World History of Food. Vol. 2, Cambridge University Press, Cambridge, 1411–1427.

Muscheler Raimund, Joos Fortunat, Beer Jürg et al., 2007. Solar activity during the last 1000 yr inferred from radionuclide records. Quaternary Science Reviews 26 (1–2), 82–97.

Myllyntaus Timo, 2009. Summer Frost. A Natural Hazard with Fatal Consequences in Preindustrial Finland. In: Mauch Christof, Pfister Christian (Hg.). Natural Disasters, Cultural Responses: Case Studies toward a Global Environmental History, Lexington Books, Lanham, 77–102.

N

NCCS (Hg.), 2018. CH2018 – Climate Scenarios for Switzerland. National Centre for Climate Services. [No publisher], Zürich, 24 S.

Nesje Atle, Dahl Svein Olaf, 2003. The «Little Ice Age» – Only temperature? The Holocene 131 (1), 139–145.

Neukom Raphael, Steiger Nathan, Gómez-Navarro Juan José et al., 2019. No evidence for globally coherent warm and cold periods over the preindustrial common era. Nature 571, 550–554.

Neukom Raphael, Gergis Joëlle, Karoly David J. et al., 2014. Inter-hemispheric temperature variability over the past millennium. Nature Climate Change 4, 362–367.

Nicholls Neville, 2019. The Charney Report: 40 years ago, scientists accurately predicted climate change. In: The Conversation [online], 23th July 2019. URL: https://theconversation.com/40-years-ago-scientists-predicted-climate-change-and-hey-they-were-right-120502 [accessed 7th November 2019].

Nicolussi Kurt 2013. Die historischen Vorstösse und Hochstände des Vernagtferners 1600–1850 AD. Zeitschrift für Gletscherkunde und Glazialgeologie, 45/46, 9–23.

Nicolussi Kurt, 2009. Alpine Dendrochronologie – Untersuchungen zur Kenntnis der holozänen Umwelt- und Klimaentwicklung. In: Schmidt Roland, Matulla Christoph, Psenner Roland (Hg.). Klimawandel in Österreich (Alpine Space – man & environment 6). Innsbruck University Press, Innsbruck 41–54.

Nicolussi Kurt, 1990. Bilddokumente zur Geschichte des Vernagtgletschers im 17. Jahrhundert. Zeitschrift für Gletscherkunde und Glazialgeologie 26 (2), 97–119.

Nicolussi Kurt, Kaufmann Matthias, Melvin Thomas M. et al., 2009. A 9111 year long conifer tree-ring chronology for the European Alps: a base for environmental and climatic investigations. The Holocene 19 (6), 909–920.

Nicolussi Kurt, Patzelt Gernot, 2006. Klimawandel und Veränderungen an der alpinen Waldgrenze – aktuelle Entwicklungen im Vergleich zur Nacheiszeit. BFW Praxisinformation der Universität Innsbruck 10, 3–5.

Nowosad Wieslaw, Olinski Piotr, 2020. The extreme year of 1540 in terms of climate variarion from the perspective of historical sources derived from the Polish and Baltic territories. In: Kiss Andrea, Pribyl Kathleen (Hg.). The Dance of Death in Late Medieval and Renaissance Europe, Routledge, Abingdon, 146–156.

Nussbaumer Samuel U., Zumbühl Heinz J., 2018. Evidence from the Archives of Societies: Historical Sources in Glaciology. In: White Sam, Pfister Christian, Mauelshagen Franz (Hg.). The Palgrave Handbook of Climate History, Palgrave Macmillan, London, 93–97.

Nussbaumer Samuel U., Huss Matthias, Machguth Horst et al., 2016. Gletscherentwicklung und Klimawandel. Von der Vergangenheit in die Zukunft. In: Zumbühl Heinz J., Nussbaumer Samuel U., Holzhauser Hanspeter et al. (Hg.). Die Grindelwaldgletscher. Kunst und Wissenschaft, Haupt, Bern, 215–234.

Nussbaumer Samuel, Deline Philip, Vincent Christian et al. (Hg.), 2012. Mer de Glace. Art & Science. Atelier Ésope, Chamonix, 192 S.

O

Ó Gráda Cormac, 2017. Ireland. In: Alfani Guido, Ó Gráda Cormac (Hg.). Famine in European History, Cambridge University Press, Cambridge, 166–184.

Ó Gráda Cormac, 2009. Famine. A Short History. Princeton University Press, Princeton (NJ), 327 S.

Oerlemans Jan, 2005. Extracting a climate signal from 169 glacier records. Science 308 (5722), 675–677.

Oerlemans Jan, Reichert Bernhard K., 2000. Relating glacier mass balance to meteorological data by using a seasonal sensitivity characteristic. Journal of Glaciology 46 (152), 1–6.

Ogilvie Astrid, 2020. Famines, Mortality, Livestock Deaths and Scholarship. Environmental Stress in Iceland ca. 1500–1700. In: Kiss Andrea, Pribyl Kathleen (Hg.). The Dance of Death in Late Medieval and Renaissance Europe, Routledge, Abingdon, 9–24.

Ogilvie Astrid, 2016. The Norse in Greenland. In: Stewart William (Hg.). A Fortunate Land, Offsetdruckerei Karl Grammlich GmbH, Pliedzhausen, 114–125.

Ogilvie Astrid, 1992. 1816 – a Year Without a Summer in Iceland? In: Harington Charles Richard (Hg.). The Year Without a Summer? World Climate in 1816, Canadian Museum of Nature, Ottawa, 331–354.

Ogilvie Astrid, 1991. Climatic Changes in Iceland A.D. c.865 to 1598. In: Bigelow Gerald (Hg.). The Norse of the North Atlantic (Acta Archaelogica 61), Munksgaard, Kopenhagen, 233–251.

Ogilvie Astrid, Barlow Lisa, Jennings Anne, 2001. North Atlantic Climate c. A.D. 1000: Millennial Reflections on the Viking Discoveries of Iceland, Greenland and North America. In: Wawn Andrew, Sigurðardóttir Þórunn (Hg.). Approaches to Vínland. A Conference on the Written and Archaelogical Sources for the Norse Settlements in the North-Atlantic Region and Exploration of America (Sigurdur Nordal Institute Studies 4), Sigurdur Nordal Institute, Reykvavík, 173–188.

Ogilvie Astrid E. J., 1998. Historical accounts of weather events, sea ice and related matters in Iceland and Greenland, A.D. c.1250 to 1430. In: Wishman Erik, Burkhard Frenzel, Weiß Mirjam M. (Hg.). Documentary climatic evidence for 1750–1850 and the fourteenth century, Fischer, Stuttgart, 25–44.

Olsen Jesper, Anderson N. John, Knudsen Mads F., 2012. Variability of the North Atlantic Oscillation over the past 5200 years. Nature Geoscience 5 (11), 808–812.
Oppenheimer Clive, 2003. Climatic, environmental and human consequences of the largest known historic eruption: Tambora volcano (Indonesia) 1815. Progress in Physical Geography: Earth and Environment 27 (2), 230–259.
Oreskes Naomi, Conway Erik, Karoly David et al., 2018. The Denial of Global Warming. In: White Sam, Pfister Christian, Mauelshagen Franz (Hg.). The Palgrave Handbook of Climate History, Palgrave Macmillan, London, 149–171.
Oreskes Naomi, Conway Erik, 2010. Merchants of Doubt. How a Handful of Scientists Obscured the Truth on Issues from Tobacco Smoke to Global Warming. Bloomsbury Press, New York, 355 S.
Orlove Benjamin, 1980. Ecological Anthropology. Annual Review of Anthropology 9, 235–273.
Orth Rene, Vogel Martha, Luterbacher Jürg et al., 2016. Did European temperatures in 1540 exceed present-day records? Environmental Research Letters 11 (11), 114021.

P

PAGES 2k Consortium, 2013. Continental-scale temperature variability during the past two millennia. Nature Geoscience 6, 339–346.
PAGES 2k-PMIP3 group, 2015. Continental-scale temperature variability in PMIP3 simulations and PAGES 2k regional temperature reconstructions over the past millennium. Climate of the Past 11, 1673–1699.
Park George Kerlin, 2018. Article "Animism". In: Encyclopedia Britannica [online], 15th October 2018. URL: https://www.britannica.com/topic/animism [accessed 1st February 2017].
Parker Geoffrey, 2018. History and Climate: The Crisis of the 1590s Reconsidered. In: Leggewie Claus, Mauelshagen Franz (Hg.). Climate Change and Cultural Transition in Europe (Climate and Culture 4), Brill, Leiden, 119–155.
Parker Geoffrey, 2013. Global Crisis. War, Climate Change and Catastrophe in the Seventeenth Century. Yale University Press, New Haven, 904 S.
Parry Martin, 1978. Climatic Change, Agriculture and Settlement. Archon Books, Folkestone, 214 S.
Patzelt Gernot, 2019. Gletscher. Klimazeugen von der Eiszeit bis zur Gegenwart. Hatje Cantz Verlag, Berlin, 264 S.
Pauling Andreas, Luterbacher Jürg, Casty Carlo et al., 2005. Five hundred years of gridded high-resolution precipitation reconstructions over Europe and the connection to large-scale circulation. Climate Dynamics 26, 387–405.
Pedersen Guðrún Nina, 2010. A short meteorological overview of the Eyjafjallajökull eruption 14 April–23 May 2010. Weather 65 (8), 203–207.
Pederson Neil, Hessl Amy, Baatarbileg Nachin et al., 2014. Pluvials, droughts, the Mongol Empire, and modern Mongolia, PNAS 111 (12), 4375–4379.
Pelz Jürgen, 1979. Die Wettertagebücher der Familie Kirch (Interne Information der WAG 6 2/78). Institut für Meteorologie, Freie Universität Berlin. URL: https://refubium.fu-berlin.de/bitstream/handle/fub188/24187/Wettertageb%C3%BCcher_Kirch_1700_1774-NEU.pdf?-sequence=3&isAllowed=y [accessed 4th October 2020]. [Unpublished], 22 S.
Persson Karl Gunnar, 1999. Grain Markets in Europe, 1500–1900. Cambridge University Press, Cambridge, 173 S.
Pertz Georg Heinrich (Hg.), 1829. Fragmentum Chronici Fontanellensis a. 841–859 (Monumenta Germaniae Historica, Scriptores (in Folio) 2). Hahn, Hannover, 301–304.
Pesalj Jovan, 2019. Monitoring Migrations. The Habsburg-Ottoman Border in the Eighteenth
Century. Doctoral Thesis at the University of Leiden, Repository, University of Leiden. URL:
https://openaccess.leidenuniv.nl/handle/1887/20792/browse?-value=Pesalj&type=author
[accessed 19th September 2020].
Pfister Christian, 2020. Wie der Klimastress entstand. Die Bedeutung der Energiepreise für die Dynamik des Klimawandels. Regio Basiliensis 61 (2), 85–134.
Pfister Christian, 2018a. Evidence from the Archives of Societies: Documentary Evidence – Overview. In: White Sam, Pfister Christian, Mauelshagen Franz (Hg.). The Palgrave Handbook of Climate History, Palgrave Macmillan, London, 37–47.
Pfister Christian, 2018b. Evidence from the Archives of Societies: Institutional Sources. In: White Sam, Pfister Christian, Mauelshagen Franz (Hg.). The Palgrave Handbook of Climate History, Palgrave Macmillan, London, 67–81.
Pfister Christian, 2018c. The "Black Swan" of 1540: Aspects of a European Megadrought. In: Leggewie Claus, Mauelshagen Franz (Hg.). Climate Change and Cultural Transition in Europe (Climate and Culture 4), Brill, Leiden, 156–194.
Pfister Christian, 2017. When Europe Was Burning. The Multi-Season Mega-drought of 1540 and Arsonist Paranoia. In: Schenk Gerrit Jasper (Hg.). Historical Disaster Experiences. Towards a Comparative and Transcultural History of Disasters Across Asia and Europe. Springer International Publishing, Cham, 155–185.
Pfister Christian, 2015. Weather, Climate, and the Environment. In: Scott Hamish (Hg.). The Oxford Handbook of Early Modern European History 1350–1750. Vol. 1: Peoples and Place, Oxford University Press, Oxford, 70–93.
Pfister Christian, 2013. Renward Cysat – ein „interdisziplinärer" Pionier der Klimaforschung im Alpenraum. Geschichtsfreund (166), 188–208.
Pfister Christian, 2010. The "1950s Syndrome" and the Transition from a Slow-Going to a Rapid Loss of Global Sustainability. In: Uekötter Frank (Hg.). The Turning Points of Environmental History, University of Pittsburgh Press, Pittsburgh, 90–117.
Pfister Christian, 2009. „Die Katastrophenlücke" des 20. Jahrhunderts und der Verlust traditionalen Risikobewusstseins. GAIA Ecological Perspectives for Science and Society 3 (18), 239–246.
Pfister Christian, 2007a. Climatic extremes, recurrent crises and witch hunts: strategies of European societies in coping with exogenous shocks in the late sixteenth and early seventeenth centuries. The Medieval History Journal 10 (1–2), 33–73.
Pfister Christian, 2007b. Little Ice Age-Type Impacts and the Mitigation of Social Vulnerability to Climate in the Swiss Canton of Bern Prior to 1800. In: Costanza Robert, Graumlich Lisa, Steffen Will (Hg.). Sustainability of Collapse? An Integrated History and Future of People on Earth, MIT Press, Cambridge (MA), 197–212.
Pfister Christian, 1999. Wetternachhersage. 500 Jahre Klimavariationen und Naturkatastrophen 1496–1995. Mit einem Vorwort von Hartmut Gra?l sowie Beiträgen von Jürg Luterbacher und Heinz Wanner. Bern, Haupt, 304 S.
Pfister Christian, 1996. The Population of Late Medieval and Early Modern Germany. In: Sheilagh Ogilvie, Scribner Bob (Hg.). Germany. A New Social and Economic History. Vol. 1: 1450–1630, Arnold, London, 33–62.
Pfister Christian, 1995a. Das "1950er Syndrom": Die umweltgeschichtliche Epochenschwelle zwischen Industriegesellschaft und Konsumgesellschaft. In: Pfister Christian (Hg.). Das 1950er Syndrom. Der Weg in die Konsumgesellschaft. 2. Auflage, Paul Haupt, Bern, 51–97.
Pfister Christian, 1995b. Im Strom der Modernisierung. Bevölkerung, Wirtschaft und Umwelt im Kanton Bern 1700–1914. Paul Haupt, Bern, 453 S.
Pfister Christian, 1994. Spatial Patterns of Climatic Change in Europe A.D. 1675–1715. In: Frenzel Burkhard, Pfister Christian, Gläser Birgit (Hg.). Climatic Trends and Anomalies

in Europe 1675–1715. High Resolution Spatio-temporal Reconstructions from Direct Meteorological Observations and Proxy Data. Methods and Results, Gustav Fischer, Stuttgart, 287–316.
Pfister Christian, 1992a. Das 1950er-Syndrom: Der Energieverbrauch unserer Zivilisation in historischer Perspektive. Natur und Mensch 34 (1), 1–4.
Pfister Christian, 1992b. The Years Without a Summer in Switzerland: 1628 and 1816. In: Harington Charles Richard (Hg.). The Year Without a Summer? World Climate in 1816, Canadian Museum of Nature, Ottawa, 416–417.
Pfister Christian, 1990. The Early Loss of Ecological Stability in an Agrarian Region. In: Brimblecome Peter, Pfister Christian (Hg.). The Silent Countdown. Essays in European Environmental History, Springer, Berlin, 37–55.
Pfister Christian, 1985a. Snow Cover, Snow-Lines and Glaciers in Central Europe since the 16th Century. In: Tooley Michael, Sheail Gillian (Hg.). The Climatic Scene. Essays in Honour of Prof. Gordon Manley, Allen & Unwin, London, 154–174.
Pfister Christian, 1985b. Veränderungen der Sommerwitterung im südlichen Mitteleuropa von 1270–1400 als Auftakt zum Gletscherhochstand der Neuzeit. Geographica Helvetica 40 (4), 186–195.
Pfister Christian, 1984. Das Klima der Schweiz von 1525–1860 und seine Bedeutung in der Geschichte von Bevölkerung und Landwirtschaft. 2 Bände, Paul Haupt, Bern, 347 S.
Pfister Christian, 1981. Die Fluktuationen der Weinmostertrage im schweizerischen Weinland vom 16. bis ins frühe 19. Jahrhundert. Klimatische Ursachen und sozioökonomische Bedeutung. Schweizerische Zeitschrift für Geschichte 31 (4), 445–491.
Pfister Christian, 1975. Agrarkonjunktur und Witterungsverlauf im westlichen Schweizer Mittelland zur Zeit der Ökonomischen Patrioten 1755–1797. Lang, Bern, 229 S.
Pfister, Christian, Brázdil Rudolf, Luterbacher Jürg et al., 2018. Early Modern Europe. In: White Sam, Pfister Christian, Mauelshagen Franz (Hg.). The Palgrave Handbook of Climate History, Palgrave Macmillan, London, 265–295.
Pfister Christian, Camenisch Chantal, Dobrovolný Petr, 2018. Analysis and Interpretation: Temperature and Precipitation Indices. In: White Sam, Pfister Christian, Mauelshagen Franz (Hg.). The Palgrave Handbook of Climate History, Palgrave Macmillan, London, 115–129.
Pfister Christian, White Sam, 2018. Evidence from the Archives of Societies: Personal Documentary Sources. In: White Sam, Pfister Christian, Mauelshagen Franz (Hg.). The Palgrave Handbook of Climate History, Palgrave Macmillan, London, 49–65.
Pfister Christian, White Sam, Mauelshagen Franz, 2018. General Introduction: Weather, Climate, and Human History. In: White Sam, Pfister Christian, Mauelshagen Franz (Hg.). The Palgrave Handbook of Climate History, Palgrave Macmillan, London, 1–18.
Pfister Christian, Wetter Oliver, 2011. Das Jahrtausendhochwasser von 1480 an Aare und Rhein. Berner Zeitschrift für Geschichte 4 (11), 41–49.
Pfister Christian, Weingartner Rolf, Luterbacher Jürg, 2006. Hydrological winter droughts over the Last 450 Years in the Upper Rhine basin: a methodological approach. Hydrological Sciences Journal 51 (5), 966–985.
Pfister Christian, Luterbacher Jürg, Schwarz-Zanetti Gabriela et al., 1998. Winter air temperature variations in western Europe during the Early and High Middle Ages (AD 750–1300). The Holocene 8 (5), 535–552.
Pfister Christian, Bareiss Walter, 1994. The Climate in Paris between 1675 and 1715 according to the Meteorological Journal of Louis Morin. In: Frenzel Burkhard, Pfister Christian, Gläser Birgit (Hg.). Climatic Trends and Anomalies in Europe 1675–1715. High Resolution Spatio-temporal Reconstructions from Direct Meteorological Observations and Proxy Data. Methods and Results, Gustav Fischer, Stuttgart, 151–172.
Pitz Ernst, 1987. Ökonomische Determinanten der Bevölkerungsentwicklung. In: Hermann Bernd, Sprandel Rolf (Hg.). Determinanten der Bevölkerungsentwicklung im Mittelalter, Acta Humaniora, Weinheim, 155–171.
Poliwoda Guido, 2007. Aus Katastrophen lernen. Sachsen im Kampf gegen die Fluten der Elbe 1784 bis 1845. Böhlau, Köln, 295 S.
Popplow Marcus, 2010. Die Ökonomische Aufklärung als Innovationskultur des 18. Jahrhunderts zur optimierten Nutzung natürlicher Ressourcen. In: Popplow Marcus (Hg.). Landschaften agrarisch-ökonomischen Wissens, Waxmann, Münster, 2–48.
Post John, 1985. Food Shortage, Climatic Variability and Epidemic Disease in Preindustrial Europe. The Mortality Peak in the Early 1740s. Cornell University Press, Ithaca (NY), 303 S.
Post John, 1977. The Last Great Subsistence Crisis in the Western World. Johns Hopkins University Press, Baltimore (MD), 240 S.
Pribyl Kathleen, 2017. Farming, Famine and Plague. The Impact of Climate in Late Medieval England. Springer, Cham, 307 S. [Single temperature estimates between 1256 and 1431 in Euro-Climhist]
Pribyl Kathleen, Cornes Richard, Pfister Christian, 2012. Reconstructing medieval April–July mean temperatures in East Anglia, 1256–1431. Climatic Change 113, 393–412.
Przybylak Rajmund, Oliński Piotr, Koprowski Marcin et al., 2020. Droughts in the area of Poland in recent centuries in the light of multi-proxy data. Climate of the Past 16 (2), 627–661.
Putzer Andreas, Festi Daniela, 2014. Nicht nur Ötzi? – Neufunde aus dem Tisental (Gem. Schnals/Prov. Bozen). Praehistorische Zeitschrift 89 (1), 55–71.

R

Radkau Joachim, 2008. Nature and Power. A Global History of the Environment. Cambridge, Cambridge University Press, 430 S.
Raeber Willy, 1979. Caspar Wolf 1735–1783. Sein Leben und sein Werk. Sauerländer, Aarau, 380 S.
Raffles Sophia, 1830. Memoir of the Life and Public Services of Sir Thomas Stamford Raffles. John Murray, London, 824 S.
Raven James, 2015. Printing and Printedness. In: Scott Hamish (Hg.). The Oxford Handbook of Early Modern European History 1350–1750. Vol. 1: Peoples and Place, Oxford University Press, Oxford, 214–243.
Reichert Bernhard K., Bengtsson Lennart, Oerlemans J., 2001. Midlatitude forcing mechanisms for glacier mass balance investigated using general circulation models. Journal of Climate 14 (17), 3767–3784.
Reitmaier Thomas, Bätzing Werner, 2019. Ötzi erscheint im Anthropozän – Vergangenheit und Zukunft in den Alpen. Bulletin Swiss Academy of Humanities and Social Sciences 2, 38–40.
Revelle Roger, Suess Hans E., 1957. Carbon dioxide exchange between atmosphere and ocean and the question of an increase of atmospheric CO_2 during the past decades. Tellus 9 (1), 18–27.
Reynman L[eonhard], 1969[1510]. Wetterbüchlein. Von wahrer Erkenntniß des Wetters. Neudruck der Ausgabe von 1893. Kraus-Reprint, Nendeln/Liechtenstein, 40 S.
Ribbert Margret, 2013. Der Wandbehang mit der Ansicht von Bischofszell (Basler Kostbarkeiten 34). Baumann & Cie, Basel, 64 S.
Rich Nathaniel, 2019. Losing Earth. A Recent History. MCD Farrar, Straus and Giroux, New York, 224 S.
Richards Edward Graham, 1998. Mapping Time. The Calendar and its History. Oxford University Press, Oxford, 438 S.
Riley James C., 2001. Rising Life Expectancy. A Global History. Cambridge University Press, Cambridge, 256 S.
Riley James C., 1987. The Eighteenth-Century Campaign to Avoid Disease, Macmillan, London, 213 S.

Ritchie Hanna, Roser Max, 2015. Energy. In: Our World in Data [online], 2018[2015]. URL: https://ourworldindata.org/energy-production-and-changing-energy-sources [3rd November 2019].
Robinson Ian, 1999. Henry IV of Germany, 1056–1106. Cambridge University Press, Cambridge, 408 S.
Robock Alan, 2000. Volcanic eruptions and climate. Reviews of Geophysics 38 (2), 191–219.
Rohland Eleonora, 2011a. From Wood to Stone: The risk management of Swiss Re in the Sundsvall fire 1888. Environment and History (17), 153–169.
Rohland Eleonora, 2011b. Sharing the Risk: Fire, Climate and Disaster, Swiss Re 1864–1906. Crucible Books, Lancaster, 176 S.
Rohr Christian, 2020. Apokalyptic Riders in the Borderlands: Dealing with Locust Invasion, Diseases and War in Fifteenth and Sixteenth-Century Eastern and Southern Austria. In: Kiss Andrea, Pribyl Kathleen (Hg.). The Dance of Death in Late Medieval and Renaissance Europe, Routledge, Abingdon, 107–124.
Rohr Christian, 2015. Historische Hilfswissenschaften. Eine Einführung (UTB 3755). Böhlau Verlag, Wien, 284 S.
Rohr Christian, 2009. Artikel «Naturkatastrophen» In: Jaeger Friedrich (Hg.). Enzyklopädie der Neuzeit 9, J. B. Metzler, Stuttgart, 10–28.
Rohr Christian, Camenisch Chantal, Pribyl Kathleen, 2018. European Middle Ages. In: White Sam, Pfister Christian, Mauelshagen Franz (Hg.). The Palgrave Handbook of Climate History, Palgrave Macmillan, London, 247–263.
Rorbach Bernhard, 1884. Bernhard Rorbach's Liber gestorum. In: Froning Richard (Hg.). Quellen zur Frankfurter Geschichte. Bd. 1: Frankfurter Chroniken und annalistische Aufzeichnungen des Mittelalters, Carl Jügel's Verlag, Frankfurt am Main, 181–223.
Rothwell Harry, 1957. The Chronicle of Walter of Guisborough (Camden Society Third Series 89). The Society, London, 409 S.
Rousseau Daniel, 2015. Fluctuations des Dates de Vendanges Bourguignonnes et Fluctuations des Températures d'Avril à Septembre de 1378 à 2010, XXVIIe Colloque de l'Association Internationale de Climatologie, 2–5 juillet 2014 – Dijon (France), 757–763.
Ruffing Kai, 1999. Weinbau im römischen Ägypten. Scripta Mercaturae, St. Katharinen, 498 S.
Russell Josiah Cox, 1985. The Control of Late Ancient and Medieval Population. American Philosophical Society, Philadelphia, 272 S.
Rutherford Scott, Mann Michael E., Osborn Timothy J. et al., 2005. Proxy-based Northern Hemisphere surface temperature reconstructions: Sensitivity to methodology, predictor network, target season and target domain. Journal of Climate 18 (13), 2308–2329.

S

Sabaté Flocel (Hg.), 2017. The Crown of Aragon. A Singular Mediterranean Empire. Brill, Leiden, 378 S.
Samuelson Paul Anthony, Nordhaus William D., 2001. Microeconomics. 17th Edition. McGraw-Hill/Irwin, Boston, 454 S.
Sanzani Simona Marianna, Schena Leonardo, Nigro Franco et al., 2012. Abiotic Diseases of Olive. Journal of Plant Pathology 94 (3), 469–491.
Scheil Hans-Georg, Scheffrahn Wolfgang, Buchli Georg et al., 1990. Die Migration der Walser. Anthropologischer Anzeiger 48 (2), 135–143.
Scheitlin Peter, 1820. Meine Armenreisen in den Kanton Glarus und in die Umgebungen der Stadt St. Gallen in den Jahren 1816 und 1817 [...]. Huber, St. Gallen, 452 S.
Scherhag Richard, 1952. Die explosionsartigen Stratosphärenerwärmungen des Spätwinters 1951/52. Berichte des Deutschen Wetterdienstes in der US-Zone 6 (38), 51–63.
Schibler Jörg, Jacomet Stefanie, 2010. Short climatic fluctuations and their impact on human economies and societies: the potential of the Neolithic lake shore settlements in the Alpine foreland. Environmental Archaeology 15 (2), 173–182.
Schlesinger Michael E., Ramankutty Navin, 1994. An oscillation in the global climate system of period 65–70 years. Nature 367, 723–726.
Schmid Raphael, 2010. Wenn Wildtiere verschwinden. Jagd und Wild in der Geschichte der Schweiz 1798–1970. Dissertation an der Philosophisch-historischen Fakultät der Universität Bern. Selbstverlag, Aarau, 448 S.
Schmidt Gavin A., Jungclaus Johann H., Ammann Caspar M. et al., 2012. Climate forcing reconstructions for use in PMIP simulations of the Last Millennium (v1.1). Geoscientific Model Development 5, 185–191.
Schmidt M., 1967. Der zugefrorene Bodensee. Meteorologische Rundschau 20 (1), 16–25.
Schofield Roger, 1984. Population Growth in the Century After 1750. The Role of Mortality Decline. In: Bengtsson Tommy, Fridlizius Gunnar, Ohlsson Rolf (Hg.). Pre- Industrial Population Change. The Mortality Decline and Short-Term Population Movements, Alquist and Winsell, Stockholm, 17–39.
Schuh Waltraud, Schuh Eduart (Hg.), 2005. Das Journal des Philippe de Vigneulles, Aufzeichnungen eines Metzner Bürgers (1471–1522). Conte Verlag, Saarbrücken, 351 S.
Schwander Mikha?l, Brönnimann Stefan, Delaygue Gilles et al., 2017. Reconstruction of Central European daily weather types back to 1763. International Journal of Climatology 37 (S1), 30–44.
Schwarz-Zanetti Gabriela, 1998. Grundzüge der Klima- und Umweltgeschichte des Hoch- und Spätmittelalters in Mitteleuropa. Teilveröffentlichung. Dissertation an der Philosophisch-historischen Fakultät der Universität Bern. Studentendruckerei, Zürich, 201 S.
Schwarz-Zanetti Gabriela, Schwarz-Zanetti Werner, 1992. Grundzüge der Klima- und Umweltgeschichte des Hoch- und Spätmittelalters in Mitteleuropa, Dissertation am Historischen Seminar und am Geographischen Institut der Universität Zürich, Typoscript.
Schwikowski Margit, Jenk Theo M., Stampfli Dieter et al., 2017. A new thermal drilling system for high-altitude or temperate glaciers. Annals of Glaciology 55 (68), 131–136.
Scott Hamish, 2015a. Introduction. 'Early Modern' Europe and the Idea of Early Modernity. In: Scott Hamish (Hg.). The Oxford Handbook of Early Modern European History 1350–1750. Vol. 1: Peoples and Place, Oxford University Press, Oxford, 1–36.
Scott Hamish, 2015b. Travel and Communications. In: Scott Hamish (Hg.). The Oxford Handbook of Early Modern European History 1350–1750. Vol. 1: Peoples and Place, Oxford University Press, Oxford, 165–191.
Seftigen Kristina, Goosse Hugues, Klein François et al., 2017. Hydroclimate variability in Scandinavia over the last millennium – insights from a climate model-proxy data comparison. Climate of the Past 13 (12), 1831–1850.
Segl Peter (Hg.), 1988. Der Hexenhammer. Böhlau Verlag, Wien, 255 S.
Seneviratne Sonia I., Corti Thierry, Davin Edouard L. et al., 2010. Investigating soil moisture-climate interactions in a changing climate: A review. Earth-Science Reviews 99 (3–4), 125–161.
Serreze Mark C., Stroeve Julienne, 2015. Arctic sea ice trends, variability and implications for seasonal ice forecasting. Philosophical Transactions of the Royal Society A 373 (2045), 20140159.
Serreze Mark C., Barry Roger G., 2011. Processes and impacts of Arctic amplification: A research synthesis. Global and Planetary Change 77 (1–2), 85–96.
Sewerniak Piotr, 2018. Wolves in Poland: an overview of the current state. Beiträge zur Jagd- und Wildforschung 43, 277–288.

Seymour Miranda, 2000. Mary Shelley. Grove Press, London, 655 S.
Shabalova Marina V., Van Engelen Aryan F. V., 2003. Evaluation of a reconstruction of winter and summer temperatures in the low countries, AD 764–1998. Climatic Change 58 (1), 219–242.
Siebert Lee, Simkin Tom, Kimberly Paul, 2010. Volcanoes of the World. 3rd Edition. Smithsonian Institution, Washington D.C., 551 S.

Sieferle Rolf Peter, 2008. Transportgeschichte. LIT Verlag, Münster, 304 S.
Sieferle Rolf Peter, 2003. Why Did Industrialization Start in Europe (and not in China)? In: Sieferle Rolf Peter, Breuninger Helga (Hg.). Agriculture, Population and Economic Development in China and Europe (Der europäische Sonderweg 10), Breuninger-Stiftung, Stuttgart, 7–89.
Sieferle Rolf Peter, 1997. Kulturelle Evolution des Gesellschafts-Natur-Verhältnisses. In: Fischer-Kowalski Marina, Haberl Helmut, Hüttler Walter et al. (Hg.). Gesellschaftlicher Stoffwechsel und Kolonisierung von Natur, Verlag Fakultas, Amsterdam, 37–53.
Siegenthaler Daniel, 1994. Climatic Trends and Anomalies in England 1675 to 1715. In: Frenzel Burkard, Pfister Christian, Glaeser Birgit (Hg.). Climatic Trends and Anomales in Europe 1675–1715, Gustav Fischer, Stuttgart, 133–149.
Siegenthaler Uli, Oeschger Hans, 1978. Predicting future atmospheric carbon dioxide levels. Science 199, 388–395.
Siemann Wolfram, Freytag Nils, 2003. Umwelt – eine geschichtswissenschaftliche Grundkategorie. In: Siemann Wolfram (Hg.). Umweltgeschichte. Themen und Perspektiven (Beck'sche Reihe 1519), C. H. Beck, München, 7–20.
Sigl Michael, Winstrup Mai, McConnell Joseph R. et al., 2015. Timing and climate forcing of volcanic eruptions for the past 2,500 years. Nature 523, 543–549.
Sigurdsson Haraldur, Carey Stephen, 1992. The Eruption of Tambora in 1815: Environmental Effects and Eruption Dynamics. In: Harington Charles Richard (Hg.). The Year Without a Summer? World Climate in 1816, Canadian Museum of Nature, Ottawa, 16–45.
Slack Paul, 1990. The Impact of Plague in Tudor and Stuart England. Clarendon Press, Oxford, 443 S.
Slavin Philip, 2018. The 1310s Event. In: White Sam, Pfister Christian, Mauelshagen Franz (Hg.). The Palgrave Handbook of Climate History, Palgrave Macmillan, London, 494–515.
Slicher van Bath Bernhard Hendrik, 1977. Agriculture in the Vital Revolution. In: Rich Edwin Ernest, Wilson Charles Henry (Hg.). The Cambridge Economic History of Europe. Vol. 5: The Economic Organization of Early Modern, Cambridge University Press, Cambridge, 42–132.
Slicher van Bath Bernhard Hendrik, 1963. The Agrarian History of Western Europe A.D. 500–1850. Translated by Olive Ordish. Edward Arnold, London, 364 S.
Sluhovski Moshe, 1998. Patroness of Paris. Rituals of Devotion in Early Modern France. Brill, Leiden, 278 S.
Smil Vaclav, 2017. Energy Transitions. Global and National Perspectives. 2nd Edition. Praeger, Santa Barbara, 282 S.
Smith Doug M., Booth Ben B.B., Dunstone Nick J. et al., 2016. Role of volcanic and anthropogenic aerosols on the recent global surface warming slowdown. Nature Climate Change 6, 936–940.
Solomina Olga N., Bradley Raymond S., Jomelli Vincent et al., 2016. Glacier fluctuations during the past 2000 years. Quaternary Science Reviews 149, 61–90.
Solomina Olga N., Bradley Raymond S., Hodgson Dominic A. et al., 2015. Holocene glacier fluctuations. Quaternary Science Reviews 111, 9–34.
Sot Michel, Veyrard-Cosme Christiane (Hg.), 2014. Éginhard. Vie de Charlemagne. Translated to French by the editors. Les Belles Lettres, Paris, 112 S.
Specker Louis, 1993; 1995. Die grosse Heimsuchung. Das Hungerjahr 1816/17 in der
Ostschweiz. Neujahrsblatt 133, 9–42; 135, 5–56.[TW7]
Sprandel Rolf, 1987. Grundlinien einer mittelalterlichen Bevölkerungsentwicklung. In: Herrmann Bernd, Sprandel Rolf (Hg.). Determinanten der Bevölkerungsentwicklung im Mittelalter, Acta Humaniora/VCH, Weinheim, 25–35.
Stahleder Helmuth, 1995. Chronik der Stadt München. Bd. 1: Herzogs-und Bürgerstadt: Die Jahre 1157–1505. Hugendubel, München, 696 S.
Stapelbroek Koen, Marjanen Jani, 2012. Political Economy, Patriotism and the Rise of Societies. In: Stapelbroek Koen, Marjanen Jani (Hg.). The Rise of Economic Societies in the Eighteenth Century, Palgrave Macmillan, London, 1–25.
Steffen Will, Crutzen Paul J., McNeill John R., 2007. The Anthropocene: are humans now overwhelming the great forces of nature. Ambio, A Journal of the Human Environment 36 (8), 614–621.
Stehr Nico, von Storch Hans (Hg.), 2000. Eduard Brückner – The Sources and Consequences of Climate Change and Climate Variability in Historical Times. Kluwer Academic Publishers, Dordrecht, 338 S.
Steiner Daniel, Pauling Andreas, Nussbaumer Samuel U. et al., 2008. Sensitivity of European glaciers to precipitation and temperature – two case studies. Climatic Change 90 (4), 413–441.
Steinhilber Friedhelm, Beer Jürg, Fröhlich Claus, 2009. Total solar irradiance during the Holocene. Geophysical Research Letters 36 (19), L19704, doi: 10.1029/2009GL040142.
Stoffel Markus, Khodri Myriam, Corona Christophe et al., 2015. Estimates of volcanic-induced cooling in the Northern Hemisphere over the past 1,500 years. Nature Geoscience 8, 784–788.
Stolz Wolfram (Hg.), 1979. Die Hans Stolz'sche Gebweiler Chronik. Zeugenbericht über den Bauernkrieg am Oberrhein. Edition Stolz, Freiburg, 421 S.
Stommel Henry, Stommel Elisabeth, 1983. Volcano Weather. The Story of 1816, the Year Without a Summer. Seven Seas Press, Newport (RI), 177 S.
Stoob Heinz, 1959. Minderstädte. Formen der Stadtentstehung im Spätmittelalter. Vierteljahrschrift für Sozial- und Wirtschaftsgeschichte 46 (1), 1–28.
Stoob Heinz, 1956. Kartographische Möglichkeiten zur Darstellung der Stadtentstehung in Mitteleuropa, besonders zwischen 1450 und 1800. In: Brüning Kurt (Hg.). Forschungs- und Sitzungsberichte der Akademie für Raumforschung und Landesplanung (6). Historische Raumforschung 1, Dorn, Bremen-Horn, 21–76.
Stothers Richard, 1984. The great Tambora eruption in 1815 and its aftermath. Science 224 (4654), 1191–1198.
Strathern Paul, 2003. The Medici. Godfathers of the Renaissance. Jonathan Cape, London, 430 S.
Stuber Martin, Moser Peter, Gerber-Visser Gerrendina et al. (Hg.), 2009. Kartoffeln, Klee und kluge Köpfe. Die Oekonomische und Gemeinnützige Gesellschaft des Kantons Bern OGG (1759–2009). Haupt, Bern, 309 S.
Studer Roman, 2008. Market Integration and Economic Development. A Comparative Study of India and Europe, 1700–1900. Nuffield College Theses. University of Oxford, Oxford, 616 S.
Stuecker Malte F., Bitz Cecilia, Armour Kyle C. et al., 2018. Polar amplification dominated by local forcing and feedbacks. Nature Climate Change 8 (12), 1076–1081.
Von Stromer Wolfgang, 1993. Grosse Innovationen der Papierfabrikation in Spätmittelalter und Frühneuzeit. Technikgeschichte 60 (1), 1–6.

T

Taleb Nassim Nicholas, 2007. The Black Swan. Allen Lane, London, 366 S.
Tarand Andres, Jaagus Jaak, Kallis Ain, 2013. Eesti Kliima minevikus ja tänapäeval. Kirjastus, Tartu, 631 S.
Tarand Andres, Nordli Oyvind, 2001. The Tallinn temperature series reconstructed back half a millennium by use of proxy data. Climatic Change 48 (1), 189–199. [Single temperature estimates in Euro-Climhist]
Taylor Karl E., Stouffer Ronald J., Meehl Gerald A., 2012. An overview of CMIP5 and the experiment design. Bulletin of the American Meteorological Society 93 (4), 485–498.
Thompson Lonnie, 2010. Understanding global climate change: paleoclimate perspective from the world's highest mountains. Proceedings of the American Philosophical Society 154 (2), 133–157.
Thordarson Thorvaldur, Self Stephen, 2003. Atmospheric and environmental effects of the 1783–1784 Laki eruption: a review and reassessment. Journal of Geophysical Research (108), 1–29.
Titow Jan, 1960. Evidence of weather in the account rolls of the bishopric of Winchester 1209–1350. The Economic History Review, New Series 12 (3), 360–407.
Toohey Matthew, Sigl Michael, 2017. Volcanic stratospheric sulfur injections and aerosol optical depth from 500 BCE to 1900 CE. Earth System Science Data 9 (2), 809–831.
Treichler Hans Peter, 1990. Die bewegliche Wildnis. Schweizer Verlagshaus, Zürich, 359 S.
Trenberth Kevin E., Fasullo John T., Branstator Grant et al., 2014. Seasonal aspects of the recent pause in surface warming. Nature Climate Change 4 (10), 911–916.
Tschaikner Manfred, 1997. Magie und Hexerei im südlichen Vorarlberg zu Beginn der Neuzeit. Universitätsverlag, Konstanz, 312 S.
Tuetey Alexandre, 1881. Journal d'un bourgeois de Paris, 1405–1449. Champion, Paris, 460 S.
Turner Bill, Fischer-Kowalski Marina, 2010. Ester Boserup: An interdisciplinary visionary relevant for sustainability. PNAS 107 (51), 21963–21965.
Tyndall John, 1859–1860. Note on the transmission of radiant heat through gaseous bodies. Proceedings of the Royal Society of London 10, 37–39.
Von Tschudi Friedrich, 1868. Das Thierleben der Alpenwelt. 8. Ausgabe. Weber, Leipzig, 528 S.

U

United Nations, 2004. Living with Risk, A Global Review Of Disaster Reduction Initiatives. 2 Vols. United Nations Publication, Geneva, 429 S.
Usoskin Ilya G., Hulot Gauthier, Gallet Yves et al., 2014. Evidence for distinct modes of solar activity. Astronomy & Astrophysics L10, doi: 10.1051/0004-6361/201423391.
Utterström Gustaf, 1955. Climatic fluctuations and population problems in early modern history. Scandinavian Economic History Review 3 (1), 3–47.

V

Van der Linden Paul, Mitchell John F.B. (Hg.), 2009. ENSEMBLES: Climate Change and its Impacts: Summary of Research and Results from the ENSEMBLES project. Met Office Hadley Centre, Exeter, 160 S.
Van Dijk Teun A., 1993. Principles of critical discourse analysis. Discourse & Society 4 (2), 249–283.
Van Geel Bas, van der Plicht Johannes, Kilian M. R. et al., 1998. The sharp rise of DELTA -14C ca. 800 cal. BC: possible causes, related climatic connections and the impact on human environments. Radiocarbon 40 (1), 535–50.
Vadas András, Rácz Lajos, 2013. Climatic Changes in the Carpathian Basin during the Middle Ages. The state of research. Global Environment 6,12,198–227.
Venetz Ignace, 1861. Mémoire sur l'Extension des Anciens Glaciers, Renfermant Quelques Explications sur Leurs Effets Remarquables. Ouvrage posthume rédigé en 1857 et 1858. Nouvelle Mémoires de la Société Helvétique des Sciences Naturelles 18, 1–33.
Venetz Ignace, 1833. Mémoire sur les températures dans les Alpes Suisses. Geschrieben 1821. Denkschriften der allgemeinen Schweizerischen Gesellschaft für die gesammten Naturwissenschaften 1 (2), 1–38.
Vieira Luis Eduardo A., Solanki Sami K., Krivova Natalia A. et al., 2011. Evolution of the solar irradiance during the Holocene. Astronomy and Astrophysics 531 (A6), doi: 10.1051/0004-6361/201015843.

W

Wackernagel Mathis, 2009. Methodological advancements in footprint analysis introduction. Ecological Economics 68 (7), 1925–1927.
Waibel Max, 2003. Unterwegs zu den Walsern. In der Schweiz, in Italien, Frankreich, Liechtenstein, Vorarlberg und dem Tirol. Huber, Frauenfeld, 365 S.
Wallace Birgitta, 1991. L'Anse Aux Meadows. Gateway to Vinland. In: Bigelow Gerald F. (Hg.). The Norse of the North Atlantic (Acta Archaelogica 61), Munksgaard, Kopenhagen, 166–197.
Wang Chunzai, Deser Clara, Yu Jin-Yi et al., 2016. El Niño and Southern Oscillation (ENSO): A Review. In: Glynn Peter W., Manzello Derek, Enochs Ian C. (Hg.). Coral Reefs of the Eastern Pacific (Coral Reefs of the World 8), Springer, Dordrecht, 85–106.
Wanner Heinz, 2020. Klima und Mensch – eine 12'000-jährige Geschichte. 2. Ausgabe. Haupt, Bern, 280 S.
Wanner Heinz, Beer Jürg, Bütikofer Jonathan et al., 2008. Mid- to Late Holocene climate change: An overview. Quaternary Science Reviews 27 (19–20), 1791–1828.
Wanner Heinz, Beck Christoph, Brázdil Rudolf et al., 2004. Dynamic and socioeconomic aspects of historical summer floods in Central Europe. Erdkunde 58 (1), 1–16.
Wanner Heinz, Brönnimann Stefan, Casty Carlo et al., 2001. North atlantic oscillation – concepts and studies. Surveys in Geophysics 22 (4), 321–382.
Wanner Heinz, Holzhauser Hanspeter, Pfister Christian et al., 2000. Interannual to century scale climate variability in the European Alps. Erdkunde 54 (1), 62–69.
Wanner Heinz, Pfister Christian, Brázdil Rudolf et al., 1995. Wintertime European circulation patterns during the Late Maunder Minimum cooling period (1645–1704). Theoretical and Applied Climatology 51, 167–175.
Wearth Spencer, 2003. The Discovery of Global Warming. Harvard University Press, Cambridge (MA), 228 S.
Weber Erich Martin, 2005. Untiefen, Flut und Flauten. Der Güterverkehr auf dem Rhein zwischen 1750 und 1850. Dissertation an der Philosophisch-historischen Fakultät der Universität Bern. Selbstverlag, Bern, 532 S.
Wegmann Milène, 2005. Naturwahrnehmung im Mittelalter im Spiegel der lateinischen Historiographie des 12. und 13. Jahrhunderts. Peter Lang, Bern, 240 S.
Wehler Hans-Ulrich, 2000. Umbruch und Kontinuität. München, Beck, 342 S.
Weidmann Christopher R., Jones Glenn A., Lohmann K., 1994. The long-lived mollusc Arctica islandica: A new paleoceanographic tool for the reconstruction of bottom temperatures for the continental shelves of the northern North Atlantic Ocean. Journal of Geophysical Research: Oceans 99 (C9), 18305–18314.
Weikinn Curt, 2017. Quellensammlung zur Witterungsgeschichte Europas (Meteorologischer Teil). Arranged by

Ronniger Knut, Renner Sara, Börngen Michael et al. Leibniz-Institut für Länderkunde, doi: 10.6094/UNIFR/11658.
Weikinn Curt, 1958–2002. Quellentexte zur Witterungsgeschichte Europas von der Zeitwende bis zum Jahre 1850. 6 Bände. Zusammengestellt von Börngen Michael, Tetzlaff Gerd. Bornträger, Berlin.[TW8]
Weiler Björn, 2009. Matthew Paris on the writing of history. Journal of Medieval History 35 (3), 254–278.
Weingart Peter, Engels Anita, Pansegrau Petra (Hg.), 2002. Von der Hypothese zur Katastrophe. Der anthropogene Klimawandel im Diskurs zwischen Wissenschaft, Politik und Massenmedien. Leske & Budrich, Opladen, 179 S.
Weingart Peter, Engels Anita, Pansegrau Petra, 2000. Risks of communication: discourses on climate change in science, politics, and the mass media. Public Understanding of Science 9 (3), 261–283.
Westfall Richard Samuel, 2007. Isaac Newton. Oxford University Press, Oxford, 113 S.
Wetter Oliver, Pfister Christian, Werner Johannes et al., 2014. The year-long unprecedented european heat and drought of 1540 – a worst case. Climatic Change 125 (3), 349–363.
Wetter Oliver, Pfister Christian, 2013. An underestimated record breaking event – why summer 1540 was likely warmer than 2003. Climate of the Past 9, 41–56.
Wetter Oliver, Pfister Christian, 2011. Spring-summer temperatures reconstructed for northern Switzerland and south-western Germany from winter rye harvest dates, 1454–1970. Climate of the Past 7, 1307–1326.
Wetter Oliver, Pfister Christian, Weingartner Rolf et al., 2011. The largest floods in the High Rhine basin since 1268 assessed from documentary and instrumental evidence. Hydrological Sciences Journal 56 (5), 733–758.
Wheeler Dennis, 2009. 'British Ships' Logbooks as a Source of Historical Climatic Information. In: Kirchhofer André, Krämer Daniel, Merki Christoph Maria et al. (Hg.). Nachhaltige Geschichte. Festschrift für Christian Pfister, Chronos, Zürich, 109–126.
Wheeler Dennis, 2005. British naval logbooks from the late seventeenth century. History of Meteorology 2, 133–146.
Wheeler Dennis, 1995. The weather vocabulary of an eighteenth-century mariner. The log-books of Nicholas Pocock. Weather 50 (9), 298–304.
Wheeler Dennis, Wilkinson Clive, 2005. The determination of logbook wind force and weather terms: the English case. Climatic Change 73 (1), 57–77.
White Sam, 2017. A Cold Welcome. The Little Ice Age and Europe's Encounter with North America. Harvard University Press, Cambridge (MA), 361 S.
White Sam, 2011. The Climate of Rebellion in the Early Modern Ottoman Empire. Cambridge University Press, Cambridge, 352 S.
White Sam, Brooke John, Pfister Christian, 2018. Climate, Weather, Agriculture, and Food. In: White Sam, Pfister Christian, Mauelshagen Franz (Hg.). The Palgrave Handbook of Climate History, Palgrave Macmillan, London, 331–353.
White Sam, Pfister Christian, Mauelshagen Franz (Hg.), 2018. The Palgrave Handbook of Climate History. Palgrave Macmillan, London, 656 S.
Wigley Tom, Huckstep Nick, Ogilvie Astrid et al., 1985. Historical Climate Impact Assessments. In: Kates Robert W., Ausubel Jesse H., Berberian Mimi (Hg.). Climate Impact Assessment – Studies of Interaction of Climate and Society (SCOPE 27), John Wiley & Sons, Chichester, 529–565.
Wild Martin, 2009. Global dimming and brightening: A review. Journal of Geophysical Research: Atmospheres 114 (D10), D00D16, doi: 10.1029/2008JD011470.
Wilderotter Hans, 1995. Das grosse Sterben. Seuchen machen Geschichte. Jovis, Berlin, 351 S.
Wilson Cynthia, 1992. Workshop on World Climate in 1816. A Summary and Discussion of Results. In: Harington Charles Richard (Hg.). The Year Without a Summer? World Climate in 1816, Canadian Museum of Nature, Ottawa, 523–556.
Wolfe Philip R., 2018. The Solar Generation. Childhood and Adolescence of Terrestrial Photovoltaics. Wiley-IEEE Press, Piscataway (NJ), 411 S.
Wöllmer Gilla, 2013. Albert the Great and His Botany. In: Resnick Irven (Hg.). A Companion to Albert the Great. Theology, Philosophy, and the Sciences, Brill, Leiden, 221–268.
Wollstonecraft Shelley Mary, 1961[1831]. Frankenstein: Or, the Modern Prometheus. Collier Books, New York, 192 S.
Wood Kevin R., Overland James E., Jónsson Trausti et al., 2010. Air temperature variations on the Atlantic?Arctic boundary since 1802. Geophysical Research Letters 37 (17), L17708, doi: 10.1029/2010GL044176.
World Commission on Environment and Development (Hg.), 1987. Our Common Future. Oxford University Press, Oxford, 383 S.
Wozniak Thomas, 2020. Naturereignisse im frühen Mittelalter. Das Zeugnis der Geschichtsschreibung vom 6. bis 11. Jahrhundert. De Gruyter, Berlin, 970 S.
Wrigley Edward Anthony, Schofield Roger S., 1981. The Population History of England. 1541–1871. Edward Arnold, London, 779 S.
Wyss Regula, Stuber Martin, 2012. Paternalism and Agricultural Reform. The Economic Society of Bern in the Eighteenth Century. In: Stapelbroek Koen, Marianen Jani (Hg). The Rise of Economic Societies in the Eighteenth Century, Palgrave Macmillan, London, 157–181.

X Y

Xoplaki Elena, Fleitmann Dominik, Luterbacher Jürg et al., 2016. The medieval climate anomaly and Byzantium. A review of the evidence on climatic fluctuations, economic performance and societal change. Quaternary Science Reviews 136, 229–252.
Xoplaki Elena, Maheras Panagiotis, Luterbacher Jürg, 2001. Variability of climate in meridional Balkans during the periods 1675–1715 and 1780–1830 and its impact on human life. Climatic Change 48 (4), 581–615.
Yergin Daniel, 1992. The Prize. The Epic Quest for Oil, Money, and Power. Free Press, New York, 885 S.

Z

Zink Albert, 2019. Der am besten untersuchte Körper der Welt. Bulletin Schweizerische Akademie der Geistes- und Sozialwissenschaften 2, 33–37.
Zink Albert, 2016. Ötzi. Philipp Reclam, Stuttgart, 100 S.
Zinsli Paul, 2002. Walser Volkstum. In der Schweiz, in Vorarlberg, Liechtenstein und Piemont. 7. Auflage. Bündner Monatsblatt, Chur, 566 S.
Zumbühl Heinz J., 2009. «Der Berge wachsend Eis…» die Entdeckung der Alpen und ihrer Gletscher durch Albrecht von Haller und Caspar Wolf. Mitteilungen der Naturforschenden Gesellschaft in Bern 66, 105–132.
Zumbühl Heinz J., Nussbaumer Samuel U., Holzhauser Hanspeter et al. (Hg.), 2016. Die Grindelwaldgletscher. Kunst und Wissenschaft. Haupt, Bern, 256 S.
Zumbühl Heinz J., Nussbaumer Samuel U., 2012. Little Ice Age glacier history of the Central and Western Alps from pictorial documents. Geographical Research Letters 44 (1), 115–136.
Zumbühl Heinz J., Steiner Daniel, Nussbaumer Samuel U., 2008. 19th century glacier representations and fluctuations in the central and western European Alps: An interdisciplinary approach. Global and Planetary Change 60 (1–2), 42–57.
Zumbühl Heinz J., Holzhauser Hanspeter, 1988. Alpengletscher in der Kleinen Eiszeit. Die Alpen 64 (3), 129–233.
Zwierlein Cornel, 2011. Der gezähmte Prometheus. Feuer und Sicherheit zwischen Früher Neuzeit und Moderne. Vandenhoeck & Ruprecht, Göttingen, 433 S. Buisman Jan, 1995–2019. Duizend jaar weer, wind en water in de Lage Landen. 7 Bände. [Bd. 1: 764–1300 (1995). 656 S. Bd. 2: 1300–1450 (1996). 690 S. Bd. 3: 1451–1575 (1998). 808 S. Bd. 4: 1575–1675 (2000). 787 S. Bd. 5: 1675–1750 (2006). 998 S.

Bd. 6: 1751–1800 (2015). 1040 S. Bd. 7: 1800–1825 (2019). 991 S.] Zusammengestellt von Van Engelen Aryan. Uitgeverij Van Wijnen, Franeker.

Kämtz Ludwig Friedrich, 1831. Lehrbuch der Meteorologie. Gebauersche Buchhandlung, Halle, 510 S. [Digitale Version: http://mdz-nbn-resolving.de/urn:nbn:de:bvb:12-bsb10133996-2] [In Französisch: 1843. Cours complet de météorologie. Traduit par Martin Ch. Pauline, Paris 522 S. In Englisch: 1845. A Complete Course of Meteorology. Translated by Walker C. V. Hippolyte Bailliere Publisher, London, 464 S.]

Le Roy Ladurie Emmanuel, 2005–2009. Histoire humaine et **comparée du climat. 3 Vols. [Vol. 1: Canicules et glaciers** XIIIe–XVIIe siècles (2004). 740 S. Vol. 2: Disettes et révolutions 1740–1860 (2006). 611 S. Vol. 3: Le réchauffement de 1860 à nos jours (2009). 460 S.] Arthème Fayard, Paris.

Weikinn Curt, 1958–2002. Quellentexte zur Witterungsgeschichte Europas von der Zeitwende bis zum Jahre 1850. 6 Bände. [Bd. 1: Zeitwende–1500 (1958). 531 S. Bd. 2: 1501–1600 (1960). 485 S. Bd. 3: 1601–1700 (1961). 586 S. Bd. 4: 1701–1750 (1963). 381 S. Bd. 5: 1751–1800 (2000). 674 S. Bd. 6: 1801–1850. (2002). 728 S.] Zusammengestellt von Börngen Michael, Tetzlaff Gerd. Bornträger, Berlin.

Quellen

Abkürzungen:

MGH SS	Monumenta Germaniae Historica, Scriptores (in Folio).
MGH SS rer. Ger.	Scriptores rerum Germanicarum in usum scholarum separatim editi
RHGF	Recueil des historiens des Gaules et de la France
SHF	Sources de l'histoire de France
FRB	Fontes Rerum Bohemicarum

O'Donovan John (Hg.), 1851. **Annala Rioghachta Eireann** / Annals of the Kingdom of Ireland by the Four Masters. 2. Aufl. 7 Bde. Hodges and Smith, Dublin.

Pertz Georg Heinrich (Hg.), 1859. Annales Agrippinenses a. 1092–1384 (MGH SS 16), Hahnsche Buchhandlung, Hannover, 736–738.

[Anonymus Hg.], 1896. **Annales Altimontenses**. Analecta Bollandiana 15, 283–284.

Waitz Georg (Hg.), 1880. **Annales Bavarici** (MGH SS 25), Hahnsche Buchhandlung, Hannover, 637–638.

Nelson Janet L. (Hg.), 1991. The **Annals** of **St-Bertin**. Manchester University Press, Manchester, 267 pp.

Pertz Georg Heinrich (Hg.), 1859. **Annales Catalaunenses** (MGH SS 16), Hahnsche Buchhandlung, Hannover, 488–490.

Delisle, L.(Hg.), 1877. **Annales Clerici Parisiensis**. Mémoires de la Société de l' Histoire de Paris 4, 187-190.

Jaffé Philipp (Hg.), 1861. **Annales Colmarienses**, Basileenses (MGH SS 17), Hahnsche Buchhandlung, Hannover, 183–270.

Pertz Georg Heinrich (Hg.), 1861. **Annales Colonienses maximi** ab O. C. - 1237 (MGH SS 17), Hahnsche Buchhandlung, Hannover, 723–847.

Pertz Georg Heinrich (Hg.), 1841. **Annales Fossenses** (MGH SS 4), S. Hirzel, Leipzig, 30-35.

Pertz Georg Heinrich (Hg.), 1859. **Annales Egmundenses** (MGH SS 16), S. Hirzel, Leipzig, 445-479.

Pertz Georg Heinrich (Hg.), 1861. **Annales Isingrimi** maiores a. 1121–1168 (MGH SS 17), Hahnsche Buchhandlung, Hannover, 312–315.

Pertz, Georg Heinrich (Hg.), 1844: **Annales** qui dicuntur **Ottoburani** (MGH SS 5), S. Hirzel, Leipzig, 1-9.

Bloch Hermann (Hg.), 1907. **Annales Marbacenses** (MGH SS rer. Ger. 9), Hahnsche Buchhandlung, Hannover, 1–103.

Pertz Georg Heinrich (Hg.), 1859, **Annales S. Petri Catalaunensis**. (MGH SS 16), 488-490.

Pertz Georg Heinrich (Hg.), 1826. **Annales Sanctae Columbae** Senonensis a. 708–1218 (MGH SS 1), Hahnsche Buchhandlung, Hannover, 102–109.

Berger Élie (Hg.), 1879. **Annales** de **Saint-Denis**. Bibliothèque de l'École des chartes 40, 261–295.

Pertz Georg Heinrich (Hg.), 1859. **Annales Sancti Iacobi** (MGH SS 16), Hahnsche Buchhandlung, Hannover, 632–645.

Jaffé, Philipp (Hg.), 1861. **Annales Scheftlarienses** maiores a. 1092–1247 (MGHS SS 17), Hahnsche Buchhandlung, Hannover, 335–343.

Holder-Egger Oswald (Hg.), 1894. **Annales Weissenburgenses** (MGH SS rer. Germ. 38), Hahnsche Buchhandlung, Hannover, 9–57.

Zahn Joseph von (Hg.), 2011. **Anonymi Leobiensis Chronicon**. Nabu Press, Charleston (SC), 70 pp.

Holder-Egger Oswald (Hg.), 1882. Roberti **Autissiodorensis Chronicon** (MGH SS 26), Hahnsche Buchhandlung, Hannover, 219–287.

Baluze Etienne, Mollat Guillaume (Hgg.), 1914. Urbani V. Auctore **Aymerico de Peyraco** (Vitae Paparum Avenionensium 1), Letouzey, Paris, 405–414.

Luginbühl Rudolf (Hg.), 1908-1910, Heinrich **Brennwald Schweizer Chronik**. 2 Bde. Basler Buch- und Antiquariatshandlung, Basel.

Köpke Rudolf (Hg.), 1851. **Canonicorum Pragensium continuationes** (MGH SS 9), Hahnsche Buchhandlung, Hannover, 163–166, 169–181, 194–209.

Luard Henry Richards (Hg.), 2013. **Chronica Majora**. Matthew Paris. Cambridge University Press, Cambridge, 696 pp.

Emler Josef (Hg.), 1893. **Chronicon Bohemiae Lipsiense (Kronika česká lipská) (FRB 7). Palackého, Praha.**

Jaffé Philipp (Hg.), 1861. **Chronicon Colmariense** (MGH SS 17), Hahnsche Buchhandlung, Hannover, 183–270.

Hegel Karl (Hg.), 1885. **Chronicon Moguntinum** (MGH SS rer. Germ. 20), Hahnsche Buchhandlung, Hannover, 103 pp.

Weiland Ludwig (Hg.), 1879. **Chronicon pontificum** et imperatorum **Rhenense**. Neues Archiv der Gesellschaft für Ältere Deutsche Geschichtskunde 4, 74–85.

Bernoulli, August (Hg.), 1890: **Chronik** Erhard von **Appenwiler**. Basler Chroniken, 4, S. Hirzel, Leipzig, 249-359.

Götzinger Ernst, Schiess Traugott (Hgg.), 1902. Die **Chronik** des Hermann **Miles** (Mitteilungen zur vaterländischen Geschichte, Dritte Folge), 28, Fehr'sche Buchhandlung, St. Gallen, 275–386.

Frensdorff Ferdinand (Hg.), 1892. **Chronik** des Hector **Mülich**. Die Chroniken der schwäbischen Städte 3, S. Hirzel, Leipzig.

Götzinger Ernst (Hg.), 1885. **Chronik** Fridolin **Sicher**. St. Galler Mitteilungen zur vaterländischen Geschichte 20, St. Gallen.

Hegel Carl. (Hg.), **Chronik** des Jacob **Twinger** von **Königshofen**. Die Chroniken der oberrheinischen Städte vom 14. bis zum 16. Jahrhundert, 8 (1870) 250-498; 2 (1871) 499-910, Strassburg.

Baetghen F.(Hg.), 1924. Die **Chronik** des Johannes von **Winterthur**.(MGH, SRG, N.S. 3) 1924.

Bernoulli August (Hg.), 1890. **Chronikalien** der **Rathsbücher** 1356–1548. Basler Chroniken 4, S. Hirzel, Leipzig, 3–162, see 17–28.

Guigniaut Joseph-Daniel, Wailly Natalis de (Hgg.), 1855. **Chronique** anonyme des Rois de France **finissant en 1286** (RHGF 21), Imprimerie Impériale, Paris 80–102.

Molinier Auguste (Hg.), 1883. Fragments inédits de la **chronique de Jean de Noyal**. Annuaire-Bulletin de la Société de l'histoire de France 20 (2), 247–275.

Bernoulli August (Hg.), 1888. **Colmarer Chronik**. Colmar.

Bernouilli August,(Hg.), 1888. **Colmarische Fortsetzung**. Colmar, 16-28.

Pertz Georg Heinrich (Hg.), 1848. **Continuatio** auctore **Godescalco** (MGH SS 8), Hahnsche Buchhandlung, Hannover, 542–563.

Bethmann Ludwig Conrad (Hg.), 1844. **Continuatio Gemblacensis a.** 1136–1148 (MGH SS 6), Hahnsche Buchhandlung, Hannover, 385–390.

Wattenbach Wilhelm (Hg.), 1851. **Continuatio Praedicatorum** Vindobonensium a. 1025–1283 (MGH SS 9), Hahnsche Buchhandlung, Hannover, 725–732.

Koepke K.(Hg.). 1851. **Continuatio Pragensis**. (MGH SS 9), 163-166.

Bethmann Ludwig Conrad (Hg.), 1844. **Continuatio Tornacensis** (MGH SS 6), Hahnsche Buchhandlung, Hannover, 443–444.

Wattenbach Wilhelm (Hg.), 1851. **Continuatio Vindobonensis** MGH SS 9), Hahnsche Buchhandlung, Hannover, 698–722.

Bak János M., Rychterová Pavlína (Hgg.), 2020. **Cosmae** Pragensis **Chronica** Bohemorum / Cosmas of Prague. The Chronicle of the Czechs. Central European University Press, Budapest, 564 pp.

Vischer Wilhelm, Boos Heinrich (eds), 1880. **Diarium** Johannes **Knebel**. Basler Chroniken, 2, S. Hirzel, Leipzig: 1-436

Escher Hans Erhard, **1692**. Beschreibung des Zürich Sees [...]. Johann Rudolf Simler, Zürich, 416 pp.

Oppermann Otto (Hg.), 1933. **Fontes Egmundenses** (Werken uitgegeven door het Historich Genootschap gevestigd te Utrecht, Derde reeks 61), Kemink, Utrecht, 113–208.
De Wailly N.N.,, Delisle, N.N. (Hgg.), 1855. Geraud de **Frachet, Chronica** (RHG 21), Victor Palmé, Paris 3-5.
Waitz, G.(Hg.),1880. **Gesta Ecclesiae Senoniensis**. (MGH SS 25) 253-345.
Heller Johannes (Hg.), 1880. Aegidii Aureaevallensis **Gesta episcoporum Leodiensium** (MGH SS 25), Hahnsche Buchhandlung, Hannover, 1–129.
Guigniaut Joseph-Daniel, Wailly Natalis de (Hgg.), 1855. Willelmi **Godel Chronicon**. Geraud de Frachet: Chronica (RHGF 21), Imprimerie Impériale, Paris, 760–788.
Bethmann Ludwig Conrad (Hg.), 1844. Sigeberti **Gemblacensis chronica** cum continuationibus & Chronica Sigeberti Gemlbacensis a. 381–1111 (MGH SS 6), Hahnsche Buchhandlung, Hannover, 268–374.
Pertz Georg Heinrich (Hg.), 1848. **Gesta Abbatum Gemblacensium** (MGH SS 8), 542-563.
Waitz Georg (Hg.), 1880. Richeri **Gesta Senoniensis** ecclesiae (MGH SS 25), Hahnsche Buchhandlung, Hannover, 249–345.
Gairdner James (Hg.), 1876. William **Gregory's Chronicle of London**. Gairdner James (Hg.). Camden Society, London, 55–239.
Lhotsky Alphons (Hg.), 1952. Die oberösterreichische Fassung der sogenannten Wiener Annalen (Mitteilungen des Oberösterreichischen Landesarchivs 2), Oberösterreichischer Landesverlag, Linz, 5–28.
Holder-Egger Oswald (Hg.), 1903. Alberti **Milioli** notarii Regini **Liber de temporibus** et Cronica imperatorum. (MGH SS 31), Hahnsche Buchhandlung, Hannover, 353–572.
Jaffe Philipp (Hg.), 1861. **Notae Altahenses** (MGH SS. 17). Hahnsche Buchhandlung, Hannover , 421-427.
Roth F.W.(Hg.), 1888. **Notae Leodienses**. Mitteilungen aus Darmstädter Handschriften, Neues Archiv, 13. 600–602.
Jaffé Philipp (Hg.), 1866. Rolandi **Patavini Chronica** a. 1200–1260, 1262 (MGH SS 19), Hahnsche Buchhandlung, Hannover, 32–147.
Carpentier Elisabeth, Pon Georges, Chauvin Yves (Hgg.), 2006. **Rigord. Histoire** de Philippe Auguste. CNRS éditions, Paris, 493 pp.
Bernoulli August (Hg.), 1895. **Röteler Chronik**. Basler Chroniken 5, S. Hirzel, Leipzig: 120-189.
Schrämli Johann Gottlieb, [undatiert]. Chronik der Naturbegebenheiten. Manuskript. Stadtbibliothek Thun (Schweiz), SBT 3127/11.
Borgnet, A.(Hg.), 1861. Jean de **Stavelot. Chronique**. Bruxelles.
Frontig R.(Hg), 1884. **Johannes Heise** Tagebuch. Frankfurter Chroniken und annalistische Aufzeichnungen des Mittelalters. Carl Jügle, Frankfurt, 224-236.
Scherer, G.S.(Hg.), 1874. Kleine **Toggenburger Chronik**, St-Gallen.
Schuh Waltraud, Schuh Eduard, Schlinkmann Monika (Hgg.), 2005. Das Journal des Philippe de **Vigneulles**. Conte-Verlag, Saarbrücken, 352pp.
Wattenbach Wilhelm (Hg.), 1856. **Vita Theoderici** abbatis Andaginensis (MGH SS 12), Hahnsche Buchhandlung, Hannover, 36–57.

Index

Abbildungsnachweis

Kapitel 1

Abbildung 1.1: Anomalien der Jahresmitteltemperaturen in Basel/Binningen – nach Bundesamt für Meteorologie und Klimatologie MeteoSchweiz, Schweiz. https://www.meteoschweiz.admin.ch/home/klima/klimawandel-schweiz.html
Abbildung 1.2: Tagebuch von Hans Stolz – Quelle: Stolz 1979: 373.
Abbildung 1.3: Witterungsbeobachtungen und ihre kulturelle Interpretation – nach Peter Sieferle 1997: 37–41.
Abbildung 1.4a: Hubert H. Lamb – Fotograf unbekannt. Climatic Research Unit, Universität East Anglia, Norwich, UK. **https://sites.uea.ac.uk/cru/about-cru/hubert-lamb**
Abbildung 1.4b: Eduard Brückner – Foto von Theo Bauer. Bildarchiv der Universität Wien, Wien, Österreich. Signatur 106.I.404. https://geschichte.univie.ac.at/de/personen/eduard-bruckner-prof-dr
Abbildung 1.4c: Emmanuel Le Roy Ladurie – Foto von Claude Truong-Ngoc. Wikimedia Commons. https://commons.wikimedia.org/wiki/File:Emmanuel_Le_Roy_Ladurie_par_Claude_Truong-Ngoc_octobre_2014.jpg
Abbildung 1.5: Klimasystem der Erde.
Abbildung 1.6: Wirkungsgefüge Wetter und Klima.
Abbildung 1.7: Der solare Antrieb des Klimasystems.
Abbildung 1.8: Mechanismen des Milanković-Forcing.
Abbildung 1.9: Holozän: Temperatur und solare Insolation.
Abbildung 1.10: Globale Zirkulation der Atmosphäre.
Abbildung 1.11: Globaler Austauschmechanismus der Ozeane – mit freundlicher Genehmigung von Stefan Rahmstorf.
Abbildung 1.12: Golfstrom – Satellitenbild der NASA. https://salinity.oceansciences.org/gallery-images-more.htm?id=2
Abbildung 1.13: Austauschprozess zwischen Atmosphäre und Ozean.
Abbildung 1.14: Globaler Wasserkreislauf.
Abbildung 1.15: Stratosphärische Aerosolverteilung nach einem starken Vulkanausbruch – Entwurf von Stefan Brönnimann.
Abbildung 1.16: Bild der Sonne im UV-Wellenlängenbereich – aufgenommen vom ESA/NASA Solar and Heliospheric Observatory (SOHO) am 23.10.2003. NASA Science, USA. https://science.nasa.gov/science-news/science-at-nasa/2003/23oct_superstorm
Abbildung 1.17: Phänomene im Zusammenhang mit der internen Variabilität des Klimasystems.
Abbildung 1.18: Zustand des europäischen Klimasystems in Abhängigkeit der beiden Moden der NAO.

Kapitel 2

Abbildung 2.1: Das geographische Umfeld der Ötzi-Geschichte – Kartengrundlage: Bundesamt für Landestopografie, swisstopo.
Abbildung 2.2: So könnte Ötzi ausgesehen haben – Illustration von Sara Welponer. Mit freundlicher Genehmigung des Südtiroler Archäologiemuseums, Bozen, Italien. www.iceman.it
Abbildung 2.3: Die Schuhe des Eismannes – Foto von Augustin Ochsenthaler. Mit freundlicher Genehmigung des Südtiroler Archäologiemuseums, Bozen, Italien. www.iceman.it
Abbildung 2.4: Ötzis Sterbebett – Abdruck mit freundlicher Genehmigung von Gerlinde Haid.
Abbildung 2.5: Auslösende Faktoren von Energiebilanzänderungen auf der nördlichen Hemisphäre.
Abbildung 2.6: Nordhemisphärische Temperaturen während des Holozäns.
Abbildung 2.7: Fluktuationen des Großen Aletschgletschers während der letzten 3500 Jahre – Abdruck mit freundlicher Genehmigung von Hanspeter Holzhauser, Zürich, Schweiz.
Abbildung 2.8: Klima der letzten zwei Jahrtausende – verschiedene Datenquellen.
Abbildung 2.9: Simulation der Temperaturverteilung im Ozean – aus Gebbie und Huybers 2019. Copyright der American Association for Advancement of Science.

Kapitel 3

Abbildung 3.1: Lage des Tambora und Dicke der Ascheablagerungen – nach Brönnimann und Krämer 2016.
Abbildung 3.2: Luftdruck, Temperatur und Niederschlag im Winter 1815/16 – Quelle: Luterbacher und Pfister 2015: 246–248.
Abbildung 3.3: Karte Zentralalpen und Val de Bagnes – Kartengrundlage: Bundesamt für Landestopografie, swisstopo.
Abbildung 3.4: Ignaz Venetz – Porträt von Laurent-Justin Ritz (1796–1870), 1826, Ölgemälde, 54 × 44.5 cm, Kunstmuseum Wallis, Sitten, inv. BA 201, Akquisition 1934. © Musées cantonaux du Valais, Sion, Schweiz, Jean-Yves Glassey.
Abbildung 3.5: Eisdamm des Giétroz-Gletschers im Juni 1818 – Stich nach Vorlage eines unbekannten Künstlers. Mit freundlicher Genehmigung von Médiathèque Valais-Sion, Schweiz.
Abbildung 3.6: Luftdruck auf Meeresniveau in Europa im Sommer 1816 – Nach Auchmann et al. 2012.
Abbildung 3.7: Getreidepreise in Europa 1816–1817 – Daten: Post 1977: 36–37.
Abbildung 3.8: Getreidepreise in der Schweiz 1817 – Daten: Krämer 2015: 230.
Abbildung 3.9: Defizit von Taufen in der Schweiz 1818 – nach Krämer 2015: 316.
Abbildung 3.10: Peter Scheitlin – Lithografie eines Gemäldes von Johann Friedrich Hasler, 1871. Foto von Friederike Kotzjan. Wikimedia Commons. https://de.wikipedia.org/wiki/Datei:Peter_Scheitlin_Lithographie_von_Johann_Friedrich_Hasler.jpg
Abbildung 3.11: Hungernde Menschen in der Nordostschweiz essen Gras – Gemälde eines unbekannten Künstlers. © Toggenburger Museum Lichtensteig, Schweiz.
Abbildung 3.12: Modell Wechselbeziehungen Klimafolgen und soziale Reaktionen – nach Luterbacher und Pfister 2015: 246–248.
Abbildung 3.13a: Mary Shelley – Porträt von Richard Rothwell, 1840. © National Portrait Gallery, London, UK.
Abbildung 3.13b: Lord Byron – Porträt von Thomas Philips, 1813. © Nottingham City Museum & Galleries, Nottingham, UK.
Abbildung 3.13c: John William Polidori – Porträt von F.G. Gainsford. © National Portrait Gallery, London, UK.

Kapitel 4

Abbildung 4.1: Aristoteles – Römische Kopie einer griechischen Marmor Bronzebüste von Aristoteles, hergestellt von Lysippos. Museo nazionale romano di palazzo Altemps, Rom, Italien, Inv 8575. Foto von Jastrow, 2006. Wikimedia Commons. https://commons.wikimedia.org/wiki/File:Aristotle_Altemps_Inv8575.jpg
Abbildung 4.2: Hochwassermarken Wertheim – © Foto abgedruckt mit freundlicher Genehmigung von Rüdiger Glaser, Freiburg, Deutschland.
Abbildung 4.3: Hungersteine, Elbe bei Děčín – Foto von Jaroslav Trnka. Brazdil et al. 1995.
Abbildung 4.4: Matthew Paris – Selbstporträt (zirca 1250-1259). © British Library, MS Royal 14 C VII, folio 6r, London, UK. http://www.bl.uk/manuscripts/Viewer.aspx?ref=royal_ms_14_c_vii_f001v
Abbildung 4.5: Wettertagebuch William Merle 1343 – William Merle, autographisches Manuskript. © Bodleian Library, MS Digby 176, f. 7v, Oxford, UK. Die Abbildung zeigt eine Kopie der Faksimile-Ausgabe (Merle's ms.: Consideraciones temporum pro 7 annis .. . Foto Bodelain Libraries, Universität Oxford, UK. http://www.dmlbs.ox.ac.uk/web/william-merle-consideraciones-temperiei.html
Abbildung 4.6: Logbuch eines Leutnants der HMS Alderney 1737 –© National Maritime Museum, Royal Museums Greenwich Picture Library, Greenwich, London, UK.

Abbildung 4.7: Kriegsschiff HMS Hindostan – Ölgemälde von Nicholas Pocock, 1803.© National Maritime Museum, Royal Museums Greenwich Picture Library, Greenwich, London, UK.
Abbildung 4.8: Auszug aus dem Almanach für das Jahr 1600 – Aufzeichnungen von Hans Jakob vom Staal. Foto mit freundlicher Genehmigung von Dr. phil. Yvonne Leimgruber, Zentralbibliothek Solothurn, Schweiz, p5/3.
Abbildung 4.9: Tycho Brahe – Porträt von Eduard Ender. Wikimedia Commons. https://commons.wikimedia.org/wiki/File:Tycho_Brahe.JPG
Abbildung 4.10: Renward Cysat – Porträt eines unbekannten Künstlers, 1614. Mit freundlicher Genehmigung des Benediktinerklosters Engelberg, Schweiz.
Abbildung 4.11: Märta Reenstierna – Miniaturporträt von Jacob Henric Rönngren, 1796. Foto von Mats Landin, © Nordica museet, Stockholm, Schweden, NMA.0059486. https://digitaltmuseum.se/011013854510/ring-med-miniatyrportratt-forestallande-marta-helena-reenstierna-ryttmastarinna
Abbildung 4.12: Galileo Galilei – Porträt von Justus Susterman, 1636. Foto von Dimitry Rozhov, Wikimedia Commons. https://commons.wikimedia.org/wiki/File:Justus_Sustermans_-_Portrait_of_Galileo_Galilei,_1636.jpg
Abbildung 4.13: Medici Messnetz – Illustration von Richard Stuber, Bern, Schweiz.
Abbildung 4.14: Louis Morin de Saint Victor – Porträt von Étienne Picart, aka « le Romain » (1632–1721). Legrand und Le Goff 1987: 252.
Abbildung 4.15: Palatina Messnetz – Illustration von Richard Stuber, Bern, Schweiz.
Abbildung 4.16: Humboldts Isolinien der Temperatur – Alexander von Humboldt, 1817. Foto: http://www.mappingthenation.com/blog/the-earliest-american-attempt-to-chart-climate/
Abbildung 4.17: Ludwig Friedrich von Kämtz – Porträt eines unbekannten Künstlers, 1800. Foto von Norbert Hermann, Universität Tartu, Estland, DS Space, Tartu, Estland. https://dspace.ut.ee/handle/10062/19163?show=full

Kapitel 5

Abbildung 5.1: Schematisches Vorgehen bei der Schätzung von Klimavariablen..
Abbildung 5.2: Zerfall des Radioisotops 14C in einem Holzstück- nach Wikipedia.
Abbildung 5.3a: Baumringscheibe – Foto mit freundlicher Genehmigung von Jan Esper, Universität Mainz, Deutschland.
Abbildung 5.3b: Baumring-Bohrgerät – Foto mit freundlicher Genehmigung von David Frank, Universität Arizona, USA.
Abbildung 5.3c: Baumringsequenz – Quelle: Fritts 1976.
Abbildung 5.4: Tiefsee-Sedimentkern aus dem Nordatlantik – CoreRef, ANDRILL Science Management Office, Universität Nebraska-Lincoln, USA.
Abbildung 5.5: Skelette von Radiolarien – mit freundlicher Genehmigung von Univ.-Prof. Dr. Klaus Hausmann, Berlin, Deutschland.
Abbildung 5.6a: Foto einer Kieselalge – Foto mit freundlicher Genehmigung von Fabian Rey, Universität Basel, Schweiz.
Abbildung 5.6b: Foto des Kopfes einer Chironomide – Foto mit freundlicher Genehmigung von Oliver Heiri, Universität Basel, Schweiz.
Abbildung 5.7: Schema zur Dynamik der kontinentalen Eisschilde (Arktis oder Antarktis).
Abbildung 5.8: Eiskernbohrsystem – Foto mit freundlicher Genehmigung von Pascal Bohleber, Universität Maine, Orono, USA.
Abbildung 5.9: Schematische Darstellung einer Höhle mit Stalakmiten und Stalaktiten.
Abbildung 5.10: Stalagmit aus der Sofular-Höhle in der Türkei – Foto mit freundlicher Genehmigung von Dominik Fleitmann, Universität Basel, Schweiz.
Abbildung 5.11: Stamm einer Lärche – Foto mit freundlicher Genehmigung von Hanspeter Holzhauser, Zürich, Schweiz.
Abbildung 5.12: Steintisch auf dem Lauteraargletscher – Gemälde von Caspar Wolf, 1774. Foto von Jörg Müller. © Aargauer Kunsthaus, Aarau, Schweiz.
Abbildung 5.13: Der Großglockner – Gemälde von Thomas Ender. Kollektion Erzherzog Johann BJ 612, © Graf Franz Meran, A8990 Bad Aussee, Österreich.
Abbildung 5.14: Pergamentrolle – Foto von Manuscripts and Special Collections, © Universität Nottingham, MS 66/1, Nottingham, UK. https://www.nottingham.ac.uk/manuscriptsandspecialcollections/researchguidance/medievaldocuments/format.aspx
Abbildung 5.15: Stockholmer Hafenprotokolle 1793 – Foto mit freundlicher Genehmigung von Lotta Leijonhufhud, Stockholm, Schweden.
Abbildung 5.16: Auszug Abrechnung des Domkapitels von Beaune 1506 – Foto von Thomas Labbé, Dijon, Frankreich. Côte Archives Départementales AD de la Côte d'Or, G 2918-20.
Abbildung 5.17: Bittprozession "Pro Pluvia" außerhalb von Girona 1923 – Foto mit freundlicher Genehmigung von Mariano Barriendos, Barcelona, Spanien. © Archiv von Girona 25754.
Abbildung 5.18: Bestimmungsschema der Pfister-Indizes.
Abbildung 5.19: Ansätze in der Paläoklimatologie und historischen Klimatologie – Quelle: Pfister et al. 2018a.
Abbildung 5.20: Vergleich von Pfister-Indizes mit einer Baumringzeitreihe.

Kapitel 6

Abbildung 6.1: Topographische Karte von Europa – entworfen von Alex Hermann, Universität Bern, Schweiz.
Abbildung 6.2: Europa: Jahresmitteltemperatur – entworfen von Veronika Valler, Universität Bern, Schweiz.
Abbildung 6.3: Europa: Jahreszeitliche Mitteltemperaturen – entworfen von Veronika Valler, Universität Bern, Schweiz
Abbildung 6.4: Europa: Mittlere Jahresniederschläge – entworfen von Veronika Valler, Universität Bern, Schweiz.
Abbildung 6.5: Europa: Mittlere jahreszeitliche Niederschläge – entworfen von Veronika Valler, Universität Bern, Schweiz.
Abbildung 6.6a: Köppen-Geiger-Klimaklassifikation für Europa – Karte entworfen von Alex Hermann, Universität Bern, Schweiz.
Abbildung6.6b: Ausgewählte europäische Klimadiagramme – Quelle: https://de.climate-data.org, https://flashpacker-travelguide.de
Abbildung 6.7a: Europäische Temperaturzeitreihe – Quelle: Luterbacher et al. 2016.
Abbildung 6.7b: Europäische Temperaturzeitreihe – Quelle: Glaser und Riemann 2009.
Abbildung 6.8a: Rekonstruktion des europäischen Hydroklimas – Quelle: Cook et al. 2015.
Abbildung 6.8b: Rekonstruktion eines europäischen Niederschlagindex – Quelle: Seftigen et al. 2017.
Abbildung 6.9a: Aerosol-Antrieb – Quelle: Toohey und Sigl 2017.
Abbildung 6.9b: Solare Irradianz – Quellen: Muscheler et al. 2008, Usoskin et al. 2014.
Abbildung 6.9c: Gesamter Strahlungsantrieb durch Treibhausgase – Quellen: Ed Dlugokencky und Pieter Tans, NOAA/ESRL: www.esrl.noaa.gov/gmd/ccgg/trends/, und: ftp://ftp.cmdl.noaa.gov/hats/n2o/combined/HATS_global_N2O.txt
Abbildung 6.10a: Zeitreihe der Nordatlantischen Oszillation (NAO) – Quelle: Baker et al. 2015.
Abbildung 6.10b: Zeitreihe der Atlantischen Multidekadischen Oszillation (AMO) – Quelle: Mann et al. 2009.

Abbildung 6.11: Simulierte Zeitreihen von Temperatur und Niederschlag – mit freundlicher Genehmigung von Christoph Raible, Universität Bern, Schweiz.

Kapitel 7

Abbildung 7.1: Wikinger Kriegsschiff und Transportschiff – Szene aus dem Teppich von Bayeux. Foto von Dennis Jarvis, Centre Guillaume le Conquérant, Bayeux, Frankreich. https://www.flickr.com/Fotos/archer10/14811267927/
Abbildung 7.2: Wintertemperaturen 1000–1099 – Daten: Pfister-Indizes (nach online Appendix, Tab.1).
Abbildung 7.3: Sommertemperaturen 1000–1099 – Daten: Pfister-Indizes (nach online Appendix, Tab.3).
Abbildung 7.4: Wintertemperaturen 1100–1199 – Daten: Pfister-Indizes (nach online Appendix, Tab.1).
Abbildung 7.5: Sommertemperaturen 1100–1199 – Daten: Pfister-Indizes (nach online Appendix, Tab.3).
Abbildung 7.6: Gornergletscher 1949 – Foto von Robert Haefeli, Archiv Glaziologische Kommission SANW, Zürich, Schweiz.
Abbildung 7.7: Wintertemperaturen 1200–1299 – Daten: Pfister-Indizes (nach online Appendix, Tab.1).
Abbildung 7.8: Frühjahrstemperaturen 1200–1299 – Daten: Pfister-Indizes (nach online Appendix, Tab.2).
Abbildung 7.9: Sommertemperaturen 1200–1299 – Daten: Pfister-Indizes (nach online Appendix, Tab.3).
Abbildung 7.10: Albert der Große – Gemälde von Hans Holbein dem Älteren. Mit freundlicher Genehmigung von U. Edelmann, © Städel Museum: Artothek, Frankfurt am Main, Deutschland (Resnick 2013).

Kapitel 8

Abbildung 8.1: Wintertemperaturen 1300–1399 – Daten: Pfister-Indizes (nach online Appendix, Tab.1).
Abbildung 8.2: Frühjahrstemperaturen 1300–1399 – Daten: Pfister-Indizes (nach online Appendix, Tab.2).
Abbildung 8.3: Sommertemperaturen 1300–1399 – Daten: Pfister-Indizes (nach online Appendix, Tab.3).
Abbildung 8.4: Hochwassermarke der Magdalenenflut 1342, Frankfurt – Foto mit freundlicher Genehmigung von Eveline Zbinden, Universität Bern, Schweiz.
Abbildung 8.5: Wolfsschlucht in Pritzenhagen – Foto von Lienard Schulz, Wikimedia Commons. https://commons.wikimedia.org/wiki/File:Wolfsschlucht_Pritzhagen_01.jpg
Abbildung 8.6: Längenwachstum des Gornergletschers 1300–1385 – verändert nach Holzhauser 2010.
Abbildung 8.7: Wintertemperaturen 1400–1499 – Daten: Pfister-Indizes (nach online Appendix, Tab.1).
Abbildung 8.8: Frühjahrstemperaturen 1400–1499 – Daten: Pfister-Indizes (nach online Appendix, Tab.2).
Abbildung 8.9: Angriff von Wölfen im Hungerwinter 1571 in der Schweiz – Kolorierte Zeichnung aus der Chronik von Johann Jakob Wick. Zentralbibliothek Zürich, Schweiz, Ms F 19, f 191r.
Abbildung 8.10: Blockierende Hochdrucklage im Sommer.
Abbildung 8.11: Prozesse bei der Kopplung von Bodenfeuchte und Temperatur.
Abbildung 8.12: Nackt Sonnenbaden und Schwimmen – Auszug aus dem Gebets- und Andachtsbuch des Herzogs von Berry. Illustriertes Manuskript, erstellt zwischen 1412 und 1416 von einem unbekannten Künstler. Musée Condé, Chantilly, Frankreich, MS 65. Wikimedia Commons. https://commons.wikimedia.org/wiki/File:Les_Très_Riches_Heures_du_duc_de_Berry_aout.jpg
Abbildung 8.13: Sommertemperaturen 1400–1499 – Daten: Pfister-Indizes (nach online Appendix, Tab.3).
Abbildung 8.14: Wintertemperaturen 1500–1599 – Daten: Pfister-Indizes (nach Dobrovolný et al. 2010, in Euro-Climhist).
Abbildung 8.15: Frühjahrstemperaturen 1500–1599 – Daten: Pfister-Indizes (nach Dobrovolný et al. 2010, in Euro-Climhist).
Abbildung 8.16: Der Sprung von der Brücke – Ausschnitt aus dem «Bischofszeller Teppich» genannten Gobelin. Historisches Museum Basel, Schweiz. Foto P. Portner.
Abbildung 8.17: Sommertemperaturen 1500–1599 – Daten: Pfister-Indizes (nach Dobrovolný et al. 2010, in Euro-Climhist).
Abbildung 8.18: Dokumentarische Berichte über die Dürre von 1540 in Europa – nach Wetter et al. 2014.
Abbildung 8.19: Herbsttemperaturen 1500–1599 – Daten: Pfister-Indizes (nach Dobrovolný et al. 2010, in Euro-Climhist).
Abbildung 8.20: König Philipp II. von Spanien – Gemälde von Sofonisba Anguissola, 1573. Museo Nacional del Prado, colección real, Madrid, Spanien. Wikimedia Commons. https://commons.wikimedia.org/wiki/File:Portrait_of_Philip_II_of_Spanien_by_Sofonisba_Anguissola_-_002b.jpg
Abbildung 8.21: Das «Armada-Porträt» der Königin Elisabeth I. von England – Gemälde eines unbekannten Künstlers, circa 1588. Woburn Abbey, Bedfordshire, UK. Wikimedia Commons. https://commons.wikimedia.org/wiki/File:Elizabeth_I_(Armada_Portrait).jpg
Abbildung 8.22: Jahrestemperaturen 1500–1599 – Daten: Pfister-Indizes (nach Dobrovolný et al. 2010, in Euro-Climhist).
Abbildung 8.23: Durchschnittlicher Luftdruck im Sommer über Europa 1585–1597 – Quelle: Pfister 2007: 53. Daten: Luterbacher.
Abbildung 8.24: Wintertemperaturen 1600–1699 – Daten: Pfister-Indizes (nach Dobrovolný et al. 2010, in Euro-Climhist).
Abbildung 8.25: Frühjahrstemperaturen 1600–1699 – Daten: Pfister-Indizes (nach Dobrovolný et al. 2010, in Euro-Climhist).
Abbildung 8.26: Monatliche synoptische Situation im Sommer 1675 – Quelle: Pfister 1999: 157.
Abbildung 8.27: Temperatur und Niederschlag im Schweizer Mittelland 1666 – Daten: Pfister 1999: 189.
Abbildung 8.28: Sommertemperaturen 1600–1699 – Daten: Pfister-Indizes (nach Dobrovolný et al. 2010, in Euro-Climhist).
Abbildung 8.29: Herbsttemperaturen 1600–1699 – Daten: Pfister-Indizes (nach Dobrovolný et al. 2010, in Euro-Climhist).
Abbildung 8.30: Jahrestemperaturen 1600–1699 – Daten: Pfister-Indizes (nach Dobrovolný et al. 2010, in Euro-Climhist).
Abbildung 8.31: Vorstoß Maximum des Mer de Glace im Jahr 1644 – Quelle: Nussbaumer et al. 2012: 92.
Abbildung 8.32: Eisbedeckte Lagune von Venedig 1709 – Gemälde eines unbekannten Künstlers. © Fondazione Querini Stampalia, Venedig, Italien.
Abbildung 8.33: Temperatur und Strömungsstruktur während einer plötzlichen Erwärmung der Stratosphäre am 24. Januar 2009 – nach Butler et al. 2015.
Abbildung 8.34: Anomalien der Lufttemperatur im Jahr 1740 – Nach Engler et al. 2013. Daten von Luterbacher 2002.
Abbildung 8.35: Wintertemperaturen 1700–1799 – Daten: Pfister-Indizes. (nach (nach Dobrovolný et al. 2010, in Euro-Climhist).
Abbildung 8.36: Frühjahrstemperaturen 1700–1799 – Daten: Pfister-Indizes (nach Dobrovolný et al. 2010, in Euro-Climhist).
Abbildung 8.37: Sommertemperaturen 1700–1799 – Daten: Pfister-Indizes (nach Dobrovolný et al. 2010, in Euro-Climhist).
Abbildung 8.38: Ausbreitung des Laki-Rauchschleiers in Europa am 17. Juni 1783 – nach EGU Blogs on Atmospheric Sciences, Thomas Webb, 24. Juni 2015. https://blogs.egu.eu/divisions/as/2015/06/24/what-is-the-biggest-air-pollution-event-in-the-modern-era/
Abbildung 8.39: Herbsttemperaturen 1700–1799 – Daten: Pfister-Indizes (nach Dobrovolný et al. 2010, in Euro-Climhist).
Abbildung 8.40: Jahrestemperaturen 1700–1799 – Daten: Pfister-Indizes (nach Dobrovolný et al. 2010, in Euro-Climhist).

Abbildung 8.41: Monatliche synoptische Situation im Winter 1830 – nach Pfister 1999: 104.
Abbildung 8.42: Wintertemperaturen 1800–1899 – Daten: Pfister-Indizes. (Nach Dobrovolný et al. 2010, in Euro-Climhist)
Abbildung 8.43: Eisprozession auf dem Bodensee im Februar 1830 – Zeichnung eines unbekannten Künstlers, nach Dobras 1992: 44. Original im Generallandesarchiv Karlsruhe, Deutschland, verschollen.
Abbildung 8.44: Vergnügungen auf dem Eis (ijsvermaak) – © Gemälde von Hendrick Averkamp, frühes 17. Jahrhundert. Teylers Museum, Haarlem, Niederlande.
Abbildung 8.45: Frühjahrstemperaturen 1800–1899 – Daten: Pfister-Indizes (nach Dobrovolný et al. 2010, in Euro-Climhist).
Abbildung 8.46: Sommertemperaturen 1800–1899 – Daten: Pfister-Indizes (nach Dobrovolný et al. 2010, in Euro-Climhist).
Abbildung 8.47: Herbsttemperaturen 1800–1899 – Daten: Pfister-Indizes (nach Dobrovolný et al. 2010, in Euro-Climhist).
Abbildung 8.48: Jahrestemperaturen 1800–1899 – Daten: Pfister-Indizes (nach Dobrovolný et al. 2010).
Abbildung 8.49: Wetterlage im Februar 1956 – übernommen von Pfister 1999: 99.
Abbildung 8.50: Kleinflugzeug auf dem Eis des Bodensees, Lindau, Deutschland im Februar 1963 –Foto von W. Stuhler, Februar 1963. © Keystone/Str.
Abbildung 8.51: Wintertemperaturen 1900–1999 – Daten: Pfister-Indizes (nach Dobrovolný et al. 2010, in Euro-Climhist).
Abbildung 8.52: Frühjahrstemperaturen 1900–1999 – Daten: Pfister-Indizes (nach Dobrovolný et al. 2010, in Euro-Climhist).
Abbildung 8.53: Anomalien der Lufttemperatur und Niederschläge in Europa von April bis Oktober 1947 – Quelle: Brázdil et al. 2016: 174.
Abbildung 8.54: Sommertemperaturen 1900–1999 – Daten: Pfister-Indizes (nach Dobrovolný et al. 2010, in Euro-Climhist).
Abbildung 8.55: Herbsttemperaturen 1900–1999 – Daten: Pfister-Indizes (nach Dobrovolný et al. 2010, in Euro-Climhist).
Abbildung 8.56: Jahrestemperaturen 1900–1999 – Daten: Pfister-Indizes (nach Dobrovolný et al. 2010).
Abbildung 8.57: Langfristige jährliche Temperaturtrends und Extreme 1500–1999 – Daten: Pfister-Indizes (nach Dobrovolný et al. 2010).

Kapitel 9

Abbildung 9.1: Energienutzung und kulturelle Entwicklung – Quelle: Ellen 1982: 268.
Abbildung 9.2: Exogene Einflüsse auf die Bevölkerungsgröße.
Abbildung 9.3: Endogene Einflüsse auf die Bevölkerungsgröße.
Abbildung 9.4: Bruttoernte, Abgaben, Verluste und Konsum.
Abbildung 9.5: Die Bevölkerung in Europa (ohne Russland) 1000-1900 – nach Dupâquier 1997: 33.
Abbildung 9.6: Anzahl Rodungsbewilligungen in der Picardie, Frankreich, 1100–1350 – Daten: Fossier 1968: 311.
Abbildung 9.7: Der schollenwendende Räderpflug – nach Malanima 2009: 147.
Abbildung 9.8: Nettoerträge für drei verschiedene Saat-Ernte-Verhältnisse.
Abbildung 9.9: Anzahl heranwachsende Söhne pro fruchtbare Ehe – Daten: Fossier 1968: 216.
Abbildung 9.10: Wanderungen der Walser im Alpenraum – nach Waibel 2003: 14. Kartengrundlage: Bundesamt für Landestopografie, swisstopo.
Abbildung 9.11: Kathedrale Notre-Dame in Reims – Foto von bodoklecksel, Juli 2006. Wikimedia Commons. https://commons.wikimedia.org/wiki/File:Reims_Kathedrale.jpg?usel
Abbildung 9.12: Weizenpreise in England und Frankreich 1201–1500 – Quelle: Abel 2005: Appendix.
Abbildung 9.13: Stadtgründungen im Heiligen Römischen Reich Deutscher Nation 1150–1600 – Quelle: Clout 1977: 97; Original: Stoob 1959.
Abbildung 9.14: Die Pest auf dem Weg nach Europa.
Abbildung 9.15: Bestattung von Pestopfern in Zürich 1582 – Kolorierte Zeichnung aus der Chronik von Johann Jakob Wick. Zentralbibliothek Zürich, Schweiz, Ms F30 F11r.
Abbildung 9.16: Preise und Löhne in England 1270–1500 – nach Campbell 2016: 361.
Abbildung 9.17: Bild des Hexensabbats aus dem Jahr 1570 – Kolorierte Zeichnung aus der Chronik von Johann Jakob Wick. Zentralbibliothek Zürich, Schweiz, Ms F 19, 147v.
Abbildung 9.18: Häufigkeit von Hexenprozessen in Europa 1300–1500 – Daten: Kieckhefer 1976: 11.
Abbildung 9.19: Der «Hexenpapst» Innozenz VIII. (1432 - 1492) – Quelle: https://www.researchgate.net/figure/Pope-Innocent-VIII-died-in-a-rejuvenation-attempt-in-1492-Alamy_fig5_269710719
Abbildung 9.20: Prozentuale Zunahme der Wohnhäuser in Deutschland (in den Grenzen von vor 1914) 1500–1600 – Quelle: Pfister 1996: 40, basierend auf Koerner 1958.
Abbildung 9.21: Roggenpreise in Frankreich 1500–2000 – Quelle: Fourastié und Schneider 1989: 96.
Abbildung 9.22: Anzahl Hexenverbrennungen und Kälteanomalien 1560–1670 – nach Pfister 2007: 65.
Abbildung 9.23: Hotspots der Hexenverfolgung in Europa 1400–1800 – nach Behringer 2004: 105.
Abbildung 9.24: Massenverbrennung von Hexen in Süddeutschland am 10. Juni 1587 – Kolorierte Zeichnung aus der Chronik von Johann Jakob Wick. Zentralbibliothek Zürich, Schweiz, Ms F 35 338r.
Abbildung 9.25: Bevölkerungswachstum in Europa 1300–1800 – nach Malanima 2009: 9.
Abbildung 9.26: Veränderung Landnutzung und landwirtschaftliche Produktivität in Büren, Schweiz 1764–1847 – Quelle: Pfister 1991: 44; Daten aus der unpublizierten 1987 PhD Dissertation von Marc Stampfli.
Abbildung 9.27: Auf Baumringen basierte Rekonstruktion der saisonalen Niederschlagsvariabilität 1314–1316 – nach Huhtamaa 2020, basierend auf Cook et al. 2015.
Abbildung 9.28: Marktpreise für Roggen in Nürnberg 1339–1671 – Daten: Basisdaten von Bauernfeind 1993: 552-556.
Abbildung 9.29: Der Kornspeicher in Ulm, Deutschland – Foto von Schlaier, Wikimedia Commons. https://commons.wikimedia.org/wiki/File:Kornhaus_Ulm_Altstadt.jpg
Abbildung 9.30: Malthusianische Hungersnot der frühen 1570er Jahre in Europa – Quelle: Abel 1974: 74, adaptiert von White et al. 2018: 341.
Abbildung 9.31: Zehntabgaben in Roggen in der Region Nürnberg, Deutschland 1541–1545 und 1616–1620 – Daten: Bauernfeind 1993: 250.
Abbildung 9.32: Weinproduktion des «Bürgerspitals» in Wien 1585–1610 – Daten: Landsteiner 2005: 106.
Abbildung 9.33: Bevölkerung und Reallöhne in England 1541–1871 – nach Wrigley und Schofield 1981: 93.

Kapitel 10

Abbildung 10.1: Übersicht über die saisonalen Pfister-Indizes – Daten: Pfister-Indizes (Nachweis in Kapitel 7 und 8).
Abbildung 10.2: Zusammenhang zwischen den treibenden Antriebsfaktoren und der systeminternen Variabilität einerseits sowie Klimadaten und Klimaauswirkungen andererseits.
Abbildung 10.3: Hundertjährige Summen der Pfister-Indizes – Quelle: Pfister-Indizes.
Abbildung 10.4: Jährliche und saisonale Mitteltemperaturen in Europa 1800–2000 – Quelle: Franke et al. 2017.
Abbildung 10.5: Jahrhunderte mit höchster Wahrscheinlichkeit der wärmsten oder kältesten 51-jährigen Temperaturperiode – mit freundlicher Genehmigung von Raphael Neukom, Universität Bern, Schweiz.

Abbildung 10.6: Schwankungen des Gornergletschers während der letzten 3500 Jahre – mit freundlicher Genehmigung von Hanspeter Holzhauser, Zürich, Schweiz.
Abbildung 10.7: Fluktuationen verschiedener Alpengletscher während der letzten fünf Jahrhunderte – mit freundlicher Genehmigung von Samuel Nussbaumer, Universität Zürich, Schweiz.
Abbildung 10.8: Der vom vorrückenden Vernagtgletscher aufgestaute Gletschersee bei Vent, Österreich am 9. Juli 1601 – Gemälde von Abraham Jäger. Tiroler Landesmuseum Ferdinandeum, Innsbruck, Österreich.
Abbildung 10.9: Markanteste Gletschervorstöße und -rückzüge in den europäischen Alpen.
Abbildung 10.10: Kaunertal, Verteilung der untersuchten Baumstämme – mit freundlicher Genehmigung von Kurt Nicolussi, Universität Innsbruck, Österreich.

Kapitel 11

Abbildung 11.1a: John Tyndall – Tucker Collection, New York Public Library Archives, USA. Wikimedia Commons. https://commons.wikimedia.org/wiki/File:John_Tyndall_portrait_mid_career.jpg
Abbildung 11.1b: Svante Arrhenius – Foto von Meisenbach Riffarh & Co, Leipzig, Deutschland. Berarbeitet von Armin Kübelbeck. Wikimedia Commons. https://commons.wikimedia.org/wiki/File:Svante_Arrhenius_01.jpg
Abbildung 11.1c: Guy Stewart Callendar – Foto von James R. Fleming, Archiv der Universität East Anglia, Norwich, UK. https://history.aip.org/climate/xGSCallendar.htm
Abbildung 11.1d: Roger Revelle – Foto von https://alchetron.com/Roger-Revelle#roger-revelle-3ee74f9d-bdf9-4aac-8431-3c67e51c877-resize-750.jpg
Abbildung 11.1e: Charles David Keeling – Foto von SIO photographic Laboratory, 1980. UC San Diego Library, USA. https://library.ucsd.edu/dc/object/bb1912283q
Abbildung 11.1f: Hermann Flohn – Foto der Universität Bonn, Deutschland. https://www2.meteo.uni-bonn.de/bibliothek/HFlohn/index.html
Abbildung 11.1g: Hans Oeschger – Foto der Universität Bern, Schweiz. https://www.oeschger.unibe.ch/about_us/who_we_are/hans_oeschger/index_eng.html
Abbildung 11.1h: James Hansen – Foto von NASA, USA. Berarbeitet von Arnold Kiwi NZ, Wikimedia Commons. https://commons.wikimedia.org/wiki/File:James_Hansen_profile_(cropped).jpg
Abbildung 11.2: Verlauf der CO_2-Konzentration 1750–2019. Nach Pfister 2010: 91, ergänzt.
Abbildung 11.3: Titelseite der Zeitschrift Der Spiegel 33 vom 11. August 1986 – © erteilt von Der Spiegel 33/1986. Spiegel Verlag Rudolf Augstein GmbH & Co.
Abbildung 11.4: Temperaturanomalien der nördlichen Hemisphäre für die letzten tausend Jahre – übernommen von IPCC 2001.
Abbildung 11.5: Titelseite der Zeitschrift Der Spiegel 19 vom 7. Mai 2007 – © erteilt von Der Spiegel 19/2007. Spiegel Verlag Rudolf Augstein GmbH & Co.
Abbildung 11.6: Globaler Primärenergieverbrauch 1800–2017 (Ritchie, Roser 2015, ergänzt.– Our World in Data, Creative Commons. https://ourworldindata.org/grapher/global-primary-energy?country=~OWID_WRL. Quellen: Vaclav Smil (2017) und BP Statistical Review of World Energy.
Abbildung 11.7: Erdölpreise und Verbraucherbenzinpreise in Frankreich 1950–1984 – Quelle: Fourastié und Schneider 1989: 71.
Abbildung 11.8 : Solarhaus IV des MIT in Lexington MA – MIT Museum, Cambridge (MA), USA. https://webmuseum.mit.edu/media.php?module=subjects&type=browse&id=7&term=Cambridge+Campus+--+Former+Buildings&kv=270&record=6&page=1&media=11
Abbildung 11.9: Ökologischer Fußabdruck der Niederlande 1961–2000 – nach Pfister 2010: 108.
Abbildung 11.10: Globale Kunststoffproduktion 1917–2017 – verändert nach: https://254155-841844-raikfcquaxqncofqfm.stackpathdns.com/wp-content/uploads/2017/12/Global-plastic-production-1917-to-2017-e1513522213913.png
Abbildung 11.11: Jährliche Mitteltemperaturen in Europa 1860–2015 – Quellen: HadCRUT4. CRUTEM.4.6.0.0., HadSST.3.1.1.0.
Abbildung 11.12: Erster künstlich beschneiter Hang in Savognin, Schweiz im Januar 1990 – Foto Comet Photo AG, Zürich. Com_LC1437-002-001. Bildarchiv, ETH-Bibliothek Zürich, Schweiz.
Abbildung 11.13: Globale Effekte der Aufhellung (Dimming) und Verdunkelung (Brightening) – nach Wild 2009: 22.
Abbildung 11.14: Wahrscheinlichkeitsdichtefunktionen – nach von CH2018 2018: 105.
Abbildung 11.15: Simulierte Temperaturänderung über Europa für 2035, 2060 und 2085 – aus CH2018 2018: 55.
Abbildung 11.16: Simulierte Niederschlagsänderungen über Europa für 2035, 2060 und 2085 – aus CH2018 2018: 56.
Abbildung 11.17: Syntheseabbildung.

Autoren und Verlag bedanken sich bei den Sponsoren dieses Werkes ganz herzlich für die sehr grosszügige Unterstützung!

valiant

Burgergemeinde
Bern

fondation
johanna
dürmüller-bol

ULRICO HOEPLI-STIFUNG, ZÜRICH

SEBASTIANA
STIFTUNG